山东省高等学校优秀教材一等奖

工 程 力 学

(第2版)

主编　冯维明

副主编　宋　娟　赵俊峰

国防工业出版社

·北京·

图书在版编目(CIP)数据

工程力学/冯维明主编. —2版. —北京:国防工业出版社,2016.10

ISBN 978-7-118-10972-6

Ⅰ.①工… Ⅱ.①冯… Ⅲ.①工程力学 Ⅳ.①TB12

中国版本图书馆CIP数据核字(2016)第218419号

※

国防工业出版社出版发行

(北京市海淀区紫竹院南路23号 邮政编码100048)

天利华印刷装订有限公司印刷

新华书店经售

*

开本 787×1092 1/16 **印张** 22 **字数** 509千字

2016年10月第1版第1次印刷 **印数** 1—3000册 **定价** 40.00元

国防书店:(010)88540777 发行邮购:(010)88540776

发行传真:(010)88540755 发行业务:(010)88540717

PREFACE 前言

工程力学是理工科传统的技术基础课，历来受到各理工科各专业的重视。为此，编者一方面考虑到学生基础水平逐年提高、前期课程奠定了扎实的理论基础；另一方面兼顾在我国高等教育的发展与改革中，学校的数量与类型增多，对课程提出了不同层次的要求。本着“宽口径、厚基础”的原则，根据各高校师生使用过程中反馈信息及近期讲授本课程的教学经验和教学改革的成果，参照教育部力学教指委制定的“力学课程教学基本要求”，在2003年版的《工程力学》基础上，重新修订工程力学教材。在修订过程中，基本保证本书原有的特色和体系，对部分内容进行了重新编排与增删，使教材内容更精炼、更合理。修订后的教材分为3篇共17章。

第一篇为刚体静力学。其主要内容为静力学基本概念、力系的简化与平衡和静力学的工程应用。将力、力偶的概念和性质、力的合成与分解、约束与约束反力、受力分析等作为静力学基本概念集中在第一章中讲授，为后面的知识展开做好铺垫。由于力系简化最主要目的是建立力系的静力平衡方程，因此将这两个问题放到同一章中一气呵成，简化中间环节，以期提高教学效率。为了强化基本概念，使学生对问题有一个全局认识，编者在此章节中采用了从特殊到一般再到特殊的叙述方式引入基本概念。首先介绍了空间汇交力系和力偶系的简化与平衡这一特殊问题，而其后引入的空间任意力系的简化结果恰为前两个问题的简化结果，其平衡方程也为前两个问题平衡方程的综合。平面任意力系和平行力系又可视为空间力系的特殊情况，可根据其限制条件方便地推出相应的静力平衡方程，从而大大简化了叙述过程。此外将工程中常见的分布载荷问题、重心问题、桁架内力问题以及摩擦平衡问题的讨论作为静力学的应用放在一个章节内复述。

第二篇为材料力学。前四章的叙述次序与第一版相同，为：基本概念、杆件的内力、杆件的应力和杆件的变形(包括简单超静定问题)。能量法在力学中有着极其重要的位置，能量法求梁的弯曲变形和结构位移简练方便，编者作为一种求变形的方法将其放到杆件的变形章节中，简化推导过程，注重应用求解，既让读者了解到解决复杂问题的途径，又掌握了一种方便求解结构位移的有效方法。本篇后三章为应力状态理论和强度理论、压杆稳定以及动载荷(含交变应力)。能量法不再单独作为一章内容讨论。

第三篇为运动力学。主要内容包括：运动学基础、点的合成运动、刚体平面运动、质点动力学、动量定理、动量矩定理和动能定理。将第1版中动力学基本方程和动静法章节删掉，刚体绕定轴转动的微分方程和刚体平面运动的微分方程内容放到动量矩定理中讲述，同时增加了质点动力学一章，以保持以质点和质点系为研究对象的运动力学的完整性。

本教材在每一章结尾增加了小结，小结内容分为本章基本要求、本章重点、本章难点和学习建议四个部分，目的是为了读者学习本章节过程中，能对该章节的主要内容有一个系统的认识和梳理，为按教学大纲的要求迅速掌握该章知识要点提供了方便。每章节后都附有难易不等的大量习题,读者可根据自身情况选做。

参加本教材编写工作的有:冯维明(第四章至第十章),赵俊峰(第十三章至第十七章),宋娟(第一章至第三章、第十一章、第十二章),全书由冯维明负责统稿。

本教材在编写过程中得到许多力学同仁的指导与帮助,书中部分内容也是他们教研成果的体现,在此一并致谢。

本教材虽然在内容和体系改革等方面取得了一些成果,但受编者水平所限,欠妥之处在所难免,恳请广大读者批评指正。

编 者

2016 年春

CONTENTS **目录**

第一篇　刚体静力学

第二篇　材料力学

第三篇 运动力学

第一篇　刚体静力学

机械运动是自然界诸多运动中最常见、最普遍的一种运动,可以是物体之间相对位置在空间的变化,称为**运动**;也可以是物体内各部分之间相对位置的变化,称为**变形**。工程力学就是研究物体宏观机械运动一般规律的科学,是机械、能源、土木、水利、化工、材料、航空航天、生物医学等众多工程科学的基础。

工程力学的主要研究对象是工程构件、结构和机构。实际中的工程力学问题往往相当复杂,在研究具体问题时,必须抓住主要因素,略去次要因素,将研究对象抽象为力学模型,包括质点和质点系。**质点**是只有质量,没有大小的物体。由许多(两个直到无穷多个)相互联系的质点组成的系统,称为**质点系**。如果物体内任意两质点之间的距离始终保持不变,即忽略变形的影响,认为物体受力后其几何形状和尺寸保持不变,这种物体称为**刚体**,也可称为**不变质点系**。这是一种理想化的力学模型。任何实际物体在受到外力作用或温度变化时都会变形。当研究构件的变形和破坏规律时,变形成为主要因素,就须将物体视为**变形固体**,这是一种**可变质点系**。

平衡是机械运动的一种特殊情况,指在力的作用下物体相对惯性参考系处于静止状态或作匀速直线的平移运动。本篇主要研究内容包括物体的受力分析、力系的等效与简化、力系的平衡条件等。力学模型主要是刚体或刚体系,故称为**刚体静力学**。

第一章

基本概念和受力分析

1.1 力与力的投影

一、力的概念

力是物体间相互的机械作用,能使物体的运动状态发生变化或使物体产生变形。前者称为力的**外效应**或**运动效应**,后者称为力的**内效应**或**变形效应**。一般来讲,两种效应是同时存在的。力对物体的作用效果取决于力的大小、方向和作用点,称为**力的三要素**。可用一个有向线段来描述力的大小与方向,用该有向线段的起点或终点描述其作用点。通常用矢量表示,记为黑体字母 $\boldsymbol{F}$,如图 1.1 所示。在国际单位制中,力的基本单位为牛(N),$1\mathrm{N} = 1\mathrm{kg} \cdot \mathrm{m/s^2}$。

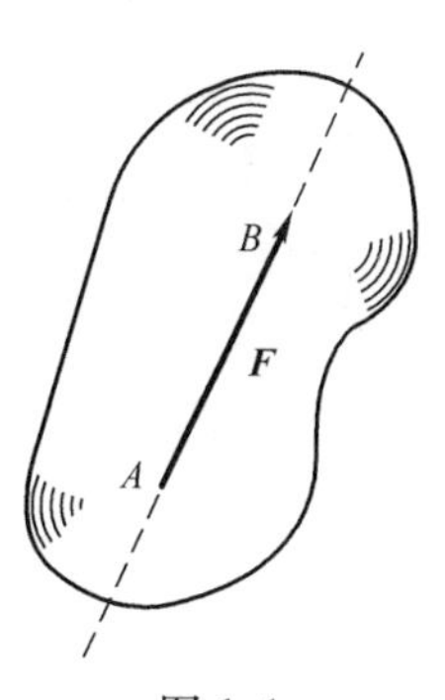

图 1.1

如果力的作用面积很小或与整个物体的尺寸相比很小,可以认为集中作用在一点上,称为**集中力**。例如,静止的汽车通过轮胎作用在桥面上的力,天平刀口支承对天平臂的作用力等。有些力分布在整个物体内部各点上,称为**体分布力**。例如,物体的自重。但在研究它的外效应时,常用一个作用在物体重心的集中力来代替。有些力作用在物体表面,称为**面分布力**,如风压力、土压力、水压力等。若力作用在一狭长范围内,如沿构件的轴线分布,称为**线分布力**。分布力的大小用**载荷集度**表示,指密集的程度。体分布力、面分布力和线分布力的集度单位分别为 $\mathrm{N/m^3}$、$\mathrm{N/m^2}$(Pa) 和 N/m 。集度为常数的分布力,称为**均布力**。

二、力的投影

建立直角坐标系 $Oxyz$,如图 1.2 所示,$\boldsymbol{i}$、$\boldsymbol{j}$、$\boldsymbol{k}$ 分别表示沿 x、y、z 坐标轴方向的单位矢量,则力 $\boldsymbol{F}$ 可表示为

$$\boldsymbol{F} = F_x\boldsymbol{i} + F_y\boldsymbol{j} + F_z\boldsymbol{k} \tag{1.1}$$

式中,F_x、F_y、F_z 分别是力在 x、y、z 轴上的投影。若已知力 $\boldsymbol{F}$ 与 x、y、z 三轴间的夹角分别为 θ、β、γ ,如图 1.3 所示,则力 $\boldsymbol{F}$ 在 x,y,z 轴上的投影分别为

$$\begin{cases} F_x = F\cos\theta \\ F_y = F\cos\beta \\ F_z = F\cos\gamma \end{cases} \tag{1.2}$$

当力 $\boldsymbol{F}$ 与 x、y、z 三轴间的夹角不易确定时,如已知角 γ、φ ,如图 1.4 所示,则力 $\boldsymbol{F}$ 在

x,y,z 轴上的投影分别为

$$\begin{cases} F_x = F\sin\gamma\cos\varphi \\ F_y = F\sin\gamma\sin\varphi \\ F_z = F\cos\gamma \end{cases} \tag{1.3}$$

力 $\boldsymbol{F}$ 的大小和方向余弦分别为

$$\begin{cases} F = \sqrt{F_x^2 + F_y^2 + F_z^2} \\ \cos(\boldsymbol{F},\boldsymbol{i}) = \dfrac{F_x}{F},\cos(\boldsymbol{F},\boldsymbol{j}) = \dfrac{F_y}{F},\cos(\boldsymbol{F},\boldsymbol{k}) = \dfrac{F_z}{F} \end{cases} \tag{1.4}$$

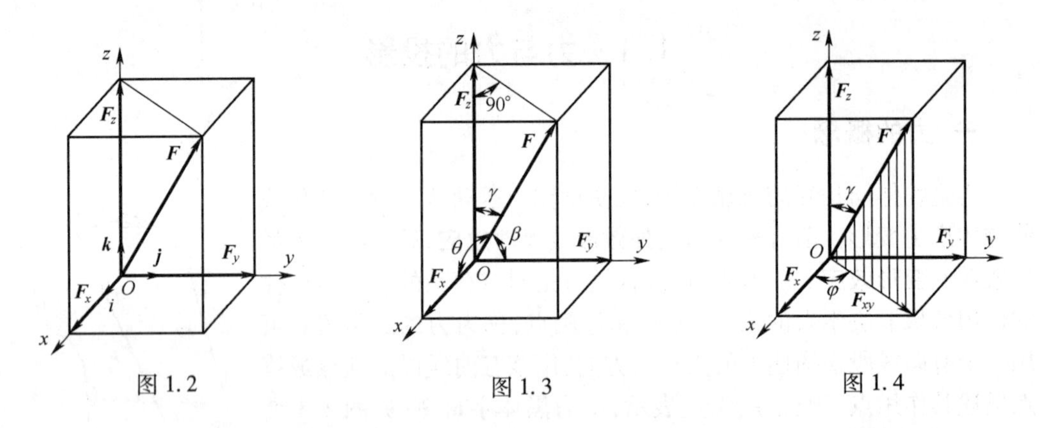

图 1.2　　图 1.3　　图 1.4

1.2　力的基本性质

公理是人们在生活和生产实践中长期积累的经验总结，经过无数实践证实的客观规律。对于力的基本性质，我们将必不可少的几条普遍规律作为静力学的理论基础，称为**静力学公理**。

公理一　力的平行四边形法则

作用在物体上同一点的两个力 $\boldsymbol{F}_1$ 和 $\boldsymbol{F}_2$，可以合成为一个合力 $\boldsymbol{F}_R$，如图 1.5(a)所示，合力等于两分力的矢量和，表示为

$$\boldsymbol{F}_R = \boldsymbol{F}_1 + \boldsymbol{F}_2 \tag{1.5}$$

合力的作用点不变，其大小和方向以两个分力为邻边构成的平行四边形的对角线来表示。这一公理提供了一种最简力系合成或分解的方法。如果取该平行四边形的一半作为二力合成法则，则称为力的三角形法则(图 1.5(b)，(c))。

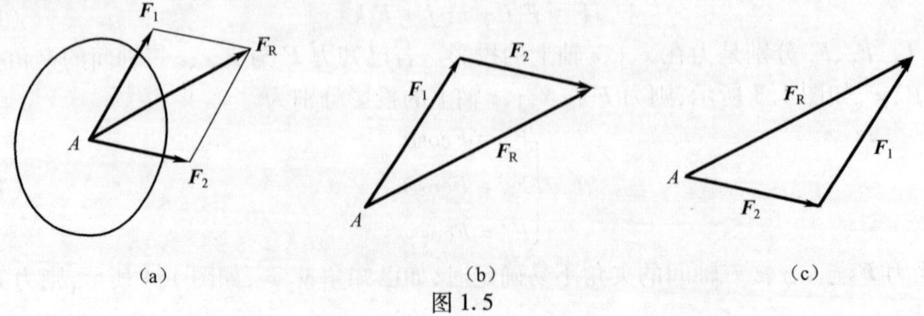

图 1.5

若存在某共点力系(图 1.6(a)),连续应用力的平行四边形法则,该力系最终可合成为一个合力 $\boldsymbol{F}_{\mathrm{R}}$,其作用点仍在点 A,表示为

$$\boldsymbol{F}_{\mathrm{R}} = \boldsymbol{F}_1 + \boldsymbol{F}_2 + \cdots + \boldsymbol{F}_n = \sum_{i=1}^{n} \boldsymbol{F}_i \tag{1.6}$$

设 $F_{\mathrm{R}x}$ 、$F_{\mathrm{R}y}$ 、$F_{\mathrm{R}z}$ 分别是合力 $\boldsymbol{F}_{\mathrm{R}}$ 在 x、y、z 轴上的投影, F_{xi} 、F_{yi} 、F_{zi} 分别是各分力 $\boldsymbol{F}_i$ 在 x、y、z 轴上的投影,则有

$$F_{\mathrm{R}x} = \sum_{i=1}^{n} F_{xi}, F_{\mathrm{R}y} = \sum_{i=1}^{n} F_{yi}, F_{\mathrm{R}z} = \sum_{i=1}^{n} F_{zi} \tag{1.7}$$

称为**合力投影定理**。

从作图过程可知,只需将各力矢首尾依次相连,构成开口的**力多边形**,由开口的力多边形始点指向终点的封闭边即为合力矢(图 1.6(b))。

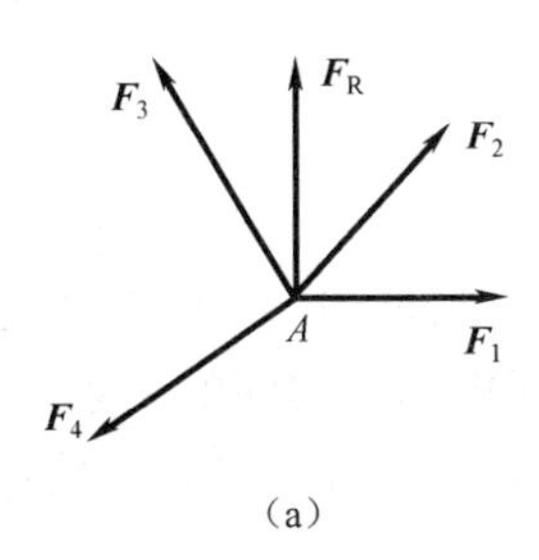

(a)

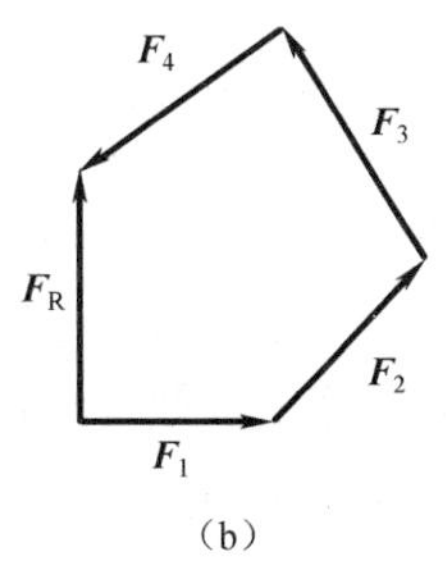

(b)

图 1.6

公理二　二力平衡公理

若作用在同一刚体上的两个力使刚体处于平衡状态,则这两个力必然大小相等、方向相反且沿着同一作用线,如图 1.7(a),(b)所示。此公理揭示了最简单的力系平衡条件。只受二力作用且平衡的刚体称为**二力构件**或**二力杆**。

公理三　加减平衡力系公理

在作用于刚体上的已知力系中,加上或减去任意的平衡力系,不改变原力系对刚体的作用效应。这一公理可用来解决力系的等效简化问题。

依据上述公理,可以导出下述推理。

推理一　力的可传性

作用于刚体上某点的力,可以沿其作用线移动到刚体内任意点,而不改变该力对刚体的作用。读者可自行证明。我们将只需表示作用线,无需表示作用点的矢量称为**滑动矢量**。那么作用于刚体上的力就是一个滑动矢量。这表明,对刚体而言,力的三要素变为:大小、方向和作用线。应该指出,对于变形体,力的作用效果与作用点有着密切关系,作用点的位置不能随意改变,此时力是一个**定位矢量**。

推理二　三力平衡汇交定理

如果一刚体在三个力作用下处于平衡,其中两个力的作用线汇交于一点,则第三个力的作用线必通过此汇交点,且三个力共面。

证明:如图 1.8(a)所示,在刚体 A、B、C 三点上,分别作用三个力 $\boldsymbol{F}_1$、$\boldsymbol{F}_2$ 和 $\boldsymbol{F}_3$,使刚体处于平衡状态,其中 $\boldsymbol{F}_1$、$\boldsymbol{F}_2$ 两力的作用线汇交于 O 点。根据力的可传性,将力 $\boldsymbol{F}_1$ 和 $\boldsymbol{F}_2$ 滑移到汇交点 O ,由力的平行四边形法则,得合力 $\boldsymbol{F}_{12}$,如图 1.8(b)所示。由二力平

衡公理,刚体处于平衡状态,则力 $\boldsymbol{F}_3$ 与力 $\boldsymbol{F}_{12}$ 共线,力 $\boldsymbol{F}_3$ 必通过汇交点 O ,且 $\boldsymbol{F}_3$ 必位于 $\boldsymbol{F}_1$ 和 $\boldsymbol{F}_2$ 两力所在的平面内,三力共面。

在实际问题中,常用这一定理来确定第三个力的方位,然后求解未知力的大小。

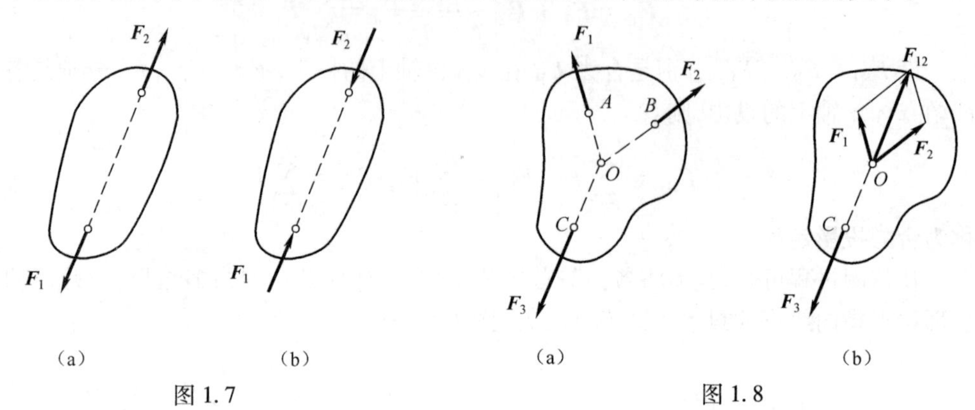

图 1.7　　　　图 1.8

公理四　作用与反作用公理

作用力与反作用力总是同时出现、同时消失,两力等值、反向、共线,分别作用在两个相互作用的物体上。此公理描述了任意两个物体间相互作用力之间的关系。必须指出,由于作用力与反作用力分别作用在两个物体上,因此,不能认为作用力与反作用力相互平衡。

公理五　刚化公理

变形体在某一力系作用下处于平衡状态,如将此变形体看作(刚化)为刚体,其平衡状态不变。这说明,刚体的平衡条件是变形体平衡的必要条件,从而建立了刚体的平衡条件和变形体平衡条件之间的联系。据此,静力学对于以变形体为对象的其他力学课程(如材料力学与流体力学等)也具有重要意义。

1.3　力矩与力偶

力可以使物体产生移动(平移),也可以使物体产生转动。为了度量这种转动效应,人们在实践中建立了力对点之矩、力对轴之矩以及力偶的概念。其中,力对点之矩和力对轴之矩统称为**力矩**。

一、力对轴之矩

如图 1.9 所示,力 $\boldsymbol{F}$ 作用在刚体的 A 点上, z 轴与力 $\boldsymbol{F}$ 既不平行也不垂直。现在考察刚体在力 $\boldsymbol{F}$ 的作用下绕 z 轴的转动效应。将力 $\boldsymbol{F}$ 在 z 轴和 Oxy 平面上投影,得到力 $\boldsymbol{F}$ 的两个正交分力 $\boldsymbol{F}_z$ 和 $\boldsymbol{F}_{xy}$ 。显见, $\boldsymbol{F}_z$ 不能使刚体绕 z 轴转动,转动效应只与 $\boldsymbol{F}_{xy}$ 和其作用线至 z 轴的距离 h 有关。因此,**力对轴之矩**可定义为:力对轴之矩是力使物体绕某轴转动效应的度量,是一个代数量。大小等于力在垂直于该轴的平面上的投影与此投影至该轴距离的乘积,记为 $M_z(\boldsymbol{F})$,即

$$M_z(\boldsymbol{F}) = \pm F_{xy}h \tag{1.8}$$

正负号由右手螺旋法则确定,拇指与 z 轴正向一致为正,反之为负。或从 z 轴正向看,逆时针方向转动为正,顺时针方向转动为负。单位为 N·m 或 kN·m 。当力与轴平行($F_{xy} = 0$)或相交($h = 0$),即力与轴共面时,力对轴之矩等于零。

二、力对点之矩

如图 1.10 所示,力 $\boldsymbol{F}$ 作用在 A 点,自空间任一点 O 向 A 点作一矢径,用 $\boldsymbol{r}$ 表示, O 点称为**矩心**。**力对点之矩**可定义为:矢径 $\boldsymbol{r}$ 与力 $\boldsymbol{F}$ 的矢量积,记为 $\boldsymbol{M}_O(\boldsymbol{F})$,即

$$\boldsymbol{M}_O(\boldsymbol{F}) = \boldsymbol{r} \times \boldsymbol{F} \tag{1.9}$$

其大小为

$$|\boldsymbol{M}_O(\boldsymbol{F})| = |\boldsymbol{r} \times \boldsymbol{F}| = Fh \tag{1.10}$$

其中 h 为矩心 O 至力 $\boldsymbol{F}$ 作用线的垂直距离,称为**力臂**。方向用右手螺旋法则确定:四指与矢径方向一致,握拳方向与力绕矩心转向一致,拇指指向即为该矢量方向。显然力对点之矩是矢量,且是定位矢量。单位为 N·m 或 kN·m 。当力的作用线通过矩心时,力对该点之矩为零。

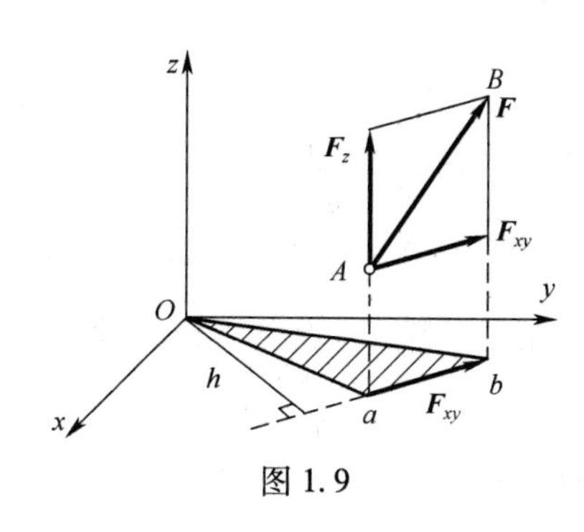

图 1.9

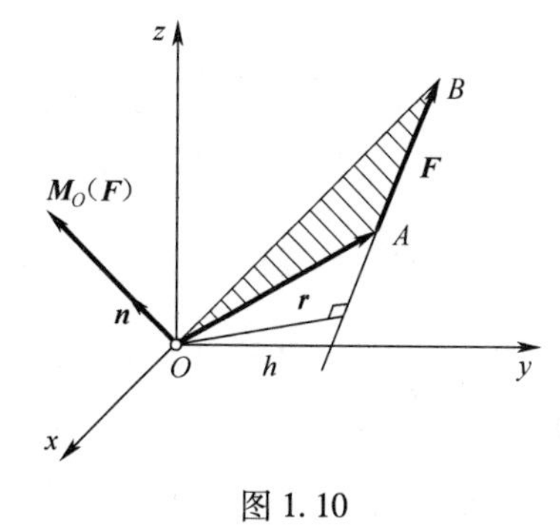

图 1.10

已知,矢径 $\boldsymbol{r} = x\boldsymbol{i} + y\boldsymbol{j} + z\boldsymbol{k}$,力矢 $\boldsymbol{F} = F_x\boldsymbol{i} + F_y\boldsymbol{j} + F_z\boldsymbol{k}$,由式(1.9)可得

$$\begin{aligned}\boldsymbol{M}_O(\boldsymbol{F}) = \boldsymbol{r} \times \boldsymbol{F} &= \begin{vmatrix} \boldsymbol{i} & \boldsymbol{j} & \boldsymbol{k} \\ x & y & z \\ F_x & F_y & F_z \end{vmatrix} \\ &= (yF_z - zF_y)\boldsymbol{i} + (zF_x - xF_z)\boldsymbol{j} + (xF_y - yF_x)\boldsymbol{k}\end{aligned} \tag{1.11}$$

这是力对点之矩的解析表达式。由此可得

$$\begin{cases} [\boldsymbol{M}_O(\boldsymbol{F})]_x = yF_z - zF_y \\ [\boldsymbol{M}_O(\boldsymbol{F})]_y = zF_x - xF_z \\ [\boldsymbol{M}_O(\boldsymbol{F})]_z = xF_y - yF_x \end{cases} \tag{1.12}$$

其中, $[\boldsymbol{M}_O(\boldsymbol{F})]_x$, $[\boldsymbol{M}_O(\boldsymbol{F})]_y$, $[\boldsymbol{M}_O(\boldsymbol{F})]_z$ 分别为 $\boldsymbol{M}_O(\boldsymbol{F})$ 在 x、y、z 轴上的投影。

若力 $\boldsymbol{F}$ 作用在 Oxy 平面内,即 $F_z \equiv 0$, $z \equiv 0$,如图 1.11 所示。力 $\boldsymbol{F}$ 对此平面内任一点 O 之矩,实际上是此力对通过 O 点垂直于 Oxy 平面的 z 轴之矩,即

$$\boldsymbol{M}_O(\boldsymbol{F}) = \boldsymbol{r} \times \boldsymbol{F} = (xF_y - yF_x)\boldsymbol{k}$$

此时,力 $\boldsymbol{F}$ 对 O 点之矩总是沿着 z 轴方向,可用代数量来表示,即

$$M_O(\boldsymbol{F}) = M_z(\boldsymbol{F}) = \pm Fh \tag{1.13}$$

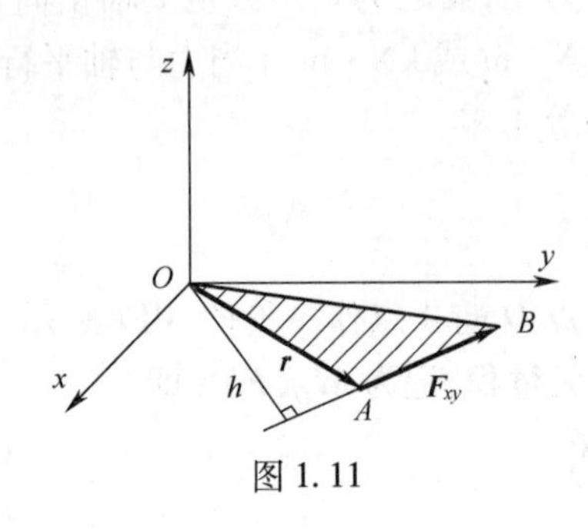

图 1.11

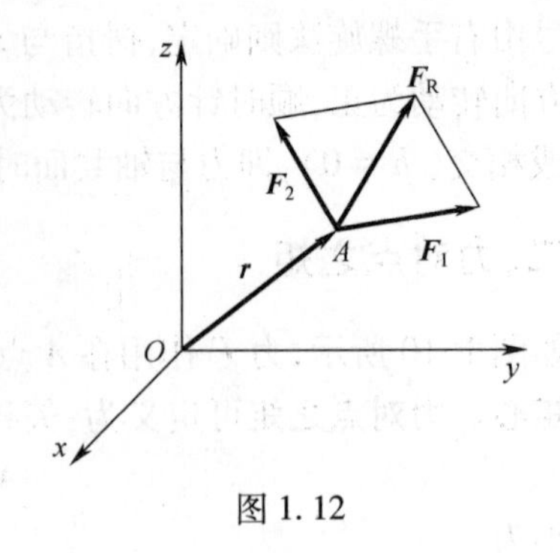

图 1.12

三、合力矩定理

力 $\boldsymbol{F}_1$ 和 $\boldsymbol{F}_2$ 作用于 A 点，合力为 $\boldsymbol{F}_R$，如图 1.12 所示，即 $\boldsymbol{F}_R=\boldsymbol{F}_1+\boldsymbol{F}_2$。自矩心 O 作 A 点的矢径 $\boldsymbol{r}$，$\boldsymbol{r}$ 与上式两端作矢量积，可得

$$\boldsymbol{r}\times\boldsymbol{F}_R=\boldsymbol{r}\times\boldsymbol{F}_1+\boldsymbol{r}\times\boldsymbol{F}_2$$

即

$$\boldsymbol{M}_O(\boldsymbol{F}_R)=\boldsymbol{M}_O(\boldsymbol{F}_1)+\boldsymbol{M}_O(\boldsymbol{F}_2) \tag{1.14}$$

由此可得，若作用于同一点的 n 个力 $\boldsymbol{F}_1,\boldsymbol{F}_2,\cdots,\boldsymbol{F}_n$ 之合力为 $\boldsymbol{F}_R$，则有

$$\boldsymbol{M}_O(\boldsymbol{F}_R)=\boldsymbol{M}_O(\boldsymbol{F}_1)+\boldsymbol{M}_O(\boldsymbol{F}_2)+\cdots+\boldsymbol{M}_O(\boldsymbol{F}_n)=\sum_{i=1}^{n}\boldsymbol{M}_O(\boldsymbol{F}_i) \tag{1.15}$$

上式表明，合力对一点之矩等于各分力对同一点之矩的矢量和，称为**合力矩定理**。应该指出，对于非共点力系，需用力系简化理论进行证明，此处不再赘述。

四、力对点之矩与力对过该点的轴之矩的关系

如图 1.13 所示，设力 $\boldsymbol{F}$ 在坐标轴上的投影为 F_x、F_y、F_z，力作用点 A 的坐标为 x、y、z，根据力对轴之矩的定义，可得

$$M_z(\boldsymbol{F})=M_O(\boldsymbol{F}_{xy})=M_O(\boldsymbol{F}_x)+M_O(\boldsymbol{F}_y)=-yF_x+xF_y$$

同理可得 $M_x(\boldsymbol{F})$、$M_y(\boldsymbol{F})$，即

$$\begin{cases}M_x(\boldsymbol{F})=yF_z-zF_y\\M_y(\boldsymbol{F})=zF_x-xF_z\\M_z(\boldsymbol{F})=xF_y-yF_x\end{cases} \tag{1.16}$$

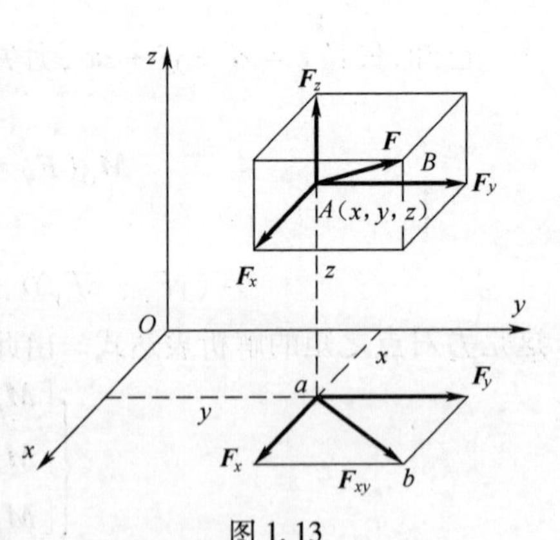

图 1.13

与式(1.12)比较可知，力对点之矩在通过该点之轴上的投影，等于力对该轴之矩，即

$$\begin{cases}M_x(\boldsymbol{F})=[\boldsymbol{M}_O(\boldsymbol{F})]_x\\M_y(\boldsymbol{F})=[\boldsymbol{M}_O(\boldsymbol{F})]_y\\M_z(\boldsymbol{F})=[\boldsymbol{M}_O(\boldsymbol{F})]_z\end{cases} \tag{1.17}$$

五、力偶

大小相等、方向相反、作用线平行但不共线的两个力组成的力系称为**力偶**。例如,汽车司机转动方向盘,电动机转子所受的电磁力的作用等,如图1.14所示,记为($\boldsymbol{F},\boldsymbol{F}'$),这里$\boldsymbol{F}=-\boldsymbol{F}'$。此二力作用线所决定的平面称为**力偶作用面**,两作用线间的垂直距离d称为**力偶臂**。

如图1.15所示,刚体上作用有力偶($\boldsymbol{F},\boldsymbol{F}'$),由空间任一点$O$向$A$、$B$两点作矢径$\boldsymbol{r}_A$、$\boldsymbol{r}_B$。力偶对点$O$的转动效应可用力对点之矩进行度量,即

$$\boldsymbol{M}_O(\boldsymbol{F},\boldsymbol{F}')=\boldsymbol{M}_O(\boldsymbol{F})+\boldsymbol{M}_O(\boldsymbol{F}')=\boldsymbol{r}_A\times\boldsymbol{F}+\boldsymbol{r}_B\times\boldsymbol{F}'=(\boldsymbol{r}_A-\boldsymbol{r}_B)\times\boldsymbol{F}=\boldsymbol{r}_{BA}\times\boldsymbol{F} \tag{1.18}$$

由此可见,力偶对刚体产生的绕任一点O的转动效应与O的位置无关,定义

$$\boldsymbol{M}=\boldsymbol{r}_{BA}\times\boldsymbol{F} \tag{1.19}$$

为力偶($\boldsymbol{F},\boldsymbol{F}'$)的**力偶矩矢**,记为$\boldsymbol{M}$,用来度量力偶对刚体的转动效应。因为力偶矩矢$\boldsymbol{M}$与矩心的选择无关,因而是一个自由矢量。

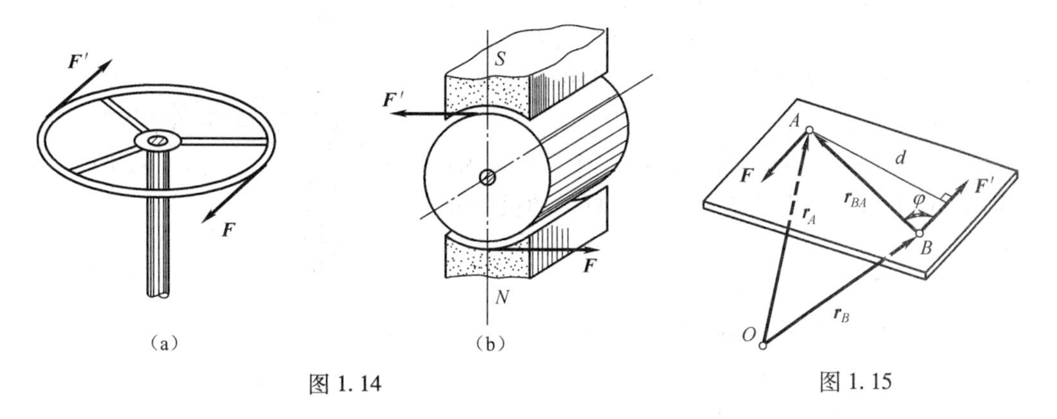

图1.14　　　　图1.15

力偶矩矢的大小$M=r_{BA}F\sin\varphi=Fd$,方向沿力偶作用面的法线,指向与力偶转向服从右手螺旋法则。因此,力偶对刚体的作用取决于三个要素:力偶矩矢的大小、力偶作用面的方位及力偶的转向。力偶矩矢$\boldsymbol{M}$可表示为图1.16所示的矢量,矢量的始端可取在任一点。

与力对点之矩相同,力偶矩矢在平面问题中退化为代数量,记为M,则

$$M=\pm Fd \tag{1.20}$$

这里正负代表不同转向,一般规定逆时针转向为正。

力偶只对刚体产生转动效应,而力偶矩矢是对刚体转动效应的度量。因此力偶的等效条件可叙述为:**两个力偶矩矢相等的力偶是等效的**。根据力偶矩矢的等效条件,可将力偶的性质归纳如下:

性质一　力偶不能与力等效,因此也不能与一个力平衡。这是因为力偶只会使刚体产生转动效应,而力对刚体或产生平移效应(当力的作用线通过刚体的质心时),或同时产生平移和转动效应(当力的作用线不通过刚体的质心时)。因此力和力偶是静力学的两个基本要素。

性质二　在保持力偶矩矢不变的条件下,力偶可以在其作用面内任意移转,或移到另

一平行平面,不影响力偶对刚体的作用效果。

性质三　在保持力偶矩矢的大小和方向不变的条件下,同时改变力偶中力与力偶臂的大小,不影响力偶对刚体的作用效果。

根据力偶的性质三,力偶可在其作用面内用一弯曲的箭头表示,如图 1.17 所示,箭头表示力偶的转向,M 表示力偶矩矢的大小。

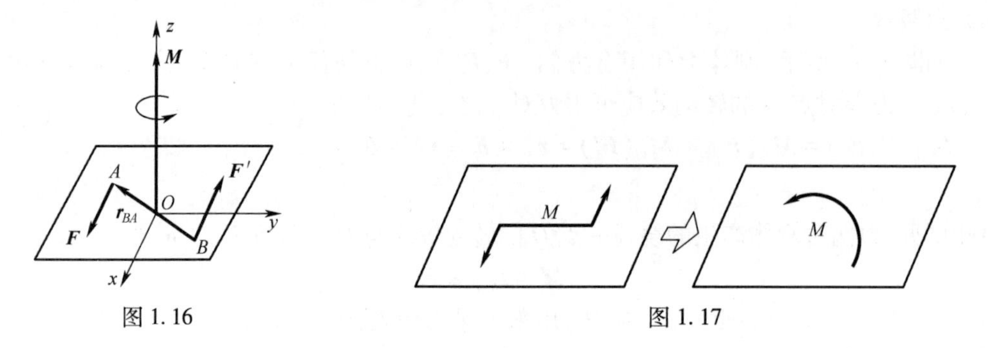

图 1.16　　　　图 1.17

例 1.1　在轴 AB 的手柄 BC 的一端作用着力 $\boldsymbol{F}$,如图所示。试求该力对轴 AB 以及对点 B 和点 A 的力矩。已知 $AB = 200\text{mm}$, $BC = 180\text{mm}$, $F = 50\text{N}$, $\varphi = 45°$, $\beta = 60°$。

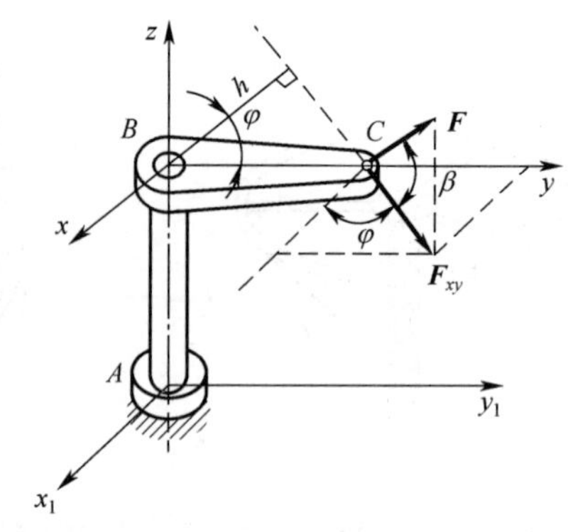

例 1.1 图

解:建立坐标系 $Bxyz$,如图所示。点 C 坐标为:$x = 0$, $y = 0.18\text{m}$, $z = 0$,力 $\boldsymbol{F}$ 在三个坐标轴的投影分别为

$$F_x = F\cos\beta\cos\varphi = 17.68\text{N}$$

$$F_y = F\cos\beta\sin\varphi = 17.68\text{N}$$

$$F_z = F\sin\beta = 43.3\text{N}$$

力 $\boldsymbol{F}$ 对点 B 的力矩可按式(1.11)求出。

$$\boldsymbol{M}_B(\boldsymbol{F}) = 7.79\boldsymbol{i} - 3.18\boldsymbol{k}\ (\text{N}\cdot\text{m})$$

求力 $\boldsymbol{F}$ 对点 A 的力矩,坐标原点应取在点 A(请考虑为什么?),建立坐标系 Ax_1y_1z,则 C 点坐标应为:$x = 0$, $y = 0.18\text{m}$, $z = 0.2\text{m}$,力在三个坐标轴上的投影不变,由式(1.11)可得

$$\boldsymbol{M}_A(\boldsymbol{F}) = 4.26\boldsymbol{i} + 3.54\boldsymbol{j} - 3.18\boldsymbol{k}\ (\text{N}\cdot\text{m})$$

根据力对点之矩与力对轴之矩的关系(式(1.17))得

$$M_{AB}(\boldsymbol{F}) = M_{Az}(\boldsymbol{F}) = M_{Bz}(\boldsymbol{F}) = -3.18(\text{N}\cdot\text{m})$$

按右手螺旋法则,力矩 $M_{AB}(\boldsymbol{F})$ 的指向与 z 轴正向相反。

1.4　约束与约束反力

位移不受限制的物体称为**自由体**,如天空中的飞机、火箭等。某些位移受到限制的物体称为**非自由体**,如火车、桥梁、屋架、机器的运动部件等。对非自由体的某些位移起限制作用的周围物体称为**约束**,如火车轨道、电机转子的轴承、吊起重物的绳索等都是约束。

约束与非自由体接触产生了作用力，约束对非自由体的作用力称为**约束反力**。作用于非自由体上的约束力以外的作用力称为**主动力**或**载荷**，如火车的牵引力，手对门的推力，过桥车辆对桥梁的压力等。主动力的大小和方向一般是预先知道的，与非自由体所受的约束无关。约束反力一般来说是被动的，它的大小和方向与主动力有关，且与接触处的约束特点有关。

下面介绍几种工程中常见的约束类型，并分析其约束反力的特征。

一、柔性体约束

柔软、不可伸长的约束物体称为**柔性体约束**，如绳索、链条等。此类约束只能限制物体沿柔性体约束拉伸方向的运动，其约束反力只能是沿其中心线的拉力，通常用 $\boldsymbol{F}_{\mathrm{T}}$ 表示，如图 1.18 所示。

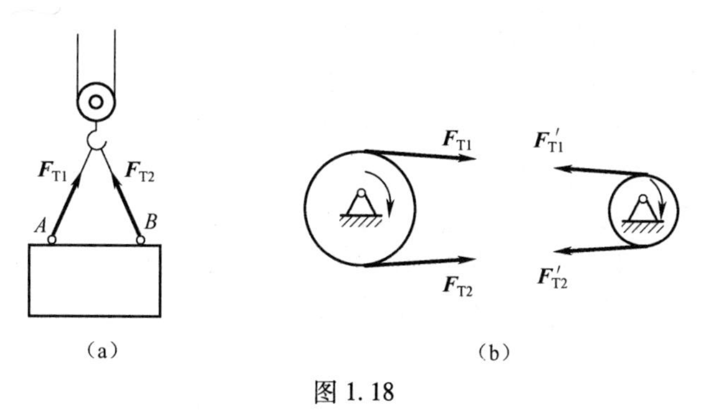

图 1.18

二、光滑面约束

与物体相接触的是另一物体的光滑面，称为**光滑面约束**。绝对光滑面是一种理想化的情形。事实上，两物体接触时，总有摩擦存在，当略去这种摩擦不会影响问题的基本性质时，就可以将这种接触表面视为光滑面约束。光滑接触面允许物体沿接触面的切线方向滑动，而不允许沿接触面公法线向接触面内部运动。因此，光滑面约束的约束反力为沿接触面公法线指向被约束物体，称为**法向约束反力**。通常用字母 $\boldsymbol{F}_{\mathrm{N}A}$ 表示，下标 A 用来说明接触部位，如图 1.19 所示。

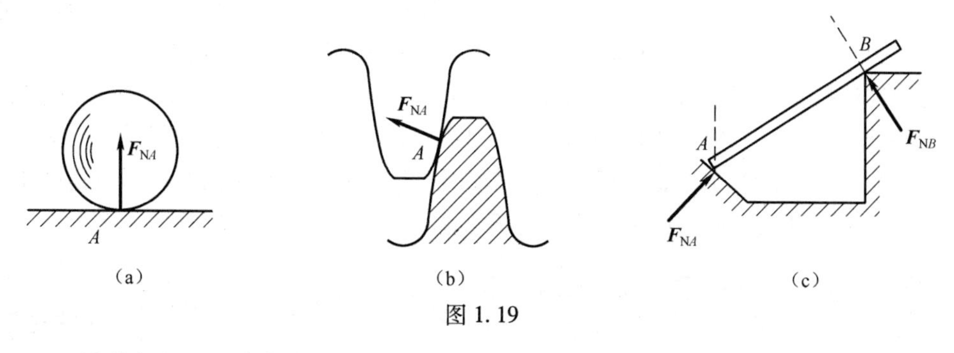

图 1.19

上面所讲光滑面约束仅能限制物体沿一个方向的运动，称为**单面约束**。单面约束的反力方向一般均能事先确定。还有一种约束称为**双面约束**，如图 1.20 中限制滑块运动的滑道，可以限制滑块向上或向下运动。在给定问题中，究竟哪一侧起作用取决于主动力的作用情况。因此，对于双面约束而言，其约束反力作用线的方位已知，但其指向事先难以确定。在实际计算中，可任意假设一个指向，根据计算结果的正负来确定假设是否符合实际。

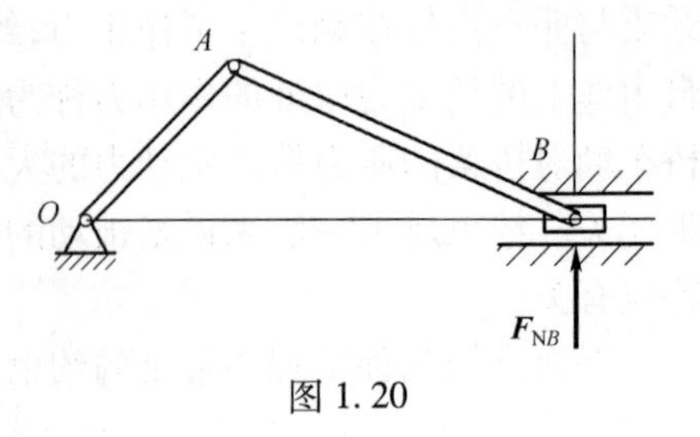

图 1.20

三、光滑铰链约束

光滑铰链约束按结构形式可分为两种基本类型：**光滑球铰链**和**光滑圆柱铰链**，简称**球铰链**和**柱铰链**。球铰链一般用于空间问题，柱铰链可用于空间和平面问题，尤以平面问题常见。

1. 光滑球铰链

球铰链约束由球头和球窝组成，将两个物体连接在一起，如图 1.21(a)所示。这种约束只允许物体绕球心 A 点作定点转动，不允许被约束物体向任意方向移动。如汽车变速箱的操纵杆、可向任意方向转动的台灯接头等。根据光滑接触面的性质，球铰链的约束反力作用于球与球窝的接触点上，该接触点的位置取决于被约束物体的受力情形和运动趋势，因而约束反力 $\boldsymbol{F}_{NA}$ 的方向事先不能确定。考虑到其约束力的作用线必定通过球心，如图 1.21(b)所示，通常用三个未知大小的正交分力 $\boldsymbol{F}_{Ax}$、$\boldsymbol{F}_{Ay}$、$\boldsymbol{F}_{Az}$ 表示，下标 A 表示是铰链 A 的约束力。球铰链的简图及约束反力的画法如图 1.21(c)、(d)所示。

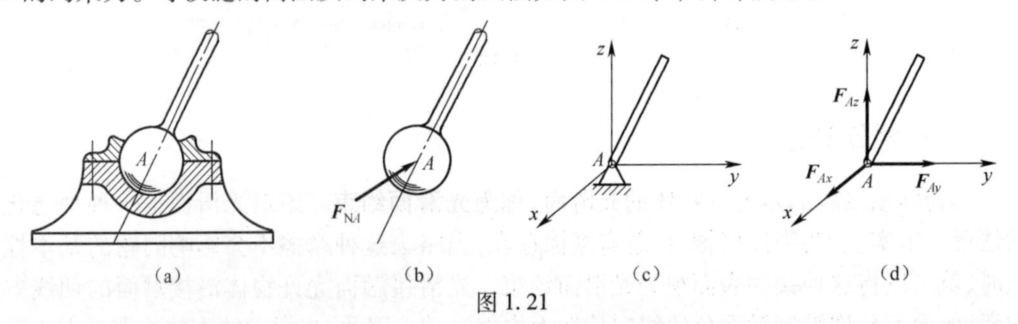

图 1.21

2. 光滑圆柱铰链

构件与构件或构件与基础之间，常用圆柱销钉插入两构件的圆孔中进行连接，假定接触是绝对光滑，即构成光滑圆柱铰链约束。根据被连接构件的具体情况，可有多种形式。

(1) 中间铰链约束。如图 1.22(a)、(b)所示，通过圆柱销钉 C 将两个具有相同直径销孔的构件连接在一起，两构件互为约束。被连接构件可以绕销钉轴线相对转动及沿销钉轴线移动，但沿径向的移动受到限制。如门窗铰链、活塞销等，其简图如图 1.22(c)所示。销钉与销孔的接触点位置同样不能事先确定，但约束反力必定沿径向通过销孔中心，可用垂直于销钉轴线平面内的两正交分力 $\boldsymbol{F}_{Cx}$ 和 $\boldsymbol{F}_{Cy}$ 表示(图 1.22(d))。

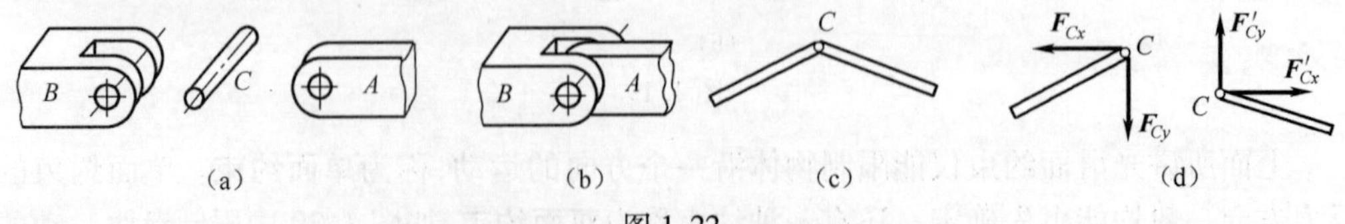

图 1.22

(2)固定铰链支座。如上述用圆柱销钉连接的两构件中，有一个构件与基础(地面或机架)固结，即构成固定铰链支座，如图1.23(a)所示。固定铰链支座的简图及约束反力的画法如图1.23(b)所示。

(3)活动铰链支座。活动铰链支座的构造如图1.24(a)所示，其约束反力 $\boldsymbol{F}_{\mathrm{N}}$ 的作用线必垂直于支承面且通过铰链中心，其简图及约束反力的画法如图1.24(b)所示。应该指出，实际工程结构中的活动铰链支座，既限制被约束物体向下运动，也限制向上运动，约束反力的指向可能背向接触面，也可能指向接触面。

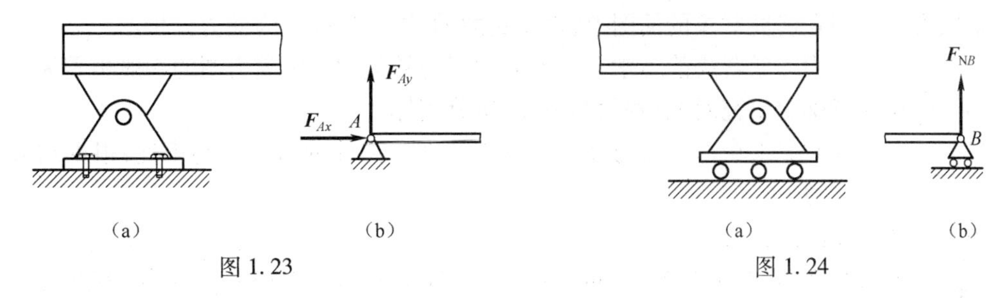

图1.23　　　　图1.24

四、固定端约束

上面介绍的三类约束均限制物体沿部分方向的运动，有时构件还会受到完全固结的作用。如深埋在地里的电线杆，紧固在刀架上的车刀等(图1.25(a)、(b))。这种约束限制受约束物体沿任何方向的平移和转动，称为**固定端约束**。对于空间固定端约束，通常用 $\boldsymbol{F}_{Ax}$、$\boldsymbol{F}_{Ay}$、$\boldsymbol{F}_{Az}$ 和 $\boldsymbol{M}_{Ax}$、$\boldsymbol{M}_{Ay}$、$\boldsymbol{M}_{Az}$ 表示，如图1.25(c)所示。约束反力和约束反力偶统称为约束反力。

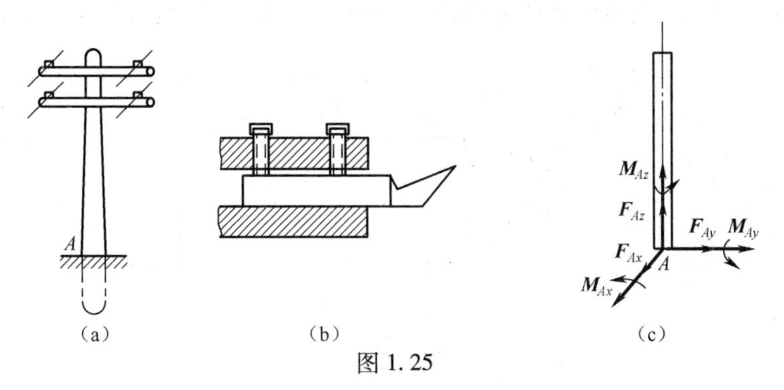

图1.25

对于平面固定端约束(图1.26(a))，通常用两个约束反力 $\boldsymbol{F}_{Ax}$、$\boldsymbol{F}_{Ay}$ 和一个约束反力偶 $\boldsymbol{M}_A$ 表示，如图1.26(b)所示。

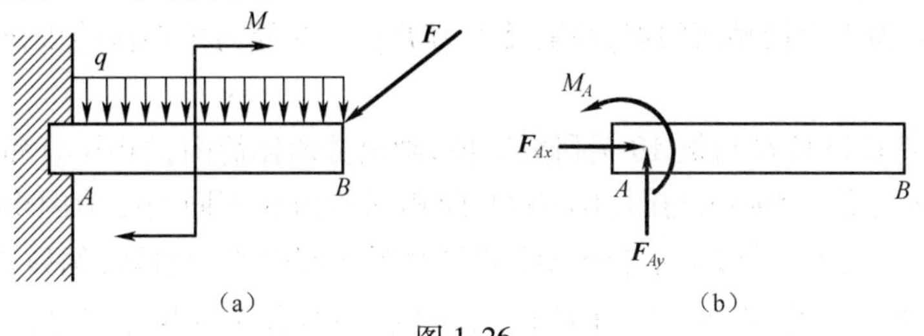

图1.26

1.5 受力分析和受力图

求解力学问题时，需要选择某个或某些个物体作为研究对象。将该研究对象从与它有联系的周围物体中分离出来，单独地画出简图，称为**取分离体**。分析分离体的受力情况，即该研究对象受到哪些力的作用以及这些力的作用位置和方向。此时需解除周围其他物体对他的约束，并以相应的约束反力代替约束对它的作用，并将作用在其上的主动力和约束反力全部画在研究对象的简图上，得到**受力图**，这个过程称为**受力分析**。

受力分析是工程力学解决静力学和运动力学问题的关键。画受力图的一般步骤为：

(1) 根据题意确定研究对象，解除约束，取出分离体；

(2) 画出研究对象上全部主动力和约束反力。在分离体的每一处约束处，根据约束的类型画上约束反力。

画受力图时需注意：

(1) 各力必有来源，既不能多画，也不能少画，画出的每个力都要有依据（有施力物体），决不能凭空产生。凡是研究对象与外界接触的地方，都存在约束反力。

(2) 分离体中各部分之间的相互作用力，对分离体来说都是内力，内力总是成对出现的。因此，受力图上只画主动力和周围物体对分离体的约束反力（称为外力），不画内力。

(3) 物体系的整体、部分及单个物体的受力图中，作用于物体上的力的符号、方向要彼此协调。

例 1.2 如图(a)所示，重为 W_1 的均质圆柱夹在重为 W_2 的光滑均质板 AB 与光滑铅垂墙之间，均质板的 A 端用固定铰支座固定在铅垂墙上，B 端用水平绳索 BE 系于墙上。试画出圆柱 C 与板 AB 组成的物体系整体受力图，以及圆柱 C、板 AB 的受力图。

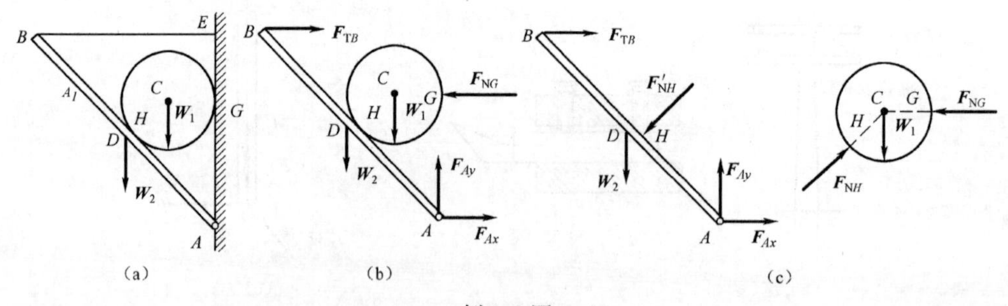

例 1.2 图

解：(1) 取圆柱 C 与板 AB 组成的系统为研究对象，画出分离体简图，如图(b)所示。主动力为 W_1 和 W_2。A 处为固定铰支座，其约束反力用两个大小未知的正交分力 $\boldsymbol{F}_{Ax}$ 和 $\boldsymbol{F}_{Ay}$ 表示。G 处为光滑接触面约束，约束反力为 $\boldsymbol{F}_{NG}$。B 处为柔性体约束，约束反力为拉力 F_{TB}。

(2) 分别选取圆柱 C 与板 AB 为研究对象，画出分离体简图，如图(c)和(d)所示。注意，这两个物体的受力图必须与图(b)协调，即相同的力在不同的受力图中表示应一致，如图(b)和(c)中的 $\boldsymbol{F}_{Ax}$ 和 $\boldsymbol{F}_{Ay}$；各个物体的受力图之间也必须协调，例如 H 处作用于圆柱上的约束力 $\boldsymbol{F}_{NH}$ 与作用于板 AB 上的约束力 $\boldsymbol{F}'_{NH}$ 为作用力与反作用力的关系。

例 1.3 如图(a)所示的三铰拱桥,由左、右两拱铰接而成。设各拱自重不计,在拱 AC 上作用有载荷 $\boldsymbol{F}$,试分别画出拱 AC 和 BC 的受力图。

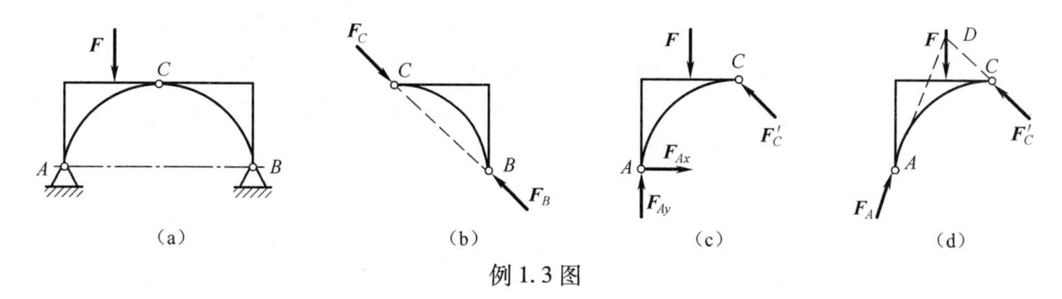

例 1.3 图

解:(1) 先分析拱 BC 的受力。由于拱自重不计,且只在 B 、C 两处受到铰链约束,因此拱 BC 仅在两端分别受到两个通过铰链中心的力。根据二力平衡条件,这两个力必定等值、反向、共线,因此 B 、C 两处的约束反力必定沿两铰链中心 B 、C 的连线,指向可任意假设,且 $\boldsymbol{F}_B=-\boldsymbol{F}_C$,如图(b)所示,这种构件称为**二力构件或二力杆**。

(2) 取拱 AC 为研究对象。由于拱自重不计,主动力只有载荷 $\boldsymbol{F}$ 。拱在铰链 C 处受到拱 BC 给它的约束反力 $\boldsymbol{F}'_C$ 的作用,根据作用与反作用定律, $\boldsymbol{F}'_C=-\boldsymbol{F}_C$ 。A 处为固定铰支座约束,可用两个大小未知的正交分力 $\boldsymbol{F}_{Ax}$ 和 $\boldsymbol{F}_{Ay}$ 表示。拱 AC 受力图如图(c)所示。

再进一步分析可知,由于拱 AC 在 $\boldsymbol{F}$ 、$\boldsymbol{F}'_C$ 和 $\boldsymbol{F}_A$ 三个力作用下平衡,点 D 为力 $\boldsymbol{F}$ 和 $\boldsymbol{F}'_C$ 作用线的交点,根据三力平衡汇交定理,可确定约束反力 $\boldsymbol{F}_A$ 的作用线必通过点 D (图(d)),其指向可任意假设,以后由平衡条件确定。

读者可自行练习画出整个三铰拱的受力图,注意内力不必画出。

例 1.4 由 AB 和 BC 构成的组合梁通过铰链 B 连接,如图(a)所示,不计梁重。试分别画出 AB 和 BC 及整体的受力图。

解:(1) 取梁 BC 为研究对象。主动力有分布载荷 q。C 处为活动铰链支座,约束反力 $\boldsymbol{F}_{\mathrm{NC}}$ 方向垂直于斜面。B 处为圆柱铰链约束,可用两个大小未知的正交分力 $\boldsymbol{F}_{Bx}$ 和 $\boldsymbol{F}_{By}$ 表示。梁 BC 的受力图如图(b)所示。

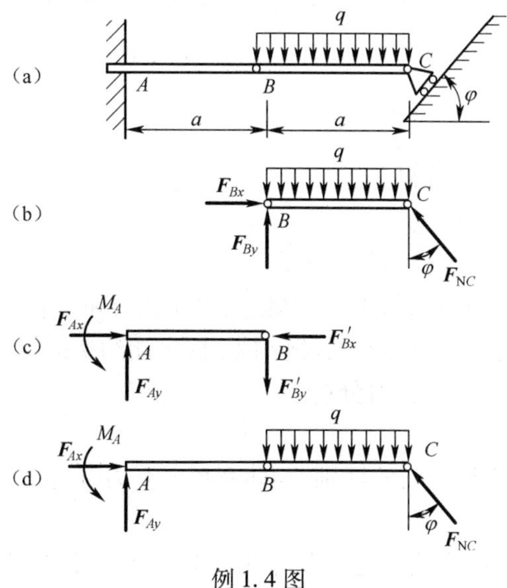

例 1.4 图

（2）再取梁 AB 为研究对象。根据作用与反作用定律，梁 AB 在 B 处受有 $\boldsymbol{F}'_{Bx}$ 和 $\boldsymbol{F}'_{By}$ 作用，且 $\boldsymbol{F}_{Bx}=-\boldsymbol{F}'_{Bx}$，$\boldsymbol{F}_{By}=-\boldsymbol{F}'_{By}$。$A$ 处为固定端约束，其约束作用可用两个大小未知的正交分力 $\boldsymbol{F}_{Ax}$ 和 $\boldsymbol{F}_{Ay}$ 及一个约束反力偶 M_A 表示。梁 AB 的受力图如图(c)所示。

（3）取整体为研究对象，受力图如图(d)所示，其中 B 处的约束反力属于内力，不必画出。

例 1.5 如图(a)所示，均质平板 $ABCD$ 重 W，EC 为一根钢索，A 端为球铰链，B 端为柱铰链。试画出均质平板的受力图。

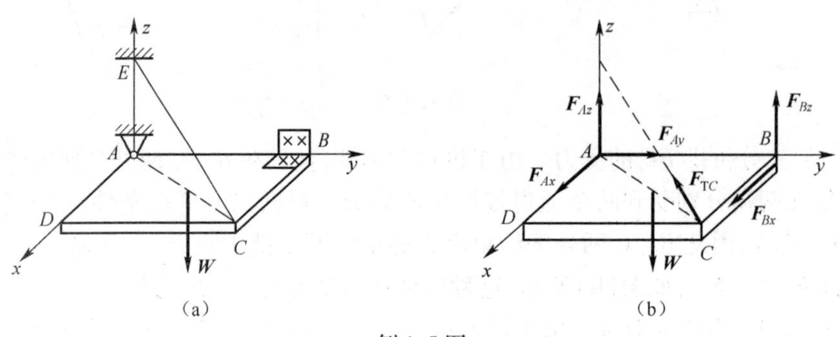

例 1.5 图

解：以平板 $ABCD$ 为研究对象。主动力为重力 W。C 处受钢索拉力 $\boldsymbol{F}_{TC}$ 作用，方向背离平板。A 处为球铰链约束，可用三个大小未知的正交分力 $\boldsymbol{F}_{Ax}$、$\boldsymbol{F}_{Ay}$、$\boldsymbol{F}_{Az}$ 表示。B 处为柱铰链，可用两个大小未知的正交分力 $\boldsymbol{F}_{Bx}$ 和 $\boldsymbol{F}_{Bz}$ 表示。受力图如图(b)所示。

本 章 小 结

一、本章基本要求

1. 理解力、刚体、平衡和约束等概念，掌握静力学公理及其推论。
2. 熟练计算力在轴上的投影，掌握合力投影定理。
3. 理解力对点之矩及力对轴之矩的概念，掌握合力矩定理，熟练计算力对轴之矩。
4. 理解力偶和力偶矩矢的概念，明确力偶的性质和力偶的等效条件。
5. 熟悉约束的基本特征及约束反力的画法，对简单的物体系统能熟练、正确地画出受力图。

二、本章重点

1. 力、刚体、平衡和约束等概念。
2. 静力学公理及其推论。
3. 力在坐标轴上的投影、合力投影定理。
4. 力对点(轴)之矩的计算、力偶矩的概念、力偶性质和力偶等效条件。
5. 柔性体约束、光滑面约束、光滑铰链约束、固定端约束的特征及其反力的画法。
6. 单个物体及物体系统的受力分析。

三、本章难点

力对点(轴)之矩与力偶矩矢的区别，物体系统的受力分析。

四、学习建议

1. 本章讲述概念较多，要熟悉这些概念的定义，并理解其意义。例如：

属于力的:合力、分力、力系、主动力、约束反力、作用力、反作用力、内力、外力等。

属于物体的:刚体、变形体、自由体、非自由体等。

属于数学的:代数量、矢量(向量)、滑动矢量、自由矢量、定位矢量等。

2. 静力学公理是最普遍、最基本的客观规律,是静力学基础,要熟记理解。

3. 约束是对物体间实际连接方式的理想化和简化。如何把工程中实际的约束加以合理简化,是受力分析中的一个重要而困难的问题。在对具体情况进行分析时,应从约束所能限制的非自由体的运动来考虑,熟练掌握各类约束的特征和约束反力的正确画法。

4. 力偶与力是静力学的两个基本元素。明确力偶矩矢的性质,理解力偶的等效条件,清楚力偶矩矢与力矩的异同点。

5. 力对点之矩是理解空间力系简化与合成的关键,而力对轴之矩是正确列出力矩式平衡方程的基础。通常计算力对轴之矩时,可以将力的投影和作用点的坐标代入力对轴之矩的解析表达式进行计算,也可以将力分解后,按照合力矩定理直接计算。

习　　题

1-1　V、H 两平面互相垂直,平面 ABC 与平面 H 成 45°,ABC 为直角三角形。求力 $\boldsymbol{F}$ 在平面 V、H 上的投影。

1-2　图(a)、(b)所示,Ox_1y_1 与 Ox_2y_2 分别为正交与斜交坐标系。试将同一力 $\boldsymbol{F}$ 分别对两坐标系进行分解和投影,并比较分力与力的投影。

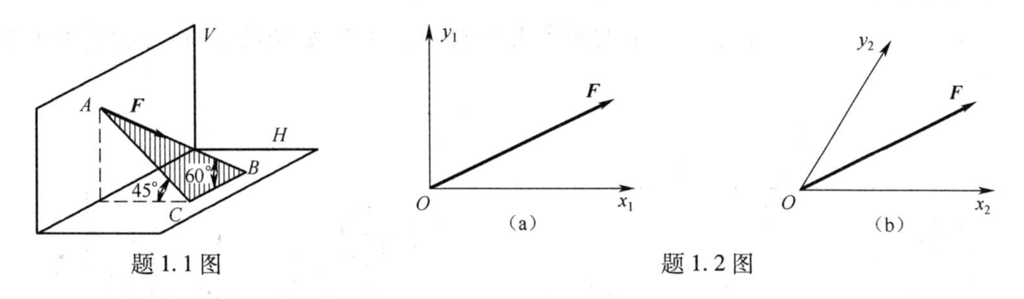

题 1.1 图　　　　题 1.2 图

1-3　求图示力 $F = 1000\text{N}$ 在三个坐标轴上的投影 F_x、F_y、F_z 及对于 z 轴的力矩 M_z。

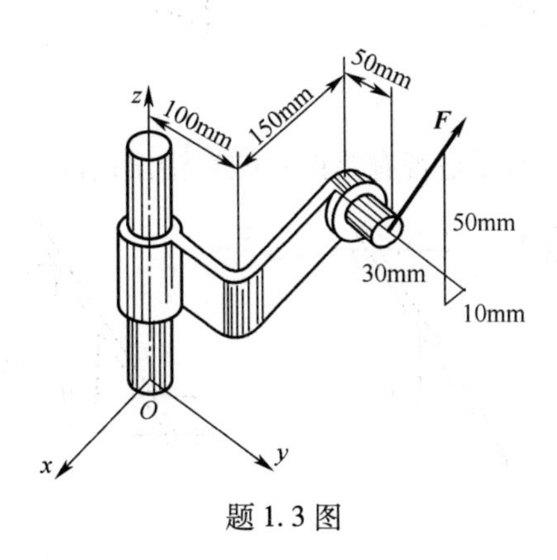

题 1.3 图

1-4 交通信号灯用钢丝绳加固如图所示，若钢丝绳拉力为 4kN，试求：拉力 $\boldsymbol{F}$ 对灯杆根部 C 点之矩和对灯杆轴线 CD 之矩。

1-5 水平圆盘的半径为 r，外缘 C 处作用有已知力 $\boldsymbol{F}$，且力 $\boldsymbol{F}$ 与 C 处圆盘切线同位于铅垂平面内，它们之间的夹角为60°，其他尺寸如图所示。求力 $\boldsymbol{F}$ 对 x、y、z 轴之矩。

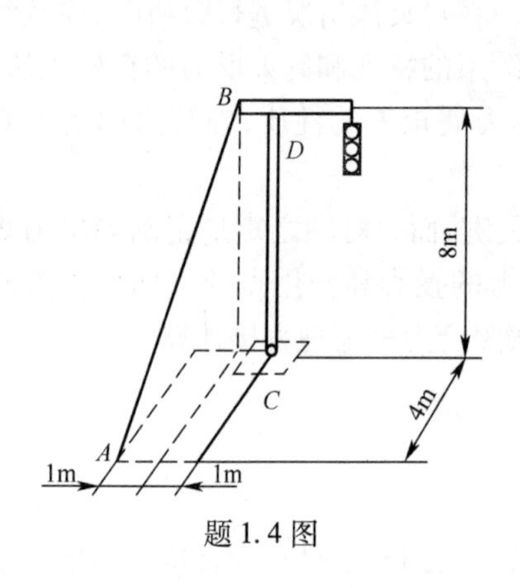

题 1.4 图

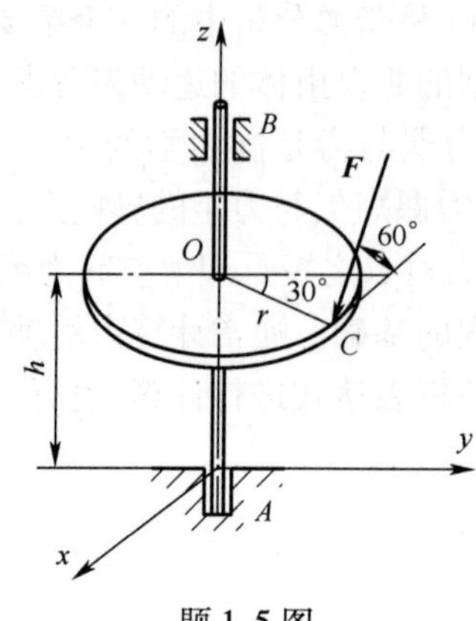

题 1.5 图

1-6 图示 A、B、C、D 均为滑轮，绕过 B、D 两滑轮的绳子两端的拉力 $F_1 = F_2 = 400\text{N}$，过 A、C 两滑轮的绳子两端的拉力 $F_3 = F_4 = 300\text{N}$，试求此两力偶的合力偶的大小和转向。滑轮大小忽略不计。

1-7 作用于管子扳手手柄上的两个力组成一个力偶，如图所示，试求力偶的力偶矩矢。

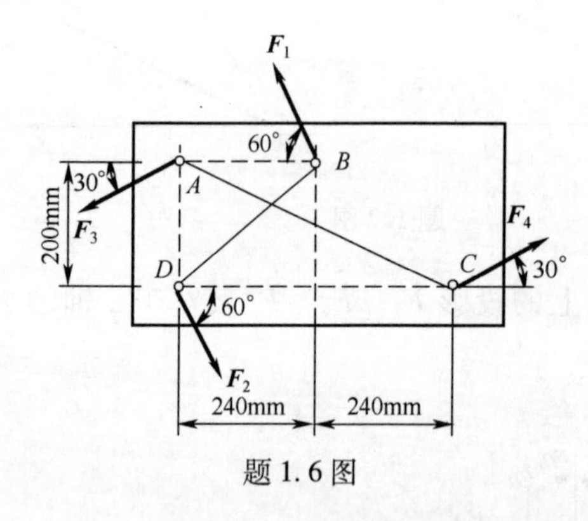

题 1.6 图

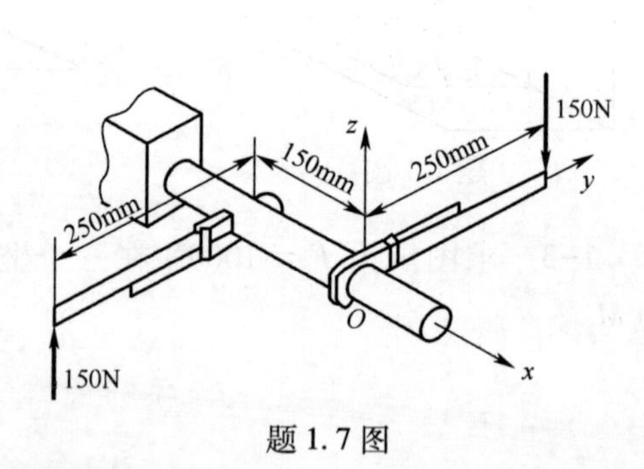

题 1.7 图

1-8 下列各物体的受力图是否有错误？如有错误请改正。

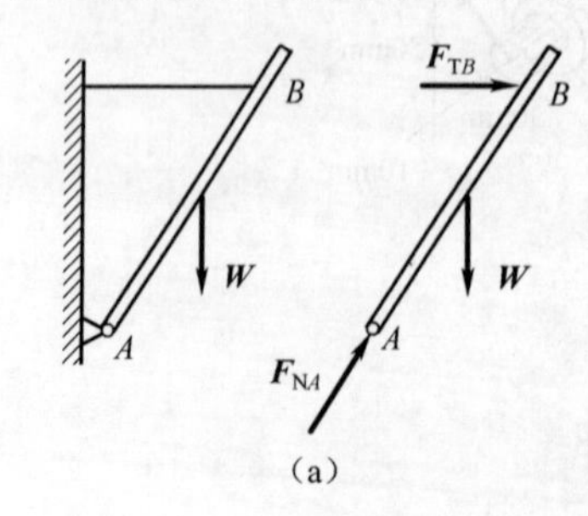

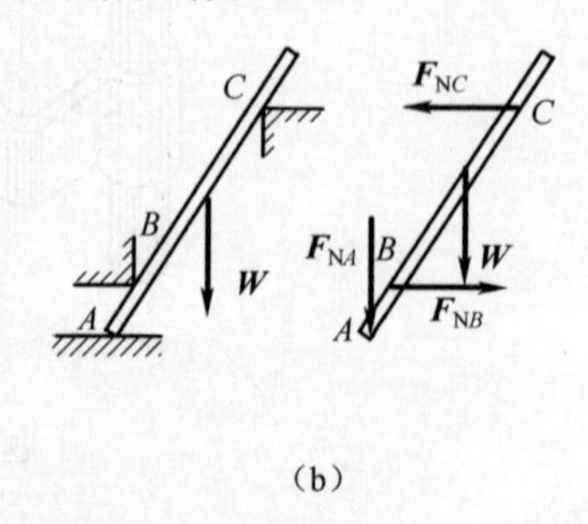

（a） （b）

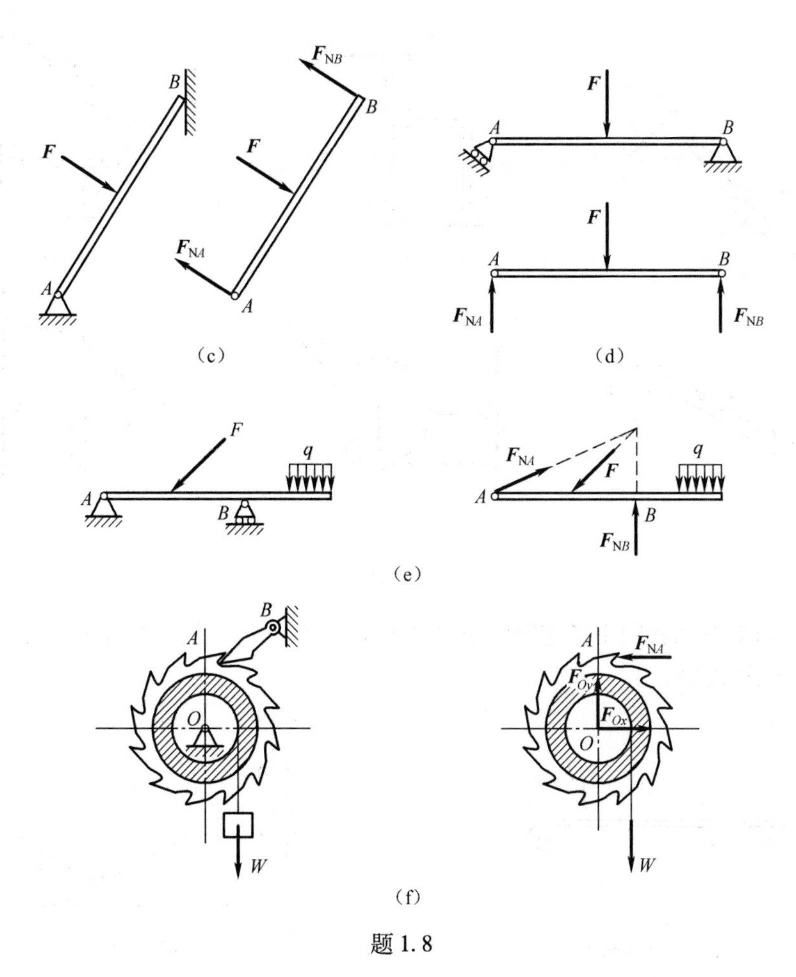

题 1.8

1-9 画出图示各题中各物体的受力图。未画重力的构件重量不计,所有接触处均为光滑接触。

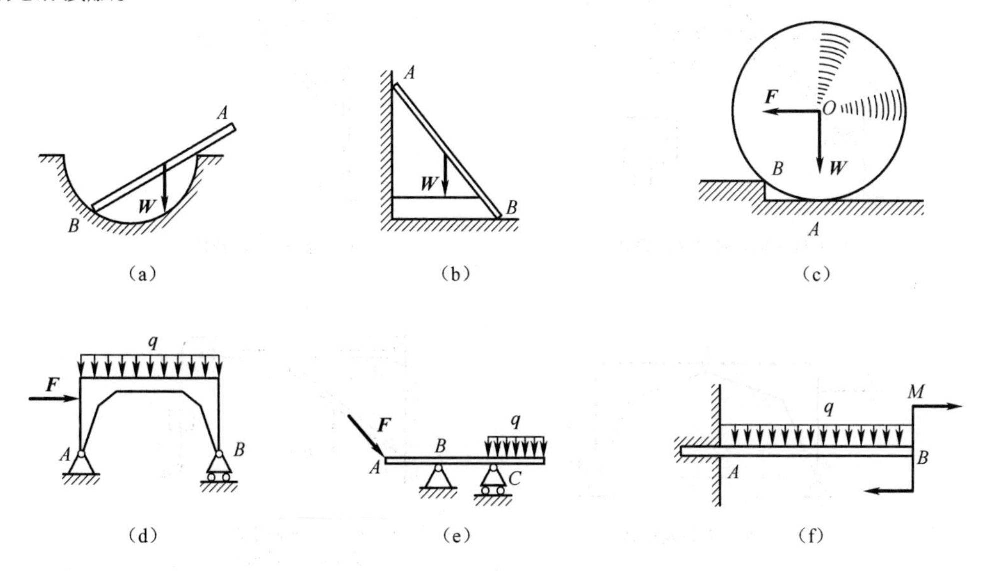

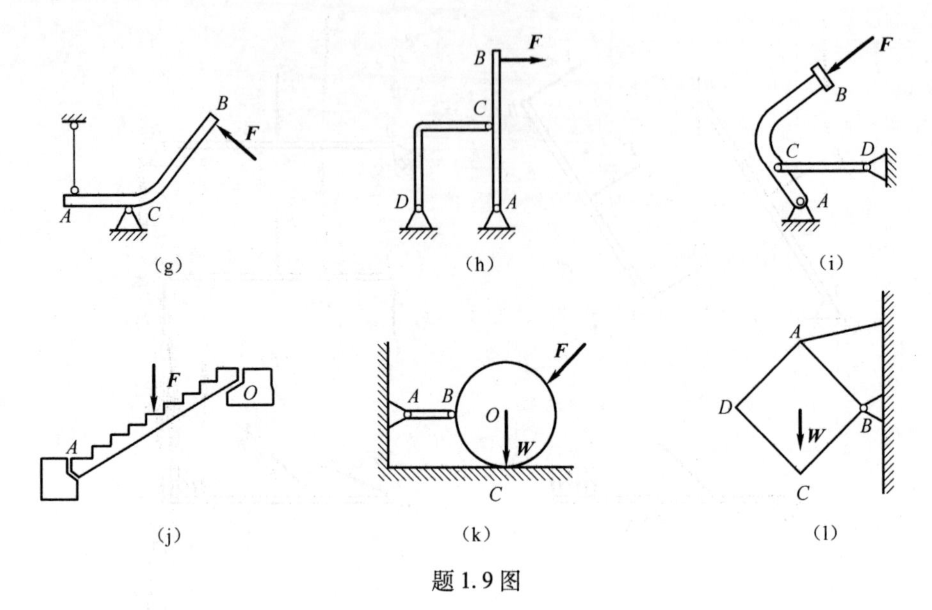

（g） （h） （i）

（j） （k） （l）

题 1.9 图

1-10 画出下列各图中指定物体或物系的受力图。未画重力的构件重量不计，所有接触处均为光滑接触。

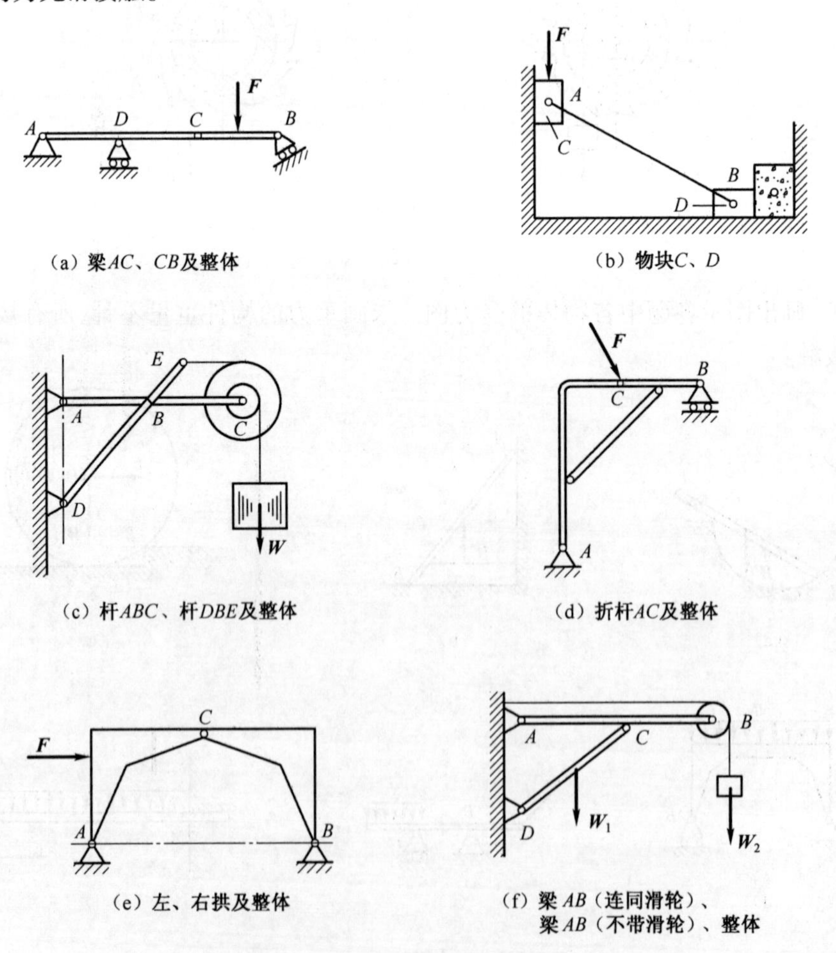

（a）梁AC、CB及整体

（b）物块C、D

（c）杆ABC、杆DBE及整体

（d）折杆AC及整体

（e）左、右拱及整体

（f）梁AB（连同滑轮）、梁AB（不带滑轮）、整体

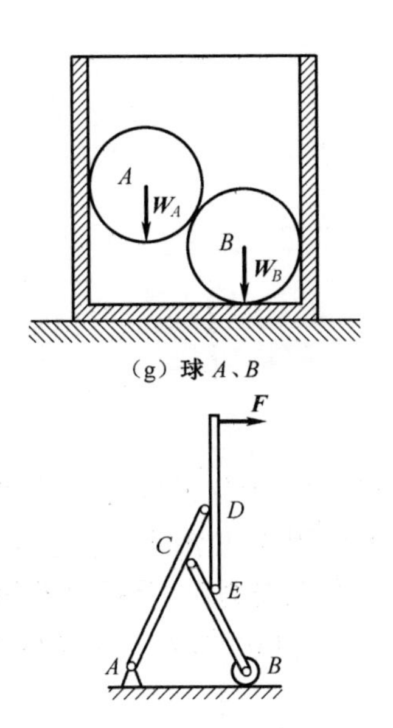

（g）球 A、B

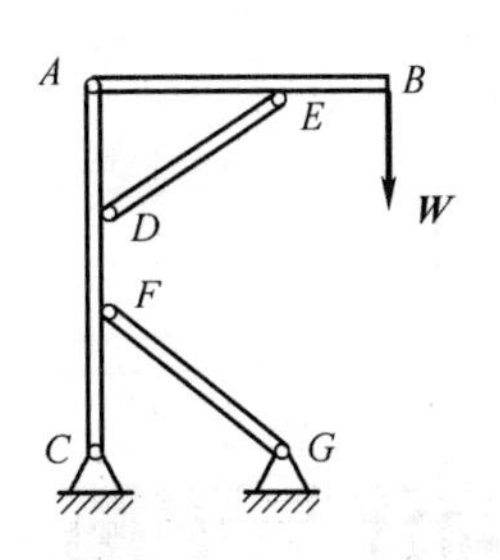

（h）横梁AB、立柱AC及整体

（i）杆AD、BC、DE及整体

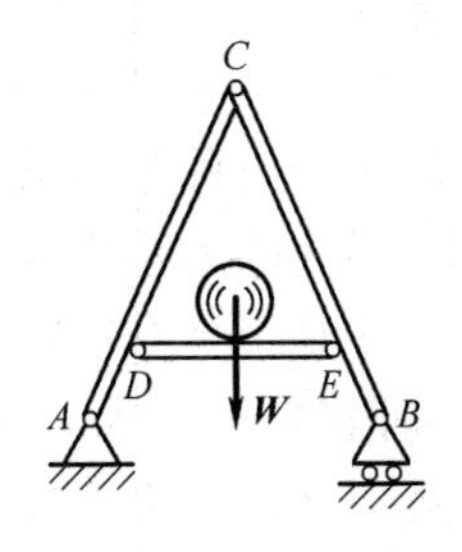

（k）杆DE、AC、BC及整体

题 1.10 图

第二章

力系的简化与平衡

作用于物体上的多个力称为力系。按照力在空间位置的分布情况,力系可分为两类:各力作用线在同一平面内的力系称为**平面力系**;各力作用线在空间分布的力系称为**空间力系**。按照各力作用线是否具有特殊关系,力系又分为**汇交力系**、**平行力系**和**任意力系**。另外,**力偶系**也是一种特殊的力系。这两种分类方法是独立的,相互交叉可得到各种力系,如平面任意力系、空间汇交力系等。

如果两个力系作用于同一个物体上所产生的效果相同,称这两个力系为**等效力系**。对于刚体而言,等效的含义为两个不同力系对同一刚体产生的运动效应完全相同。若刚体处于平衡状态,则该力系为**平衡力系**。所谓力系的**简化**,就是把复杂的力系用与其等效的简单力系代替。根据力系的简化结果,可以考察原力系的作用效果,并可由力系的简化结果推导出力系的平衡条件及平衡方程。

2.1 汇交力系的简化与平衡

一、汇交力系的简化

力系中各力的作用线汇交于一点时,称为**汇交力系**。根据刚体上力的可传性原理,可将各力的作用点沿作用线滑移到汇交点 A 得到共点力系(图 2.1(a)),依次使用平行四边形法则或三角形法则,可合成为一个合力(图 2.1(b)、(c)),表示为

$$\boldsymbol{F}_{\mathrm{R}} = \boldsymbol{F}_1 + \boldsymbol{F}_2 + \cdots + \boldsymbol{F}_n = \sum_{i=1}^{n} \boldsymbol{F}_i \tag{2.1}$$

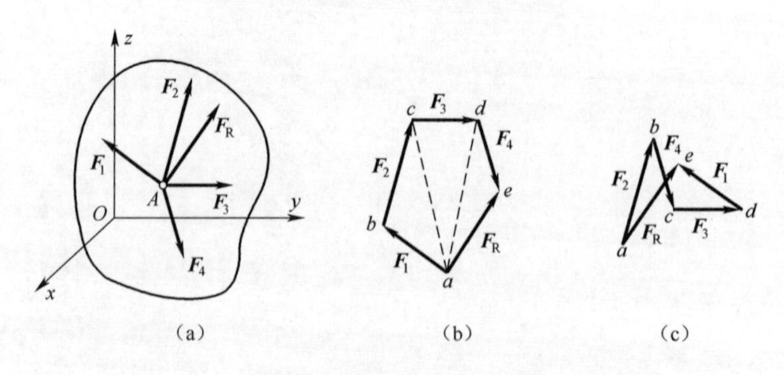

图 2.1

即:汇交力系可简化为一个合力,合力作用线过汇交点,合力矢为各力的矢量和。这种求汇交力系合力的方法称为**几何法**。

各力 $\boldsymbol{F}_i$ 和合力 $\boldsymbol{F}_{\mathrm{R}}$ 的解析表达式为

$$\begin{cases}\boldsymbol{F}_i = F_{xi}\boldsymbol{i} + F_{yi}\boldsymbol{j} + F_{zi}\boldsymbol{k} \\ \boldsymbol{F}_{\mathrm{R}} = F_{\mathrm{R}x}\boldsymbol{i} + F_{\mathrm{R}y}\boldsymbol{j} + F_{\mathrm{R}z}\boldsymbol{k}\end{cases}$$

代入式(2.1)可得

$$F_{\mathrm{R}x} = \sum_{i=1}^{n} F_{xi}, F_{\mathrm{R}y} = \sum_{i=1}^{n} F_{yi}, F_{\mathrm{R}z} = \sum_{i=1}^{n} F_{zi} \tag{2.2}$$

合力的大小和方向余弦为

$$\begin{cases}F_{\mathrm{R}} = \sqrt{F_{\mathrm{R}x}^2 + F_{\mathrm{R}y}^2 + F_{\mathrm{R}z}^2} \\ \cos(\boldsymbol{F}_{\mathrm{R}},\boldsymbol{i}) = \dfrac{F_{\mathrm{R}x}}{F_{\mathrm{R}}}, \cos(\boldsymbol{F}_{\mathrm{R}},\boldsymbol{j}) = \dfrac{F_{\mathrm{R}y}}{F_{\mathrm{R}}}, \cos(\boldsymbol{F}_{\mathrm{R}},\boldsymbol{k}) = \dfrac{F_{\mathrm{R}z}}{F_{\mathrm{R}}}\end{cases} \tag{2.3}$$

这种求解汇交力系合力的方法,称为**解析法**。

二、汇交力系的平衡条件和平衡方程

由于汇交力系对刚体的作用可用其合力等效替代,故汇交力系平衡的必要和充分条件是:**该力系的合力为零**。这表明力多边形自行封闭,写成矢量形式为

$$\boldsymbol{F}_{\mathrm{R}} = \sum_{i=1}^{n} \boldsymbol{F}_i = 0 \tag{2.4}$$

写成解析形式为

$$\sum_{i=1}^{n} F_{xi} = 0 \ , \ \sum_{i=1}^{n} F_{yi} = 0 \ , \ \sum_{i=1}^{n} F_{zi} = 0 \tag{2.5}$$

则汇交力系平衡的必要和充分条件是:**各力在三个正交轴上的投影代数和分别等于零**。式(2.5)称为汇交力系的**平衡方程**,这是三个相互独立的方程,可以求解三个未知量。

对于平面汇交力系,显然只有两个独立的平衡方程

$$\sum_{i=1}^{n} F_{xi} = 0, \ \sum_{i=1}^{n} F_{yi} = 0 \tag{2.6}$$

可求解两个未知量。

例 2.1 用三脚架 $ABCD$ 、绞车 E 和滑轮 D 从矿井中吊起重量为 30kN 的重物 W ,如图(a)所示。如果 ABC 为等边三角形,各杆和绳索 DE 与水平面都成60°角,不计杆自重,试求当重物被匀速吊起时各杆的内力。

解:取滑轮 D 为研究对象,其上作用主动力 $\boldsymbol{W}$ 、绳索拉力 $\boldsymbol{F}_{\mathrm{T}}$ 、三根杆的支撑力 $\boldsymbol{F}_1$ 、$\boldsymbol{F}_2$ 和 $\boldsymbol{F}_3$。不计滑轮几何尺寸,则五个力组成空间汇交力系,建立坐标系如图(a),(b)所示。列写平衡方程

$$\sum F_z = 0,\ F_1\sin60° + F_2\sin60° + F_3\sin60° - W - F_{\mathrm{T}}\sin60° = 0$$

$$\sum F_y = 0,\ F_1\cos60°\cos60° - F_2\cos60° + F_3\cos60°\cos60° - F_{\mathrm{T}}\cos60° = 0$$

$$\sum F_x = 0,\ - F_1\cos60°\sin60° + F_3\cos60°\sin60° = 0$$

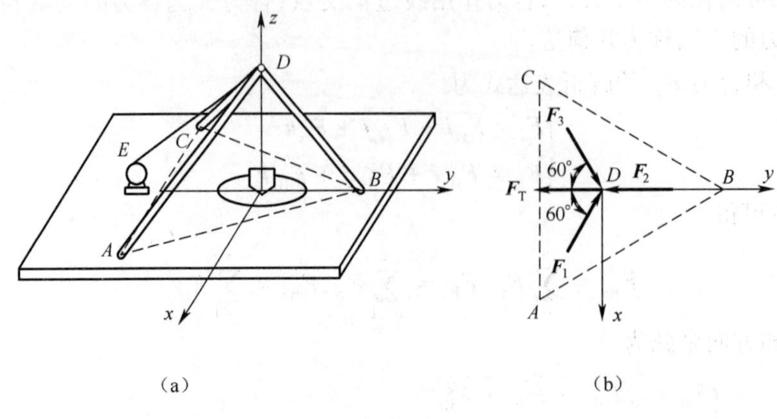

例 2.1 图

其中 $F_T = W$，联立求解可得

$$F_1 = F_3 = \frac{2(1+\sqrt{3})}{3\sqrt{3}}W = 31.55(\text{kN})$$

$$F_2 = \frac{2-\sqrt{3}}{3\sqrt{3}}W = 1.55(\text{kN})$$

为简单起见，列写平衡方程时已将力 $\boldsymbol{F}_i$ 中的下标 i 省略，但求和仍为自 $i=1$ 至 $i=n$，以下相同。

例 2.2 物体重 $W=20\text{kN}$，用绳子挂在支架的滑轮 B 上，绳子的另一端接在绞车 D 上，如图(a)所示。转动绞车，物体便能升起。设滑轮的大小、AB 与 CB 杆自重及摩擦略去不计，A、B、C 三处均为铰链连接。当物体处于平衡状态时，试求拉杆 AB 和支杆 CB 所受的力。

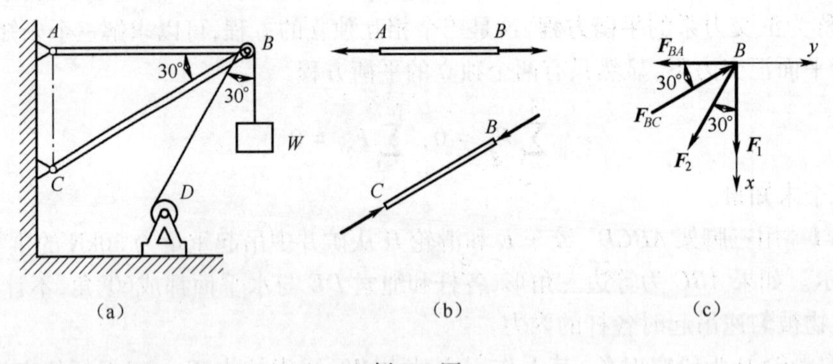

例 2.2 图

解：取滑轮 B 为研究对象。杆 AB、BC 为二力杆，设 AB 杆受拉、BC 杆受压，如图(b)所示。则杆 AB 和 BC 对滑轮的约束反力为 $\boldsymbol{F}_{BA}$ 和 $\boldsymbol{F}_{BC}$。滑轮受到钢丝绳的拉力 $\boldsymbol{F}_1$ 和 $\boldsymbol{F}_2$，且 $F_1 = F_2 = W$。忽略滑轮大小，上述各力都位于同一平面内，组成平面汇交力系，如图(c)所示。列写平衡方程

$$\sum F_x = 0,\ F_1 + F_2\cos 30° - F_{BC}\sin 30° = 0$$

$$\sum F_y = 0, F_{BC}\cos30° - F_{BA} - F_2\sin30° = 0$$

解得

$$F_{BA} = 54.64(\text{kN}), F_{BC} = 74.64(\text{kN})$$

均为正值,说明力的方向与假设方向一致。

2.2 力偶系的简化与平衡

一、力偶系的简化

由若干个力偶组成的力系,称为**力偶系**,如图2.2(a)所示。根据力偶的等效性,保持每个力偶矩矢大小、方向不变,将各力偶矩矢平移至图2.2(b)中的任一点 A,则刚体所受的力偶系与上一节介绍的汇交力系同属汇交矢量系,其合成过程与合成效果在数学上是等价的。由此可知,力偶系最终合成为一个合力偶,合力偶矩矢 $\boldsymbol{M}$ 等于各力偶矩矢的矢量和,即

$$\boldsymbol{M} = \boldsymbol{M}_1 + \boldsymbol{M}_2 + \cdots + \boldsymbol{M}_n = \sum_{i=1}^{n} \boldsymbol{M}_i \tag{2.7}$$

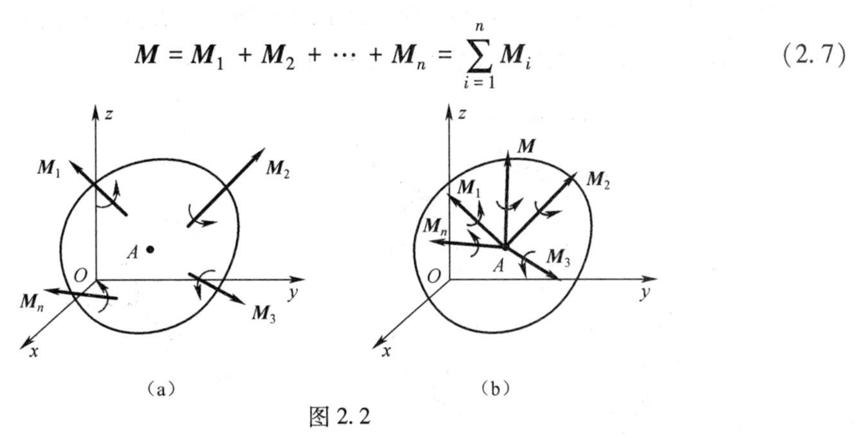

图2.2

合力偶矩矢在各坐标轴上的投影为

$$M_x = \sum_{i=1}^{n} M_{xi}, M_y = \sum_{i=1}^{n} M_{yi}, M_z = \sum_{i=1}^{n} M_{zi} \tag{2.8}$$

合力偶矩矢的大小和方向余弦分别为

$$\begin{cases} M = \sqrt{M_x^2 + M_y^2 + M_z^2} \\ \cos(\boldsymbol{M},\boldsymbol{i}) = \dfrac{M_x}{M}, \cos(\boldsymbol{M},\boldsymbol{j}) = \dfrac{M_y}{M}, \cos(\boldsymbol{M},\boldsymbol{k}) = \dfrac{M_z}{M} \end{cases} \tag{2.9}$$

对于平面力偶系,合成结果为该力偶系所在平面内的一个合力偶,合力偶矩为各力偶矩的代数和

$$M = \sum_{i=1}^{n} M_i \tag{2.10}$$

二、力偶系的平衡条件和平衡方程

由于力偶系可以用一个合力偶来代替,因此,力偶系平衡的必要和充分条件是:**该力**

偶系的合力偶矩矢等于零,即

$$\sum_{i=1}^{n} \boldsymbol{M}_i = 0 \tag{2.11}$$

写成解析形式有

$$\sum_{i=1}^{n} M_{xi} = 0,\ \sum_{i=1}^{n} M_{yi} = 0,\ \sum_{i=1}^{n} M_{zi} = 0 \tag{2.12}$$

即**各力偶矩矢在三个正交轴上的投影代数和分别等于零**。式(2.12)称为力偶系的平衡方程,可求解三个未知量。

对于平面力偶系,平衡方程只有一个:

$$\sum_{i=1}^{n} M_i = 0 \tag{2.13}$$

可求解一个未知量。

例 2.3 图示圆盘 A 、B 和 C 的直径分别为 150mm、100mm 和 50mm。轴 OA 、OB 和 OC 在同一平面内, $OB \perp OA$ 。在这三个圆盘上分别作用力偶,组成各力偶的力作用在轮缘上,它们的大小分别等于 10N、20N 和 F ,如图(a)所示。如这三个圆盘所构成的物系是自由的,不计自重,求能使此物系平衡的力 $\boldsymbol{F}$ 的大小和角 θ 。

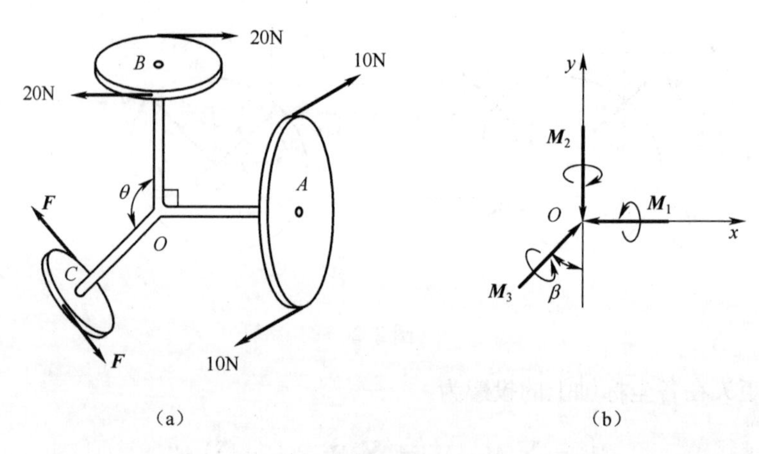

例 2.3 图

解:由右手螺旋法则可知,三个力偶矩矢沿各自转轴并指向 O 点(图(b))。列写平衡方程

$$\sum M_x = 0\ ,\ M_3 \sin\beta - M_1 = 0$$

$$\sum M_y = 0\ ,\ M_3 \cos\beta - M_2 = 0$$

解得

$$\beta = 36.87^\circ, M_3 = 2.5\mathrm{N \cdot m}$$

$$\theta = 180^\circ - \beta = 143.13^\circ$$

$$F = \frac{2.5}{0.05} = 50(\mathrm{N})$$

2.3　空间任意力系的简化

一、力的平移定理

作用于刚体上某一点的力，可沿其作用线滑移而不改变它对刚体的作用效应。那么，将力平行于其作用线移动会怎么样呢？下面就来讨论这一问题。

设力 $\boldsymbol{F}$ 作用于刚体上的点 A（图 2.3(a)），该力的作用线与刚体上的任一点 B 所决定的平面为 S。今在点 B 加上两个等值反向的力 $\boldsymbol{F}'$ 和 $\boldsymbol{F}''$，且 $\boldsymbol{F}'=-\boldsymbol{F}''=\boldsymbol{F}$，如图 2.3(b) 所示。由加减平衡力系公理知，$\boldsymbol{F}$、$\boldsymbol{F}'$ 和 $\boldsymbol{F}''$ 三力对刚体的作用与原力 $\boldsymbol{F}$ 对刚体的作用是等效的。但这三个力可看作是一个作用在点 B 的力 $\boldsymbol{F}'$ 和一个力偶（$\boldsymbol{F},\boldsymbol{F}''$）。这样，就把作用于点 A 的力 $\boldsymbol{F}$ 平行地移到了点 B，同时附加一个作用在平面 S 内的力偶（$\boldsymbol{F},\boldsymbol{F}''$），这个力偶称为**附加力偶**（图 2.3(c)），其力偶矩矢为

$$\boldsymbol{M}=\boldsymbol{M}_B(\boldsymbol{F})=\boldsymbol{r}\times\boldsymbol{F} \tag{2.14}$$

于是力的平移定理可表述为：**作用于刚体上的力可平移到刚体内任一点而不改变对刚体的作用效果，但必须同时附加一个力偶，附加力偶的力偶矩矢等于原力对新作用点之矩。**

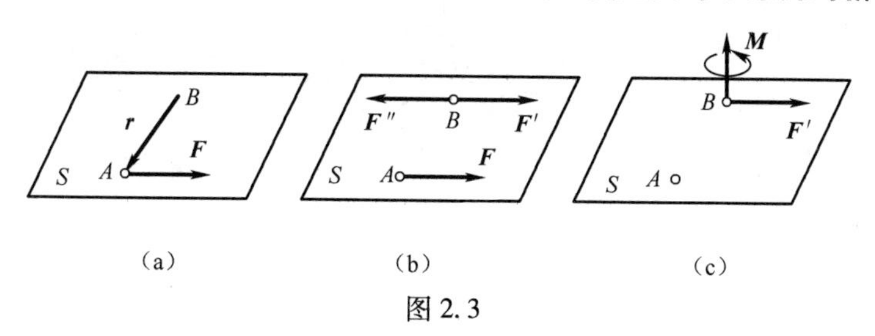

(a)　　(b)　　(c)

图 2.3

上述过程的逆过程也是成立的。当一个力与一个力偶矩矢垂直时，可简化为一个力，力的大小和方向与原力相同，但其作用线需平移距离 $\dfrac{|\boldsymbol{M}|}{F'}$。

力的平移定理不仅是力系向一点简化的理论基础，而且可用来解释日常生活和工程实际中的许多问题。例如，图 2.4(a) 中，作用于厂房立柱上的偏心载荷 $\boldsymbol{F}$，等效于图 2.4(b) 中作用在立柱轴线上的力 $\boldsymbol{F}'$ 与力偶 $\boldsymbol{M}$，$\boldsymbol{F}'$ 使立柱受压，而 $\boldsymbol{M}$ 使立柱产生弯曲。又如，用丝锥攻制螺纹时，双手用力相等，形成一个力偶，使丝锥只有转动效应。如果单手用力，如图 2.5(a) 所示，丝锥除了受到一个力偶 $\boldsymbol{M}$ 的作用外，还受到一个横向力 $\boldsymbol{F}'$ 的作用，如图 2.5(b) 所示，容易导致攻丝不正甚至丝锥折断。

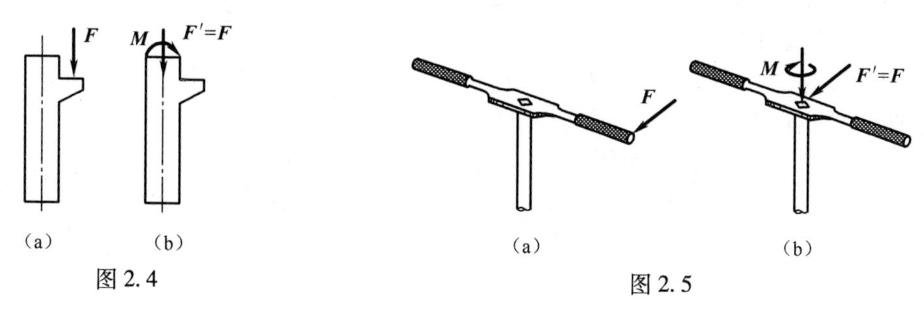

(a)　(b)

图 2.4

(a)　(b)

图 2.5

二、空间任意力系向一点的简化

设空间任意力系 $\boldsymbol{F}_1$、$\boldsymbol{F}_2$、…、$\boldsymbol{F}_n$ 作用于一刚体上，如图2.6(a)所示。将力系中的各力分别向刚体上任选的点 O 平移，应用力的平移定理，可得一个空间汇交力系 $\boldsymbol{F}'_1$、$\boldsymbol{F}'_2$、…、$\boldsymbol{F}'_n$ 和一个空间力偶系 $\boldsymbol{M}_1$、$\boldsymbol{M}_2$、…、$\boldsymbol{M}_n$，如图2.6(b)所示，点 O 称为**简化中心**。这里

$$\boldsymbol{F}'_i = \boldsymbol{F}_i, \boldsymbol{M}_i = \boldsymbol{M}_O(\boldsymbol{F}_i) \qquad (i = 1,2,\cdots,n)$$

汇交力系合成为一通过简化中心 O 的合力 $\boldsymbol{F}'_{\mathrm{R}}$，力偶系合成为一个合力偶 $\boldsymbol{M}_O$，如图2.6(c)所示，且有

$$\boldsymbol{F}'_{\mathrm{R}} = \sum_{i=1}^{n} \boldsymbol{F}'_i, \boldsymbol{M}_O = \sum_{i=1}^{n} \boldsymbol{M}_O(\boldsymbol{F}_i) \tag{2.15}$$

式中，$\boldsymbol{F}'_{\mathrm{R}}$ 称为该空间任意力系的**主矢**，与简化中心的选择无关；$\boldsymbol{M}_O$ 称为该空间任意力系对简化中心 O 的**主矩**，它的大小和方向一般与简化中心的选择有关。主矢和主矩在直角坐标系中三个坐标轴上的投影分别可由式(2.2)和式(2.8)表示；其大小和方向余弦分别如式(2.3)和式(2.9)所示。

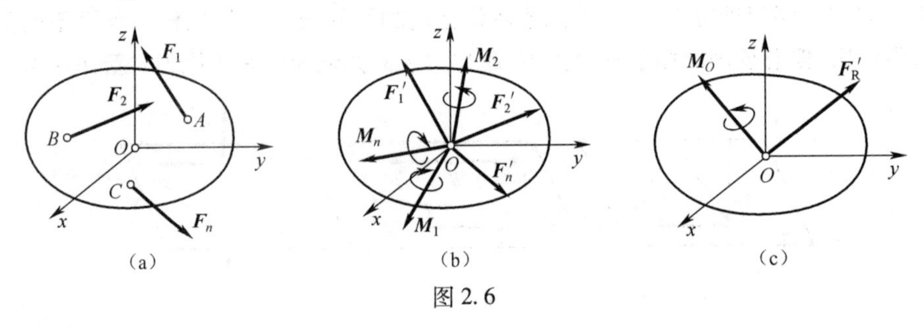

图2.6

三、简化结果分析

空间任意力系向一点简化后，得到主矢 $\boldsymbol{F}'_{\mathrm{R}}$ 和主矩 $\boldsymbol{M}_O$，但这还不是简化的最后结果，进一步分析如下：

1. $\boldsymbol{F}'_{\mathrm{R}} \cdot \boldsymbol{M}_O = 0$，分四种情形讨论

(1) $\boldsymbol{F}'_{\mathrm{R}} = 0, \boldsymbol{M}_O = 0$。力系等效为零力系，即力系平衡，这个问题将在下一节详细讨论。

(2) $\boldsymbol{F}'_{\mathrm{R}} = 0, \boldsymbol{M}_O \neq 0$。力系简化为一合力偶 $\boldsymbol{M}_O$，此时，其大小、方向与简化中心无关。

(3) $\boldsymbol{F}'_{\mathrm{R}} \neq 0, \boldsymbol{M}_O = 0$。力系简化为一合力 $\boldsymbol{F}_{\mathrm{R}}$，其作用线恰好通过简化中心 O，且 $\boldsymbol{F}_{\mathrm{R}} = \boldsymbol{F}'_{\mathrm{R}}$。

(4) $\boldsymbol{F}'_{\mathrm{R}} \neq 0, \boldsymbol{M}_O \neq 0$，但 $\boldsymbol{F}'_{\mathrm{R}} \perp \boldsymbol{M}_O$。由平移定理的逆过程知，$\boldsymbol{F}'_{\mathrm{R}}$ 与 $\boldsymbol{M}_O$ 可进一步合成为一合力 $\boldsymbol{F}_{\mathrm{R}}$，且 $\boldsymbol{F}_{\mathrm{R}} = \boldsymbol{F}'_{\mathrm{R}}$，但合力作用线偏离简化中心 O 一段距离 $OO' = d = \dfrac{M_O}{F_{\mathrm{R}}}$，如图2.7所示。

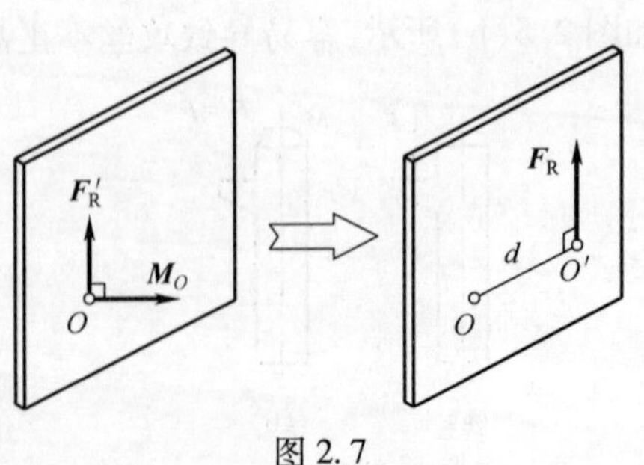

图2.7

由于作用于 O' 点的合力 $\boldsymbol{F}_{\mathrm{R}}$ 与力系等效，今

对点 O 取矩，有 $\boldsymbol{M}_O(\boldsymbol{F}_{\mathrm{R}})=\boldsymbol{M}_O$。由式(2.15)的第二式又有 $\boldsymbol{M}_O=\sum_{i=1}^{n}\boldsymbol{M}_O(\boldsymbol{F}_i)$，因此有

$$\boldsymbol{M}_O(\boldsymbol{F}_{\mathrm{R}})=\sum_{i=1}^{n}\boldsymbol{M}_O(\boldsymbol{F}_i) \tag{2.16}$$

这便是任意力系的**合力矩定理：当力系有合力时，合力对任意点(轴)之矩等于各分力对同一点(轴)之矩的矢量和(代数和)。**

2. $\boldsymbol{F}'_{\mathrm{R}}\cdot\boldsymbol{M}_O\neq 0$，分两种情形讨论

(1) $\boldsymbol{F}'_{\mathrm{R}}\,/\!/\,\boldsymbol{M}_O$，此时力系不能进一步简化，$\boldsymbol{F}'_{\mathrm{R}}$ 与 $\boldsymbol{M}_O$ 组成一个**力螺旋**，如图2.8所示，其中力 $\boldsymbol{F}'_{\mathrm{R}}$ 垂直于力偶 $\boldsymbol{M}_O$ 的作用面。当 $\boldsymbol{F}'_{\mathrm{R}}$ 与 $\boldsymbol{M}_O$ 指向相同时为右螺旋，反之为左螺旋。力 $\boldsymbol{F}'_{\mathrm{R}}$ 的作用线称为力螺旋的中心轴。

力螺旋也是一种最简单的力系，无法进一步简化。例如，钻孔时的钻头或用改锥拧螺钉时，力螺旋一方面使钻头或改锥绕其轴线转动，同时又使钻头或改锥沿其轴线前进，如图2.9(a)所示。船舶的螺旋桨对水的作用也是力螺旋的例子(图2.9(b))。

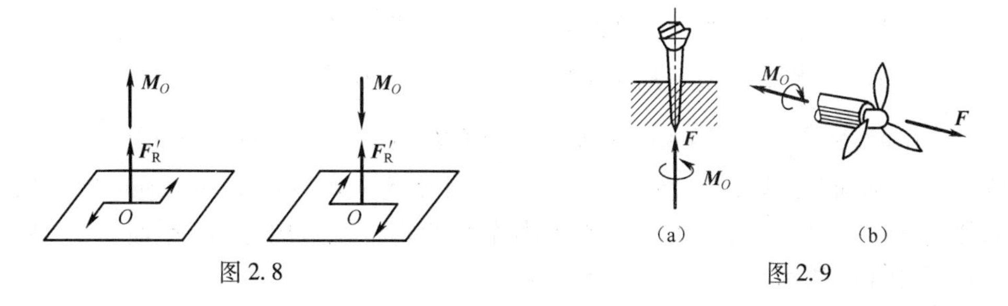

图2.8　　　　图2.9

(2) $\boldsymbol{F}'_{\mathrm{R}}$ 与 $\boldsymbol{M}_O$ 成任意角 φ，如图2.10(a)所示。那么可将 $\boldsymbol{M}_O$ 分解为两个力偶 $\boldsymbol{M}'_O$ 和 $\boldsymbol{M}''_O$，它们分别平行于 $\boldsymbol{F}'_{\mathrm{R}}$ 和垂直于 $\boldsymbol{F}'_{\mathrm{R}}$，如图2.10(b)所示。$\boldsymbol{M}''_O$ 和 $\boldsymbol{F}'_{\mathrm{R}}$ 可进一步合成为 $\boldsymbol{F}_{\mathrm{R}}$，$\boldsymbol{F}_{\mathrm{R}}=\boldsymbol{F}'_{\mathrm{R}}$，作用线偏移距离为

$$d=\frac{|\boldsymbol{M}''_O|}{F'_{\mathrm{R}}}=\frac{M_O\sin\varphi}{F'_{\mathrm{R}}}$$

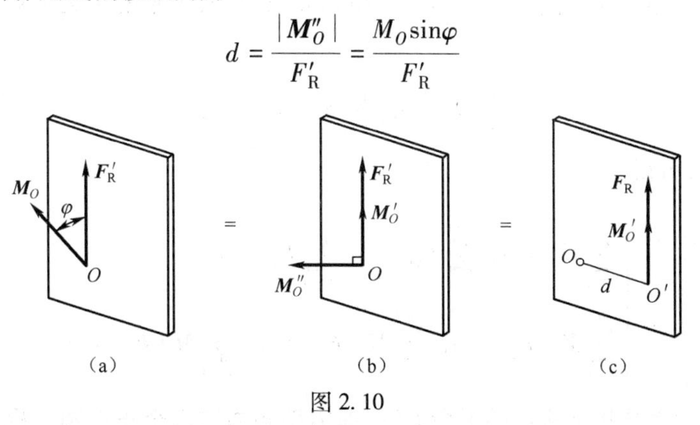

图2.10

将 $\boldsymbol{M}'_O$ 平移至 $\boldsymbol{F}_{\mathrm{R}}$ 作用线上，得到 $\boldsymbol{F}_{\mathrm{R}}$ 与 $\boldsymbol{M}'_O$ 组成的力螺旋，其中心轴不过简化中心 O，而是通过另一点 O'(图2.10(c))。可见，一般情形下，空间任意力系可合成为力螺旋。

当力系为平面力系时，由于是向力作用平面内一点简化，如果主矩不等于零，则必定垂直于力系作用平面。因此，平面力系简化的最终结果只可能是三种情形之一：平衡、合力、合力偶。读者可自行讨论各种情况的特点。

例 2.4　绞盘上三根绞杠各成120°角。三个大小都等于250N的力$\boldsymbol{F}_1$、$\boldsymbol{F}_2$和$\boldsymbol{F}_3$分别垂直作用在绞杠上。设$OA=OB=OC=1.2\mathrm{m}$。求：(1)力系向点O简化的结果；(2)力系简化的最终结果。

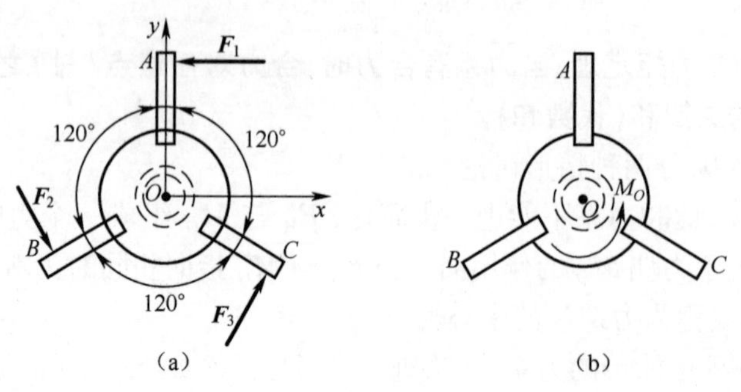

例 2.4 图

解：这是平面力系问题，以点O为简化中心，建坐标系Oxy如图(a)所示。

$$F_{Rx}=\sum F_x=-F_1+F_2\cos 60^\circ+F_3\sin 30^\circ=0$$

$$F_{Ry}=\sum F_y=0-F_2\sin 60^\circ+F_3\cos 30^\circ=0$$

$$M_O=\sum M_O(F_i)=F_1\cdot OA+F_2\cdot OB+F_3\cdot OC=900(\mathrm{N\cdot m})$$

该力系向点O的简化结果是，主矢为零，对点O的主矩为900N·m，转向为逆时针。故该力系最终简化结果为一个合力偶，力偶矩大小等于900N·m，方向与绞盘平面垂直，转向为逆时针，如图(b)所示。

2.4　空间任意力系的平衡

空间任意力系作用下刚体平衡的必要和充分条件是：**力系的主矢及对任意一点的主矩均为零**，即

$$\sum_{i=1}^{n}\boldsymbol{F}_i=0,\ \sum_{i=1}^{n}\boldsymbol{M}_O(\boldsymbol{F}_i)=0 \tag{2.17}$$

写成解析形式，可得

$$\begin{cases}\sum_{i=1}^{n}F_{xi}=0,\ \sum_{i=1}^{n}F_{yi}=0,\ \sum_{i=1}^{n}F_{zi}=0\\ \sum_{i=1}^{n}M_x(\boldsymbol{F}_i)=0,\ \sum_{i=1}^{n}M_y(\boldsymbol{F}_i)=0,\ \sum_{i=1}^{n}M_z(\boldsymbol{F}_i)=0\end{cases} \tag{2.18}$$

这是空间任意力系作用下刚体的平衡方程，即**力系各力在三个正交轴上投影的代数和分别等于零和力系各力对三轴之矩的代数和分别等于零**。空间任意力系作用下的刚体平衡时有6个独立的平衡方程，可求解6个未知量。

例 2.5　重为W的重物由电动机通过链条带动卷筒被匀速提升，如图所示。链条与水平线(x轴)成30°角。已知$r=0.1\mathrm{m}$，$R=0.2\mathrm{m}$，$W=10\mathrm{kN}$，链条主动边的张力$\boldsymbol{F}_{T1}$与从动边张力$\boldsymbol{F}_{T2}$满足$F_{T1}=2F_{T2}$。试求轴承A、B的约束反力及链条的张力。

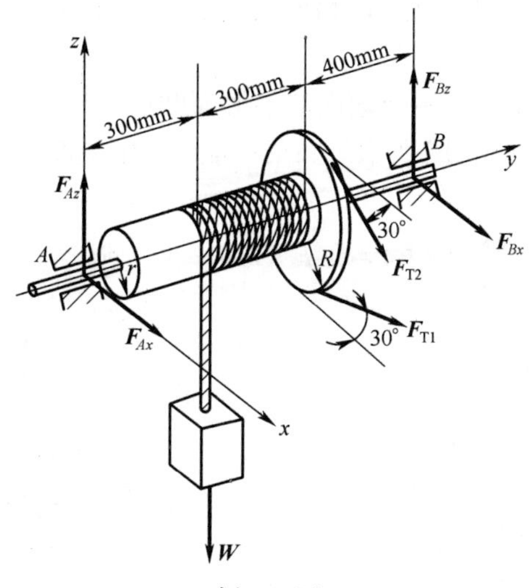

例 2.5 图

解:取转轴 AB(包括重物)为研究对象。转轴 AB 受重物重力 $\boldsymbol{W}$、链条拉力 $\boldsymbol{F}_{T1}$ 和 $\boldsymbol{F}_{T2}$ 以及轴承 AB 的反力 $\boldsymbol{F}_{Ax}$、$\boldsymbol{F}_{Az}$、$\boldsymbol{F}_{Bx}$、$\boldsymbol{F}_{Bz}$ 作用,并组成一空间任意力系。

建立坐标系 $Axyz$,列写平衡方程

$$\sum F_x = 0, F_{Ax} + F_{Bx} + F_{T1}\cos 30° + F_{T2}\cos 30° = 0$$

$$\sum F_z = 0, F_{Az} + F_{Bz} - W + F_{T1}\sin 30° - F_{T2}\sin 30° = 0$$

$$\sum M_x(\boldsymbol{F}) = 0, -0.3W + 0.6F_{T1}\sin 30° - 0.6F_{T2}\sin 30° + 1.0F_{Bz} = 0$$

$$\sum M_y(\boldsymbol{F}) = 0, Wr - F_{T1}R + F_{T2}R = 0$$

$$\sum M_z(\boldsymbol{F}) = 0, -1.0F_{Bx} - 0.6F_{T1}\cos 30° - 0.6F_{T2}\cos 30° = 0$$

另有

$$F_{T1} = 2F_{T2}$$

解方程组可得

$$F_{T1} = 10\text{kN}, F_{T2} = 5\text{kN}, F_{Ax} = -5.2\text{kN}$$

$$F_{Az} = 6\text{kN}, F_{Bx} = -7.79\text{kN}, F_{Bz} = 1.5\text{kN}$$

F_{Ax} 和 F_{Bx} 为负值,说明它们的真实方向与假设方向相反。

空间任意力系是最一般的情况。当作用于刚体上的力系是特殊力系时,某些平衡方程自动满足,由此可推出其他力系作用下的平衡方程。如空间平行力系,建立直角坐标系 $Oxyz$ 且使 z 轴与各力平行,则空间任意力系作用下刚体的平衡方程中有三个方程成为恒等式,即 $\sum_{i=1}^{n} F_{xi} = 0$, $\sum_{i=1}^{n} F_{yi} = 0$, $\sum_{i=1}^{n} M_z(\boldsymbol{F}_i) = 0$,式(2.18)中的 6 个方程只有 3 个有效方程,于是空间平行力系作用下刚体的平衡方程为

$$\sum_{i=1}^{n} F_{zi} = 0, \sum_{i=1}^{n} M_x(\boldsymbol{F}_i) = 0, \sum_{i=1}^{n} M_y(\boldsymbol{F}_i) = 0 \tag{2.19}$$

例 2.6 圆桌的三条腿成等边三角形 ABC,如图(a)所示。圆桌半径 $r = 500\text{mm}$,重

$W = 600\text{N}$ 。在三角形中线 CD 上点 M 处作用铅垂力 $F = 1500\text{N}$ ，$OM = a$ 。求使圆桌不致翻倒的最大距离 a。

解：取圆桌为研究对象。桌腿与地面的接触面摩擦不计，可视为光滑面。圆桌受力为空间平行力系，取坐标系如图(b)所示。圆桌可能绕 y 轴翻倒，将翻未翻时 $F_{NC} = 0$。列写平衡方程

$$\sum M_y(\boldsymbol{F}) = 0, F \cdot DM - W \cdot OD = 0$$

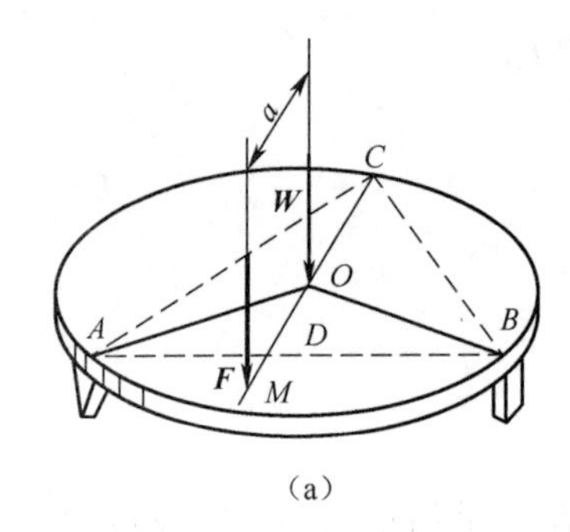

(a)

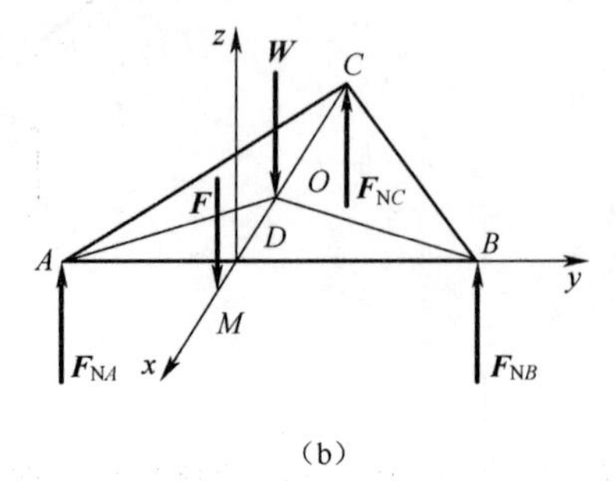

(b)

例 2.6 图

由几何关系，$DM = a - 0.5r$ ，$OD = 0.5r$ ，解方程可得

$$a = 0.5r(1 + W/F) = 0.5 \times 500 \times \left(1 + \frac{600}{1500}\right) = 350(\text{mm})$$

本题属倾覆问题，倾覆轴为 y 轴，倾覆力矩为 $F \cdot DM$ ，稳定力矩为 $W \cdot OD$ 。由稳定力矩大于倾覆力矩的条件可直接解出 a。

2.5 平面任意力系的平衡

对于平面任意力系，取力系所在平面为 Oxy 平面，因力系的主矢必在力系所在的平面内，其在 z 轴上的投影恒等于零，而向平面内任一点简化的主矩在 x 轴和 y 轴上的投影恒等于零，因此平面任意力系只有 3 个独立的平衡方程

$$\sum_{i=1}^{n} F_{xi} = 0, \sum_{i=1}^{n} F_{yi} = 0, \sum_{i=1}^{n} M_O(\boldsymbol{F}_i) = 0 \tag{2.20}$$

这是平面任意力系作用下刚体的平衡方程，即**力系各力在平面上两个正交轴上投影的代数和分别等于零和力系各力对平面上任一点之矩的代数和等于零**。平面任意力系作用下的刚体平衡时有 3 个独立的平衡方程，可求解 3 个未知量。

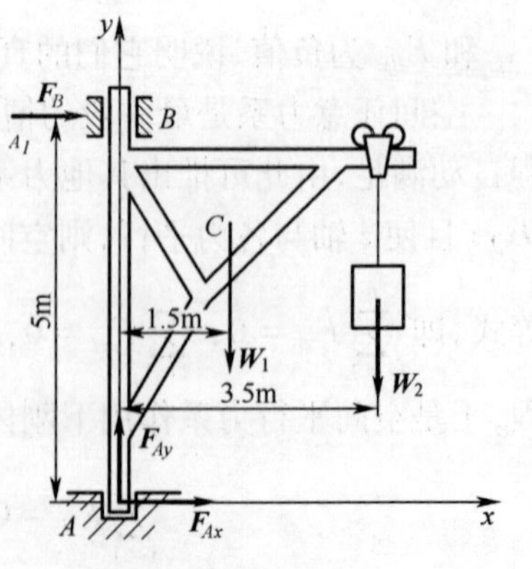

例 2.7 图

例 2.7 起重机重 $W_1 = 10\text{kN}$ ，可绕铅直轴 AB 转动，起重机的挂钩上挂一重为 $W_2 = 40\text{kN}$ 的重物。起重机的重心 C 到转轴的距离为 1.5m，其他尺寸如图所示。求轴承 A 和轴承 B 的约束反力。

解：以起重机为研究对象。建立坐标系 Axy 。轴

承 A 处约束力为 $\boldsymbol{F}_{Ax}$ 和 $\boldsymbol{F}_{Ay}$,轴承 B 处约束力为 $\boldsymbol{F}_{B}$,如图所示。列写平衡方程

$$\sum F_x = 0, \qquad F_{Ax} + F_B = 0$$

$$\sum F_y = 0, \qquad F_{Ay} - W_1 - W_2 = 0$$

$$\sum M_A(\boldsymbol{F}) = 0, \qquad -F_B \times 5 - W_1 \times 1.5 - W_2 \times 3.5 = 0$$

解得

$$F_B = -31\text{kN}, F_{Ax} = 31\text{kN},\ F_{Ay} = 50\text{kN}$$

F_B 为负值,说明它的真实方向与假设的方向相反。

例 2.8 三根绳索水平悬吊一根刚性直杆如图所示。杆自重不计,在点 D 处受一铅直向下的力 $F = 4.2\text{kN}$ 作用, $AD = 4\text{m}$, $DB = 2\text{m}$, $BH = 1\text{m}$, $\varphi = 60°$, $\beta = 45°$ 。试求每根绳索的拉力。

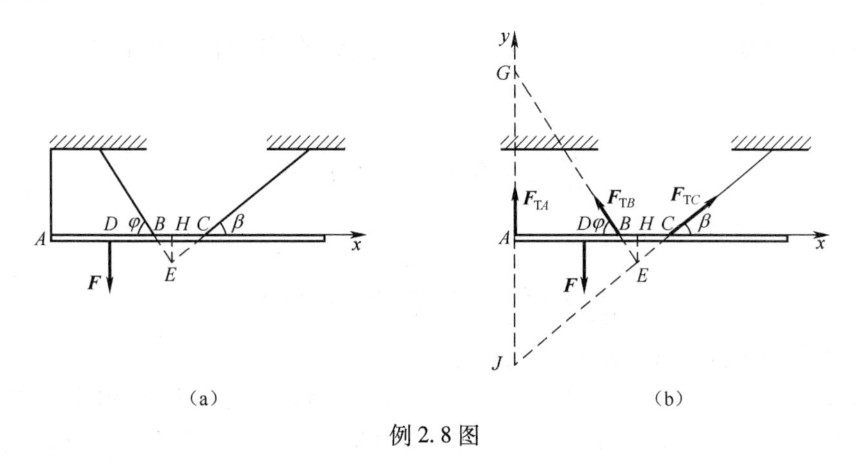

例 2.8 图

解:取刚性直杆为研究对象。除主动力 $\boldsymbol{F}$ 外,还受 3 个沿绳索方向的约束力 $\boldsymbol{F}_{\text{T}A}$ 、$\boldsymbol{F}_{\text{T}B}$ 和 $\boldsymbol{F}_{\text{T}C}$ 作用,四个力组成一个平面任意力系。以 A 为原点,杆为 x 轴,铅直方向为 y 轴建立坐标系如图(b)所示。列写平衡方程

$$\sum F_x = 0, \qquad F_{\text{T}C}\cos\beta - F_{\text{T}B}\cos\varphi = 0$$

$$\sum F_y = 0, \qquad F_{\text{T}A} + F_{\text{T}B}\sin\varphi + F_{\text{T}C}\sin\beta - F = 0$$

$$\sum M_A(\boldsymbol{F}) = 0, \qquad AB \cdot F_{\text{T}B}\sin\varphi + AC \cdot F_{\text{T}C}\sin\beta - F \cdot AD = 0$$

第三式中力臂 $AC = AD + DB + BH + HC$, HC 可由几何关系求出。

联立求解 3 个方程,得到

$$F_{\text{T}A} = 1.8\text{kN}, F_{\text{T}B} = 1.76\text{kN},\ F_{\text{T}C} = 1.24\text{kN}$$

如果选点 E 为矩心,则未知力 $\boldsymbol{F}_{\text{T}B}$ 和 $\boldsymbol{F}_{\text{T}C}$ 通过点 E,在力矩方程中不出现,可直接解出 $\boldsymbol{F}_{\text{T}A}$,使计算得到简化。如果选点 J 为矩心,则 $\boldsymbol{F}_{\text{T}A}$ 和 $\boldsymbol{F}_{\text{T}C}$ 在力矩方程中不出现,可直接求出 $\boldsymbol{F}_{\text{T}B}$ 。同样,对点 G 取矩,可直接求出 $\boldsymbol{F}_{\text{T}C}$ 。由此看到,在计算某些问题时,应用力矩方程比力的投影方程更简便。下面介绍平面任意力系作用下刚体平衡方程的其他两种形式——**二矩式和三矩式**。

平面任意力系作用下刚体平衡方程的二矩式如下:

$$\sum_{i=1}^{n} F_{xi} = 0, \sum_{i=1}^{n} M_A(\boldsymbol{F}_i) = 0, \sum_{i=1}^{n} M_B(\boldsymbol{F}_i) = 0 \tag{2.21}$$

其中,A 、B 两点的连线 AB 不能与 x 轴垂直。

平面任意力系作用下刚体平衡方程的三矩式如下:

$$\sum_{i=1}^{n} M_A(\boldsymbol{F}_i) = 0, \sum_{i=1}^{n} M_B(\boldsymbol{F}_i) = 0, \sum_{i=1}^{n} M_C(\boldsymbol{F}_i) = 0 \tag{2.22}$$

其中,A 、B 、C 三点不能共线。

上述三组方程(2.20)、(2.21)、(2.22)都可用来解决平面任意力系作用下刚体的平衡问题。究竟选用哪一组方程,可根据具体条件确定。但需注意,对于受平面任意力系作用的单个刚体的平衡问题,只可以写出 3 个独立的平衡方程,求解 3 个未知量。

对于平面平行力系,假设该力系在平面坐标系 Oxy 中,且所有力都平行于 y 轴,则平面任意力系的平衡方程(2.20)中的 $\sum_{i=1}^{n} F_{xi} = 0$ 自然满足,从而得到平面平行力系的平衡方程为

$$\sum_{i=1}^{n} F_{yi} = 0, \sum_{i=1}^{n} M_O(\boldsymbol{F}_i) = 0 \tag{2.23}$$

类似地还可得到如下二矩式:

$$\sum_{i=1}^{n} M_A(\boldsymbol{F}_i) = 0, \sum_{i=1}^{n} M_B(\boldsymbol{F}_i) = 0 \tag{2.24}$$

其中,A 、B 两点的连线 AB 不能与 x 轴垂直。

例 2.9 起重机如图所示,它的自重(不包括平衡锤的重量) $W_1 = 500\text{kN}$,其重心在点 O ,悬臂最大长度为 10m,最大起重量 $W_2 = 250\text{kN}$,设平衡锤放置的位置距左轨 6m。为了使起重机在满载和空载时都不致翻倒,试确定平衡锤的重量 W_3。

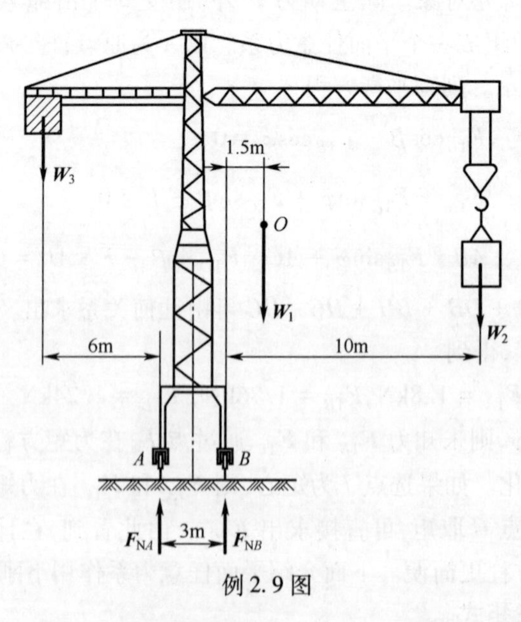

例 2.9 图

解:取整体为研究对象。主动力有 $\boldsymbol{W}_1$、$\boldsymbol{W}_2$ 和 $\boldsymbol{W}_3$。轮子 A、B 两处的约束可看作光滑

接触面，约束反力为 $\boldsymbol{F}_{NA}$ 和 $\boldsymbol{F}_{NB}$，组成一个平面平行力系，如图所示。

先考虑满载时的情形。此时起重机有绕 B 轮翻倒的趋势，则有

$$\sum M_B(\boldsymbol{F}) = 0, W_3 \times (6 + 3) - W_1 \times 1.5 - W_2 \times 10 - F_{NA} \times 3 = 0$$

解得

$$F_{NA} = \frac{1}{3} \times (9W_3 - 1.5W_1 - 10W_2)$$

起重机不向右翻倒的条件是 $F_{NA} \geqslant 0$，解得

$$W_3 \geqslant 361\text{kN}$$

再考虑空载时的情形。此时起重机有绕 A 轮翻倒的趋势，则有

$$\sum M_A(\boldsymbol{F}) = 0, W_3 \times 6 + F_{NB} \times 3 - W_1 \times (3 + 1.5) = 0$$

解得

$$F_{NB} = 1.5W_1 - 2W_3$$

起重机不向左翻倒的条件是 $F_{NB} \geqslant 0$，解得

$$W_3 \leqslant 375\text{kN}$$

结合上述两种情况，为使起重机满载和空载时都不致翻倒，平衡锤的重量必须满足

$$361\text{kN} \leqslant W_3 \leqslant 375\text{kN}$$

进一步思考，设计时考虑到风载等意外因素，要求任何情况下每个轨道的约束力不得小于 10kN，试重新设计平衡锤的重量。

2.6 刚体系统的平衡·静定与超静定概念

工程实际中的结构，多数是由若干个刚体通过一定的约束方式联系在一起的系统，称为**刚体系统**。研究刚体系统的平衡问题时，一般情况下，既要求解整个系统所受的外界的约束反力，还要求解系统内各刚体之间的相互作用力（内约束反力）。

当刚体系统处于平衡时，组成系统的每一个刚体也必处于平衡状态。取每个刚体为研究对象，它的独立平衡方程的数目是一定的，可求解的未知数也是一定的。如果整个刚体系统中未知量的数目等于独立平衡方程的数目，通过平衡方程可完全确定这些未知量，这种平衡问题称为**静定问题**；如果未知量的数目多于独立平衡方程的数目，仅通过平衡方程不能完全确定这些未知量，这种问题称为**超静定（或静不定）问题**。应该指出，在计算独立的平衡方程数时，应分别考虑系统中每一个物体，而系统的整体则不应再加考虑。这是因为系统中每一刚体既已处于平衡，整个系统当然处于平衡，其平衡方程可由各个刚体的平衡方程推出，因而是不独立的。

例如，在图 2.11 所示的刚体系统平衡问题中，$\boldsymbol{F}_1$，$\boldsymbol{F}_2$ 为已知主动力，所有约束力为未知力。不难看出图（a）和图（b）是静定问题，图（c）是超静定问题。

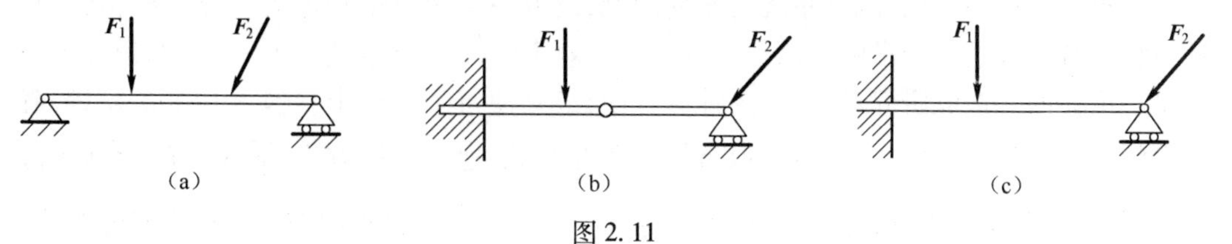

图 2.11

求解刚体系统平衡问题与求解单一刚体平衡问题的步骤基本相同,即在判定问题的静定性后,选择适当的研究对象,画出其分离体和受力图,然后列出平衡方程并求解。不同之处在于,单一刚体平衡问题研究对象的选择是唯一的,而刚体系统研究对象的选择存在多样性和灵活性,问题的解法也往往不止一种。

例 2.10 图(a)所示的三铰拱桥由两部分组成,彼此用铰链 C 连接,并用铰链 A 和 B 固定在两岸的桥墩上。每一部分的重量均为 $W = 40\mathrm{kN}$,其重心分别在点 D 和点 E ,桥上有载荷 $F = 20\mathrm{kN}$ 。试求桥的两部分在铰链 C 处相互作用的力及铰链 A 和 B 的反力。

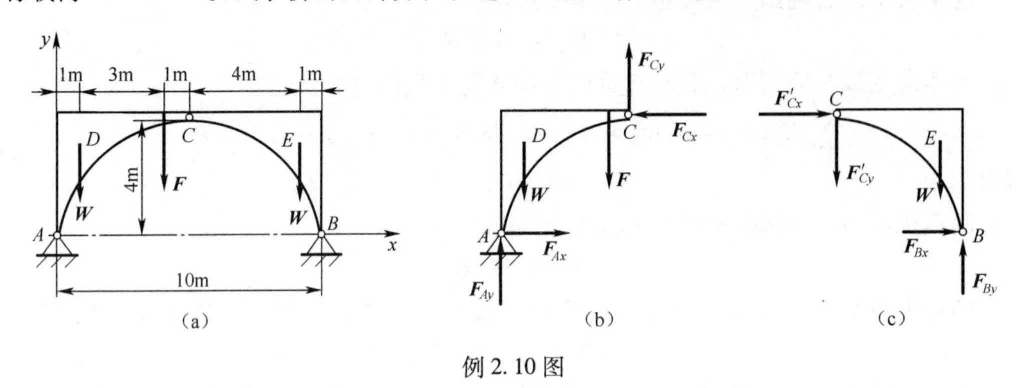

例 2.10 图

解:本题是由两个刚体组成的刚体系统,其中每个刚体均受有平面任意力系的作用,共有 6 个独立的平衡方程,而在铰链 A 、B 和 C 处共有 6 个未知力(注意,铰链 C 处,须考虑作用与反作用定律)。未知量数等于独立平衡方程数,是静定问题。

(1) 先取左半部分为研究对象,画出受力图,如图(b)所示。列写平衡方程:

$$\sum F_x = 0, \qquad F_{Ax} - F_{Cx} = 0$$

$$\sum F_y = 0, \qquad F_{Ay} - W - F + F_{Cy} = 0$$

$$\sum M_A(\boldsymbol{F}) = 0, \qquad F_{Cy} \times 5 + F_{Cx} \times 4 - F \times 4 - W \times 1 = 0$$

(2) 再取右半部分为研究对象,画出受力图,如图(c)所示。列写平衡方程:

$$\sum F_x = 0, \qquad F'_{Cx} + F_{Bx} = 0$$

$$\sum F_y = 0, \qquad -F'_{Cy} + F_{By} - W = 0$$

$$\sum M_B(\boldsymbol{F}) = 0, \qquad W \times 1 + F'_{Cy} \times 5 - F'_{Cx} \times 4 = 0$$

联立求解可得

$$F_{Ax} = 20\mathrm{kN}, \qquad F_{Ay} = 52\mathrm{kN}$$

$$F_{Bx} = -20\mathrm{kN}, \qquad F_{By} = 48\mathrm{kN}$$

$$F_{Cx} = 20\mathrm{kN}, \qquad F_{Cy} = 8\mathrm{kN}$$

通过本例可知,对于刚体系统的平衡问题,选取系统中每个刚体为研究对象,列写平衡方程求解是最基本的求解方法。只要问题是静定的,这种方法总是行得通的,但并不一定是最简便的。选取研究对象时,为计算方便,最好使每个方程中只包含一个未知量,避免求解联立方程。例如,本题可先取整体为研究对象,通过平衡方程 $\sum M_A(\boldsymbol{F}) = 0$ 求得 F_{By} ,再利用 $\sum F_y = 0$(或 $\sum M_B(\boldsymbol{F}) = 0$)求得 F_{Ay} ,然后,再分别取左右半拱为研究对象,求出全部未知量(请读者自行完成)。

例 2.11 曲柄连杆机构由活塞、连杆、曲柄和飞轮组成,如图(a)所示。已知飞轮重 W,曲柄 $OA=r$,连杆 $AB=l$。当 OA 在铅垂位置时系统平衡,作用于活塞 B 上的总压力为 $\boldsymbol{F}$ 。不计活塞、连杆和曲柄的重量。求作用于轴 O 上的阻力偶的力偶矩 M、轴承 O 的反力、连杆所受的力和汽缸对活塞的反力。

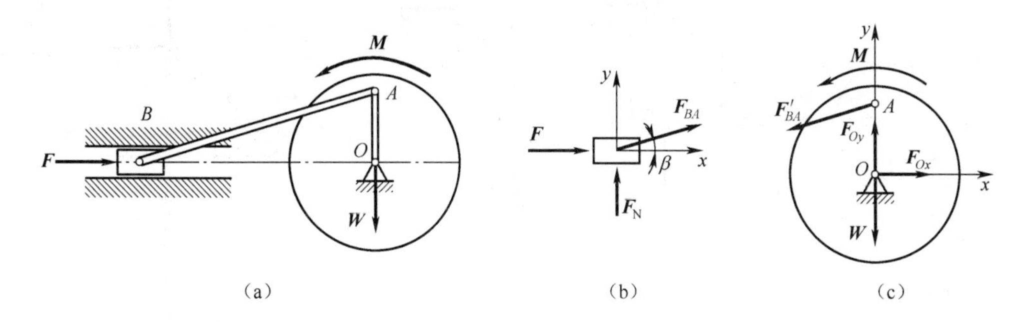

例 2.11 图

解:曲柄连杆属于机构,系统可动而不能完全约束住,主动力之间应满足一定的关系才能平衡。选择研究对象时,可由已知端到未知端按传动顺序依次选取,逐个求解。

(1) 选取活塞 B 为研究对象,AB 杆为二力杆,设所受拉力为 $\boldsymbol{F}_{BA}$,受力如图(b)所示。列写平衡方程:

$$\sum F_x = 0\ ,\ F + F_{BA}\cos\beta = 0$$

$$\sum F_y = 0\ ,\ F_{\mathrm{N}} + F_{BA}\sin\beta = 0$$

解得

$$F_{BA} = -\frac{Fl}{\sqrt{l^2 - r^2}}\ ,\ F_{\mathrm{N}} = \frac{Fr}{\sqrt{l^2 - r^2}}$$

式中, F_{BA} 为负值,说明连杆实际上受压力。

(2) 再取飞轮和曲柄为研究对象,受力如图(c)所示。列写平衡方程:

$$\sum F_x = 0\ ,\ -F'_{BA}\cos\beta + F_{Ox} = 0$$

$$\sum F_y = 0\ ,\ -F'_{BA}\sin\beta + F_{Oy} - W = 0$$

$$\sum M_O(\boldsymbol{F}) = 0\ ,\ M + F'_{BA}\cos\beta \times r = 0$$

解得

$$F_{Ox} = -F\ ,\ F_{Oy} = W - \frac{Fr}{\sqrt{l^2 - r^2}}\ ,\ M = Fr$$

例 2.12 图(a)所示结构中,杆 AB 与 CD 通过中间铰链 B 相连,滑轮 D 可绕 D 轴自由转动。重量为 W 的重物通过绳子绕过滑轮 D 水平地连接于杆 AB 的点 E , A 、C 两处为固定铰链支座,各构件自重不计。试求两杆在点 B 处的相互作用力。

解:(1) 首先取整体为研究对象,受力如图(a)所示。列写平衡方程:

$$\sum M_C(\boldsymbol{F}) = 0, W \times 5r - F_{Ax} \times 2r = 0$$

得

$$F_{Ax} = \frac{5}{2}W$$

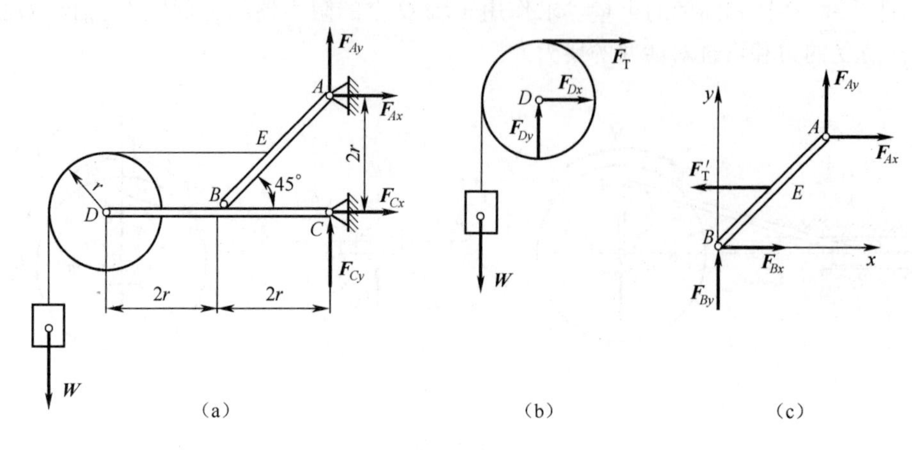

例 2.12 图

(2) 再取滑轮 D 为研究对象,受力如图(b)所示。列写平衡方程:

$$\sum M_D(\boldsymbol{F}) = 0, W \times r - F_{\mathrm{T}} \times r = 0$$

得

$$F_{\mathrm{T}} = W$$

(3) 最后取杆 AB 为研究对象,受力如图(c)所示。列写平衡方程

$$\sum F_x = 0, \qquad F_{Bx} - F'_{\mathrm{T}} + F_{Ax} = 0$$

$$\sum M_A(\boldsymbol{F}) = 0, \qquad F_{Bx} \times 2r - F_{By} \times 2r - F'_{\mathrm{T}} \times r = 0$$

得

$$F_{Bx} = -\frac{3}{2}W, \quad F_{By} = -2W$$

其中,负号表明力的实际方向与图中所设方向相反。

现在简述在解此题之前是怎样分析的。本例题仅求点 B 处的约束反力,对整体而言此力是内力,须将其转化为外力才能求解。为此可取杆 AB 为研究对象。但是,作用在杆 AB 上的 5 个力均为未知力,故应至少先求出其中的两个力,才能求得所求之力。因而,可先取整体及滑轮为研究对象,求得力 $\boldsymbol{F}_{Ax}$ 和绳的张力 $\boldsymbol{F}_{\mathrm{T}}$ ($\boldsymbol{F}_{\mathrm{T}} = -\boldsymbol{F}'_{\mathrm{T}}$)。最后,可利用作用于杆 AB 上的平面任意力系的 3 个平衡方程求得剩下的 3 个未知力。由于本题仅求点 B 处的力,因而只需列出有关的两个平衡方程即可。总之,合理选择研究对象,列写对问题求解有用的最少平衡方程,是刚体系统平衡问题求解的关键所在。

本章小结

一、本章基本要求

1. 掌握空间汇交力系、空间力偶系的简化与平衡条件。

2. 掌握空间任意力系的简化与平衡条件，能熟练地计算平面任意力系的主矢与主矩，熟悉简化结果。

3. 熟练掌握各种力系的平衡方程，并能熟练地应用平衡方程求解单个刚体的平衡问题。

4. 正确理解静定与超静定的概念，会判断物体系统是否静定。

5. 对刚体系统的平衡问题，能熟练地选取研究对象和应用平衡方程求解。

二、本章重点

1. 平面任意力系向作用面内任一点的简化及力系的简化结果。

2. 平面任意力系平衡的解析条件及平衡方程的各种形式。

3. 刚体系统平衡问题的求解。

三、本章难点

1. 主矢与主矩的概念。

2. 刚体系统的平衡问题中正确选取研究对象及平衡方程。

四、学习建议

1. 主矢和主矩是在对一个力系进行简化时，为了准确描述力系的特征而引入的重要概念。主矢不是合力，它只具有大小和方向两个特征，与简化中心的选取无关。一般而言，主矩的大小、转向与简化中心的选取有关，但是在主矢为零的情况下，主矩与简化中心无关。

2. 求解刚体系统平衡问题时，需特别注意研究对象和平衡方程的选取：

首先，选取研究对象时，分离体应包含待求未知力。可取单个刚体，亦可取部分刚体系统为研究对象。尽量以最少的研究对象求解系统的平衡问题。

其次，列写平衡方程时，应包含尽可能少的未知力。适当选取平衡方程的投影式或取矩式便可做到。例如，投影轴选在与较多未知力的垂直方向，矩心选在较多未知力的交点上。

习　题

2-1　铆接薄板在孔心 A 、B 和 C 处受三力作用，如图所示。$F_1 = 100\text{N}$ ，沿铅垂方向；$F_3 = 50\text{N}$ ，沿水平方向，并通过 A 点；$F_2 = 50\text{N}$ ，力的作用线也通过 A 点。求力系的合力。图中尺寸单位为 mm。

2-2　如图所示，重力 $W = 20\text{kN}$ ，用钢丝挂在绞车 D 及滑轮 B 上。A 、B 、C 处为光滑铰链连接，钢丝绳、杆和滑轮的自重不计。忽略摩擦和滑轮 B 的大小，试求平衡时杆 AB 和 BC 所受的力。

2-3　挂物架如图所示，三杆的重量不计，用球铰连接于 O 点，B 、O 、C 三点在同一水平面内，且 $OB = OC$ ，角度如图所示。若在 O 点挂一重物 W ，重为 1000N ，求三杆所受的力。

2-4　三根轴连接在齿轮箱上，A 轴在水平位置，B 、C 轴在铅垂的 xz 平面内，各轴上所受到的力偶矩大小分别为 $M_A = 3.6\text{kN} \cdot \text{m}$ ，$M_B = 6\text{kN} \cdot \text{m}$ ，$M_C = 6\text{kN} \cdot \text{m}$ ，方向如图所示，求合力偶矩矢在各坐标轴上的投影。

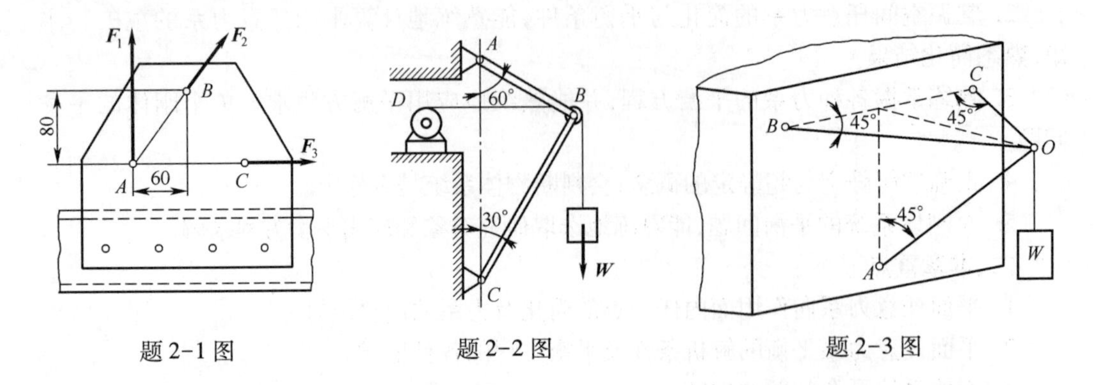

题 2-1 图　　题 2-2 图　　题 2-3 图

2-5　边长为 a 的等边三角形板受板平面内的三个力作用如图所示。试将该力系分别向点 A 和点 B 简化。简化结果说明什么问题?

2-6　在图示机构中,曲柄 OA 上作用一力偶,其矩为 M ;另在滑块 D 上作用水平力 $\boldsymbol{F}$,机构尺寸如图所示,各杆重量不计。求当机构平衡时,力 $\boldsymbol{F}$ 与力偶矩 M 的关系。

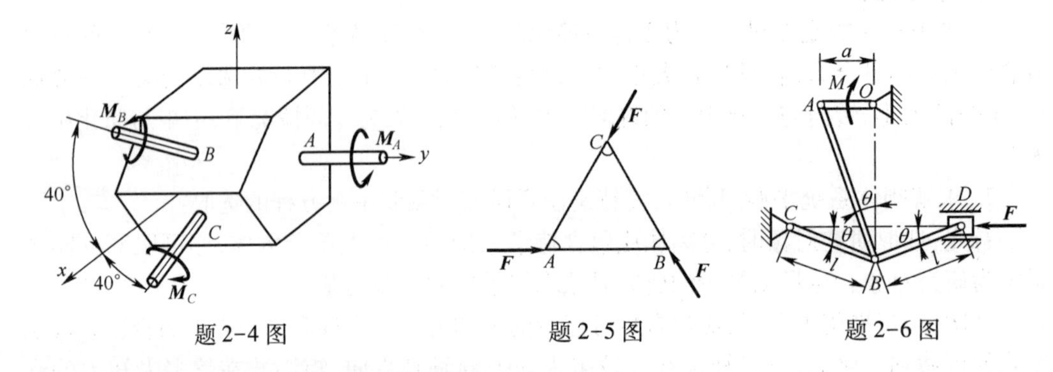

题 2-4 图　　题 2-5 图　　题 2-6 图

2-7　工件上作用有三个力偶如图所示,其力偶矩分别为 $M_1 = M_2 = 10\text{N} \cdot \text{m}$, $M_3 = 20\text{N} \cdot \text{m}$,固定螺柱 A 和 B 的距离 $l = 200\text{mm}$ 。求两光滑螺柱所受的水平力。

2-8　为了测定飞机螺旋桨所受的空气阻力偶,可将飞机水平放置,其一轮搁置在地秤上,如图所示。当螺旋桨静止时,测得地秤所受的压力为 4.6kN ,当螺旋桨转动时,测得地秤所受的压力为 6.4kN 。已知两轮间距 $l = 2.5\text{m}$,求螺旋桨所受的空气阻力偶的矩 M。

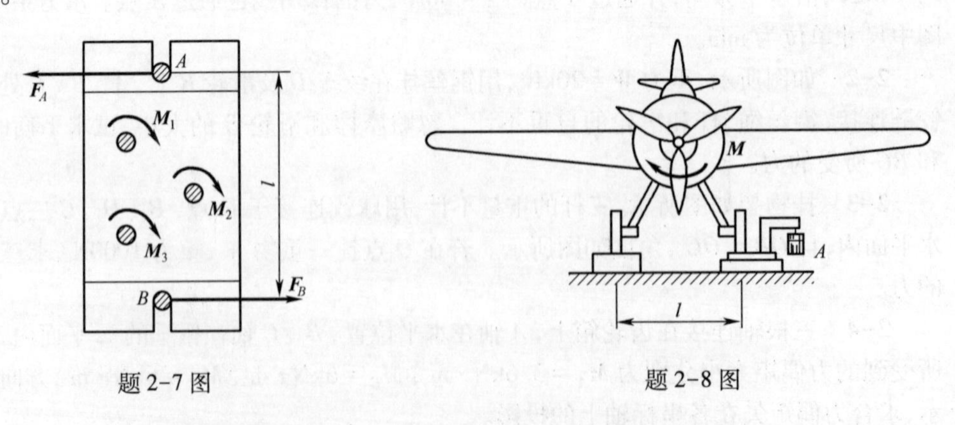

题 2-7 图　　题 2-8 图

2-9 O_1 和 O_2 圆盘与水平轴 AB 固连，O_1 盘面垂直于 z 轴，O_2 盘面垂直于 x 轴，盘面上分别作用有力偶（$\boldsymbol{F}_1, \boldsymbol{F}_1'$）、（$\boldsymbol{F}_2, \boldsymbol{F}_2'$），如图所示。如两盘半径均为 200mm，$F_1 = 3\text{N}$，$F_2 = 5\text{N}$，$AB = 800\text{mm}$，不计构件自重。求轴承 A 和 B 处的约束力。

2-10 试求图示四个平行力组成的力系的合力及其作用线与 xy 平面的交点。

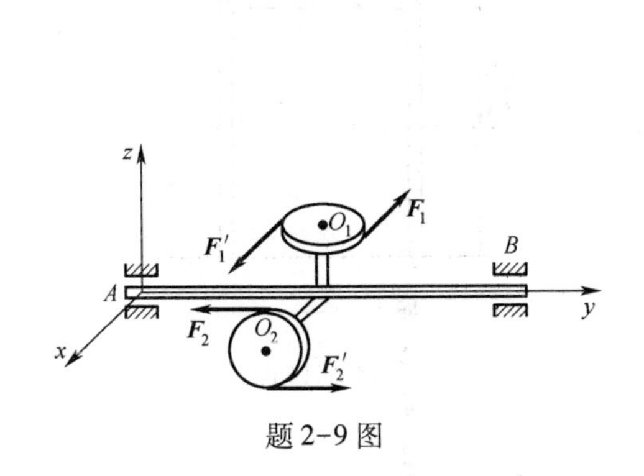

题 2-9 图

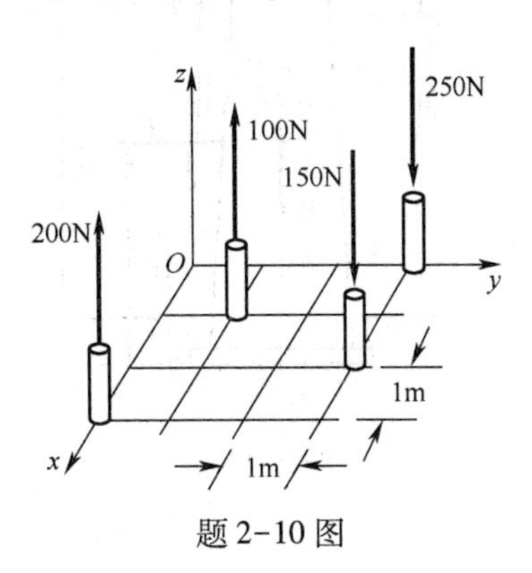

题 2-10 图

2-11 图示力系中 $F_1 = 100\text{N}$，$F_2 = 300\text{N}$，$F_3 = 200\text{N}$，各力作用线的位置如图所示，试将力系向原点 O 简化。

2-12 路灯架被两钢丝绳拉住如图所示。试求图示力系的合力及其作用线与 AB 交点的位置。

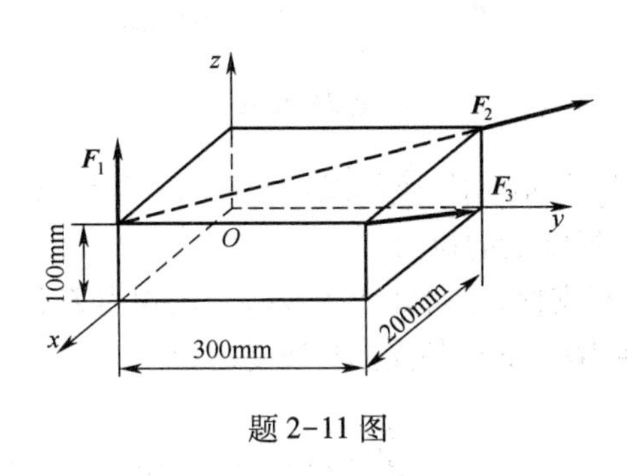

题 2-11 图

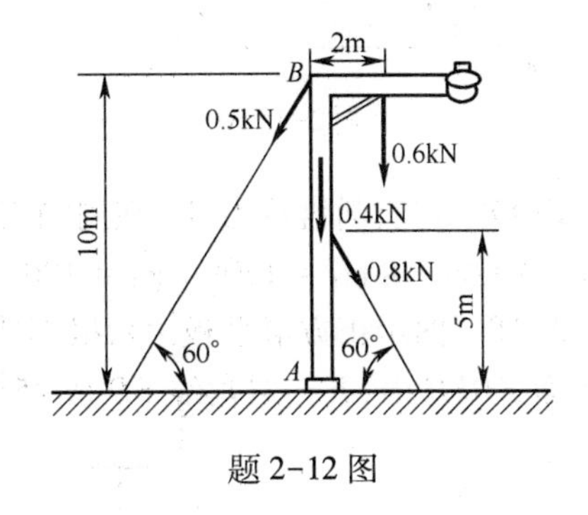

题 2-12 图

2-13 某桥墩顶部受到两边桥梁传来的铅直力 $F_1 = 1940\text{kN}$，$F_2 = 800\text{kN}$，水平力 $F_3 = 193\text{kN}$，桥墩重量 $W = 5280\text{kN}$，风力的合力 $F = 140\text{kN}$。各力作用线位置如图所示。求将这些力向基底截面中心 O 的简化结果；如能简化为一个合力，试求出合力作用线的位置。

2-14 如图所示刚架，在其 A、B 两点分别作用 $\boldsymbol{F}_1$、$\boldsymbol{F}_2$ 两力，已知 $F_1 = F_2 = 10\text{kN}$。欲以过 C 点的一个力 $\boldsymbol{F}$ 代替 $\boldsymbol{F}_1$ 和 $\boldsymbol{F}_2$，求力 $\boldsymbol{F}$ 的大小、方向及 B、C 间的距离。

2-15 如图所示三轮小车 ABD 上。自重 $W = 8\text{kN}$，作用在 E 点，载荷 $W_1 = 10\text{kN}$，作用在 C 点。求小车静止时地面对三个车轮的约束反力。

2-16 水平传动轴装有两个皮带轮 C 和 D，可绕 AB 轴转动，如图所示。皮带轮的半径各为 $r_1 = 200\text{mm}$ 和 $r_2 = 250\text{mm}$，图中 $a = 500\text{mm}$。套在轮 C 上的皮带是水平的，其拉力为 $F_1 = 2F_2 = 5000\text{N}$；套在轮 D 上的皮带与铅直线夹角为 $\theta = 30°$，其拉力为 $F_3 = 2F_4$。

求在平衡状态下,拉力 $\boldsymbol{F}_3$ 和 $\boldsymbol{F}_4$ 的值,并求皮带拉力所引起的轴承反力。

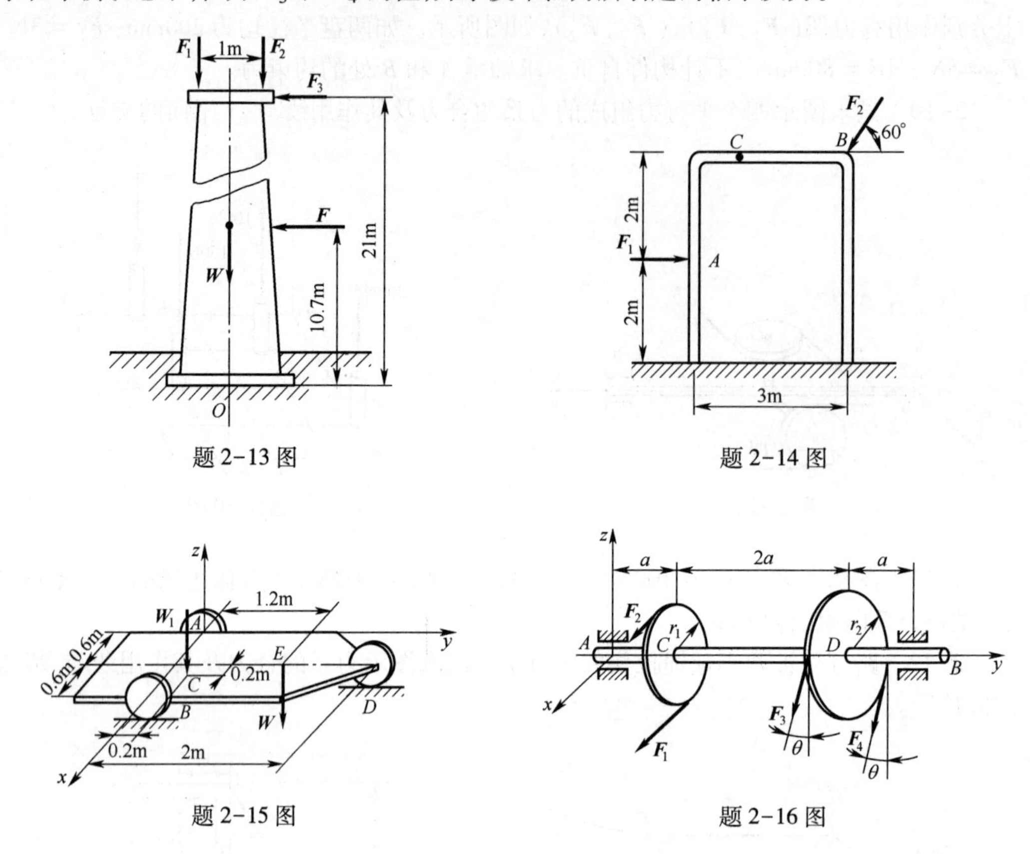

题 2-13 图　　题 2-14 图

题 2-15 图　　题 2-16 图

2-17　均质圆盘重为 W,在周围三点 A_1, A_2 和 A_3 用铅垂细线悬挂在水平位置,如图所示。如圆心角 $\varphi_1 = 150°$, $\varphi_2 = 120°$,试求三根细线的拉力。

2-18　图示正方形平板由六根不计重量的杆支撑,连接处皆为铰链。已知力 $\boldsymbol{F}$ 作用在平面 $BDEH$ 内,并与对角线 BD 成 45°角,OA=AD。试求各支撑杆所受的力。

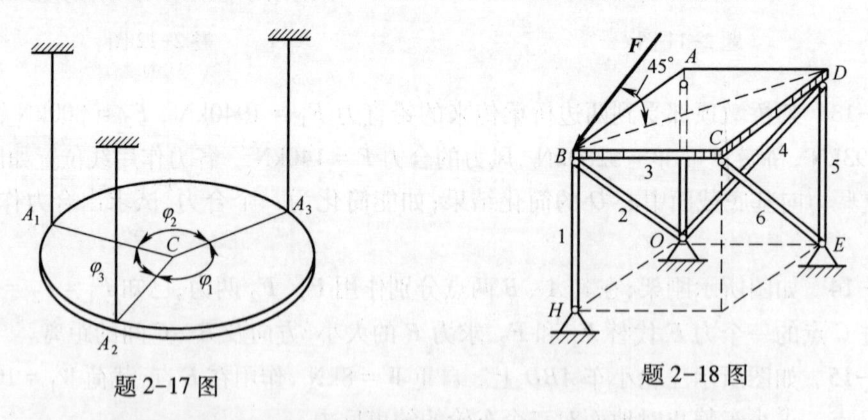

题 2-17 图　　题 2-18 图

2-19　图示汽车操纵杆系统的踏板装置。如工作阻力 F_R = 1700N, a = 380mm, b = 50mm, θ=60°。试求平衡时司机的脚踏力 $\boldsymbol{F}$ 的大小。

2-20　均质杆 AB 重 W,长 l,放在宽度为 a 的光滑槽内,杆的 B 端作用着铅垂向下的力 $\boldsymbol{F}$,如图所示。试求杆平衡时对水平面的倾角 β。

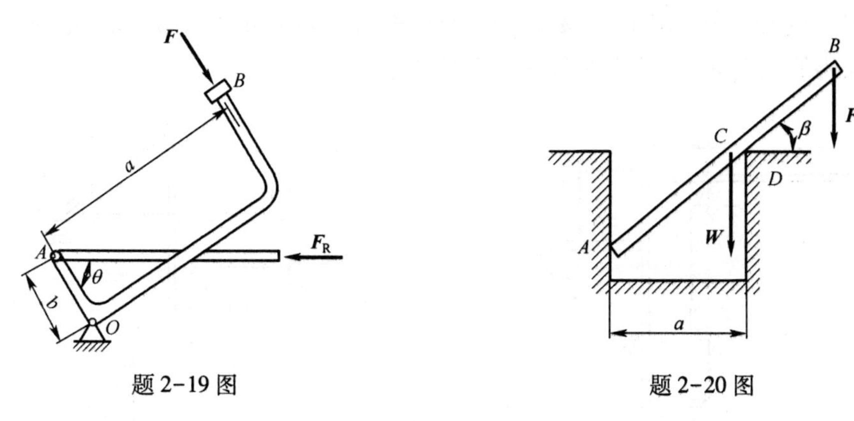

题 2-19 图　　　　题 2-20 图

2-21　三角架如图所示，$W=1000\text{N}$。试求支座 A、B 的约束反力。

2-22　重为 W 的均质球半径为 R。放在墙和 AB 杆之间，杆的 A 端为固定铰链支座，B 端用水平绳索 BC 拉住，杆长为 l，其与墙的交角为 φ，各处的摩擦及杆重忽略不计。试求绳索的拉力，并问 φ 角为何值时，绳的拉力为最小？

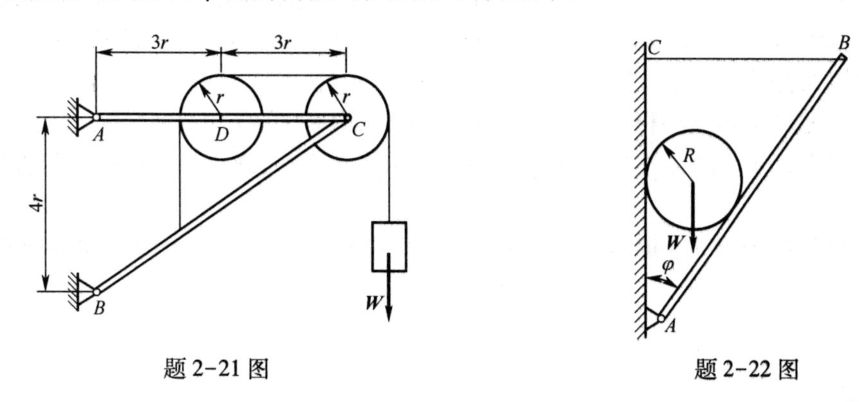

题 2-21 图　　　　题 2-22 图

2-23　钢筋切断机构如图所示，如果在 M 点的切断力为 $\boldsymbol{F}$，试求 B 点需要多大的水平力 F_H？

2-24　某手动水泵如图所示。图示位置处于平衡，作用力 $F=200\text{N}$，图中长度单位为 mm。试求水的阻力 $\boldsymbol{F}_Q$ 及支座 A 的约束反力。各构件自重及摩擦力均不计。

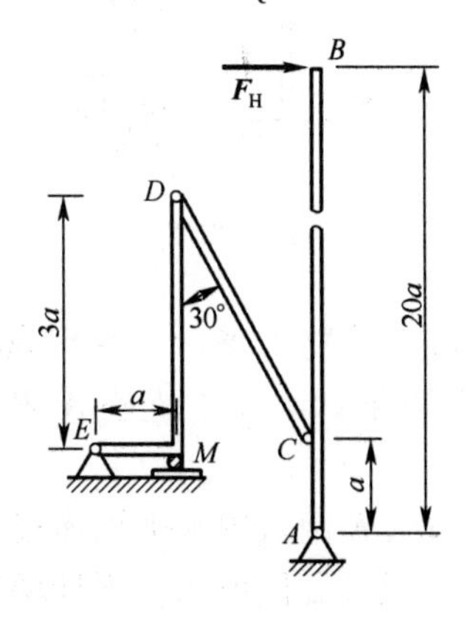

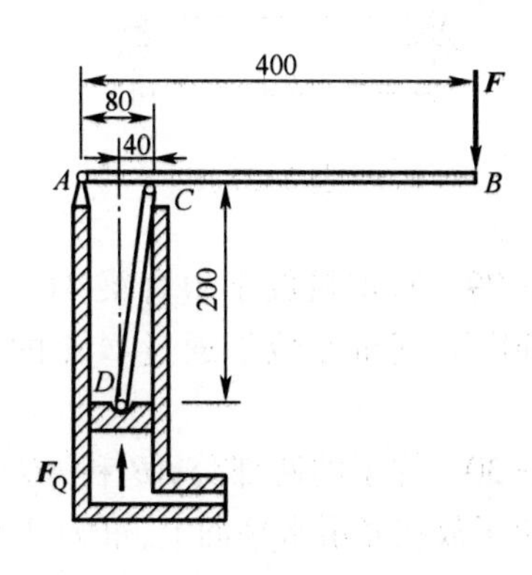

题 2-23 图　　　　题 2-24 图

2-25 汽车台秤如图所示，ACE 为一整体台面，AB 为杠杆，$CD = a$ ，$AC = OD$ 。试求平衡砝码的重量 W_1 与被称汽车重量 W 的关系。

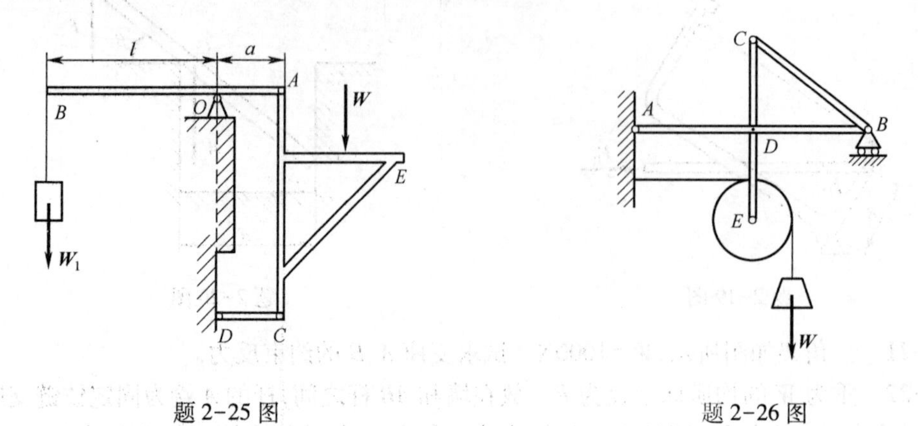

题 2-25 图

题 2-26 图

2-26 物体 M 重 1.2kN，由三根杆件 AB 、BC 和 CE 组成的构架及滑轮 E 支持，如图所示。已知 $AD = DB = 2\text{m}$ ，$CD = DE = 1.5\text{m}$ ，杆件和滑轮的自重不计。试求支座 A 和 B 的约束反力以及杆件 BC 的受力。

2-27 图示结构由三根杆件 AB、AC 和 DG 组成，杆 DG 上的销子 E 放在杆 AC 的滑槽内。试求在水平杆 DG 的端点处作用一铅直力 $\boldsymbol{F}$ 时，杆 AB 上的 A、D 和 B 三点的约束反力。

2-28 结构如图所示，W，l，R 已知，各杆与滑轮自重不计。求固定端 A 处的约束力。

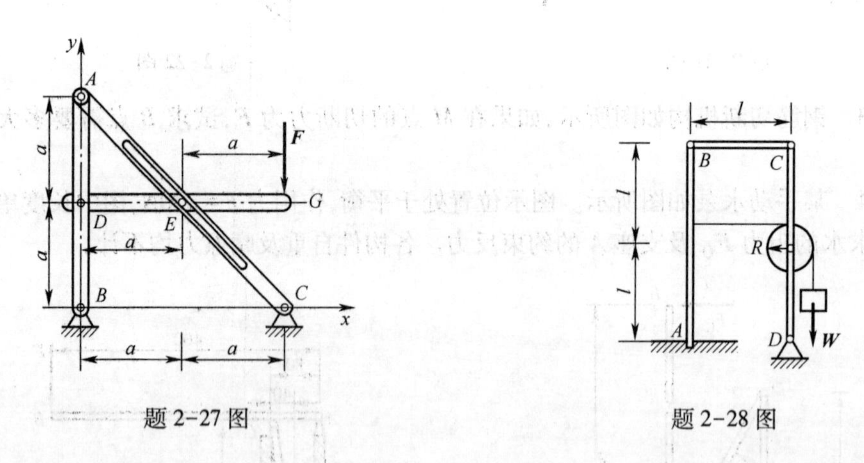

题 2-27 图

题 2-28 图

2-29 起重机放于组合梁 ACD 上，C 为中间铰链。重物重 $W_1 = 10\text{kN}$，起重机重 $W_2 = 50\text{kN}$，其重心位于通过 E 点的铅垂线上，梁的自重不计。试求支座 A、B 和 D 的反力。

2-30 梯子的两部分 AB 和 AC 在点 A 铰接，又在 D 、E 两点用水平绳连接，如图所示。梯子放在光滑水平面上，重为 W 的人站在梯子一侧，尺寸如图所示。不计梯重，求绳的拉力 $\boldsymbol{F}_{\text{T}}$ 。

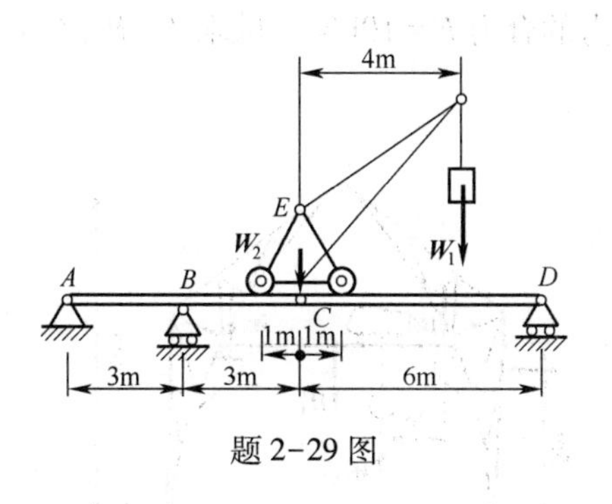

题 2-29 图

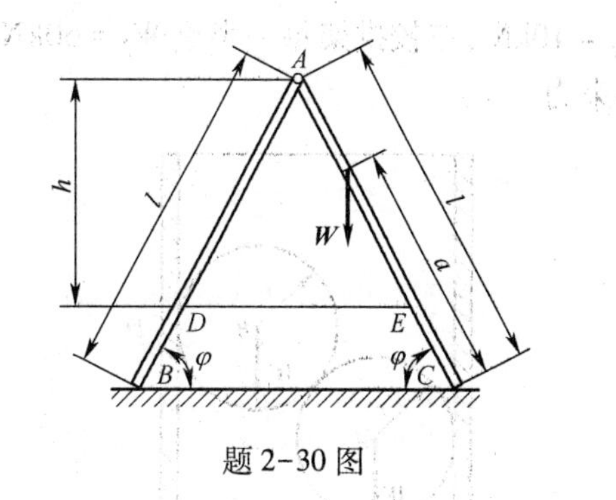

题 2-30 图

2-31 不计自重的杆 AB 、AC 、BC 、AD 连接如图所示。其中 C 是固定铰支座，A 、E 是光滑铰链，B 、D 处为光滑接触。在水平杆 AB 上作用有铅垂向下的力 $\boldsymbol{F}$ 。求证：不论力 $\boldsymbol{F}$ 作用在 AB 杆上的任何位置，杆 AC 总是受到大小等于 F 的压力。

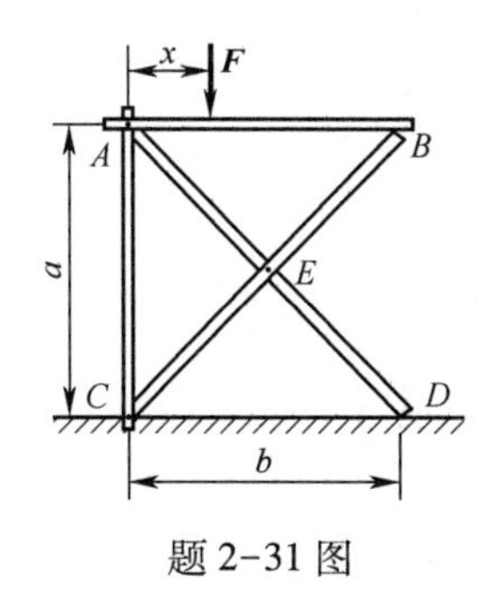

题 2-31 图

2-32 图示压榨机，ABO 是手柄，在点 A 处作用力可使点 E 处的托板上升，把物体 H 压榨。$CD = CE$ ，$OA = 1\text{m}$ ，$OB = 0.1\text{m}$ 。设垂直地作用在手柄上 A 端的力 $F = 200\text{N}$ ，图示位置拉杆 BC 处于水平，$OB \perp BC$ ，$\angle CDE = \theta = \arctan 0.2$。试求此时托板对物体 H 的压力。

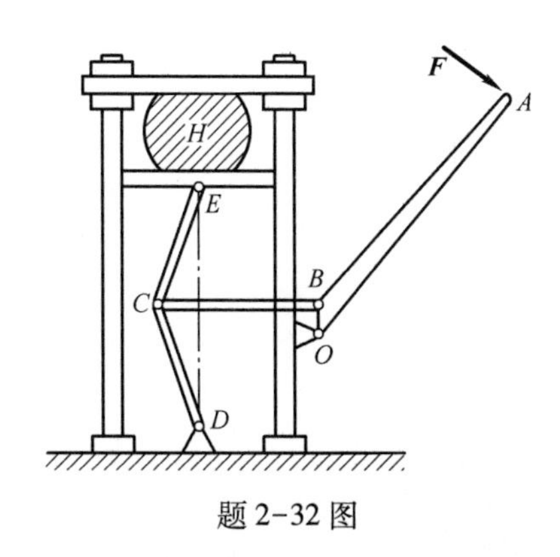

题 2-32 图

2-33 如图所示，无底圆柱形空筒放在光滑的水平地面上，内放两个球，设每个球重为 W 、半径为 r ，圆筒的半径为 R 。若不计各接触面的摩擦，不计圆筒的厚度。试求圆筒不致翻倒的最小重量 $W_{\min}$ 。

2-34 某水电站厂房的三铰拱架如图所示，行车梁重 $W_1 = 20\text{kN}$ ，吊车空载时自重

$W_2 = 10\text{kN}$，三铰拱架每一半重 $W_3 = 60\text{kN}$，风压力的合力 $F = 10\text{kN}$。试求 A，B，C 三处约束力。

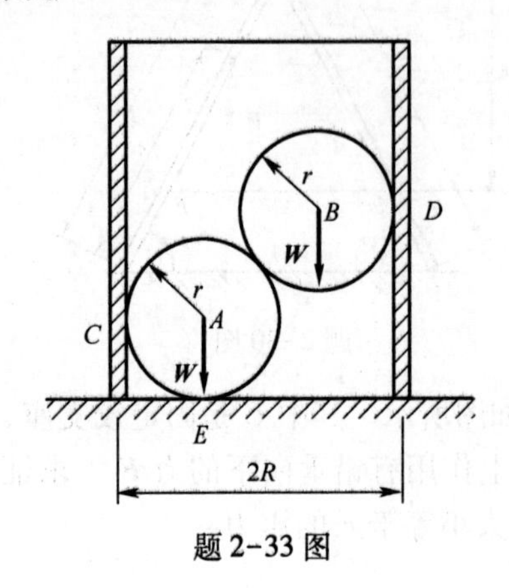

题 2-33 图

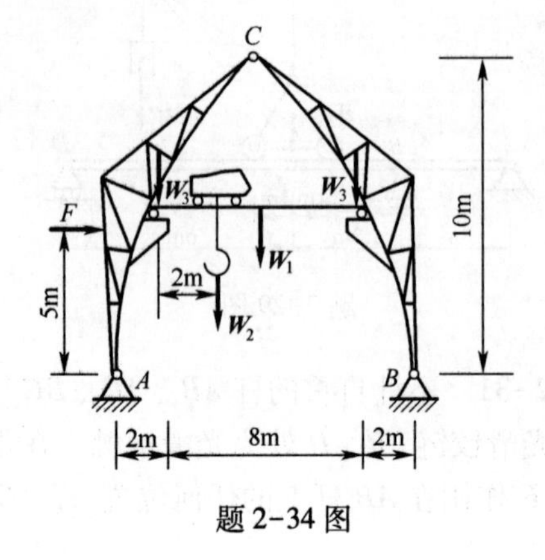

题 2-34 图

第三章 静力学应用问题

3.1 平行力系的简化·重心

平行力系在工程技术和日常生活中经常遇到,如流体对固体平面的压力、物体所受的重力等。把力系简化的理论应用于平行力系,其简化的最终结果只有三种情形:合力、合力偶和力系平衡。若力系主矢不为零,则该力系必定存在合力。对于平行力系来说,其合力的大小和方向容易确定,关键的问题是确定合力作用点的位置。

一、平行力系的简化和平行力系的中心

平行力系向任一点简化的主矢和主矩可表示为

$$\boldsymbol{F}'_{\mathrm{R}} = \sum_{i=1}^{n} \boldsymbol{F}_i, \boldsymbol{M}_O = \sum_{i=1}^{n} \boldsymbol{M}_O(\boldsymbol{F}_i)$$

当平行力系的主矢 $\boldsymbol{F}'_{\mathrm{R}} \neq 0$ 时,平行力系有合力 $\boldsymbol{F}_{\mathrm{R}} = \boldsymbol{F}'_{\mathrm{R}}$,且与各力平行,作用点设为 C 点。设任一力 $\boldsymbol{F}_i$ 作用点的矢径为 $\boldsymbol{r}_i$,合力作用点 C 的矢径为 $\boldsymbol{r}_C$,如图 3.1 所示。根据合力矩定理式(2.16),得

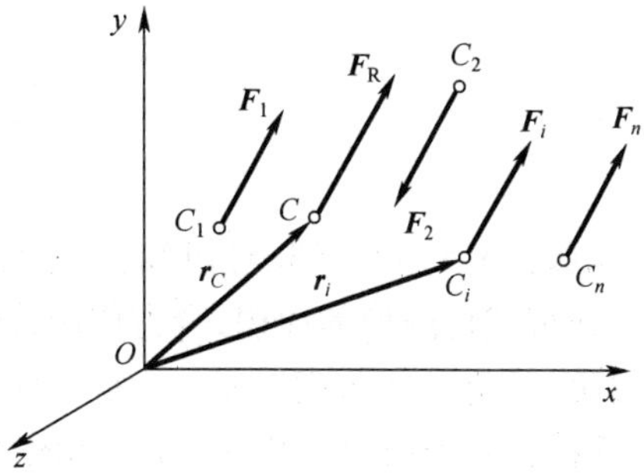

$$\boldsymbol{r}_C \times \boldsymbol{F}_{\mathrm{R}} = \sum_{i=1}^{n} (\boldsymbol{r}_i \times \boldsymbol{F}_i) \tag{3.1}$$

图 3.1

取力作用线的某一方向为正向,单位矢量为 $\boldsymbol{e}$,则 $\boldsymbol{F}_{\mathrm{R}} = F_{\mathrm{R}}\boldsymbol{e}$,$\boldsymbol{F}_i = F_i\boldsymbol{e}$,代入式(3.1)得

$$\left(F_{\mathrm{R}}\boldsymbol{r}_C - \sum_{i=1}^{n} F_i\boldsymbol{r}_i\right) \times \boldsymbol{e} = 0$$

注意:$\boldsymbol{e}$ 为非零的任意单位矢量,则

$$F_{\mathrm{R}}\boldsymbol{r}_C - \sum_{i=1}^{n} F_i\boldsymbol{r}_i = 0$$

可得

$$\boldsymbol{r}_C = \frac{\sum_{i=1}^{n} F_i\boldsymbol{r}_i}{F_{\mathrm{R}}} = \frac{\sum_{i=1}^{n} F_i\boldsymbol{r}_i}{\sum_{i=1}^{n} F_i} \tag{3.2}$$

上式在直角坐标轴上投影，可得

$$x_C = \frac{\sum_{i=1}^{n} F_i x_i}{\sum_{i=1}^{n} F_i}, \quad y_C = \frac{\sum_{i=1}^{n} F_i y_i}{\sum_{i=1}^{n} F_i}, \quad z_C = \frac{\sum_{i=1}^{n} F_i z_i}{\sum_{i=1}^{n} F_i} \tag{3.3}$$

由式(3.2)可知，合力作用点的位置仅与各平行力的大小和作用点位置有关，而与平行力的方向无关，称为该平行力系的**中心**。

线分布载荷是工程中常见的一种平行力系。下面应用平行力系的简化结果，求解线分布载荷的合力大小及合力作用线位置。

如图 3.2 所示，在线段 AB 上作用一垂直向上的分布载荷，以 A 端为坐标原点建立直角坐标系 Axy。若已知分布载荷的集度为 $q(x)$，在位置 x 处取微段 $\mathrm{d}x$，在此微段上的分布力可以近似看作均匀分布，其合力大小 $\mathrm{d}F = q(x)\mathrm{d}x$。此分布载荷可看作是由无数个微小集中力 $\mathrm{d}\boldsymbol{F}$ 组成的平行力系，其合力大小为

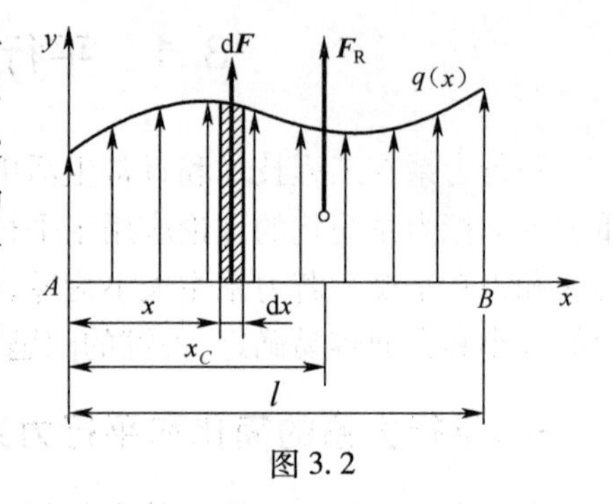

图 3.2

$$F_R = \int_0^l \mathrm{d}F = \int_0^l q(x)\mathrm{d}x \tag{3.4}$$

合力作用点即平行力系中心的 x 坐标

$$x_C = \frac{\int_0^l xq(x)\mathrm{d}x}{\int_0^l q(x)\mathrm{d}x} \tag{3.5}$$

由式(3.4)和式(3.5)可知，对于沿直线分布的垂直向分布载荷来说，其合力的大小等于分布载荷图形的面积，合力作用线通过该图形的形心。对常见的简单图形，如矩形分布载荷、三角形分布载荷等，其等效合力如图 3.3(a)、(b)所示。对比较复杂的分布载荷，可看成几个简单载荷的叠加，如图 3.3(c)所示。

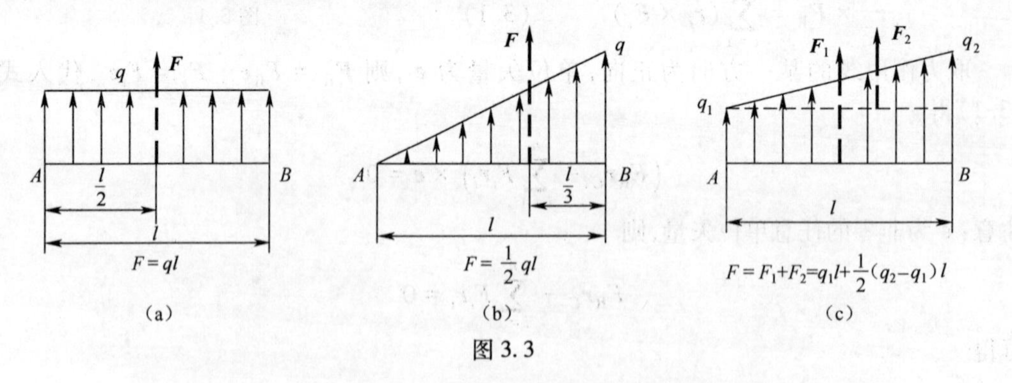

图 3.3

二、物体的重心

在地球附近的物体都受到地心引力的作用，物体的每一微小部分所受到的地心引力均指向地球中心，构成一个空间汇交力系。由于一般物体的尺寸远小于地球半径，这些力

之间的夹角很小,将其视为铅垂向下的空间平行力系是足够精确的。一般所谓的重力,就是该平行力系的合力,其中心即为物体的**重心**,位置与刚体在空间的位置无关。

重心在工程实际中具有重要的意义。如行走式起重机的重心必须控制在某一范围内,才能保证其正常、安全地工作;高速转动的转子,如果转轴不通过重心,将会引起强烈的振动并对轴承产生巨大的附加动反力;飞机的重心位置对操纵和飞行的稳定性有很大的影响。反之,有意偏置重心造成振动可制成建筑工程中广泛应用的振动夯、油田和矿山中的振动筛、振动和疲劳试验所用的振动台和激振器等。

如图 3.4 所示,将物体分割成许多微小体积,每小块体积为 ΔV_i ,所受重力为 $\boldsymbol{W}_i$ 。合力 $\boldsymbol{W}$ 的大小即为整个物体的重力。由式(3.3)可得该平行力系的中心即重心 C 的直角坐标为

$$x_C = \frac{\sum_{i=1}^{n} W_i x_i}{W}, \quad y_C = \frac{\sum_{i=1}^{n} W_i y_i}{W}, \quad z_C = \frac{\sum_{i=1}^{n} W_i z_i}{W} \tag{3.6}$$

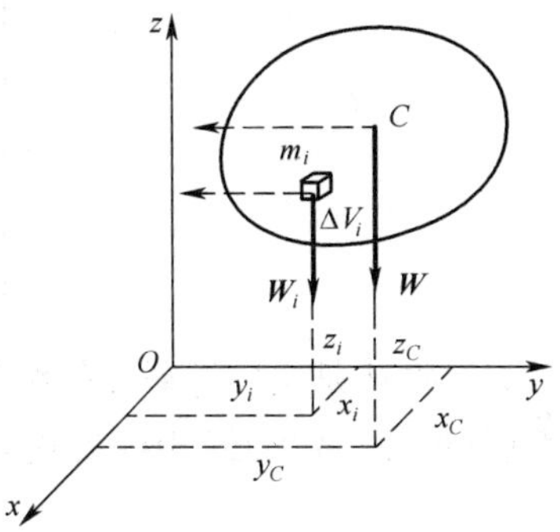

图 3.4

如果物体总质量为 M ,每一个微小体积的质量为 m_i ,则有 $M = \sum_{i=1}^{n} m_i$ 。在同一重力场中,有 $W_i = m_i g$ 和 $W = Mg$ 。代入式(3.6)并消去 g (在一般物体的尺寸范围内,重力加速度变化很小),可得

$$x_C = \frac{\sum_{i=1}^{n} m_i x_i}{M}, \quad y_C = \frac{\sum_{i=1}^{n} m_i y_i}{M}, \quad z_C = \frac{\sum_{i=1}^{n} m_i z_i}{M} \tag{3.7}$$

称为**质心坐标公式**。质心反映了物体质量的分布情况,与物体是否受到引力作用无关,是比重心更一般的概念。在地球表面附近,物体的质心和重心重合,是同一个点。

对于连续分布的均质物体,单位体积的重量 γ 为常值,有 $W_i = \gamma \Delta V_i$, $W = \sum_{i=1}^{n} W_i = \gamma \sum_{i=1}^{n} \Delta V_i = \gamma V$, $V = \sum_{i=1}^{n} \Delta V_i$ 为物体的总体积,代入式(3.6),可得

$$x_C = \frac{\sum_{i=1}^{n} x_i \Delta V_i}{V}, \quad y_C = \frac{\sum_{i=1}^{n} y_i \Delta V_i}{V}, \quad z_C = \frac{\sum_{i=1}^{n} z_i \Delta V_i}{V} \tag{3.8}$$

物体分割得越多,即每一小块体积越小,则按式(3.8)计算的重心位置越准确。利用极限的概念可将式(3.8)变为

$$x_C = \frac{\int_V x \mathrm{d}V}{V}, y_C = \frac{\int_V y \mathrm{d}V}{V}, z_C = \frac{\int_V z \mathrm{d}V}{V} \tag{3.9}$$

可见,均质物体的重心仅取决于物体的几何形状,表示几何形体的中心,称为该体积的**形心**。均质物体的重心与其形心相重合。式(3.8)和式(3.9)为形心坐标公式。

工程中常采用薄壳结构，例如厂房的顶壳、薄壁容器、飞机机翼等，其厚度与其表面积相比是很小的，如图 3.5 所示。若薄壳是均质等厚的，则其重心（或形心）坐标公式为

$$
\begin{cases}
x_C = \dfrac{\sum\limits_{i=1}^{n} x_i \Delta A_i}{A} = \dfrac{\int_A x \mathrm{d}A}{A} \\
y_C = \dfrac{\sum\limits_{i=1}^{n} y_i \Delta A_i}{A} = \dfrac{\int_A y \mathrm{d}A}{A} \\
z_C = \dfrac{\sum\limits_{i=1}^{n} z_i \Delta A_i}{A} = \dfrac{\int_A z \mathrm{d}A}{A}
\end{cases} \tag{3.10}
$$

如果物体是均质等截面的细长曲杆，其截面尺寸与其长度相比是很小的，如图 3.6 所示，则其重心（或形心）坐标公式为

$$
\begin{cases}
x_C = \dfrac{\sum\limits_{i=1}^{n} x_i \Delta l_i}{l} = \dfrac{\int_l x \mathrm{d}l}{l} \\
y_C = \dfrac{\sum\limits_{i=1}^{n} y_i \Delta l_i}{l} = \dfrac{\int_l y \mathrm{d}l}{l} \\
z_C = \dfrac{\sum\limits_{i=1}^{n} z_i \Delta l_i}{l} = \dfrac{\int_l z \mathrm{d}l}{l}
\end{cases} \tag{3.11}
$$

凡是具有对称面、对称轴或对称点的均质物体，其重心在对称面、对称轴或对称点上。对于简单形状物体的重心，可由上述公式直接积分得到。在表 3.1 中，列出了常见简单均质体的重心公式。对于形状比较复杂、但可分割成数个简单形体的组合体，可根据式(3.8)、式(3.10)和式(3.11)用分割法求其重心。对于有孔洞的物体，仍可采用分割法计算，但应将孔洞部分的面积或体积视为负值。

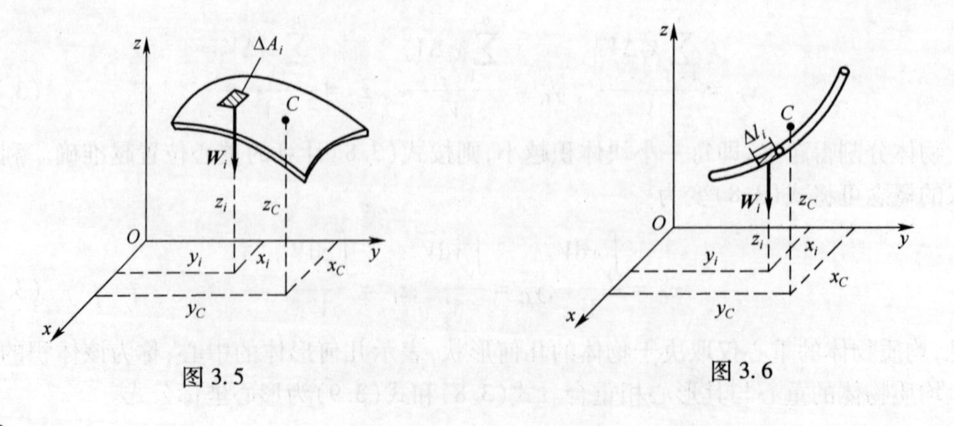

图 3.5　　　　图 3.6

表 3.1　简单形体重心表

图形	重心位置	图形	重心位置
三角形 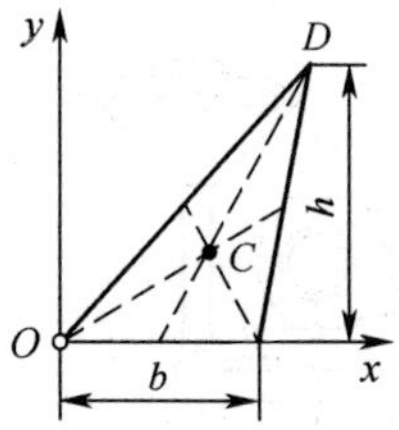	在中线的交点 $y_C = \frac{1}{3}h$	梯形 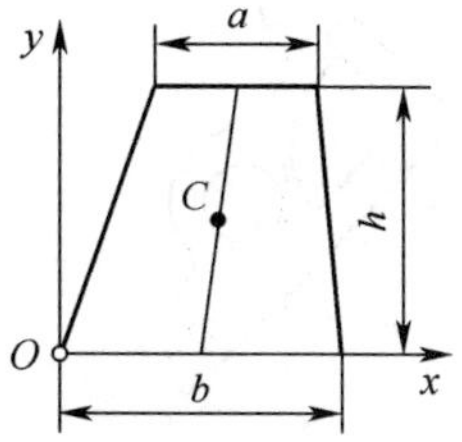	$y_C = \frac{h(2a+b)}{3(a+b)}$
圆弧 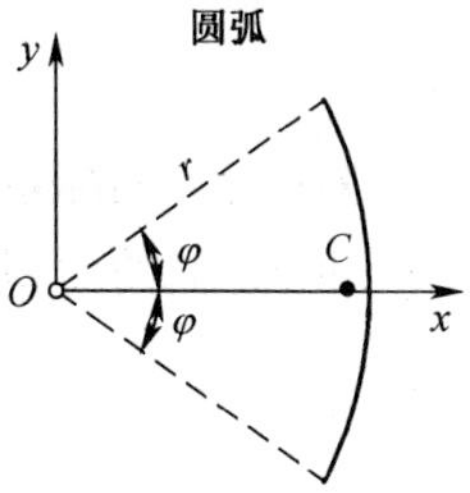	$x_C = \frac{r\sin\varphi}{\varphi}$ 对于半圆 $x_C = \frac{2r}{\pi}$	弓形 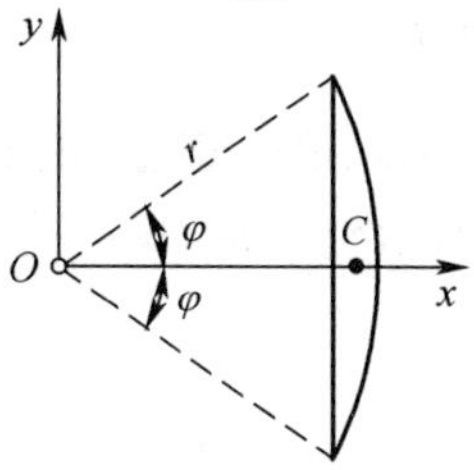	$x_C = \frac{2}{3}\frac{r^3\sin^2\varphi}{A}$ $A = \frac{r^2(2\varphi - \sin 2\varphi)}{2}$
扇形 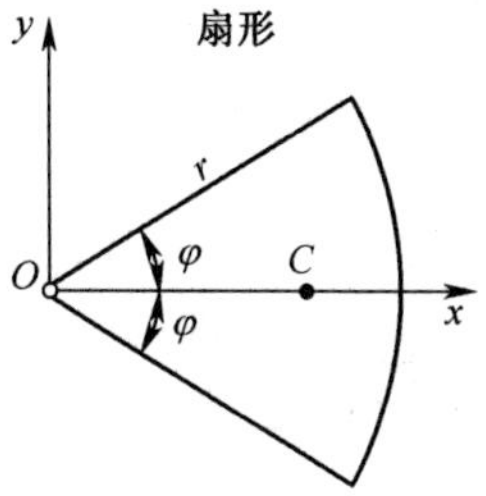	$x_C = \frac{2}{3}\frac{r\sin\varphi}{\varphi}$ 对于半圆 $x_C = \frac{4r}{3\pi}$	部分圆环 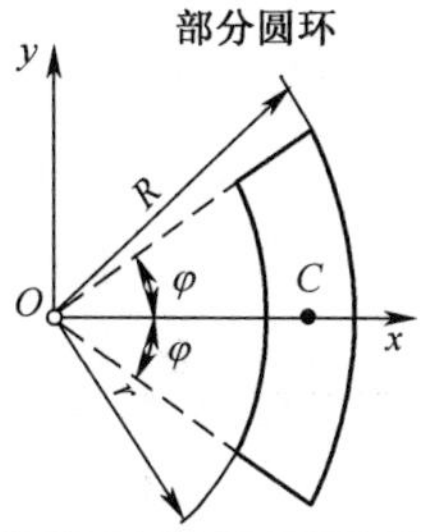	$x_C = \frac{2}{3}\frac{R^3 - r^3}{R^2 - r^2}\frac{\sin\varphi}{\varphi}$
二次抛物线面 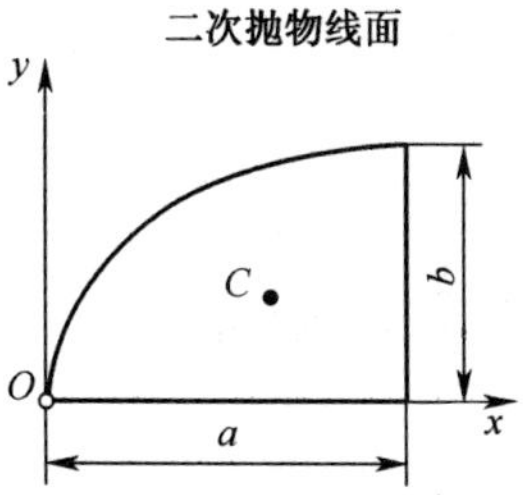	$x_C = \frac{3}{5}a$ $y_C = \frac{3}{8}b$	二次抛物线面 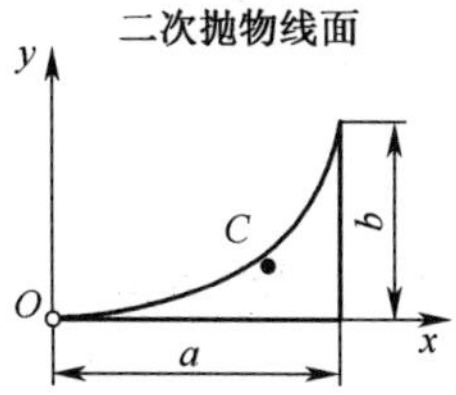	$x_C = \frac{3}{4}a$ $y_C = \frac{3}{10}b$
半圆球体 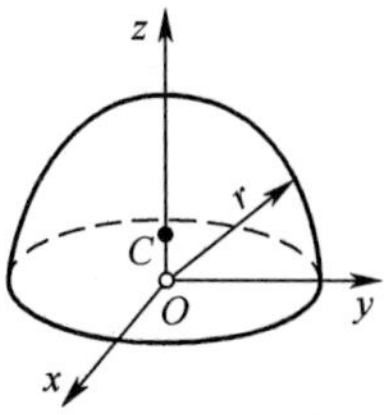	$z_C = \frac{3}{8}r$	正圆锥体 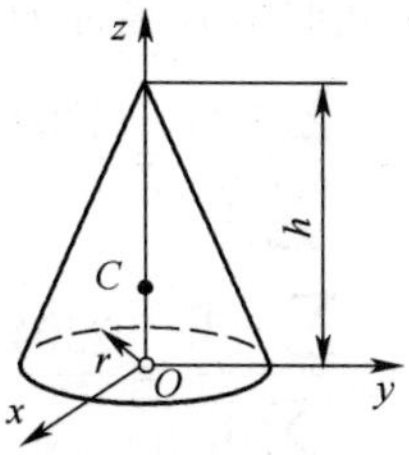	$z_C = \frac{1}{4}h$

如果物体的形状很复杂或非均质物体，工程实际中常用实验方法确定重心位置。常用方法有悬挂法和称重法。悬挂法适于求平面薄板的重心。如图 3.7 所示，将薄板悬挂两次，通过悬挂点的两条铅垂线交点即为物体的重心。称重法可以确定一些大型三维物

体的重心(图 3.8),但需通过求解平衡方程得到(读者可自行推导)。

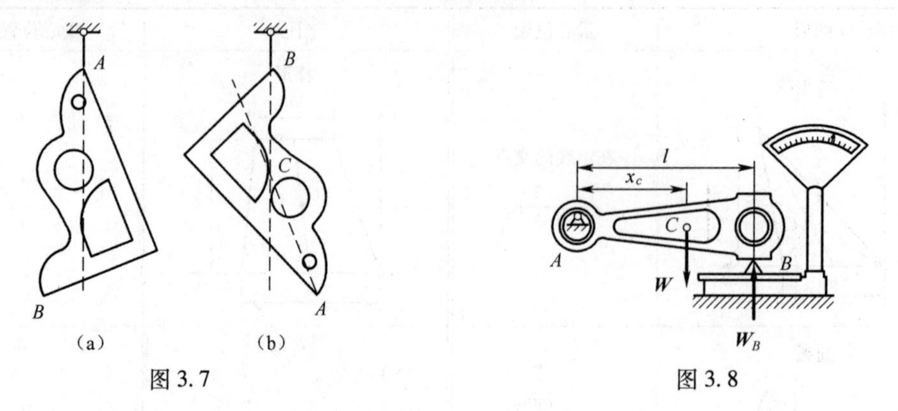

图 3.7

图 3.8

例 3.1　试求图(a)所示角钢横截面的形心。已知:$B = 160\text{mm}$,$b = 100\text{mm}$,$d = 16\text{mm}$。

解:建立如图(a)所示坐标系 Oxy,将图形分割为图示两个矩形Ⅰ、Ⅱ,它们的面积及形心的坐标为

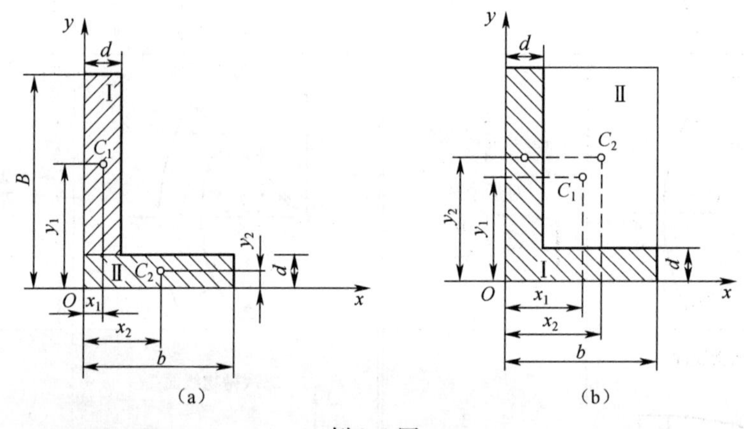

例 3.1 图

$$A_1 = (B - d) \cdot d = 2304\text{mm}^2,\ x_1 = \frac{d}{2} = 8\text{mm},\ y_1 = d + \frac{B - d}{2} = 88\text{mm}$$

$$A_2 = b \cdot d = 1600\text{mm}^2,\ x_2 = \frac{b}{2} = 50\text{mm},\ y_2 = \frac{d}{2} = 8\text{mm}$$

代入式(3.10)得角钢横截面形心坐标为

$$x_C = \frac{\sum x_i A_i}{\sum A_i} = \frac{2304 \times 8 + 1600 \times 50}{2304 + 1600} = 25.2\text{mm}$$

$$y_C = \frac{\sum y_i A_i}{\sum A_i} = \frac{2304 \times 88 + 1600 \times 8}{2304 + 1600} = 55.2\text{mm}$$

显见,形心 C 坐标位于角钢横截面之外。本题也可采用负面积法求解,如图(b)所示,把角钢横截面看做是一个大矩形中减去一个小矩形构成,小矩形面积按负值处理,则

$$A_1 = 16000\text{mm}^2,\ x_1 = \frac{b}{2} = 50\text{mm},\ y_1 = \frac{B}{2} = 80\text{mm}$$

$$A_2 = -12096\text{mm}^2 \text{ , } x_2 = \frac{b-d}{2} + d = 58\text{mm} \text{ , } y_2 = \frac{B-d}{2} + d = 88\text{mm}$$

其形心坐标为

$$x_C = \frac{\sum x_i A_i}{\sum A_i} = 25.2\text{mm} \text{ , } y_C = \frac{\sum y_i A_i}{\sum A_i} = 55.2\text{mm}$$

例 3.2 试求如图所示半径为 R ,顶角为 2φ 的扇形面积的形心。

解:建立如图所示坐标系 Oxy 。由对称性知,该扇形的形心 C 必在对称轴 y 轴上,即 $x_C=0$,只需计算 y_C 。

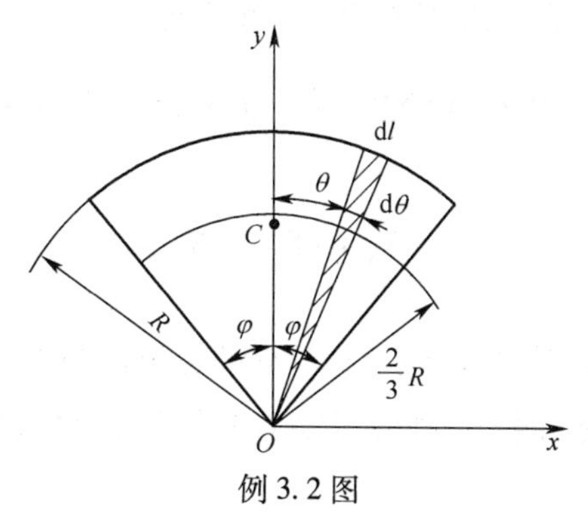

例 3.2 图

取三角形微面积如图所示,三角形的面积为 $\mathrm{d}A = \frac{1}{2}R\mathrm{d}l = \frac{1}{2}R^2\mathrm{d}\theta$,其形心在 $\frac{2}{3}R$ 处,代入式(3.10),得

$$y_C = \frac{\int_A y\mathrm{d}A}{\int_A \mathrm{d}A} = \frac{\int_{-\varphi}^{\varphi} \frac{2}{3}R\cos\theta \cdot \frac{1}{2}R^2\mathrm{d}\theta}{\int_{-\varphi}^{\varphi} \frac{1}{2}R^2\mathrm{d}\theta} = \frac{2R\sin\varphi}{3\varphi}$$

当 $\varphi = \frac{\pi}{2}$ 时,得到半圆形面积的形心坐标为

$$y_C = \frac{4R}{3\pi}$$

例 3.3 图(a)所示的组合梁由 AC 和 CD 在 C 处铰接而成。梁的 A 端插入墙内, B 处为活动铰链支座。已知: $F = 20\text{kN}$,均布载荷 $q = 10\text{kN/m}$, $M = 20\text{kN}\cdot\text{m}$, $l = 1\text{m}$ 。试求插入端 A 及活动铰链支座 B 的约束反力。

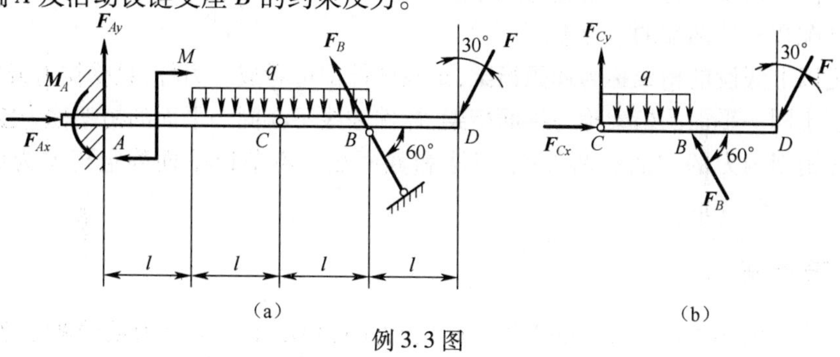

例 3.3 图

解:先以整体为研究对象,组合梁在主动力 $\boldsymbol{M}$、$\boldsymbol{F}$、q 和约束反力 $\boldsymbol{F}_{Ax}$、$\boldsymbol{F}_{Ay}$、M_A 及 $\boldsymbol{F}_B$ 作用下平衡,受力如图(a)所示。其中,均布载荷的合力通过点 C,大小为 $2ql$。列写平衡方程

$$\sum F_x = 0,\qquad F_{Ax} - F_B\cos60° - F\sin30° = 0 \tag{a}$$

$$\sum F_y = 0,\qquad F_{Ay} + F_B\sin60° - 2ql - F\cos30° = 0 \tag{b}$$

$$\sum M_A(\boldsymbol{F}) = 0,\qquad M_A - M - 2ql \times 2l + F_B\sin60° \times 3l - F\cos30° \times 4l = 0 \tag{c}$$

以上三个方程中包含有4个未知量,必须再补充方程才能求解。为此,可取梁 CD 为研究对象,受力如图(b)所示,列出对 C 点的力矩方程

$$\sum M_C(\boldsymbol{F}) = 0, F_B\sin 60° \times l - ql \times \frac{l}{2} - F\cos 30° \times 2l = 0 \tag{d}$$

由式(d)可得

$$F_B = 45.77\text{kN}$$

代入式(a)、(b)、(c)求得

$$F_{Ax} = 32.89\text{kN}\ ,\ F_{Ay} = -2.32\text{kN}\ ,\ M_A = 10.37\text{kN}\cdot\text{m}$$

如需求解铰链 C 处的约束力,则应以梁 CD 为研究对象,由平衡方程 $\sum F_x = 0$ 和 $\sum F_y = 0$ 求得。

3.2 平面静定桁架

桁架是桥梁、屋架、电视塔、起重机、输电线塔、油田井架等常用的工程结构,是由若干直杆在两端铆接、焊接或用螺栓等连接而成的几何形状不变的稳定结构,具有自重轻、承载能力强、跨度大、可充分利用材料等优点。静力学研究桁架的任务是在各种载荷下确定桁架的支撑约束反力及各杆的内力,以便进行桁架的设计。

桁架中各杆的受力实际上是十分复杂的,必须进行简化。工程实践中常作如下基本假设:

(1) 直杆两端连接区的线尺度比杆的长度要小得多,可简化为一个点,并当做光滑铰链连接,称为**节点**;

(2) 所有载荷均作用在节点上;

(3) 由于桁架本身的重量比它承受的载荷要小的多,可不计自重。必须考虑自重时,可平均分配在杆件两端的节点上。

满足以上假设的桁架称为**理想桁架**,每根杆件都可看成二力杆,只受拉力或压力。杆件轴线位于同一平面的桁架称为**平面桁架**,杆件轴线不在同一平面的桁架称为**空间桁架**。

计算桁架内力的方法有两种:节点法和截面法。本节以平面静定桁架为例说明其解法。

一、节点法

考虑平面桁架中每个节点的平衡,画出受力图,列出平面汇交力系的两个平衡方程,

联立求解即得全部杆件的内力。为避免求解联立方程,通常先计算桁架的支座反力,然后从只连接两根杆的节点开始,再按一定顺序考虑其他各节点的平衡,使得每一次只出现两个新的未知量,直到求出所有杆件内力。这种方法是以各节点为研究对象,故称节点法。

例 3.4 平面桁架如图(a)所示。各杆自重不计。求支座反力和各杆内力。

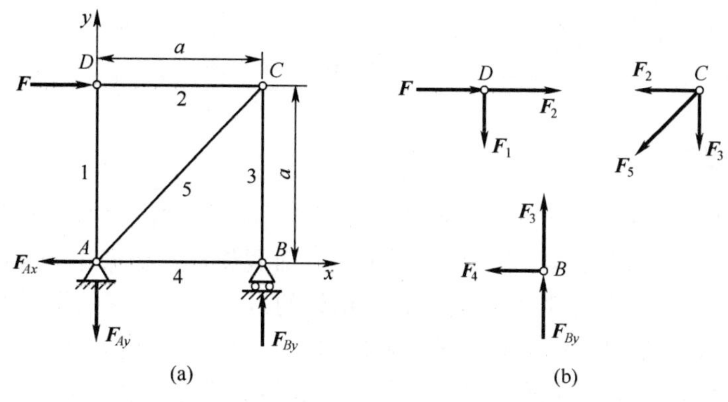

例 3.4 图

解:(1)求支座反力。以整个桁架为研究对象,受力如图(a)所示。列写平衡方程并求解:

$$\sum F_x = 0\ ,\ F - F_{Ax} = 0\ ,\ F_{Ax} = F$$

$$\sum M_A(\boldsymbol{F}) = 0\ ,\ F_{By} \times a - F \times a = 0\ ,\ F_{By} = F$$

$$\sum F_y = 0\ ,\ F_{By} - F_{Ay} = 0\ ,\ F_{Ay} = F$$

(2) 求各杆内力。为便于系统化分析,一般先假设各杆件均受拉,即杆件内力按背离节点方向画出,通过平衡方程求出它们的代数值后,根据计算结果的正负号,即可确定杆件内力的性质,正号为拉力,负号为压力。

先取节点 D 为研究对象(也可先选节点 B),受力如图(b)所示。列写平衡方程并求解:

$$\sum F_x = 0\ ,\ F + F_2 = 0\ ,\ F_2 = - F\ (\text{受压})$$

$$\sum F_y = 0\ ,\ F_1 = 0$$

取节点 C 为研究对象。列写平衡方程并求解:

$$\sum F_x = 0\ ,\ F_2 + F_5\cos 45^\circ = 0\ ,\ F_5 = \sqrt{2}F\ (\text{受拉})$$

$$\sum F_y = 0\ ,\ F_3 + F_5\sin 45^\circ = 0\ ,\ F_3 = - F\ (\text{受压})$$

取节点 B 为研究对象。列平衡方程并求解:

$$\sum F_x = 0\ ,\ F_4 = 0$$

求出各杆内力之后,可用尚未应用的节点平衡方程校核已得的结果。

内力为零的杆件,称为**零杆**。如能先判断出零杆,对简化桁架计算是有益的。一般可根据节点平衡判断零杆。如图 3.9 所示节点上无载荷作用时,必有:图(a)中 $F_3 = 0$ 及图(b)中 $F_1 = F_2 = 0$。

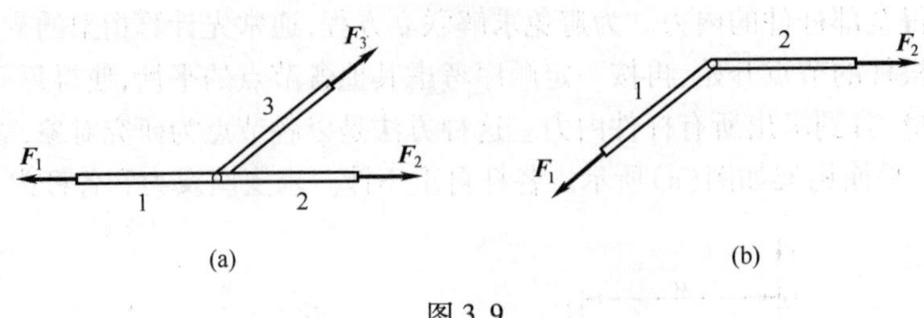

图 3.9

二、截面法

当只需求桁架中指定杆件内力,而不需要计算所有杆件内力时,应用截面法比较方便。解题思路是:先计算桁架支座反力;再用一截面假想地把桁架中的某些杆件截断,将桁架分成两部分,取其中一部分为研究对象,桁架的另一部分对它的作用可用截面所截断的杆的内力表示;最后列平衡方程求被截杆件内力。对于平面桁架,由于平面任意力系只有三个独立的平衡方程,因此截断杆件的数目一般不要超过三根。

例 3.5 如图(a)所示平面桁架,各杆件的长度皆为 1m,在节点 E 上作用载荷 $F_{P1}=10kN$,在节点 G 上作用载荷 $F_{P2}=7kN$。试计算杆 1、2 和 3 的内力。

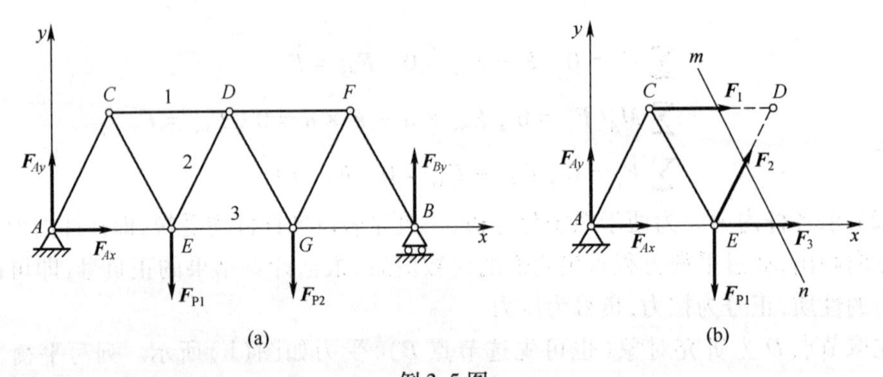

例 3.5 图

解:(1) 以桁架整体为研究对象,受力如图(a)所示。列写平衡方程并求解:

$$\sum F_x = 0, \qquad F_{Ax} = 0$$

$$\sum M_B(\boldsymbol{F}) = 0, F_{P1} \times 2 + F_{P2} \times 1 - F_{Ay} \times 3 = 0, F_{Ay} = 9kN$$

(2) 为求杆 1、2 和 3 的内力,可作截面 $m-n$ 将桁架中三杆截断,选取桁架左半部分为研究对象,假定所截断的三杆都受拉力,受力如图(b)所示。列写平衡方程:

$$\sum F_y = 0, \qquad F_{Ay} + F_2 \times \frac{\sqrt{3}}{2} - F_{P1} = 0$$

$$\sum M_E(\boldsymbol{F}) = 0 \text{ , } -F_1 \times 1 \times \frac{\sqrt{3}}{2} - F_{Ay} \times 1 = 0$$

$$\sum M_D(\boldsymbol{F}) = 0 \text{ , } F_{P1} \times \frac{1}{2} + F_3 \times 1 \times \frac{\sqrt{3}}{2} - F_{Ay} \times \left(1 + \frac{1}{2}\right) = 0$$

解得

$$F_1 = -10.39\text{kN},\ F_2 = 1.16\text{kN},\ F_3 = 9.81\text{kN}$$

如选取桁架的右半部分为研究对象,可得同样的结果。在具体求解时,若两个或两个以上的未知力交于同一点,则以它们的交点为矩心列写平衡方程求解别的未知量,有时比较简单。

3.3 考虑摩擦的平衡问题

在光滑面及光滑铰链的约束中,认为接触面是绝对光滑的,约束力沿接触面法线方向,这与真实情况是不符的。当两个相互接触的物体有相对运动趋势或相对运动时,都会产生一种阻碍现象,称为**摩擦**。在某些问题中,由于问题本身的性质或接触面有良好的润滑等原因,摩擦的影响处于次要地位,忽略摩擦而采用光滑接触面模型不仅不影响问题的本质,而且可以使分析计算都大为简化。但在另外一些问题中,如机床的夹紧装置、摩擦传动、汽车的启动和制动等,摩擦成为主要因素必须加以考虑。在自动控制、精密测量等问题中,即使摩擦很小,也会影响仪表的灵敏度和结果的精度,也必须考虑摩擦的影响。

根据摩擦所阻碍的物体运动形式可分为**滑动摩擦**和**滚动摩擦**;根据物体是否有相对运动可分为**静摩擦**和**动摩擦**。本节主要介绍滑动摩擦的一般规律及存在滑动摩擦时平衡问题的求解。

一、滑动摩擦

当物体间仅有相对滑动趋势时,沿接触面公切线方向的阻力称为**静滑动摩擦力**,简称**静摩擦力**,以 $\boldsymbol{F}_s$ 表示;当物体间已发生相对滑动时,沿接触面公切线方向的阻力称为**动滑动摩擦力**,简称**动摩擦力**,以 $\boldsymbol{F}_d$ 表示。

在粗糙的水平面上放置一静止不动的物体(图 3.10(a)),物体在重力 $\boldsymbol{W}$ 和法向约束反力 $\boldsymbol{F}_N$ 的作用下处于平衡状态,摩擦力为零。在该物体上作用一主动力 $\boldsymbol{F}$(图 3.10(b)),令其大小由零值逐渐增加时,物体仍保持静止状态。若主动力 $\boldsymbol{F}$ 的大小超过某一数值,物体开始滑动,平衡被破坏了。由此可知,与其他约束反力一样,静摩擦力的大小随主动力的变化而变化,应由平衡条件决定。不同的是,静摩擦力的大小不能无限增加,当主动力达到某一数值时,物体处于将要滑动但尚未滑动的临界平衡状态,静摩擦力达到最大值,称为**最大静摩擦力**,以 $\boldsymbol{F}_{s,max}$ 表示。若主动力继续增加,物体间将出现相对滑动,此时接触物体间的摩擦力为动摩擦力。

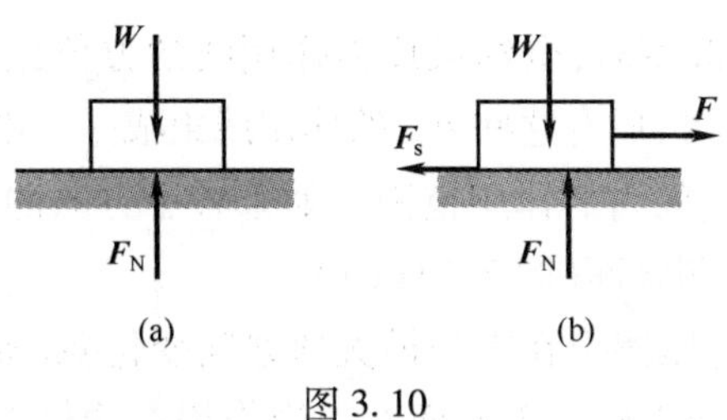

图 3.10

摩擦力是一种特殊的约束反力,其产生机理相当复杂。通过大量实验证明,对一般工程问题,摩擦力具有以下几个特点:

(1)静摩擦力 $\boldsymbol{F}_s$ 的方向沿两物体接触面公切线,与相对滑动趋势方向相反;

(2)静摩擦力 $\boldsymbol{F}_s$ 的大小可在一定范围内变化,最大静摩擦力 $\boldsymbol{F}_{s,max}$ 的大小与法向约束反力 $\boldsymbol{F}_N$ 的大小成正比,即

$$0 \leqslant F_s \leqslant F_{s,max}, F_{s,max} = f_s F_N \tag{3.12}$$

式中,f_s 称为**静摩擦因数**,是无量纲数,其值取决于接触物体的材料及表面物理条件,由实验测定。

(3)动摩擦力 $\boldsymbol{F}_d$ 的大小为常数,与法向约束反力 $\boldsymbol{F}_N$ 的大小成正比,即

$$F_d = fF_N \tag{3.13}$$

式中,f 称为**动摩擦因数**,且有 $f < f_s$。这符合实际经验,使物体由静止产生滑动比较费力,一旦滑动起来就较省力了。

上述经验规律是法国物理学家库仑于 1781 年根据前人的研究结果总结出来的,常称为**库仑摩擦定律**。

二、摩擦角和自锁

存在摩擦时,支承面对平衡物体的约束反力包含法向约束反力 $\boldsymbol{F}_N$ 和切向约束反力 $\boldsymbol{F}_s$(即静摩擦力)。这两个分力的矢量和 $\boldsymbol{F}_R = \boldsymbol{F}_N + \boldsymbol{F}_s$,称为**全约束反力**,其方向可用它与法向间的夹角 φ 来表示(图 3.11(a))。在临界平衡状态,有 $F_s = F_{s,max}$,φ 角达到极限值 φ_m,称为**摩擦角**(图 3.11(b)),显然有

$$\tan\varphi_m = \frac{F_{s,max}}{F_N} = f_s \tag{3.14}$$

即:**摩擦角的正切等于静摩擦因数**。

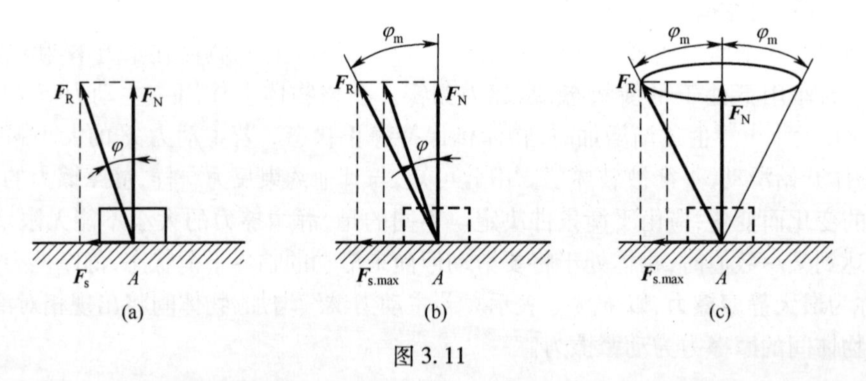

图 3.11

当物体滑动趋势方向改变时,全约束反力作用线的方位也随之改变,对应每一个方位,都有一个 $\boldsymbol{F}_R$ 的极限位置,所有这些 $\boldsymbol{F}_R$ 的作用线组成一个锥面,称为**摩擦锥**。摩擦锥是全约束反力 $\boldsymbol{F}_R$ 在三维空间内的作用范围。如果各个方向的静摩擦因数相同,则这个锥面是一个顶角为 $2\varphi_m$ 的圆锥面(图 3.11(c))。

当物体平衡时,由于静摩擦力在零与最大值之间变化,$\varphi \leqslant \varphi_m$,所以全约束反力的作用线总是在摩擦锥以内或正好位于锥面上。当作用在物体上的主动力合力 $\boldsymbol{F}$ 的作用线落在摩擦锥内,且指向支承面时,则无论这个力多么大,接触处总能产生全约束反力与之平衡,使被约束物体恒处于平衡状态。这种与主动力的大小无关,而只与摩擦角有关的

特殊平衡现象称为**自锁**(图 3.12(a))。相反,当主动力合力 $\boldsymbol{F}$ 的作用线在摩擦锥之外时,无论这个力多么小,被约束物体均不能保持平衡状态。这是因为全约束反力 $\boldsymbol{F}_{\mathrm{R}}$ 不可能与主动力合力 $\boldsymbol{F}$ 满足共线的条件。这种现象称为**非自锁**(图 3.12(b))。

利用摩擦角的概念,可设计简单的实验来测定静摩擦因数 f_{s}。如图 3.13 所示,把要测定静摩擦因数的同种材料或不同种材料分别制成物块和斜面,将物块置于斜面上,令斜面的倾角 φ 由零逐渐增大,直到物块就要向下滑动时为止,此时的倾角就是摩擦角 φ_{m},则静摩擦因数 f_{s} 为 $f_{\mathrm{s}}=\tan\varphi_{\mathrm{m}}$。由上述测定静摩擦因数的方法可知,物体在铅直荷载作用下不沿斜面下滑的条件就是 $\varphi \leqslant \varphi_{\mathrm{m}}$,这就是斜面的自锁条件。

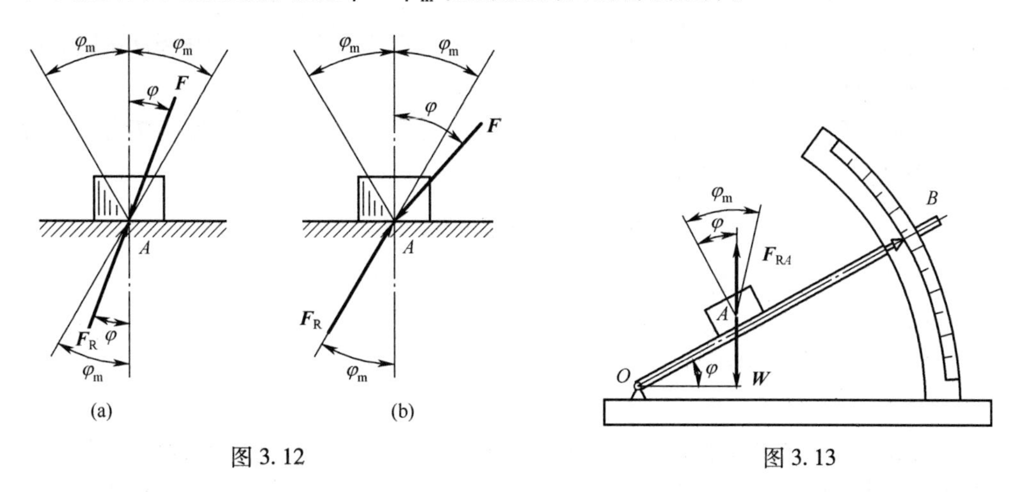

图 3.12　　图 3.13

摩擦自锁现象在日常生活及工程技术中都能见到。在墙上钉入木楔而不会自行滑出,螺钉能扭紧连接物体,夹具能夹紧工件,都是由于摩擦自锁。但在有些问题中,则要避免出现自锁现象,如水闸门的启闭、公共汽车车门的开关等。堆放松散物质如砂石、谷物等颗粒物体所形成的锥形的倾斜角度(称为自然休止角),铁路、公路路基的边坡坡角,自动卸货车翻斗抬起的角度等均可用自锁与非自锁的条件来讨论。

三、考虑摩擦时的平衡问题

与无摩擦平衡问题相似,求解摩擦平衡问题时,依然是先选取研究对象,分析受力,再应用平衡方程求解。不同的是,摩擦平衡问题还需考虑摩擦力的影响。接触面的约束反力除法向约束反力 $\boldsymbol{F}_{\mathrm{N}}$ 外,还有摩擦力 $\boldsymbol{F}_{\mathrm{s}}$,解得结果必须满足 $F_{\mathrm{s}} \leqslant f_{\mathrm{s}}F_{\mathrm{N}}$,等号表示临界平衡状态,因此平衡问题的解答往往是以不等式所表示的一个范围,称为**平衡范围**。如果算出的 F_{s} 大于 $f_{\mathrm{s}}F_{\mathrm{N}}$,则平衡不成立,须按运动力学问题求解,此时摩擦力为 $F_{\mathrm{d}}=fF_{\mathrm{N}}$,方向应与接触点相对滑动的方向相反。

应该注意的是:若开始时已用到关系式 $F_{\mathrm{s,max}}=f_{\mathrm{s}}F_{\mathrm{N}}$,即只讨论临界平衡状态,则 $\boldsymbol{F}_{\mathrm{s}}$ 的指向应与相对滑动趋势相反,不能任意假设。在非临界平衡状态下,$\boldsymbol{F}_{\mathrm{s}}$、$\boldsymbol{F}_{\mathrm{N}}$ 是两个独立的未知量,$\boldsymbol{F}_{\mathrm{s}}$ 的指向可以任意假设,其大小须由平衡方程计算确定。如算得 F_{s} 为负值,说明 $\boldsymbol{F}_{\mathrm{s}}$ 的真实指向与假设的指向相反,计算仍有效。下面举例说明考虑摩擦的平衡问题的解法。

例 3.6　重量为 W 的物块放于倾角为 θ 的斜面上(图(a)),已知物块与斜面间的静

摩擦因数为 f_s 。试求能使物块在斜面上维持静止的水平力 $\boldsymbol{F}$ 的大小。

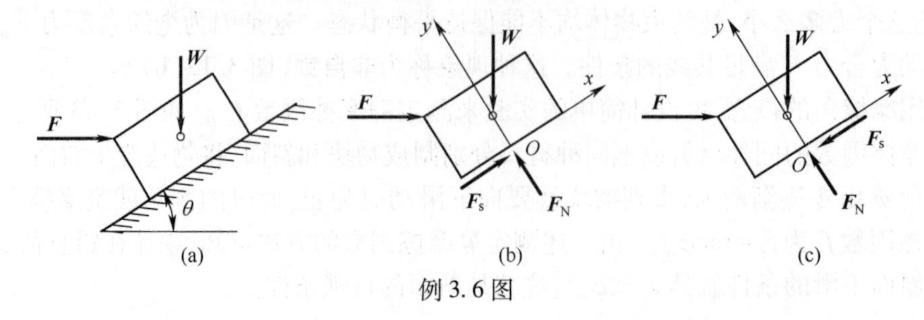

例 3.6 图

解:物块在重力 $\boldsymbol{W}$ 和水平力 $\boldsymbol{F}$ 的作用下,可能有两种滑动趋势:当力 $\boldsymbol{F}$ 较小时,物块有向下滑动的趋势;当力 $\boldsymbol{F}$ 较大时,物块有向上滑动的趋势。

(1) 先确定不使物块下滑所需力 $\boldsymbol{F}$ 的最小值。由于物块有下滑趋势,摩擦力方向沿斜面向上,物块受力如图(b)所示。建立坐标系 Oxy ,列写平衡方程

$$\sum F_x = 0, F_s + F\cos\theta - W\sin\theta = 0 \tag{a}$$

$$\sum F_y = 0, F_N - F\sin\theta - W\cos\theta = 0 \tag{b}$$

因物块处于静止状态,摩擦力的大小 F_s 还应满足 $F_s \leqslant f_s F_N$,联立求解可得

$$F_{\min} \geqslant \frac{\sin\theta - f_s\cos\theta}{\cos\theta + f_s\sin\theta} W$$

(2) 再确定不使物块上滑所需力 $\boldsymbol{F}$ 的最大值。由于物块有上滑趋势,摩擦力方向应沿斜面向下,物块受力如图(c)所示。建立坐标系 Oxy ,列写平衡方程

$$\sum F_x = 0, - F_s + F\cos\theta - W\sin\theta = 0 \tag{c}$$

$$\sum F_y = 0, F_N - F\sin\theta - W\cos\theta = 0 \tag{d}$$

摩擦力的大小 F_s 仍满足 $F_s \leqslant f_s F_N$,联立求解可得

$$F_{\max} \leqslant \frac{\sin\theta + f_s\cos\theta}{\cos\theta - f_s\sin\theta} W$$

综合上述结果,分式上下同除以 $\cos\theta$,并引入摩擦角的概念,即 $f_s = \tan\varphi_m$,维持物体在斜面上静止的条件是

$$W\tan(\theta - \varphi_m) \leqslant F \leqslant W\tan(\theta + \varphi_m)$$

如果斜面的倾角小于摩擦角,即 $\theta < \varphi_m$ 时,上式左端成为负值,说明不需要主动力 $\boldsymbol{F}$ 的支持,物块就能静止在斜面上,而且不论物块重量 W 多大,也不会破坏平衡状态,这就是自锁现象。

例 3.7 如图(a)所示,半径 $r = 300\text{mm}$,质量 $m_1 = 400\text{kg}$ 的主动轮在力偶 M 作用下欲拖动质量 $m_2 = 300\text{kg}$ 的重物。轮和重物与地面间的静摩擦因数分别为 $f_1 = 0.9$ 及 $f_2 = 0.6$。绳索的斜度 $\tan\beta = 0.25$。试问轮能否拖动重物? 拖动重物的最小力偶矩需多大?

解:这是物体系统平衡问题。分别画出重物和轮的受力图,如图(b)和图(c)所示。有 6 个未知量:力偶 M 、绳索拉力 $\boldsymbol{F}_T$ 、地面给重物的法向约束力 $\boldsymbol{F}_{N2}$ 及摩擦力 $\boldsymbol{F}_{s2}$ 、地面给主动轮的法向约束力 $\boldsymbol{F}_{N1}$ 及摩擦力 $\boldsymbol{F}_{s1}$ 。设重物即将被拖动,则 $\boldsymbol{F}_{s2}$ 向左,且满足 $F_{s2} = f_2 F_{N2}$ 。此时主动轮不应打滑,应满足 $F_{s1} \leqslant f_1 F_{N1}$,否则将在原地空转无法前进。$\boldsymbol{F}_{s1}$ 与

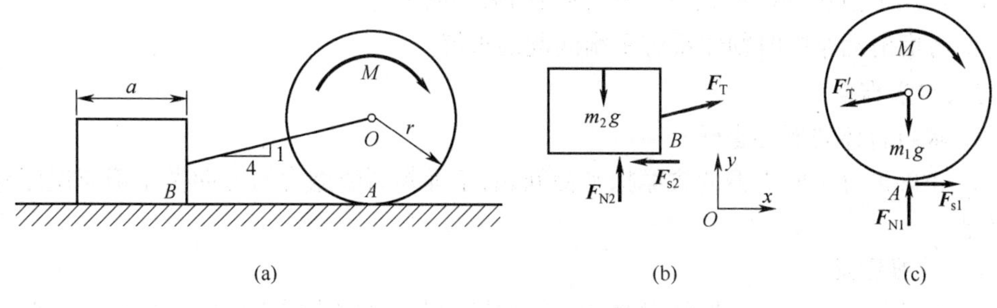

例 3.7 图

$\boldsymbol{F}_{N1}$ 为互不相干的未知量，$\boldsymbol{F}_{s1}$ 的指向设为向右。对于重物，列出将动未动的临界状态时的平衡方程：

$$\sum F_x = 0 \ , \ F_T\cos\beta - F_{s2} = 0$$

$$\sum F_y = 0 \ , \ F_T\sin\beta + F_{N2} - m_2g = 0$$

将 $F_{s2} = f_2F_{N2}$ 代入可解出

$$F_T = 1.583\text{kN} \ , \ F_{s2} = 1.536\text{kN}$$

对于主动轮，由平衡方程

$$\sum M_A(\boldsymbol{F}) = 0 \ , \ -M + F'_Tr\cos\beta = 0$$

$$\sum F_x = 0 \ , \ F_{s1} - F'_T\cos\beta = 0$$

$$\sum F_y = 0 \ , \ F_{N1} - F'_T\sin\beta - m_1g = 0$$

解出

$$M = 461\text{N} \cdot \text{m} \ , \ F_{s1} = 1.536\text{kN} \ , \ F_{N1} = 4.30\text{kN}$$

F_{s1} 为正值，说明图中 $\boldsymbol{F}_{s1}$ 的指向符合实际情况，且 $F_{s2} = F_{s1} < f_1F_{N1} = 3.87\text{kN}$，主动轮不会打滑。所以主动轮可以拖动重物，最小力偶矩为 $461\text{N} \cdot \text{m}$。

注意：本题中摩擦力 $F_{s2} = F_{s,\max}$，而 F_{s1} 未达到最大值，不能用 f_1F_{N1} 计算，应由平衡方程解出。对于重物，由于 $\boldsymbol{F}_{N2}$ 作用线位置不能确定，无法列出力矩方程，但有 $F_{s2} = f_2F_{N2}$ 的条件，故仍能解出三个未知量。

本章小结

一、本章基本要求

1. 理解平行力系中心和重心的概念，能熟练地应用坐标公式求物体的重心。

2. 理解简单桁架的简化假设，熟练掌握计算杆件内力的方法——节点法和截面法。

3. 掌握滑动摩擦的性质，理解摩擦角、自锁等概念，熟练掌握考虑滑动摩擦时的平衡问题的求解方法。

二、本章重点

1. 重心的坐标公式的应用。

2. 利用节点法、截面法求解平面静定桁架的内力。

3. 考虑滑动摩擦时物体系统平衡问题的求解。

三、本章难点

1. 求组合体的形心坐标。

2. 正确区分不同类型的含摩擦平衡问题,正确判断摩擦力的方向及正确应用库仑摩擦定律。

四、学习建议

1. 在计算重心坐标时要注意坐标选取原则,利用对称均质物体的对称性求重心。

2. 简单桁架的内力计算实际上是平衡方程的工程应用,当桁架结构比较复杂,杆件总数和节点数都比较大的情形下,则无论采用节点法或截面法,计算量都可能较大。若采用计算机分析方法,则会简单得多。

3. 注意摩擦力与运动状态之间的关系,通过实例掌握物体处于不同状态下摩擦力的大小和方向的确定方法。

4. 物体平衡时,既要满足平衡条件又要满足接触面的物理性质给出的限制条件。注意:只有物体处于临界平衡状态时才能使用关系式

$$F_{s,\max} = f_s F_N$$

习　题

3-1　试求各图示梁的支座反力及中间铰的约束反力。已知 $F = 50\text{kN}$, $M = 30\text{kN}\cdot\text{m}$, $q = 20\text{kN/m}$,其他尺寸如图所示。

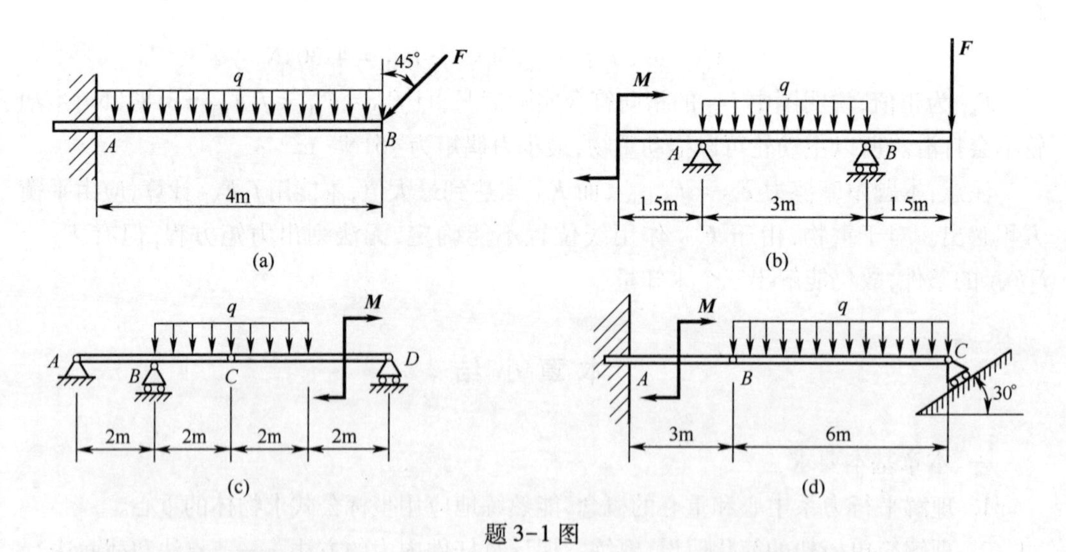

题 3-1 图

3-2　试求图示刚架的支座反力。已知 $F = 50\text{kN}$, $q = 20\text{kN/m}$ 。

3-3　试求图示刚架的支座反力。已知 $F = 6\sqrt{2}\,\text{kN}$, $q_m = 3\text{kN/m}$, $M = 10\text{kN}\cdot\text{m}$ 。

3-4　图示均质梁 AB 重 500N ,绳子 BOC 所能承受的最大拉力为 800N ,均布载荷的集度为 $q = 2.5\text{kN/m}$,试求均布载荷作用区域的最大允许长度 a 以及此时铰链 A 的反力。

3-5 图示结构由杆件 AC 、CD 和 DE 构成，已知 $a = 1\text{m}$ ，$F = 500\text{N}$ ，$M = 1000\text{N}\cdot\text{m}$ ，$q = 2000\text{N/m}$ 。试求支座 A 、B 的反力。

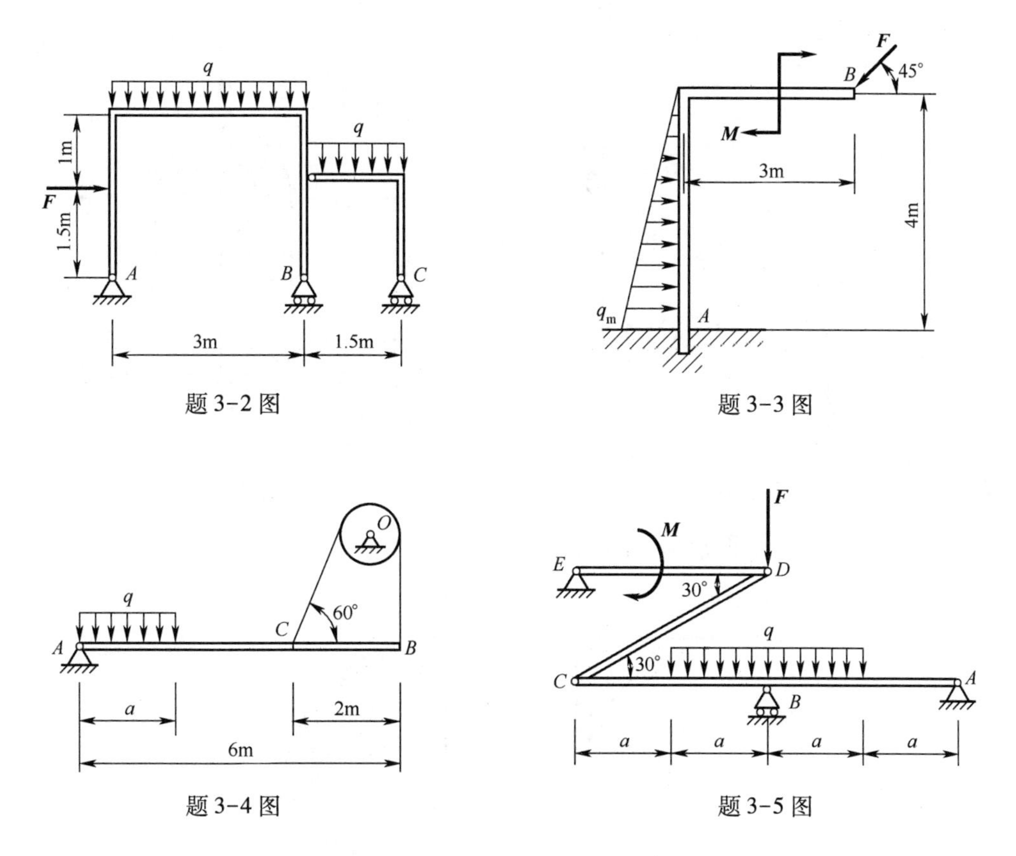

题 3-2 图　　题 3-3 图

题 3-4 图　　题 3-5 图

3-6 矩形混凝土重力坝如图所示。混凝土密度 $\rho_c = 2.41\times10^3\text{kg/m}^3$，水密度 $\rho_w = 1\times10^3\text{kg/m}^3$。(1)水深 $h_0 = h = 4\text{m}$ 时，若坝不至于翻倒，求其宽度 a 的最小值；

(2)若 $h = 4\text{m}$ ，$a = 1.25\text{m}$ ，求水坝不至于翻倒的最大水深 h_0。

3-7 已知图示各平面图形，试分别建立适当的坐标系，求其形心坐标(图中单位为mm)。

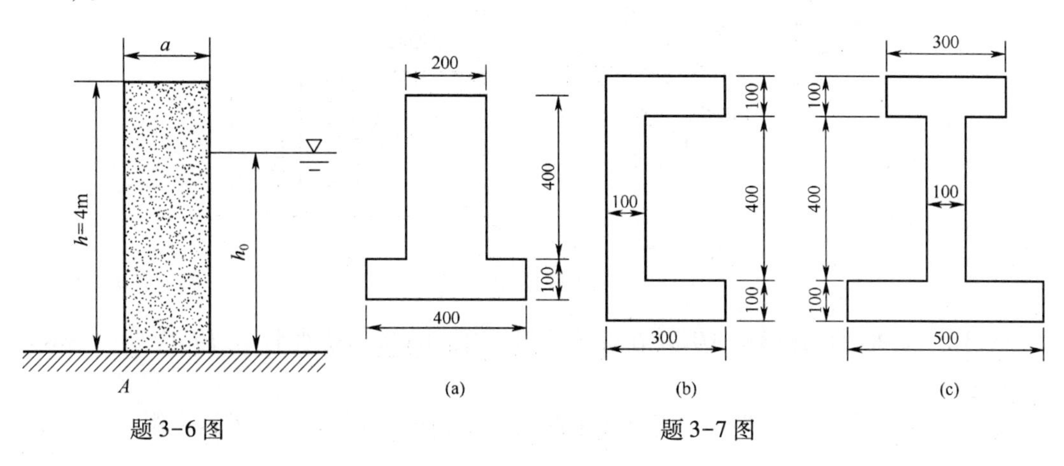

题 3-6 图　　题 3-7 图

3-8　图示机床重 50kN，当水平放置时（$\theta = 0°$），秤上读数为 15kN；当 $\theta = 20°$ 时，秤上读数为 10kN。试确定机床重心的位置。

3-9　求图示阴影部分的形心位置。

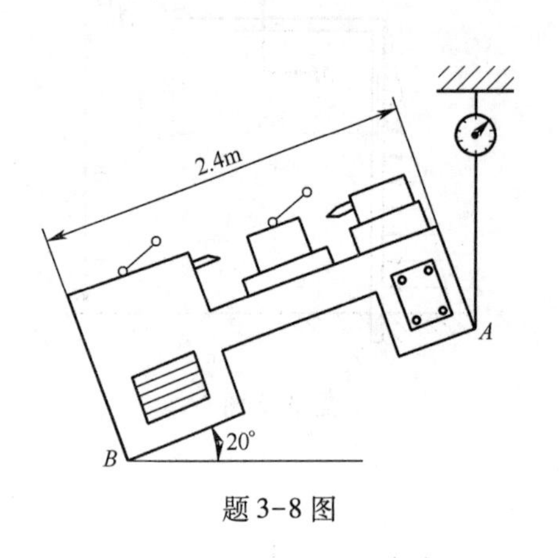

题 3-8 图

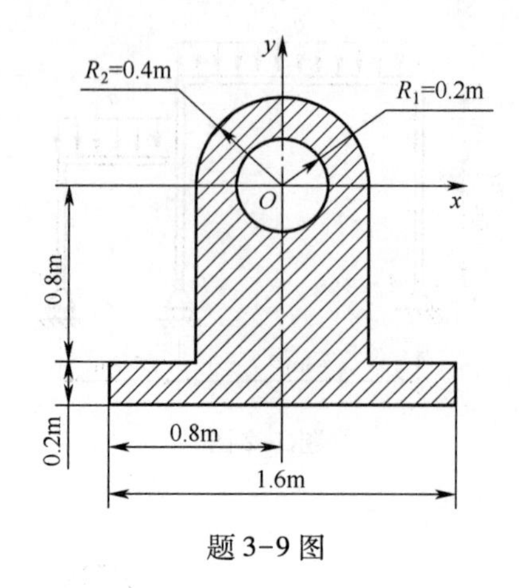

题 3-9 图

3-10　求图示平面图形形心的位置。

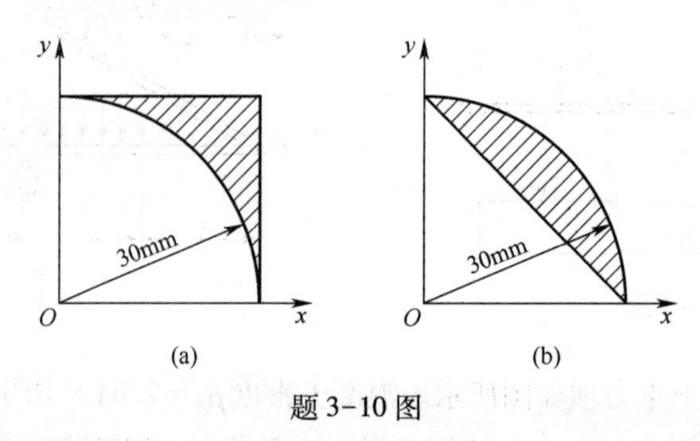

题 3-10 图

3-11　住房楼梯为隔音采用空心截面如图所示，求截面形心位置。

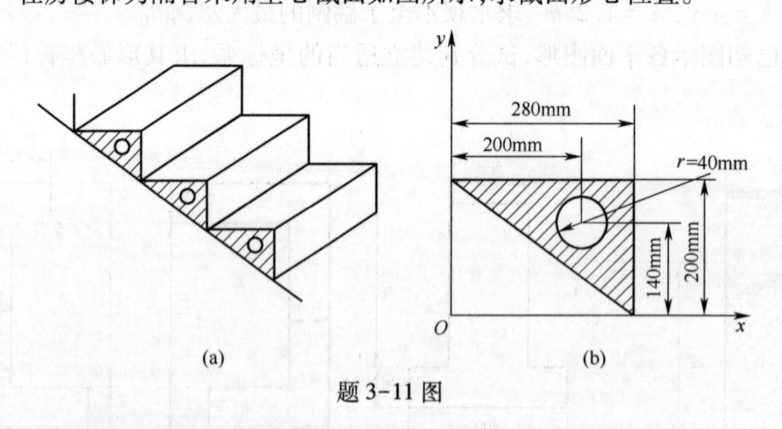

题 3-11 图

3-12　试将图示梯形板 $ABED$ 在点 E 挂起，欲使 AD 边保持水平，求 BE 应等于多少？设 $AD = a$。

3-13　从均质圆柱和半球的组合体中挖去一个圆锥，如图所示。求这个组合体的重心坐标。

3-14 求图示桁架中各杆受力。

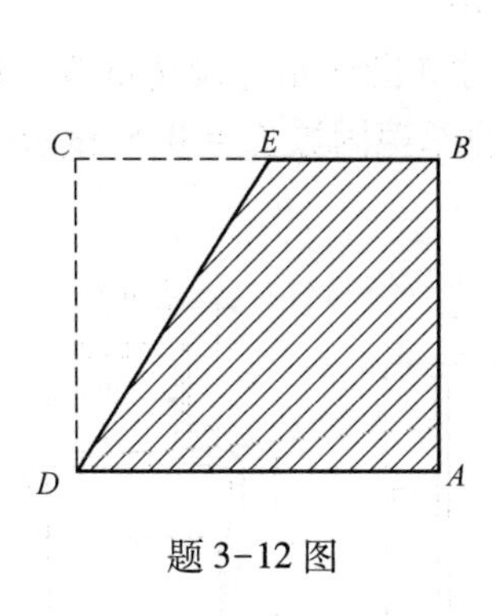

题 3-12 图

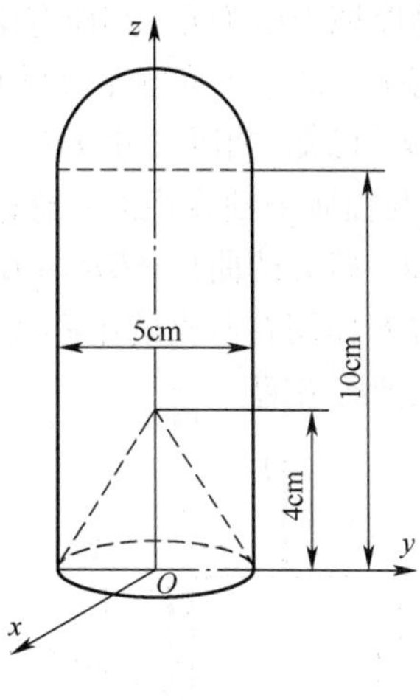

题 3-13 图

3-15 平面悬臂桁架所受的载荷如图所示。求杆 1、2 和 3 的内力。

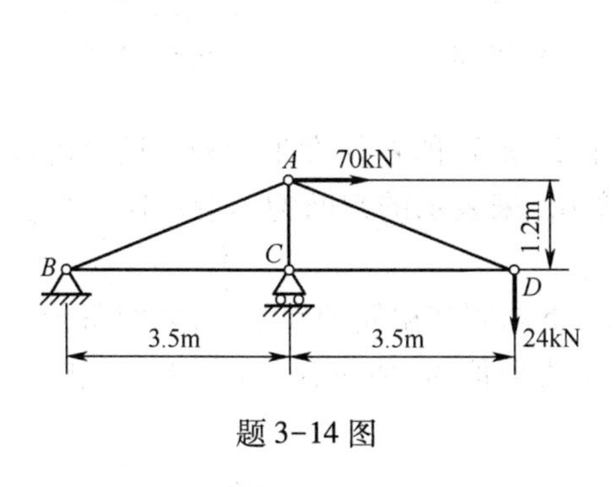

题 3-14 图

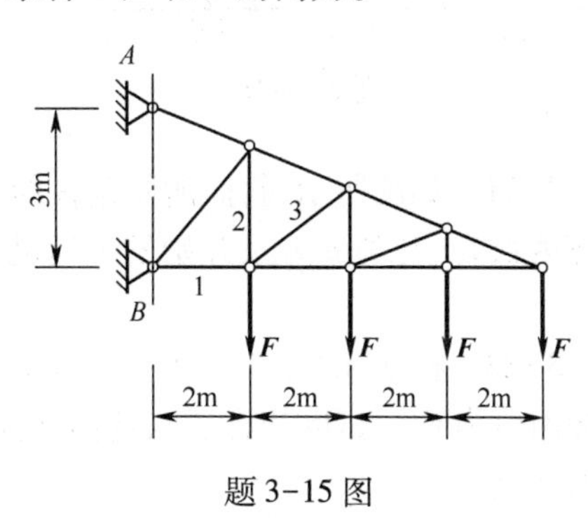

题 3-15 图

3-16 平面桁架的支座和载荷如图所示。ABC 为等边三角形，E、G 为两腰中点，又 $AD = DB$。求杆 CD 的内力。

3-17 桁架受力如图所示，已知 $F_{P1} = 10\text{kN}$，$F_{P2} = F_{P3} = 20\text{kN}$。试求桁架 1、2、3、4 杆的内力。

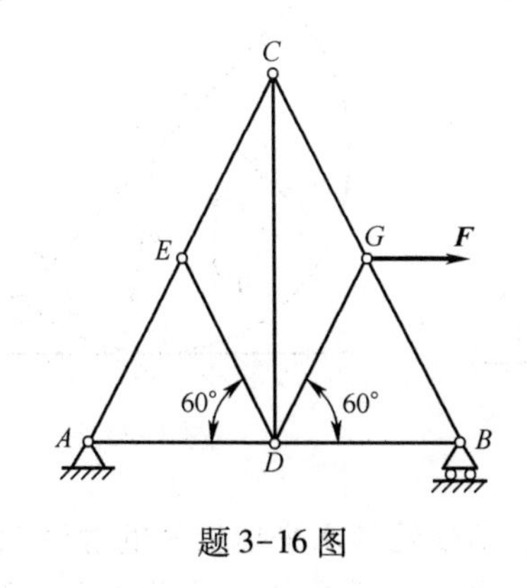

题 3-16 图

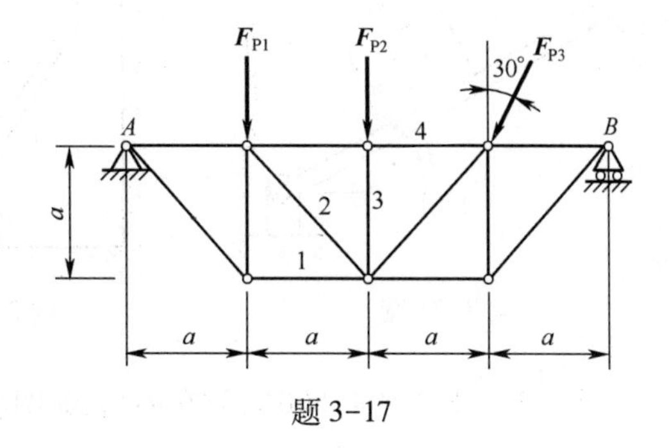

题 3-17

3-18 尖劈顶重装置如图所示。尖劈的顶角为 θ，在 B 块上受力 $\boldsymbol{F}_{\mathrm{Q}}$ 的作用。A 与 B 块间的静摩擦因数为 f_{s}（其他有滚珠处表示光滑）。如不计 A 和 B 块的重量，试求：(1) 使系统保持平衡的力 $\boldsymbol{F}$ 的值；(2) 撤去力 $\boldsymbol{F}$ 后，能保证自锁的顶角 θ 之值。

3-19 已知：抽屉尺寸 a、b，抽屉与两壁间的静摩擦因数 f_{s}，不计抽屉底部摩擦。求拉力 $\boldsymbol{F}_{\mathrm{P}}$ 与抽屉中轴线距离 e 超过多大时，抽屉将被卡住。

3-20 砖夹的曲杆 AGB 与 $GCED$ 在 G 点铰接，尺寸如图所示。设砖重 $W=120\mathrm{N}$，提起砖的力 $\boldsymbol{F}$ 作用在砖夹的中心线上，砖夹与砖之间的静摩擦因数 $f_{\mathrm{s}}=0.5$，试求距离 b 为多大才能把砖夹起。

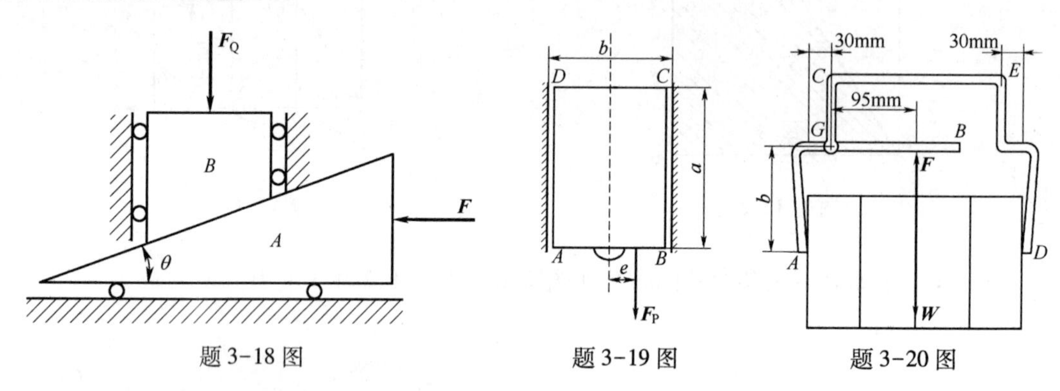

题 3-18 图　　题 3-19 图　　题 3-20 图

3-21 如图所示，斜面的倾角 β 缓慢增加，直到重 W 的物体发生运动。试导出以静摩擦因数 f_{s}、比值 b/h 及开始发生运动时的角度 β_{m} 来表示的判断物体滑动还是翻倒的公式。

3-22 梯子 AB 重 W_1，上端靠在光滑的墙上，下端搁在粗糙的地板上，如图所示。静摩擦因数为 f_{s}。试问当梯子与地面之间的夹角 θ 为何值时，体重为 W_2 的人才能爬到梯子的顶点？

3-23 如图所示，半圆柱体重为 W，重心 C 到圆心 O 的距离 $a=\dfrac{4R}{3\pi}$，其中 R 为半圆柱体半径。如半圆柱体和水平面之间的静摩擦因数为 f_{s}，试求半圆柱体被水平力 $\boldsymbol{F}_{\mathrm{H}}$ 拉动时所偏过的角度 θ。

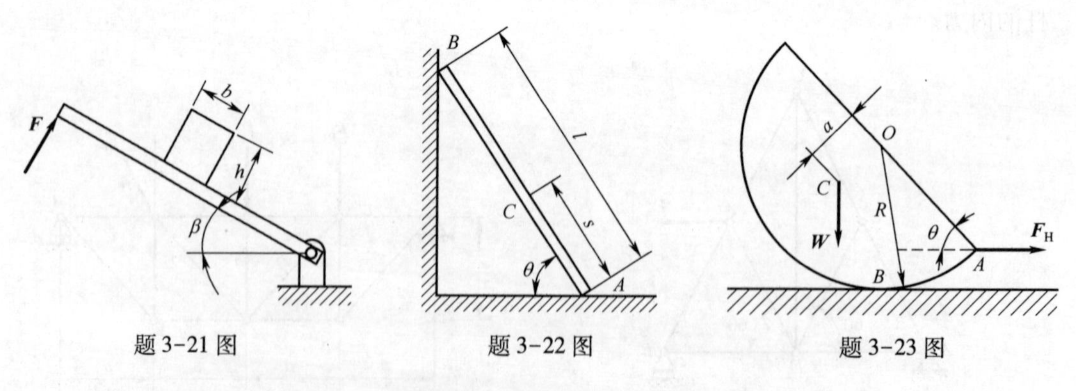

题 3-21 图　　题 3-22 图　　题 3-23 图

3-24 鼓轮 B 重 500N，放在墙角，如图所示。已知鼓轮与水平地板间的静摩擦因数为 0.25，而铅直墙壁则假定是绝对光滑的。鼓轮上的绳索挂着重物。设半径 $R=20\mathrm{cm}$，

$r = 10\text{cm}$，求平衡时重物 A 的最大重量。

3-25 如图所示，A 块重 500N，鼓轮 B 重 1000N，A 块与鼓轮以水平绳连接；在鼓轮外绕以细绳，此绳跨过一光滑的滑轮 D，在绳的端点系一重物 C。如 A 块与平面间的静摩擦因数为 0.5，鼓轮与平面间的静摩擦因数为 0.2，试求使物体系统平衡时物体 C 的重力 W 的最大值。

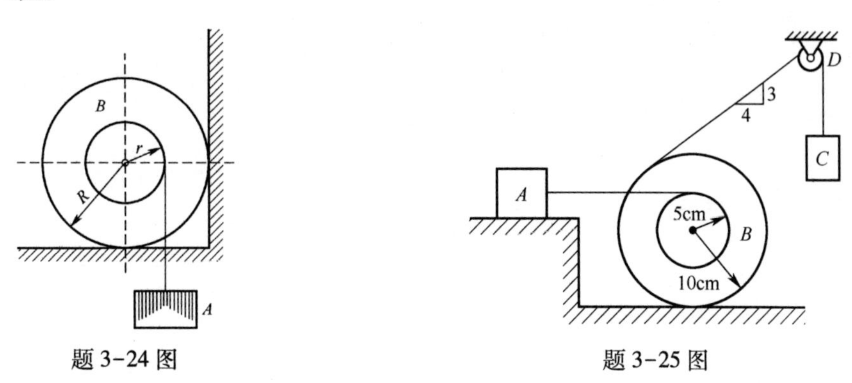

题 3-24 图　　　　题 3-25 图

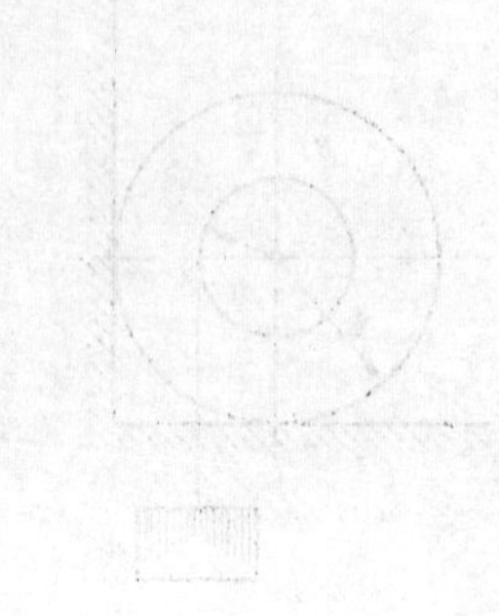

第二篇 材料力学

机械或工程结构的组成部分统称为**构件**。如车床的主轴和车刀、起重机的大梁和钢绳、建筑物的梁和柱等都是构件的例子。构件工作时将受到力的作用,如车床主轴受切削力和齿轮啮合力的作用;起重机梁受到起吊物的重力作用;建筑物受到风力和地震力作用。这些力称为**载荷**。

在本篇中基于研究目的的不同,把研究的构件不像第一篇那样简化为刚体,而是看作弹性体。因此,机械和结构在工作时,构件受到外力作用的同时其尺寸和形状也发生改变。构件尺寸和形状的变化称为**变形**。

为保证工程机械或结构正常的工作,构件应有足够的能力负担起所承受的载荷。为此,首先要求构件在承受载荷作用时不发生破坏,如连接电动机的传动轴因所受载荷过大而断裂,则它所带动的机器将停止运转;建筑物的承重墙出现裂缝,则其成为危房。构件的安全或破坏问题称为**强度问题**,构件抵抗破坏的能力称为**强度**。但仅是不发生破坏,并不一定能保证构件或整个机器可以正常工作。如车床上的车刀变形过大,将影响加工精度;齿轮轴的变形过大,则势必影响齿轮的啮合和轴承的配合,从而降低寿命且引起噪声。构件的变形问题称为**刚度问题**。构件抵抗变形的能力称为**刚度**。此外,有一些构件受到某种载荷作用时,其原有形状下的平衡可能变成不稳定平衡。例如内燃机中的挺杆、桁架结构中的压杆和发动机中的活塞杆轴向压力增大到某一值时,杆件从直线形状突然变弯,而且往往是显著的弯曲变形。在一定外力作用下,构件突然发生不能保持其原有平衡形式的现象,称为**失稳**。构件工作时产生的失稳一般也是不容许的。例如桥梁结构的受压杆件失稳,将可能导致桥梁结构的整体或局部塌毁。构件保持原有平衡状态的能力称为**稳定性**。

针对上述情况,对构件设计提出如下要求:

(1) 构件应具备足够的强度,以保证在规定的使用条件下不发生意外断裂或显著塑性变形;

(2) 构件应具备足够的刚度,以保证在规定的使用条件下不产生过大的变形;

(3) 构件应具备足够的稳定性,以保证在规定的使用条件下不产生失稳现象。

以上三项是保证构件正常或安全工作的基本要求。一般来说,若构件选用较好的材料和较大的截面尺寸,上述要求是可满足的。但是,这样又可能提高了制造成本,增加结构的重量。所以,如何合理地选取材料,恰当地确定构件的截面形状和尺寸,是构件设计中的重要问题。例如取一张薄纸板,两端支承,中间加载荷,在较小的载荷下,纸板将产生较大的变形。若将该纸板折成槽形或卷成圆筒形,仍按同样的支承条件加载荷,承受的载荷将大大增加。由此可知后者的截面形状是合理的。又如自然界中植物的秸杆,例如麦秸杆和毛竹等,经过长期的自然选择,其截面形状是合理的。所以工程结构中大量使用槽钢、工字钢和管材等。可见,安全与经济以及安全与制造成本之间存在着矛盾。材料力学则为合理地解决这一矛盾提供了必要的理论依据和科学的计算方法。

综上所述,材料力学的任务是:研究构件在载荷作用下的受力、变形和破坏的规律,为合理设计构件提供有关强度、刚度和稳定性分析的基本理论和方法。

第四章 材料力学基本概述

4.1 变形固体的基本假设

根据工程设计的要求,制造构件的材料是各种各样的,其具体组成和微观结构则更是非常复杂。为便于对材料制成的构件进行强度、刚度和稳定性的理论分析,通常略去一些次要因素,并根据其材料的主要性质作如下假设。

(1)**连续性假设**。即认为构件在其整个体积内均毫无空隙地充满了物质,因而构件内的一些力学量(如点的位移)均为连续的,并可用坐标的连续函数表示它们的变化规律。

(2)**均匀性假性**。即认为构件在其整个体积内均由一种材料组成。这样,构件内各点的力学性质都相同,不随位置坐标而改变。因而,从构件内部任何位置所切取的微小单元(简称微体),都有与构件完全相同的性能。同样,通过试样所测得的材料性能,也可用于构件内的任何部位。

(3)**各向同性假性**。即认为构件沿任何方向的力学性质都是相同的,这样,构件的力学性质不随方向而改变,即为各向同性材料。

(4)**小变形假设**。构件在外力作用下将产生变形。实际构件的变形以及由变形引起的位移与构件的原始尺寸相比甚是微小。这样,在研究构件的平衡和运动时,仍可按构件的原始尺寸进行计算。在进行构件的变形分析时,也可进行某些简化。这就是所谓小变形假设。

总之,在材料力学研究中,运用均匀、连续、各向同性假设和小变形概念,可以使一些复杂的力学问题得到简化,使简化的计算力学模型既符合工程实际,又满足于工程计算要求的结果。

4.2 材料力学的基本概念

一、内力、截面法和应力

物体受外力作用时,因固体内部各质点之间相对位置发生变化,从而引起相互作用力的变化。这种由外力引起的物体内部相互作用力的变化量称为**附加内力**,简称为**内力**。构件的强度、刚度及稳定性与内力的大小及其在构件内的分布情况密切相关。因此,内力分析是解决构件强度、刚度与稳定性问题的基础。

图 4.1(a)所示构件在外力作用下处于平衡状态。为研究任意横截面 $m-m$ 上的内力,用一平面沿横截面 $m-m$ 假想地把构件切为两部分,在切开的截面上,构件左、右两部分相互作用的内力显示出来(图 4.1(b)),它们是作用力与反作用力,其大小相等、方向相反。根据连续性假设,内力是遍及整个截面的分布力系,将分布内力系向截面上一点简化后,得到的合力称为该截面上的内力。任取一部分作为研究对象,根据内力与外力的平衡关系,就可以确定该截面上的内力。这种分析内力的方法称为**截面法**,其全部过程可归纳为下列三个步骤:

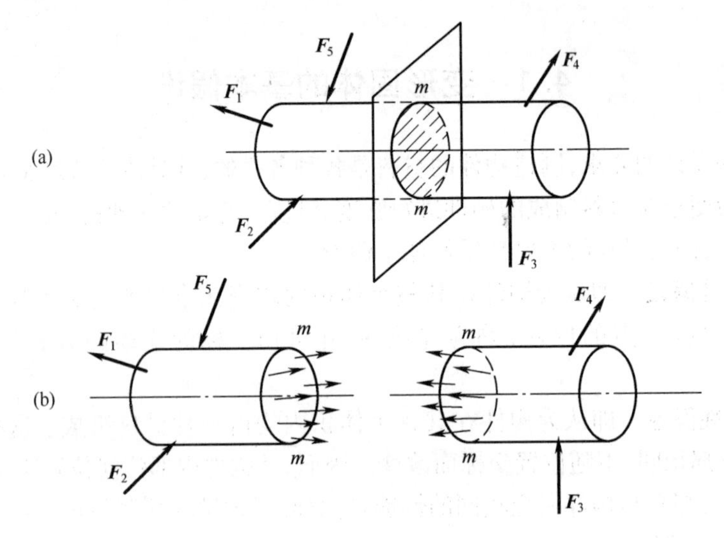

图 4.1

(1) 假想地用一平面将构件分为两部分,并弃去其中一部分;

(2) 将弃去部分对留下部分的作用以内力来代替;

(3) 对留下部分建立静力平衡方程,根据已知的载荷及约束反力,确定未知的内力。

截面法是材料力学中的基本方法,今后将经常用到。至于在各种具体情况下如何应用,将在第五章逐步介绍。

为了描述截面上内力分布情况,需要引进应力的概念。如图 4.2(a)所示,在杆件任意截面 $m-m$ 上,内力是连续分布的,围绕截面上任一点 M 取一微面积 ΔA,上面作用着合力为 ΔF 的内力,则比值

$$\bar{p}=\frac{\Delta F}{\Delta A} \qquad (a)$$

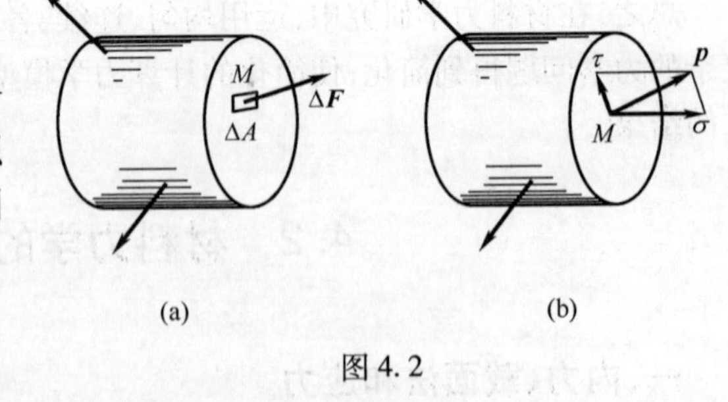

图 4.2

称为该截面在 M 点附近的**平均应力**。

一般情况下,内力沿截面并非均匀作用,平均应力 $\bar{p}$ 大小及方向将随所取面积 ΔA 的大小而异。为了更精确地描写内力的分布情况,应使 ΔA 趋于零,由此得到平均应力 $\bar{p}$ 的极限

值，称为截面 $m-m$ 上点 M 处的应力，并用 $\boldsymbol{p}$ 表示，即

$$\boldsymbol{p} = \lim_{\Delta A \to 0} \frac{\Delta \boldsymbol{F}}{\Delta A} \tag{4.1}$$

应力 $\boldsymbol{p}$ 是一个矢量，通常把应力 $\boldsymbol{p}$ 分解为垂直于截面的分量 σ 和平行于截面的分量 τ（图 4.2(b)），σ 称为**正应力**，τ 称为**切应力**。在国际单位制中，应力的基本单位为 N/m^2，其符号为帕(Pa)，应力的常用单位为 MPa，其值为 $1MPa = 10^6Pa$。

二、应变

在外力作用下，构件发生变形，同时引起应力。为了研究构件的变形及其内部的应力分布，需要了解构件内部各点处的变形。为此，假想地将构件分割成许多微小的正六面体，称为**单元体**。

构件受力后，各单元体的位置发生变化，同时，单元体棱边的长度发生改变（图 4.3(a)），相邻棱边所夹直角一般也发生变化（图 4.3(b)）。

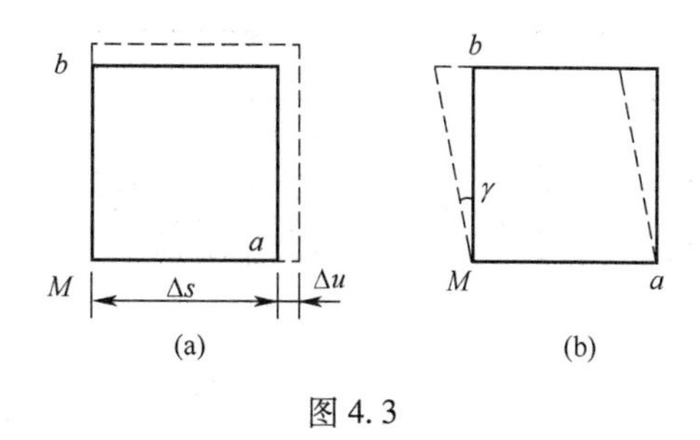

图 4.3

设棱边 Ma 原长为 Δs，变形后的长度为 $\Delta s+\Delta u$，即长度改变量为 Δu，则 Δu 与 Δs 的比值称为棱边 Ma 的**平均正应变**，并用 $\bar{\varepsilon}$ 表示，即

$$\bar{\varepsilon} = \frac{\Delta u}{\Delta s} \tag{b}$$

一般情况下，棱边 Ma 各点处的变形程度并不相同，平均应变的大小将随棱边的长度而改变。为了精确地描述 M 点沿棱边 Ma 方向的变形情况，应使 Δs 趋于零，由此得到平均正应变的极限值，即

$$\varepsilon = \lim_{\Delta s \to 0} \frac{\Delta u}{\Delta s} \tag{4.2}$$

ε 称为 M 点沿棱边 Ma 方向上的**正应变**。采用类似的方法，还可确定 M 点沿其他方向的正应变。

当棱边长度发生改变时，相邻棱边之夹角一般也发生变化。微体相邻棱边所夹直角的改变量（图 4.3(b)）称为**切应变**，并用 γ 表示。切应变的单位为 rad。

三、单向应力、纯剪切与切应力互等定理

在构件的同一截面上，不同点的应力一般不同，同时在通过同一点的不同方位的截面上，应力一般也不相同。为了全面研究一点处在不同方位的截面上的应力，围绕该点切取一无限小的正六面体即单元体进行研究，显然，单元体各截面的应力一般也不相同。

单元体最基本、最简单的受力形式有两种，一种是所谓**单向受力**或**单向应力**（图 4.4(a)），另一种是所谓**纯剪切**（图 4.4(b)）。在单向受力状态下，单元体仅在一对相互平行的截面上承受正应力；在纯剪切状态下，单元体仅承受切应力。

对于上述处于纯剪切状态的单元体(图 4.5(a)),如果边长分别为 dx、dy、dz,单元体顶面与底面的切应力为 τ,左右侧面的切应力为 τ',则由平衡方程

$$\sum M_z = 0,\ \tau \mathrm{d}x\mathrm{d}z \cdot \mathrm{d}y - \tau' \mathrm{d}y\mathrm{d}z \cdot \mathrm{d}x = 0$$

得

$$\tau = \tau' \tag{4.3}$$

上式表明,在互相垂直的两个平面上,切应力必然成对存在,且数值相等;两者都垂直于两个平面的交线;方向则共同指向或共同背离这一交线。这就是**切应力互等定理**。

同样可以证明,当截面上同时存在正应力时(图 4.5(b)),切应力互等定理仍然成立。

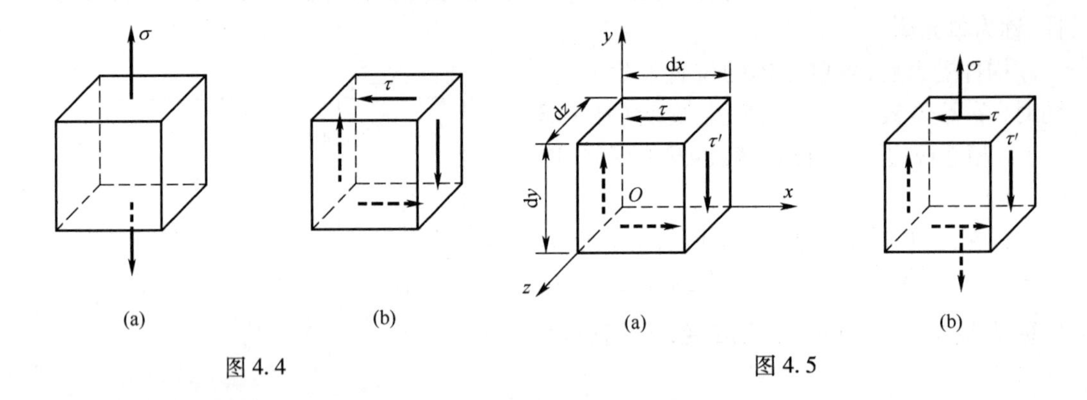

图 4.4　　　　图 4.5

四、胡克定律

应力有两种形式,即正应力与切应力。同样,应变也有两种形式,即正应变与切应变。显然,对于一种具体的材料,应力和应变之间必存在一定的关系。

单向受力试验表明(图 4.6(a)):在正应力 σ 作用下,材料沿应力作用方向发生正应变 ε,当正应力不超过某一极限值时,则正应力与正应变之间存在着线性关系,即

$$\sigma = E \cdot \varepsilon \tag{4.4}$$

上述关系称为**胡克定律**,比例常数 E 称为**弹性模量**。

纯剪切试验表明(图 4.6(b)):在切应力 τ 作用下,材料发生切应变 γ,若切应力不超过某一极限值时,则切应力与切应变之间存在着线性关系,即

$$\tau = G \cdot \gamma \tag{4.5}$$

上述关系称为**剪切胡克定律**,比例常数 G 称为**切变模量**。

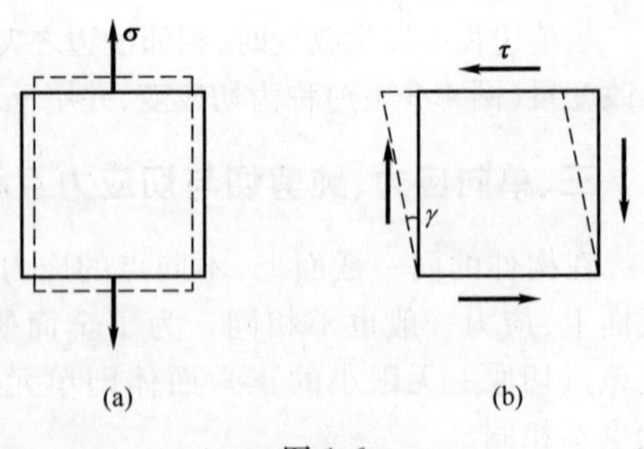

图 4.6

试验表明,对于工程中绝大多数材料,在一定应力范围内,均符合或近似符合胡克定律与剪切胡克定律。在我国法定计量单位中,弹性模量与切变模量的常用单位为 GPa ,其值为 1GPa = 10^9 Pa = 10^3 MPa。

4.3 杆件变形的基本形式

构件可以有各种几何形状，按其几何特征可概括为四种类型：杆、板、壳和块体。材料力学主要研究对象为**杆件**，其几何特征为一个方向的尺寸远大于其他两个方向的尺寸，通常简称为**杆**，有时根据受力形式的不同又称为**轴**、**梁**或**柱**。杆件的**轴线**是其各横截面形心的连线，轴线与横截面正交。轴线为直线的杆称为**直杆**(图 4.7(a))；轴线为曲线的杆称为**曲杆**(图 4.7(b))。横截面的形状和大小保持不变的直杆称为**等直杆**。工程上很多构件都可以简化为杆件，如连杆、传动轴、立柱和桁架等。

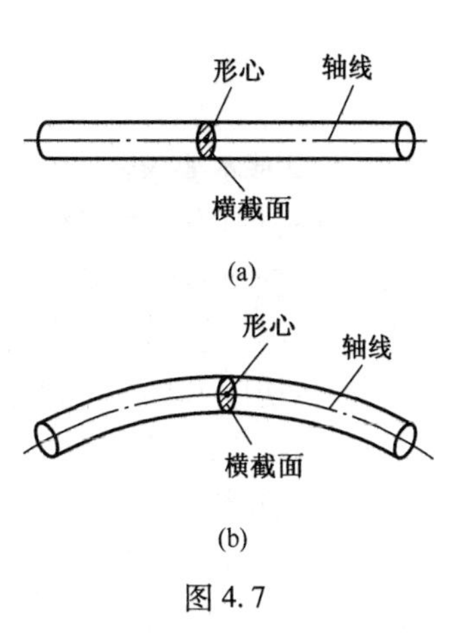

图 4.7

实际杆件在受力下的变形比较复杂，但它可以看作是几种基本变形形式的组合。杆件一点处的变形，由前述的正应变和切应变来描述。所有点变形的积累就形成了杆件的整体变形。杆件的变形可归纳为如下四种基本形式：

(1) **拉伸或压缩**。杆件受到大小相等、方向相反、作用线与轴线重合的一对力的作用，其变形为轴向伸长或缩短(图 4.8(a))

(2) **剪切变形**。杆件受到大小相等、方向相反、作用线靠近且垂直于轴线的一对力作用，其变形为杆件两部分沿外力方向发生相对错动(图 4.8(b))。

(3) **扭转**。杆件受到大小相等、方向相反、作用面都垂直于轴线的两个力偶的作用。其变形为杆件任意两个横截面发生绕轴线的相对转动(图 4.8(c))。

(4) **弯曲**。杆件受到垂直于其轴线的横向力作用，或受到大小相等、方向相反的力偶作用。其变形为杆件的轴线由直线变成曲线(图 4.8(d))。

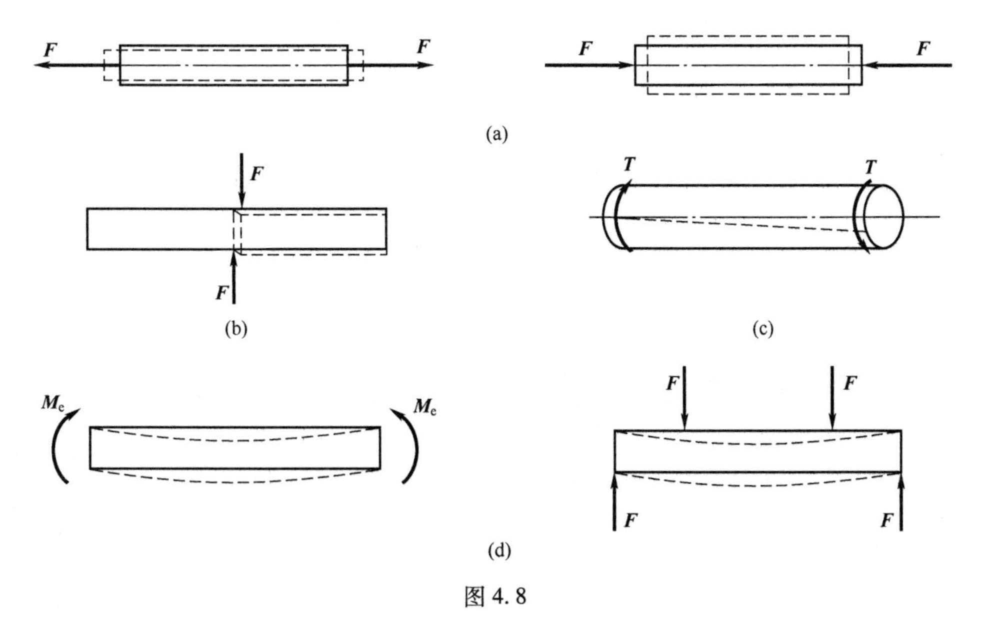

图 4.8

还有一些杆件同时发生几种基本变形，例如车床主轴工作时发生弯曲、扭转和压缩三种基本变形；钻床立柱同时发生拉伸和弯曲两种基本变形。这种情况称为**组合变形**。

本章小结

一、本章基本要求

1. 掌握材料力学的任务。
2. 掌握变形固体的基本假设。
3. 掌握内力、应力、应变的概念，熟练掌握截面法求内力的过程。
4. 熟悉切应力互等定理和胡克定律。
5. 掌握杆件的基本变形。

二、本章重点

1. 内力与外力的基本概念，内力的分析方法——截面法。
2. 正应力、切应力和线应变、切应变的概念。
3. 变形体的概念，材料力学基本假设及其物理意义，小变形条件的含义。

三、本章难点

1. 静力学与材料力学的基本模型的区别，建立正确的基本概念。
2. 正确理解正应力、切应力和线应变、切应变等概念，应力与压强的区别。
3. 正确使用分析方法，尤其是小变形限制下原始尺寸原理的应用。

四、学习建议

本章中仅就一些基本概念给予阐述，应着重弄清概念的定义，易于混淆的问题。通过近代桥梁、舰船、大型塔吊、火箭、航天飞机等重大事故原因的分析，了解课程的重要性。

第五章 杆件的内力

5.1 杆件内力的一般描述

杆件在外力作用下,任一横截面的内力如4.2节中图4.1所示。不失一般性地讨论,横截面上的内力应为空间力系。由刚体静力学2.3节知识,无论杆件横截面上的内力分布如何复杂,总可以将其向该截面某一简化中心进行简化,得到一主矢和主矩,分别称为**内力主矢**和**内力主矩**。图5.1所示为以截面形心为简化中心的主矢 $\boldsymbol{F}_R$ 和主矩 $\boldsymbol{M}$ 。

在工程中,力学行为的计算是以基本变形为基础而推绎的。因此,工程计算中有意义的是主矢和主矩在图5.1所示的确定坐标方向上的分量,而每一分量仅引起一种基本变形。图5.1所示的 F_x 、F_y 、F_z 和 M_x 、M_y 、M_z 分别为主矢和主矩在 x 、y 、z 三个方向上的分量。其中:

F_x 与轴线重合,称之为**轴力**,常用 F_N 表示,它将使杆件产生轴向变形(伸长或缩短)。

F_y 、F_z 与横截面平行,称之为**剪力**,常用 F_s 表示,二者均产生剪切变形。

M_x 的作用平面与横截面平行,称之为**扭矩**,常用 T 表示,它将使杆件产生绕杆轴转动的扭转变形。

M_y 、M_z 作用平面与横截面垂直,称之为**弯矩**,二者均使杆件产生弯曲变形。

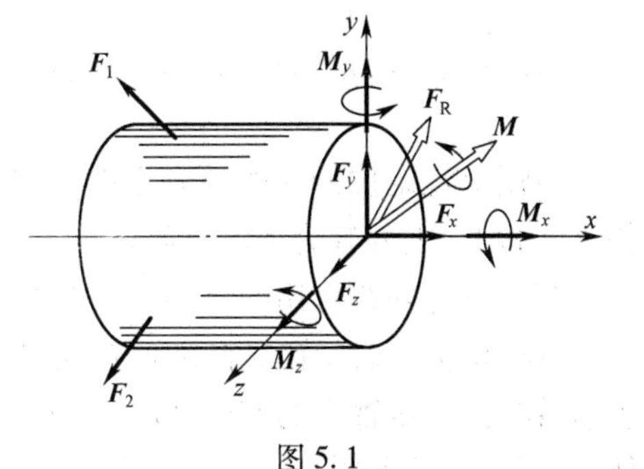

图5.1

后面的讨论将首先基于仅引起一种基本变形的外载所对应的内力及其力学行为(第六章、第七章),并在此基础上讨论引起两种或两种以上基本变形(又称组合变形)的外载对应的力学行为(6.9节和8.5节)。

5.2 杆件拉伸(压缩)时的内力

工程中有许多杆件,例如液压传动机构中的活塞杆(图5.2(a)),桁架结构中的拉杆或压杆(图5.2(b))等,除连接部分外都是等直杆。作用于杆上的外力(或合力)作用线与杆轴线重合,杆的变形是沿轴线方向的伸长或缩短,这种变形形式即为轴向拉伸或压缩,可以简化为图5.3所示的计算简图。

图示拉杆在一对轴向外力作用下平衡(图 5.4(a)),应用截面法求杆横截面 $m-m$ 上的内力。沿横截面 $m-m$ 将杆件假想地分成两段(图 5.4(b)、(c)),杆件左、右两段在截面 $m-m$ 上相互作用一个分布内力系,其合力为 F_N。因外力 F 与轴线重合,内力应与外力平衡,所以,F_N 必与轴线重合,即为轴力。

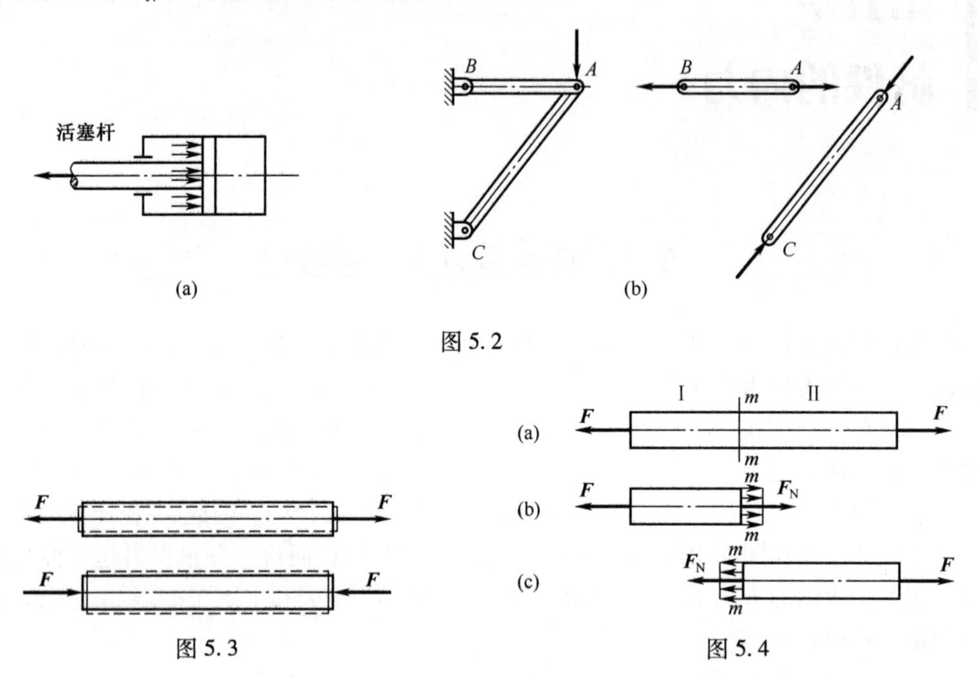

图 5.2

图 5.3

图 5.4

由左段(或右段)的平衡方程:$\sum F_x=0$, $F_N-F=0$,得

$$F_N = F$$

习惯上规定拉伸时的轴力为正,压缩时的轴力为负。按此规定,图 5.4(b)、(c)所示横截面 $m-m$ 上的轴力 F_N 均为正号。

若沿杆件轴线作用的外力多于两个,则杆各部分的轴力则可能不相同。

以横坐标 x 表示横截面的位置,纵坐标表示相应截面上轴力 F_N 值,于是便可用图线表示沿杆件轴线轴力的变化情况,此种图线称为**轴力图**。在轴力图中拉力绘在 x 轴的上侧,压力绘在其下侧。

例 5.1 在图(a)中沿杆轴线作用力 F_1、F_2 和 F_3。已知:$F_1=3\text{kN}$,$F_2=4.6\text{kN}$,$F_3=2.5\text{kN}$,试求杆 1-1、2-2、3-3 截面上的内力并绘制轴力图。

解:沿截面 1-1 将杆分成两段,保留左段。截面 1-1 上的轴力设为拉力 F_{N1}(图(b)),由平衡方程 $\Sigma F_x = 0$,$F_{N1} - F_1 = 0$,得

$$F_{N1} = F_1 = 3\ (\text{kN})$$

不难看出,AB 段内任意截面上的轴力皆为 F_{N1}。

沿截面 2-2 将杆分为两段,保留左段。截面 2-2 上的轴力 F_{N2} 仍设为拉力(图(c)),由平衡方程 $\Sigma F_x = 0$,$F_{N2} + F_2 - F_1 = 0$,得

$$F_{N2} = F_1 - F_2 = -1.6\ (\text{kN})$$

式中,负号表示轴力 F_{N2} 应与图中假设的方向相反,即 F_{N2} 为压力,BC 段内轴力为负。

沿截面3-3将杆分为两段,保留左段。截面3-3上的轴力 F_{N3} 同样设为拉力(图(d)),由平衡方程 $\Sigma F_x = 0$,$F_{N3} - F_3 + F_2 - F_1 = 0$,得

$$F_{N3} = F_3 - F_2 + F_1 = 0.9\ (\text{kN})$$

若求出固定端约束反力后,取截面3-3右段列平衡方程,可得同样结果。读者可试解之。此杆的轴力图如图(e)所示。

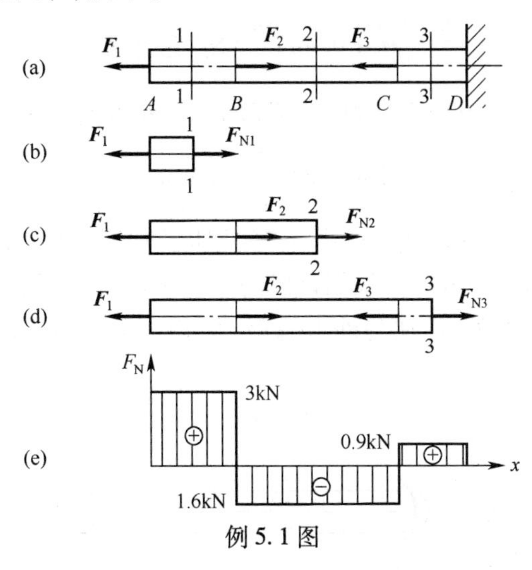

例5.1图

5.3 杆件扭转时的内力

机械中的传动轴(图5.5(a))、水轮发电机的主轴(图5.6(a))等,都是以扭转为其主要变形,其计算简图如图5.5(b)、图5.6(b)所示。凡是以扭转变形为主要变形的直杆都称为**轴**。

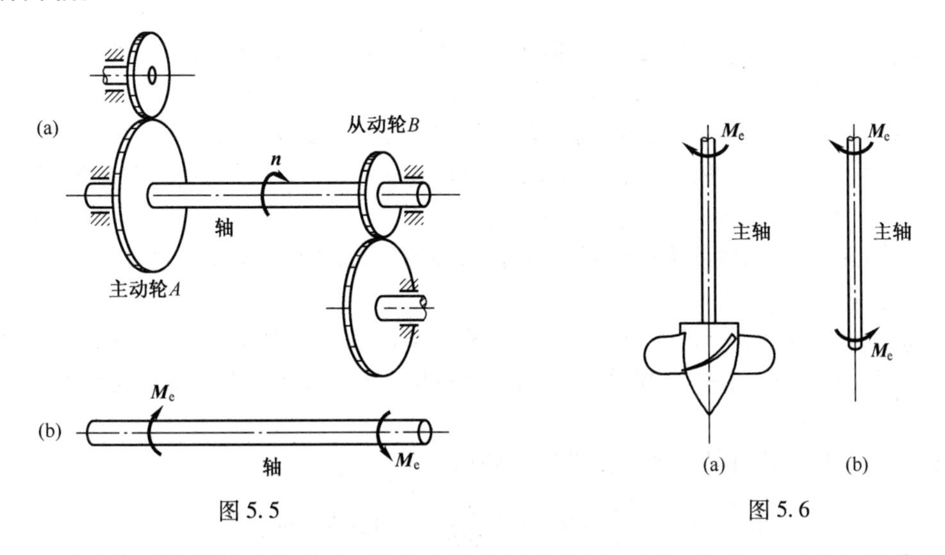

图5.5　　图5.6

对于传动轴等转动构件,通常给出的是轴的转速 n(转/分或 r/min)和所传递的功率 P (kW) ,因此,在分析或设计轴时,首先需要根据转速和功率计算轴所承受的力偶矩。

由动力学可知,力偶在单位时间内所作之功,即功率 P,等于该力偶之矩 M 与相应角速度 ω 之乘积,即

$$M \times \omega = M \times \frac{2\pi n}{60} = P \times 1000$$

由此求出计算外力偶 M 的公式为

$$M = 9549 \frac{P}{n}\ (\mathrm{N \cdot m}) \tag{5.1}$$

当功率 P 的单位为马力时(1 马力=0.7355kW),外力偶矩 M 的计算公式为

$$M = 7024 \frac{P}{n}\ (\mathrm{N \cdot m}) \tag{5.2}$$

求截面内力时,仍可用截面法。以图 5.7(a)所示圆轴为例,用横截面 $m-m$ 将杆分成两段,并研究左段(图 5.7(b))。根据该段的平衡条件可知,截面 $m-m$ 上的分布内力系必须合成一个内力偶矩 T,以便与外力偶矩 M_e 相平衡。由平衡方程 $\Sigma M_x=0, T-M_e=0$,得

$$T = M_e$$

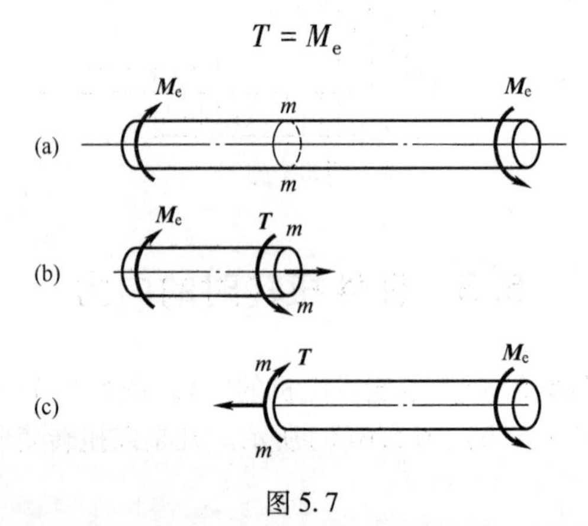

图 5.7

T 称为横截面 $m-m$ 上的扭矩。如以右段为研究对象(图 5.7(c)),同样可求出横截面 $m-m$上的扭矩 T,其数值仍为 M_e,但其转向与图 5.7(b)所示方向相反。为使两段杆上求得的同一截面上的扭矩正负号相同,对扭矩符号规定如下:按右手法则将扭矩用矢量表示,若矢量方向与截面的外法线方向相同,则扭矩为正;反之,扭矩为负。按此规定,在图 5.7(b)、(c)所示截面 $m-m$ 上的扭矩 T 为正号。

仿轴力图的作法,以轴线为横坐标,表示横截面的位置,以纵坐标表示扭矩值,所作出的图线称为扭矩图。

例 5.2 传动轴如图(a),主动轮 A 输入功率为 $P_A=36\mathrm{kW}$,从动轮 B、C、D 输出功率分别为 $P_B=P_C=11\mathrm{kW}$,$P_D=14\mathrm{kW}$,轴的转速 $n=300\mathrm{r/min}$。求此轴上的最大扭矩并作扭矩图。

解:由式(5.1)算出作用于各轮上的外力偶矩

$$M_A = 9549 \frac{P_A}{n} = 9549 \times \frac{36}{300} = 1146(\mathrm{N \cdot m})$$

$$M_B = M_C = 9549 \frac{P_B}{n} = 9549 \times \frac{11}{300} = 350(\mathrm{N \cdot m})$$

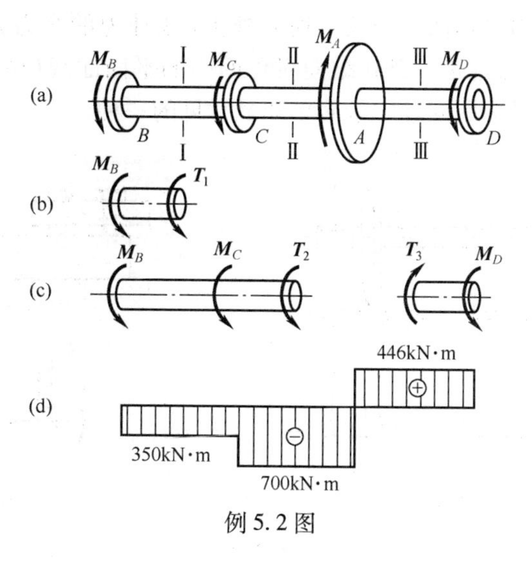

例 5.2 图

$$M_D = 9549\frac{P_D}{n} = 9549 \times \frac{14}{300} = 446(\mathrm{N \cdot m})$$

从受力情况看出,轴在 BC、CA、AD 三段内的受力并不相同。现用截面法研究各段内的扭矩。在 BC 段内,以任一横截面Ⅰ-Ⅰ将轴分成两段,并取左段研究,将截面上的扭矩 T_1 设为正(图(b))。由左段的平衡方程 $\sum M_x = 0$,得

$$T_1 + M_B = 0$$

$$T_1 = -M_B = -350\mathrm{N \cdot m}$$

结果中的负号表示 T_1 的实际方向与假设的相反,即 T_1 为负值扭矩。在 BC 段内各截面上的扭矩不变。同理,在 CA 段内任取横截面Ⅱ-Ⅱ将轴分成两段,取左段研究,其上扭矩 T_2 仍设为正(图(c)),由左段的平衡方程 $\Sigma M_x = 0$,得

$$T_2 + M_C + M_D = 0$$

$$T_2 = -M_C - M_B = -700\mathrm{N \cdot m}$$

同理,T_2 为负值扭矩。在 AD 段内任取截面Ⅲ-Ⅲ将轴分成两段,取右段研究,T_3 仍设为正,由右段的平衡方程 $\sum M_x = 0$,得

$$T_3 - M_D = 0$$

$$T_3 = M_D = 446\mathrm{N \cdot m}$$

结果为正,表明 T_3 的方向与假设的相同,即 T_3 为正值扭矩。此轴的扭矩图如图(d)所示,由扭矩图知,最大扭矩发生在 CA 段内,且 $T_{max} = 700\ \mathrm{N \cdot m}$。

5.4 梁弯曲时的内力 剪力与弯矩

一、平面弯曲的概念及梁的简化

以弯曲变形为主要变形的杆件称为**梁**。

在工程中,梁的应用非常广泛。如图 5.8 所示火车轮轴、车床上的车刀都是以弯曲变形为主要变形的梁。工程中所见到的梁,大多数在其横截面上都有对称轴,因而整个杆件

有一个包含轴线的纵向对称面。当梁上所有外力(或外力的合力)均作用在纵向对称面内时,梁变形后的轴线必定是一条在纵向对称面内的平面曲线(图 5.9)。这种弯曲称为**平面弯曲**。平面弯曲是弯曲问题中最简单和最常见的一种。

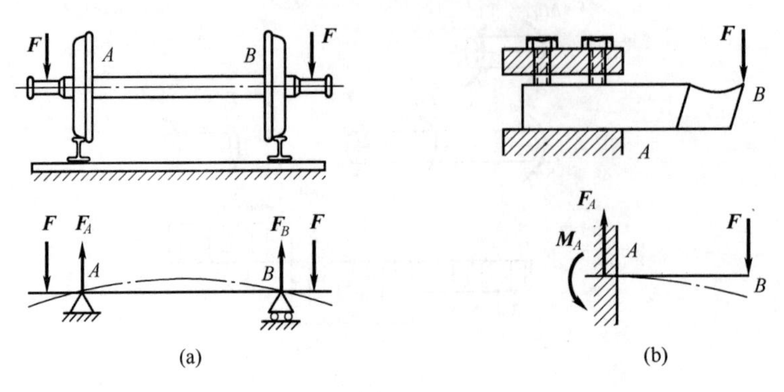

图 5.8

工程中,梁的支撑或约束形式比较多,为了方便计算,常把它简化为下列三种基本形式:

(1)**简支梁**　梁的一端为固定铰支座,另一端为可动铰支座(图 5.10(a))。

(2)**悬臂梁**　梁的一端为固定约束,另一端为自由(图 5.10(b))。

(3)**外伸梁**　固定铰支座和可动铰支座不在梁端,而在梁的长度之内(图 5.10(c))。

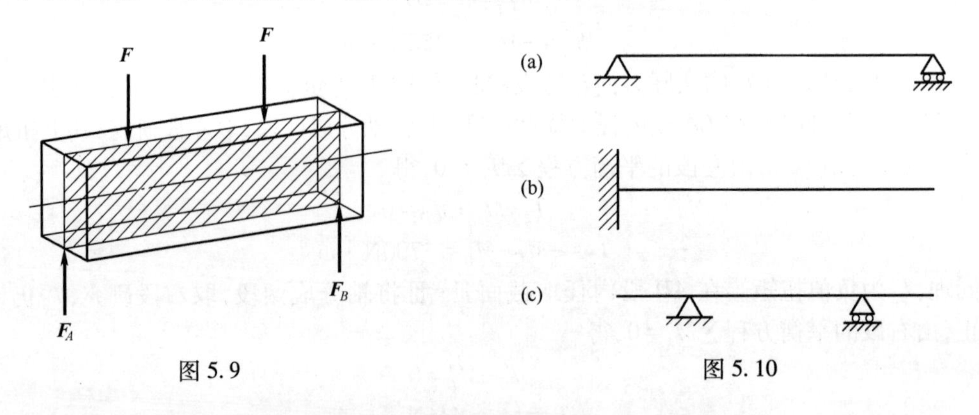

图 5.9　　　图 5.10

由平面弯曲的概念,载荷及约束反力构成一个平面力系,由静力学知,平面力系一般有三个平衡方程,而上述三种基本形式的梁的约束反力只有三个,则这些梁的约束反力都可用静力平衡方程求出。这种梁称之为**静定梁**。

二、剪力与弯矩

根据梁的计算简图,当载荷已知时,由平衡方程可确定静定梁的支座反力,进而利用截面法计算梁各横截面上的内力。在平面力系中,内力的形式主要为轴力、剪力和弯矩,当所有外力都垂直梁轴时,其内力只有两个,即剪力 F_s 和弯矩 M 。现以图 5.11 所示简支梁为例。F_1、F_2 为梁上的载荷,F_{Ay} 和 F_{By} 为两端的支座反力,梁处于平衡状态。为求梁任意横截面 m-m 上的内力,沿该截面假想地把梁分成两段,现考虑左段的平衡。由平衡方

程 $\Sigma F_y = 0$，得

$$F_{Ay} - F_1 - F_s = 0$$

$$F_s = F_{Ay} - F_1 \tag{a}$$

即剪力 F_s 等于左段梁上所有横向外力的代数和，它是与横截面相切的分布力系的合力。若把左段梁上所有外力和内力对截面形心 O 取矩，则由平衡方程 $\Sigma M_O = 0$，得

$$M + F_1(x - a) - F_{Ay}x = 0$$

$$M = F_{Ay}x - F_1(x - a) \tag{b}$$

即弯矩 M 等于左段梁上所有横向外力对截面形心 O 的力矩之代数和，它是与横截面垂直的分布力系的合力偶矩。

截面 $m-m$ 上的剪力和弯矩也可利用截开后右段梁的平衡方程求得。

剪力和弯矩的符号规定如下：从梁中取出长为 dx 的微段，对微段内任一点之矩为顺时方向的剪力为正，反之为负（图 5.12(a)）；使其弯曲呈凹形的弯矩为正，反之为负（图 5.12(b)）。按此规定，图 5.11(b) 中所示的横截面 $m-m$ 上的剪力和弯矩均为正。

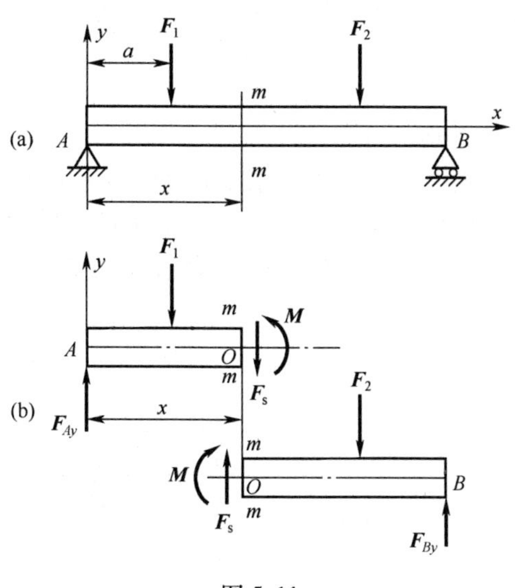

图 5.11

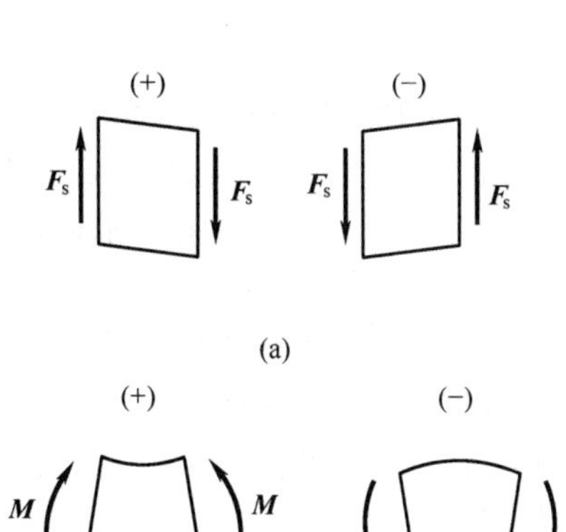

图 5.12

例 5.3 求图(a)所示简支梁横截面 1—1 及 2—2 上的剪力和弯矩。

解：先求支反力。由平衡方程 $\Sigma M_B = 0$，得

$$-F_{Ay} \times 5 + 6 \times 2 \times 4 - 8 + 10 \times 1 = 0$$

$$F_{Ay} = 10(\text{kN})$$

再由平衡方程 $\Sigma M_A = 0$，得

$$-\frac{1}{2} \times 6 \times 2^2 - 8 - 10 \times 4 + F_{By} \times 5 = 0$$

$$F_{By} = 12(\text{kN})$$

将梁沿横截面 1-1 分为两段，研究

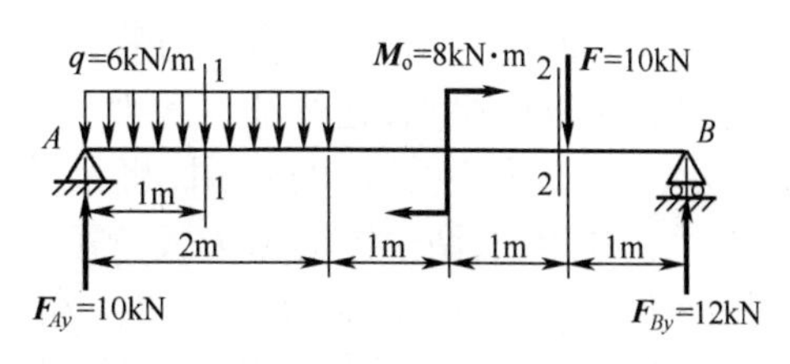

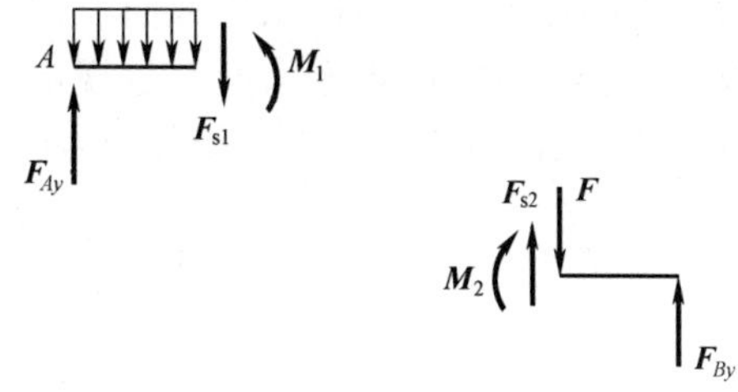

例 5.3 图

左端(图(b)),由平衡条件得

$$F_{s1} = F_{Ay} - q \times 1 = 10 - 6 = 4\ (\mathrm{kN})$$

$$M_1 = F_{Ay} \times 1 - \frac{1}{2} \times q \times 1^2 = 10 \times 1 - \frac{1}{2} \times 6 \times 1^2 = 7(\mathrm{kN \cdot m})$$

将梁沿横截面2—2分为两段,研究右端(图(c)),由平衡条件得

$$F_{s2} = F - F_{By} = 10 - 12 = -2(\mathrm{kN})$$

$$M_2 = F_{By} \times 1 = 12 \times 1 = 12\ (\mathrm{kN \cdot m})$$

截面2-2所得剪力为负值,说明剪力的实际方向与所设方向相反,按符号规定为负剪力。

5.5 剪力图与弯矩图

梁在外力作用下,各截面上的剪力和弯矩都是不同的,其中剪力和弯矩为最大的截面对梁的强度来说都是危险截面。要确定危险截面的位置,必须了解剪力和弯矩沿梁的变化情况。为此,取梁轴上一点为原点,把距原点为 x 处的任意横截面上剪力和弯矩表示为 x 的函数,即

$$F_s = F_s(x), \qquad M = M(x)$$

上面的函数表达式称为梁的**剪力方程**和**弯矩方程**。

为了清楚地表示沿梁轴线各截面上剪力值和弯矩值的变化规律,常根据剪力方程和弯矩方程把剪力值和弯矩值用图线表示。具体作图的方法是以 x 为横坐标轴(一般与梁轴线重合),以剪力 F_s 或弯矩 M 为纵坐标轴,分别绘制剪力与弯矩沿梁轴变化的曲线,上述曲线分别称为**剪力图**和**弯矩图**。

下面几个例题说明剪力图和弯矩图的作法。

例5.4 图示简支梁受集中力 F 作用。试作剪力图和弯矩图。

解:(1)求支反力。由梁的平衡方程求得支反力(图(a))为

$$F_A = \frac{Fb}{l},\quad F_B = \frac{Fa}{l}$$

(2)建立剪力方程和弯矩方程。以梁的左端为坐标原点,建立坐标系如图(a)所示。由于集中力 F 的作用,将梁分为 AC 和 CB 两段,两段内的剪力或弯矩不能用同一方程式表达,应分段列出。在 AC 段内取距原点为 x 的任意横截面左侧,根据剪力和弯矩的计算方法及符号规定,可求得 AC 段的剪力和弯矩方程分别为

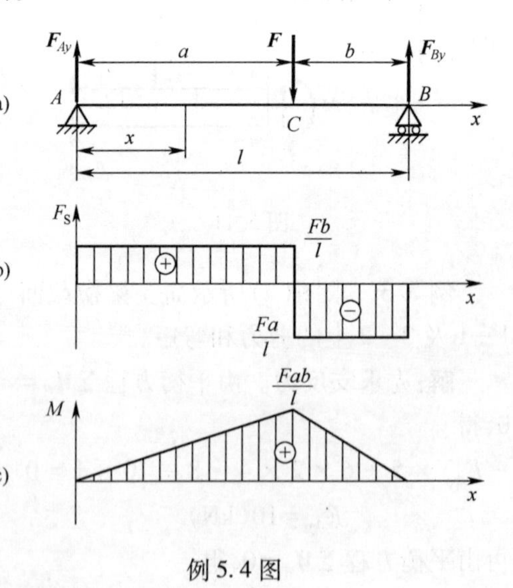

例5.4图

$$F_s(x) = \frac{Fb}{l} \qquad (0 < x < a) \tag{a}$$

$$M(x) = \frac{Fb}{l}x \qquad (0 \leqslant x \leqslant a) \tag{b}$$

在 CB 段内取坐标为 x 的任意截面，该截面上的剪力方程和弯矩方程分别为

$$F_s(x)=\frac{Fb}{l}-F=-\frac{Fa}{l}\quad(a<x<l) \tag{c}$$

$$M(x)=\frac{Fb}{l}x-F(x-a)=\frac{Fa}{l}(l-x)\quad(a\leqslant x\leqslant l) \tag{d}$$

当然，在 CB 段内如用截面右侧的外力计算，会得到相同的结果。

(3) 画剪力图和弯矩图。由 (a)、(c) 两式可知，左、右两段梁的剪力图各是一条平行于 x 轴的直线。由 (b)、(d) 两式可知，左、右两梁段的弯矩图各是一条斜直线。根据这些方程绘出的剪力图和弯矩图如图(b)、(c)所示。

由图可见，在集中力作用处，左、右两侧截面上的剪力值有突变，且突变量为集中力的值。在集中力作用处截面上的弯矩值为最大。

例 5.5 图(a)所示简支梁受均布载荷 q 作用。试作梁的剪力图和弯矩图。

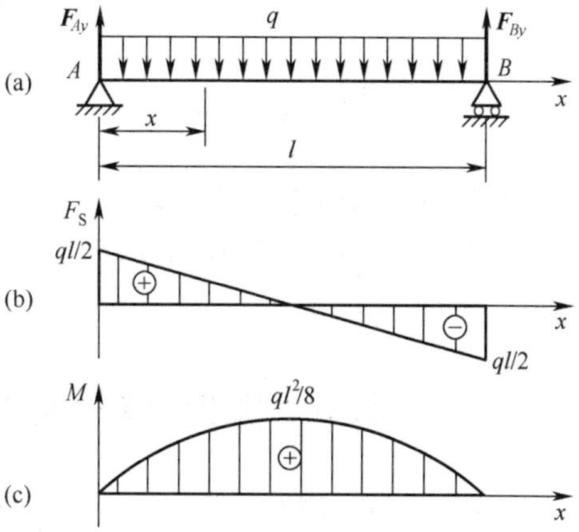

解：(1) 求支反力。由于梁上的载荷和支反力对跨度中点是对称的，故利用对称性容易求出两端反力。

$$F_{Ay}=F_{By}=\frac{ql}{2}$$

(2) 建立剪力方程和弯矩方程。取梁左端为原点，可写剪力方程和弯矩方程为

$$F_s=F_{Ay}-qx=\frac{ql}{2}-qx\quad(0<x<l) \tag{a}$$

例 5.5 图

$$M(x)=F_{Ay}x-\frac{1}{2}qx^2=\frac{qx}{2}(l-x)\quad(0\leqslant x\leqslant l) \tag{b}$$

(3) 画剪力图、弯矩图。由剪力方程(a)可见，剪力 $F_s(x)$ 是 x 的一次函数，则剪力图为斜直线。当 $x=0$ 时，$F_s=\frac{ql}{2}$；当 $x=l$ 时，$F_s=-\frac{ql}{2}$；剪力图线在梁跨中点交于横坐标轴，即在此截面上剪力为零(图 b)。由弯矩方程(b)可见，弯矩 $M(x)$ 是 x 的二次函数，弯矩图为二次抛物线。由方程(b)求出 x 和 M 的一些对应值，即可画出该曲线。当 $x=\frac{l}{2}$，弯矩最大，得 $M_{max}=\frac{ql^2}{8}$。

例 5.6 图(a)所示的简支梁在 C 点处受矩为 M_e 的集中力偶作用。试作此梁的剪力图和弯矩图。

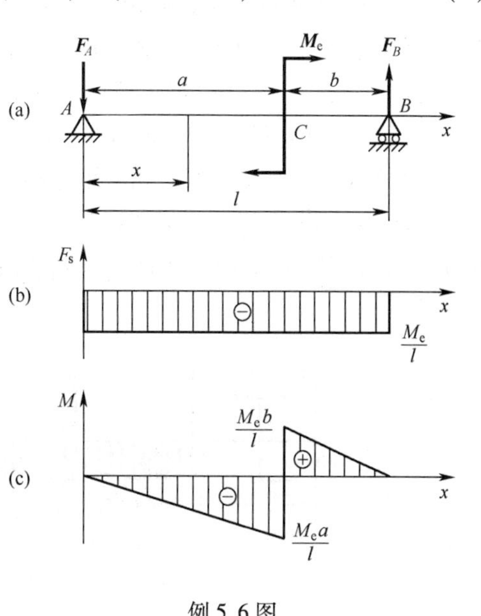

例 5.6 图

解:(1)求支反力。由平衡方程求出约束反力为

$$F_A = \frac{M_e}{l}\ (\text{向下}),\ F_B = \frac{M_e}{l}\ (\text{向上})$$

(2)建立剪力方程和弯矩方程。剪力方程仅与集中力(支反力)有关,而不受集中力偶的影响,则整个梁上可写成一个统一的剪力方程,即

$$F_s(x) = -F_A = -\frac{M_e}{l} \qquad (0 < x < l)$$

弯矩方程在 AC 段和 CB 段上不一样:

AC 段:

$$M(x) = -F_A x = -\frac{M_e}{l}x \qquad (0 \leqslant x < a)$$

CB 段:

$$M(x) = F_B(l - x) = \frac{M_e}{l}(l - x)\ (a < x \leqslant l)$$

(3) 画剪力图和弯矩图。按以上方程作出的剪力图和弯矩图分别如图(b)、(c)所示。由图可见,在集中力偶作用处,左、右两侧截面上的弯矩值有突变,且突变量为集中力偶的值。

5.6 剪力、弯矩与载荷集度间的微分关系

由于载荷不同,梁上各横截面的剪力和弯矩不同,因而得出各种不同形式的剪力图和弯矩图。事实上,载荷集度、剪力和弯矩之间是有一定关系的,掌握了这个关系,对于作剪力图和弯矩图很有帮助。下面就来研究它们之间的关系。

直梁受力如图 5.13(a)所示,以左端为坐标原点,轴线为 x 轴,y 轴向上为正。分布载荷集度 $q(x)$ 是 x 的连续函数,且规定向上为正。在坐标为 x 处取出长为 dx 的梁段,并放大为图 5.13(b)。微段左边截面上的剪力和弯矩分别为 $F_s(x)$ 和 $M(x)$,它们都是 x 的连续函数。当 x 有一个增量 dx 时,$F_s(x)$ 和 $M(x)$ 的相应增量是 $dF_s(x)$ 和 $dM(x)$。所以,微段右边截面上的剪力和弯矩分别是 $F_s(x) + dF_s(x)$ 和 $M(x) + dM(x)$。微段上的这些内力均设为正,且设微段内无集中力和集中力偶。由微段的静力平衡方程 $\sum F_y = 0$ 和 $\sum M_C = 0$(C 为微段右侧截面形心),得

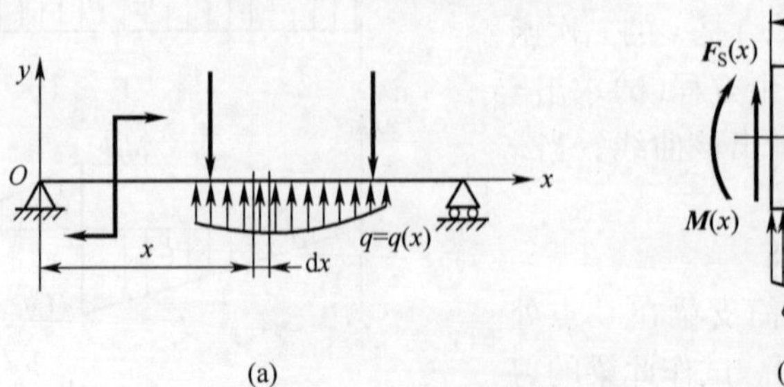

图 5.13

$$F_s(x) - [F_s(x) + dF_s(x)] + q(x)dx = 0$$

$$-M(x) + [M(x) + dM(x)] - F_s(x) \cdot dx - q(x) \cdot dx \cdot \frac{dx}{2} = 0$$

整理以上两式,并略去第二式中的高阶微量 $q(x) \cdot dx \cdot \frac{dx}{2}$,得

$$\frac{dF_s(x)}{dx} = q(x) \tag{5.3}$$

$$\frac{dM(x)}{dx} = F_s(x) \tag{5.4}$$

从式(5.3)和式(5.4)又可得到如下关系:

$$\frac{d^2M(x)}{dx^2} = \frac{dF_s(x)}{dx} = q(x)$$

以上三式表示了直梁载荷集度、剪力和弯矩之间的关系。由数学知识可知,式(5.3)和式(5.4)的几何意义分别是:剪力图上某点处的切线斜率等于该点处载荷集度的大小;弯矩图上某点处的切线斜率等于该点处剪力的大小。

根据上面导出的关系式,容易得出下面的一些规律,这对绘制或校核剪力图和弯矩图是有用的。

(1)若梁的某一段内无分布载荷作用,即 $q(x) = 0$,由式(5.3)可知,在这一段内 $F_s(x)$ 为常量,即剪力图是平行于 x 轴的直线。由式(5.4)可知,$M(x)$ 是 x 的一次函数,弯矩图是斜直线(例 5.4 图(c))。对于某段梁内 $F_s(x)=0$ 的特例,显见,$M(x)$ 在这一段梁内为常量。

(2)若梁的某一段内作用有均布载荷,即 $q(x)$ = 常数,由式(5.3)可知,在这一段内 $F_s(x)$ 是 x 的一次函数,由式(5.4)可知,$M(x)$ 是 x 的二次函数。因此,剪力图是斜直线(例 5.5 图(b)),弯矩图是抛物线(例 5.5 图(c))。

若分布载荷 $q(x)$ 向下,即 $q(x)$ 为负,故 $\frac{d^2M(x)}{dx^2} = q(x) < 0$,则 $M(x)$ 图应为向上凸的曲线(例 5.5 图(c))。反之,若分布载荷向上,则 $M(x)$ 图应为向下凹的曲线。

(3)若在梁的某一截面上,$\frac{dM(x)}{dx} = F_s(x) = 0$,则在这一截面上弯矩有一极值。即在剪力等于零的截面上,弯矩为极值(例 5.5 图(c))。

(4) 集中力作用截面的左、右两侧,剪力有突然变化,突变增量为集中力值大小(例 5.4 图(b)),因此,弯矩图的斜率也发生突然变化形成一个转折点(例 5.4 图(c))。弯矩的极值也可能出现在这类截面上。

(5) 集中力偶作用截面的左、右两侧,弯矩发生突然变化,突变增量为集中力偶值大小(例 5.6 图(c)),这里也可能出现弯矩的极值。

例 5.7 外伸梁 AB 上作用载荷如图所示。试作剪力图和弯矩图。

解:由静力平衡方程求得支座反力为

$$F_{Ay} = \frac{3qa}{2}, \quad F_{By} = \frac{3qa}{2}$$

根据载荷作用情况,将梁分为 AC、CD 和 DB 三段进行讨论。

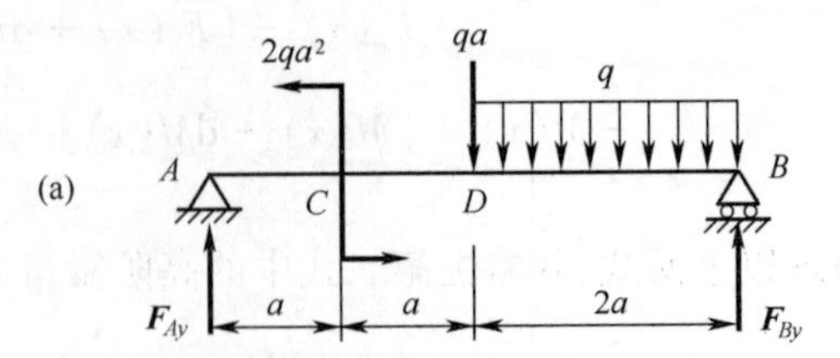

由载荷与剪力的微分关系知,在剪力图中,AC 段和 CD 段是水平直线(注意:集中力偶处对剪力图无影响);DB 段为斜直线。A、D、B 三截面有集中力作用,欲作剪力图,只须计算下面几个截面的数值。

在 AD 段内　$F_s = 3qa/2$

在 D 点右侧　$F_s = (3qa/2) - qa = qa/2$

在 B 点左侧　$F_s = (3qa/2) - qa - 2qa = -3qa/2$

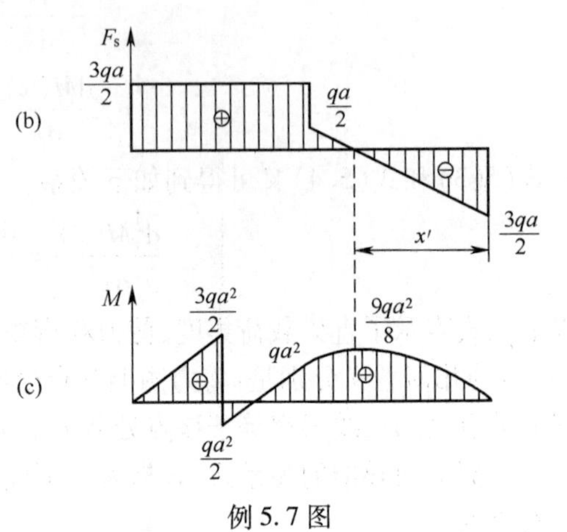

例 5.7 图

弯矩图中,AC 段和 CD 段是斜直线,DB 段是一向上凸的曲线,C 截面有集中力偶作用。欲求弯矩图,只须求下面几个数值:

在 C 截面左侧　$M = 3qa^2/2$

在 C 截面右侧　$M = (3qa^2/2) - 2qa^2 = -qa^2/2$

在 D 截面　　$M = (3qa/2) \times 2a - 2qa^2 = qa^2$

DB 段上,在 $x' = 3a/2$ 处,$F_s = 0$,则知此截面弯矩有极值,此值为

$$M' = F_{By} \cdot x' - \frac{1}{2}q(x')^2 = \frac{3qa}{2}\frac{3a}{2} - \frac{1}{2}q\left(\frac{3a}{2}\right)^2 = \frac{9}{8}qa^2$$

根据上面数值,可作弯矩图(图(c)),最大弯矩发生在 C 截面左侧。

以上所用的作图方法实际上是利用了载荷集度、剪力和弯矩之间的微分关系。利用这种方法不必写出剪力方程和弯矩方程,从而使作图过程大为简化。故该法称为**简易法**。简易法作图的步骤是:在求得梁的支反力以后,首先要明确剪力图和弯矩图分成几段,并定性地分析每段图线的形状。然后计算几个横截面(各段的分界处截面和极值弯矩截面)上的剪力和弯矩,进而作出剪力图和弯矩图。最后再做必要的校核。

含有中间铰的连续梁属于物体系统的平衡,可从中间铰处截开,并注意该截面无弯矩而仅存在剪力。

例 5.8　试用简易法作图(a)所示具有中间铰的梁的剪力图和弯矩图。已知:$F = qa$。

解:(1) 求支反力。为求梁的支反力,将中间铰 C 拆开(图(b))。首先取 BC 梁作为研究对象,由静力平衡方程可求出约束反力 F_D 和 F_C

$$\sum M_C = 0,\ F_D \times a - qa \times 2a = 0$$

$$F_D = 2qa$$

$$\sum F_y = 0,\ F_D - F_C - qa = 0$$

$$F_C = qa$$

研究 AC 梁，$F'_C = F_C$，由平衡方程求出约束反力 M_A 和 F_A

$$\sum M_A = 0\ ,\ M_A - \frac{1}{2}q \times (2a)^2 + F'_C \times 2a = 0$$

$$M_A = 0$$

$$\sum F_y = 0\ ,\ F_A - 2qa + F'_C = 0$$

$$F_A = qa$$

(2) 分析各段内力图的形状并绘制剪力图和弯矩图。在 CB 段上 $q = 0$，故这两段的剪力图和弯矩图分别为水平直线和斜直线。AC 段上有向下的均布载荷 q 的作用，剪力图和弯矩图分别为向右下方倾斜的直线和向上凸的二次抛物线。

各段分界处的剪力值为

$$F_{SA右} = F_A = qa$$

$$F_{SC左} = F_{SC右} = -qa$$

$$F_{SD左} = -qa$$

$$F_{SD右} = qa$$

$$F_{SB左} = qa$$

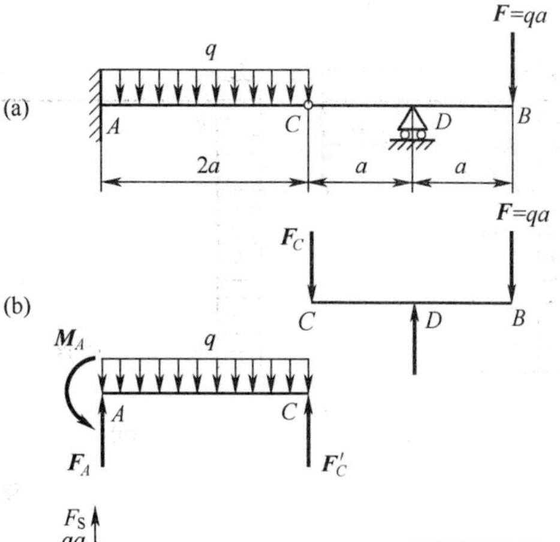

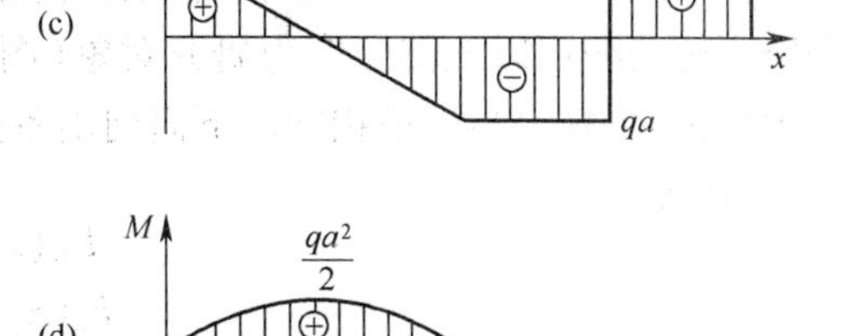

例 5.8 图

由以上剪力值并结合微分关系，便可绘出剪力图(c)。各段分界处的弯矩值为

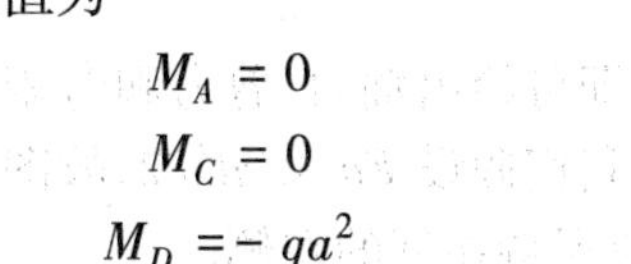

$$M_A = 0$$

$$M_C = 0$$

$$M_D = -qa^2$$

AC 段上作用着均布载荷，跨中剪力为零，则对应截面上弯矩有极值，其值为

$$M' = F'_C \times a - \frac{1}{2}q \times a^2 = \frac{1}{2}qa^2$$

由以上弯矩值并结合微分关系，便可绘出弯矩图(d)。

从内力图看，中间铰梁与普通梁并无区别，但由于铰不能传递力偶，故铰所在截面处的弯矩等于零。

在工程实际中，刚架结构得到普遍应用，如钻床床身、轧钢机机架等。何谓刚架？如例 5.8 图(a)所示，竖杆 AB 与横杆 BC 的连接点为刚节点，即载荷作用时其间的夹角不会改变。由刚节点连接的杆件组成的结构称为**刚架**。刚架的内力图的作法与梁的内力图的作法基本相同，轴力与剪力的符号规定与梁相同，但对竖直杆可画在轴线的任一侧，并注明正、负号。至于弯矩图，一般画在杆件弯曲变形的受压侧，但不注明正、负号。

例 5.9　图(a)所示为下端固定的刚架，在其轴线平面内受载荷 F 和 q 作用。试作此刚架的内力图。

解：计算内力时，一般应先求刚架的支反力。本题的刚架 C 点为自由端，若对水平杆

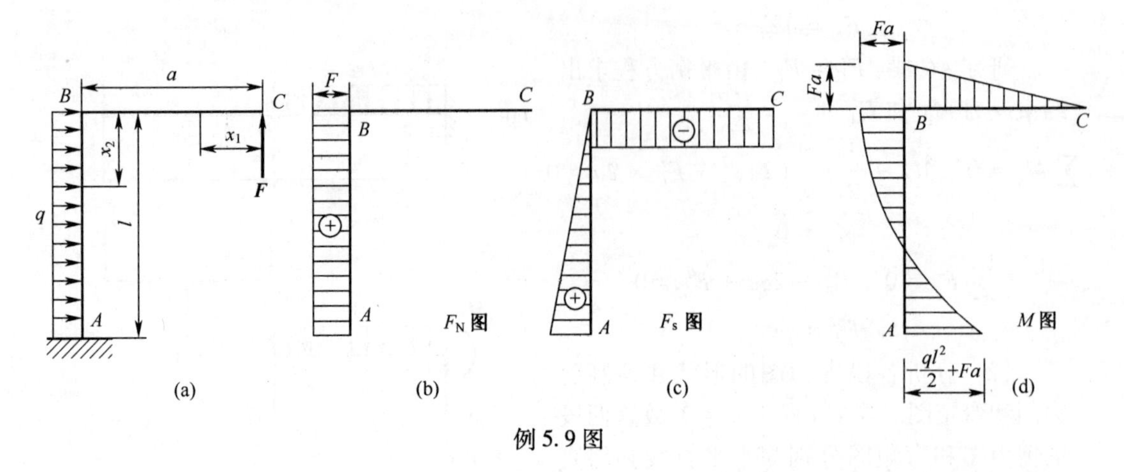

例 5.9 图

将坐标原点取在 C 点、对竖直杆将坐标原点取在 B 点,并分别取水平杆的截面右侧部分和竖直杆的截面以上部分作为研究对象(图(a)),这样可以不求支反力。刚架的轴力及剪力的正、负规定与以前相同。下面列出各段杆的内力方程为

CB 段:

$$F_N(x_1)=0$$

$$F_s(x_1)=-F$$

$$M(x_1)=Fx_1 \quad (0 \leqslant x_1 \leqslant a)$$

BA 段:

$$F_N(x_2)=F$$

$$F_S(x_2)=qx_2$$

$$M(x_2)=Fa-\frac{1}{2}qx_2^2 \quad (0 \leqslant x_2 < l)$$

根据各段的内力方程,即可绘出轴力、剪力和弯矩图,分别如图(b)、(c)和(d)所示,在这里需要说明的是,题中我们假设 $Fa < ql^2/2$,故图(d)中竖直杆弯矩图的下半段画在该杆的右侧,反之,弯矩图应保持在杆的左侧。

本 章 小 结

一、本章基本要求

1. 掌握杆件内力的普遍情况。
2. 掌握轴向拉伸和压缩的概念,熟练计算截面轴力并画轴力图。
3. 掌握扭转变形的概念,熟练计算截面扭矩并画扭矩图。
4. 掌握弯曲变形和平面弯曲的概念,熟练写出剪力方程和弯矩方程并画剪力图和弯矩图。
5. 掌握载荷集度、剪力和弯矩间的微分关系,熟练利用简易法作剪力图和弯矩图。
6. 掌握平面刚架的内力计算。

二、本章重点

1. 各种基本变形下指定截面上的内力计算及符号规定,熟悉截面法的应用,正确作出内力图,找出危险截面。

2. 梁的弯曲内力是几种基本变形中最复杂的，注意剪力和弯矩正负号规定及其确定方法。根据载荷集度、剪力和弯矩间的微分关系作出剪力图和弯矩图。

三、本章难点

1. 内力值的正负号规定，尤其是剪力和弯矩。

2. 载荷集度、剪力和弯矩间的微分关系和突变关系的掌握，由剪力图或弯矩图推断弯矩图或剪力图和结构受力图，判断内力图的正误。

3. 刚架内力图的画法。注意刚节点局部处各内力分量应满足平衡条件，无集中力偶作用时两侧弯矩图等值同侧。

四、教学建议

学会并熟练掌握内力图的做法。内力图横坐标与截面的对应关系、突变关系、内力的标注等是相同的，因此一定要有一个良好的习惯。注意比较拉伸与压缩、扭转和弯曲变形中内力的求解过程，计算指定截面内力时采用"设正法"比较方便。

弯曲内力是材料力学中一个重要的基本内容，原理简单但容易出错。应特别注意以下几点：

1. 正确地计算支座反力是绘制内力图的关键，应确保无误。因此利用平衡方程求出支反力后，应进行校核。

2. 计算梁横截面的内力时，应特别注意外力的方向与其引起的内力符号的关系，以保证内力的正负号正确。

3. 梁上荷载不连续时，剪力和弯矩方程需分段列出。为了计算方便，各段方程的 x 坐标原点和方向可以相同，也可以不同。

4. 作出梁的内力图后应利用载荷集度、剪力和弯矩间的微分关系进行校核，以确保正确。

习　题

5-1　求图示各杆指定截面的轴力。

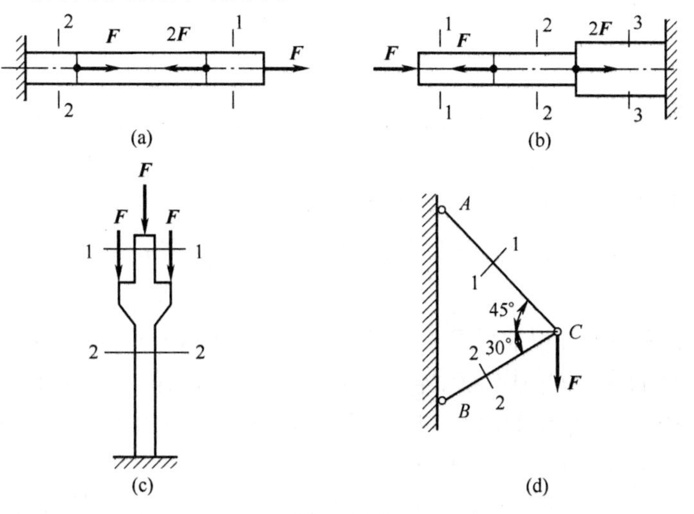

题 5-1 图

5-2 试作图示各杆的轴力图。

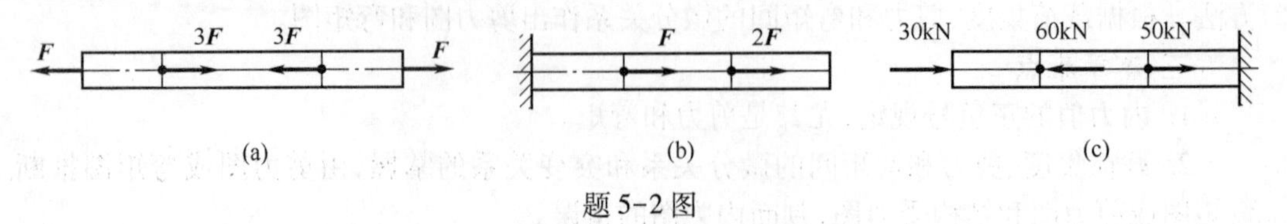

题 5-2 图

5-3 求图示各杆指定截面上的扭矩,并作扭矩图。

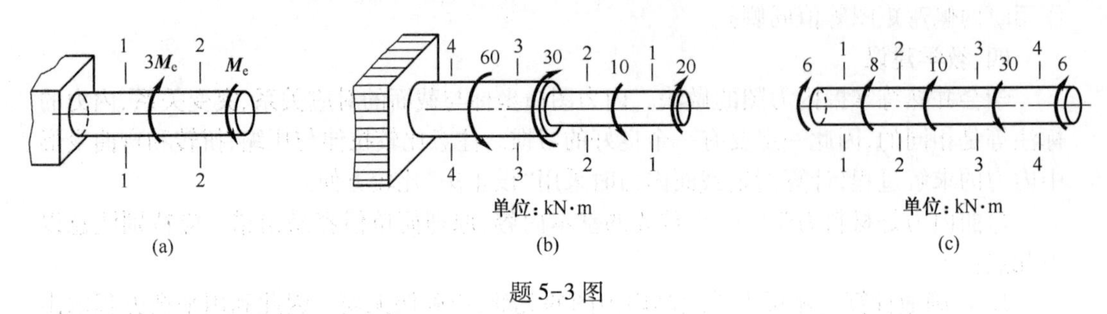

题 5-3 图

5-4 传动轴的转速 $n = 200\text{r/min}$,轴上装有四个轮子,主动轮 2 输入功率为 50kW,从动轮 1、3、4 依次输出功率为 18kW、12kW、20kW。试作该轴的扭矩图。

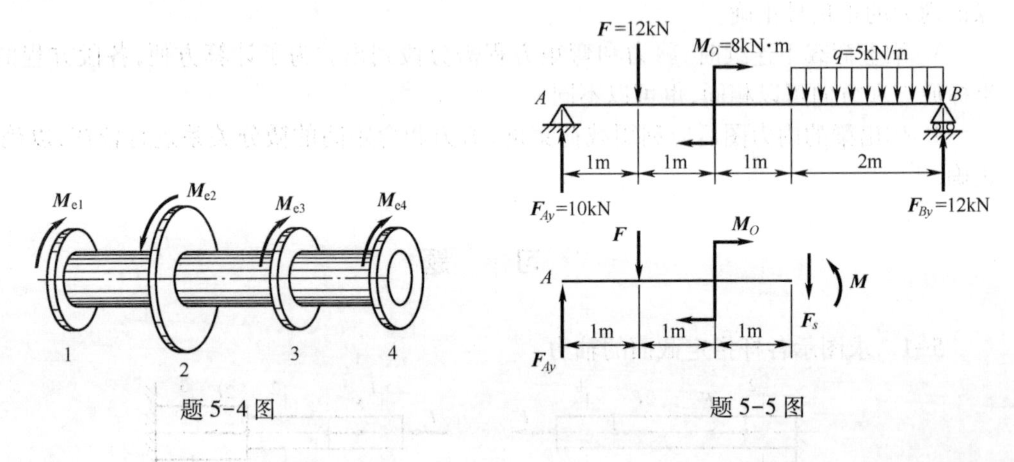

题 5-4 图

题 5-5 图

5-5 内力的正负号与静力平衡方程中的正负号有何区别?以图中所画情况回答下列问题:

(1)图中所设 F_s、M 按内力的符号规定是正还是负?

(2)为求 F_s、M 值,在静力平衡方程 $\sum F_y = 0$、$\sum M_O = 0$ 中,F_S、M 分别用什么符号?

(3)若由静力平衡方程求得 $F_s = -2\text{kN}$,$M = +14\text{kN} \cdot \text{m}$,其正负号说明什么?

(4) F_s、M 的实际方向应该怎样?实际方向的内力正负号应取什么?

5-6 试求图示各梁中截面 1—1、2—2 和 3—3 上的剪力和弯矩,这些指定截面无限接近于截面 A、C 或 D。设 F、q、a 均为已知。

5-7 试根据弯矩、剪力和载荷集度之间的微分关系,指出图示剪力图和弯矩图的错误。

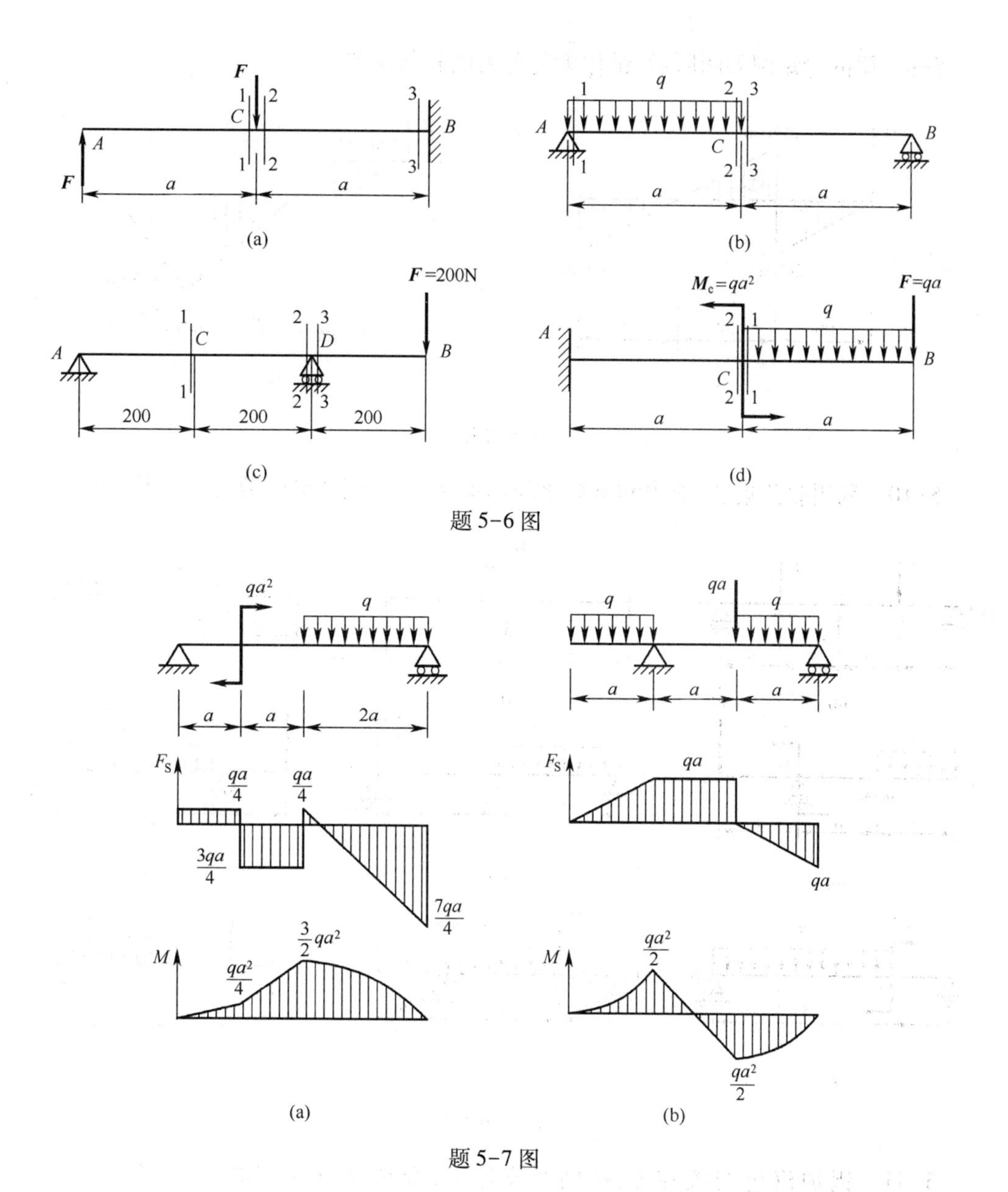

题 5-6 图

题 5-7 图

5-8 梁的剪力图如图所示，试作梁的弯矩图和载荷图。设：(1)梁上没有集中力偶作用；(2)梁右端有一集中力偶作用。

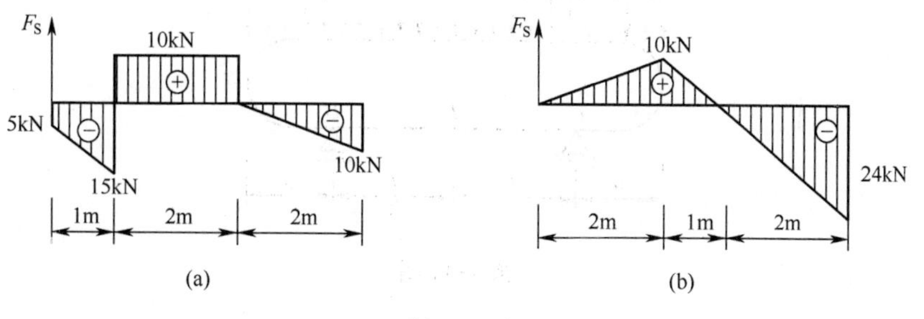

题 5-8 图

5-9 梁的弯矩图如图所示，试作梁的剪力图和载荷图。

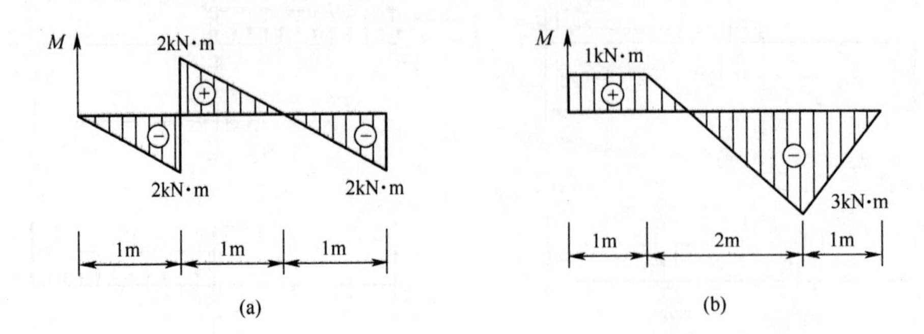

题 5-9 图

5-10 利用载荷集度、剪力和弯矩之间的关系，作下列各梁的剪力图、弯矩图。

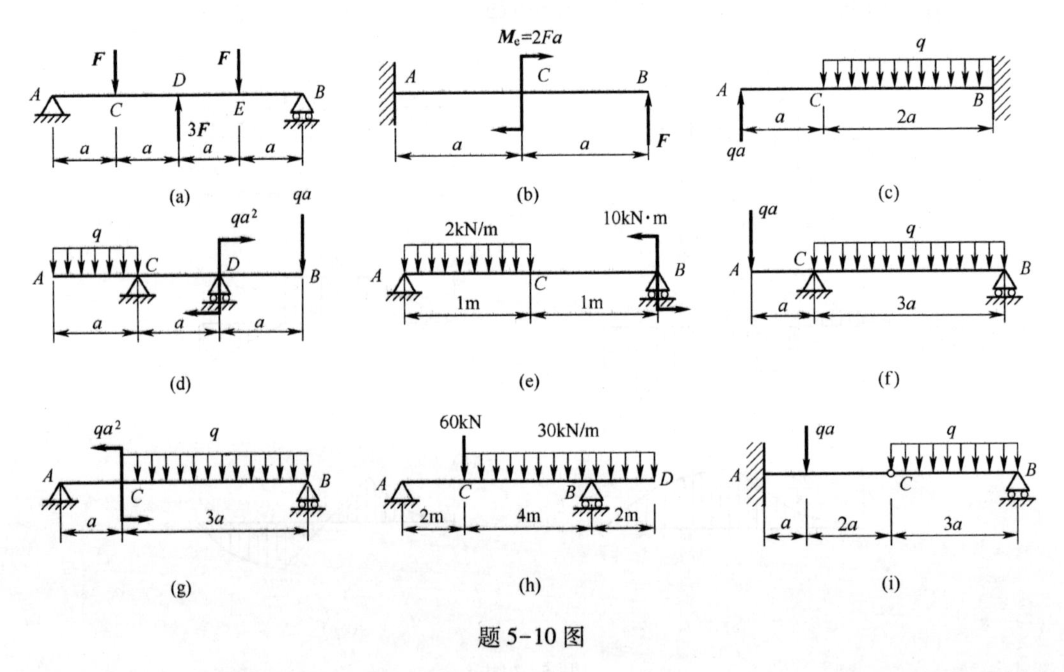

题 5-10 图

5-11 锅炉汽包安放在 C、D 两个支座上，今欲使：(1) $|M_C| = |M_D| = |M_E|$；(2) $M_E = 0$。问在上述两种情况下 l/a 之值。

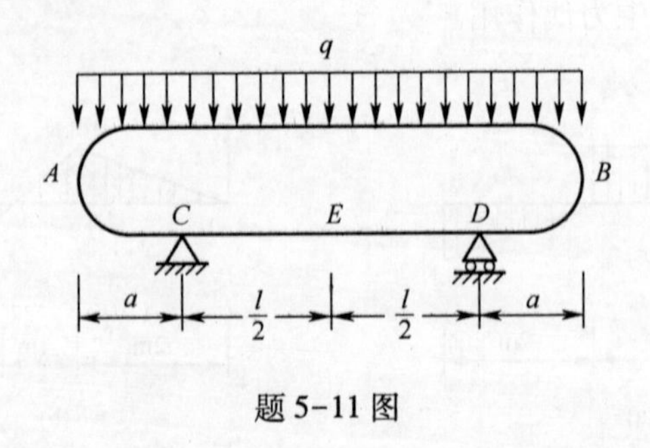

题 5-11 图

5-12 试画图示刚架的内力图。

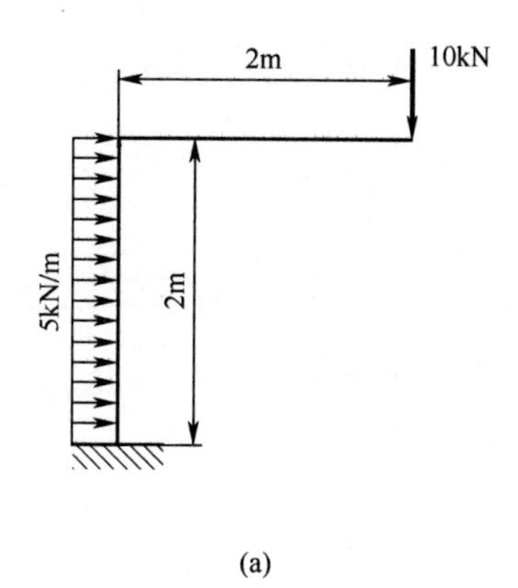

(a)

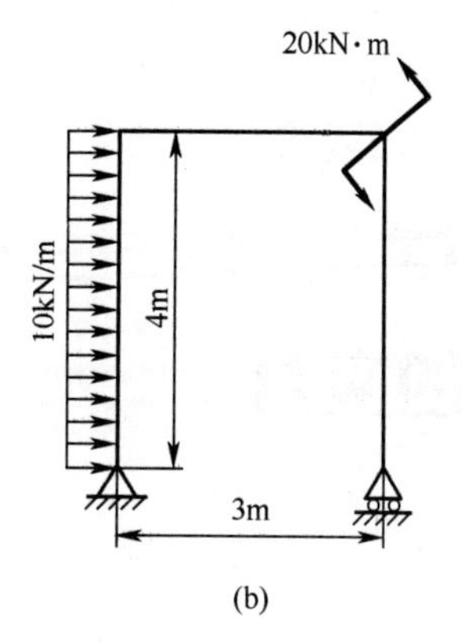

(b)

题 5-12 图

第六章 杆件的应力

6.1 基本概念

应用平衡原理可以确定杆件在基本变形下横截面上的内力，但内力分量只是杆件横截面上连续分布内力的简化结果，这些内力在横截面上的分布规律还不清楚，因而不能为强度计算提供理论依据。这是因为在静定结构中，杆件内力只与外力有关，与截面几何性质是无关的，如材料相同，截面积不同的两根杆件，在相同的外力作用下，内力是相同的。但当外力逐渐增大时，较细的杆件首先破坏。即使截面积相同，而截面形状不同的梁在相同弯曲内力作用下，破坏仍有先后之分。这说明，杆件的强度不仅与内力的大小有关，而且与横截面的几何性质有关。所以，必须用横截面上内力分布集度即应力（4.2 节）来度量杆件的受力程度。

内力是不可见的，但变形却是直观的，而且二者之间可通过材料的物理关系相联系，因此研究杆件在基本变形下横截面上的应力，需要综合考虑几何变形、物理和静力学三方面的关系：

(1) **变形几何关系**　只要杆件未破坏，杆件各点间的变形应该是连续的或协调的，根据试验观察所作出的假设（如后面将要讲到的横截面平面假设），就可得到横截面上各点处的应变规律。

(2) **物理关系**　通常是指由试验得到的材料内部应力和应变之间的关系（如胡克定律），由此又可建立起物理方程。

(3) **静力关系**　即根据静力平衡条件，列出了内力的合力与应力的关系。

求得了杆件的应力以后，就为杆件的强度计算提供了力学参量，但是杆件在该应力下是否会发生破坏还与材料的力学性能有关；另外，在推导应力公式时，也要用到材料物理方面的关系，即应力与应变之间的关系。因此，了解材料的力学性能也作为本章节的重要内容之一，有了以上两方面的知识后，就可以进行杆件在基本变形下的强度计算了。

6.2 杆件在拉伸与压缩时的应力与强度计算

一、拉（压）杆横截面上的应力

(1) **变形几何关系**　取一等截面直杆（图 6.1(a)），在其侧面画上垂直于轴线的横向线 ab 和 cd 。拉伸变形后，发现它们仍为直线，且仍垂直于轴线，只是分别平移至 $a'b'$ 和

$c'd'$ 。由此可以假设:变形前原为平面的横截面,变形后仍为平面且垂直于轴线。此即为拉压杆的横截面平面假设。设想杆由平行于轴线的许多纵向纤维所组成,由此假设可以推断,两横截面之间所有纵向纤维的变形是相同的,从而得出同一横截面上各点沿轴向的应变是相同的。

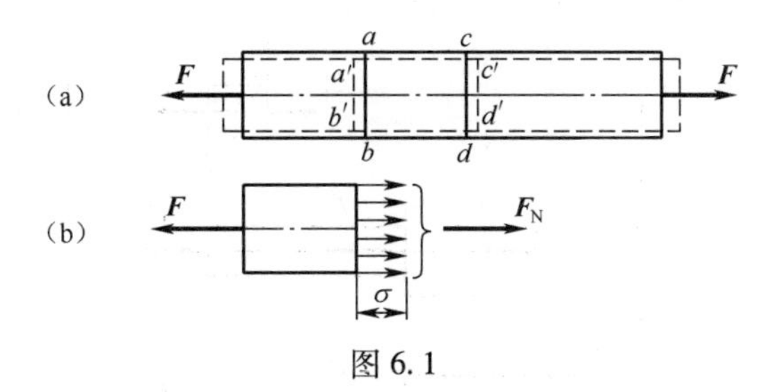

图 6.1

(2) **物理关系** 轴向拉伸(压缩)时杆横截面上的内力为轴力,其方向沿杆件轴线,显然与轴力 F_N 相关的应力只可能是垂直于横截面的正应力 σ。将 4.1 节中均匀性假设和 4.2 节中单向受力的胡克定律应用于变形几何关系可得:横截面上各点的正应力是相同的。

(3) **静力学关系** 设横截面面积为 A ,微面积 $\mathrm{d}A$ 上的微内力为 $\sigma\mathrm{d}A$,又因为材料是连续的,根据静力学求合力的方法,有

$$F_N = \int_A \sigma \mathrm{d}A = \sigma \int_A \mathrm{d}A = \sigma A$$

于是,得拉(压)杆横截面上的正应力公式

$$\sigma = \frac{F_N}{A} \tag{6.1}$$

对轴向压缩的杆,上式同样适用。由式(6.1)可知,正应力的符号与轴力的符号一致,即拉应力为正,压应力为负。

这里所得结论,除去靠近有外力作用着的两端小范围以外,对于杆的任一截面来说,都能适用。

例 6.1 已知阶梯形直杆受力如图(a)所示。材料的弹性模量 $E = 200\text{GPa}$,各作用力分别为 $F_1 = 200\text{kN}$, $F_2 = 300\text{kN}$, $F_3 = 500\text{kN}$,杆各段的横截面面积分别为 $A_1 = A_2 = 2500\ \text{mm}^2$, $A_3 = 1000\ \text{mm}^2$,杆各段的长度如图所示。试求:各段内横截面上的正应力。

解:因为杆各段的轴力不等,而且横截面面积也不完全相同,因而,首先分段计算各段杆横截面上的轴力。分别对 AB 、BC 、CD 段杆应用截面法,由平衡条件求得各段的轴力分别为

AB 段: $F_{N1} = 400\text{kN}$

BC 段: $F_{N2} = -100\text{kN}$

CD 段: $F_{N3} = 200\text{kN}$

进而求得各段横截面上的正应力分别为

AB 段: $\sigma_1 = \dfrac{F_{N1}}{A_1} = \dfrac{400 \times 10^3}{2500 \times 10^{-6}} = 160 \times 10^6(\text{Pa}) = 160(\text{MPa})$

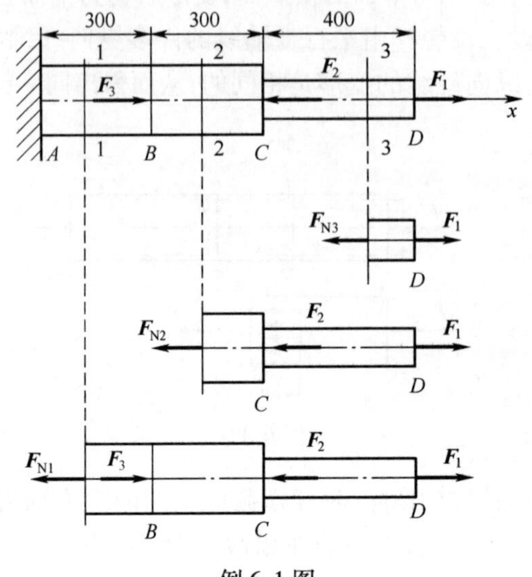

例 6.1 图

$$BC 段: \quad \sigma_2 = \frac{F_{N2}}{A_2} = \frac{(-100) \times 10^3}{2500 \times 10^{-6}} = -40 \times 10^6 (\text{Pa}) = -40(\text{MPa})$$

$$CD 段: \quad \sigma_3 = \frac{F_{N3}}{A_3} = \frac{200 \times 10^3}{1000 \times 10^{-6}} = 200 \times 10^6 (\text{Pa}) = 200(\text{MPa})$$

式中，σ_2 的结果中负号表示压应力。

二、拉(压)杆斜截面上的应力

以上研究了拉(压)杆横截面上的应力，下面将在此基础上进一步研究其他斜截面上的应力。

考虑受轴力 F 作用的杆件(图 6.2(a))，利用截面法，沿任一斜截面 m-m 将杆切开，该截面的方位以其外法线 On 与 x 轴的夹角 α 表示。由前述分析知，杆件横截面上的应力均匀分布，由此可以推断，斜截面 m-m 上的应力 p_α 也为均匀分布(图 6.2(b))，且其方向必与轴线平行。

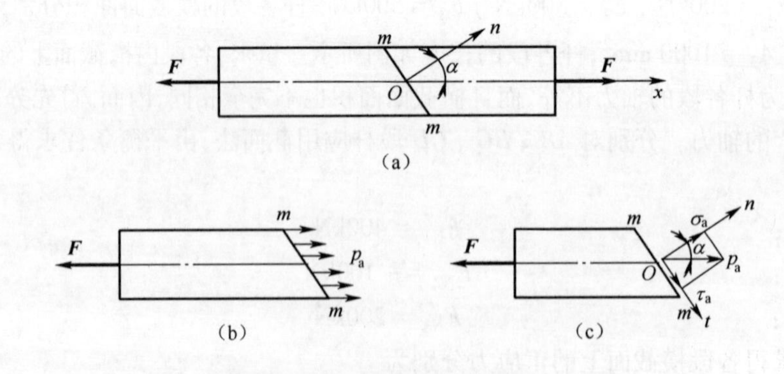

图 6.2

设杆的横截面面积为 A,则根据上述分析,得杆左段的平衡方程为

$$p_\alpha \cdot \frac{A}{\cos\alpha} - F = 0$$

由此得截面 $m-m$ 上各点处的应力为

$$p_\alpha = \frac{F\cos\alpha}{A} = \sigma\cos\alpha$$

式中,$\sigma = F/A$,代表杆件横截面上的正应力。

将应力 p_α 沿斜截面法向与切向分解(图 6.2(c))

$$\sigma_\alpha = p_\alpha\cos\alpha = \sigma\cos^2\alpha \tag{6.2}$$

$$\tau_\alpha = p_\alpha\sin\alpha = \sigma\cos\alpha\sin\alpha = \frac{\sigma}{2}\sin2\alpha \tag{6.3}$$

可见,在杆件斜截面上,不仅存在正应力,而且存在切应力,其大小则随截面的方位角 α 而变化。当 $\alpha=0°$时,斜截面即为横截面,σ_α达到最大值,$\sigma_{max}=\sigma$,而 $\tau_\alpha=0$。当 $\alpha=45°$时,τ_α达到最大值,$\tau_{max}=\frac{\sigma}{2}$,而 $\sigma_\alpha=\frac{\sigma}{2}$。当 $\alpha=90°$时,斜截面即为纵向截面,$\sigma_\alpha=\tau_\alpha=0$,这表示平行于杆轴的纵向截面上无任何应力。

例 6.2 图示轴向受压等截面杆,横截面面积 $A = 400\ \text{mm}^2$,载荷 $F = 50\text{kN}$,试求斜截面 $m-m$ 上的正应力与切应力。

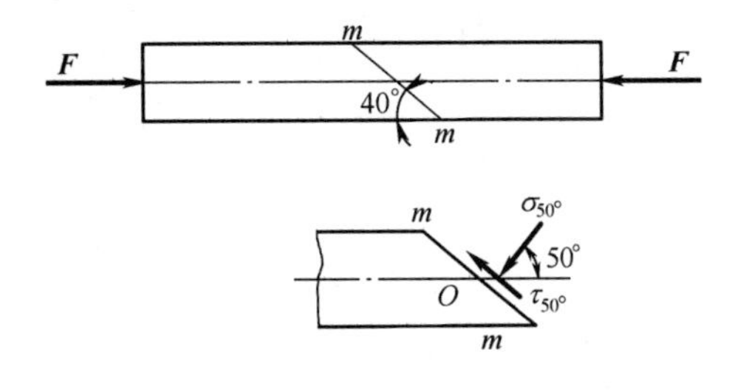

例 6.2 图

解:杆件横截面上的正应力为

$$\sigma = \frac{F_N}{A} = -\frac{50\times10^3}{400\times10^{-6}} = -125(\text{MPa})$$

斜截面 $m-m$ 的方位角 $\alpha=50°$,由式(6.2)和式(6.3)得到斜截面 $m-m$ 上的正应力和切应力分别为

$$\sigma_{50°} = \sigma\cos^2\alpha = (-125)\cdot\cos^2 50° = -51.65(\text{MPa})$$

$$\tau_{50°} = \frac{\sigma}{2}\sin2\alpha = \frac{(-125)}{2}\cdot\sin100° = -61.55(\text{MPa})$$

其方向如图所示。

三、杆件在拉伸与压缩时的强度计算

在材料力学的任务中曾指出,构件断裂或显著塑性变形都会影响工程机械和结构的正常工作,为了保证构件安全、正常的工作,构件中的工作应力不得超过材料的某一规定

数值,称之为**许用应力**,通常用$[\sigma]$表示。即

$$\sigma = \frac{F_N}{A} \leqslant [\sigma] \tag{6.4}$$

式(6.4)称为杆件拉伸和压缩时的**强度条件**。根据该强度条件,可以对构件进行三种不同情况的强度计算:

(1)**校核强度** 当已知拉压杆的截面尺寸、许用应力和所受外力时,通过比较工作应力与许用应力的大小,以判断该杆在所受外力作用下能否安全工作。

(2)**选择截面尺寸** 如果已知拉压杆所受外力和许用应力,根据强度条件可以确定该杆所需横截面面积。例如,对于等截面拉压杆,其所需横截面面积为

$$A \geqslant \frac{F_{N,max}}{[\sigma]} \tag{6.5}$$

(3)**确定承载能力** 如果已知拉压杆的截面尺寸和许用应力,根据强度条件,可以确定该杆所能承受的最大轴力,其值为

$$[F_N] = [\sigma] \cdot A \tag{6.6}$$

最后还应指出,如果工作应力σ_{max}超过了许用应力$[\sigma]$,但只要超过量(即σ_{max}与$[\sigma]$之差)不大,例如,不超过许用应力的5%,在工程计算中仍然是允许的。

例6.3 气动夹具如图(a)所示。已知汽缸内径$D=140\text{mm}$,缸内气压$p=0.6\text{MPa}$。活塞杆材料为20钢,其许用应力$[\sigma]=80\text{MPa}$。试设计活塞杆的直径d。

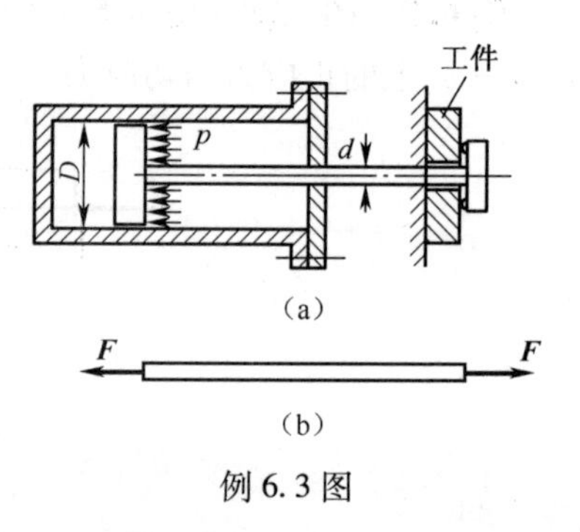

例6.3图

解:活塞杆左端承受活塞上的气体压力,右端承受工件的反作用力,故为轴向拉伸(图(b))。拉力F可由气体压强乘活塞的受压面积求得。在尚未确定活塞杆的横截面面积之前,计算活塞的受压面积时,可暂将活塞杆横截面面积略去不计,这样是偏于安全的。故有

$$F = p \times \frac{\pi D^2}{4} = 0.6 \times 10^6 \times \frac{\pi}{4} \times 140^2 \times 10^{-6} = 9236(\text{N})$$

活塞杆的轴力为

$$F_N = F = 9236\text{N}$$

根据强度条件式(6.5),活塞杆横截面面积应满足以下要求

$$A = \frac{\pi d^2}{4} \geqslant \frac{F_N}{[\sigma]} = \frac{9236}{80 \times 10^6} = 1.15 \times 10^{-4}(\text{m}^2)$$

由此求出

$$d \geqslant 0.0121\text{m}$$

最后将活塞杆的直径取为$d = 0.012\text{m} = 12\text{mm}$。

例6.4 简易起重机设备(图(a))中,AB杆为圆截面钢质杆,直径$d=16\text{mm}$,许用应力$[\sigma_1]=150\text{ MPa}$,$BC$杆为正方形截面木质杆,边长为100mm,其许用应力$[\sigma_2]=4.5\text{MPa}$,两杆的夹角$\varphi=60°$,求许可载荷。

(1)先求各杆内力与载荷 W 之间的关系。设 AB 杆受拉,轴力为 F_{N1};BC 杆受压,轴力为 F_{N2}。取结点 B 为研究对象(图(b)),列平衡方程

$$\sum F_x = 0 \ , \ F_{N2}\cos 60° - F_{N1} = 0$$

$$\sum F_y = 0 \ , \ F_{N2}\sin 60° - W = 0$$

解得

$$F_{N1} = \frac{W}{\sqrt{3}} \qquad (a)$$

$$F_{N2} = \frac{2W}{\sqrt{3}} \qquad (b)$$

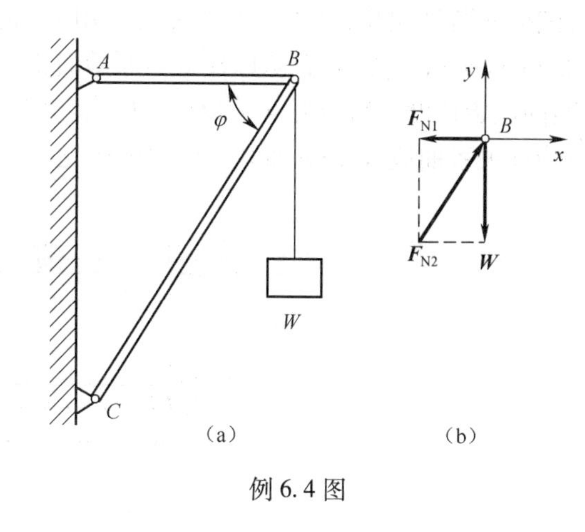

例 6.4 图

(2)确定许可载荷。由式(6.6)可知,AB 杆的许可轴力为

$$F_{N1} \leqslant A_1 \cdot [\sigma_1]$$

代入式(a)可得许可载荷为

$$W_1 = \sqrt{3}F_{N1} \leqslant \sqrt{3}A_1 \cdot [\sigma_1] = \sqrt{3} \times \frac{\pi \times 0.016^2}{4} \times 150 \times 10^6 = 52.24(\mathrm{kN})$$

同样对 BC 杆,其许可轴力为

$$F_{N2} \leqslant A_2 \cdot [\sigma_2]$$

代入式(b)又可得

$$W_2 = \frac{\sqrt{3}}{2}F_{N2} \leqslant \frac{\sqrt{3}}{2}A_2 \cdot [\sigma_2] = \frac{\sqrt{3}}{2} \times 0.1^2 \times 4.5 \times 10^6 = 38.97(\mathrm{kN})$$

比较以上结果,可知简单起重机的许可载荷为

$$[W] = 38.97\mathrm{kN}$$

6.3 材料的力学性能　安全因数和许用应力

构件的强度和变形不仅与构件的尺寸和所承受的载荷有关,而且还与构件所用材料的力学性能有关,如 4.2 节中所涉及的弹性模量和 6.2 节所涉及的许用应力等。

材料的力学性能是指在外力作用下,材料在变形、破坏等方面表现出的特性,它是通过试验测定的。试验不仅是确定材料力学性质的唯一方法,而且也是建立理论和验证理论的重要手段。本节将讨论在常温、静载条件下,材料拉伸和压缩时的主要力学性能。

一、拉伸时材料的力学性能

试验前,按国家标准加工成标准试样。常用的拉伸试样有圆截面和矩形截面(图 6.3),标记 m 与 n 之间的杆段为试验段,其长度 l 称为**标距**。对于试验段直径为 d 的圆截面试样,通常规定 $l = 10d$ 或 $l = 5d$;而对于试验段横截面积为 A 的矩形试样,则规定 $l = 11.3\sqrt{A}$ 或 $l = 5.65\sqrt{A}$。

将低碳钢(即 Q235 钢)材料加工成标准试样,在试验机上缓慢加载。随着载荷的增

大,试样逐渐被拉长,试验段的拉伸变形用 Δl 表示。拉力 F 与变形 Δl 间的关系曲线如图 6.4(a)所示,将拉力 F 除以横截面原始面积,得应力 $\sigma = F/A$;同时,把伸长量 Δl 除以标距的原始长度 l,得应变 $\varepsilon = \Delta l/l$。应力与应变间的关系曲线如图 6.4(b)所示,称为应力-应变关系曲线或 σ-ε 曲线。应力—应变关系曲线分为下面四个阶段讨论。

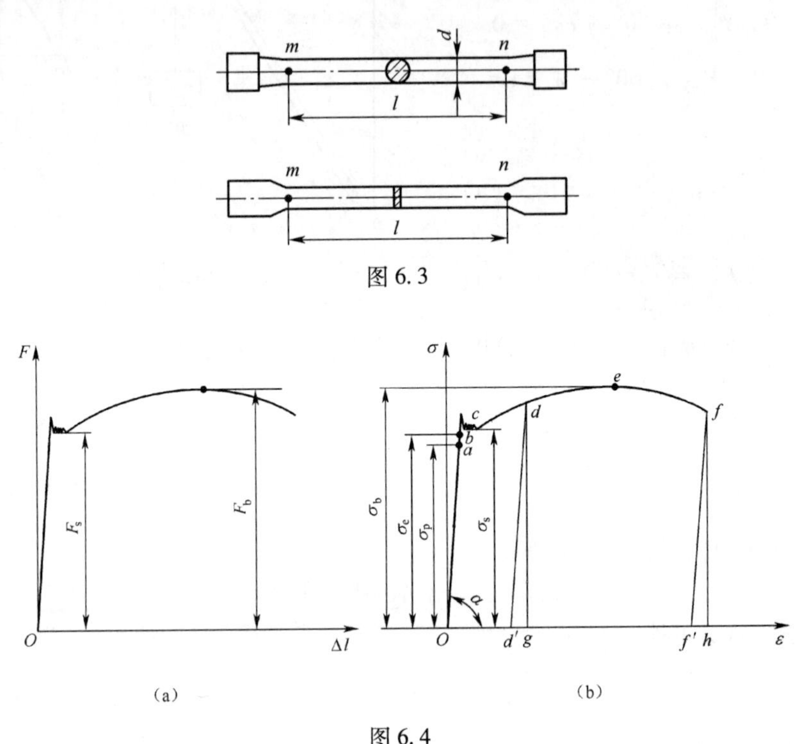

图 6.3

图 6.4

(1)**弹性阶段** 在拉伸的初始阶段 Ob 段中,如果将载荷全部卸去,变形能够全部消失,即应力为零时应变也为零,这种变形称为**弹性变形**。其中 Oa 段为直线,说明在此阶段内,正应力与正应变成正比,即 4.2 节所述胡克定律 $\sigma = E \cdot \varepsilon$。线性阶段最高点 a 所对应的应力称为材料的**比例极限**,并用 σ_p 表示;而直线 Oa 的斜率,数值上等于材料的弹性模量 E。显然,只有当应力不超过比例极限时,胡克定律才成立。

超过比例极限后,从 a 点到 b 点的 σ-ε 曲线不再是直线。b 点对应的应力是仅出现弹性变形的最大应力,称之为**弹性极限**,用 σ_e 表示。在低碳钢 σ-ε 曲线上,a、b 两点非常接近,工程中并不严格区分。应力不超过材料比例极限的范围称为**线弹性范围**。工程中,构件的工作应力一般都在这个范围之内。构件在弹性范围内产生的应变称为**弹性应变**,用 ε_e 表示。

(2)**屈服阶段** 超过弹性极限后,σ-ε 曲线上呈现出接近水平或有微小波动的线段。此阶段内,应力几乎不变,而变形却急剧增长,材料失去抵抗继续变形的能力,此种现象,称为**屈服**或**流动**。屈服阶段中,波动应力中比较稳定的最低值称为材料的**屈服应力**或**屈服极限**,用 σ_s 表示,它是衡量材料强度的指标。低碳钢 Q235 的屈服应力 $\sigma_s \approx 235\text{MPa}$。

经过抛光的试件在屈服阶段,可以在其表面看到大约与试件轴线成 45°角的线纹。这是由于材料内部相对滑移形成的,称为**滑移线**。由式(6.3)可知,拉伸时在该截面上有最大切应力,可见屈服与最大切应力有关。

进入屈服阶段后,若将载荷卸除,则试样的变形不能完全消失,有一部分将遗留下来。卸载后不能消失的变形称为**残余变形**或**塑性变形**,相应的应变称为**塑性应变**,用 ε_p 表示。

(3)**强化阶段** 经过屈服阶段之后,材料又增强了抵抗变形的能力。$\sigma-\varepsilon$ 曲线上的 ce 段称为**强化阶段**,最高点 e 所对应的应力称为**强度极限**,用 σ_b 表示。它是衡量材料强度的另一个重要指标。

(4)**局部变形阶段** 当应力增长至最大值 σ_b 之后,试样的某一局部显著收缩(图 6.5),产生所谓缩颈现象。缩颈出现后,使试样继续变形所需之拉力减小,$\sigma-\varepsilon$ 曲线相应呈现下降,最后导致试样在缩颈处断裂。

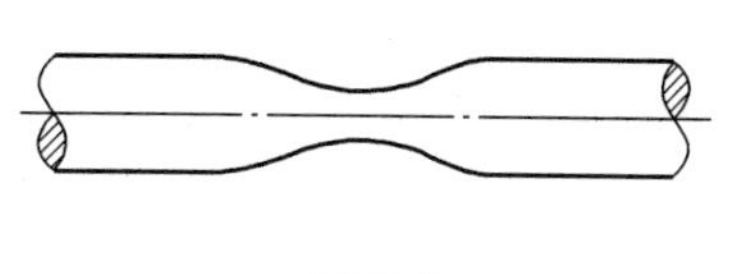

图 6.5

(5)**伸长率和断面收缩率** 试样拉断后,因保留着塑性变形,标距由原来的 l 伸长为 l_1,用百分比表示的比值

$$\delta = \frac{l_1 - l}{l} \times 100\% \tag{6.7}$$

称为**伸长率**。低碳钢的伸长率 $\delta \approx 20\% \sim 30\%$。工程中把 $\delta \geq 5\%$的材料称为**塑性材料**,$\delta < 5\%$的材料称为**脆性材料**。

试样断口截面面积由原来的 A 缩减为 A_1(A_1为断口处的最小面积),用百分比表示的比值

$$\psi = \frac{A - A_1}{A} \times 100\% \tag{6.8}$$

称为**断面收缩率**。低碳钢的断面收缩率 $\psi \approx 60\%$。伸长率和断面收缩率常用来衡量材料的塑性性能,称为材料的**塑性指标**。

(6)**卸载定律与冷作硬化** 如在强化阶段 d 点(图 6.4)给试样缓慢卸载,则应力与应变沿平行于 Oa 的直线 dd'变化。上述规律称为**卸载定律**。拉力完全卸除后,$d'g$ 代表消失了的弹性应变,而 Od'表示残留的塑性应变。如果卸载后立即重新加载,则应力和应变关系大致上沿卸载时的斜线 dd'变化,直到 d 点后,再沿曲线 def 变化。可见,在再次加载时,弹性阶段延长了,过 d 点后才开始出现塑性变形。与第一次加载的 $\sigma-\varepsilon$ 曲线相比可知,第二次加载时,比例极限或弹性极限提高了,而断裂时残余变形则减小,这种现象称为**冷作硬化**。工程中,常利用冷作硬化来提高构件在弹性范围内的承载能力。

(7)**其他材料拉伸时的力学性能** 如图 6.6 所示,有些塑性材料的 $\sigma-\varepsilon$ 曲线上没有明显的屈服阶段,例如黄铜、强铝、锰钢等。对这类材料,以产生 0.2%塑性应变时的应力作为屈服指标,称为**名义屈服应力**,并用 $\sigma_{p0.2}$ 表示。

灰口铸铁是一种常用的脆性材料,其拉伸时的 $\sigma-\varepsilon$ 曲线是一段微弯曲线(图 6.7),没有明显的直线部分。但在实际应用范围内,$\sigma-\varepsilon$ 曲线曲率很小。因而,在实际计算中常以直线(图 6.7 中的虚线)来代替,即认为它近似地服从胡克定律。

铸铁拉断时的应力 σ_b即为抗拉强度,是衡量强度的唯一指标。脆性材料的抗拉强度一般都很低,不宜作为受拉构件的材料。

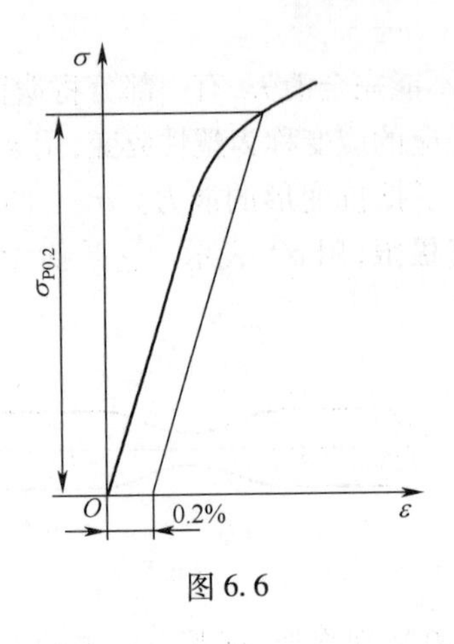

图 6.6

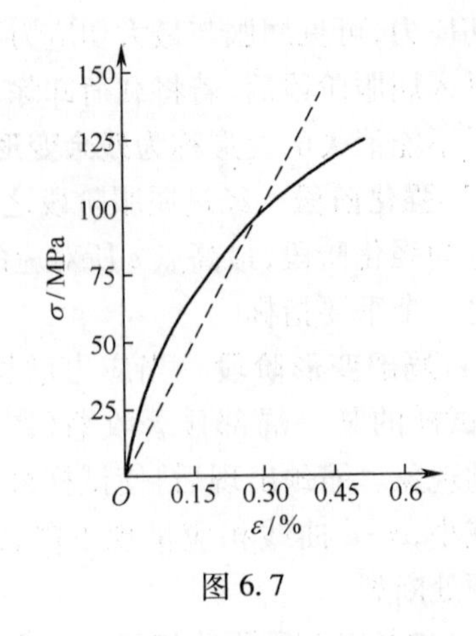

图 6.7

二、压缩时材料的力学性能

压缩试验所用金属试样常做成圆柱形，柱高通常为直径的 1.5~3.0 倍（图 6.8(a)），以免试件在受压时丧失稳定而弯曲。混凝土、石料等则制成立方形的试件（图 6.8(b)）。

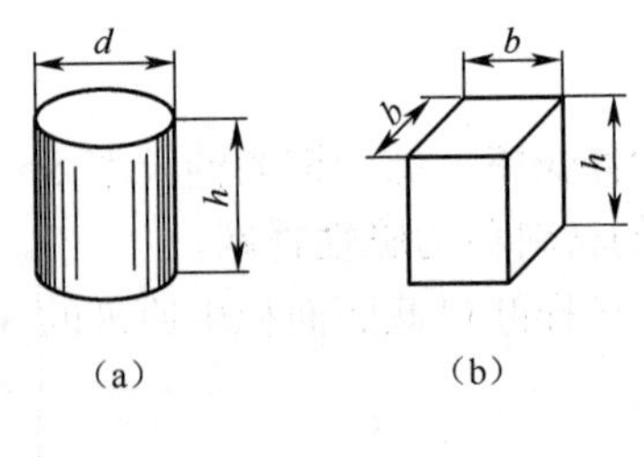

图 6.8

低碳钢在压缩时的 $\sigma-\varepsilon$ 曲线如图 6.9 所示，其弹性模量、比例极限和屈服极限都与拉伸时大致相等。屈服变形后，试样越压越扁，横截面不断增大，试样抗压能力也继续提高，所以得不到压缩时的强度极限。图 6.9 中的虚线为拉伸时的 $\sigma-\varepsilon$ 曲线。

对于脆性材料铸铁的压缩，在弹性范围内，直线部分不明显，没有屈服阶段。抗压强度远高于抗拉强度（约 3~4 倍），所以，脆性材料宜作受压构件。铸铁试件压缩破坏时，断口与轴线约成 45°~55°倾角，这表明其破坏是由剪切造成的。图 6.10 中的虚线是拉伸时的 $\sigma-\varepsilon$ 曲线。

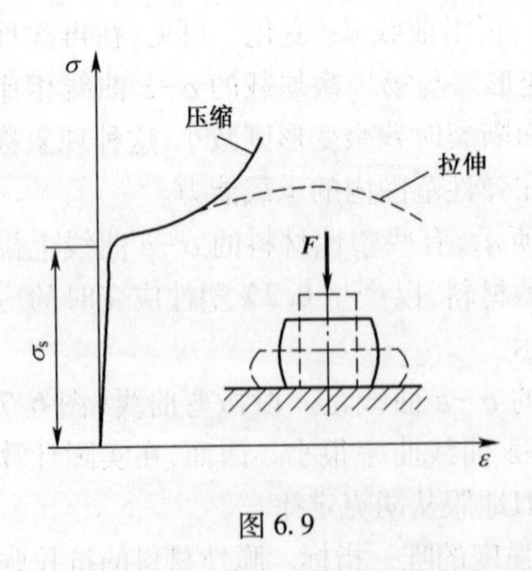

图 6.9

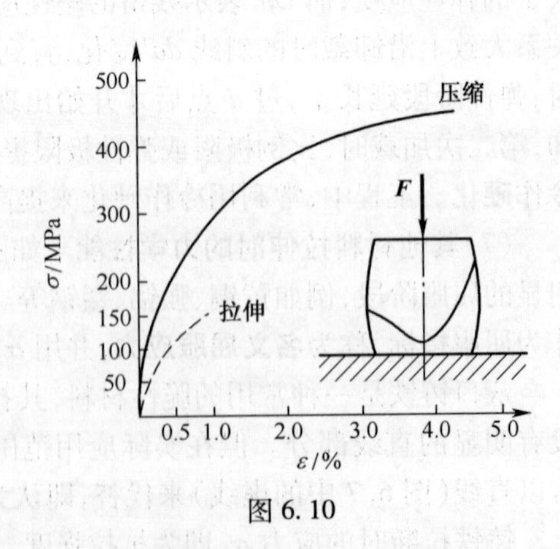

图 6.10

混凝土压缩时的 $\sigma-\varepsilon$ 曲线如图 6.11(a) 所示。在加载初期有很短的直线段，以后明显弯曲，在变形不大的情况下突然断裂。混凝土在压缩试验中，由于两端受有试验平板的摩擦力，横向变形受阻碍，压坏后呈两个对接的截锥体(图6.11(b))。若用润滑剂减小两端摩擦力，则试件沿纵向开裂(图6.11(c))。

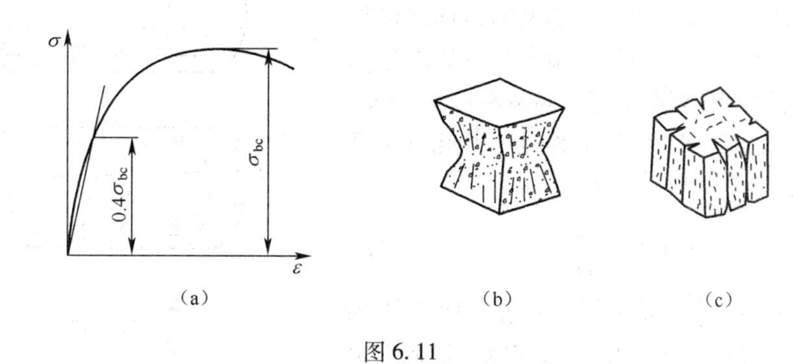

图6.11

三、材料的极限应力、许用应力和安全因数

对于塑性材料制成的构件，当正应力达到屈服极限 σ_s 时，将产生屈服或出现显著的塑性变形；而对于脆性材料制成的构件，当正应力达到强度极限 σ_b 时，就会发生断裂。以上两种情况都将影响构件的正常工作，统称为**失效**。失效时的应力称为**极限应力**，以 σ_u 表示。显然，对于塑性材料，取 σ_s（或 $\sigma_{p0.2}$）作为 σ_u，对于脆性材料，取 σ_b 作为 σ_u。

为了给构件一定的安全储备，以保证构件在载荷作用下能安全可靠地工作，一般把极限应力除以一个大于1的因数 n，称之为**许用应力**，用 $[\sigma]$ 表示，即

$$[\sigma]=\frac{\sigma_u}{n} \tag{6.9}$$

式中，n 也称为**安全因数**。确定合理的安全因数是一项重要而又复杂的工作，需要考虑诸多因素，如材料的类型和材质、载荷的性质及数值的准确程度、计算方法的精确度、构件的使用性质及重要性等。安全因数和许用应力的数值通常由设计规范规定。一般在机械设计中，对于塑性材料，按屈服极限所规定的安全因数 n_s，通常取1.5~2.5。对脆性材料，按强度极限所规定的安全因数 n_b，通常取3.0~5.0，甚至更大。

6.4 圆轴扭转时的应力与强度计算

如同6.1节中所述，圆轴扭转时，横截面上的应力公式推导也需综合研究几何、物理和静力学三方面的关系。

(1) **变形几何关系** 取一半径为 R 的等截面圆轴，并在其表面等间距地画上纵线与圆周线(图6.12(a))，然后在轴两端施加一对大小相等、方向相反的扭转力偶。从试验中观察到(图6.12(b))：各圆周线的形状不变，仅绕轴线作相对旋转；而当变形很小时，各圆周线的大小与间距均不改变，所有纵向线倾斜一个相同的角度。

根据上述现象，对轴内变形作如下假设：圆轴扭转前原为平面的横截面，变形后仍保持为平面，其形状、大小及横截面间的间距均不改变，而且半径仍为直线，即横截面像刚性

平面绕轴线转动。此假设称为圆轴扭转**平面假设**,并已得到理论和试验的证实。

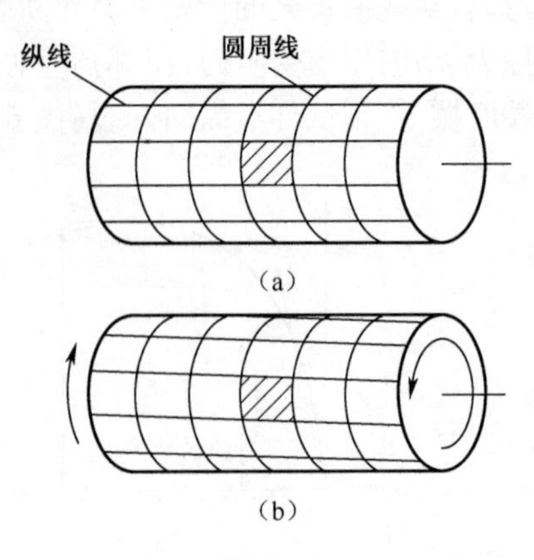

图 6.12

根据平面假设,从圆轴中取 dx 微段分析(图 6.13(a))。设间距为 dx 的两横截面绕轴线相对转过 $d\varphi$ 角度,纵向线 ad 倾斜了一个角度 γ,此倾角 γ 就是截面周边上任一点 a 处的切应变,γ 发生在垂直于半径 Oa 的平面内。由几何关系 $dd' = R \cdot d\varphi = \gamma \cdot dx$,可得

$$\gamma = R \cdot \frac{d\varphi}{dx} \tag{a}$$

同理,经过半径 Od 上任一点 g 的纵向线 eg 在杆变形后也倾斜一个角度 γ_ρ,它就是横截面上

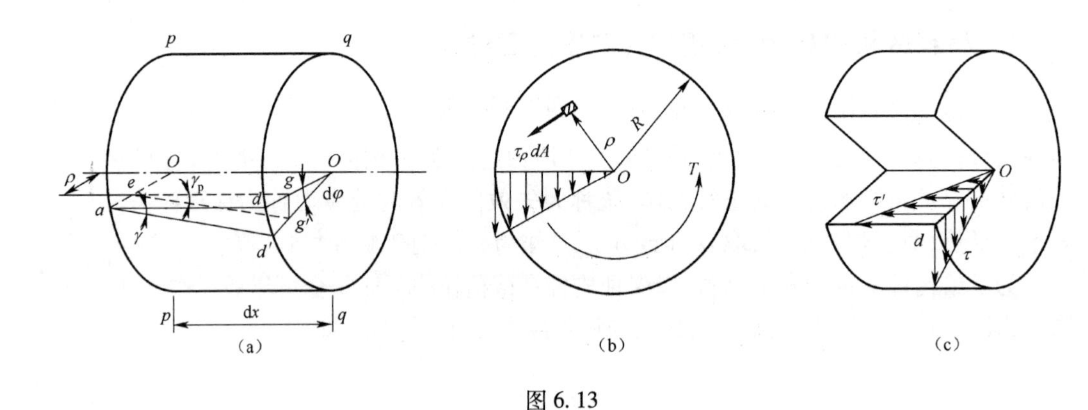

图 6.13

半径任一点 e 处的切应变。设 g 点到轴线的距离为 ρ,由图 6.13(a)中的几何关系同样可得

$$\gamma_\rho = \rho \cdot \frac{d\varphi}{dx} \tag{b}$$

切应变 γ_ρ 也发生在垂直于半径 ρ 的平面内。式中的 $d\varphi/dx$ 是相对扭转角 φ 沿 x 轴的变化率,又称为**单位长度扭转角**,对于确定截面,它是常量。故式(b)表明,横截面上任意一点的切应变与该点到圆心的距离 ρ 成正比。

(2)**物理关系** 以 τ_ρ 表示横截面上距圆心为 ρ 处的切应力,在线弹性范围内,由剪切胡克定律知

$$\tau_\rho = G \cdot \gamma_\rho$$

将式(b)代入上式

$$\tau_\rho = G \cdot \rho \cdot \frac{d\varphi}{dx} \tag{c}$$

上式表明,扭转切应力沿截面半径线性变化。因 γ_ρ 发生在垂直于半径的平面内,所以 τ_ρ 也与半径垂直。由切应力互等定理,则在纵向截面和横向截面上,沿任一半径 Od 切应力的分布如图 6.13(c)所示。

(3)**静力学关系**　如图 6.13(b)所示，在距圆心 ρ 处的微面积 A 上，作用有微剪力 $\tau_\rho \mathrm{d}A$，它对圆心 O 的力矩为 $\rho\tau_\rho \mathrm{d}A$。在整个横截面上，所有微力矩之和等于该截面的扭矩，即

$$\int_A \rho\tau_\rho \mathrm{d}A = T \tag{d}$$

将式(c)代入式(d)，并注意在确定的截面上 $\mathrm{d}\varphi/\mathrm{d}x$ 为常量，于是有

$$G\frac{\mathrm{d}\varphi}{\mathrm{d}x}\int_A \rho^2 \mathrm{d}A = T \tag{e}$$

若令 $I_\mathrm{p} = \int_A \rho^2 \mathrm{d}A$，$I_\mathrm{p}$称为横截面对圆心的**极惯性矩**。式(e)变为

$$\frac{\mathrm{d}\varphi}{\mathrm{d}x} = \frac{T}{GI_\mathrm{p}} \tag{6.10}$$

此即圆轴单位长度扭转角公式。由此可见，单位长度扭转角与扭转内力 T 成正比，与 GI_p 成反比。乘积 GI_p 称为圆轴的**扭转刚度**。将式(6.10)代入式(c)，即得

$$\tau_\rho = \frac{T\rho}{I_\mathrm{p}} \tag{6.11}$$

此即等直圆轴扭转时横截面上任一点处的切应力公式。式中的扭矩可由截面法从外力偶矩求得。

在圆截面周边各点处，ρ 为最大值 R，故得最大切应力

$$\tau_{\max} = \frac{TR}{I_\mathrm{p}} = \frac{T}{I_\mathrm{p}/R}$$

令 $W_\mathrm{p} = I_\mathrm{p}/R$，$W_\mathrm{p}$ 称为**扭转截面系数**，于是，圆轴最大切应力为

$$\tau_{\max} = \frac{T}{W_\mathrm{p}} \tag{6.12}$$

计算圆截面的极惯性矩 I_p 时，可在截面距圆心为 ρ 处取厚度 $\mathrm{d}\rho$ 的环形面积作为面积元素(图 6.14(a))，则微面积为 $\mathrm{d}A = 2\pi\rho\mathrm{d}\rho$，实心圆截面的极惯性矩为

$$I_\mathrm{p} = \int_A \rho^2 \mathrm{d}A = 2\pi\int_0^{D/2}\rho^3 \mathrm{d}\rho = \frac{\pi D^4}{32} \tag{6.13}$$

由此可得圆截面的扭转截面系数为

$$W_\mathrm{p} = \frac{I_\mathrm{p}}{D/2} = \frac{\pi D^3}{16} \tag{6.14}$$

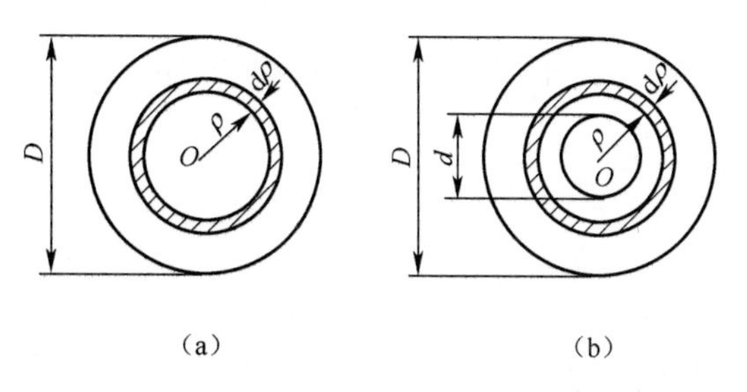

图 6.14

对于内径为 d、外径为 D 的空心圆截面(图 6.14(b))，可求得空心圆截面的极惯性

矩为

$$I_{\mathrm{p}} = \int_A \rho^2 \mathrm{d}A = 2\pi \int_{\frac{d}{2}}^{\frac{D}{2}} \rho^3 d\rho = \frac{\pi}{32}(D^4 - d^4) = \frac{\pi D^4}{32}(1 - \alpha^4) \tag{6.15}$$

式中，$\alpha = \dfrac{d}{D}$，其扭转截面系数为

$$W_{\mathrm{p}} = \frac{I_{\mathrm{p}}}{D/2} = \frac{\pi D^3}{16}(1 - \alpha^4) \tag{6.16}$$

与拉压杆的强度设计相似，为了保证圆轴扭转时安全可靠地工作，必须将圆轴横截面上的最大切应力限制在一定的数值下，称之为**许用切应力**，通常用 $[\tau]$ 表示，则圆轴扭转的强度条件为

$$\tau_{\max} = \frac{T_{\max}}{W_{\mathrm{p}}} \leqslant [\tau] \tag{6.17}$$

同杆件拉伸与压缩的强度条件一样，圆轴扭转的强度条件也可以解决工程中的强度校核、设计截面和确定许可载荷的三类工程问题。式(6.17)中，$\tau_{\max}$ 是指圆轴所有横截面上最大切应力中的最大者。对于等截面圆轴最大切应力发生在扭矩最大的横截面上的边缘各点；对于变截面圆轴，如阶梯轴，最大切应力不一定发生在扭矩最大的截面，这时需要根据扭矩 T 和相应扭转截面系数 W_{p} 数值综合考虑才能确定。材料的许用切应力 $[\tau]$ 的确定方法与拉压许用应力 $[\sigma]$ 的确定方法类似。

例 6.5 图示薄壁圆筒的壁厚为 t，平均半径为 R_0。若壁厚 t 比平均半径 R_0 小得多，当薄壁圆筒两端作用扭转外力偶时，求其横截面上的切应力。

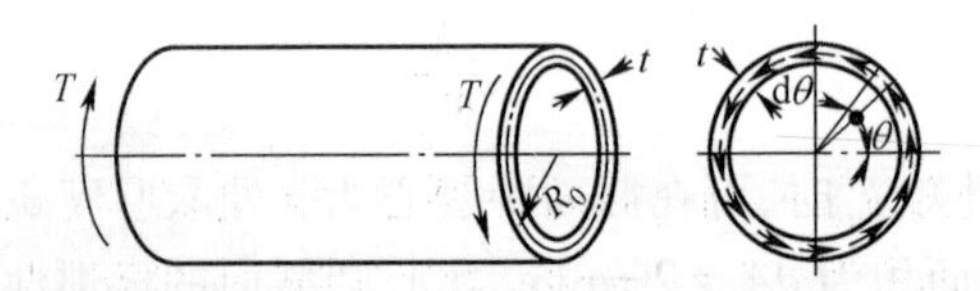

例 6.5 图

解：对于受扭薄壁圆筒，可按空心圆截面轴进行计算，但由于管壁薄，可以认为扭转切应力沿壁厚均匀分布。取微圆心角 $\mathrm{d}\theta$，对于微面积 $\mathrm{d}A = tR_0\mathrm{d}\theta$，作用有微内力 $\tau\mathrm{d}A$，对圆心的微力矩为 $\tau\mathrm{d}A \cdot R_0$，整个横截面上，所有微力矩之和等于该截面的扭矩，即

$$T = \int_A \tau R_0 \mathrm{d}A = \int_0^{2\pi} \tau R_0^2 t \mathrm{d}\theta = 2\pi\tau R_0^2 t$$

由此得

$$\tau = \frac{T}{2\pi R_0^2 t} \tag{6.18}$$

此即薄壁圆筒扭转切应力近似解公式。

若 $t = \dfrac{R_0}{10}$ 时，计算近似解的误差为 δ。误差由下式

$$\delta = \frac{\dfrac{T}{W_p} - \dfrac{T}{2\pi R_0^2 t}}{\dfrac{T}{W_p}} \times 100\% = \left(1 - \frac{W_p}{2\pi R_0^2 t}\right) \times 100\%$$

来确定。若薄壁圆筒外径 $D = 21t$，内径 $d = 19t$，$\alpha = \dfrac{d}{D} = 0.9048$，则有

$$\delta = \left(1 - \frac{\dfrac{\pi D^3}{16}(1 - \alpha^4)}{2\pi R_0^2 t}\right) \times 100\% = \left(1 - \frac{(21t)^3(1 - 0.9048^4)}{32\ (10t)^2 t}\right) \times 100\% = 4.56\%$$

上式表明，当 $t \leqslant \dfrac{R_0}{10}$ 时，近似解计算结果有足够精度，且计算简单。

例 6.6 由无缝钢管制成的汽车传动轴外径 $D = 90\text{mm}$，内径 $d = 85\text{mm}$。使用时的最大扭矩 $T_{max} = 1.5\text{kN}\cdot\text{m}$。若材料的许用切应力 $[\tau] = 60\text{MPa}$，(1)试校核轴的扭转强度；(2)若把该传动轴改为实心轴，在强度相等的情况下，试确定实心轴的直径，并比较实心轴和空心轴的重量。

解：(1)校核传动轴的强度

$$\alpha = \frac{d}{D} = \frac{85}{90} = 0.944$$

$$W_p = \frac{\pi D^3}{16}(1 - \alpha^4) = \frac{\pi \times 90^3}{16}(1 - 0.944^4) = 29254(\text{mm}^3)$$

轴的最大切应力为

$$\tau_{max} = \frac{T}{W_p} = \frac{1500}{29254 \times 10^{-9}} = 51.3 \times 10^6(\text{Pa}) = 51.3(\text{MPa}) \leqslant [\tau]$$

所以传动轴满足强度条件。

(2)若把该传动轴改为实心轴，强度相等时，实心轴的最大切应力也应为 51.3MPa。设实心轴的直径为 D_2，则有

$$\tau_{max} = \frac{T}{W_p} = \frac{1500}{\dfrac{\pi D_2^3}{16}} = 51.3 \times 10^6(\text{Pa})$$

$$D_2 = \sqrt[3]{\frac{1500 \times 16}{\pi \times 51.3 \times 10^6}} = 0.053(\text{m}) = 53(\text{mm})$$

在长度和材料皆相同时，两轴重量之比等于横截面面积之比。设空心轴的横截面面积为 A_1，实心轴的横截面面积为 A_2，则

$$\frac{W_1}{W_2} = \frac{A_1}{A_2} = \frac{\dfrac{\pi}{4}(D^2 - d^2)}{\dfrac{\pi}{4}D_2^2} = \frac{90^2 - 85^2}{53^2} = 0.31$$

可见，在载荷相同的条件下，空心轴的重量仅为实心轴的 31%，其减轻重量、节约材料的效果是明显的。这是因为横截面上的切应力沿半径按线性规律分布，圆心附近的应

力很小,材料没有充分发挥作用。若把轴心附近的材料移向边缘,使其成为空心轴,就会增大 I_p 和 W_p,提高轴的强度。这两种截面的切应力分布如图 6.15 所示。

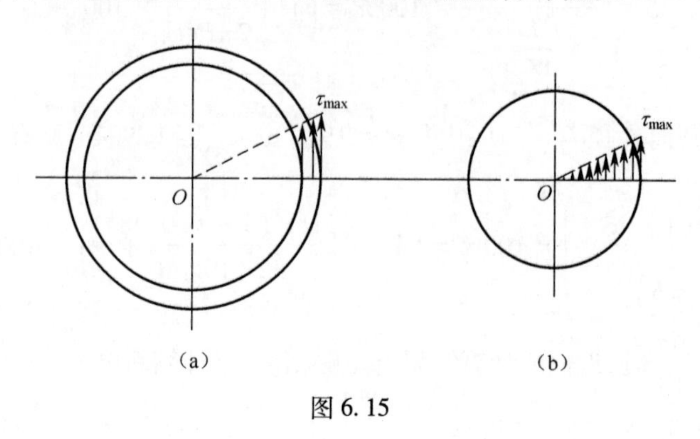

图 6.15

6.5 截面图形的几何性质

由前述所知,杆件的应力与其横截面的形状及尺寸有关,如横截面面积、极惯性矩。在后面的叙述中,还将涉及横截面的形心位置以及惯性矩。此类与截面形状及尺寸有关的几何量统称为**截面几何性质**。

一、静矩与形心

任意截面如图 6.16 所示,其面积为 A,Oyz 为截面所在平面内的任意直角坐标系。在坐标为(y,z)的任一点处,取微面积 dA,则下述面积分

$$S_y = \int_A z\mathrm{d}A\,,\quad S_z = \int_A y\mathrm{d}A \qquad (6.19)$$

分别称为截面对 y 轴和 z 轴的**静矩**或**面积一次矩**。

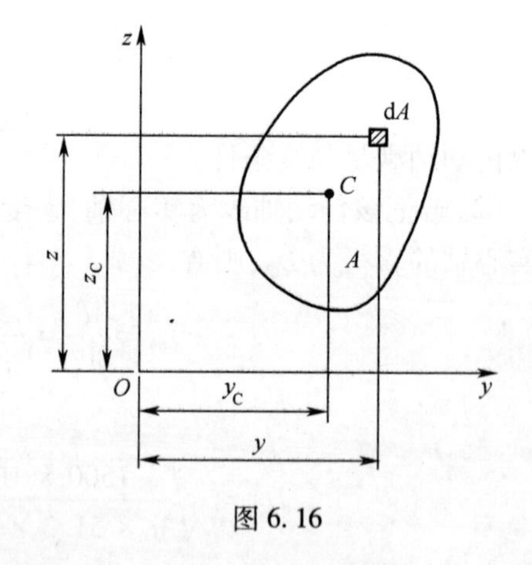

图 6.16

由上述定义可见,静矩可能为正,可能为负,也可能为零;静矩的量纲为长度的三次方。

若将图 6.16 中的截面看成均质等厚的薄板,则截面形心与重心重合,将式(6.19)代入式(3.10)可得截面形心在 Oyz 坐标系中坐标的另一表达式

$$y_C = \frac{S_z}{A},\quad z_C = \frac{S_y}{A} \qquad (6.20)$$

由此可见:当形心坐标 y_C 或 z_C 为零时,即当 z 轴或 y 轴通过截面形心时,截面对该轴的静矩为零;反之,如果截面对某轴的静矩为零,则该轴必通过截面形心。通过截面形心的坐标轴称为**形心轴**。

在工程结构中,常碰到一些形状较为复杂的截面,此类截面常常可视为若干简单

截面组合而成，称之为组合截面。其形心和静矩可分别根据定义，由分块求合原则按下式进行

$$S_z = \sum_{i=1}^{n} A_i y_i, \quad S_y = \sum_{i=1}^{n} A_i z_i \tag{6.21}$$

$$y_C = \frac{\sum_{i=1}^{n} A_i y_i}{\sum_{i=1}^{n} A_i}, \quad z_C = \frac{\sum_{i=1}^{n} A_i z_i}{\sum_{i=1}^{n} A_i} \tag{6.22}$$

式中，A_i 为第 i 个简单图形的面积；y_i 、z_i 分别为该简单图形的两个形心坐标。

二、截面的惯性矩

任意截面如图 6.17 所示，其面积为 A，在坐标为(y,z)的任一点处，取微面积 $\mathrm{d}A$ ，则下述面积分

$$I_y = \int_A z^2 \mathrm{d}A, \quad I_z = \int_A y^2 \mathrm{d}A \tag{6.23}$$

分别称为截面对 y 轴和 z 轴的**惯性矩**或**面积二次矩**。由式(6.23)可见，惯性矩 I_y 和 I_z 恒为正，而其量纲则为长度的四次方。

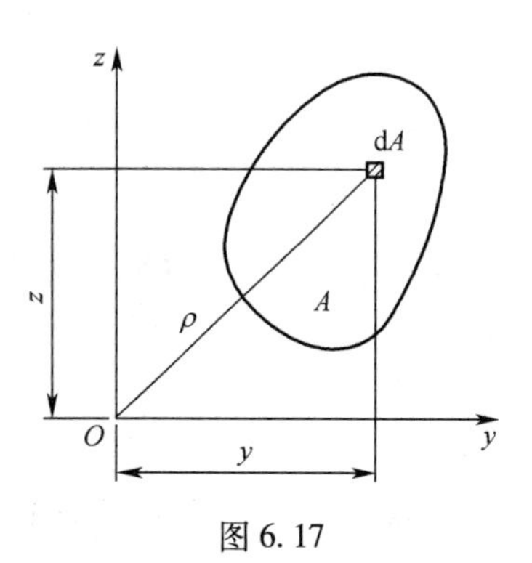

图 6.17

例 6.7 求图示矩形截面和圆截面对其形心轴的惯性矩。

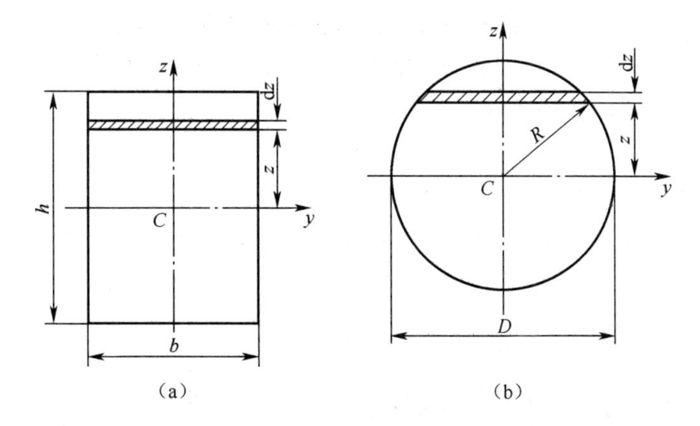

例 6.7 图

解：由图(a)，取 $\mathrm{d}A = b \cdot \mathrm{d}z$ ，由式(6.23)，得到图形对 y 轴的惯性矩为

$$I_y = \int_A z^2 \mathrm{d}A = \int_{-h/2}^{h/2} bz^2 \mathrm{d}z = \frac{bh^3}{12}$$

同理可求得

$$I_z = \frac{hb^3}{12}$$

由图(b),取 $dA = 2\sqrt{R^2 - z^2}\,dz$

$$I_y = \int_A z^2 dA = 2\int_{-R}^{R} z^2 \sqrt{R^2 - z^2}\,dz = \frac{\pi R^4}{4} = \frac{\pi D^4}{64}$$

由对称性可得

$$I_z = I_y = \frac{\pi D^4}{64}$$

对组合截面的惯性矩,仍可按分块求和的原则求出,即

$$I_y = \sum_{i=1}^{n} I_{yi},\quad I_z = \sum_{i=1}^{n} I_{zi} \qquad (6.24)$$

式中,I_{yi}、I_{zi} 分别为第 i 个简单图形对 y 轴和 z 轴的惯性矩。例如,可把图 6.18 所示空心圆,看作是直径为 D 的实心圆减去直径为 d 的圆,由式(6.24),并使用例 6.7 中所得结果,即可得

$$I_y = I_z = \frac{\pi D^4}{64} - \frac{\pi d^4}{64} = \frac{\pi D^4}{64}(1 - \alpha^4) \qquad (6.25)$$

式中,$\alpha = \frac{d}{D}$。

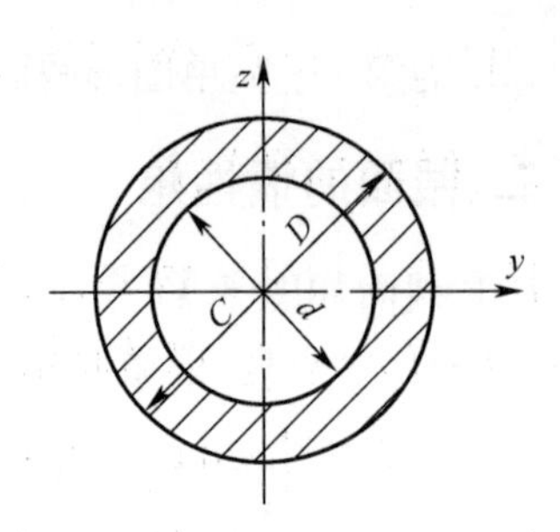

图 6.18

三、惯性矩的平行移轴定理

同一截面图形对于平行的两对不同坐标轴的惯性矩虽然各不相同,但相互之间却存在着一定的关系。这里主要研究同一截面对任一轴以及与其平行的形心轴的惯性矩之间的关系,即惯性矩的**平行移轴定理**。

图 6.19 中 C 为截面形心,y_C 和 z_C 是通过形心 C 的坐标轴。y 轴和 z 轴分别平行于 y_C 轴和 z_C 轴,两对平行轴的间距分别为 a 和 b。取微面积 A,则由式(6.23)得截面对 y 轴的惯性矩为

$$I_y = \int_A z^2 dA = \int_A (z_C + a)^2 dA$$
$$= \int_A z_C^2 dA + 2a\int_A z_C dA + a^2 \int_A dA$$

式中,$\int_A z_C^2 dA$ 为截面对形心轴 y_C 的惯性矩,而 $\int_A z_C dA$ 为截面对形心轴 y_C 的静矩,其值为零。从而上式简化为

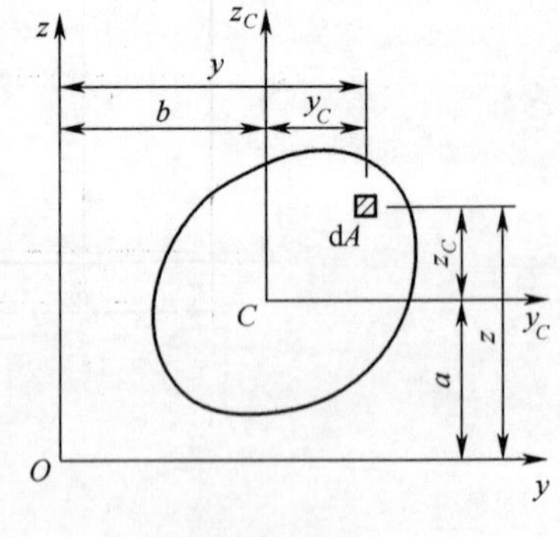

图 6.19

$$I_y = I_{y_C} + a^2 A \qquad (6.26a)$$

同理可得

$$I_z = I_{z_C} + b^2 A \qquad (6.26b)$$

式(6.26a)和式(6.26b)称为平行移轴定理,利用此定理,即可由 I_{y_C}(或 I_{z_C})计算 I_y(或 I_z),也可由 I_y(或 I_z)计算 I_{y_C}(或 I_{z_C})。

例 6.8 试计算图示图形对其形心轴 y_C 的惯性矩 I_{y_C}。

解:把图形看作是由二个矩形Ⅰ和Ⅱ所组成。图形的形心必然在对称轴上,为了确定 z_C,取通过矩形Ⅱ的形心且平行于底边的参考轴 y

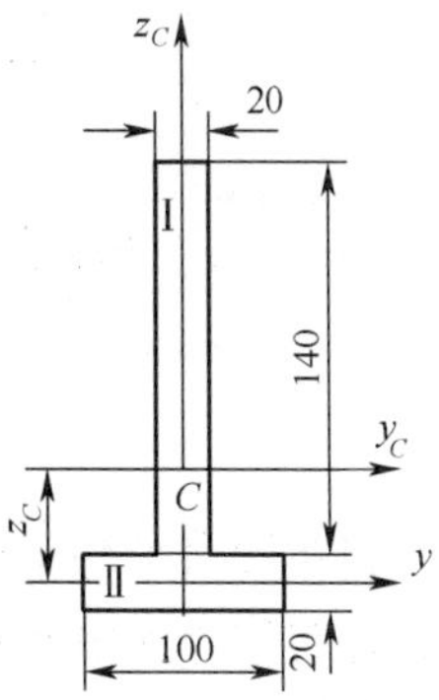

$$
\begin{aligned}
z_C &= \frac{A_1 z_1 + A_2 z_2}{A_1 + A_2} \\
&= \frac{0.14 \times 0.02 \times 0.08 + 0.1 \times 0.02 \times 0}{0.14 \times 0.02 + 0.1 \times 0.02} \\
&= 0.0467(\mathrm{m})
\end{aligned}
$$

例 6.8 图

形心确定后,使用平行移轴公式,分别算出矩形Ⅰ和Ⅱ对 y_C 的惯性矩

$$
\begin{aligned}
I_{y_C}^{\mathrm{I}} &= \frac{1}{12} \times 0.02 \times 0.14^3 + (0.08 - 0.0467)^2 \times 0.02 \times 0.14 \\
&= 7.69 \times 10^{-6}(\mathrm{m}^4)
\end{aligned}
$$

$$
\begin{aligned}
I_{y_C}^{\mathrm{II}} &= \frac{1}{12} \times 0.1 \times 0.02^3 + 0.0467^2 \times 0.1 \times 0.02 \\
&= 4.43 \times 10^{-6}(\mathrm{m}^4)
\end{aligned}
$$

整个图形对形心轴的惯性矩应为

$$
I_{y_C} = I_{y_C}^{\mathrm{I}} + I_{y_C}^{\mathrm{II}} = 7.69 \times 10^{-6} + 4.43 \times 10^{-6} = 12.12 \times 10^{-6}(\mathrm{m}^4)
$$

6.6 梁的弯曲正应力

由第五章讨论可知,梁发生弯曲时,横截面上一般有两种内力:弯矩 M 和剪力 F_s。由于只有切向微内力 $\tau \mathrm{d}A$ 才能构成剪力 F_s;只有法向微内力 $\sigma \mathrm{d}A$ 才能构成弯矩 M,因此,梁弯曲时横截面上将同时存在切应力和正应力(图 6.20),分别称为**弯曲切应力**和**弯曲正应力**。

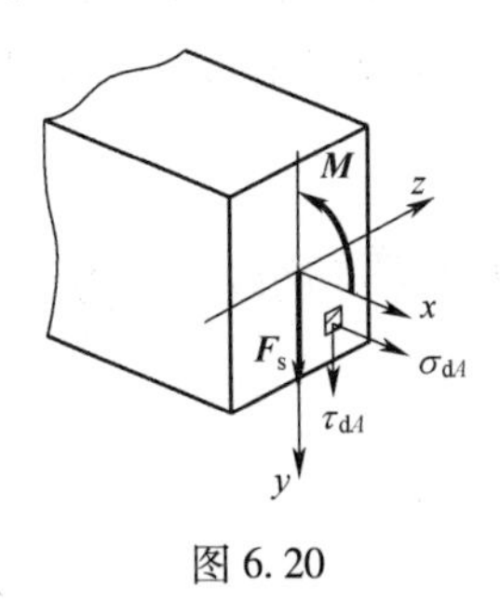

图 6.20

在机械与工程结构中,最常见的梁往往至少具有一个纵向对称面。因此,这里还是以具有一个纵向对称面、且发生平面弯曲的梁为研究对象。

一、试验与假设

首先观察梁的变形。在变形前的杆件侧面,画上纵线 aa、bb 和与它们垂直的横向线 mm、nn(图 6.21(a))。然后在梁两端纵向对称面内施加一对大小相等、方向相反的力偶 M_e,使梁处于纯弯曲状态。从试验中观察到(图 6.21(b)):梁表面的横线 mm 和 nn 仍保持直线,且仍与纵线正交,只是横线间作相对转动。纵线 aa 和 bb 变为曲线,且靠近梁顶面的纵线 aa 缩短,靠近梁底面的纵线 bb 伸长。变形前后纵向线 aa 和 bb 之间距离保持不变,即纵向截面无挤压。根据上述观察,可作如下假设:变形前为平面的梁横截面,变形后仍保持平面,且仍然与变形后的轴线正交。这就是梁弯曲变形的**平面假设**。

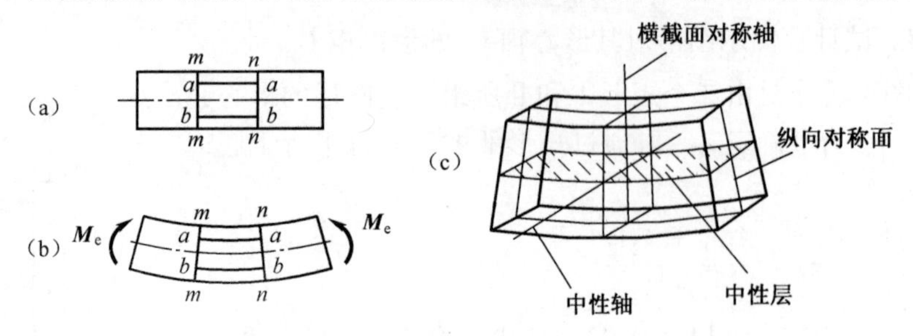

图 6.21

设想梁由平行于轴线的许多纵向纤维组成,且纵向纤维仅承受轴向拉应力或压应力,上述设想称之为**单向受力假设**。

根据平面假设和上述试验观察,梁的纵向纤维由伸长区过渡到缩短区,其间必存在一长度不变的过渡层,称为**中性层**(图 6.21(c)),中性层与横截面的交线称为**中性轴**。在平面弯曲时,梁的变形对称于纵向对称面,因此,中性轴必垂直于截面的纵向对称轴。

综上所述,纯弯曲时梁的所有横截面保持平面,且仍与变形后的梁轴正交,并绕中性轴作相对转动,而所有纵向纤维则处于单向受力状态。

二、纯弯曲时梁的正应力

根据上述概念,并按照材料力学研究问题的方法,即综合考虑几何、物理和静力学三方面的关系,来建立弯曲正应力公式。

(1) **几何关系** 首先分析纵向纤维的应变规律。从梁中取长为 dx 的微段,取横截面纵向对称轴为 y 轴,且向下为正(图 6.22(c))以中性轴为 z 轴。根据平面假设,变形前相距为 dx 的两个横截面,变形后相对转角为 $d\theta$,中性层 $\widehat{O'O'}$ 的曲率半径为 ρ (图 6.22(b)),另外由于中性层上纤维长度不变,并参照图 6.22(a)可推知

$$\overline{bb} = \overline{OO} = \widehat{O'O'} = \rho d\theta$$

纵线 $\widehat{b'b'}$ 的线应变为

$$\varepsilon = \frac{\widehat{b'b'} - \overline{bb}}{\overline{bb}} = \frac{(\rho + y)d\theta - \rho d\theta}{\rho d\theta} = \frac{y}{\rho} \tag{a}$$

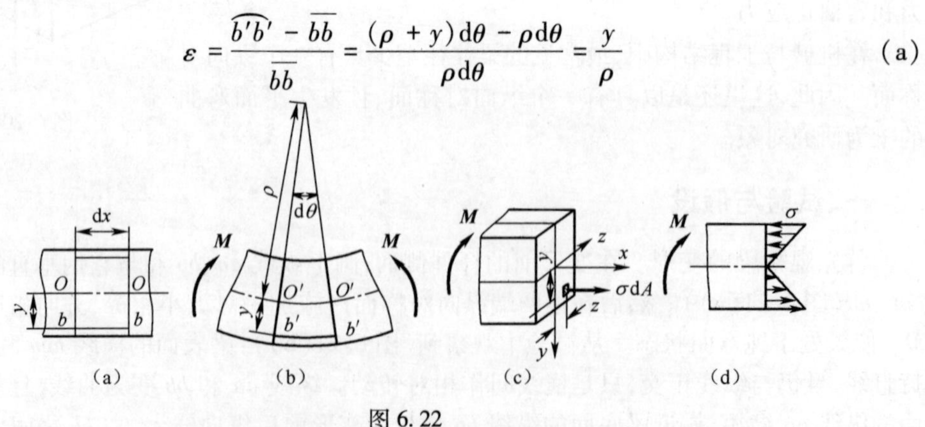

图 6.22

式(a)表明,纵向纤维的应变与它到中性层的距离成正比。

(2) **物理关系** 如前所述,假设纵向纤维之间没有相互挤压,即每一纤维都是单向拉伸或压缩。当应力不超过比例极限时,由胡克定律知,距中性轴为 y 处的正应力为

$$\sigma = E\varepsilon = E \cdot \frac{y}{\rho} \tag{b}$$

式(b)表明,横截面上任一点的正应力与该点到中性轴距离成正比,即正应力沿截面高度线性变化,而中性轴上各点处的正应力均为零(图 6.22(d))。

以上分析得到了正应力在截面上的变化规律,但中性轴的位置与中性层曲率半径 ρ 还未知,还需要应用静力学关系。

(3) **静力学关系** 如图 6.22(c)所示,横截面上各点处的法向微内力 σdA 构成了空间平行力系,而且,由于横截面上没轴力,只有位于梁对称面上的弯矩 M,因此有

$$F_N = \int_A \sigma dA = 0 \tag{c}$$

$$M_z = \int_A y\sigma dA = M \tag{d}$$

将式(b)代入式(c),得

$$\int_A E\frac{y}{\rho}dA = \frac{E}{\rho}\int_A ydA = 0 \tag{e}$$

式中,$\frac{E}{\rho}$=常量,不等于零,故必有 $\int_A ydA = S_z = 0$,即 z 轴(中性轴)通过截面形心。由此确定了中性轴的位置,x 轴与轴线重合。将式(b)代入式(d),得

$$\frac{E}{\rho}\int_A y^2 dA = M$$

式中,积分 $\int_A y^2 dA = I_z$,是横截面对 z 轴(中性轴)的惯性矩。则上式可写成

$$\frac{1}{\rho} = \frac{M}{EI_z} \tag{6.27}$$

此即用曲率表示的弯曲变形公式。由此式可见,中性层曲率 $1/\rho$ 与弯矩 M 成正比,与 EI_z 成反比。乘积 EI_z 称为梁截面的**弯曲刚度**。

将式(6.27)代入式(b),于是得 y 处的正应力为

$$\sigma = \frac{My}{I_z} \tag{6.28}$$

此即弯曲正应力的一般公式。

当 $y=y_{max}$,即横截面上距中性轴最远的各点处,弯曲正应力最大,其值为

$$\sigma_{max} = \frac{My_{max}}{I_z} = \frac{M}{I_z/y_{max}}$$

式中,比值 I_z/y_{max} 仅与截面的形状及尺寸有关,称为**弯曲截面系数**,并用 W_z 表示,即

$$W_z = \frac{I_z}{y_{max}}$$

于是,最大弯曲正应力即为

$$\sigma_{\max} = \frac{M_{\max}}{W_z} \tag{6.29}$$

对于高为 h 、宽为 b 的矩形截面,有

$$W_z = \frac{I_z}{\frac{h}{2}} = \frac{\frac{bh^3}{12}}{\frac{h}{2}} = \frac{bh^2}{6}$$

对于直径为 d 的圆形截面,有

$$W_z = \frac{I_z}{\frac{d}{2}} = \frac{\frac{\pi d^4}{64}}{\frac{d}{2}} = \frac{\pi d^3}{32}$$

工程中常见的梁,大多发生剪切弯曲变形。即在梁的横截面上不仅有正应力而且有切应力。根据试验和更精确的理论分析证明,对于一般细长梁(梁的跨度与高度之比 $l/h>5$),剪力对正应力分布规律的影响很小,可略去不计。故在强度计算时,可根据纯弯曲时梁的正应力公式(6.28)来计算梁发生剪切弯曲时的正应力。

6.7 弯曲时的切应力

梁在剪切弯曲时,横截面上不仅存在正应力,而且还存在切应力。对于截面为圆形或矩形,且跨度 l 比其截面高度 h 大得多的梁,因其弯曲正应力往往比切应力大得多,这时切应力可以忽略不计。反之,对于跨度短而截面高的梁,以及一些薄壁梁,例如工字梁、箱形截面梁等,则切应力不能忽略。

由于研究截面上切应力 τ 的分布比正应力 σ 的分布要复杂些,下面仅介绍常见的矩形截面切应力的计算公式和切应力分布情形,对公式不作推导。如图 6.23 所示,宽为 b、高为 h 的矩形截面上,沿 y 轴有剪力 F_s,当 $h>b$ 时,可作如下假设:横截面上各点处的切应力均平行于剪力,并沿截面宽度均匀分布。由此推导距中性轴为 y 处切应力计算公式为

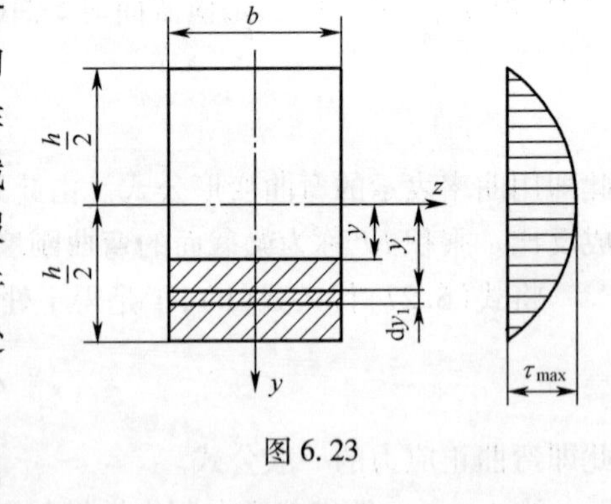

图 6.23

$$\tau = \frac{F_s S_z^*}{I_z b} \tag{6.30}$$

式中, F_s 为横截面上的剪力; b 为截面宽度; I_z 为整个截面对中性轴的惯性矩; S_z^* 为截面上距中性轴为 y 的横线以外部分面积(即图 6.23 中,截面上阴影面积)对中性轴的静矩。此即矩形截面梁弯曲切应力的计算公式。

对于矩形截面,可取 $\mathrm{d}A = b\mathrm{d}y_1$,于是有

$$S_z^* = \int_{A_1} y_1 \mathrm{d}A = \int_y^{\frac{h}{2}} b y_1 \mathrm{d}y_1 = \frac{b}{2}\left(\frac{h^2}{4} - y^2\right)$$

这样,式(6.30)可以写成

$$\tau = \frac{F_s}{2I_z}\left(\frac{h^2}{4} - y^2\right) \tag{6.31}$$

由式(6.31)看出,沿截面高度切应力 τ 按抛物线规律变化。当 $y = \pm\frac{h}{2}$ 时,$\tau = 0$。即截面上、下边缘各点处切应力等于零。当 $y = 0$ 时,τ 为最大值,即最大切应力发生在中性轴上,且

$$\tau_{max} = \frac{F_s h^2}{8I_z}$$

将 $I_z = \frac{bh^3}{12}$ 代入上式,得

$$\tau_{max} = \frac{3}{2}\frac{F_s}{bh} = \frac{3}{2}\frac{F_s}{A} \tag{6.32}$$

式中,A 为横截面面积。可见矩形截面梁的最大切应力为平均切应力 $\frac{F_s}{A}$ 的 1.5 倍。

对其他形状的对称截面梁的切应力分布情形及最大切应力值可参阅表 6.1。

表 6.1 对称截面梁的切应力分布及最大切应力值

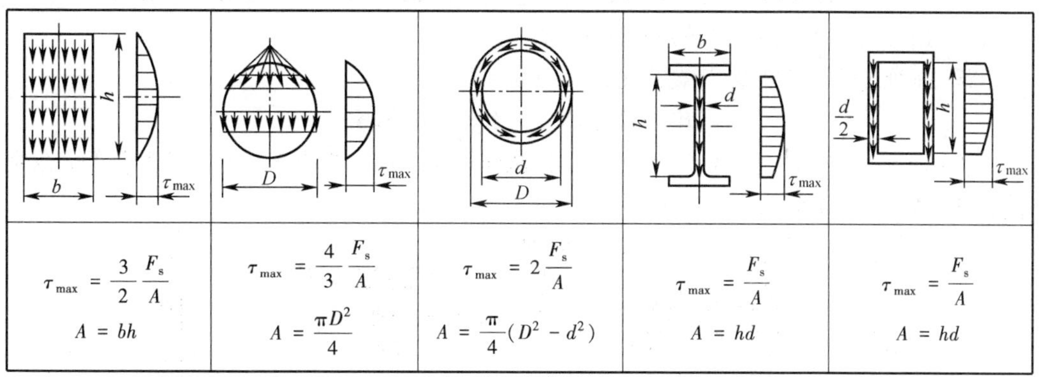

$\tau_{max} = \frac{3}{2}\frac{F_s}{A}$ $A = bh$	$\tau_{max} = \frac{4}{3}\frac{F_s}{A}$ $A = \frac{\pi D^2}{4}$	$\tau_{max} = 2\frac{F_s}{A}$ $A = \frac{\pi}{4}(D^2 - d^2)$	$\tau_{max} = \frac{F_s}{A}$ $A = hd$	$\tau_{max} = \frac{F_s}{A}$ $A = hd$

例 6.9 如图所示矩形截面悬臂梁,承受集中载荷 F 作用,试比较梁内最大弯曲正应力与弯曲切应力的大小。

解: 梁的最大弯矩与最大剪力分别为

$$M_{max} = Fl, \quad F_{smax} = F$$

梁的最大弯曲正应力与最大弯曲切应力分别为

$$\sigma_{max} = \frac{M_{max}}{W_z} = \frac{6Fl}{bh^2}, \quad \tau_{max} = \frac{3}{2}\frac{F_s}{A} = \frac{3F}{2bh}$$

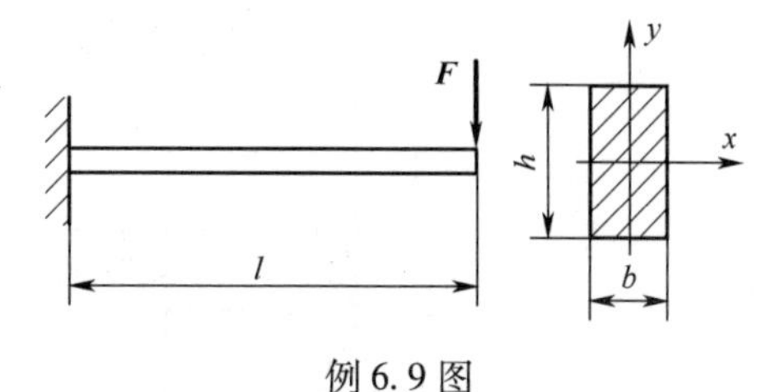

例 6.9 图

所以,二者的比值为

$$\frac{\sigma_{max}}{\tau_{max}} = \frac{6Fl}{bh^2} \Big/ \frac{3F}{2bh} = 4\left(\frac{l}{h}\right)$$

由此可见,当梁的跨度 l 远大于其截面高度 h 时,梁的最大弯曲正应力远大于最大弯曲切

应力。因此，一般对非薄壁截面的细长杆而言，切应力常常忽略不计。

6.8 梁弯曲时的强度条件

前述分析表明，在一般情况下，梁内同时存在弯曲正应力和弯曲切应力。最大弯曲正应力发生在横截面上离中性轴最远处的各点处，而该处的切应力一般为零或很小，因而最大弯曲正应力作用点可看成是处于单向受力状态，所以，弯曲正应力强度条件为

$$\sigma_{\max}=\frac{M_{\max}y_{\max}}{I_z}\leqslant[\sigma] \tag{6.33a}$$

当中性轴为对称轴时，最大拉应力和最大压应力绝对值相等，弯曲正应力强度条件为

$$\sigma_{\max}=\frac{M_{\max}}{W_z}\leqslant[\sigma] \tag{6.33b}$$

对抗拉和抗压强度相等的材料（如碳钢），$[\sigma_t]=[\sigma_c]$，只要绝对值最大的正应力不超过许用应力即可。对抗拉和抗压强度不等的材料（如铸铁），$[\sigma_t]\neq[\sigma_c]$，则最大拉、压应力都不能超过各自的许用应力。

例 6.10 T形截面铸铁梁的载荷和截面尺寸如图(a)所示。铸铁的抗拉许用应力为 $[\sigma_t]=30\text{MPa}$，抗压许用应力为 $[\sigma_c]=160\text{MPa}$。已知截面对形心轴 z 的惯性矩为 $I_z=763\text{cm}^4$，且 $|y_1|=52\text{mm}$。试校核梁的强度。

解：由静力平衡方程求出梁的支座反力为

$$F_A=2.5\text{kN},\quad F_B=10.5\text{kN}$$

作梁的弯矩图（图(b)），最大正弯矩在截面 C 上，$M_C=2.5\text{kN}\cdot\text{m}$。最大负弯矩在截面 B 上，$M_B=-4\text{kN}\cdot\text{m}$。

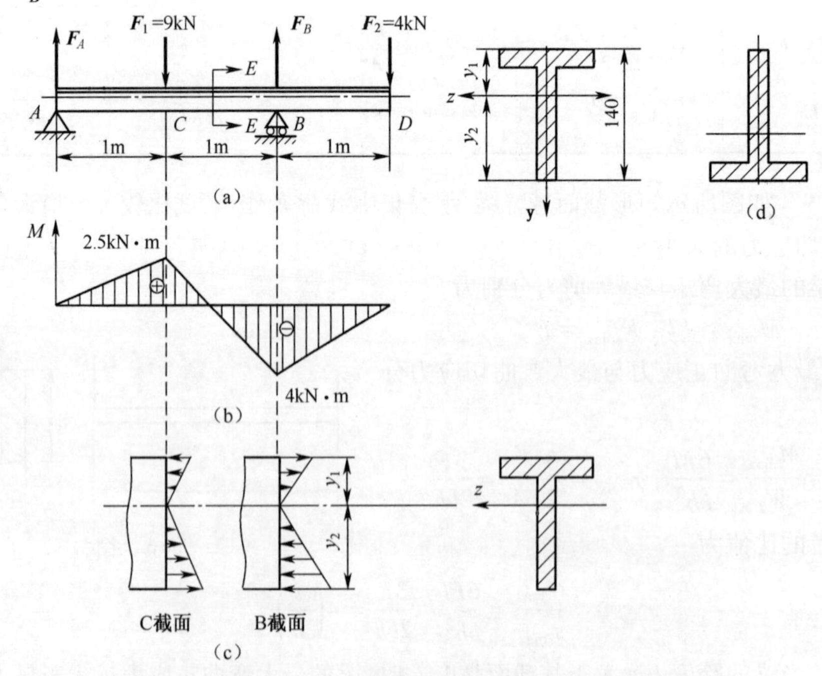

例 6.10 图

T 形截面对中性轴不对称,同一截面上的最大拉应力和压应力并不相等。计算最大应力时,应以 y_1 和 y_2 分别代入式(6.33a)。

在截面 B 上,弯矩是负的,最大拉应力发生于上边缘各点(图(c)),且

$$\sigma_t = \frac{M_B y_1}{I_z} = \frac{4 \times 10^3 \times 52 \times 10^{-3}}{763 \times 10^{-8}} = 27.26 \times 10^6(\text{Pa}) = 27.26(\text{MPa}) < [\sigma_t]$$

最大压应力发生于下边缘各点,且

$$\sigma_c = \frac{M_B y_2}{I_z} = \frac{4 \times 10^3 \times (140 - 52) \times 10^{-3}}{763 \times 10^{-8}} = 46.13 \times 10^6(\text{Pa}) = 46.13(\text{MPa}) < [\sigma_c]$$

在截面 C 上,虽然弯矩的绝对值小于 M_B ,但却是正弯矩,最大拉应力发生在截面的下边缘各点,而这些点到中性轴的距离比较远,因而可能产生较大的拉应力。由式(6.33a)得

$$\sigma_t = \frac{M_C y_2}{I_z} = \frac{2.5 \times 10^3 \times (140 - 52) \times 10^{-3}}{763 \times 10^{-8}} = 28.83(\text{MPa}) < [\sigma_t]$$

由计算结果可知,最大拉应力是在截面 C 的下边缘各点处。由于最大拉应力和最大压应力均未超过许用应力,强度条件满足。

在本例中,若将梁倒置为图(d),对梁的强度有何影响。这个问题留给读者考虑。

例 6.11 图示简支梁,在截面 C、D 处分别受集中力 F_1 和 F_2 的作用。已知:$F_1 = 50\text{kN}$,$F_2 = 100\text{kN}$,$[\sigma] = 160\text{MPa}$,$[\tau] = 100\text{MPa}$,试选择工字钢。

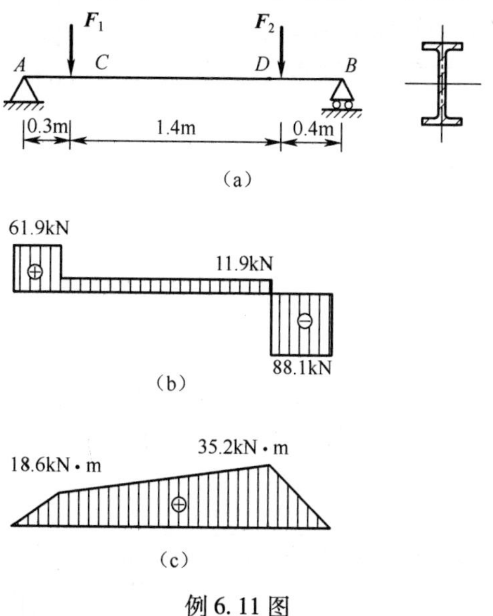

例 6.11 图

解:梁的剪力图和弯矩图分别如图(b)和图(c)所示。由此得出最大剪力 $F_{s,max} = 88.1\text{kN}$,最大弯矩 $M_{max} = 35.2\text{kN} \cdot \text{m}$ 。

一般先按弯曲正应力强度条件选择截面,其后再用切应力强度条件校核。由式(6.33b)可知,梁的弯曲截面系数为

$$W_z \geqslant \frac{M}{[\sigma]} = \frac{35.2 \times 10^3}{160 \times 10^6} = 2.2 \times 10^{-4}(\text{m}^3) = 220(\text{cm}^3)$$

由型钢表查得 20a 工字钢的弯曲截面系数 $W_z = 237\text{cm}^3$，则按弯曲正应力强度条件选择 20a 工字钢即可。

按切应力强度条件校核，从型钢表中查得 20a 工字钢的 $I_z/S_{z,\max} = 172\text{mm}$，腹板厚度 $b = 7\text{mm}$，由式(6.30)可得梁的最大弯曲切应力为

$$\tau_{\max} = \frac{F_{S,\max}S_{z,\max}}{I_z b} = \frac{88.1 \times 10^3}{172 \times 10^{-3} \times 7 \times 10^{-3}} = 73.17(\text{MPa}) < [\tau]$$

可见，选择 20a 工字钢，梁将同时满足弯曲正应力和弯曲切应力的强度条件。

6.9 弯曲与拉伸(压缩)组合时的强度计算

前面研究轴向拉伸(或压缩)问题时，要求外力或其合力的作用线与轴线重合；而研究直杆弯曲问题时，要求所有外力均垂直于梁轴。然而，如果杆上除作用有横力外，同时还作用有轴向力(图 6.24(a))，或是外力作用线虽然平行于杆轴，但不通过截面形心(图 6.24(b))，在这些情况下，梁将产生弯曲与轴向拉伸(或压缩)的组合变形，简称为**弯拉(压)组合变形**。

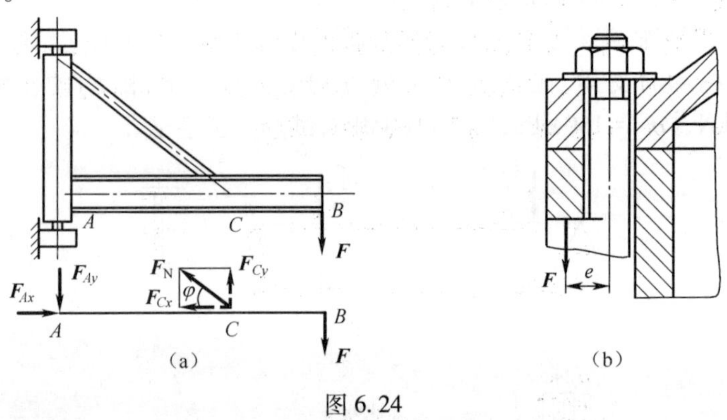

图 6.24

在线弹性范围内，由于杆件上任一载荷所引起的应力(或应变、位移)与载荷成线性齐次关系，从而不难推得几个载荷同时作用所产生总应力(或应变、位移)等于各载荷单独作用产生的应力(或应变、位移)的总和。此原理称为**叠加原理**。

以承受均布横向力 q 和轴力 F 的两端铰支杆为例(图 6.25(a))，说明弯拉(压)组合变形时杆件的强度计算方法。

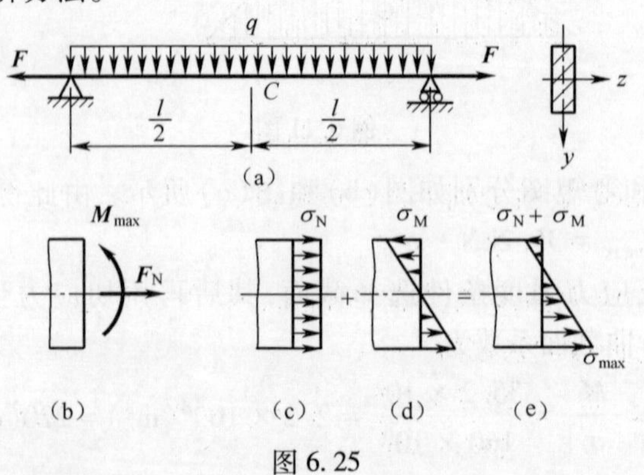

图 6.25

由图中可以看出：轴向载荷使杆件轴向伸长，各截面的轴力均为 $F_N = F$；横向均布载荷 q 使杆弯曲，杆件中点横截面 C 的弯矩最大，最大弯矩 $M_{max} = \frac{ql^2}{8}$。所以，截面 C 为危险截面，在该截面上同时作用有轴力与最大弯矩（图 6.25(b)）

在危险截面上，轴力引起的正应力均匀分布（图 6.25(c)），其值为

$$\sigma_N = \frac{F_N}{A}$$

而弯矩 M_{max} 引起的弯曲正应力沿截面高度按直线规律变化（图 6.25(d)），距中性轴 y 处的弯曲正应力为

$$\sigma_M = \pm \frac{M_{max} y}{I_z}$$

于是，由叠加原理可知，危险截面上任一点处的正应力为

$$\sigma = \sigma_N + \sigma_M = \frac{F_N}{A} \pm \frac{M_{max} y}{I_z} \tag{6.34}$$

上式表明：正应力 σ 是坐标 y 的一次函数，即正应力沿截面高度按直线规律变化（图 6.25(e)），而最大正应力和最小正应力发生在弯矩最大的横截面上且距中性轴最远的下边缘和上边缘处，其计算式为

$$\left.\begin{matrix}\sigma_{max} \\ \sigma_{min}\end{matrix}\right\} = \frac{F_N}{A} \pm \frac{M_{max} y}{I_z} \tag{6.35}$$

由于危险点处于单向应力状态，故最大正应力确定后，将其与许用应力比较，即可建立相应的强度条件。

例 6.12 图(a)所示压力机框架上的载荷 $F = 11\text{kN}$，F 至立柱内侧的距离 $b = 250\text{mm}$。立柱横截面形状如图(b)所示，且已知 z 轴即为截面形心轴，其他几何尺寸为 $A = 4.2 \times 10^{-3}\text{m}^2$，$y_1 = 40.5 \times 10^{-3}\text{m}$，$I_z = 4.88 \times 10^{-6}\text{m}^4$。框架材料为铸铁，许用拉应力 $[\sigma_t] = 30\text{MPa}$，许用压应力为 $[\sigma_c] = 120\text{MPa}$。试校核框架的强度。

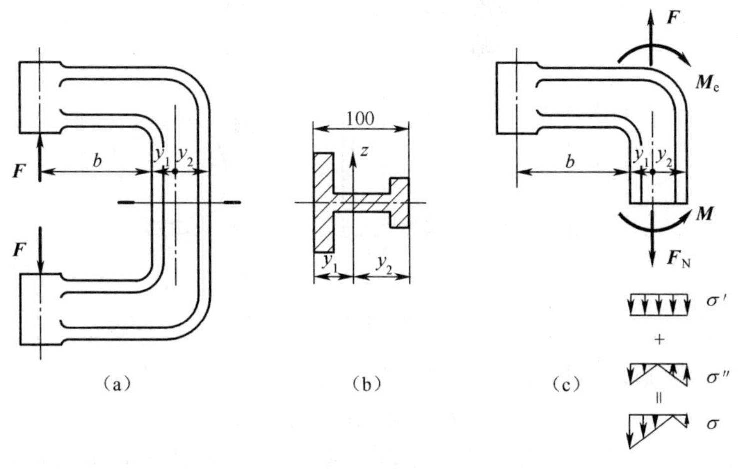

例 6.12 图

解：将 F 向立柱轴线简化，立柱承受拉伸和弯曲两种基本变形（图(c)）。任意横截面

上的轴力和弯矩分别是

$$F_N = F = 11\text{kN}$$

$$M = M_e = F(b + y_1) = 11 \times 10^3 \times (250 + 40.5) \times 10^{-3} = 3195.5(\text{N} \cdot \text{m})$$

横截面上与 M 对应的弯曲正应力按线性分布，由式(6.35)可得其最大拉应力和最大压应力分别为

$$\sigma_{t,\max} = \frac{F_N}{A} + \frac{My_1}{I_z} = \frac{11 \times 10^3}{4.2 \times 10^{-3}} + \frac{3195.5 \times 40.5 \times 10^{-3}}{4.88 \times 10^{-6}} = 29.14(\text{MPa}) < [\sigma_t]$$

$$\sigma_{c,\max} = \left|\frac{F_N}{A} - \frac{My_2}{I_z}\right| = \left|\frac{11 \times 10^3}{4.2 \times 10^{-3}} - \frac{3195.5 \times (100 - 40.5) \times 10^{-3}}{4.88 \times 10^{-6}}\right|$$

$$= 36.34(\text{MPa}) < [\sigma_c]$$

所以，框架满足强度条件。

6.10 梁的优化设计

由前述分析可知，在一般情况下，设计梁的主要依据是弯曲正应力强度条件。由该条件可以看出，梁截面上的正应力与该截面上的弯矩成正比，与弯曲截面系数成反比。因此，梁的合理强度设计主要从提高弯曲截面系数和减小弯矩着手。

一、采用合理的截面形状

梁弯曲时，截面上的正应力是沿截面高度呈直线规律分布，中性轴处的正应力为零，距中性轴最远的边缘处正应力最大。强度计算是以边缘处最大正应力达到材料的许用应力$[\sigma]$为判据的，而此时其他部分的实际工作应力并未达到$[\sigma]$，尤其是中性轴附近的工作应力尚很小，材料没有充分发挥作用。因此，一个能比较充分发挥材料作用的截面形状应该是中性轴部分的材料尽量少、边缘部分的材料尽量多，这样可以比较好地物尽其用。如图6.26(a)所示矩形截面梁，可将中性轴附近的材料去掉，补充到上下边缘附近，成为工字形截面，工程上还经常采用的箱形和环形(图6.26(b)、(c))等截面形式的原因也在于此。

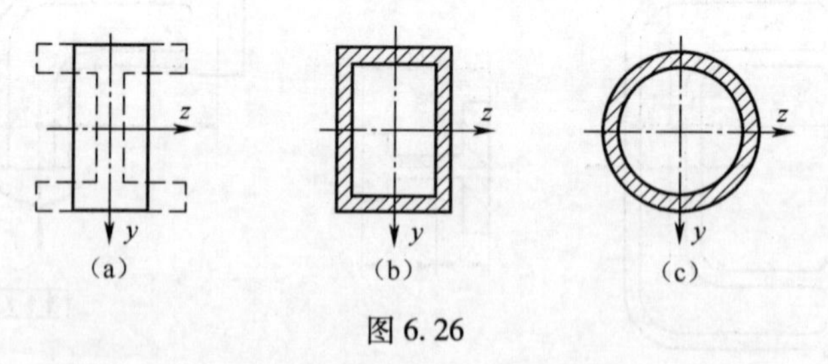

图6.26

由弯曲正应力强度条件，得

$$M_{\max} \leqslant [\sigma] \cdot W$$

可见，梁可能承受的 $M_{\max}$ 与弯曲截面系数成正比，而所用材料的多少与截面面积成正比。因此，合理的截面应该是 W/A 尽可能的大。由于在一般截面中，W 与其高度的平方成正比，所以，尽可能使横截面面积分布在距中性轴较远的地方。如图6.27所示截面

高度 h 大于宽度 b 的矩形截面梁,截面竖放比横放抗弯强度大,承载内力高。这是由于竖放时弯曲截面系数比横放时弯曲截面系数要大的缘故。因此,房屋和桥梁等建筑物中的矩形截面梁,一般都是竖放的。如将矩形截面梁制成工字形或槽形,则 W 还要增大。几种常用截面的 W/A 值如表 6.2 所示,从表中看出,工字形或槽形截面比较合理。所以,桥式起重机的大梁以及钢结构中的抗弯构件,常常采用工字形、槽形或箱形截面梁。

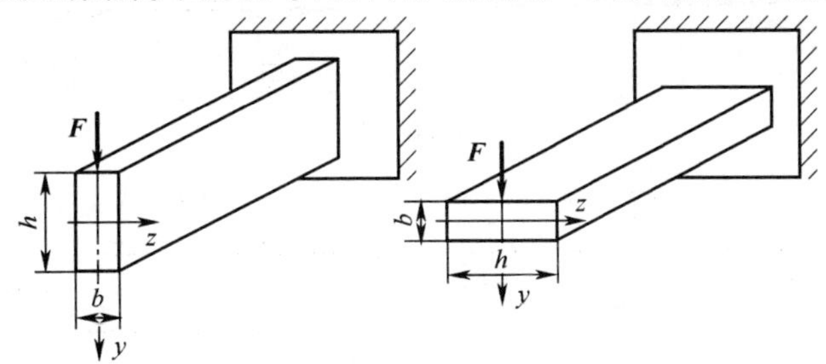

图 6.27

表 6.2　几种截面的 W 和 A 的比值

截面形状	矩形	圆形	槽钢	工字钢
W/A	$0.167h$	$0.125d$	$(0.27\sim0.31)h$	$(0.27\sim0.31)h$

在讨论截面的合理形状时,还应考虑到材料的特性。对抗拉和抗压强度相等的材料(如碳钢等),宜采用对中性轴对称的截面,如圆形、矩形、工字形等。这样可使截面上、下边缘处的最大拉应力和最大压应力数值相等,同时接近许用应力。而对于抗拉强度低于抗压强度的脆性材料(如铸铁),宜采用 T 形等中性轴偏于受拉一侧的截面形状,如图 6.28 所示。若能使 y_1 和 y_2 之比接近于下列关系:

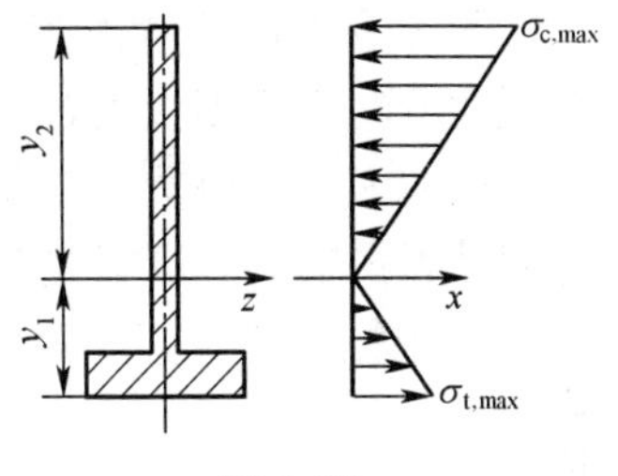

图 6.28

$$\frac{\sigma_{t,max}}{\sigma_{c,max}}=\frac{M_{max}y_1}{I_z}\Big/\frac{M_{max}y_2}{I_z}=\frac{y_1}{y_2}=\frac{[\sigma_t]}{[\sigma_c]}$$

式中,$[\sigma_t]$ 和 $[\sigma_c]$ 分别表示拉伸和压缩的许用应力,则最大拉应力和最大压应力便可同时接近许用应力。

二、合理的配置梁的载荷和支座

梁的内力与载荷的位置和支座的位置有关,在使用要求允许的情况下,合理配置梁的载荷,可以降低梁的最大弯矩值。如均布载荷作用下的简支梁,其 $M_{max}=ql^2/8$(图 6.29(a)),若将两端支座各向里移动 $0.2l$(图 6.29(b)),则最大弯矩减小为 $M_{max}=ql^2/40$,仅为原简支梁最大弯矩的 1/5。又如,简支梁在跨中承受集中力 F 时(图 6.30(a)),梁的最大弯矩为 $M_{max}=Fl/4$。若采用一个辅梁,使集中力 F 通过辅梁再作用到梁上(图 6.30(b)),则梁的最大弯矩下降为 $M_{max}=Fl/8$,仅为前者的 1/2。

三、等强度梁的概念

在一般情况下,梁内不同横截面上有不同的弯矩。因此,在按最大弯矩所设计的等截

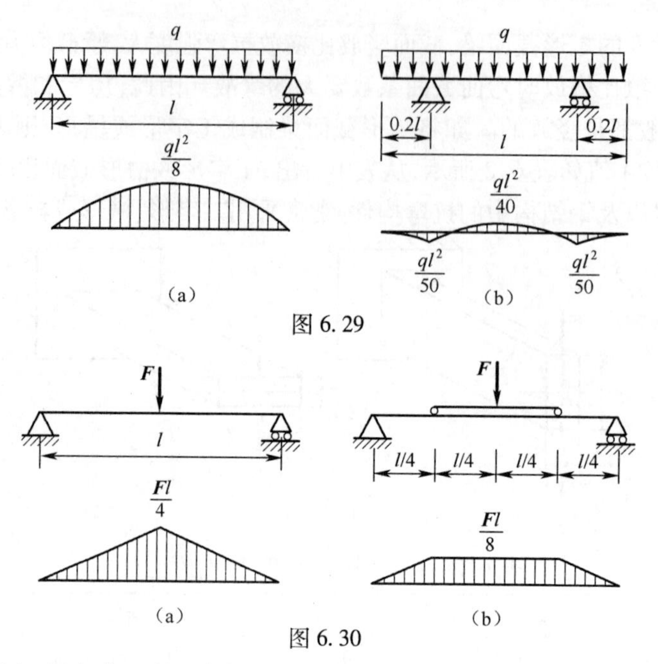

图 6.29

图 6.30

面梁中，除最大弯矩所在截面外，其余截面的材料未得到充分利用。

为了节省材料、减轻自重，在工程实践中，常根据弯矩沿梁轴的变化情况，将梁设计成变截面的。在弯矩较大处采用较大截面，在弯矩较小处采用较小截面。这种截面沿轴变化的梁称为变截面梁。若变截面梁各横截面上的最大正应力都相等，且都等于许用应力，这就是等强度梁。设梁在任一横截面上的弯矩为 $M(x)$ ，而横截面上的弯曲截面系数为 $W(x)$ ，根据上述等强度的要求，应有

$$\sigma_{\max}=\frac{M(x)}{W(x)}=[\sigma]$$

或

$$W(x)=\frac{M(x)}{[\sigma]}$$

这就是等强度梁的 $W(x)$ 沿梁轴线变化的规律。在建筑工程上常见的有宽度保持不变而高度可变化的矩形简支梁，又称鱼腹梁（图 6.31（a））；还有圆截面等强度轴，考虑到加工的方便及结构上的要求，常用阶梯轴代替理论上的等强度梁（图 6.31（b））。

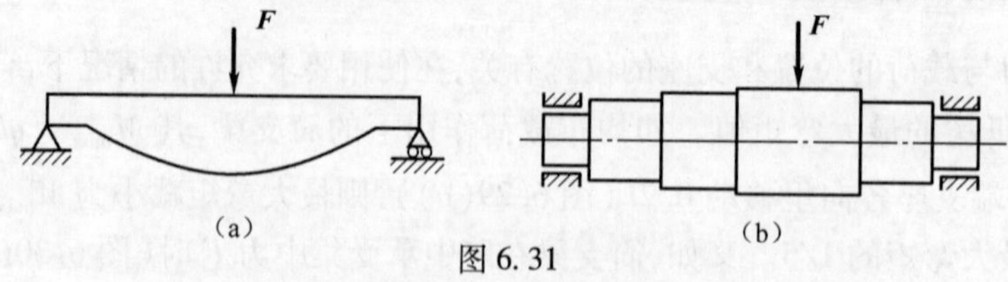

图 6.31

6.11 剪切和挤压的实用计算

在实际工程中，构件之间常采用螺钉、销钉、铆钉、键等连接件加以连接。这些连接件一般尺寸都不大，不属于细长杆，受力与变形也较为复杂，难以从理论上计算它们的真实

工作应力，因此，工程中通常采用简化分析方法或称为假定计算法，即对连接件的受力与应力分析进行某些简化，从而计算出各部分的“名义应力”；同时，对同类连接件进行破坏试验，并采用同样的计算方法，由破坏载荷确定材料的极限应力。实践表明，只要简化合理，并有充分的试验依据，这种简化分析方法仍然可靠。

一、剪切强度的实用计算

设两块钢板用螺栓连接，其受力如图 6.32(a)所示，从螺栓的受力分析可以看到，螺栓在两侧面上分别受到大小相等、方向相反、作用线相距很近的两组分布力系作用(图 6.32(b))。试验表明，当上述外力过大时，螺钉将沿横截面 $m-m$ 被剪断。横截面 $m-m$ 称为**剪切面**。

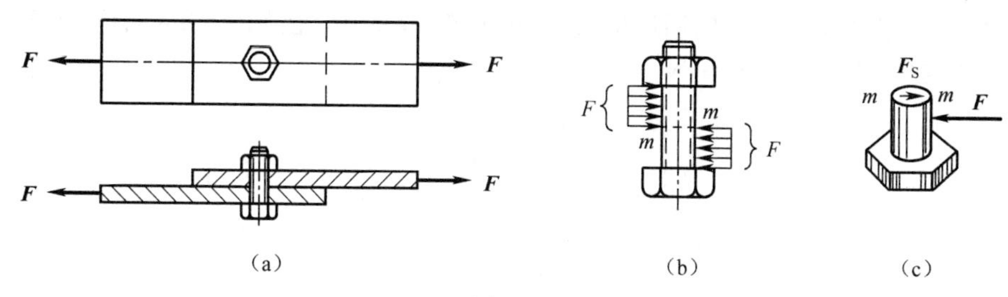

图 6.32

应用截面法，可得剪切面上的内力，即剪力 F_s（图 6.32(c)）。在工程计算中，通常假定剪切面上的切应力为均匀分布，于是，剪切面上的切应力与相应剪切强度条件分别为

$$\tau = \frac{F_s}{A} \tag{6.36}$$

$$\tau = \frac{F_s}{A} \leqslant [\tau] \tag{6.37}$$

式中，A 为剪切面面积；$[\tau]$为许用切应力，其值为剪切强度极限 τ_b 除以安全因数。如上所述，剪切强度极限之值，也是按式(6.36)并由剪切破坏载荷确定。

二、挤压强度的实用计算

在外力作用下，连接件和被连接件之间必将在接触面上相互挤压，接触面上的应力称为**挤压应力**。试验表明，当挤压应力过大时，在孔、螺栓接触的局部区域内，将产生显著塑性变形(图 6.33(a))，以致影响孔、螺栓间的正常配合，显然，这种塑性变形通常是不容许的。挤压实用计算中，假定最大挤压应力 σ_{bs}数值上等于受压圆柱面在相应径向平面上的投影面(图 6.33(b))的平均应力，即

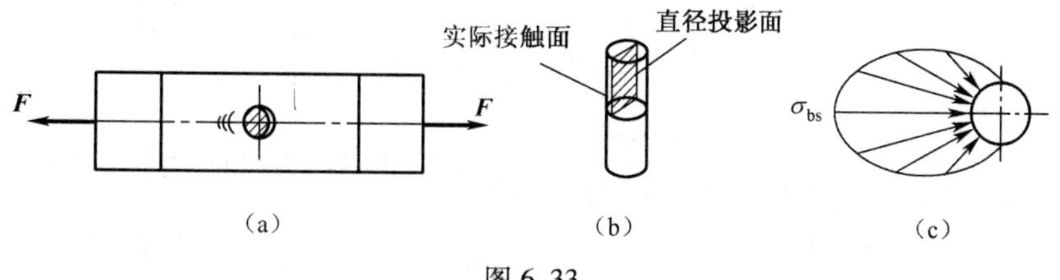

图 6.33

$$\sigma_{bs}=\frac{F_{bs}}{A_{bs}} \tag{6.38}$$

式中,F_{bs}为接触面上的挤压力;A_{bs}为上述投影面的面积。

由此可见,为防止挤压破坏,最大挤压应力 σ_{bs} 不得超过连接件的许用挤压应力 $[\sigma_{bs}]$,即挤压强度条件为

$$\sigma_{bs}=\frac{F_{bs}}{A_{bs}}\leqslant[\sigma_{bs}] \tag{6.39}$$

许用挤压应力等于连接件的挤压极限应力除以安全因数。应当指出,挤压应力是连接件和被连接构件之间的相互作用。因此,当两者材料不同时,应当校核其中许用挤压应力较低的挤压强度。

例 6.13 电瓶车挂钩用插销连接,插销的材料为 20 钢,已知,$t=8\text{mm}$,$[\tau]=30\text{MPa}$,$[\sigma_{bs}]=100\text{MPa}$,牵引力 $F=15\text{kN}$,试选定插销的直径 d。

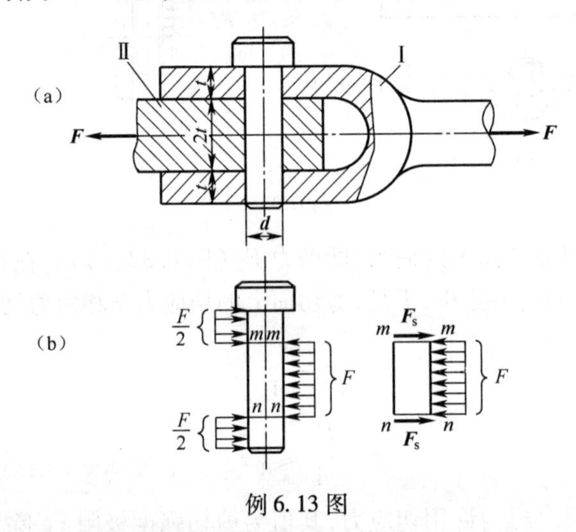

例 6.13 图

解:插销的受力情况已表示在图(b)中,按剪切强度条件进行设计

$$\tau=\frac{F_s}{A}=\frac{\frac{F}{2}}{\frac{\pi d^2}{4}}=\frac{2F}{\pi d^2}\leqslant[\tau]$$

$$d\geqslant\sqrt{\frac{2F}{\pi[\tau]}}=\sqrt{\frac{2\times15\times10^3}{\pi\times30\times10^6}}=0.0178(\text{m})=17.8(\text{mm})$$

按挤压强度条件进行设计

$$\sigma_{bs}=\frac{F_{bs}}{A_{bs}}=\frac{F}{2td}\leqslant[\sigma_{bs}]$$

$$d\geqslant\frac{F}{2t[\sigma_{bs}]}=\frac{15\times10^3}{2\times8\times10^{-3}\times100\times10^6}=9.38\times10^{-3}(\text{m})=9.38(\text{mm})$$

插销直径 d 不小于 17.8mm,按机械设计手册,采用 $d=20\text{mm}$ 的标准圆柱销。

例 6.14 图(a)所示接头,由两块钢板和四个直径相同的钢铆钉搭接而成。已知载

荷 $F = 80\text{kN}$，板宽 $b = 80\text{mm}$，板厚 $h = 10\text{mm}$，铆钉直径 $d = 16\text{mm}$，许用切应力 $[\tau] = 100\text{MPa}$，许用挤压应力 $[\sigma_{bs}] = 300\text{MPa}$，许用拉应力 $[\sigma] = 160\text{MPa}$。试校核接头的强度。

解：(1) 铆钉的剪切强度校核。分析表明，当各铆钉的材料与直径均相同，且外力作用线通过铆钉群剪切面形心时，通常认为各铆钉剪切面上的剪力相等。因此，各铆钉剪切面上的剪力均为

$$F_s = \frac{F}{4} = \frac{80 \times 10^3}{4} = 20(\text{kN})$$

而相应的切应力则为

$$\tau = \frac{4F_s}{\pi d^2} = \frac{4 \times 20 \times 10^3}{\pi \times 0.016^2} = 99.47(\text{MPa}) < [\tau]$$

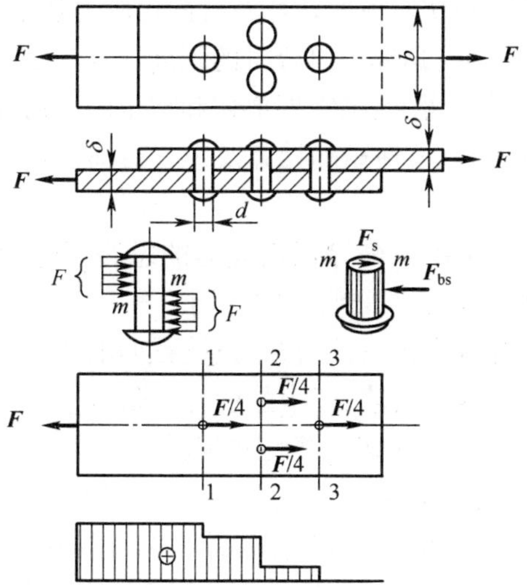

例 6.14 图

(2) 铆钉的挤压强度校核。由铆钉的受力（图(b)）可以看出，铆钉所受挤压力 F_{bs} 等于剪切面上的剪力 F_s，因此，最大挤压应力为

$$\sigma_{bs} = \frac{F_{bs}}{td} = \frac{F_s}{td} = \frac{20 \times 10^3}{0.01 \times 0.016} = 125(\text{MPa}) < [\sigma_{bs}]$$

(3) 板的拉伸强度校核。板的受力如图(c)所示，横截面上 1—1，2—2 与 3—3 上受到削弱，利用截面法求得上述三个截面上的轴力依次为

$$F_{N1} = F,\ F_{N2} = \frac{3}{4}F,\ F_{N3} = \frac{1}{4}F$$

作轴力图（图(d)），并由轴力图知，截面 1—1 的轴力最大，截面 2—2 削弱最严重，因此应对此两截面进行强度校核。截面 1—1 与截面 2—2 的拉应力分别为

$$\sigma_1 = \frac{F_{N1}}{A_1} = \frac{F}{(b-d)t} = \frac{80 \times 10^3}{(0.08 - 0.016) \times 0.01} = 125(\text{MPa}) < [\sigma]$$

$$\sigma_2 = \frac{F_{N2}}{A_2} = \frac{3F}{4(b-2d)t} = \frac{3 \times 80 \times 10^3}{4(0.08 - 2 \times 0.016) \times 0.01} = 125(\text{MPa}) < [\sigma]$$

即板的拉伸强度也符合要求。

本章小结

一、本章基本要求

1. 熟练掌握杆件拉压时应力计算与强度计算。

2. 掌握常用材料在拉伸和压缩时的机械性质及其测量方法。理解许用应力、安全系数和强度条件,熟练计算强度问题。

3. 掌握圆轴扭转时应力公式推导方法,并熟练掌握扭转切应力计算和强度计算。

4. 掌握弯曲正应力的概念及其公式推导方法,熟练掌握弯曲正应力计算和强度计算。

5. 掌握简单截面梁弯曲切应力的计算及弯曲切应力强度条件。

6. 熟练掌握弯曲与拉伸(压缩) 组合时的强度计算。

7. 了解剪切和挤压的概念,熟练掌握剪切和挤压的实用计算方法。

8. 掌握常用截面的形心、惯性矩的计算及平行移轴公式。

二、本章重点

1. 分析各种基本变形情况下推导截面应力的思路,熟悉几何变形、物理和静力学三方面关系的内容和实质,尤其是平面假设的异同。

2. 杆件轴向拉伸和压缩时的强度分析,危险截面的概念。

3. 拉伸试验中出现的四个阶段,三个强度特征值 σ_p、σ_s 及 σ_b 是静载、常温下低碳钢的重要性质。“冷作硬化”是低碳钢类塑性材料的一个重要现象。低碳钢类塑性材料的抗拉压性质相同,铸铁类脆性材料的抗压强度远大于抗拉强度。

4. 圆轴扭转时横截面上的切应力分布规律,实心圆截面和空心圆截面的强度分析。

5. 发生平面弯曲的条件。弯曲正应力在梁横截面上的分布规律及强度分析。

6. 弯曲与拉伸(压缩)组合时横截面上正应力的分布规律及强度计算。

7. 剪切面和挤压面的判断,剪切和挤压的实用计算。

三、本章难点

1. 利用几何变形、物理和静力学三方面关系推导圆轴的扭转切应力和梁的弯曲正应力。

2. 考虑弯曲强度时正确确定危险截面及危险点,正确计算危险截面对中性轴的惯性矩、弯曲截面系数和危险点到中性轴的坐标;尤其是对于横截面上中性轴为非对称轴的脆性材料的强度校核。

3. 考虑弯曲与拉伸(压缩)组合时危险截面及危险点的判断。

4. 剪切面和挤压面的判断是剪切和挤压的实用计算的关键,当挤压面为曲面时取挤压面在挤压力方向的投影面积。

四、学习建议

1. 杆件在各种变形下横截面上应力是通过综合分析变形几何关系、静力平衡条件、物理关系而得到的,这是材料力学分析问题的重要方法。

2. 进行杆件在各种变形下的强度计算时,要理解计算公式中各个量的力学含义,以便能够熟练解决工程实际中的三类问题:强度校核、载荷估计、截面尺寸设计。

3. 熟悉杆件在拉伸(或压缩)、扭转和弯曲时应力在横截面上的分布规律,结合截面几何性质的分析,这对提高杆件在各种载荷下的强度有着重要的意义。

4. 对于铸铁一类脆性材料梁进行弯曲强度计算时,应找出全梁的最大拉、压正应力,然后再分别进行拉、压强度校核。当梁上同时存在正、负弯矩,且横截面上下不对称时,最大拉(或压)应力可能不一定是在弯矩绝对值最大截面上。

5. 在进行梁的截面设计时,如需同时考虑正应力和切应力的强度时,一般先按正应力强度条件选择截面,然后再进行切应力强度校核。

6. 明确最大弯矩所在的面与与最大剪力所在的面并非同一面,最大切应力与最大正应力点并非同一点,以便正确判断危险点。

习　题

6-1　横截面为正方形的钢质杆,截面边长为 a ,杆长为 $2l$,中段铣去长为 l、宽为 $a/2$ 的槽,受力如图所示。若 $F = 15\text{kN}$, $a = 20\text{mm}$,试求截面Ⅰ-Ⅰ和截面Ⅱ-Ⅱ上的应力。

6-2　图示阶梯圆截面杆 AC ,承受轴向载荷 $F_1 = 200\text{kN}$, $F_2 = 100\text{kN}$, AB 段的直径 $d_1 = 40\text{mm}$ 。如欲使 BC 段与 AB 段的正应力相同,试求 BC 段的直径。

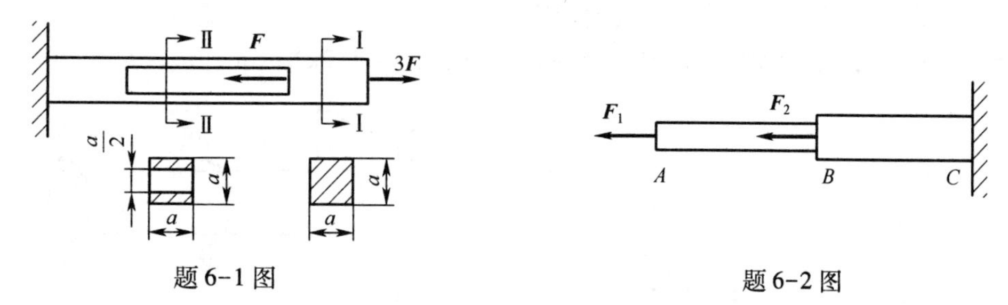

题 6-1 图　　　　题 6-2 图

6-3　图示杆系,杆 1、2 的横截面均为圆形,直径分别为 $d_1 = 30\text{mm}$, $d_2 = 20\text{mm}$,两杆材料相同,许用应力 $[\sigma] = 160\text{MPa}$,该杆系在节点 A 处受铅锤方向的载荷 F 作用,试确定载荷 F 的最大允许值。

6-4　在图示简易吊车中, AB 为木质杆,其横截面面积为 $A_1 = 100\text{cm}^2$,许用应力为 $[\sigma]_1 = 7\text{MPa}$; BC 为钢质杆,其横截面面积为 $A_2 = 6\text{cm}^2$,许用应力为 $[\sigma]_2 = 160\text{MPa}$ 。试求许可吊重 F。

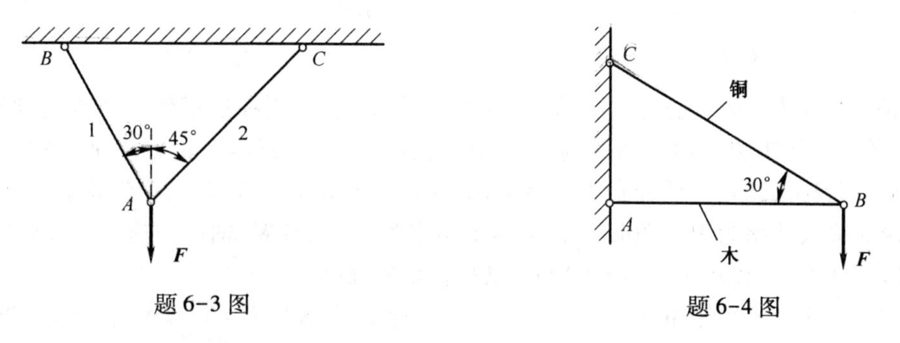

题 6-3 图　　　　题 6-4 图

6-5　油缸盖与缸体采用 6 个螺栓连接,已知油缸内径 $D = 350\text{mm}$,油压 $p = 1\text{MPa}$ 。

若螺栓的许用应力 $[\sigma]$ = 40MPa，求螺栓的内径。

6-6 图示拉杆沿斜截面 $m-n$ 由两部分胶合而成。设在胶合面上许用拉应力 $[\sigma]$ =100MPa，许用切应力 $[\tau]$ = 50MPa。并设胶合面的强度控制杆件的拉力。试问：为使杆件承受最大拉力，θ 角的值应为多大？若杆件横截面面积为 4cm^2，并规定 $\theta \leqslant 60°$，试确定许可载荷 F。

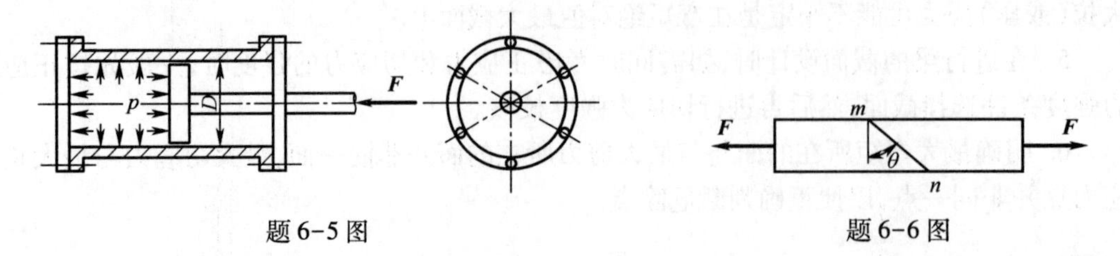

题 6-5 图　　题 6-6 图

6-7 某拉伸试验机的结构示意图如图所示。设试验机的 CD 杆与试件 AB 材料同为低碳钢，其 σ_p = 200MPa，σ_s = 240MPa，σ_b = 400MPa。试验机最大拉力为 100kN。

（1）用这一试验机作拉断试验时，试件直径最大可达多大？

（2）若设计时取试验机的安全因数 $n=2$，则 CD 杆的横截面面积为多大？

（3）若试件直径 d = 10mm，今欲测弹性模量 E，则所加载荷最大不能超过多大？

6-8 图示圆轴的直径 d = 100mm，M_1 = 7kN·m，M_2 = 5kN·m，试求：(1) A 截面上 ρ = 30mm 处的切应力，(2)轴上的最大切应力。

6-9 已知变截面钢轴上的 M_1 = 1.8kN·m，M_2 = 1.2kN·m。试求最大切应力。

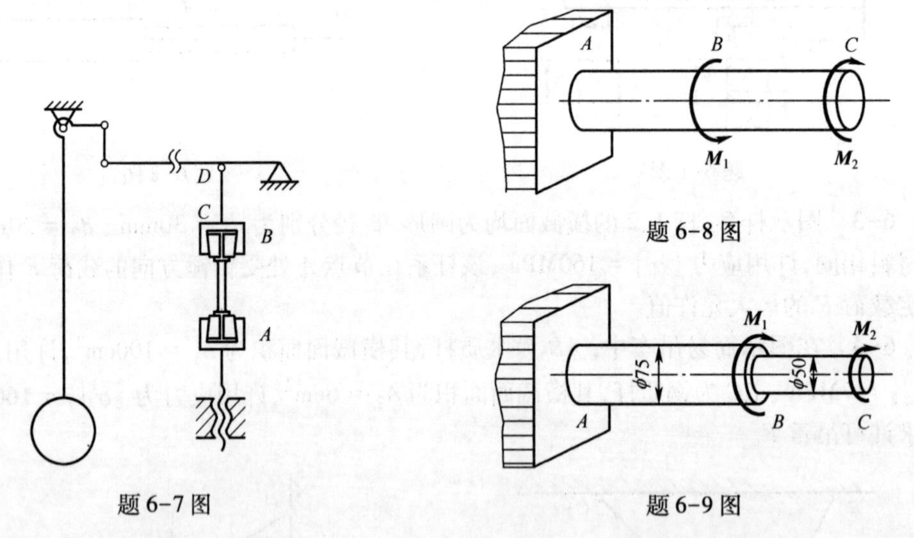

题 6-7 图　　题 6-8 图　　题 6-9 图

6-10 直径为 75mm 的等截面轴上装有四个皮带轮，作用在皮带轮上的外力偶矩如图所示。(1)作扭矩图；(2)求每段内最大切应力；(3)怎样安置四个轮更合理一些？

6-11 阶梯形圆轴直径分别为 d_1 = 40mm，d_2 = 70mm，轴上装有三个带轮如图所示。已知由轮 3 输入功率为 P_3 = 30kW，轮 1 输出功率为 P_1 = 13kW，轴作匀速转动，转速 n = 200r/min，材料的许用应力 $[\tau]$ = 60MPa。试校核轴的强度。

6-12 机床变速箱第 Ⅱ 轴如图所示，轴所传递的功率为 P = 5.5kW，转速 n = 200r/min，材料为 45 钢，$[\tau]$ = 40MPa。试按强度条件初步设计轴的直径。

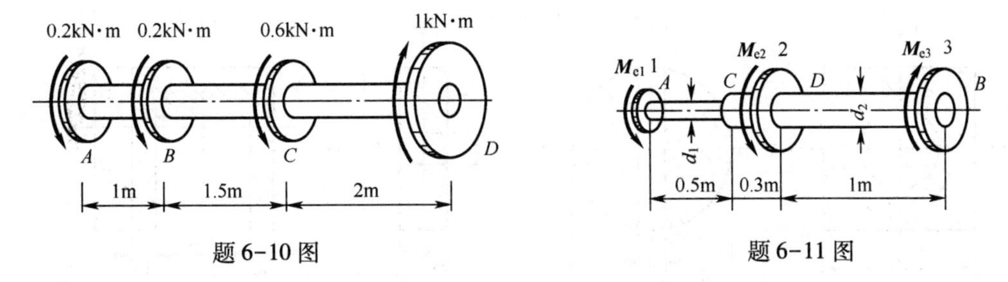

题 6-10 图　　　　题 6-11 图

6-13　如图所示，实心轴和空心轴通过牙嵌离合器而连接。已知轴的转速 $n = 100\mathrm{r/min}$，传递功率 $P = 7355\mathrm{W}$，许用切应力 $[\tau] = 20\mathrm{MPa}$。试选择实心轴的直径 d_1 和内外径比值为 1/2 的空心轴的外经 D_2。若两轴的材料和长度均相同，比较两轴的重量。

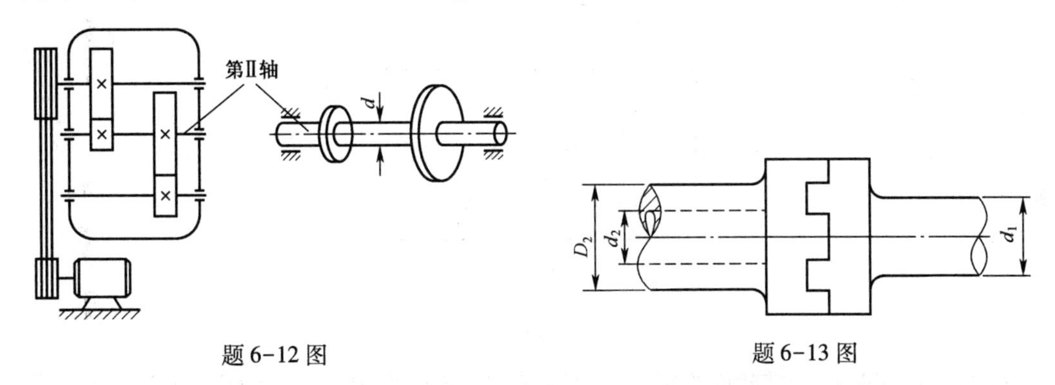

题 6-12 图　　　　题 6-13 图

6-14　一矩形截面如图所示，图中尺寸 b、h 和 y_1 均为已知值，C 为截面形心。试求有阴影部分的面积对形心轴 z 的静矩。

6-15　图示 T 形截面，已知 $h/b=6$，求截面形心 C 的位置，并求 y_1/y_2 之值。

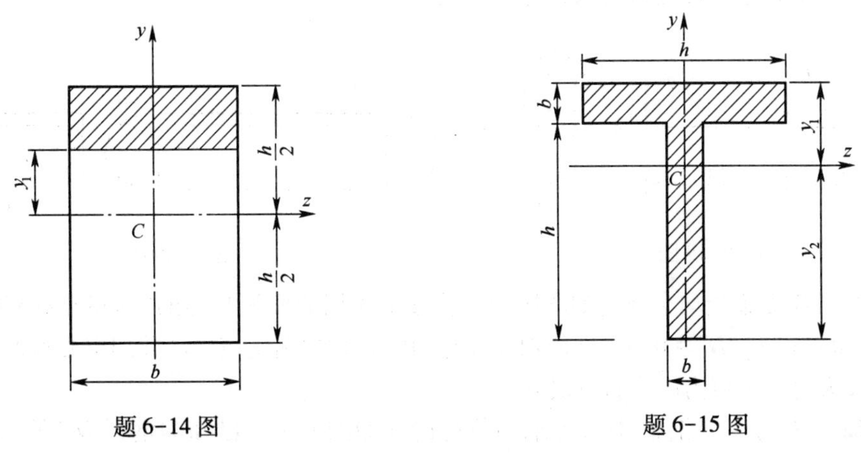

题 6-14 图　　　　题 6-15 图

6-16　试求图示各截面对形心轴 z 的惯性矩 I_z。

6-17　已知三角形如图所示，z' 轴与 z 轴平行，已知 $I_z = \dfrac{bh^3}{12}$，求三角形对 z' 轴的惯性矩 I'_z。

6-18　把直径 $d=1\mathrm{mm}$ 的钢丝绕在直径为 2m 的卷筒上，试计算钢丝中产生的最大应力。设 $E=200\mathrm{GPa}$。

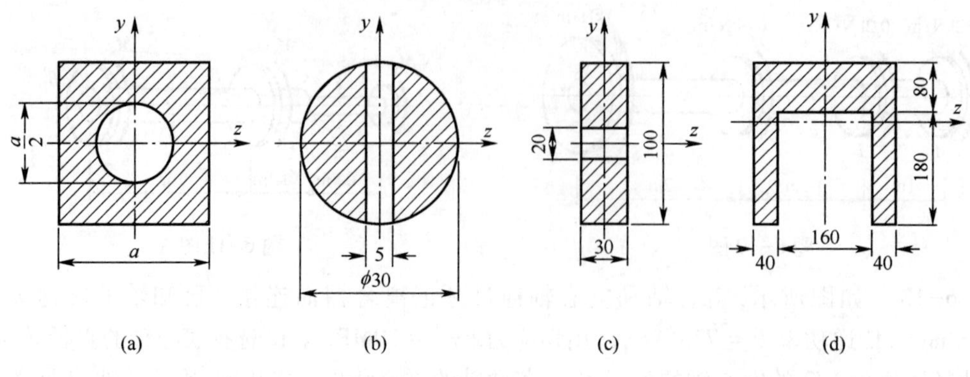

题 6-16 图

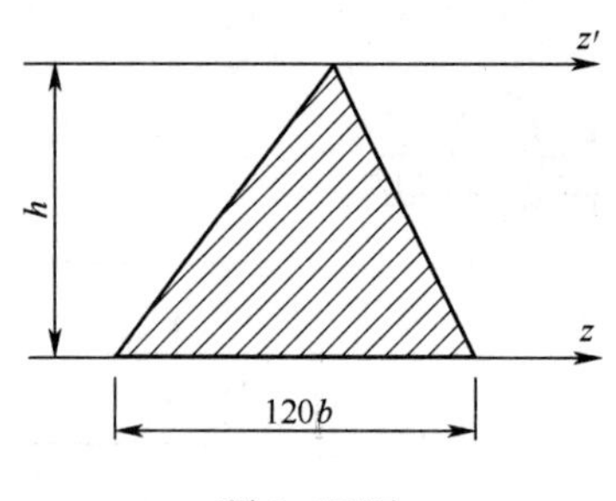

题 6-17 图

6-19 图示悬臂梁横截面为矩形，承受载荷 F_1 与 F_2 作用，且 $F_1=2F_2=5\text{kN}$。试计算梁内的最大弯曲正应力，及该应力所在截面上 K 点处的弯曲正应力。

6-20 图示梁由 22 槽钢制成，弯矩 $M=80\text{N}\cdot\text{m}$，并位于纵向对称面（即 xy 平面内）。试求梁内的最大弯曲拉应力与最大弯曲压应力。

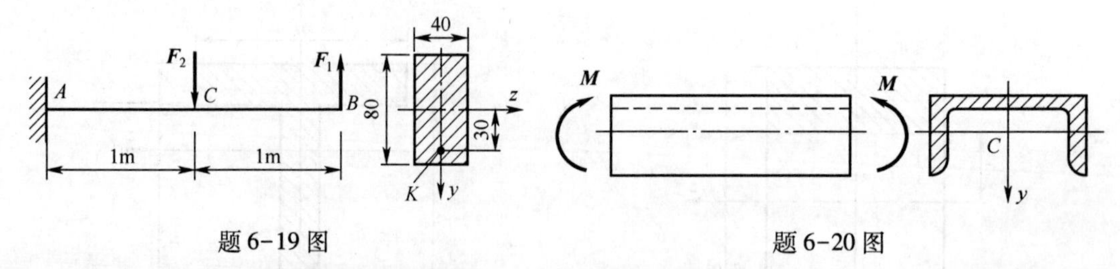

题 6-19 图 题 6-20 图

6-21 简支梁受均布载荷如图所示。若分别采用截面积相等的实心和空心圆截面，且 $D_1=40\text{mm}$，$d_2/D_2=0.6$。试分别计算它们的最大弯曲正应力。并问空心截面比实心截面的最大弯曲正应力减少百分之几？

6-22 10 号工字钢梁 AB，支承和载荷情况如图所示。已知圆钢杆 DC 的直径 $d=20\text{mm}$，梁和杆的许用应力 $[\sigma]=160\text{MPa}$，试求许可均布载荷 $[q]$。

6-23 当 F 力直接作用在梁 AB 中点时，梁内的最大正应力超过许用值 30%。为了消除过载现象，配置了如图所示的辅助梁 CD，试求此辅助梁的跨度 a。已知 $l=6\text{m}$。

6-24 图示矩形截面木梁，许用应力 $[\sigma]=10\text{MPa}$。(1) 试根据强度条件求截面尺寸 b；(2) 若在截面 A 处钻一直径为 $d=60\text{mm}$ 的圆孔（不考虑应力集中），试问是否安全。

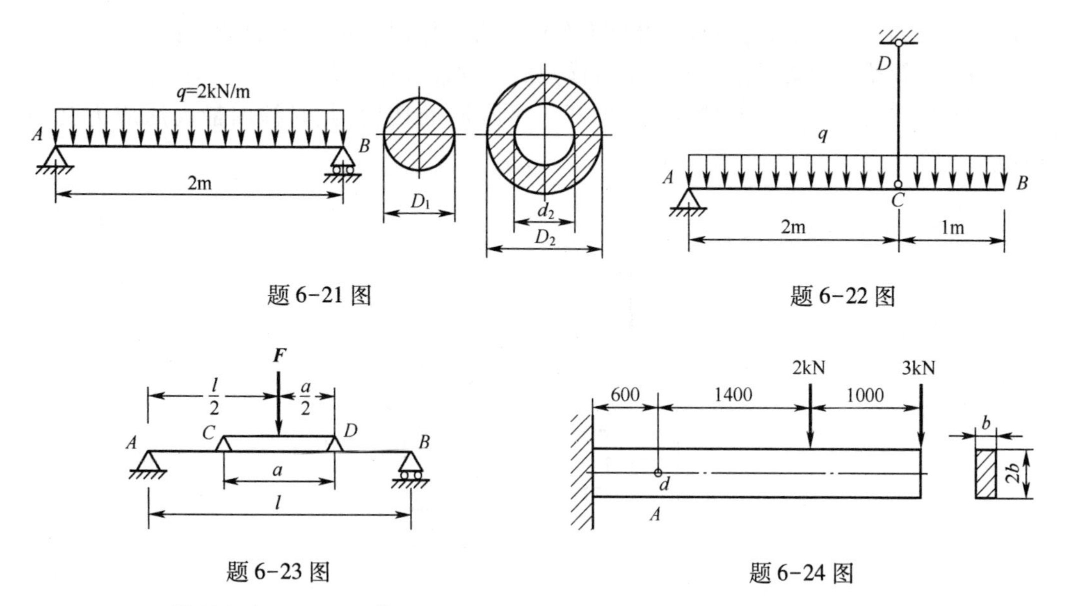

题 6-21 图　　题 6-22 图

题 6-23 图　　题 6-24 图

6-25　铸铁梁如图所示，若 $h = 100\text{mm}$，$\delta = 25\text{mm}$，欲使最大拉应力与最大压应力之比为 1/3，试确定 b 的尺寸。

6-26　图示铸铁梁，载荷 F 可沿梁 AC 水平移动，其活动范围在 A、C 两点之间。梁截面为 T 形，z 为中性轴，$I_z = 3.14 \times 10^6\ \text{mm}^4$，$y_1 = 32.22\text{mm}$，$y_2 = 67.78\text{mm}$。试确定载荷 F 的许用值。已知许用拉应力 $[\sigma_t] = 35\text{MPa}$，许用压应力 $[\sigma_c] = 140\text{MPa}$，梁长 $l = 1\text{m}$。

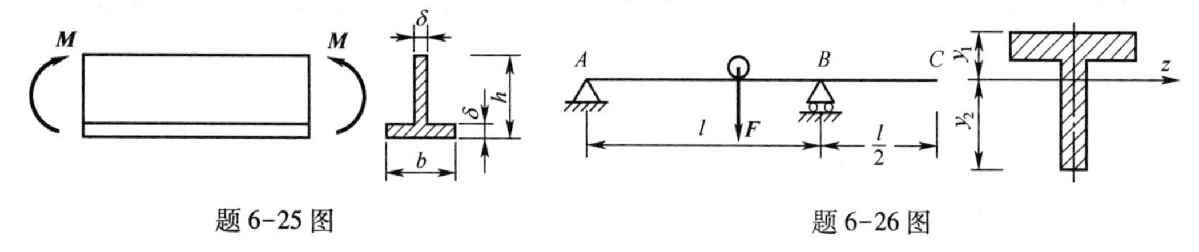

题 6-25 图　　题 6-26 图

6-27　试计算图示矩形截面简支梁 1—1 截面上 a 点和 b 点的正应力和切应力，以及梁中最大正应力和最大切应力。

6-28　25 号工字钢简支梁，跨度 $l = 4\text{m}$，承受均布载荷 q。如果已知梁内最大正应力为 120MPa，求梁内最大切应力。

6-29　试计算图示工字梁截面内的最大正应力和最大切应力。

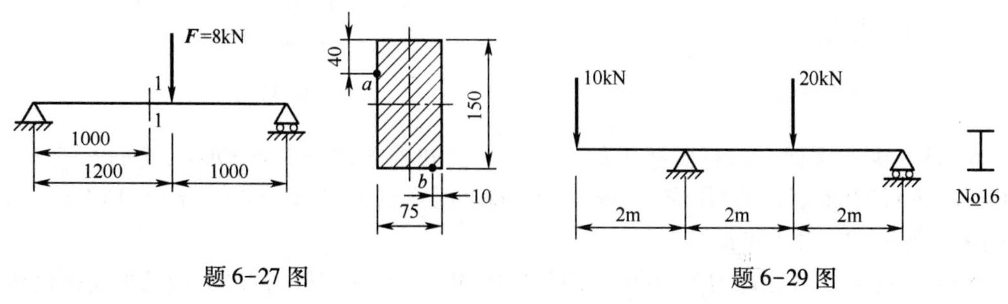

题 6-27 图　　题 6-29 图

6-30　图为中间开有切槽的短柱，未开槽部分的横截面是边长为 $2a$ 的正方形，若柱

右侧开一深为 $a/2$ 的切槽，若沿未开槽部分的中心线作用轴向压力，试确定：

(1) 未开槽部分截面上和开槽部分横截面上的最大正应力。

(2) 如在柱左侧（与右侧相对）再开一个相同的切槽，此时柱内最大压应力又为何值？

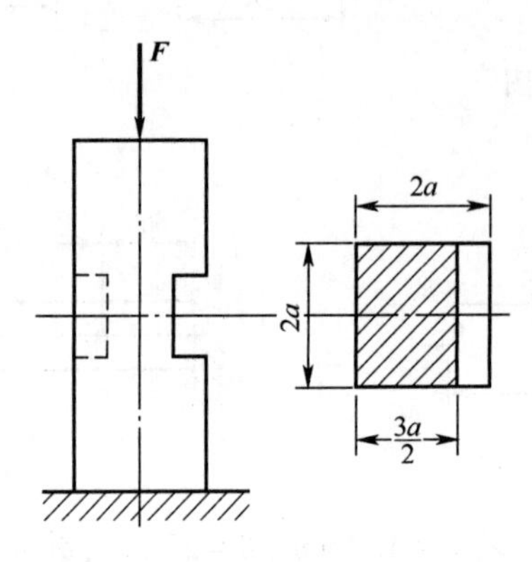

题 6-30 图

6-31 矩形截面折杆 ABC，受图示力 F 作用。已知 $\tan\alpha = 4/3$，$a = l/4$，$l = 12h$，$b = h/2$。试求竖杆内横截面上的最大正应力，并作危险截面上的正应力分布图。

6-32 图示矩形截面钢杆，用应变片测得杆两侧沿轴线方向的正应变分别为 $\varepsilon_a = 1.0 \times 10^{-3}$，$\varepsilon_b = 0.4 \times 10^{-3}$，材料的弹性模量 $E = 210\text{GPa}$。试求拉力 F 及其偏心距 e 的数值。

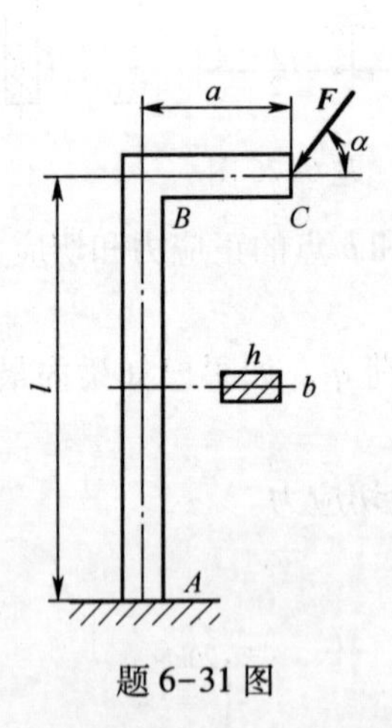

题 6-31 图

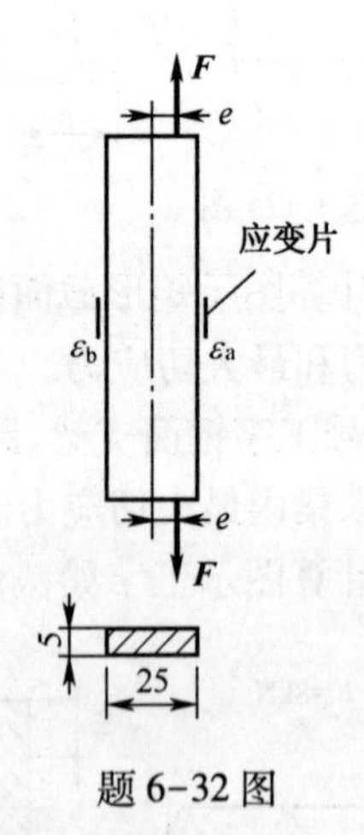

题 6-32 图

6-33 矩形截面木拉杆的接头如图所示。已知轴向拉力 $F = 50\text{kN}$，截面宽度 $b = 250\text{mm}$，木材的顺纹许用挤压应力 $[\sigma_{bs}] = 10\text{MPa}$，顺纹的许用切应力 $[\tau] = 1\text{MPa}$。试求接头处所需的尺寸 l 和 a。

6-34 冲床的最大冲力为400kN，冲头材料的 $[\sigma] = 440\text{MPa}$，被冲剪板的剪切强度极限为 $\tau_b = 360\text{MPa}$。求在最大冲力作用下所能冲剪圆孔的最小直径 d_{min} 和板的最大厚度 t_{max}。

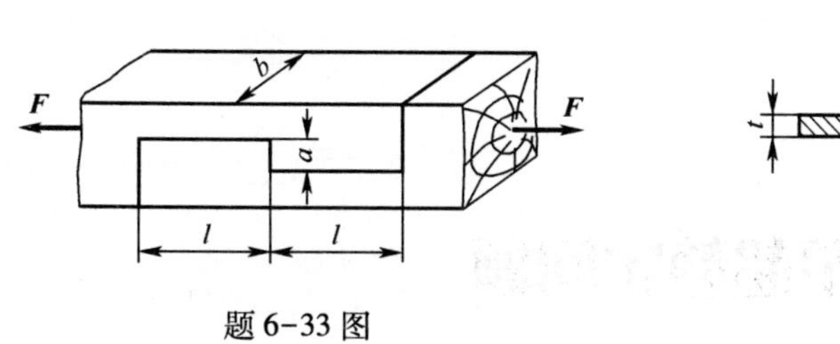

题 6-33 图

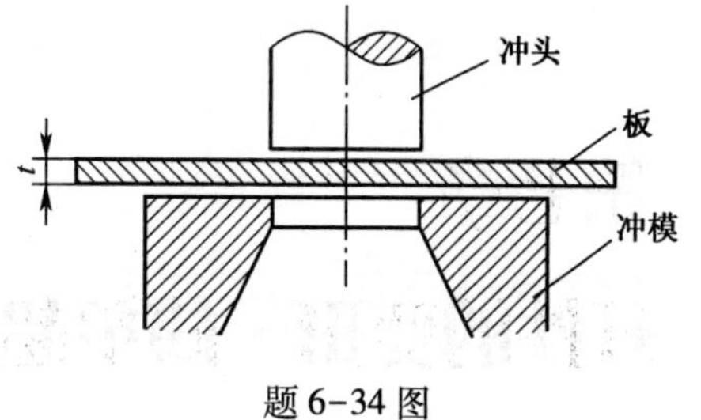

题 6-34 图

6-35 一机轴采用两段直径 $d=100\text{mm}$ 的圆轴，由凸缘和螺栓加以连接，共有 8 个螺栓布置在 $D_0=200\text{mm}$ 的圆周上。已知轴在扭转时的最大切应力为 70MPa，螺栓的许用切应力 $[\tau]=60\text{MPa}$。试求螺栓所需的直径 d_1。

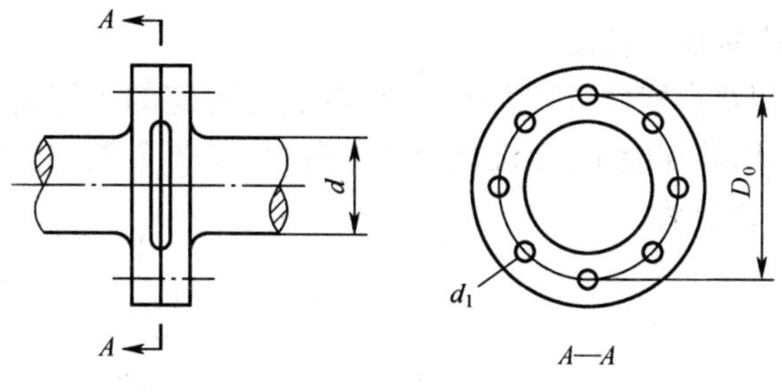

题 6-35 图

第七章

杆件的变形·简单超静定问题

前面我们讨论了杆件的强度问题。在工程中,多数机械结构不但应该具有足够的强度以保证安全,而且还应该具有必要的刚度以保证构件的正常工作。如对车床变速箱的齿轮轴来说,若其变形过大(图7.1),将影响齿轮的啮合和轴承的配合,造成磨损不匀,产生噪声和振动,还会影响加工精度。

但在某些场合,却要求构件有较大的变形,以满足特定的工作要求,如钟表的发条就要求有足够大的变形以储存能量,而机械中的隔振弹簧(图7.2),也要求有较大的变形以减缓构件受到的冲击和振动。

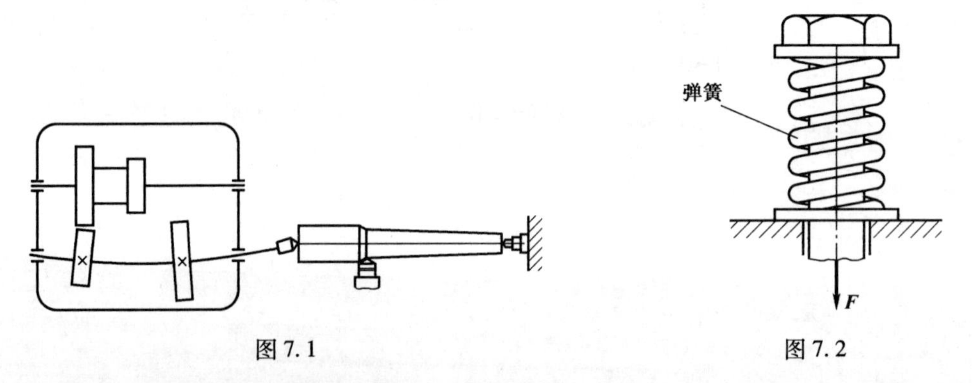

图7.1　　图7.2

研究变形除用于解决刚度问题外,还用于求解超静定问题。本章讨论在基本变形下,杆件的变形计算和简单超静定问题。

7.1　轴向拉伸或压缩时的变形

一、拉压杆的轴向变形

设杆件原长为 l,横截面面积为 A,横向尺寸为 b,在轴向拉力 F 作用下,杆长度为 l_1,而横向尺寸度为 b_1,则杆横截面上的正应力为

$$\sigma = \frac{F_N}{A} \qquad \text{(a)}$$

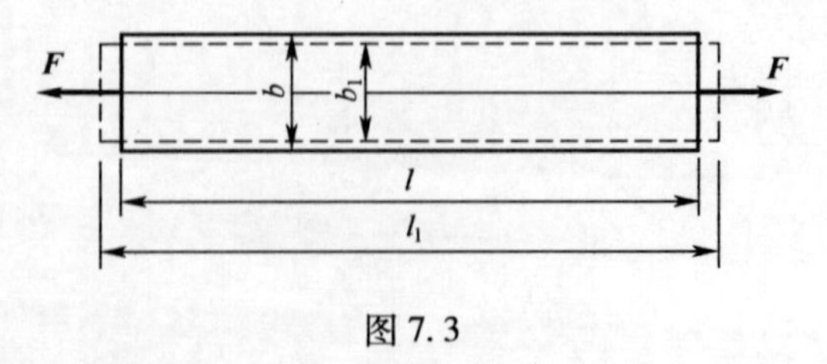

图7.3

而轴向变形与轴向正应变分别为

$$\Delta l = l_1 - l$$

$$\varepsilon = \frac{\Delta l}{l} \tag{b}$$

根据单向受力的胡克定律(式(4.4)),在比例极限内,正应变与正应力成正比,即

$$\sigma = E \cdot \varepsilon$$

将式(a)和式(b)代入上式并略加整理可得

$$\Delta l = \frac{F_N l}{EA} \tag{7.1}$$

式(7.1)是胡克定律的另一表达形式。它表明,当应力不超过某一极限时,杆的轴向变形 Δl 与轴力及杆长成正比,与乘积 EA 成反比,乘积 EA 称为杆截面的**拉压刚度**。显然,在一定轴向截荷作用下,拉(压)杆的刚度愈大,杆的轴向变形愈小。

由式(7.1)知,轴向变形 Δl 与轴力 F_N 具有相同的正负符号,即伸长为正,缩短为负。有时,杆件在各段内的轴力 F_N 并不相同,或者各段内的截面积 A 不相同,例如阶梯轴(图7.4),这时应分别计算各段的变形,然后求其代数和,可得杆件的总变形为

$$\Delta l = \sum_{i=1}^{n} \frac{F_{Ni} l_i}{EA_i} \tag{7.2}$$

式中,F_{Ni}、l_i和 A_i分别为第 i 段杆的轴力、长度和横截面面积。

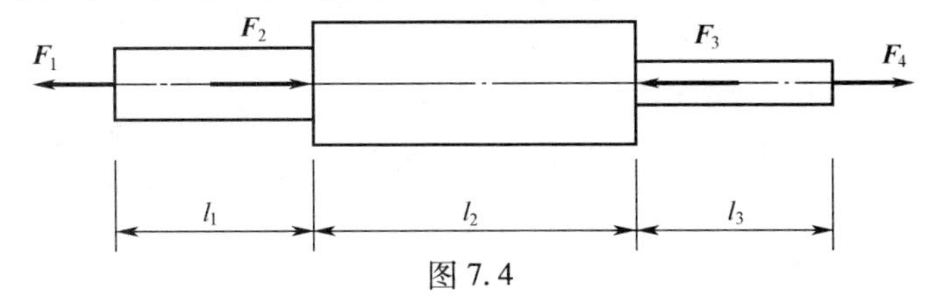

图7.4

二、拉压杆的横向变形与泊松比

如图7.3所示,杆件在外力 F 的作用下,横向尺寸由 b 变为 b_1,所以,杆件的横向变形及横向线应变 ε'分别为

$$\begin{cases} \Delta b = b_1 - b \\ \varepsilon' = \dfrac{\Delta b}{b} \end{cases} \tag{7.3}$$

试验表明,当应力不超过材料的某一极限值时,横向线应变 ε'与轴向线应变 ε 之比的绝对值为一常数,即

$$\left|\frac{\varepsilon'}{\varepsilon}\right| = \nu \tag{7.4}$$

或写成

$$\varepsilon' = -\nu\varepsilon \tag{7.5}$$

ν 称为**横向变形因数**或**泊松比**,无量纲,其值随材料而异。式(7.5)中的负号表示 ε'与 ε 的符号总是相反。

弹性横量 E 与泊松比 ν 都是材料的弹性常数。对于各向同性材料,E 和 ν 之值均与方向无关。几种常用材料的 E 和 ν 值如表7.1所示。

表 7.1 材料的弹性模量与泊松比

弹性常数	钢与合金钢	铝合金	铜	铸铁	木(顺纹)
E/GPa	200~230	70~72	100~120	80~160	8~12
ν	0.25~0.30	0.26~0.34	0.33~0.35	0.23~0.27	—

还应指出,理论与试验均表明,对各向同性材料,弹性模量 E、泊松比 ν 与切变模量 G 之间存在如下关系:

$$G = \frac{E}{2(1+\nu)} \tag{7.6}$$

因此,当已知任意两个弹性常数后,由上述关系可以确定第三个弹性常数。

例 7.1 求例 6.1 中等截面杆沿轴向的总变形。已知材料为 A_3 钢,$E=200\text{GPa}$。

解:全杆的总变形为各段长度改变之和。由截面法可得 AB 段、BC 段和 CD 段轴力依次为

$$F_{N1} = 400\text{kN}, F_{N2} = -100\text{kN}, F_{N3} = 200\text{kN}$$

由式(7.2)可得

$$\Delta l = \sum_{i=1}^{3} \frac{F_{Ni} l_i}{EA_i}$$
$$= \frac{400 \times 10^3 \times 0.3}{200 \times 10^9 \times 2500 \times 10^{-6}} + \frac{(-100) \times 10^3 \times 0.3}{200 \times 10^9 \times 2500 \times 10^{-6}} + \frac{200 \times 10^3 \times 0.4}{200 \times 10^9 \times 1000 \times 10^{-6}}$$
$$= 5.8 \times 10^{-4}(\text{m}) = 0.58(\text{mm})$$

例 7.2 图示立柱与横梁用螺栓连接,连接部分 AB 的长度 $l=600\text{mm}$,直径 $d=100\text{mm}$,拧紧螺母时 AB 段的伸长变形 $\Delta l=0.30\text{mm}$,立柱用钢制成,其弹性模量 $E=200\text{GPa}$,泊松比 $\nu=0.30$。试计算螺栓横截面上的正应力及螺栓的横向变形。

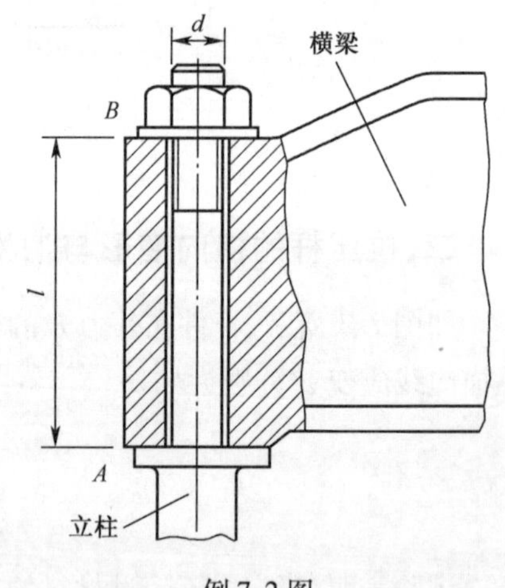

例 7.2 图

解:螺栓的轴向正应变为

$$\varepsilon = \frac{\Delta l}{l} = \frac{0.3}{600} = 5 \times 10^{-4}$$

根据胡克定律,得螺栓横截面上的正应力为

$$\sigma = E \cdot \varepsilon = 200 \times 10^9 \times 5 \times 10^{-4} = 100\text{MPa}$$

根据式(7.5)可知,螺栓的横向正应变为

$$\varepsilon' = -\nu\varepsilon = -0.3 \times 5 \times 10^{-4} = -1.5 \times 10^{-4}$$

由此得螺栓的横向变形为

$$\Delta d = \varepsilon' d = -1.5 \times 10^{-4} \times 100 = -0.015(\text{mm})$$

即螺栓直径缩小 0.015mm。

7.2 圆轴扭转时的变形与刚度条件

一、圆轴扭转时的变形

圆转扭转时的变形用两个横截面间绕轴线的相对扭转角 φ 来度量(图 7.5)。由式

(6.10),得

$$d\varphi = \frac{T}{GI_p}dx \qquad (a)$$

式中,$d\varphi$ 表示相距为 dx 的两个横截面之间的相对扭转角。沿轴线 x 积分,即可求得距离为 l 的两个横截面之间的相对扭转角为

$$\varphi = \int_l d\varphi = \int_0^l \frac{T}{GI_p}dx \qquad (7.7)$$

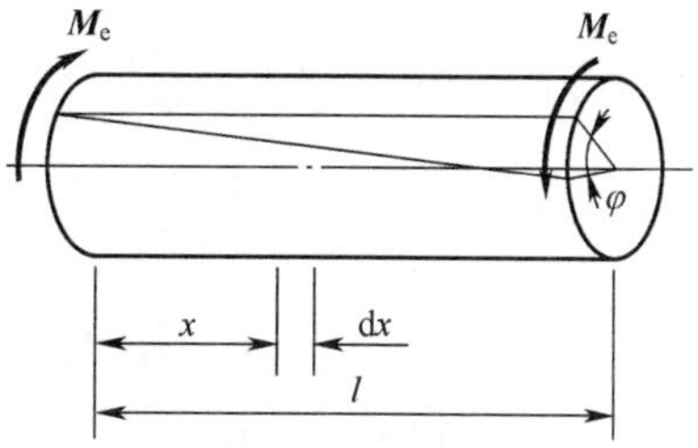

M_e M_e φ x dx l

图 7.5

若两截面之间的扭转内力 T 值不变,且为等直圆轴,则式(7.7)化为

$$\varphi = \frac{Tl}{GI_p} \qquad (7.8)$$

由式(7.8)可见,φ 的符号与扭矩 T 的符号相同。

有时,轴在各段内的 T 并不相同,或者各段内的 I_p 不同,例如阶梯轴。这时应分别计算各段内的扭转角,然后求其代数和,得两端截面的相对扭转角为

$$\varphi = \sum_{i=1}^{n} \frac{T_i l_i}{GI_{pi}} \qquad (7.9)$$

式中,T_i 、l_i 和 I_{pi} 分别为第 i 段圆轴的扭矩、长度和极惯性矩。

二、圆轴扭转刚度条件

设计轴时,除应考虑强度要求外,还常常对其变形有一定限制,即应满足扭转刚度要求。在工程中,对圆轴的刚度要求通常是限制单位长度的扭转角,单位长度扭转角即为扭转角沿轴线的变化率 $d\varphi/dx$,用 φ'表示,由式(6.10)知

$$\varphi' = \frac{d\varphi}{dx} = \frac{T}{GI_p}(\mathrm{rad/m}) \qquad (7.10)$$

所以,圆轴扭转的刚度条件为

$$\varphi'_{max} = \frac{T_{max}}{GI_p} \leqslant [\varphi'](\mathrm{rad/m}) \qquad (7.11a)$$

工程中,习惯把度/米(°/m)作为[φ']的单位。这样,把上式中的弧度换算为度,得

$$\varphi'_{max} = \frac{T_{max}}{GI_p} \times \frac{180^\circ}{\pi} \leqslant [\varphi'](^\circ/\mathrm{m}) \qquad (7.11b)$$

各种轴类零件的 $[\varphi']$ 值可从有关规范中查到。对于精密机器的轴,其 $[\varphi']$ 常取在 0.15~0.3°/m 之间;对于一般的传动轴,可取为 2°/m 左右

例 7.3 如图所示阶梯轴上装有三个皮带轮。已知材料的切变模量 $G = 80\mathrm{GPa}$,两段轴的直径分别为 $d_1 = 40\mathrm{mm}$, $d_2 = 60\mathrm{mm}$,轮 3 的输入功率为 $P_3 = 30\mathrm{kW}$,轮 1 的输出功率为 $P_1 = 13\mathrm{kW}$,轴作匀速转动,转速为 $n = 200\mathrm{r/min}$,材料的许用切应力 $[\tau] = 60\mathrm{MPa}$,轴的许用单位长度扭转角为 $[\theta] = 2^\circ/\mathrm{m}$,试求轴两端的相对扭转角 φ_{AB} ,并校核该轴的强度与刚度。

解:(1) 作出扭矩图 。

由式(5.1)计算出作用于各轮上的力偶矩

$$M_{e1} = 9549 \times \frac{13}{200} = 620.7(\text{N} \cdot \text{m})$$

$$M_{e2} = 9549 \times \frac{(30 - 13)}{200} = 811.7(\text{N} \cdot \text{m})$$

$$M_{e3} = 9549 \times \frac{30}{200} = 1432.4(\text{N} \cdot \text{m})$$

由此作出轴的扭矩图。

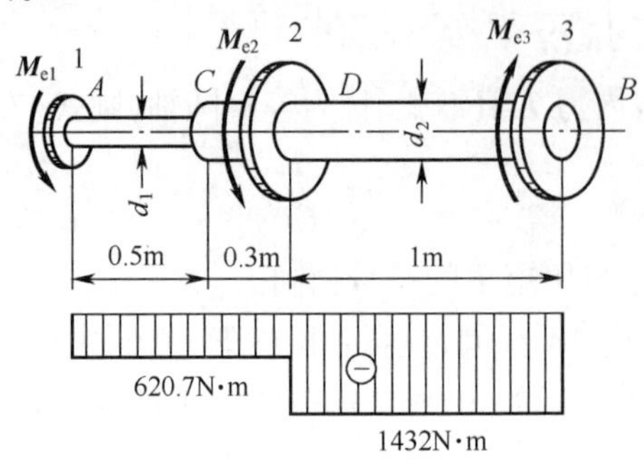

例 7.3 图

(2) 求轴两端的相对扭转角。

注意到 AD 段尽管扭转内力相同,但截面几何尺寸不同,计算扭转角时应分段进行,由式(7.9)可得

$$\varphi_{AB} = \sum_{i=1}^{3} \frac{T_i l_i}{GI_{pi}} = \frac{(-620.7) \times 0.5}{80 \times 10^9 \times \frac{\pi \times 0.04^4}{32}} + \frac{(-620.7) \times 0.3}{80 \times 10^9 \times \frac{\pi \times 0.06^4}{32}} + \frac{(-1432.4) \times 1}{80 \times 10^9 \times \frac{\pi \times 0.06^4}{32}}$$

$$= -0.0313(\text{rad})$$

(3) 强度校核。

由于 AC 段和 BD 段的直径不同,横截面上的扭矩也不相同,因此 AC 段轴和 BD 段轴的强度都要进行校核。

AC 段 $\quad \tau_{\max} = \dfrac{T}{W_p} = \dfrac{620.7}{\dfrac{\pi}{16} \times 0.04^3} = 49.4\text{MPa} < [\tau]$

BD 段 $\quad \tau_{\max} = \dfrac{T}{W_p} = \dfrac{1432.4}{\dfrac{\pi}{16} \times 0.06^3} = 33.8\text{MPa} < [\tau]$

计算结果表明,轴满足强度要求。

(4) 刚度校核。

AC 段 $\quad \theta_{\max} = \dfrac{T}{GI_p} \cdot \dfrac{180}{\pi} = \dfrac{620.7}{80 \times 10^9 \times \dfrac{\pi}{32} \times 0.04^4} \cdot \dfrac{180}{\pi} = 1.77°/\text{m} < [\theta]$

BD 段 $\quad \theta_{\max} = \dfrac{T}{GI_p} \cdot \dfrac{180}{\pi} = \dfrac{1432.4}{80 \times 10^9 \times \dfrac{\pi}{32} \times 0.06^4} \cdot \dfrac{180}{\pi} = 0.81°/\text{m} < [\theta]$

计算结果表明,轴满足刚度要求。

例 7.4 某机床中的传动轴上有三个齿轮(图(a))。主动轮Ⅱ输入功率为 3.74kW,从动轮Ⅰ、Ⅲ输出功率分别为 0.76kW 和 2.98kW,轴的转速 $n = 184\text{r/min}$,材料为 45 钢,$G = 80\text{GPa}$。若 $[\tau] = 40\text{MPa}$,$[\varphi'] = 1.5°/\text{m}$。试设计轴的直径。

解:首先根据齿轮传输的功率和转速计算作用于轴上的外力偶矩。

$$M_{e\text{I}} = 9549\frac{P_{\text{I}}}{n} = 9549\frac{0.76}{184} = 39.4\text{N}\cdot\text{m}$$

$$M_{e\text{II}} = 9549\frac{P_{\text{II}}}{n} = 9549\frac{3.74}{184} = 194\text{N}\cdot\text{m}$$

$$M_{e\text{III}} = 9549\frac{P_{\text{III}}}{n} = 9549\frac{2.98}{184} = 155\text{N}\cdot\text{m}$$

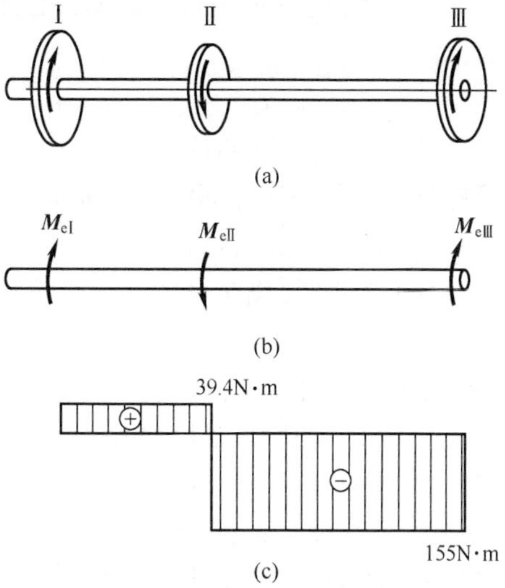

传动轴的受力图如图(b)所示,$M_{e\text{I}}$ 和 $M_{e\text{III}}$ 为阻抗力偶矩,故转向相同。$M_{e\text{II}}$ 为主动力偶矩。由截面法可求得Ⅰ、Ⅱ两齿轮之间轴的扭矩为 39.4N·m,Ⅱ、Ⅲ两齿轮之间轴的扭矩为-155N·m。扭矩图如图(c)所示。故 $T_{\max} = 155\text{N}\cdot\text{m}$。

例 7.4 图

由强度条件

$$\tau_{\max} = \frac{T_{\max}}{W_p} = \frac{16T_{\max}}{\pi d^3} \leqslant [\tau]$$

得

$$d \geqslant \sqrt[3]{\frac{16T_{\max}}{\pi[\tau]}} = \sqrt[3]{\frac{16\times155}{\pi\times40\times10^6}} = 0.027(\text{m})$$

由刚度条件

$$\varphi'_{\max} = \frac{T_{\max}}{GI_p}\times\frac{180°}{\pi} = \frac{T_{\max}}{G\frac{\pi d^4}{32}}\times\frac{180°}{\pi} \leqslant [\varphi']$$

得

$$d \geqslant \sqrt[4]{\frac{32T_{\max}\times180°}{G\pi^2[\varphi']}} = \sqrt[4]{\frac{32\times155\times180°}{80\times10^9\times\pi^2\times1.5°}} = 0.0295(\text{m})$$

根据以上计算结果,取 $d = 30\text{mm}$。可见,刚度条件是该轴的控制因素。对于大多数机床中的轴,由于刚度是主要矛盾,所以普遍用刚度作为控制因素。

7.3 梁弯曲时的变形

讨论梁的弯曲变形时,以变形前的梁轴线为 x 坐标,垂直向上的轴为 y 坐标(图 7.6)。在平面弯曲的情况下,xy 平面为梁的纵向对称面,变形后梁的轴线将成为 xy

平面内的一条曲线,称为**挠曲线**。它是一条连续而光滑的曲线。

梁的变形可用横截面形心的线位移及截面的角位移来描述。横截面的形心在垂直于梁轴方向的位移,称为**挠度**,并用 w 表示。不同截面的挠度一般不同,将挠度 w 表示为截面位置坐标 x 的函数,即

$$w = f(x) \tag{a}$$

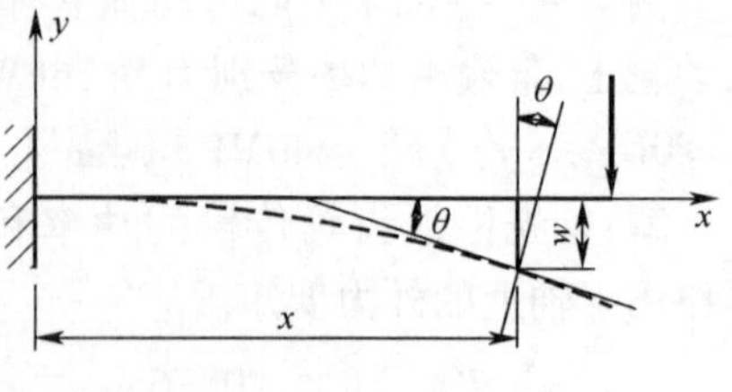

图 7.6

上式又称为**挠曲线方程**。截面的角位移称为**截面转角**,并用 θ 表示。根据平面假设,弯曲变形前正交于轴线的横截面,变形后仍正交于挠曲线。所以,截面转角就是 y 轴与挠曲线法线的夹角,也等于 x 轴与挠曲线切线的夹角。因为小变形时,挠曲线是一非常平坦的曲线,转角 θ 也是一个非常小的角度,故有

$$\theta \approx \tan\theta = w' = f'(x) \tag{b}$$

即挠曲线上任一点处切线的斜率 w' 都可以足够精确地代表该点处横截面的转角 θ。

挠度与转角的符号是根据所选定的坐标系而定的。在图 7.6 所示坐标系中,向上挠度和逆时针的转角为正。

应当指出,梁弯曲变形时,横截面形心沿 x 轴方向也有线位移,但由于在小变形情况下,梁的挠度远小于跨度,挠曲线是一个平坦的曲线,横截面形心沿 x 轴方向的线位移与挠度相比属高阶微量,可略去不计。

在建立纯弯曲正应力公式时(6.6 节),曾得到用中性层曲率表示的弯曲变形公式(6.27):

$$\frac{1}{\rho} = \frac{M}{EI}$$

对细长梁可以忽略剪力对梁变形的影响,则上式也可用于一般非纯弯曲。在这种情况下,由于弯矩 M 与曲率半径 ρ 均为 x 的函数,上式变为

$$\frac{1}{\rho(x)} = \frac{M(x)}{EI} \tag{c}$$

由高等数学得知,平面曲线 $w = f(x)$ 上任一点的曲率为

$$\frac{1}{\rho(x)} = \pm \frac{w''}{(1 + w'^2)^{3/2}} \tag{d}$$

将式(d)代入式(c),可得

$$\frac{w''}{(1 + w'^2)^{3/2}} = \pm \frac{M(x)}{EI} \tag{e}$$

对于工程中常用的梁,其挠曲线为一平坦的曲线。梁的截面转角一般均很小,因此,w'^2 之值远小于 1,则式(e)可简化为

$$w'' = \pm \frac{M(x)}{EI} \tag{d}$$

上式称为**挠曲线近似微分方程**。实践证明,由此方程求得的挠度与转角,对于工程应用已足够精确。

w'' 与弯矩的关系如图 7.7 所示,图中,y 轴以向上为正。由该图可以看出:当梁段承

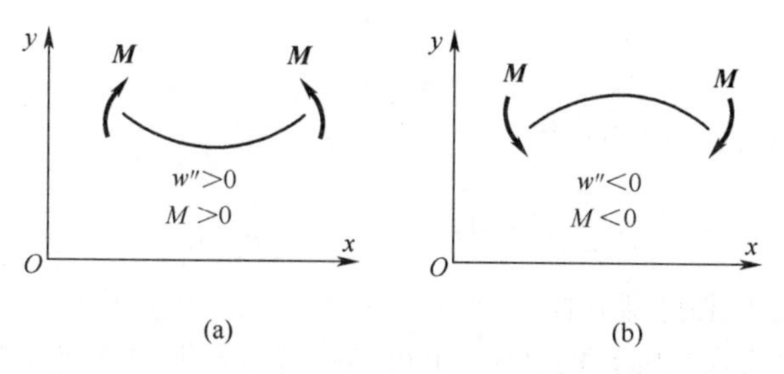

图 7.7

受正弯矩时，挠曲线为凹曲线（图 7.7(a)），w'' 为正；反之当梁承受负弯矩时，挠曲线为凸曲线（图 7.7(b)），w'' 为负。可见，矩 M 与 w'' 符号相同，式(d)的右端应取正号，即挠曲线近似微分方程为

$$w'' = \frac{M(x)}{EI} \tag{7.12}$$

将挠曲线近似微分方程相继积分两次，得

$$\theta = \frac{\mathrm{d}w}{\mathrm{d}x} = \int \frac{M(x)}{EI}\mathrm{d}x + C \tag{7.13}$$

$$w = \iint\left(\frac{M(x)}{EI}\mathrm{d}x\right)\mathrm{d}x + Cx + D \tag{7.14}$$

式中，C 与 D 为积分常数，它们可以应用梁的边界条件与挠曲线连续光滑条件来确定。积分常数确定后，分别代入式(7.13)和式(7.14)中，即得转角方程和挠度方程。

例 7.5 图示简支梁右端承受集中力偶 M_e 作用。试建立梁的转角方程与挠度方程，并计算截面 A 的转角及中点挠度。设梁的弯曲刚度 EI 为常数。

解：(1) 建立挠曲线微分方程并积分。

A 端和 B 端的支反力为(方向如图所示)

$$F_{Ay} = F_{By} = \frac{M_e}{l}$$

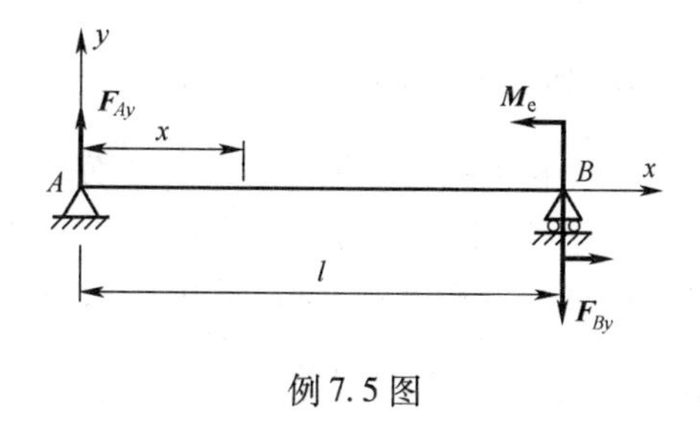

例 7.5 图

在图示坐标系下梁的弯矩方程为

$$M(x) = \frac{M_e}{l} \cdot x$$

则其挠曲线近似微分方程为

$$w'' = \frac{1}{EI}\frac{M_e}{l} \cdot x$$

经积分，得

$$w' = \frac{M_e}{2EIl}x^2 + C \tag{a}$$

$$w = \frac{M_e}{6EIl}x^3 + Cx + D \tag{b}$$

(2) 确定积分常数。

梁的位移边界条件为

在 $x=0$ 处：$\qquad\qquad w=0$

在 $x=l$ 处：$\qquad\qquad w=0$

将上述条件分别代入式(b)，得

$$D=0,\qquad C=-\frac{M_e l}{6EI}$$

(3)确定转角方程和挠度方程，并求截面 A 的转角和中点挠度。

将所得 C、D 值代入式(a)和式(b)，可得梁的转角方程和挠度方程

$$\theta=\frac{M_e}{6EIl}(3x^2-l^2) \tag{c}$$

$$w=\frac{M_e x}{6EIl}(x^2-l^2) \tag{d}$$

将 $x=0$ 代入式(c)，即可得截面 A 的转角为

$$\theta_A=-\frac{M_e l}{6EI}$$

将 $x=l/2$ 代入式(d)

$$w=-\frac{M_e l^2}{16EI}$$

例 7.6 图示悬臂梁，左半部承受均布截荷 q 作用，试建立梁的转角与挠度方程，并计算截面 A 的转角与挠度。

解：(1)分段列出弯矩方程。

AC 段：$M_1(x)=-\dfrac{1}{2}qx^2 \quad (0\leqslant x\leqslant a)$

CB 段：$M_2(x)=-qax+\dfrac{1}{2}qa^2 \quad (a\leqslant x\leqslant 2a)$

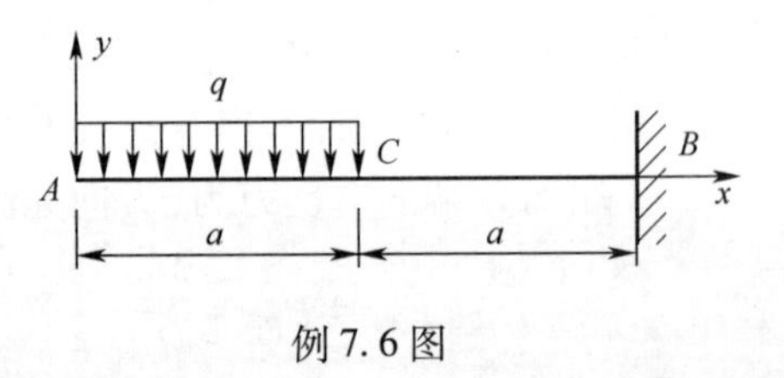

例 7.6 图

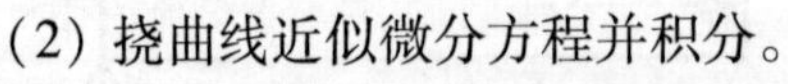

(2) 挠曲线近似微分方程并积分。

由于 AC 和 CB 两段内的弯矩方程不同，故挠曲线的微分方程也就不同，所以应分段进行积分：

AC 段 $0\leqslant x\leqslant a$	CB 段 $a\leqslant x\leqslant 2a$
$w_1''=-\dfrac{q}{2EI}x^2$ (a)	$w_2''=-\dfrac{qa}{EI}x+\dfrac{qa^2}{2EI}$ (d)
$\theta_1=w_1'=-\dfrac{q}{6EI}x^3+C_1$ (b)	$\theta_2=w_2'=-\dfrac{qa}{2EI}x^2+\dfrac{qa^2}{2EI}x+C_2$ (e)
$w_1=-\dfrac{q}{24EI}x^4+C_1x+D_1$ (c)	$w_2=-\dfrac{qa}{6EI}x^3+\dfrac{qa^2}{4EI}x^2+C_2x+D_2$ (f)

(3) 确定积分常数。

积分出现四个积分常数，需要四个条件确定。由于挠曲线是一条光滑连续的曲线，因此，在 $x=a$ 处，由式(b)、式(e)所确定的转角应相等；由式(c)、式(f)所确定的挠度应相等，即我们前述的光滑连续条件。将式(b)、式(e)、式(c)和式(f)代入上述光滑连续条件的

$$C_1=C_2+\frac{qa^3}{6EI} \tag{g}$$

$$D_1 = D_2 - \frac{qa^4}{24EI} \tag{h}$$

此外,梁 B 端为固定端,即在 $x=2a$ 处:$\theta_2 = 0$, $w_2 = 0$,将此边界条件代入式(e)和式(f)可求得

$$C_2 = \frac{qa^3}{EI}, \qquad D_2 = -\frac{5qa^4}{3EI}$$

将 C_2 和 D_2 值代入式(g)和式(h)可得

$$C_1 = \frac{7qa^3}{6EI}, \qquad D_1 = -\frac{41aq^4}{24EI}$$

(4) 挠曲线方程和转角方程。

AC 段 $0 \leqslant x \leqslant a$	CB 段 $a \leqslant x \leqslant 2a$
$\theta_1 = -\frac{q}{6EI}(x^3 - 7a^3)$ (i)	$\theta_2 = -\frac{qa}{2EI}(x^2 - ax - 2a^2)$ (k)
$w_1 = -\frac{q}{24EI}(x^4 - 28a^3x + 41a^4)$ (j)	$w_2 = -\frac{qa}{12EI}(2x^3 - 3ax^2 - 12a^2x + 20a^3)$ (l)

(5) 求指定截面的挠度和转角。

将 $x=0$ 分别代入式(i)和式(j),可得截面 A 的转角和挠度为

$$\theta_A = \theta_1 |_{x=0} = \frac{7qa^3}{6EI}$$

$$w_A = w_1 |_{x=0} = -\frac{41qa^4}{24EI}$$

7.4 叠加法求弯曲变形

积分法是求梁变形的基本方法,但载荷稍复杂些,运算就变得冗长,如例 7.6。本节所介绍的叠加法,就是通过叠加积分法求得的简单载荷的变形结果,进而方便地得到复杂载荷下的变形结果。

在小变形条件下,且当梁内应力不超过比例极限,梁的变形微小,横截面形心的轴向位移可以忽略不计,计算弯矩时用梁变形前的位置,所以挠度和转角均与作用于梁上的载荷成线性关系。这样,欲求梁上某个截面所产生的挠度和转角时,可先分别计算各个载荷单独作用下该截面所产生的挠度和转角,然后叠加,即为这些载荷共同作用时的变形,这就是计算弯曲变形的叠加法。

现将梁在某些简单载荷作用下的变形列入表 7.2,以便直接查用。

表 7.2 梁在简单载荷作用下的变形

序号	梁的简图	挠曲线方程	端截面转角	最大挠度
1	y, M_e, B, x, A, l	$w = -\frac{M_e x^2}{2EI}$	$\theta_B = -\frac{M_e l}{EI}$	$w_B = -\frac{M_e l^2}{2EI}$

（续）

序号	梁的简图	挠曲线方程	端截面转角	最大挠度
2	y F A B x l	$w=\frac{-Fx^2}{6EI}(3l-x)$	$\theta_B=-\frac{Fl^2}{2EI}$	$w_B=-\frac{Fl^3}{3EI}$
3	y q A B x l	$w=\frac{-qx^2}{24EI}(x^2-4lx+6l^2)$	$\theta_B=-\frac{ql^3}{6EI}$	$w_B=-\frac{ql^4}{8EI}$
4	y M_e A B x l	$w=-\frac{M_e x}{6EIl}(l-x)(2l-x)$	$\theta_A=-\frac{M_e l}{3EI}$ $\theta_B=\frac{M_e l}{6EI}$	$x=\left(1-\frac{1}{\sqrt{3}}\right)l$ $w_{max}=-\frac{M_e l^2}{9\sqrt{3}EI}$ 在 $x=l/2$ 处 $w=-\frac{M_e l^2}{16EI}$
5	y M_e A B x a b l	$w=\frac{M_e x}{6EIl}(l^2-3b^2-x^2)$ $(0\leqslant x\leqslant a)$ $w=\frac{M_e}{6EIl}[-x^3+3l(x-a)^2+(l^2-3b^2)x]$ $(a\leqslant x\leqslant l)$	$\theta_A=\frac{M_e}{6EIl}(l^2-3b^2)$ $\theta_B=\frac{M_e}{6EIl}(l^2-3a^2)$	
6	y F A B x $\frac{l}{2}$ $\frac{l}{2}$	$w=-\frac{Fx}{48EI}(3l^2-x^2-b^2)$ $\left(0\leqslant x\leqslant\frac{l}{2}\right)$	$\theta_A=-\theta_B=-\frac{Fl^2}{16EI}$	在 $x=\frac{l}{2}$ 处 $w=-\frac{Fl^3}{48EI}$
7	y F A B x a b l	$w=-\frac{Fbx}{6EIl}(l^2-x^2-b^2)$ $(0\leqslant x\leqslant a)$ $w=-\frac{Fb}{6EIl}\left[\frac{l}{b}(x-a)^3+(l^2-b^2)x-x^3\right]$ $(a\leqslant x\leqslant l)$	$\theta_A=-\frac{Fab(l+b)}{6EIl}$ $\theta_B=\frac{Fab(l+a)}{6EIl}$	$a>b$ 时 在 $x=l/2$ 处 $w=-\frac{Fb(3l^2-4b^2)}{48EI}$
8	y q A B x l	$w=-\frac{qx}{24EI}(l^3-2lx^2+x^3)$	$\theta_A=-\theta_B=-\frac{ql^3}{24EI}$	在 $x=l/2$ 处 $w=-\frac{5ql^4}{384EI}$

（续）

序号	梁的简图	挠曲线方程	端截面转角	最大挠度
9	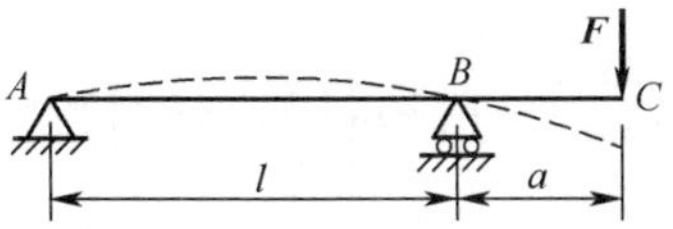	$w = \frac{Fax}{6EIl}(l^2 - x^2)$ $(0 \leqslant x \leqslant l)$ $w = -\frac{F(x-l)}{6EI}[a(3x-l)$ $-(x-l)^2]$ $(l \leqslant x \leqslant (l+a))$	$\theta_A = -\frac{1}{2}\theta_B = \frac{Fal}{6EI}$ $\theta_C = -\frac{Fa}{6EI}(2l+3a)$	$w_C = -\frac{Fa^2}{3EI}$ $(l+a)$
10	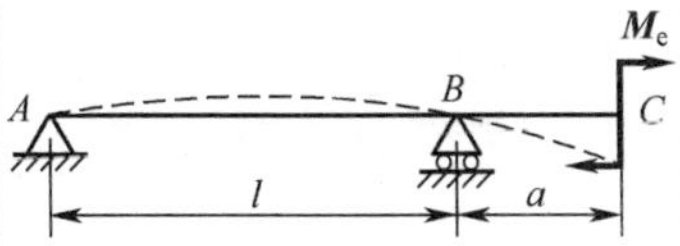	$w = \frac{M_e x}{6EIl}(l^2 - x^2)$ $(0 \leqslant x \leqslant l)$ $w = \frac{M_e}{6EI}(-l^2 + 4xl - 3x^2)$ $(l \leqslant x \leqslant (l+a))$	$\theta_A = -\frac{1}{2}\theta_B = \frac{M_e l}{6EI}$ $\theta_C = -\frac{M_e}{3EI}(l+3a)$	$w_C = -\frac{M_e a}{6EI}$ $(2l+3a)$
11	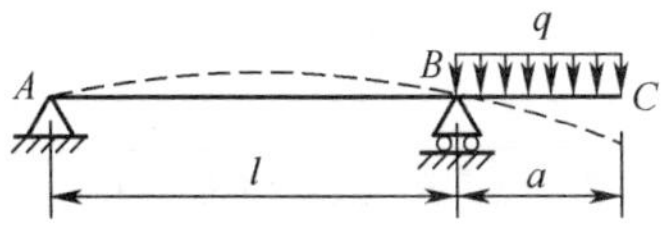	$w = \frac{qa^2 x}{12EIl}(l^2 - x^2)$ $(0 \leqslant x \leqslant l)$ $w = -\frac{q(x-l)}{24EI}[(x-l)^3$ $-4a(x-l)^2 + 2a^2(3x-l)]$ $(l \leqslant x \leqslant (l+a))$	$\theta_A = -\frac{1}{2}\theta_B = \frac{qa^2 l}{12EI}$ $\theta_C = -\frac{qa^2}{6EI}(l+a)$	$w_C = -\frac{qa^3}{24EI}(4l$ $+3a)$

例 7.7 悬臂梁受载荷如图所示，试求 B 截面的挠度和转角。已知梁的抗弯刚度为 EI。

解：此梁的载荷可分为 q 和 F 两种简单载荷（图(b)和图(c)）。首先从表 7.2 中查出每种载荷单独作用时悬臂梁的相应挠度和转角，然后按叠加法求其代数和，即得所求的挠度和转角。

$$w_B = (w_B)_q + (w_B)_F$$
$$= -\frac{ql^4}{8EI} + \frac{Fl^3}{3EI} = -\frac{ql^4}{8EI} + \frac{ql \cdot l^3}{3EI} = \frac{5ql^4}{24EI}$$
$$\theta_B = (\theta_B)_q + (\theta_B)_F$$
$$= -\frac{ql^3}{6EI} + \frac{Fl^2}{2EI} = \frac{ql^3}{6EI} + \frac{ql \cdot l^2}{2EI} = \frac{ql^3}{3EI}$$

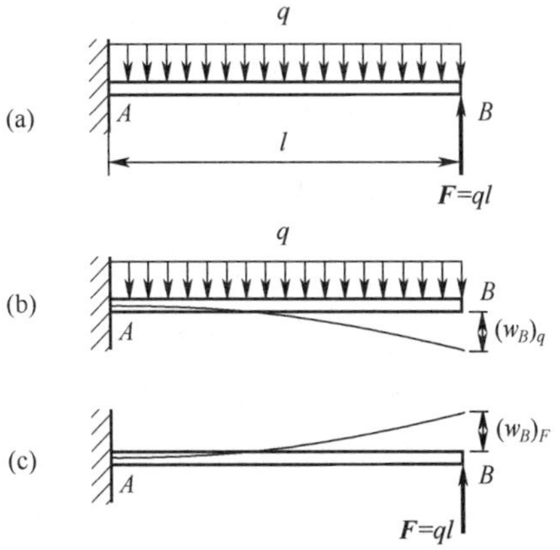

例 7.7 图

例 7.8 按叠加法计算例 7.6 中悬臂梁截面 A 的转角与挠度。

解：为了利用表 7.2 中简单载荷下梁的变形结果，将图(a)所示载荷做如下等效变化，将作用在梁左半部的均布载荷 q，延展至梁的右端 B，同时在延展部分施加反向同位均布载荷如图(b)所示，再将其分解为图(c)和图(d)所示两种简单载荷作用的梁。由图(c)，查表得

$$\theta_A' = \frac{q\,(2a)^3}{6EI} = \frac{4qa^3}{3EI}$$

$$w_A' = -\frac{q\,(2a)^4}{8EI} = -\frac{2qa^4}{EI}$$

由图(d),查表得

$$\theta_A'' = \theta_C'' = -\frac{qa^3}{6EI}$$

$$w_A'' = w_C'' + \theta_C'' \cdot a = \frac{qa^4}{8EI} + \frac{qa^3}{6EI} \cdot a = \frac{7qa^4}{24EI}$$

由叠加法,截面 A 的转角为

$$\theta_A = \theta_A' + \theta_A'' = \frac{4qa^3}{3EI} - \frac{qa^3}{6EI} = \frac{7qa^3}{6EI}$$

截面 A 的挠度为

$$w_A = w_A' + w_A'' = -\frac{2qa^4}{EI} + \frac{7qa^4}{24EI} = -\frac{41qa^4}{24EI}$$

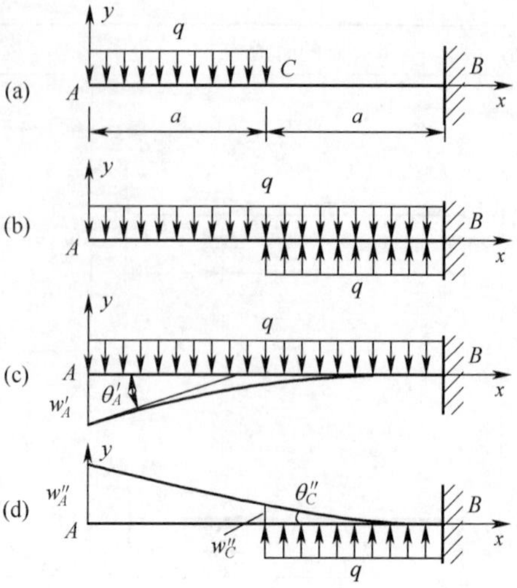

例 7.8 图

结果与例 7.6 中一致。叠加法计算过程则简单多了。

例 7.9 试用叠加法求图(a)所示外伸梁在 C 端的挠度。EI 为常数。

解:将图(a)所示载荷分解为两部分分别作用在梁上(图(b)、(c))。

由图(b),查表可得 B 截面转角为

$$\theta_B = \frac{ql^3}{24EI}$$

并由此得截面 C 的相应挠度为

$$w_C' = \theta_B \cdot a = \frac{ql^3 a}{24EI}$$

由图(c)查表可得截面 C 的挠度为

$$w_C'' = -\frac{qa^3}{24EI}(4l + 3a)$$

由叠加法可得截面 C 的总挠度为

$$w_C = w_C' + w_C'' = \frac{qa}{24EI}(l^3 - 4la^2 - 3a^3)$$

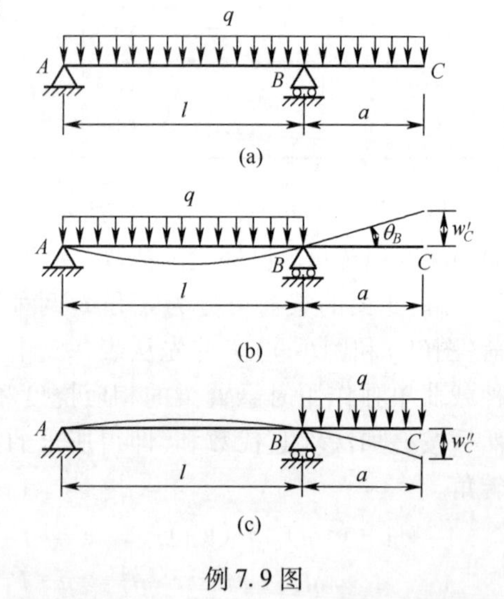

例 7.9 图

7.5 简单超静定结构

在前面所介绍的结构中,约束反力及内力都能通过静力学平衡方程求解。这类结构称为静定结构。在工程实际中,有时为了提高结构的强度与刚度,或由于构造上的需要,往往给上述静定结构再增加约束,于是,结构的未知力(约束反力和内力)的数目,超过独立平衡方程的数目,此类结构,称之为超静定结构,未知力数目与独立平衡方程数目之差称为该结构超静定次数。

在超静定结构中,凡是多于维持平衡所必需的约束称为**多余约束**,与其相应的约束力

称为**多余约束力**。为了求解超静定结构,除应建立平衡方程外,还应利用变形协调条件以及力与位移间的物理关系,以建立变形补充方程,并使补充方程的数目等于超静定的次数。现以拉伸(压缩)、扭转和弯曲三种基本变形下的超静定问题为例,来说明分析超静定结构的基本方法。

一、拉压超静定问题

如图 7.8(a)所示刚性梁 ABC,其右端为固定铰接,在 A、B 处与两垂直拉杆 AD 和 BE 相连接,两杆的拉压刚度分别为 E_1A_1 和 E_2A_2,长度均为 l,左端作用力 F,横梁的自重不计,求拉杆 AD 和 BE 的内力。

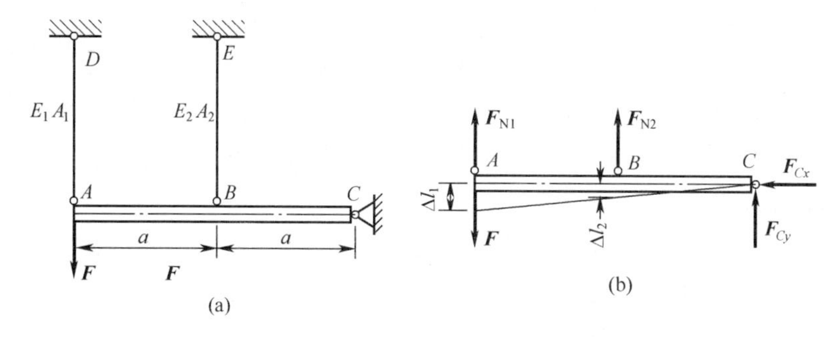

图 7.8

取刚性横梁为研究对象,其受力图如图 7.8(b)所示。这是个平面力系,可列出三个平衡方程

$$\Sigma F_x=0, \qquad F_{Cx}=0 \tag{a}$$

$$\Sigma F_y=0, \qquad F_{N1}+F_{N2}+F_{Cy}-F=0 \tag{b}$$

$$\Sigma M_C=0, \qquad F \cdot 2a-F_{N1} \cdot 2a-F_{N2} \cdot a=0 \tag{c}$$

上述方程中有四个未知力,是一个一次超静定问题。因此必须建立一个补充方程。注意到拉杆的变形不能是任意的,必须与其所受的约束相适应,换句话说,它们之间必须相互协调,保持一定的几何关系,我们称其为**变形协调条件**。

由于横梁的刚度比两个拉杆大得多,因此我们把横梁看做刚性梁,忽略其变形,可以设想在外力 F 作用下梁 ABC 仍看做一条直线,仅倾斜了一个角度。设两个拉杆的伸长变形分别为 Δl_1 和 Δl_2,它们之间应保持这样的关系

$$\frac{\Delta l_1}{2a}=\frac{\Delta l_2}{a} \quad 或 \quad \Delta l_1=2\Delta l_2 \tag{d}$$

这就是各杆满足的变形协调方程。当应力不超过比例极限时,则由胡克定律可知,变形 Δl_1、Δl_2 与轴力 F_{N1} 和 F_{N2} 之间的物理关系为

$$\begin{cases} \Delta l_1=\dfrac{F_{N1}l}{E_1A_1} \\ \Delta l_2=\dfrac{F_{N2}l}{E_2A_2} \end{cases} \tag{e}$$

将式(e)代入式(d),得到补充方程为

$$\frac{F_{N1}}{E_1A_1} = 2\frac{F_{N2}}{E_2A_2} \tag{f}$$

将式(f)代入式(c),整理后得

$$F_{N1} = \frac{4F}{4 + \dfrac{E_2A_2}{E_1A_1}}$$

$$F_{N2} = \frac{2F}{1 + 4\dfrac{E_1A_1}{E_2A_2}}$$

所得结果均为正,说明各杆轴力均为拉力的假设为正确的。

由上述结果可以看出,在超静定结构中,各杆的轴力不仅与其在结构中的几何位置有关,而且还与该杆刚度和其他杆的刚度比有关,任一杆件刚度的改变都将引起杆系内力的重新分配。一般而言,增大某杆刚度,该杆的轴力亦相应增大。这也是超静定问题区别于静定问题的一个重要特征。

从上述求解过程来看,求解超静定问题的关键就是根据问题的变形协调条件写出变形协调方程,然后根据物理关系建立各未知力间的补充方程,结合静力平衡方程解出全部未知力,对于求解一般的超静定问题是普遍适用的。

例 7.10 图(a)所示两端固定杆的支反力。设杆的抗拉(压)刚度为 EA 。F 、a 、b 、l 均为已知。

解:杆的受力如图(b)所示。因共线力系只有一个平衡方程,而未知力有两个,所以是一次超静定问题,必须建立一个补充方程。

杆的平衡方程为

$$\Sigma F_y = 0, \quad F_A + F_B - F = 0 \tag{a}$$

按图(b)所示 F_A 和 F_B 的指向,该杆的 AC 段受拉伸而 CB 段受压缩。因为杆的上、下两端面受到沿轴向的约束,不可能发生沿轴向的相对位移,所以,杆受力后,其总长度应保持不变,此即本问题的变形协调条件,其变形协调方程为

$$\Delta l = \Delta l_{AC} + \Delta l_{CB} = 0 \tag{b}$$

AC 与 CB 段的轴力分别为

$$F_{N1} = F_A \,,\, F_{N2} = -F_B$$

由胡克定律,两段杆的变形分别为

$$\Delta l_{AC} = \frac{F_{N1}a}{EA} = \frac{F_Aa}{EA} \,,\, \Delta l_{CB} = \frac{F_{N2}b}{EA} = -\frac{F_Bb}{EA} \tag{c}$$

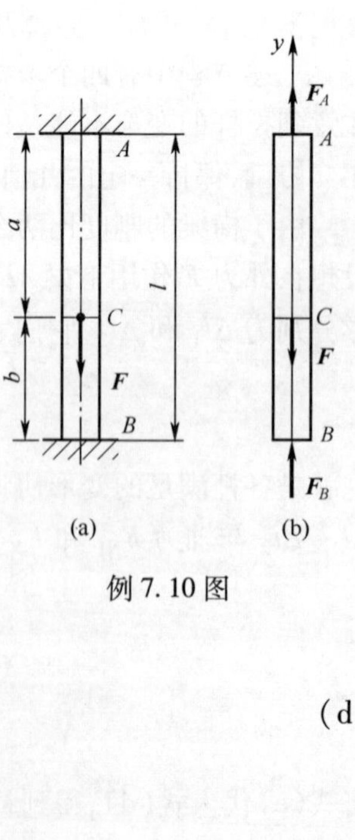

(a) (b)

例 7.10 图

将式(c)代入式(b),即得补充方程

$$\frac{F_Aa}{EA} = \frac{F_Bb}{EA} \tag{d}$$

联立求解(a)、(d)两式,得

$$F_A = \frac{Fb}{l}, \quad F_B = \frac{Fa}{l}$$

结果为正号,说明假设的支反力 F_A 和 F_B 的指向是正确的。

二、扭转超静定问题

等直圆杆在扭转时,如果杆端的约束反力偶矩或杆横截面上的扭矩不能由静力平衡方程求解,这样的问题就称为**扭转超静定问题**。解这类问题与解拉压超静定问题所用方法是一样的,须根据变形协调条件建立内力间的补充方程。

例 7.11 图示两端固定阶梯形圆轴,在截面 C 处承受扭转力矩 M 作用。AC 段和 CB 段所用材质不同,其扭转刚度分别为 G_aI_{pa} 和 G_bI_{pb}。试求两端的约束力偶矩。

解: 设 A 端和 B 端的约束力偶矩为 M_A 与 M_B(图(b)),则由静力平衡方程 $\Sigma M_x=0$ 可得

$$M_A + M_B - M = 0 \tag{a}$$

在上述方程中,包括两个未知力偶矩,故为一次超静定问题,需要建立一个补充方程才能求解。

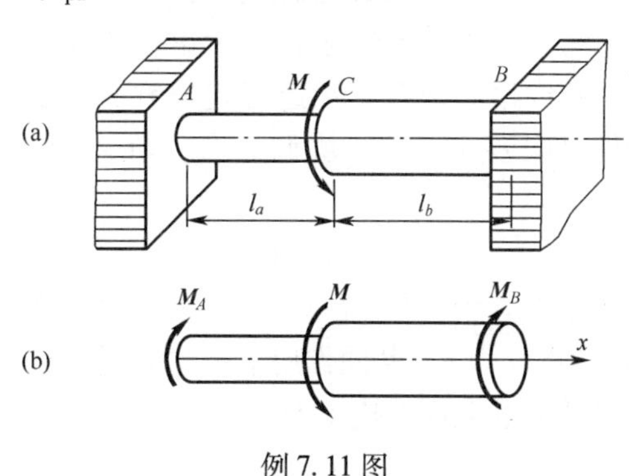

例 7.11 图

根据轴两端的约束条件可知,横截面 A 和 B 间的相对扭转角 φ_{AB} 应为零,所以,轴的变形协调条件为

$$\varphi_{AB} = \varphi_{AC} + \varphi_{CB} = 0 \tag{b}$$

AC 与 CB 段的扭矩分别为

$$T_1 = M_A, T_2 = -M_B$$

所以,AC 与 CB 段的扭转角分别为

$$\varphi_{AC} = \frac{T_1 l_a}{G_a I_{pa}} = \frac{M_A l_a}{G_a I_{pa}}, \quad \varphi_{CB} = \frac{T_2 l_b}{G_b I_{pb}} = -\frac{M_B l_b}{G_b I_{pb}} \tag{c}$$

将式(c)代入式(b),得变形补充方程为

$$\frac{M_A l_a}{G_a I_{pa}} = \frac{M_B l_b}{G_b I_{pb}} \tag{d}$$

联立求解(a)、(d)两式,得

$$M_A = \frac{G_a I_{pa} l_b}{G_a I_{pa} l_b + G_b I_{pb} l_a} \cdot M$$

$$M_B = \frac{G_b I_{pb} l_a}{G_a I_{pa} l_b + G_b I_{pb} l_a} \cdot M$$

结果为正,说明假定的 M_a 和 M_b 的转向是正确的。由上述结果可以看出,在扭转超静定结构中,各轴的扭转内力与扭转刚度有关,这与拉压超静定的结论是一致的。

三、简单超静定梁

与拉压超静定问题相似,当梁的未知约束反力的数目超过有效平衡方程的数目时,即

成为超静定梁。

因为求解梁的变形较为复杂,因此,常常通过解除多余约束,而以多余约束力代替其作用,形成外载和约束反力共同作用下的静定系统,称之为原超静定梁的**相当系统**。在这个相当系统的基础上,利用变形协调条件及力与位移间的物理关系,建立补充方程,辅之静力学平衡方程,以求出各约束反力。下面以图7.9(a)所示超静定梁为例,说明分析超静定梁的基本方法。

设支座 B 为多余约束,并将其解除,以约束反力 F_{By} 代替其作用,于是,原系统变为承受均布载荷 q 和约束反力 F_{By} 的静定悬臂梁(图7.9(b)),即原超静定梁的相当系统。

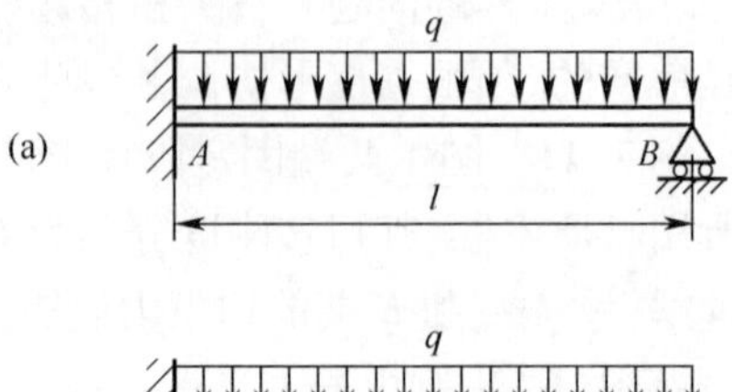

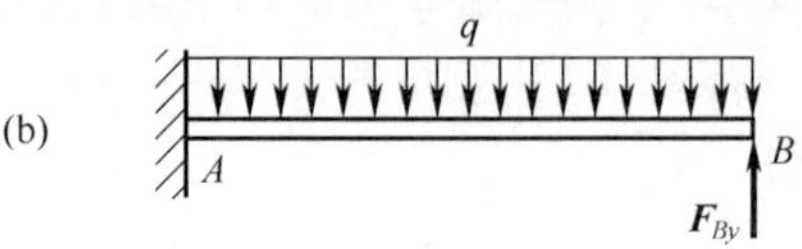

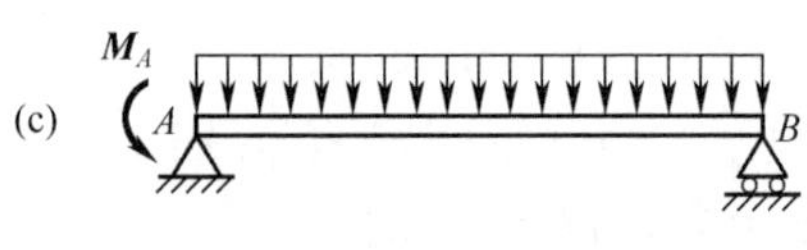

图7.9

相当系统的变形与原超静定梁相同,多余约束处的位移必须符合原超静定梁在该处的约束条件,即应满足变形协调条件。在本例中,即要求

$$w_B = 0 \tag{a}$$

在相当系统中,B 截面的挠度是由均布载荷 q 和约束反力 F_{By} 共同作用下引起的,仿例7.7得相当系统 B 截面的挠度为

$$w_B = (w_B)_q + (w_B)_{F_{By}} = -\frac{ql^4}{8EI} + \frac{F_{By}l^3}{3EI} \tag{b}$$

将式(b)代入式(a),得补充方程

$$-\frac{ql^4}{8EI} + \frac{F_{By}l^3}{3EI} = 0$$

由此得

$$F_{By} = \frac{3ql}{8}$$

所得结果为正,说明所设约束反力 F_{By} 的方向正确。

多余约束反力确定后,由平衡方程 $\Sigma M_A = 0$ 与 $\Sigma F_y = 0$,可得固定端处的约束力与约束力偶矩分别为

$$F_{Ay} = \frac{5ql}{8}\text{(向上)},\ M_A = \frac{ql^2}{8}\text{(逆时针)}$$

应该指出,只要不是限制梁刚体位移所必需的约束,均可作为多余约束。因此,对图7.9(a)所示超静定梁,也可将固定端限制 A 截面转动的约束当作多余约束。于是,若将该约束解除,并以相应的约束反力偶矩 M_A 代替其作用,则原超静定梁的相当系统如图7.9(c)所示,而相应的变形协调条件为

$$\theta_A = 0$$

由此求得的约束反力偶矩和约束反力与上述解答完全相同。请读者自行解之。

例7.12 试求图(a)所示超静定结构中拉杆的内力。已知梁上均布载荷集度为 q,梁的弯曲刚度为 EI,杆的拉压刚度为 EA。

解:图示系统为一次超静定结构。选拉杆 BC 的轴力 F_N 作为多余约束力,解除 B 点约束,以约束力 F_N 代替其作用,AB 梁的相当静定系统如图(b)所示。截面 B 的挠度必须满足变形协调条件

$$w_B = \Delta l_{BC} \tag{a}$$

利用叠加法,得相当系统中梁 AB 在截面 B 的挠度为

$$w_B = \frac{ql^4}{8EI} - \frac{F_N l^3}{3EI} \tag{b}$$

BC 杆在轴力 F_N 作用下伸长量

$$\Delta l_{BC} = \frac{F_N l}{2EA} \tag{c}$$

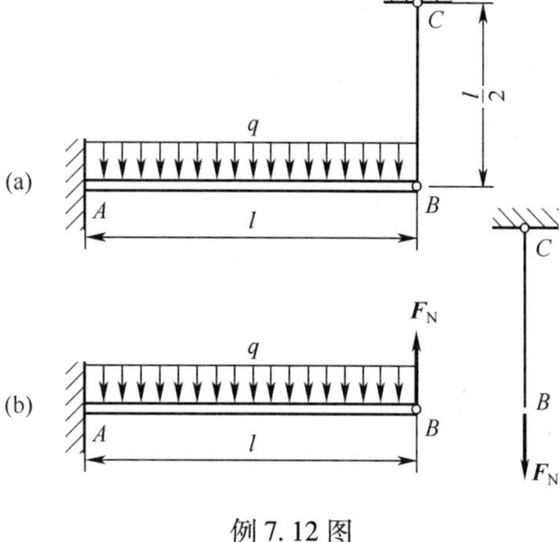

例 7.12 图

将式(b)、式(c)代入式(a),得补充方程为

$$\frac{ql^4}{8EI} - \frac{F_N l^3}{3EI} = \frac{F_N l}{2EA}$$

解得

$$F_N = \frac{3Aql^3}{4(2Al^2 + 3I)}$$

7.6 能量法求结构的位移

一、能量原理的基本概念

前面各节中,主要讨论了单一杆件在外力作用下的变形问题,上述变形可通过胡克定律求得,较复杂的问题(如梁的变形)亦可利用积分法和变形叠加法求得。但工程中更多面对的是刚架或由各种杆件组成的系统,在载荷作用下,载荷作用点沿载荷作用方向将产生位移分量,称为该载荷的**相应位移**。上述位移为各杆件自身变形的积累,由于各杆件之间几何关系的复杂性,试图通过前述变形叠加法来求得此位移变得格外困难。能量法为我们提供了一种求上述位移的方便方法,而不必顾忌结构的复杂性,如刚架、桁架等。本节将着重讨论能量法求结构位移的问题。

外力通过相应位移做功的同时,在构件内部积蓄了能量,称为**应变能**,并用 V_ε 表示。根据能量守恒定律可知,如果载荷由零逐渐地、缓慢地增加,以致在加载过程中,构件的动能与热能的变化均可忽略不计,则储存在构件内的应变能 V_ε,数值上等于外力所做的功 W,即

$$V_\varepsilon = W \tag{7.15}$$

上式称为**能量原理**。

能量原理不仅可分析构件或结构的位移与应力,也可用于分析与变形有关的其他问题,如超静定结构。利用能量原理分析构件或结构的位移与应力的方法称为**能量法**。能量法不仅适用于线弹性体,而且还可用于非线性弹性体。本节研究将仅限于线弹性范围内。

二、外力功的计算

外力功和应变能的计算是能量法的基础，因此，必须首先介绍其计算方法。材料在线弹性范围内，载荷 f 与变形 δ 成正比，即

$$f = k\delta$$

其中 k 为比例常数。当载荷 f 与变形 δ 分别由零逐渐增加至最终值 F 与 Δ 时，载荷所做之功为

$$W = \int_0^\Delta f\mathrm{d}\delta = \int_0^\Delta k\delta\mathrm{d}\delta = \frac{k\Delta^2}{2}$$

由于 $F=k\Delta$，则上式又可写为

$$W = \frac{F\Delta}{2} \tag{7.16}$$

上式表明，在线弹性范围内，外力功等于载荷 F 与相应位移 Δ 的乘积之半。

当弹性体上同时作用多个载荷时，例如在简支梁上作用载荷 F_1、F_2、…、F_n，而每一载荷在各自作用点上的相应位移为 Δ_1、Δ_2、…、Δ_n（图 7.10），由于弹性体在变形过程中储存的应变能只决定于载荷和位移的最终值，与加载的次序无关。这样，设加载过程中各载荷之间始终保持一定的比例关系，则根据叠加原理可知，各载荷分别与相应的位移成正比。则载荷所做之总功应为

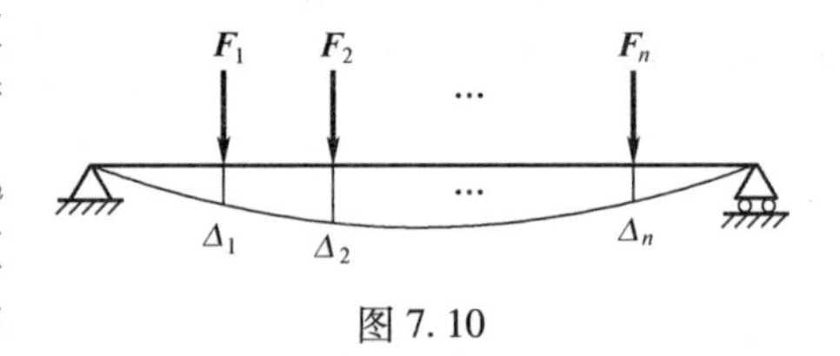

图 7.10

$$W = \frac{F_1\Delta_1}{2} + \frac{F_2\Delta_2}{2} + \cdots + \frac{F_n\Delta_n}{2} = \sum_{i=1}^{n} \frac{F_i\Delta_i}{2} \tag{7.17}$$

上述关系称为**克拉贝依隆（Clapeyron）原理**。应该指出，上述载荷 $F_i(i=1,2,\cdots n)$ 应理解为广义力，而位移 $\Delta_i(i=1,2,\cdots,n)$ 应理解为相应的广义位移。

三、应变能的计算

不失一般性地讨论，当杆件在横截面上的内力同时存在轴力 $F_{\mathrm{N}}(x)$、扭矩 $T(x)$ 及弯矩 $M(x)$ 时，在微段杆内（图 7.11(a)），轴力 $F_{\mathrm{N}}(x)$ 仅在轴力引起的轴向变形 $\mathrm{d}\delta$ 上做功（图 7.11(b)），而扭矩 $T(x)$ 与弯矩 $M(x)$ 则仅分别在各自引起的扭转变形 $\mathrm{d}\varphi$（图 7.11c）与弯曲变形 $\mathrm{d}\theta$（图 7.11d）上做功，它们相互独立。因此，由克拉贝依隆原理与能量守恒定律得微段 $\mathrm{d}x$ 的应变能为

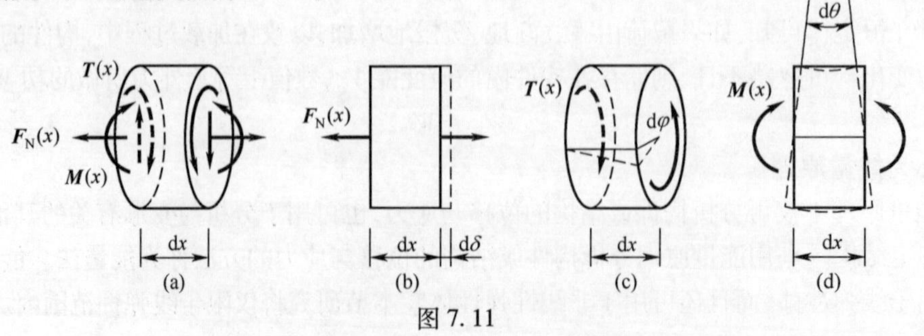

图 7.11

$$dV_\varepsilon = dW = \frac{F_N(x)d\delta}{2} + \frac{T(x)d\varphi}{2} + \frac{M(x)d\theta}{2} = \frac{F_N^2(x)dx}{2EA} + \frac{T^2(x)dx}{2GI_p} + \frac{M^2(x)dx}{2EI}$$

而整个杆或杆系的应变能则为

$$V_\varepsilon = \int_l \frac{F_N^2(x)}{2EA}dx + \int_l \frac{T^2(x)}{2GI_p}dx + \int_l \frac{M^2(x)}{2EI}dx \tag{7.18}$$

应变能计算式中,忽略了剪力引起的应变能,这是因为一般细长杆中,剪切引起的应变能远小于其他内力引起的应变能,因此,在一般情况下都忽略不计。另外,当杆件仅存在一种内力时,则应变能仅含有相应内力的项,如梁为纯弯曲时的应变能为

$$V_\varepsilon = \int_l \frac{M^2(x)}{2EI}dx \tag{7.19}$$

从式(7.18)可知,应变能是载荷的二次函数。因此,产生同一基本变形的一组外力在杆内所产生的应变能在计算上不适用于叠加法。另外,应变能恒为正。

四、单位载荷法(莫尔定理)

本节将推导一种求位移的简便方法——**单位载荷法**,可方便地求得结构任何一点在任何方向上的位移。

设简支梁在载荷 $F_1, F_2, \cdots, F_n$ 作用下,梁上任一截面 C 的位移为 Δ(图 7.12(a))。在线弹性范围内,由式(7.19),梁的弯曲应变能为

$$V_\varepsilon = \int_l \frac{M^2(x)}{2EI}dx \tag{a}$$

式中 $M(x)$ 是载荷作用下梁任意横截面上的弯矩。为了求出截面 C 的位移 Δ,设想在 C 点沿位移 Δ 的方向上单独作用数值为 1 的单位力(图 7.12(b)),梁内任意横截面上相应的弯矩为 $\overline{M}(x)$ 。则梁在单位力作用下的应变能为

$$\overline{V}_\varepsilon = \int_l \frac{\overline{M}^2(x)}{2EI}dx \tag{b}$$

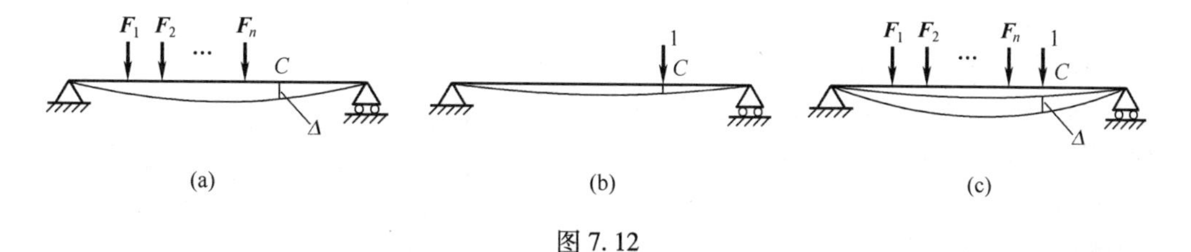

图 7.12

若先在梁上作用单位力,然后再作用载荷 $F_1, F_2, \cdots, F_n$,梁的应变能除 $\overline{V}_\varepsilon$ 和 V_ε 外,还因为作用载荷 $F_1, F_2, \cdots, F_n$ 时,使已作用于 C 点的单位力又产生位移 Δ(图 7.12(c)),并做了 $1 \cdot \Delta$ 的功,故总应变能为

$$V'_\varepsilon = V_\varepsilon + \overline{V}_\varepsilon + 1 \cdot \Delta \tag{c}$$

另外,梁在单位力和 $F_1, F_2, \cdots, F_n$ 的共同作用下,其任意横截面上的弯矩为 $M(x) + \overline{M}(x)$,此时,梁上应变能的另外一种表达式为

$$V'_{\varepsilon} = \int_l \frac{(M(x) + \overline{M}(x))^2}{2EI}\mathrm{d}x \tag{d}$$

故有

$$V_{\varepsilon} + \overline{V}_{\varepsilon} + 1 \cdot \Delta = \int_l \frac{(M(x) + \overline{M}(x))^2}{2EI}\mathrm{d}x \tag{e}$$

将式(e)右端展开,并比较式(a)、式(b),即可求得

$$\Delta = \int_l \frac{M(x)\overline{M}(x)}{EI}\mathrm{d}x \tag{7.20}$$

上式即为计算结构位移的**莫尔定理**,或称**莫尔积分**。

关于莫尔定理的应用作如下说明:

(1) 当外载荷在杆件横截面上同时产生轴力 $F_{\mathrm{N}}(x)$、弯矩 $M(x)$ 和扭矩 $T(x)$ 时,则类似可推出莫尔积分的普遍形式

$$\Delta = \int_l \frac{F_{\mathrm{N}}(x)\ \overline{F_{\mathrm{N}}}(x)}{EA}\mathrm{d}x + \int_l \frac{M(x)\overline{M}(x)}{EI}\mathrm{d}x + \int_l \frac{T(x)\overline{T}(x)}{GI_{\mathrm{p}}}\mathrm{d}x \tag{7.21}$$

上式中,仍然忽略了剪力的影响。$\overline{F}_{\mathrm{N}}(x)$、$\overline{M}(x)$、$\overline{T}(x)$ 分别为单位力引起的杆件横截面上的轴力、弯矩和扭矩。

在只受节点载荷作用的桁架中,由于各杆在横截面上只有轴力 F_{N},且沿杆长为定值,则表达式(7.21)可写为

$$\Delta = \sum_{i=1}^{n} \frac{F_{\mathrm{N}i}\overline{F}_{\mathrm{N}i}l_i}{E_iA_i} \tag{7.22}$$

式中,$E_iA_i(i=1,2,\cdots,n)$ 为各杆的拉压刚度。

(2) 单位力为广义力,视所要确定位移的性质而定。若 Δ 为所求截面处的线位移,则单位力即为施加于该处沿待定线位移方向的力;若 Δ 为某截面的转角或扭转角,则单位力为施加于该截面处的弯曲力偶或扭转力偶;若 Δ 为桁架上两节点间的相对位移,则单位力应该是施加在两节点上,并与两节点连线重合的一对大小相等、指向相反的力。

(3) 式(7.21)右端的计算结果若为正值,则表示待定位移 Δ 的指向与单位力指向一致;若为负值,则 Δ 的指向与单位力指向相反。

例 7.13 按莫尔定理计算例 7.6。

解:(1) 分段列出弯矩方程。

AC 段 $M(x) = -\dfrac{1}{2}qx^2 \quad (0 \leqslant x \leqslant a)$

CB 段 $M(x) = -qax + \dfrac{1}{2}qa^2 \quad (a \leqslant x \leqslant 2a)$

(2) 求 A 截面转角 θ_A。

欲求 A 截面的转角,在 A 截面作用单位力偶(如图(b)所示),由此引起的弯矩方程为

$$\overline{M}(x) = 1$$

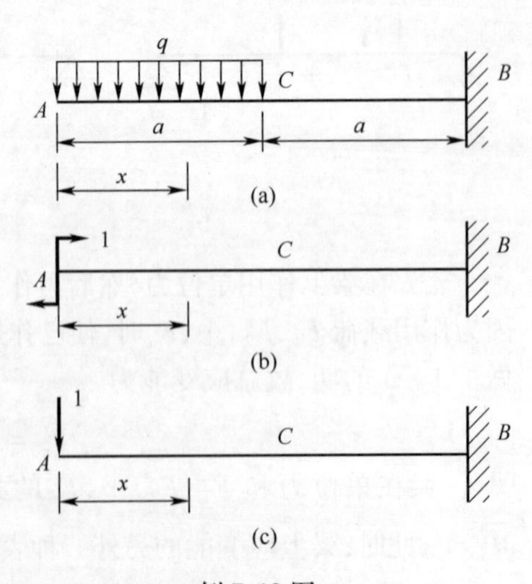

例 7.13 图

由莫尔定理的积分公式(7.20),可得 A 截面的转角

$$\begin{aligned}\theta_A &= \int_l \frac{M(x)\overline{M}(x)}{EI}\,\mathrm{d}x \\ &= \frac{1}{EI}\int_0^a -\frac{1}{2}qx^2 \cdot 1 \cdot \mathrm{d}x + \frac{1}{EI}\int_a^{2a}\left(-qax + \frac{1}{2}qa^2\right) \cdot 1 \cdot \mathrm{d}x \\ &= \frac{1}{EI}\left(-\frac{1}{6}qa^3 - \frac{3}{2}qa^3 + \frac{1}{2}qa^3\right) \\ &= -\frac{7qa^3}{6EI}\end{aligned}$$

负号表示实际 A 截面转角方向与设置的单位力偶方向相反,即为逆时针方向。

(3) 求 A 截面挠度 Δ_{Ay}。

欲求 A 截面的铅垂位移,在 A 截面施加一垂直向下的单位力(如图(c)所示),由此引起的弯矩方程为

$$\overline{M}(x_1) = -x_1$$

由莫尔定理的积分公式(7.20),可得梁 A 截面的铅垂位移为

$$\begin{aligned}\Delta_{Ay} &= \int_l \frac{M(x)\overline{M}(x)}{EI}\,\mathrm{d}x \\ &= \frac{1}{EI}\int_0^a\left(-\frac{1}{2}qx^2\right) \cdot (-x) \cdot \mathrm{d}x + \frac{1}{EI}\int_a^{2a}\left(-qax + \frac{1}{2}qa^2\right) \cdot (-x) \cdot \mathrm{d}x \\ &= \frac{1}{EI}\left(\frac{1}{8}qa^4 + \frac{7}{3}qa^4 - \frac{3}{4}qa^4\right) \\ &= \frac{41qa^4}{24EI}\end{aligned}$$

上述结果与例 7.6 一致。

例 7.14 按莫尔定理计算图示桁架节点 C 的铅垂位移和水平位移。各杆的拉压刚度均为 EA。

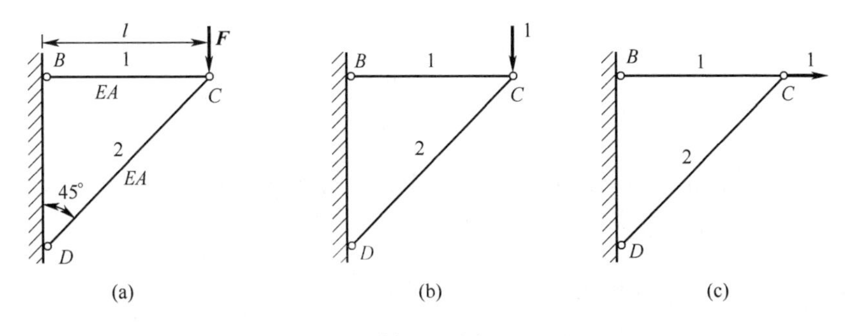

例 7.14 图

解:在外力作用下(图(a)),杆 1 和杆 2 的轴力分别为

$$F_{\mathrm{N1}} = F, \quad F_{\mathrm{N2}} = -\sqrt{2}F \tag{a}$$

欲求 C 点的铅垂位移,在 C 点施加一垂直向下的单位力(图(b)),则此时两杆由单

位力引起的轴力应为式(a)中 F 取 1 时的值,即

$$\overline{F}_{N1}=1,\quad \overline{F}_{N2}=-\sqrt{2} \tag{b}$$

由莫尔定理式(7.22),可得结构 C 点的铅垂位移为

$$\begin{aligned}\Delta_y&=\frac{F_{N1}\overline{F}_{N1}l_1}{EA}+\frac{F_{N2}\overline{F}_{N2}l_2}{EA}\\&=\frac{F\cdot 1\cdot l}{EA}+\frac{(-\sqrt{2}F)\cdot(-\sqrt{2})\cdot\sqrt{2}l}{EA}\\&=(1+2\sqrt{2})\frac{Fl}{EA}\end{aligned}$$

欲求 C 点的水平位移,在 C 点施加一水平单位力(图(c)),则此时两杆因单位力引起的轴力应为

$$\overline{F}_{N1}=1,\ \overline{F}_{N2}=0$$

则 C 点的水平位移为

$$\Delta_y=\frac{F_{N1}\overline{F}_{N1}l_1}{EA}+\frac{F_{N2}\overline{F}_{N2}l_2}{EA}=\frac{F\cdot 1\cdot l}{EA}+0=\frac{Fl}{EA}$$

Δ_y 与 Δ_x 均为正值,说明 C 点的垂直与水平位移与各自单位力方向是一致的。

例 7.15 由图(a)所示刚架的自由端 A 作用集中载荷 F。刚架各段的抗弯刚度已于图中标出。若不计轴力和剪力对位移的影响,试计算 A 点的垂直位移 Δ_y 及截面 B 的转角 θ_B。

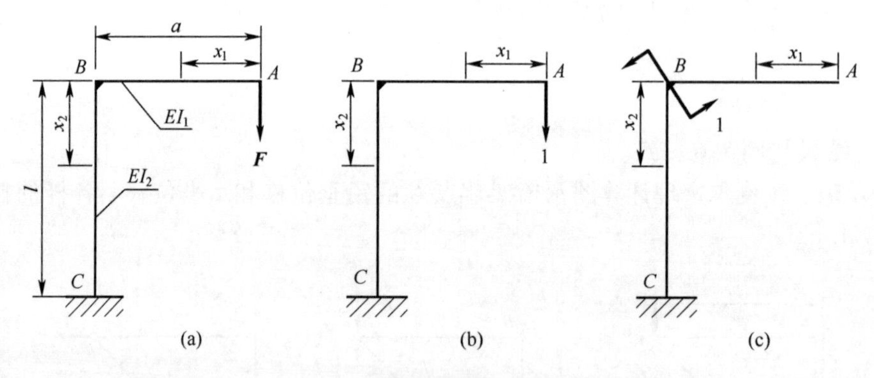

例 7.15 图

解:首先计算 A 点的垂直位移。为此,于 A 点作用垂直向下的单位力(图(b))。计算刚架各段内的 $M(x)$ 和 $\overline{M}(x)$。

AB 段: $M(x_1)=-Fx_1,\overline{M}(x_1)=-x_1$

BC 段: $M(x_2)=-Fa,\overline{M}(x_2)=-a$

利用莫尔定理

$$\Delta_y=\int_0^a\frac{M(x_1)\overline{M}(x_1)}{EI_1}\mathrm{d}x_1+\int_0^l\frac{M(x_2)\overline{M}(x_2)}{EI_2}\mathrm{d}x_2$$

$$= \frac{1}{EI_1}\int_0^a(-Fx_1)(-x_1)\mathrm{d}x_1 + \frac{1}{EI_2}\int_0^l(-Fa)(-a)\mathrm{d}x_2$$

$$= \frac{Fa^3}{3EI_1} + \frac{Fa^2 l}{EI_2}$$

计算截面 B 的转角 θ_B 。这需要在截面 B 上作用一个单位力偶矩,如图(c)所示。由图(a)、(c)算出各段的弯曲内力为

AB 段: $M(x_1) = -Fx_1, \overline{M}(x_1) = 0$

BC 段: $M(x_2) = -Fa, \overline{M}(x_2) = 1$

根据莫尔定理,

$$\theta_B = \frac{1}{EI_2}\int_0^l(-Fa)\cdot 1\cdot \mathrm{d}x_2 = -\frac{Fal}{EI_2}$$

式中,负号表示 θ_B 的转向与所加单位力偶矩的转向相反。

可以证明,一般情况下,轴力及剪力对抗弯杆件或杆系变形的影响甚小,常可忽略不计。

例 7.16 图示直角折杆,在端点 C 上作用集中力 F,设折杆两段均为等截面直杆,材料相同,试用莫尔定理确定 C 点的垂直位移 Δ_C。

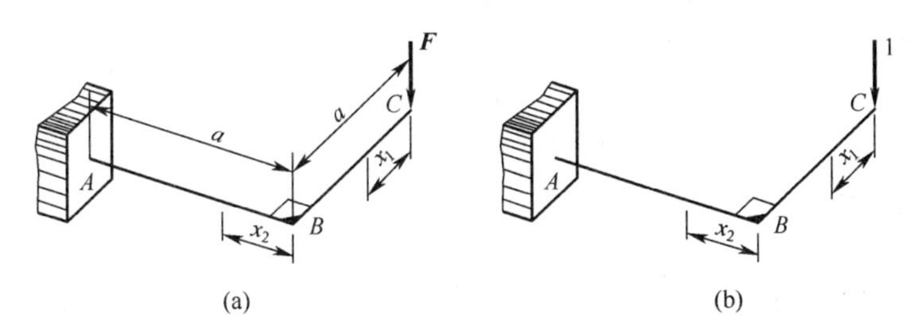

例 7.16 图

解:在 C 端竖直方向施加一单位力,根据图(a)、图(b)计算实际载荷和单位力单独作用时各段的内力方程如下:

BC 段: $M(x_1) = F\cdot x_1$, $\overline{M}(x_1) = x_1$

AB 段: $M(x_2) = F\cdot x_2$, $\overline{M}(x_2) = x_2$

$$T(x_2) = F\cdot a, \overline{T}(x_2) = a$$

由莫尔定理,C 点的垂直位移为

$$\Delta = \int_l \frac{M(x_1)\overline{M}(x_1)}{EI}\mathrm{d}x_1 + \int_l \frac{M(x_2)\overline{M}(x_2)}{EI}\mathrm{d}x_2 + \int_l \frac{T(x_2)\overline{T}(x_2)}{GI_\mathrm{p}}\mathrm{d}x_2$$

$$= \frac{1}{EI}\int_0^a Fx_1\cdot x_1\mathrm{d}x_1 + \frac{1}{EI}\int_0^a Fx_2\cdot x_2\mathrm{d}x_2 + \frac{1}{GI_\mathrm{p}}\int_0^a Fa\cdot a\mathrm{d}x_2$$

$$= \frac{Fa^3}{3EI} + \frac{Fa^3}{3EI} + \frac{Fa^3}{GI_\mathrm{p}} = \frac{2Fa^3}{3EI} + \frac{Fa^3}{GI_\mathrm{p}}$$

例 7.17 图(a)为活塞环的示意图。试计算在 F 力作用下切口的张开量。活塞环截面的弯曲刚度为 EI。

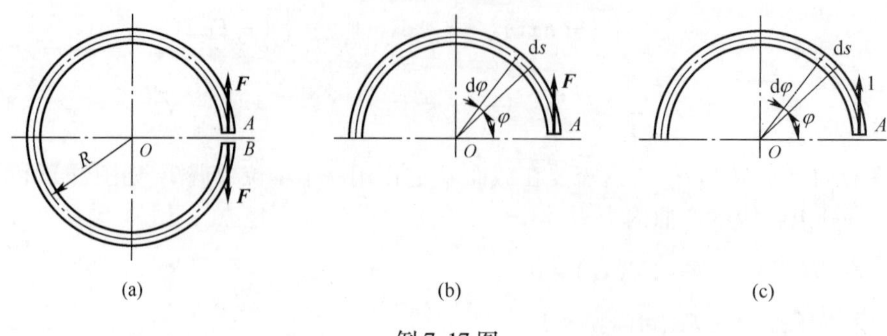

例 7.17 图

解:由于轴力、剪力对变形影响较小,可以不计,所以仅考虑弯矩的影响。

为计算切口的张开量,应在 A、B 两截面上,沿 F 力的方向作用一对方向相反的单位力。由于环的形状、载荷和单位力都对其水平直径对称,故计算时可以只考虑环的一半,然后将所得结果乘以 2。图(b)和图(c)表示环上半部受力情况。由载荷 F 求出

$$M(\varphi) = FR(1 - \cos\varphi)$$

由单位力求出

$$\overline{M}(\varphi) = R(1 - \cos\varphi)$$

由式(7.20),求得切口张开量为

$$\Delta_{AB} = 2\int_s \frac{M(\varphi)\overline{M}(\varphi)}{EI}\mathrm{d}s$$

注意到 $\mathrm{d}s = R\mathrm{d}\varphi$,则

$$\Delta_{AB} = \frac{2}{EI}\int_0^{\pi} FR(1 - \cos\varphi) \cdot R(1 - \cos\varphi)R\mathrm{d}\varphi = \frac{3\pi FR^3}{EI}$$

本 章 小 结

一 、本章基本要求

1. 熟练掌握拉(压)杆变形计算。
2. 熟练掌握圆轴扭转变形计算与刚度条件。
3. 掌握积分法求梁的弯曲变形。
4. 熟练掌握叠加法求弯曲变形与梁的刚度计算。
5. 理解超静定概念,熟练掌握简单超静定问题的求解方法。
6. 理解功能原理,熟练掌握利用莫尔定理求解结构的位移问题。

二、本章重点

1. 杆件在拉(压)时的纵向变形及横向变形的计算。
2. 轴扭转时的变形计算和刚度计算。
3. 梁弯曲时的变形分析,挠度、转角及挠曲线的概念,用积分法和叠加法求解梁的变形。
4. 用变形比较法解简单超静定问题,最关键的是利用变形协调条件建立变形协调方

程(或补充方程),从而解除出多余约束反力或多余内力。

5. 在掌握功能原理、应变能的计算基础上,熟练应用单位载荷法求任何结构(刚架、桁架、曲杆等)任一截面处的位移。

三、本章难点

1. 对于横截面或其上的内力随轴线变化的杆件,利用胡克定律计算拉压或扭转变形时应分段计算变形,然后代数相加得全杆变形。

2. 挠曲线近似微分方程建立后,根据边界条件和光滑连续条件确定积分常数,特别对于分段积分时,诸多积分常数比较冗繁,需要细心和耐心。

3. 使用叠加法求解梁弯曲变形时注意"分"与"叠"的技巧,"分"要受载和变形等效,分后变形易查表。叠加要全面,特别是刚体位移部分不可漏掉,"叠"时要注意正负号,以免笼统相加,造成结果错误。

4. 求解拉压超静定时,正确建立各杆伸长(或缩短)量之间的几何关系;解决轴扭转与梁弯曲的超静定问题时,正确建立变形几何方程,尤其注意所设多余约束处变形不为零时的变形协调方程的建立。

5. 快速、准确地写出外载和单位载荷引起的结构上各段的内力方程并正确完成莫尔积分。

四、学习建议

1. 无论计算哪种形式的变形,应注意分段原则:拉压杆的拉压刚度(EA)分界处和轴力突变处;扭转轴的扭转刚度(GI_p)分界处和扭矩突变处;弯曲梁弯曲刚度(EI)分界处和弯矩方程需分段处。

2. 明确梁在平面弯曲时,其变形(曲率)和横截面的位移(挠度和转角)的概念及正负的规定。对求解指定截面的转角和挠度时用叠加法更为方便,关键要掌握叠加的"分"与"和",使之成为已知结果或易查表求得结果的简单梁。

3. 解简单超静定问题时,首先判断结构是否是超静定系统。超静定问题重心要放在如何根据变形协调条件找出变形几何关系上。拉压超静定问题是根据各杆件伸长(或缩短)量之间的几何关系建立变形协调方程。弯曲超静定则是通过相当静定系统与原结构的比较建立变形协调方程。此比较指视为多余约束的结合点的变形比较,以满足变形协调为原则。在列变形协调方程时,注意所假设的杆件变形应是杆件可能发生的变形,假设的内力方向应与变形一致。

4. 利用莫尔定理求解结构位移时应注意以下几个问题:①单位载荷设置时,注意必须对应所求位移性质、方向;②外载结构图和单位载荷结构图中,局部坐标设置和内力的正负号规定(尤其刚架系统)必须一致,否则会得到错误结果;③外载与单位载荷引起的结构上各段的内力方程必须一一对应。对于复杂结构,特别注意不要漏项。

习　题

7-1　变截面直杆受力如图所示。已知:$A_1 = 8\text{cm}^2$,$A_2 = 4\text{cm}^2$,$E = 200\text{GPa}$。求杆的总伸长 Δl。

7-2　已知变截面钢杆,Ⅰ段为直径 $d_1 = 20\text{mm}$ 的圆形截面,Ⅱ段为边长 $a_2 = 25\text{mm}$ 的

正方形截面，Ⅲ段为直径 $d_3=12\text{mm}$ 的圆形截面，各段长度如图所示。若此杆在轴向压力 F 作用下在第Ⅱ段上产生 $\sigma_2=-30\text{MPa}$ 的应力，求此杆的总缩短量。已知钢杆的弹性量 $E=210\text{GPa}$。

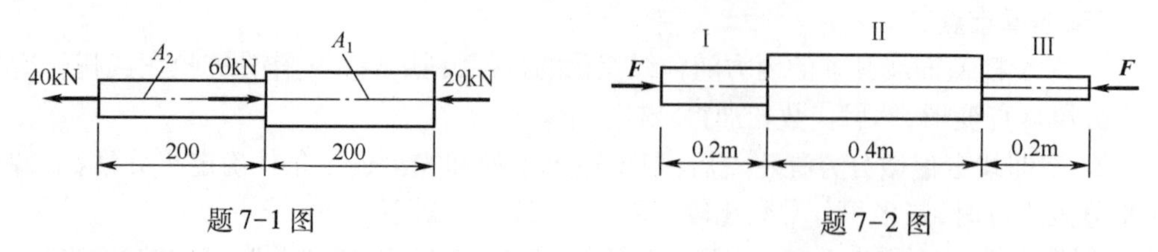

题 7-1 图　　　　题 7-2 图

7-3　图示结构中 AB 梁的变形及重量可忽略不计。杆 1 为钢质圆杆，直径 $d_1=20\text{mm}$，$E_1=200\text{GPa}$；杆 2 为铜质圆杆，直径 $d_2=25\text{mm}$，$E_2=100\text{GPa}$。试问：

（1）载荷 F 加在何处，才能使加力后梁 AB 仍保持水平？

（2）若此时 $F=30\text{kN}$，则两杆的正应力各为多少？

7-4　长 $l=320\text{mm}$、直径 $d=32\text{mm}$ 的圆截面钢杆，在试验机上受到 135kN 的力而拉伸，测得直径缩减 $6.2\times10^{-3}\text{mm}$，以及在 50mm 长度内伸长 $4\times10^{-2}\text{mm}$。试求此杆的弹性模量 E 和泊松比 ν。

7-5　已知图示阶梯轴上的 $M_{e1}=2.4\text{kN}\cdot\text{m}$，$M_{e2}=1.2\text{kN}\cdot\text{m}$，$G=80\text{GPa}$。试求最大切应力和最大相对扭转角（图中长度单位均为 mm）。

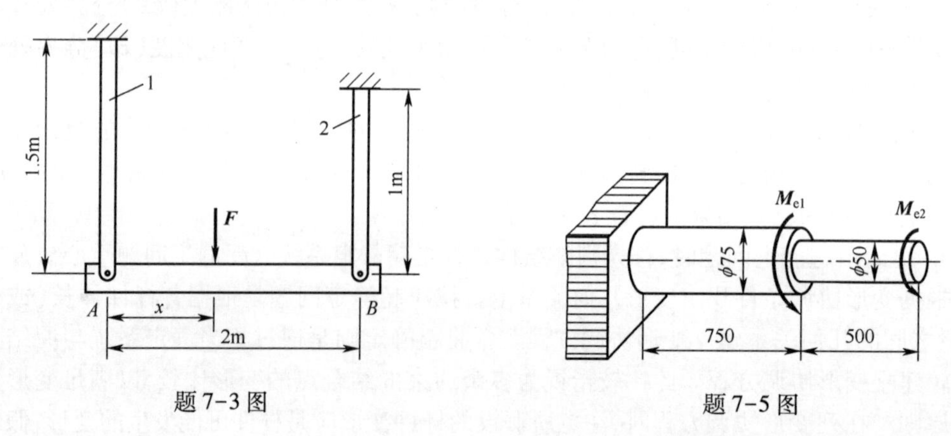

题 7-3 图　　　　题 7-5 图

7-6　直径 $d=25\text{mm}$ 的圆截面钢质杆受轴向拉力 60kN 作用时，在标距 200mm 的长度内伸长了 0.113mm；受扭转力偶 $0.2\text{kN}\cdot\text{m}$ 作用时，相距 150mm 的两横截面相对扭转了 0.55°。试求钢材的弹性模量 E、切变模量 G 和泊松比 ν。

7-7　一直径为 D_1 的实心轴，另一内外径之比为 $d_2/D_2=0.8$ 的空心轴，若两轴所受扭矩和引起的单位长度扭转角均相等。试求两轴的直径之比 D_2/D_1。

7-8　图示阶梯轴两段轴横截面的直径比 $D_1/D_2=2$，若要保证两段轴内的单位长度扭转角相同，试求作用在阶梯轴上的外力偶矩之比 M_1/M_2。

7-9　空心钢轴的外径 $D=100\text{mm}$，内径 $d=50\text{mm}$。若规定轴在长度 2m 内的最大扭转角不超过 1.5°，切变模量 $G=82\text{GPa}$，试求它所能承受的最大扭矩，并求此时轴内的最大切应力。

7-10　传动轴的转速 $n=500\text{r/min}$，主动轮 1 输入功率 $P_1=372.9\text{kW}$，从动轮 2、3 分

别输出功率 $P_2=149.2\text{kW}$，$P_3=223.7\text{kW}$。已知 $[\tau]=70\text{MPa}$，$[\varphi']=1°/\text{m}$，$G=80\text{GPa}$。(1)试确定轴的直径；(2)主动轮和从动轮应如何安排才比较合理，而此时轴的直径应为多少。

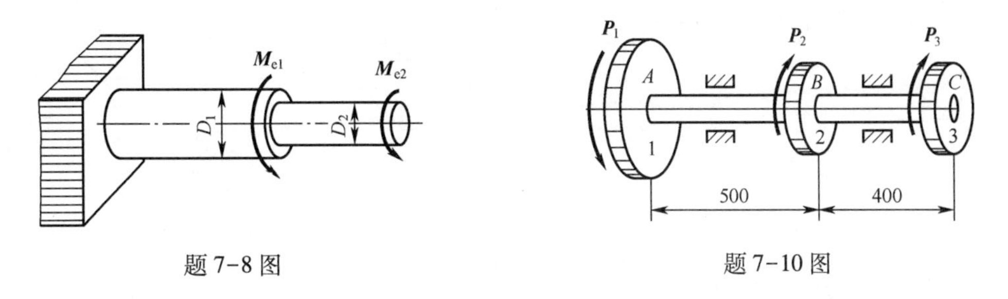

题 7-8 图　　　　题 7-10 图

7-11　试用积分法求图示各梁（EI 已知）的挠曲线方程，并计算 A 截面挠度及 B 截面转角。

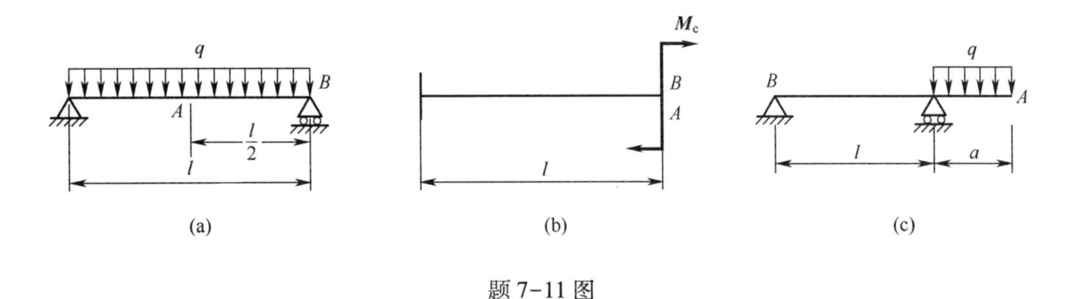

题 7-11 图

7-12　试用叠加法求图示各梁的 A 截面的挠度及 B 截面的转角。EI 为已知。

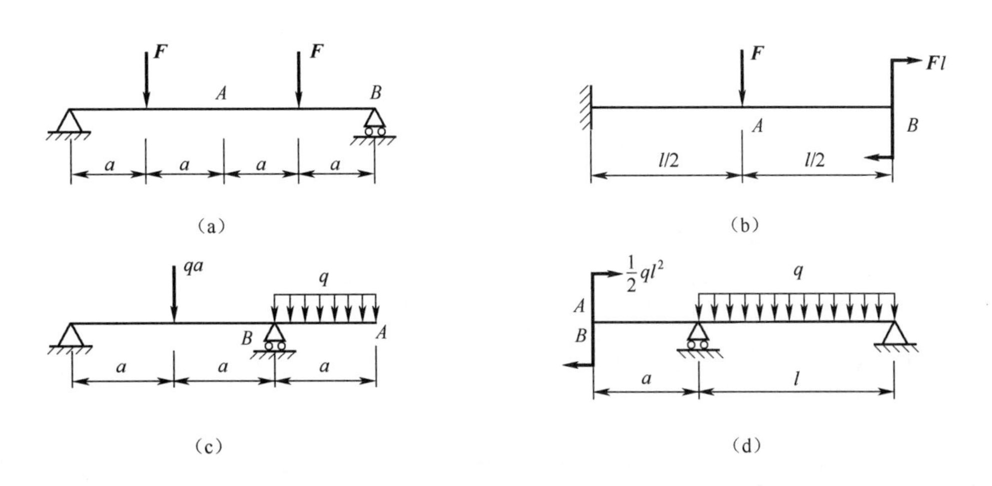

题 7-12 图

7-13　图示同一悬臂梁的两种不同的放置，自由端受集中力 F 作用，已知 $h=2b$。试求悬臂梁两种放置下的最大挠度之比和最大正应力之比。

7-14　直角拐 AB 与 AC 刚性连接，A 处为一轴承，允许 AC 轴的端截面在轴承内自由转动，但不能上下移动。已知 $F=60\text{N}$，$E=210\text{GPa}$，$G=0.4E$。试求截面 B 的垂直位移。

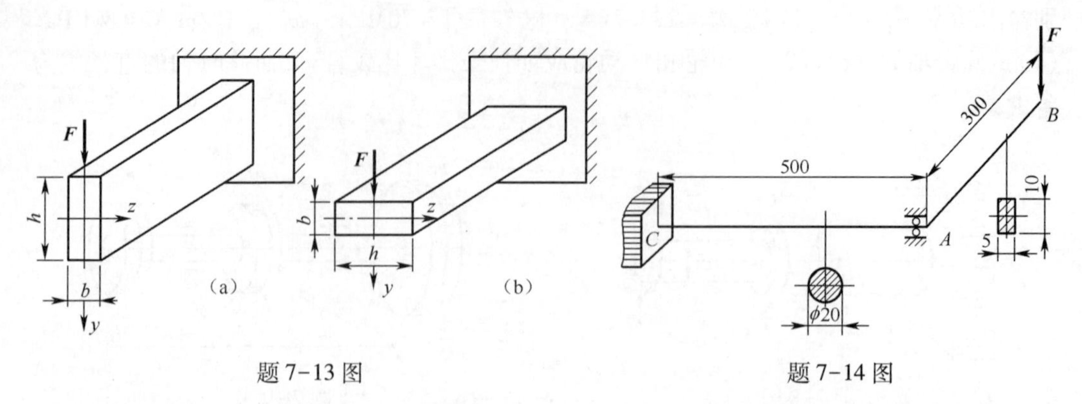

题 7-13 图　　　　题 7-14 图

7-15　试求图示杆 A、C 两端的约束反力及各段横截面上的应力。已知钢质杆的横截面面积和弹性模量分别为 $A_1=1\times10^3\text{mm}^2$，$E_1=200\text{GPa}$；铜质杆的横截面面积和弹性模量分别为 $A_2=4\times10^3\text{mm}^2$，$E_2=100\text{GPa}$；载荷 $F=450\text{kN}$。

7-16　图示钢筋混凝土柱中钢筋横截面面积与混凝土面积之比为 1 : 40，而它们的弹性模量之比为 10 : 1，试问它们各承担多少载荷？

7-17　在图示结构中，假设 AC 梁为刚杆，杆 1、2、3 的横截面面积相等，材料相同。试求三杆的轴力。

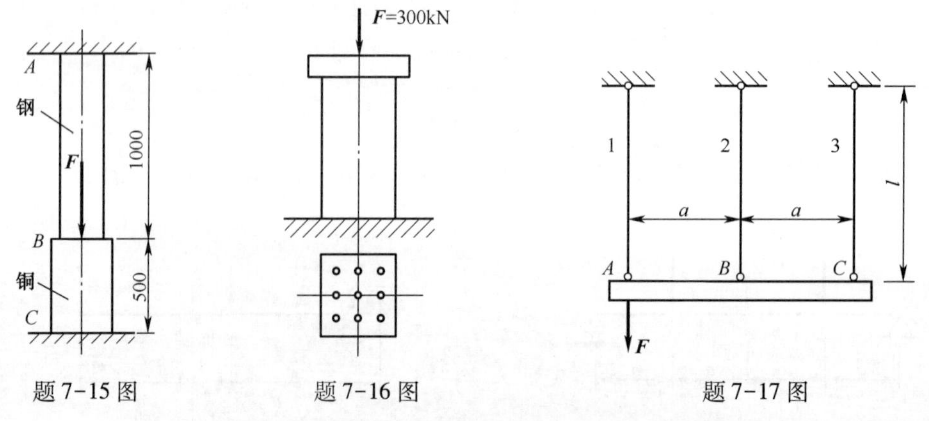

题 7-15 图　　题 7-16 图　　题 7-17 图

7-18　图示组合轴，由套管与芯轴并借两端刚性平板牢固地连接在一起。设作用在刚性平板上的扭矩为 $M=2\text{kN}\cdot\text{m}$，套管与芯轴的切变模量分别为 $G_1=40\text{GPa}$ 与 $G_2=80\text{GPa}$。试求套管与芯轴的扭矩及最大扭转切应力。

7-19　有一空心圆管 A 套在实心圆杆 B 的一端，两杆在同一横截面处各有一直径相

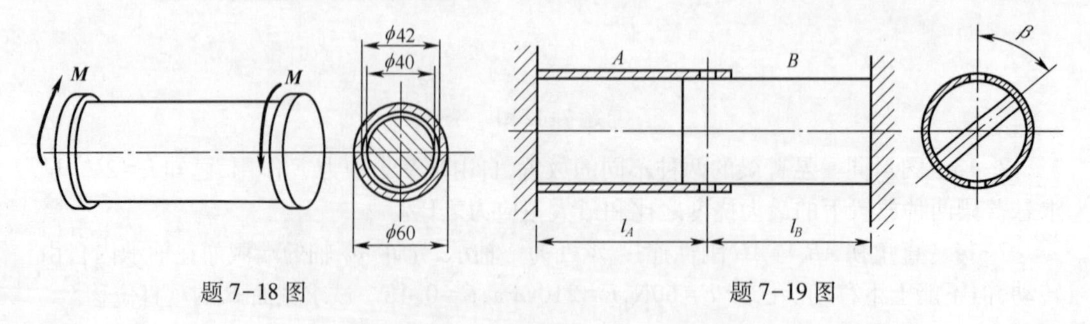

题 7-18 图　　题 7-19 图

同的贯穿孔，但两孔的中心线的夹角为 β。设圆管和圆杆的抗扭刚度分别为 $G_A I_{pA}$ 和 $G_B I_{pB}$。现在杆 B 上施加外力偶，使其扭转到两孔对准的位置，并在孔中装上销钉。试求在外力偶除去后两杆所受到的约束反力偶矩，并计算两杆各自的扭转角为多少？

7-20 试求图示各超静定梁的支座反力。EI 为已知常数。

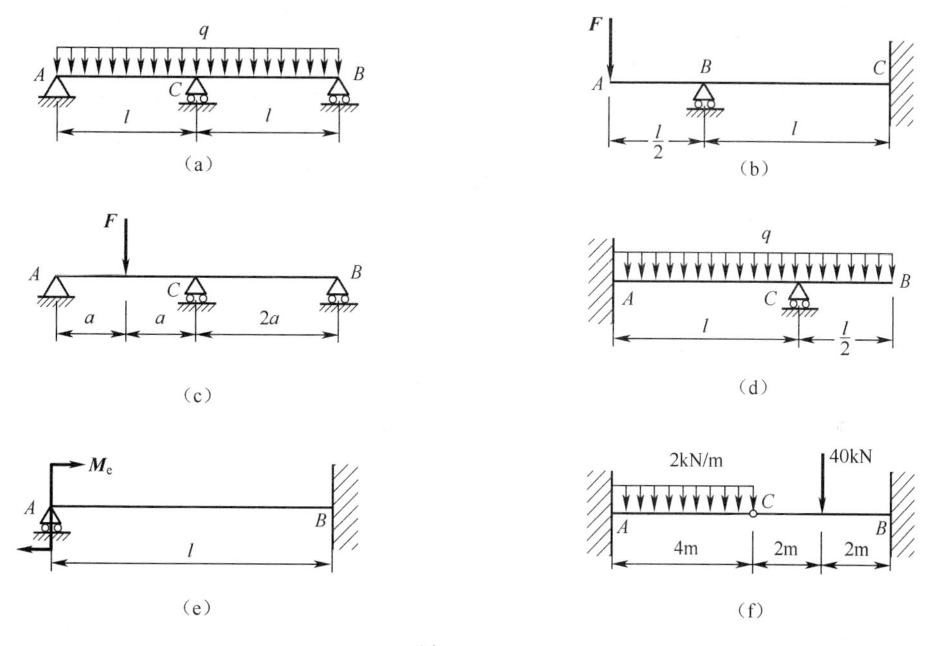

题 7-20 图

7-21 梁 AB 因强度和刚度不足，用同一材料和同样截面的短梁 CD 加固，试求：(1)两梁接触处 D 的压力；(2)加固后 AB 梁的最大弯矩和 B 处挠度减小的百分数。

7-22 图示二梁的材料相同，梁长分别为 l_1 和 l_2，截面惯性矩分别为 I_1 和 I_2。在无外载荷时两梁刚好接触。试求在 F 力作用下，二梁分别负担的载荷。

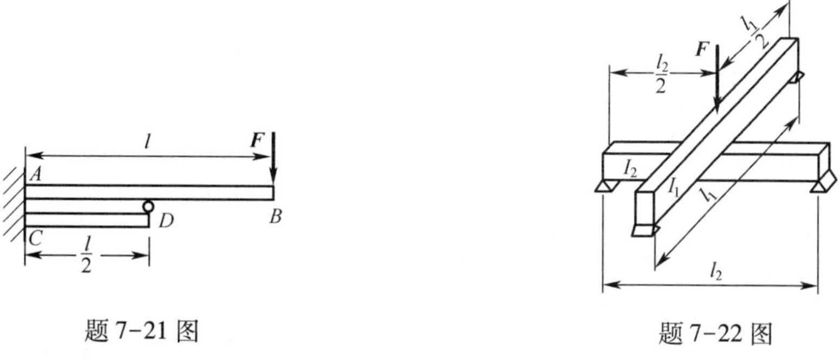

题 7-21 图　　题 7-22 图

7-23 试用莫尔定理求题 7-12 中各值。

7-24 已知图示桁架各杆的抗拉压刚度均为 EA。试求节点 C 处的水平位移和垂直位移。

7-25 已知图示桁架各杆的抗拉压刚度均为 EA。在载荷 F 作用下，试求节点 B 与 D 间的相对位移。

7-26 图示等截面刚架 EI 为常数。利用单位载荷法求 C 截面的水平位移与转角。

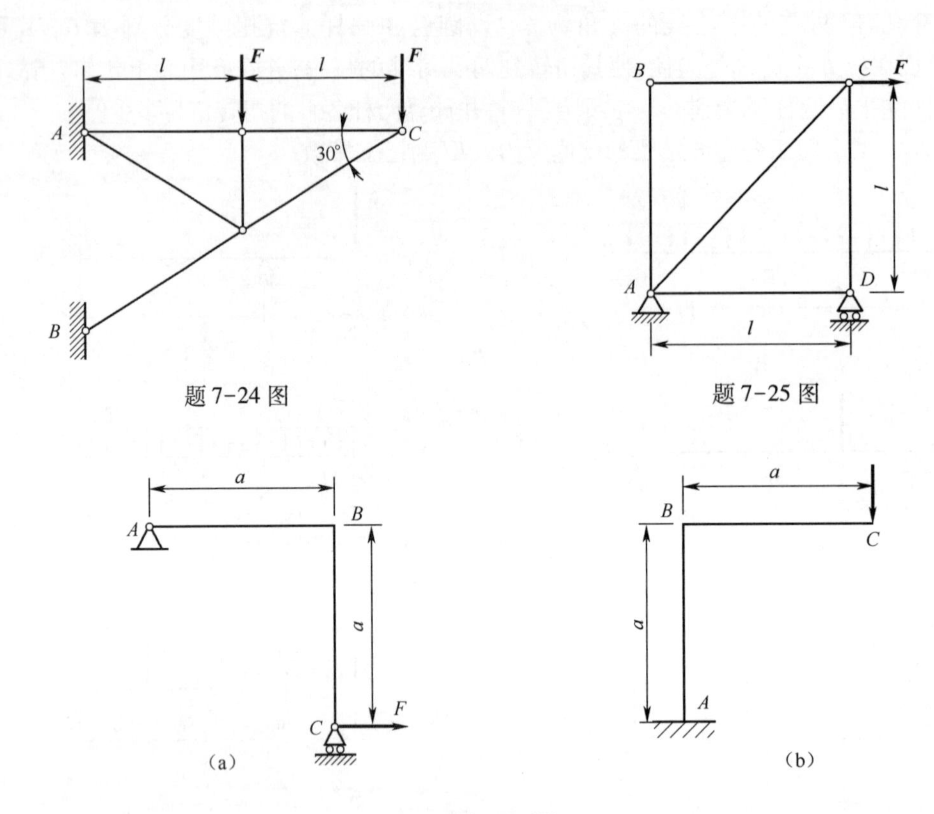

题 7-24 图

题 7-25 图

题 7-26 图

7-27 已知图示刚架 AB 和 BC 两部分的 $E=200\text{GPa}$,$I=3\times10^{3}\text{cm}^{4}$,试求 C 截面的水平位移和转角。$F=10\text{kN}$,$l=1\text{m}$。

7-28 求图示变截面刚架 A 截面的水平位移与垂直位移。

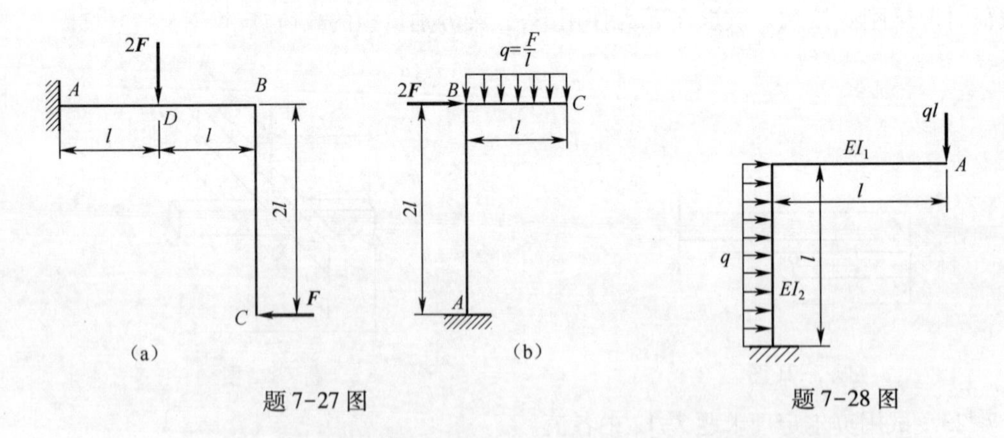

题 7-27 图

题 7-28 图

7-29 图示为钢质圆截面折杆,直径 $d=20\text{mm}$,弹性模量和切变模量分别为 $E=210\text{GPa}$ 和 $G=80\text{GPa}$。试求 A、B 两截面的水平位移。

7-30 等截面曲杆如图所示,EI 为已知。试求 B 截面的垂直位移和水平位移以及 B 截面的转角。

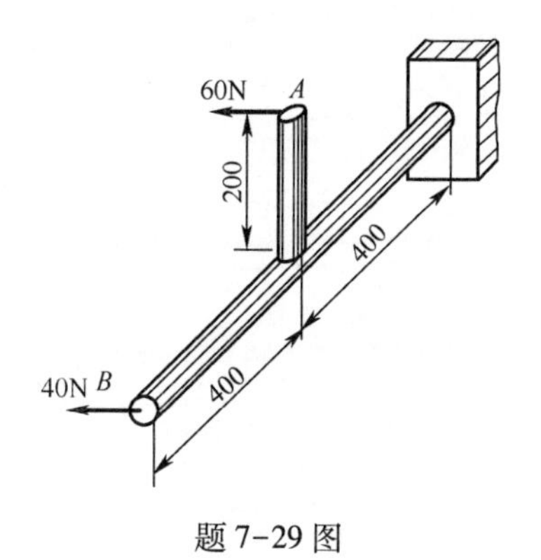

题 7-29 图

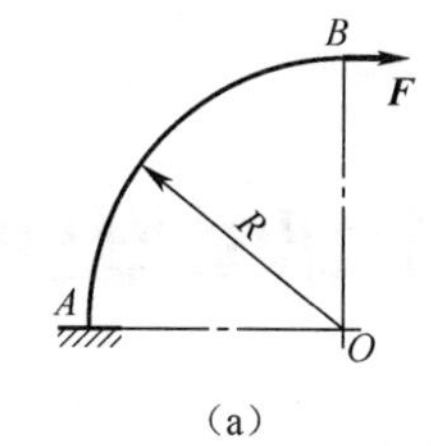

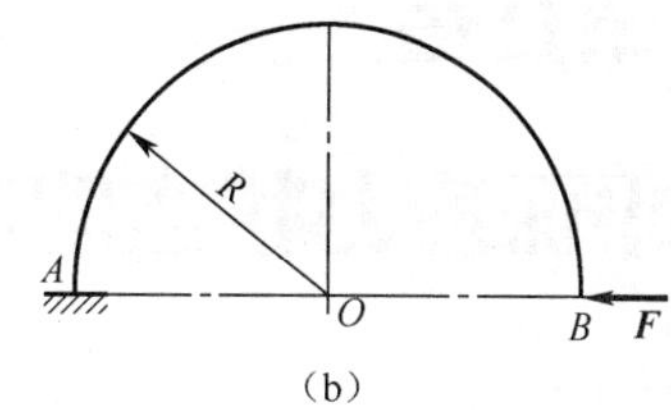

题 7-30 图

第八章

平面应力状态理论和强度理论

8.1 应力状态理论的概念和实例

在第六章中，主要研究了轴向拉压、扭转、弯曲时杆件横截面上应力及强度条件，但在上述载荷作用下，构件横截面上的危险点处仅有正应力或切应力，但在实际工程中，还常遇到一些复杂的强度问题。例如齿轮轴不但要传递扭转力偶矩而在横截面上产生扭矩，还因齿轮间径向接触压力、轴自重等横向力作用而在横截面上产生弯矩。这时，齿轮轴横截面上危险点处不仅存在正应力 σ ，还有切应力 τ 。对于这类构件如果仍然沿用第六章的强度条件分别对正应力和切应力进行强度计算将导致错误结果。这是因为这些截面上的正应力和切应力并不是分别对构件的破坏起作用，而是有所联系的，因此应考虑它们的综合影响。另外，杆件在拉压、扭转、弯曲时，并不都沿杆件横截面破坏。例如，在拉伸试验中，低碳钢屈服时在与试件轴线成 45°的方向出现滑移线；在扭转试验中，铸铁的破坏面与横截面成 45°角。这表明破坏还与斜截面上的应力有关。为此，为解决强度问题，不但要知道受力构件危险点的位置，而且要研究在此点处的应力情况，即研究构件内某一点处各个不同方位的截面上的应力及其相互关系，通常称为一点的**应力状态**。

一点的应力状态是用包含该点的微小立方体(称单元体)的各截面上的应力来表示的。由于所取单元体在三个方向上的尺寸为无穷小，所以可认为单元体各个面上的应力为均匀分布的；且在单元体内相互平行的截面上，应力的大小及性质都是相同的。这样，这六个面上的应力就代表通过该点相互垂直的三个截面上的应力，这样的单元体的应力状态可以代表一点的应力状态，而其它任意方位截面上的应力，都可由此计算出来。

如图 8.1 所示的受横力弯曲的梁中，A、B、C、D 为同一横截面不同位置的四个点，围绕四个点各取一个单元体，单元体各截面上的应力都可由第六章中的理论求得。所示的四点中，A、B 两点所取的单元体在相互垂直的三个面上的切应力都为零；C、D 两点在平行于纸面的平面上的切应力也等于零，这种切应力等于零的平面称为该点的**主平面**；主平面上的正应力称为该点的**主应力**。一般说来，通过受力构件的任意点皆可找到三个相互垂直的主平面，因而每一点都有三个主应力，通常用 σ_1、σ_2 和 σ_3 表示，并按它们代数值的大小顺序排列，即 $\sigma_1 \geqslant \sigma_2 \geqslant \sigma_3$。通常我们把一点的应力状态按照不等于零的主应力数分为三类：

1. 单向应力状态

仅有一个主应力不等于零的应力状态称为**单向应力状态**。如承受轴向拉压的等截面

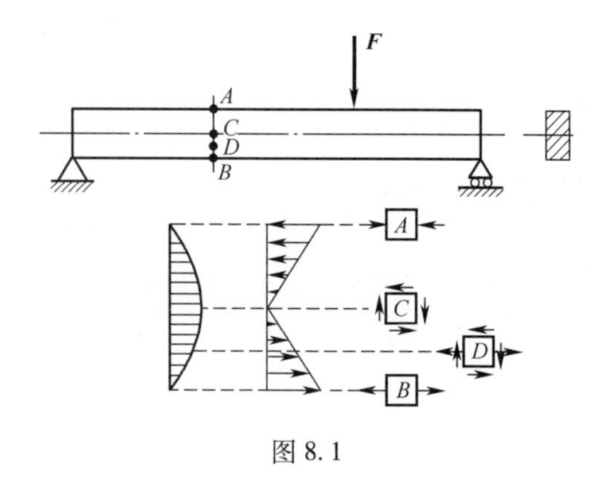

图 8.1

直杆和承受纯弯曲的直梁中各点的应力状态都属于单向应力状态。

2. 二向应力状态(平面应力状态)

仅有两个主应力不等于零的应力状态称为**二向应力状态(或平面应力状态)**。这是最常见的情形,也是本章节研究的重点。如承受纯扭转的圆轴、承受横力弯曲的梁和承受内压的薄壁容器,其上各点的应力状态一般为平面应力状态。

3. 三向应力状态

三个主应力皆不为零的应力状态称为**三向应力状态**。例如钢轨与车轮接触处及滚珠与轴承外圈的接触处(图 8.2(a)、(b))除竖向受压外,局部材料由于泊松效应有向四周扩张的趋势,而周围的材料则限制其向外扩张,故受到周围材料的挤压,这样,在车轮与钢轨的接触处及滚珠与轴承外圈的接触处,也都属于三向应力状态。

二向和三向应力状态统称为**复杂应力状态**。

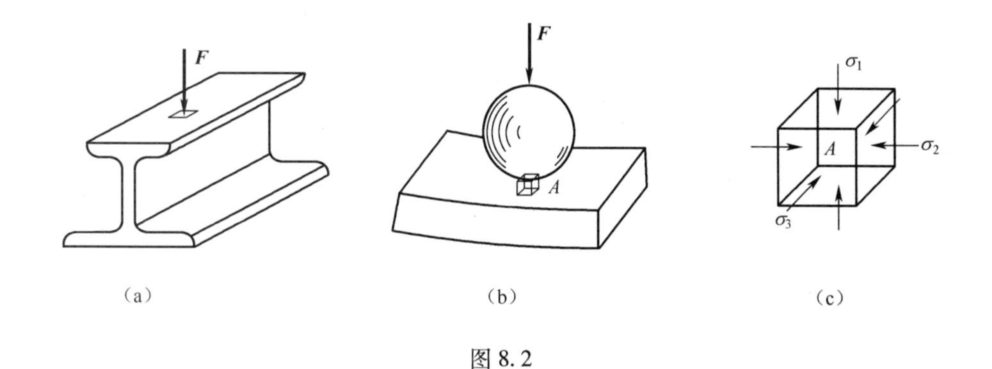

图 8.2

8.2 平面应力状态分析

二向应力状态是工程中最常见的应力状态。如扭转和横力弯曲时,横截面上都有切应力,所以,各点的主应力的大小和主平面的方位都不能直接确定下来。构件在组合变形时,一般说来,横截面上各点的正应力和切应力都不为零。为了确定危险截面上危险点的主应力的大小和主平面的方位,我们首先研究任意斜截面上的应力求解,从而确定主应力的大小及主平面的方位。

一、解析法

设已知单元体的四个面上的应力 σ_x、σ_y、τ_x、τ_y（图 8.3(a)），今欲求与 z 轴平行而与 x 轴成 α 倾角的斜截面（该截面又称 α 截面）上的应力 σ_α 和 τ_α（图 8.3(b)、(c)）。

应力的符号规定如下：正应力以拉应力为正而压应力为负；切应力以企图使单元体沿顺时针方向旋转者为正，反之为负；另外规定，由 x 轴转到 α 截面外法线 n 轴为逆时针转向时，α 为正，反之 α 为负。按上述规则，在图 8.3 中，σ_x、σ_y、τ_x 和 α 角皆为正，τ_y 为负。

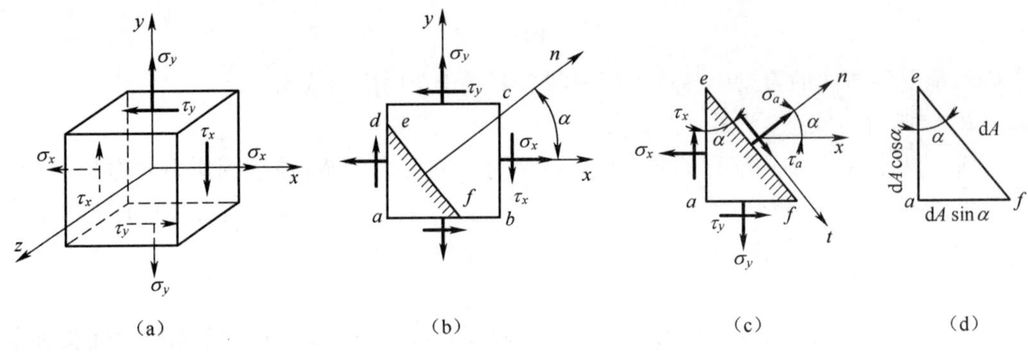

图 8.3

以截面 ef 把单元体分成两部分，并研究 aef 部分的平衡（图 8.3(c)）。若斜截面 ef 的面积为 $\mathrm{d}A$（图 8.3(d)），则 af 和 ae 的面积应分别为 $\mathrm{d}A\sin\alpha$ 和 $\mathrm{d}A\cos\alpha$。把作用于 aef 部分上的力投影于 ef 面的外法线 n 和切线 t 的方向，所得平衡方程是

$$\Sigma F_n=0,\quad \sigma_\alpha \mathrm{d}A+(\tau_x \mathrm{d}A\cos\alpha)\sin\alpha-(\sigma_x \mathrm{d}A\cos\alpha)\cos\alpha+(\tau_y \mathrm{d}A\sin\alpha)\cos\alpha-(\sigma_y \mathrm{d}A\sin\alpha)\sin\alpha=0$$

$$\Sigma F_t=0,\quad \tau_\alpha \mathrm{d}A-(\tau_x \mathrm{d}A\cos\alpha)\cos\alpha-(\sigma_x \mathrm{d}A\cos\alpha)\sin\alpha+(\sigma_y \mathrm{d}A\sin\alpha)\cos\alpha+(\tau_y \mathrm{d}A\sin\alpha)\sin\alpha=0$$

由此得

$$\sigma_\alpha=\sigma_x\cos^2\alpha+\sigma_y\sin^2\alpha-(\tau_x+\tau_y)\sin\alpha\cos\alpha \tag{a}$$

$$\tau_\alpha=(\sigma_x-\sigma_y)\sin\alpha\cos\alpha+\tau_x\cos^2\alpha-\tau_y\sin^2\alpha \tag{b}$$

由三角函数知识可知

$$\cos^2\alpha=\frac{1}{2}(1+\cos2\alpha)$$

$$\sin^2\alpha=\frac{1}{2}(1-\cos2\alpha)$$

$$\sin2\alpha=2\sin\alpha\cos\alpha$$

由切应力互等定理知，τ_x 和 τ_y 在数值上相等，将上述关系代入式(a)和式(b)，于是得

$$\sigma_\alpha=\frac{\sigma_x+\sigma_y}{2}+\frac{\sigma_x-\sigma_y}{2}\cos2\alpha-\tau_x\sin2\alpha \tag{8.1}$$

$$\tau_\alpha=\frac{\sigma_x-\sigma_y}{2}\sin2\alpha+\tau_x\cos2\alpha \tag{8.2}$$

式(8.1)和式(8.2)即为平面应力状态时应力分析的一般公式。由上述公式可见,当一点上的应力 σ_x、σ_y和 τ_x确定后,任一斜截面上的应力 σ_α 和 τ_α 也就确定,它们是 α 的函数,即随 α 角变化。

二、图解法

任意斜截面上的应力 σ_α和 τ_α除由上述解析法计算外,还可利用图解法来求。考察式(8.1)和式(8.2)可见,σ_α和 τ_α都是参数 2α 的函数,若消去参数 2α,便可得 σ_α和 τ_α的关系式。为消掉 2α ,将两式改写为

$$\begin{cases}\sigma_\alpha - \dfrac{\sigma_x+\sigma_y}{2} = \dfrac{\sigma_x-\sigma_y}{2}\cos 2\alpha - \tau_x\sin 2\alpha \\ \tau_\alpha = \dfrac{\sigma_x-\sigma_y}{2}\sin 2\alpha + \tau_x\cos 2\alpha\end{cases} \tag{c}$$

将以上两式等号两边平方,然后相加整理得

$$\left(\sigma_\alpha - \frac{\sigma_x+\sigma_y}{2}\right)^2 + \tau_\alpha^2 = \left(\frac{\sigma_x-\sigma_y}{2}\right)^2 + \tau_x^2 \tag{d}$$

在式(d)中,除 σ_α和 τ_α为变量外,σ_x、σ_y和 τ_x都是已知量,因而,若以横坐标表示 σ,纵坐标表示 τ,则式所表示的轨迹是一个圆,其圆心的坐标为 $\left(\dfrac{\sigma_x+\sigma_y}{2},\ 0\right)$,半径为 $R = \sqrt{\left(\dfrac{\sigma_x-\sigma_y}{2}\right)^2 + \tau_{xy}^2}$,如图 8.3(b)所示,通常称此圆为**应力圆**。

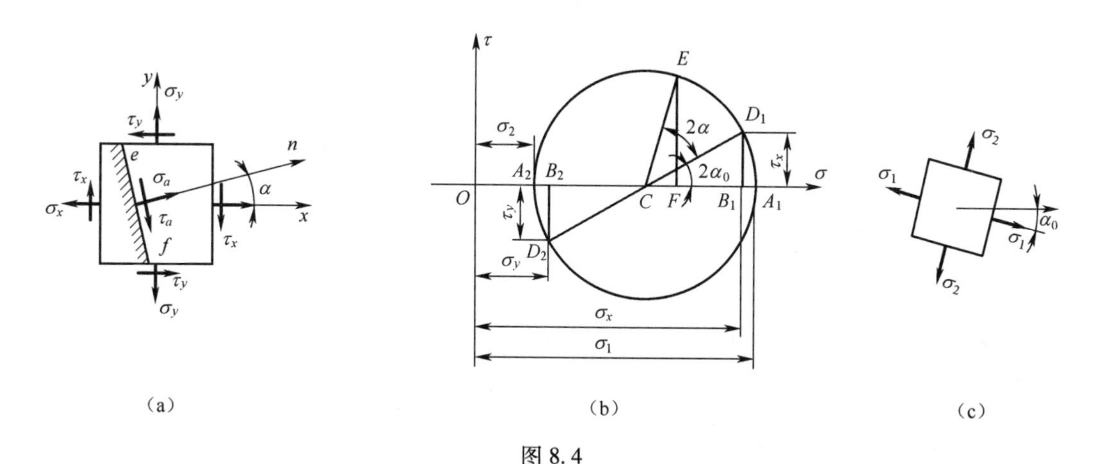

图 8.4

现以图 8.3(a)所示二向应力状态为例,说明应力圆的作法:①作 σ 和 τ 坐标轴,并在此坐标面内按一定的比例尺作出和 x 截面、y 截面上两对应力所对应的点 $D_1(\sigma_x,\tau_x)$和点 $D_2(\sigma_y,\tau_y)$;②连接 D_1D_2,交 σ 轴于 C 点;③以 C 点为圆心,CD_1(或 CD_2)为半径作圆,设此圆与 σ 轴的两个交点为 A_1和 A_2,注意到 $\tau_x=-\tau_y$,从而不难推出,所得圆心 C 的横坐标 $OC = \dfrac{\sigma_x+\sigma_y}{2}$;而半径 $CD_1 = \sqrt{\left(\dfrac{\sigma_x-\sigma_y}{2}\right)^2 + \tau_{xy}^2}$,所以这一圆周正是上面提到的应力

圆。即当σ_α及τ_α随着α的改变而连续变化时，其关系式可用一个应力圆来表示，圆周上任一点的纵、横坐标，分别代表单元体的某一截面上的正应力和切应力（大小及正负）。因此，应力圆上的点必与单元体的截面有着一一对应的关系。应当注意的是：若在单元体任意两截面间夹角为α，则在应力圆上与之对应的两点间的圆心角为2α。

应力圆确定以后，若求和x轴成α角的外向法线所在截面上的应力，只需从和x面所对应的D_1点按逆时针方向旋转到E点，使DE弧所对应的圆心角为2α，则E点的两个坐标值即为单元体中α截面的两个应力值σ_α、τ_α（图8.3(b)），此作法的正确性是可以证明的。

利用应力圆还可以方便地确定主应力数值及主平面的方位。对于图8.4(a)所示单元体，从相对应的应力圆（图8.4(b)）上可以看出，A_1、A_2两点为圆周上各点的横坐标的极值，而这两点的纵坐标值皆为零，即单元体内此两点对应的平面上的切应力为零，因此这两点就是与主平面相对应的点，它们的横坐标分别代表主平面上的两个主应力值，暂记为σ'和σ''，由图显见

$$\left.\begin{matrix}\sigma' \\ \sigma''\end{matrix}\right\} = OC \pm R = \frac{\sigma_x + \sigma_y}{2} \pm \sqrt{\left(\frac{\sigma_x - \sigma_y}{2}\right)^2 + \tau_x^2} \tag{8.3}$$

第三个主平面上的主应力$\sigma''' = 0$，三个主应力按其代数值的大小排序，对图8.3(b)所示应力圆所对应的二向应力状态，显然$\sigma_1 = \sigma'$，$\sigma_2 = \sigma''$，而$\sigma_3 = 0$（图8.3(c)）。

主平面的方位也可从应力圆上确定，从x轴到主应力σ_1所在的平面外法线，沿顺时针旋转了α_0角度（图8.4(c)），按α角的符号规定，此角α_0应为负值，从应力圆可以看出

$$\tan 2\alpha_0 = -\frac{2\tau_{xy}}{\sigma_x - \sigma_y} \tag{8.4}$$

此式即为主平面位置的方位角公式。

同样，在应力圆上还可以求得在单元体平行于z轴的各截面中，切应力极值为

$$\left.\begin{matrix}\tau' \\ \tau''\end{matrix}\right\} = \pm R = \pm \sqrt{\left(\frac{\sigma_x - \sigma_y}{2}\right)^2 + \tau_x^2} \tag{8.5}$$

其所在截面与主平面成45°角。

例8.1 已知在圆轴扭转时，轴表面上一点应力状态如图(a)所示，设τ为已知，试用图解法求主应力大小和主平面的方位。

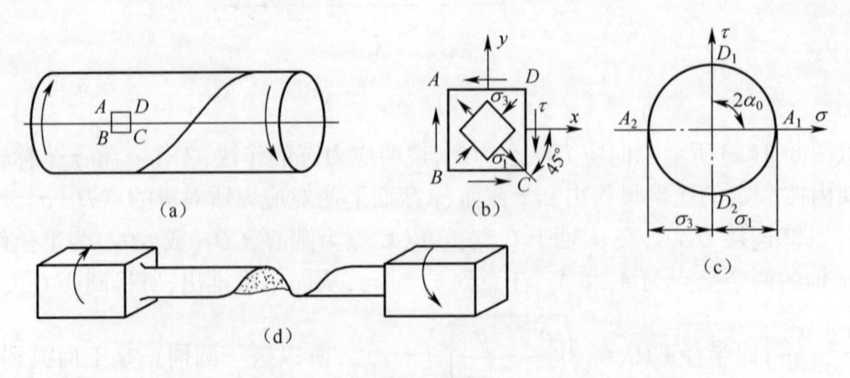

例8.1图

解:由图(b)所示单元体作应力圆(图(c))。由应力圆得到两个主应力分别是

$$\sigma_1 = \tau , \quad \sigma_3 = -\tau$$

其主平面方位是与横截面成45°角的方向上。由扭转实验知,脆性材料的圆轴扭转时,常常沿此截面断裂(图(c)),其原因显然是由于最大拉应力 σ_1 引起的,因为脆性材料的抗拉性能低于抗剪性能。

例 8.2 在横力弯曲以及将要讨论的弯扭组合变形中,经常遇到图(a)所示应力状态,设 σ 及 τ 已知,试确定主应力和主平面的方位。

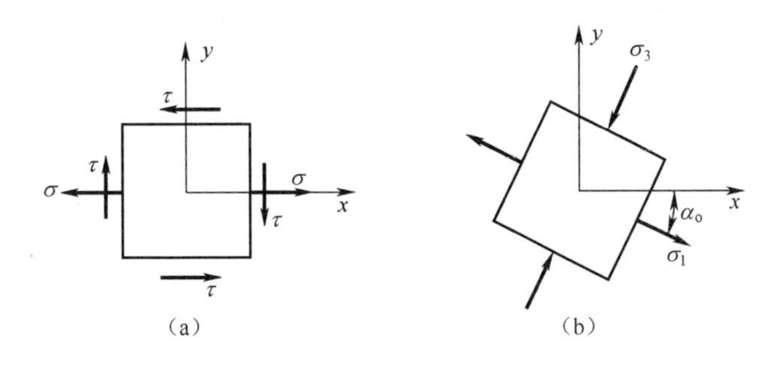

例 8.2 图

解:由图(a)知, $\sigma_x = \sigma, \sigma_y = 0, \tau_x = \tau$,由式(8.5)

$$\left.\begin{matrix}\sigma_1 \\ \sigma_3\end{matrix}\right\} = \frac{\sigma}{2} \pm \sqrt{\left(\frac{\sigma}{2}\right)^2 + \tau^2}$$

$$\sigma_2 = 0$$

由式(8.4)得

$$\tan 2\alpha_0 = -\frac{2\tau}{\sigma}$$

由此可确定主平面的位置(图(b))。

8.3 三向应力状态时的最大切应力及广义胡克定律

一、三向应力状态时的最大切应力

三向应力状态的分析比较复杂,这里只讨论当三个主应力 σ_1、σ_2 和 σ_3 已知时单元体内的最大切应力。这些结果将在研究复杂应力状态下的强度条件时用到。

某一单元体处于三向应力状态,如图8.5(a)所示,现研究与主应力 σ_3 平行的任一截面上的应力。沿所研究的截面将单元体截开,保留其中一部分(图8.5(b)),研究其静力平衡。由于前后两个三角形面积相等,主应力 σ_3 在该两个平面上产生的力自相平衡,对斜截面上的应力没有影响。该斜截面上的应力 σ、τ 仅取决于 σ_1 和 σ_2,如果用应力圆来描写,必都在由 σ_1 和 σ_2 所确定的圆周上(图8.5(c)),这类平面中极值切应力作用平面与 σ_1 和 σ_2 的作用平面成45°角,相应的极值切应力称为**主切应力**,用 τ_{12} 表示,其值为 σ_1 和 σ_2 所确定的圆半径,即

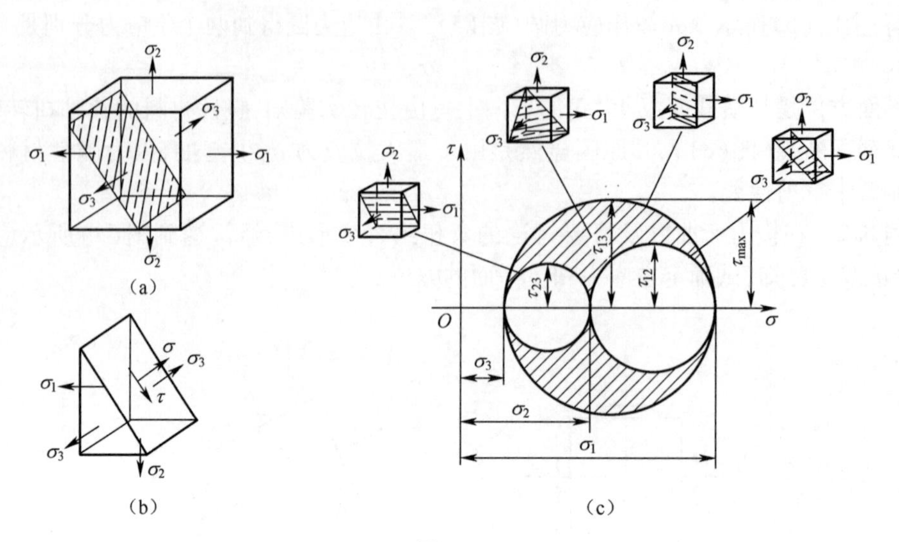

图 8.5

$$\tau_{12} = \frac{1}{2}(\sigma_1 - \sigma_2) \tag{a}$$

同理，平行于 σ_1 的任意截面上的应力，由 σ_2 和 σ_3 所确定的应力圆圆周上各点的坐标表示；而平行于 σ_2 的任意截面的应力，由 σ_1 和 σ_3 所确定的应力圆圆周上各点的坐标表示。后两类截面中的相应主切应力 τ_{23} 和 τ_{13} 的作用平面分别与相应的主平面成45°角，其值为

$$\tau_{23} = \frac{1}{2}(\sigma_2 - \sigma_3) \tag{b}$$

$$\tau_{13} = \frac{1}{2}(\sigma_1 - \sigma_3) \tag{c}$$

除上述三类平面外，对于与三个主平面成任意交角的斜截面上的正应力和切应力，也可用 σ-τ 坐标系内某一点的坐标来表示。研究证明，该点必位于三个应力圆所围成的阴影范围内（图 8.4(c)），因此单元体内最大切应力等于三向应力圆中最大应力圆的半径。即

$$\tau_{max} = \tau_{13} = \frac{1}{2}(\sigma_1 - \sigma_3) \tag{8.6}$$

二、广义胡克定律

由材料的拉伸和压缩时的力学性能（6.3 节）可知，当应力不超过比例极限时，应力与纵向应变成正比，即式（4.4）

$$\sigma = E \cdot \varepsilon \text{ 或 } \varepsilon = \frac{\sigma}{E}$$

这就是材料在单向应力状态下的胡克定律。此外，除了上述的纵向应变外，还有横向应变 ε'，即式（7.5）

$$\varepsilon' = -\nu \cdot \varepsilon = -\nu \frac{\sigma}{E}$$

由剪切胡克定律知（4.2 节），在线弹性范围内有，切应力与切应变成正比，即式（4.5）

$$\tau = G \cdot \gamma \text{ 或 } \gamma = \frac{\tau}{G}$$

图 8.6(a)表示复杂应力状态下的单元体,因同一截面上会出现两个不同的切应力,因此切应力以双下标予以区分,第一个下标表示切应力所作用的平面法线方向,第二个下标表示切应力的方向。应力和应变间的关系可如下推得:当材料是各向同性、变形很小且在线弹性范围内时,正应力与切应力的作用可看作是独立的,即正应力只引起单元体棱边的伸长或缩短,而切应力只引起棱边间夹角的改变。这样,我们可用叠加法来计算单元体在复杂应力状态下的应变,从而也就得到此时应力和应变的一般关系式。如图 8.6(a)所示单元体,计算其 x 方向的应变 ε_x。σ_x 引起的是纵向应变,其值为 σ/E;而 σ_y 和 σ_z 在 x 方向引起的是横向应变,其值分别为 $-\nu\sigma_y/E$ 和 $-\nu\sigma_z/E$。因此,在这三个正应力作用下,x 方向的总应变为

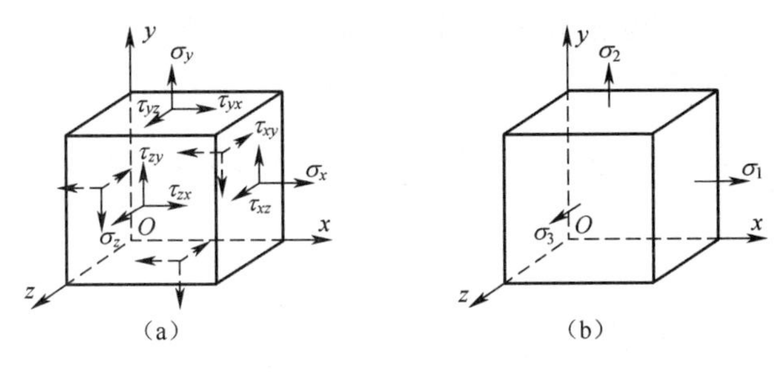

图 8.6

$$\varepsilon_x = \frac{\sigma_x}{E} - \nu\frac{\sigma_y}{E} - \nu\frac{\sigma_z}{E}$$

同理,可以求出沿 y 和 z 方向的线应变 ε_y 和 ε_z。最后得到

$$\begin{cases} \varepsilon_x = \dfrac{1}{E}(\sigma_x - \nu(\sigma_y + \sigma_z)) \\ \varepsilon_y = \dfrac{1}{E}(\sigma_y - \nu(\sigma_x + \sigma_z)) \\ \varepsilon_z = \dfrac{1}{E}(\sigma_z - \nu(\sigma_x + \sigma_y)) \end{cases} \tag{8.7}$$

至于切应力和切应变之间的关系仍为

$$\gamma_{xy} = \frac{\tau_{xy}}{G}, \gamma_{yz} = \frac{\tau_{yz}}{G}, \gamma_{zx} = \frac{\tau_{zx}}{G} \tag{8.8}$$

式(8.7)和式(8.8)合称为**广义胡克定律**。

当单元体的各面都是主平面(图 8.5(b))时,由于主平面上无切应力,故其切应变为零,则广义胡克定律就可简写为

$$\begin{cases} \varepsilon_1 = \dfrac{1}{E}(\sigma_1 - \nu(\sigma_2 + \sigma_3)) \\ \varepsilon_2 = \dfrac{1}{E}(\sigma_2 - \nu(\sigma_1 + \sigma_3)) \\ \varepsilon_3 = \dfrac{1}{E}(\sigma_3 - \nu(\sigma_1 + \sigma_2)) \end{cases} \tag{8.9}$$

式中，ε_1、ε_2和 ε_3分别表示三个主应力方向上的应变，并称为**主应变**。

例 8.3 如图所示槽形刚体，其槽宽和槽深都是10mm。在槽内紧密无隙地嵌入一铝质立方体，它的尺寸是 10mm×10mm×10mm 。铝块顶面受均布压力，其合力为 $F=6\text{kN}$。已知铝材的弹性模量 $E=70\text{GPa}$，泊松比 $\nu=0.3$。试求铝块的三个主应力。

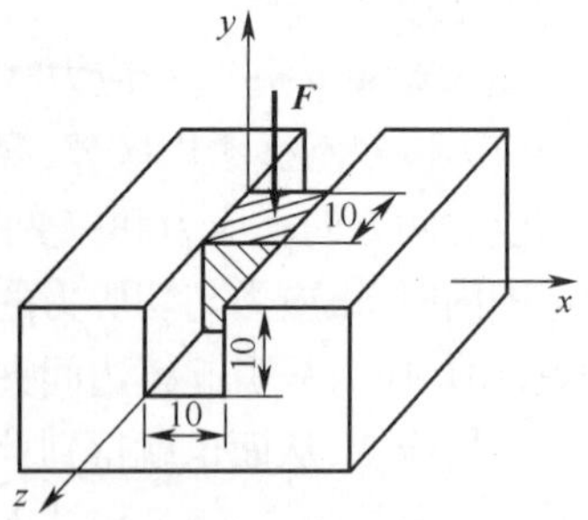

例 8.3 图

解：铝质立方体垂直于 y 轴的截面上的应力为

$$\sigma_y=-\frac{F}{A}=-\frac{6\times10^3}{(10\times10^{-3})^2}=-60(\text{MPa})$$

略去铝块与槽之间的摩擦，在 F 力作用下，铝块将产生横向膨胀，因 z 方向不受约束，则 z 方向的主应力为零，即 $\sigma_z=0$，而铝块在 x 方向受到约束，即 $\varepsilon_x=0$，由胡克定律

$$\varepsilon_x=\frac{1}{E}(\sigma_x-\nu(\sigma_y+\sigma_z))=\frac{1}{E}(\sigma_x-0.3\times(-60+0))=0$$

解得

$$\sigma_x=-18\text{MPa}$$

则铝块的三个主应力为

$$\sigma_1=0,\quad \sigma_2=-18\text{MPa},\quad \sigma_3=-60\text{MPa}$$

8.4 强度理论的概念 常用的四种强度理论

在第六章中，我们讨论了在单向应力和纯剪切应力状态下的强度条件

$$\sigma_{\max}\leqslant[\sigma],\quad \tau_{\max}\leqslant[\tau]$$

在上述应力状态下，强度条件的建立完全可用试验来完成。但在工程中，许多受力构件的危险点是处于复杂应力状态下，而复杂应力状态下的应力组合将是千变万化的，通过试验来确定相应的极限应力是难以实现的。所以，解决这类问题不能只采用直接试验的方法，而要采取理论思维的方法，即从研究材料的破坏现象入手，从中探讨材料破坏原因，并根据一定的试验资料及对破坏现象的观察和分析，提出关于材料在复杂应力状态下发生破坏的假设。在总结已有实践经验的基础上，目前认为材料的破坏形式有两类：一类是脆性开裂，另一类是塑性滑移（屈服或切断）。针对这两类破坏形式，人们对导致材料破坏的原因也作了种种推测或假设，这种关于决定材料破坏的力学因素的假设，通常就称为**强度理论**。这种理论认为：材料的某一类型的破坏都是由某一特定的力学因素所引起，即不管材料是处于单向应力状态还是处于复杂应力状态，只要是同一类型的破坏，则决定其破坏的力学因素的值也是相同的。根据这种观点，我们就可以根据材料在某些特殊情况（如单向应力状态）下的试验结果，建立起材料在复杂应力状态下的强度条件，而这也正是强度理论所要解决的问题。强度理论既然是推测强度失效原因的一些假说，它是否正确，适用于什么情况，必须由生产实践来检验。

下面我们就针对材料的两类破坏形式，相应地介绍两类强度理论：一类是解释材料脆性断裂破坏的强度理论；另一类是解释塑性滑移或切断的强度理论。它们都是在常温、静载下经常使用的四个强度理论。

一、最大拉应力理论(第一强度理论)

这一理论认为最大拉应力 σ_1 是引起材料脆性断裂破坏的主要因素。即不论材料处于何种应力状态,只要最大拉应力 σ_1 达到材料在单向拉伸下发生脆性断裂破坏时的极限应力 σ_b,材料将发生脆性断裂破坏。发生断裂破坏的条件是

$$\sigma_1 = \sigma_b \tag{a}$$

将极限应力 σ_b 除以安全系数,得到许用应力 $[\sigma]$,于是按第一强度理论建立的强度条件为

$$\sigma_1 \leqslant [\sigma] \tag{8.10}$$

试验证明:这一理论与铸铁、石料、混凝土等脆性材料的拉断破坏现象比较符合。但这一理论没有考虑到其他两个主应力对材料断裂破坏的影响。

二、最大拉应变理论(第二强度理论)

这一理论认为最大伸长线应变 ε_1 是引起材料断裂破坏的主要因素。即不论材料处于何种应力状态,只要最大伸长线应变 ε_1 达到材料在单向拉伸时发生断裂破坏时的最大伸长线应变 ε_u,材料将发生断裂破坏。发生断裂破坏的条件是

$$\varepsilon_1 = \varepsilon_u \tag{b}$$

对于铸铁等脆性材料,从开始受力直到断裂,其应力、应变关系近似符合胡克定律,所以复杂应力状态下的最大拉应变为

$$\varepsilon_1 = \frac{1}{E}(\sigma_1 - \nu(\sigma_2 + \sigma_3)) \tag{c}$$

而材料在单向拉伸断裂时的最大拉应变则为

$$\varepsilon_u = \frac{\sigma_b}{E} \tag{d}$$

将式(c)和式(d)代入式(b),得

$$\sigma_1 - \nu(\sigma_2 + \sigma_3) = \sigma_b \tag{e}$$

此即用主应力表示的断裂条件。将极限应力 σ_b 除以安全系数,从而得到第二强度理论的强度条件为

$$\sigma_1 - \nu(\sigma_2 + \sigma_3) \leqslant [\sigma] \tag{8.11}$$

石料或混凝土等脆性材料受轴向压缩时,往往出现纵向裂缝而断裂破坏,而最大伸长线应变发生于横向,最大伸长理论很好地解释这种现象,但是实验结果表明,这一理论仅仅与少数脆性材料在某些情况下的破坏符合,并不能用它来描述脆性破坏的一般规律。

三、最大切应力理论(第三强度理论)

这一理论认为最大切应力 τ_{max} 是引起材料塑性屈服破坏的主要因素,即不论材料处于何种应力状态,只要最大切应力 τ_{max} 达到材料在单向拉伸屈服时的最大切应力 τ_s,材料将发生屈服破坏。按此理论,材料屈服破坏的条件是

$$\tau_{max} = \tau_s \tag{f}$$

由式(8.6)可知,复杂应力状态下的最大切应力为

$$\tau_{max}=\frac{\sigma_1-\sigma_3}{2} \tag{g}$$

在单向拉伸时,当横截面上的拉应力达到极限应力 σ_s 时,与横截面成45°角的斜截面上有极限切应力,其值为

$$\tau_s=\frac{\sigma_s}{2} \tag{h}$$

将式(g)和式(h)代入式(f)中,得材料的屈服条件为

$$\sigma_1-\sigma_3=\sigma_s$$

此条件又称为屈雷斯卡(Tresca 1864年)屈服准则。

上式引入安全系数后,得到第三强度理论建立的强度条件。

$$\sigma_1-\sigma_3\leqslant[\sigma] \tag{8.12}$$

这一理论能够较为满意地解释塑性材料出现屈服的现象。例如低钢拉伸时,当材料开始屈服后,在与轴线成45°的斜面上出现滑移线,而最大切应力也发生在这一截面上。它的不足之处是没有考虑到另外两个主切应力的影响(或者说没有考虑主应力 σ_2 的影响)。

四、均方根切应力理论(第四强度理论)

这一理论认为,另外两个主切应力也将影响材料的塑性屈服,因此决定材料塑性屈服破坏的因素不仅仅是最大切应力,而应是三个主切应力的均方根,即

$$\tau_m=\sqrt{\frac{1}{3}(\tau_{12}^2+\tau_{23}^2+\tau_{31}^2)} \tag{i}$$

即不论材料处于何种应力状态,只要均方根切应力 τ_m 达到材料在单向拉伸下发生塑性屈服时的极限均方根切应力 τ_{sm},材料就将发生塑性屈服破坏,破坏条件为

$$\tau_m=\tau_{sm} \tag{j}$$

在复杂应力状态下,由8.3节和式(i)可得到均方根切应力为

$$\tau_m=\sqrt{\frac{1}{12}((\sigma_1-\sigma_2)^2+(\sigma_2-\sigma_3)^2+(\sigma_3-\sigma_1)^2)} \tag{k}$$

单向应力状态下,当横截面上的应力达到极限应力 σ_s 时,相应的极限均方根切应力

$$\tau_{sm}=\sqrt{\frac{1}{12}(\sigma_s^2+\sigma_s^2)}=\sqrt{\frac{1}{6}\sigma_s^2} \tag{l}$$

将式(k)和式(l)代入式(j)可得材料的屈服条件为

$$\sqrt{\frac{1}{2}((\sigma_1-\sigma_2)^2+(\sigma_2-\sigma_3)^2+(\sigma_3-\sigma_1)^2)}=\sigma_s$$

这一条件也称为密息斯(Mises)屈服准则。引入安全因数后,便得到第四强度理论

$$\sqrt{\frac{1}{2}((\sigma_1-\sigma_2)^2+(\sigma_2-\sigma_3)^2+(\sigma_3-\sigma_1)^2)}\leqslant[\sigma] \tag{8.13}$$

这一理论考虑了中间主应力 σ_2 的影响,在二向应力状态下,该理论与试验结果较为符合,它比第三强度理论更接近实际情况。在机械制造工业中,第三和第四强度理论都得

到广泛应用。

式(8.10)~式(8.13)表明,当根据强度理论建立构件的强度条件时,形式上是将主应力的某一综合值与材料单向拉伸许用应力相比较。主应力的上述综合值称为**相当应力**,用σ_{ri}表示。可把四个强度理论的强度条件写成以下统一形式

$$\sigma_{ri} \leqslant [\sigma] \qquad (i = 1,2,3,4) \tag{8.14}$$

按照从第一强度理论到第四强度的顺序,相当应力分别为

$$\begin{cases} \sigma_{r1} = \sigma_1 \\ \sigma_{r2} = \sigma_1 - \nu(\sigma_2 + \sigma_3) \\ \sigma_{r3} = \sigma_1 - \sigma_3 \\ \sigma_{r4} = \sqrt{\dfrac{1}{2}((\sigma_1 - \sigma_2)^2 + (\sigma_2 - \sigma_3)^2 + (\sigma_3 - \sigma_1)^2)} \end{cases} \tag{8.15}$$

最后需要强调的是:强度理论的选用即要根据材料的许用应力[σ],也要根据同一破坏类型由试验来确定。至于材料在某种受力情况下究竟是属于哪种破坏类型,一般常有经验可资借鉴。如对于工程中常遇到的常温、静载下的二向应力状态来说:脆性材料常发生断裂破坏,故可选用第一或第二强度理论;塑性材料常因屈服而破坏,这时就应选用第三或第四强度理论。但是,材料的破坏类型不但和材料的性质有关,而且也和材料的受力状态有关。如在三向受拉且各主应力值相近(如螺栓沿螺纹根部处材料)的受力状态下,由式((8.14)和式(8.15)可知,此时其最大切应力和均方根切应力接近零,故发生流动的可能性很小而只能断裂,故对这种受力状态,不管什么材料都应选用第一强度理论。相反,在三向受压且各主应力相近(如铸铁件在受钢珠压入时接触点处材料)的受力状态下,由于其最大应力为压应力,而伸长线应变为负值,故材料只可能出现塑性流动而不会断裂,故对这种受力状态,不管什么材料,都应选用第三或第四强度理论进行计算。总之,强度理论的选用,不但要考虑材料的性质,而且还应考虑到材料的受力状态,两者缺一不可。

例 8.4 当锅炉或其他圆筒形容器的壁厚t远小于它的内直径D时(例如,$t < \dfrac{D}{20}$),称为薄壁圆筒。图(a)所示一薄壁容器承受内压力的压强为p。圆筒部分的内直径为D,壁厚为t,且$t \ll D$。试按第三强度理论写出圆筒壁的计算应力表达式。

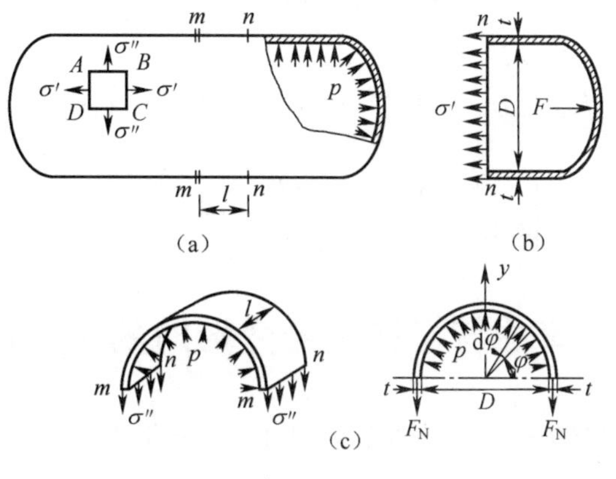

例 8.4 图

解:首先计算圆筒部分内的应力。由圆筒及其受力的对称性可知,作用在圆筒端部压力的合力 F 作用线与圆筒的轴线重合(图(b))。因此圆筒部分的横截面上各点的正应力 σ' 可按轴向拉伸时的式(6.1)计算

$$\sigma' = \frac{F}{A} = \frac{p \cdot \dfrac{\pi D^2}{4}}{\pi D t} = \frac{pD}{4t} \tag{8.16}$$

因为 $t \ll D$,所以,在计算中取 $A \approx \pi D t$ 。

为了求出圆筒部分纵截面上的正应力 σ'',用相距为 l 的两个横截面和包含直径的纵向平面,从圆筒中截取一部分(图(c))。若在筒壁的纵向截面上应力为 σ'',则内力为 $F_N = \sigma'' t l$ 。在这一部分圆筒内壁的微分面积 $l\dfrac{D}{2}\mathrm{d}\varphi$ 上的压力为 $pl\dfrac{D}{2}\mathrm{d}\varphi$ 。该部分内压力在 y 方向的投影的代数和为

$$\int_0^{\pi} pl\frac{D}{2}\sin\varphi\,\mathrm{d}\varphi = plD$$

积分结果表明,它等于截出部分在纵向平面上的投影面积 lD 与 p 的乘积。由平衡方程 $\sum F_y = 0$,得

$$2\sigma'' t l - plD = 0$$

$$\sigma'' = \frac{pD}{2t} \tag{8.17}$$

从式(8.16)、式(8.17)可见,纵向截面上的应力 σ'' 是横截面上应力 σ' 的两倍。

σ' 作用的截面就是薄壁圆筒的横截面,这类截面上没有切应力。又因压力是轴对称载荷,所以在 σ'' 作用的纵向截面上也没有切应力。这样,通过壁内任意点的纵、横两截面皆为主平面,σ' 和 σ'' 皆为主应力。此外,在单元体 $ABCD$ 的壁厚方向上,有作用于内壁的内压力 p 和作用于外壁的大气压力,它们都远小于 σ' 和 σ'',可以认为等于零,于是,筒壁上任一点的应力状态可视为二向应力状态。主应力的值分别为

$$\sigma_1 = \sigma'' = \frac{pD}{2t},\quad \sigma_2 = \sigma' = \frac{pD}{4t},\quad \sigma_3 = 0$$

将 σ_1、σ_2 及 σ_3 分别代入第三、第四强度理论的计算应力表达式(8.15),得

$$\sigma_{r3} = \sigma_1 - \sigma_3 = \frac{pD}{2t}$$

$$\sigma_{r4} = \sqrt{\frac{1}{2}[(\sigma_1 - \sigma_2)^2 + (\sigma_2 - \sigma_3)^2 + (\sigma_3 - \sigma_1)^2]}$$

$$= \sqrt{\frac{1}{2}\left[\left(\frac{pD}{2t} - \frac{pD}{4t}\right)^2 + \left(\frac{pD}{4t} - 0\right)^2 + \left(0 - \frac{pD}{2t}\right)^2\right]} = \frac{\sqrt{3}}{4t}pD$$

8.5 弯曲与扭转组合变形时的强度计算

一般的传动轴通常发生扭转与弯曲组合变形,如图 8.7(a)所示电机轴的外伸部分就是这类问题的实例。由于传动轴大都是圆截面的,因此,本节以圆截面为主要研究对象,

结合强度理论来讨论杆件发生扭转与弯曲组合变形时的强度计算。

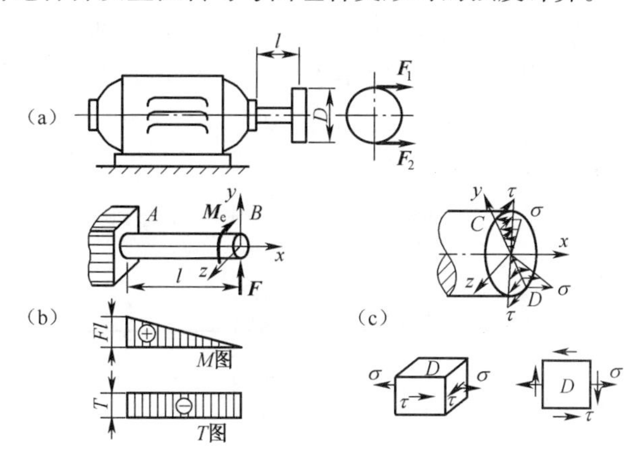

图 8.7

设电机轴外伸部分端部装有直径为 D 的皮带轮,皮带的张力分别为 F_1 和 F_2,且 $F_1>F_2$,现在研究轴 AB 的强度计算。

首先分析皮带张力对轴 AB 的作用,把 AB 轴简化为悬臂梁,将张力 F_1、F_2 向 AB 轴线简化,得横向力 $F=F_1+F_2$ 和扭转力矩 $M_e=(F_1-F_2)\cdot\dfrac{D}{2}$。可见,杆 AB 将发生弯曲与扭转组合变形。分别作杆的弯矩图和扭矩图(图 8.7(b)),杆的危险截面为固定端截面,其内力分量为

$$M=Fl,\qquad M_e=(F_1-F_2)\frac{D}{2}$$

该截面 C、D 两点为危险点(图 8.7(c)),此两点处的最大弯曲正应力和最大扭转切应力的值分别为

$$\sigma_{\max}=\frac{M}{W_z},\quad \tau_{\max}=\frac{T}{W_p} \tag{a}$$

围绕 D 点取单元体,其中一对平行面为横截面,则各截面应力如图 8.7(c)所示,其主应力值如例 8.2 所示,若轴为塑性材料,按第三强度理论的强度条件是

$$\sigma_{r3}=\sqrt{\sigma^2+4\tau^2}\leqslant[\sigma] \tag{8.18}$$

按第四强度理论的强度条件是:

$$\sigma_{r4}=\sqrt{\sigma^2+3\tau^2}\leqslant[\sigma] \tag{8.19}$$

将式(a)代入式(8.18)和式(8.19),并考虑到对圆截面来说 $W_p=2W_z$,化简后即得圆轴弯、扭组合变形的第三强度理论另一种表示形式

$$\sigma_{r3}=\frac{\sqrt{M^2+T^2}}{W_z}\leqslant[\sigma] \tag{8.20}$$

第四强度理论的另一种表示形式

$$\sigma_{r4}=\frac{\sqrt{M^2+0.75T^2}}{W_z}\leqslant[\sigma] \tag{8.21}$$

在式(8.20)和式(8.21)中,M 和 T 分别表示危险截面的弯矩和扭矩,W_z 为圆轴的弯曲截

面系数。

例 8.4 一钢制圆轴，装有两个皮带轮 A 和 C（图(a)）。两轮有相同的直径 $D=1\text{m}$，及相同的重量 $W=5\text{kN}$。A 轮上带的张力是水平方向的，B 轮上带的张力是铅垂方向，它们的大小为：$F_1=5\text{kN}$，$F_2=2\text{kN}$。设材料的许用应力 $[\sigma]=80\text{MPa}$，$l=0.5\text{m}$，$a=0.3\text{m}$。试按第三强度理论求圆轴所需直径。

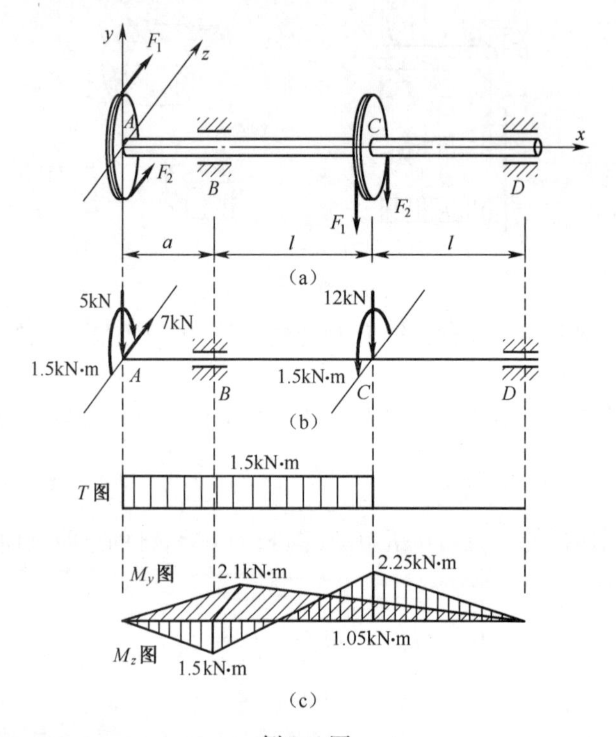

例 8.4 图

解：(1) 绘制轴的计算简图。

将轮上带的张力向轴截面形心简化，并考虑轮子的重力。轴的计算简图如图(b)所示。

(2) 绘轴的内力图。

根据计算简图，绘制扭矩图及垂直平面与水平平面内的弯矩图（图(c)）。由内力图分析可知，B 截面和 C 截面可能是危险截面，两截面上的弯矩合成分别为

$$M_B=\sqrt{1.5^2+2.1^2}=2.58(\text{kN}\cdot\text{m})$$

$$M_C=\sqrt{2.25^2+1.05^2}=2.48(\text{kN}\cdot\text{m})$$

显见，B 截面为危险截面，该截面上的内力为

弯矩 $$M=M_B=2.58(\text{kN}\cdot\text{m})$$

扭矩 $$T=1.5\text{kN}\cdot\text{m}$$

(3) 设计截面。

根据第三强度理论

$$\sigma_{r3}=\frac{\sqrt{M^2+T^2}}{W}=\frac{\sqrt{M^2+T^2}}{\pi D^3/32}\leqslant[\sigma]$$

$$D^3 \geqslant \frac{32\sqrt{M^2 + T^2}}{\pi[\sigma]} = \frac{32\sqrt{2580^2 + 1500^2}}{\pi \times 80 \times 10^6} = 3.8 \times 10^{-4}(\text{m}^3)$$

$$D \geqslant 0.072\text{m} = 72\text{mm}$$

圆轴所需直径为 72mm。

本 章 小 结

一、基本要求

1. 掌握一点的应力状态,熟练掌握用单元体表示一点的应力状态。

2. 熟练掌握平面应力状态分析。

3. 了解空间应力状态分析。

4. 掌握广义胡克定律,熟练掌握其应用。

5. 理解强度理论的概念,熟悉四种常用的强度理论,熟练掌握其应用,会分析简单强度破坏的原因。

6. 熟练掌握弯扭组合变形时的强度计算。

二、本章重点

1. 平面应力状态分析,平面应力状态下斜截面上的应力、一点的主应力和主平面的方位的计算;空间应力状态下的最大切应力计算。

2. 用广义胡克定律求解应力和应变的关系。

3. 四个强度理论的概念,弯扭组合下构件危险点的应力状态及相当应力的计算。

三、本章难点

1. 对平面应力状态下由已知单元体上的应力推导指定斜截面上的应力。

2. 平面应力状态下主平面方位的判断。

3. 组合变形下构件危险截面和危险点的判定,危险点的应力状态分析。

四、学习建议

1. 平面应力状态下斜截面上应力的计算,实际上是应用截面法、考虑所截单元体部分的静力平衡。而主应力、面内最大切应力的计算也可采用数学中求极值的方法。

2. 应力圆图解法一般不是用来求解斜截面上的应力值及主平面方位,而是帮助分析平面应力状态时已知单元体四个面上的应力与不同斜截面上应力的关系,是最直观和最形象的方法。斜截面上应力计算公式、主应力计算公式和主平面方位计算公式推导比较繁琐,借助应力圆图解法还是非常容易理解的。对于一些难度较大的应力状态问题,解析法与图解法并用,可方便解题。

3. 用解析法(式(8.4))求解主平面方位时,在$-90°$到$90°$之间有两个相差$90°$的方位角,对应的是两个主应力,但一般不易判断对应哪一个主应力,可借鉴如下判断:$\sigma_x \geqslant \sigma_y$时,两个方位中绝对值较小的角度对应$\sigma_{\max}$所在的主平面;$\sigma_x \leqslant \sigma_y$时,两个方位中绝对值较大的角度对应$\sigma_{\max}$所在的主平面。

4. 要注意区分单元体面内最大切应力(式(8.5))和一点的最大切应力(式(8.6))。

5. 相当应力式(8.20)和式(8.21)只适合圆截面杆受弯扭组合变形时的相当应力计算;对于拉(压)、弯和扭转的组合变形,危险截面上危险点的单元体应力状态与弯扭组合一样,但上述公式却不适用了,首先分别计算危险点对应危险截面上正应力 σ(拉压和弯曲正应力代数和)和扭转切应力 τ ,然后再代入式(8.18)和式(8.19)计算相当应力。

习　题

8-1　构件受力如图所示。(1)确定危险点的位置;(2)用单元体表示危险点的应力状态。

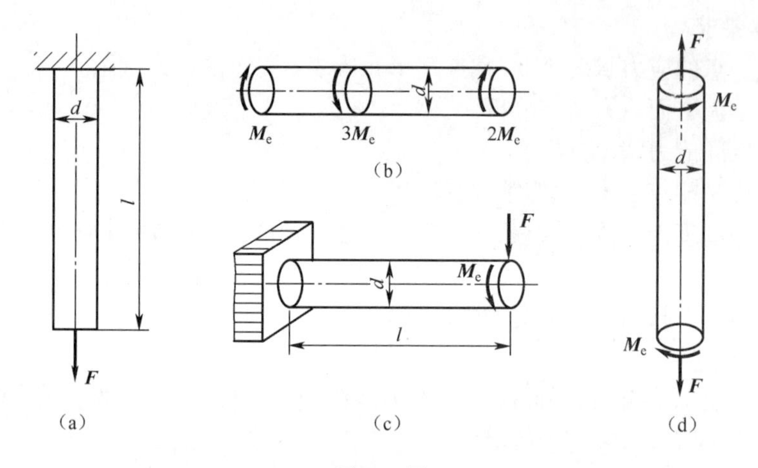

题 8-1 图

8-2　判断图中折杆 AB、BC 和 CD 段各产生何种变形?

8-3　圆截面悬臂梁如图所示,梁同时承受拉力 F、均布载荷 q 和力偶 M_e 的作用,试指出:(1) 危险截面和危险点的位置;(2) 危险点的应力状态;(3) 指出下列两个强度条件中哪一个是错误的:

(a)　$$\frac{F}{A}+\sqrt{\left(\frac{M}{W_z}\right)^2+4\left(\frac{M_e}{W_p}\right)^2}\leqslant[\sigma]$$

(b)　$$\sqrt{\left(\frac{F}{A}+\frac{M}{W_z}\right)^2+4\left(\frac{M_e}{W_p}\right)^2}\leqslant[\sigma]$$

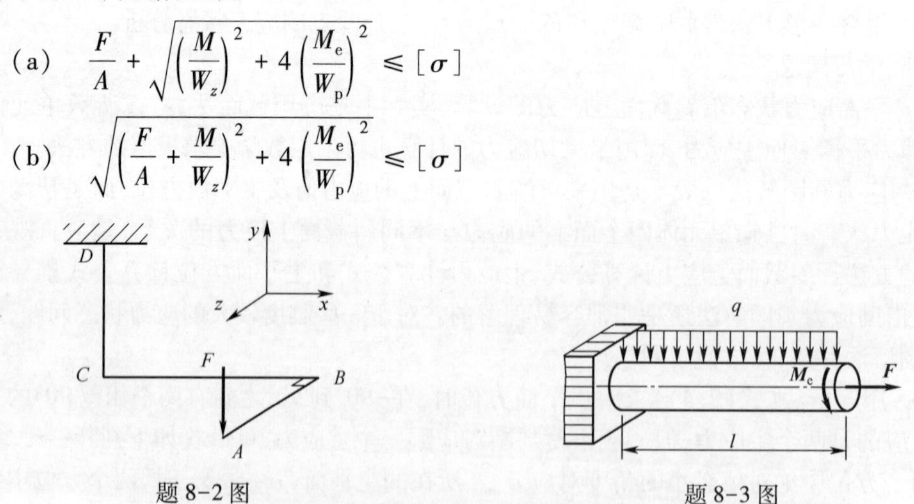

题 8-2 图　　　　题 8-3 图

8-4　三个单元体各面上的应力如图所示。问各为何种应力状态?

8-5　在图示单元体中求出指定斜截面上的应力,并画出它们的方向。应力单位为 MPa。

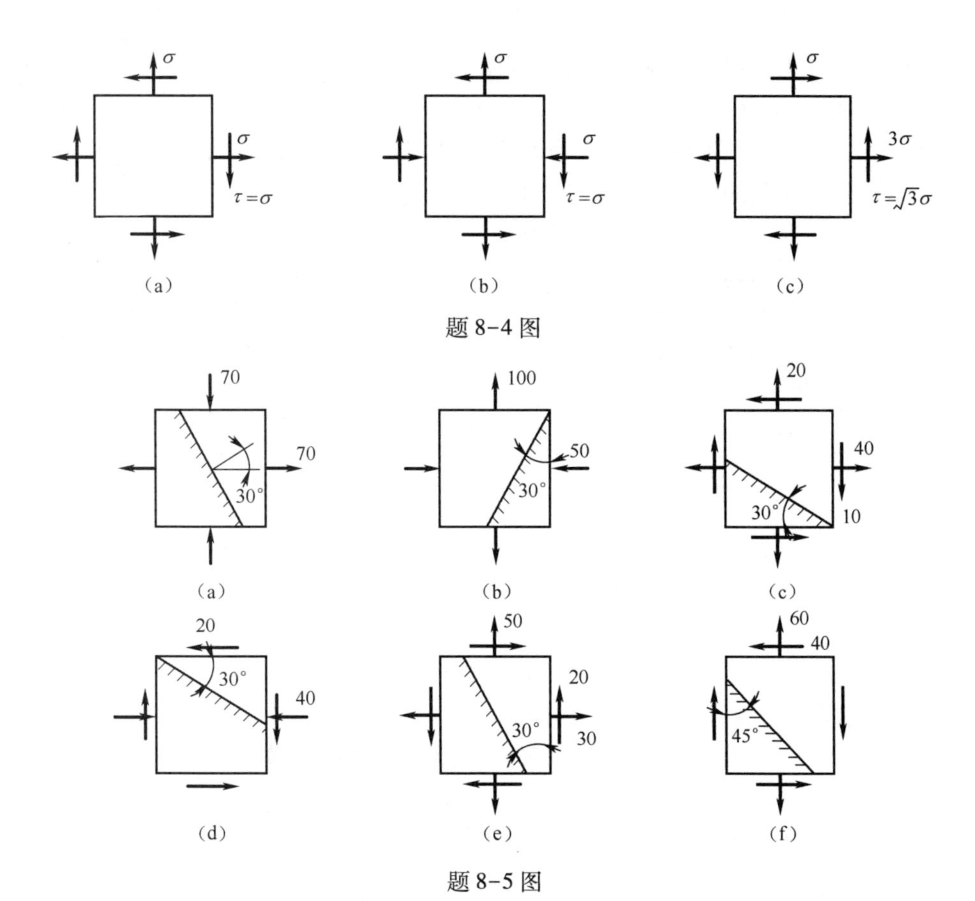

题 8-4 图

题 8-5 图

8-6 单元体各截面的应力如图所示,试利用解析法与图解法计算主应力的大小及所在截面的方位,并在单元体中画出。应力单位为 MPa。

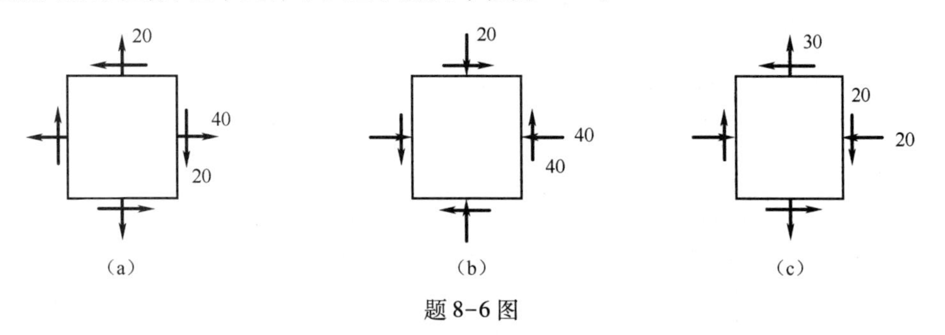

题 8-6 图

8-7 试求图示应力状态的主应力及最大切应力。应力单位为 MPa。

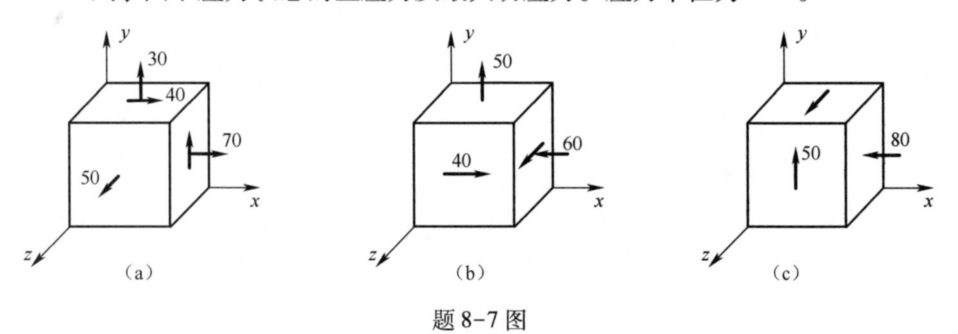

题 8-7 图

8-8 层合板构件中单元体受力如图所示，各层板之间用胶粘贴，接缝方向如图中所示。若已知胶层切应力不得超过 1MPa，试问单元体沿水平方向的正应力应为何值？

8-9 如图所示单元体为平面应力状态。已知：$\sigma_x = 80\text{MPa}$，$\sigma_y = 40\text{MPa}$，$\sigma_\alpha = 50\text{MPa}$，试求斜截面上的切应力以及单元体的主应力和最大切应力。

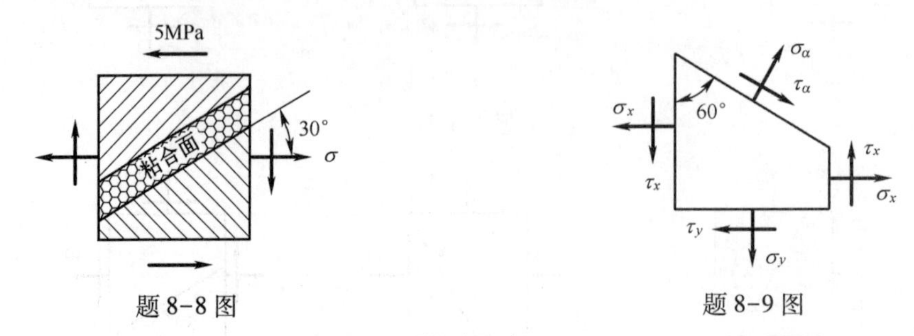

题 8-8 图　　　　题 8-9 图

8-10 圆轴扭转—拉伸试验的示意图如图所示。若 $F = 20\text{kN}$，$M_e = 600\text{N}\cdot\text{m}$，$d = 25\text{mm}$，试求：(1)$A$ 点在指定斜截面上的应力；(2)A 点的主应力的大小和方向（并用单元体表示）。

8-11 图示薄壁容器，其内经 $D = 500\text{mm}$，壁厚 $t = 10\text{mm}$。在内压 p 的作用下分别测得容器轴向和周向的线应变为 $\varepsilon_a = 100\times10^{-6}$ 和 $\varepsilon_b = 350\times10^{-6}$。材料的弹性模量 $E = 200\text{GPa}$，泊松比 $\nu = 0.25$。试求筒壁内的轴向应力及周向应力，并求内压 p。

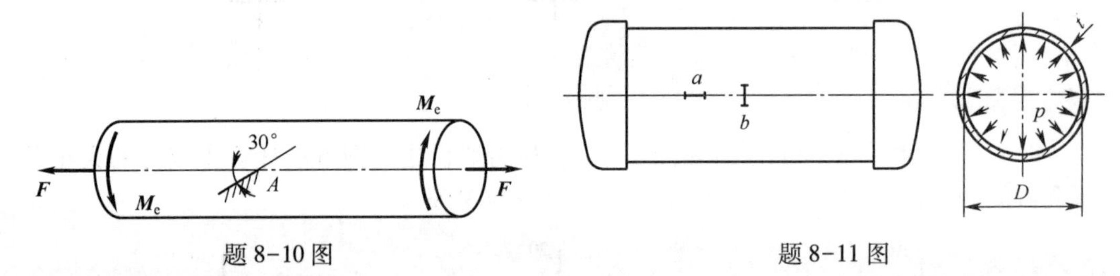

题 8-10 图　　　　题 8-11 图

8-12 将边长为 10mm 的正立方体钢块置于刚性方形模内，四侧面与模壁无间隙，钢块上方受有 $F = 7\text{kN}$ 的压力（均匀分布于上面），已知材料的泊松比 $\nu = 0.3$。试求钢块内任一点处的主应力。

8-13 直径 $d = 20\text{mm}$ 的受扭圆轴，材料的弹性模量 $E = 200\text{GPa}$，泊松比 $\nu = 0.3$，今测得圆轴表面与轴线成 45°方向的应变 $\varepsilon = 520\times10^{-6}$。试求扭转力矩 M_e。

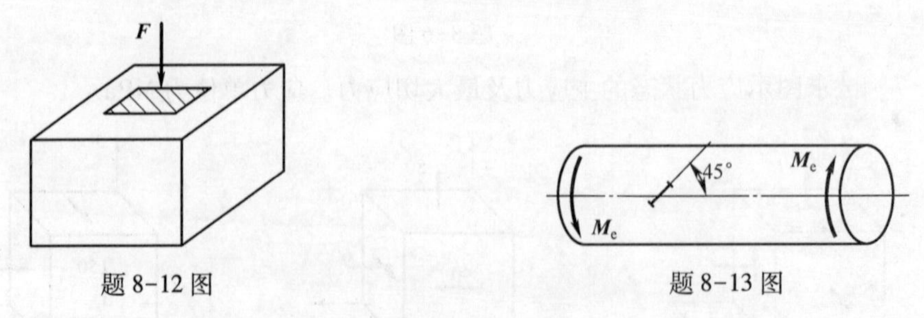

题 8-12 图　　　　题 8-13 图

8-14 图示单元体处于平面应力状态，已知应力 $\sigma_x = 100\text{MPa}$，$\sigma_y = 80\text{MPa}$，$\tau_x = 50\text{MPa}$，弹性模量 $E = 200\text{GPa}$，切变模量 $G = 80\text{GPa}$，泊松比 $\nu = 0.3$。试求正应变 ε_x、ε_y 及切应变 γ_{xy}。

8-15 如题 8.14 所示应力状态，试计算 $\alpha=30°$方位的正应变 $\varepsilon_{30°}$。

8-16 铸铁构件上危险点的应力状态如图所示。若已知铸铁的许用拉应力$[\sigma]=30\text{MPa}$，泊松比 $\nu=0.25$。试对下列应力分量作用下的危险点按第二强度理论进行强度校核。(1)$\sigma_x=\sigma_y=0,\tau_x=30\text{MPa}$;(2)$\sigma_x=10\text{MPa},\sigma_y=23\text{MPa},\tau_x=-11\text{MPa}$。

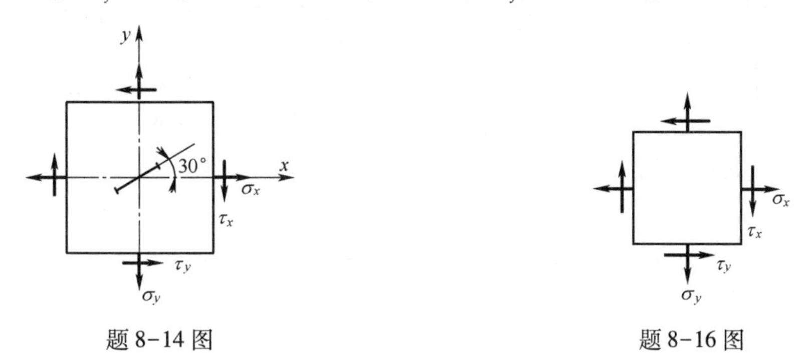

题 8-14 图　　　　题 8-16 图

8-17 圆筒形薄壁容器直径 $D=2\text{m}$，壁厚 $t=10\text{mm}$，所受的内压 $p=1\text{MPa}$。若容器材料的许用应力$[\sigma]=90\text{MPa}$。试按第四强度理论进行校核。

8-18 某种圆柱形船用锅炉，平均直径为 1250mm，设计时所采用的工作内压为 2.3MPa，在工作温度下材料的屈服极限 $\sigma_s=182.5\text{MPa}$，若安全因数为 1.8，试根据第三强度理论计算锅炉的壁厚。

8-19 直径为 20mm 的圆截面折杆受力情况如图所示，已知集中力 $F=200\text{N}$；材料的许用应力$[\sigma]=170\text{MPa}$。试按第三强度理论确定折杆长度 a 的许可值。

8-20 铁道路标信号板，装在外径 $D=60\text{mm}$ 的空心圆柱上，所受的最大风载 $p=2\text{kN/m}^2$，$[\sigma]=60\text{MPa}$。试按第三强度理论选定空心柱的厚度。

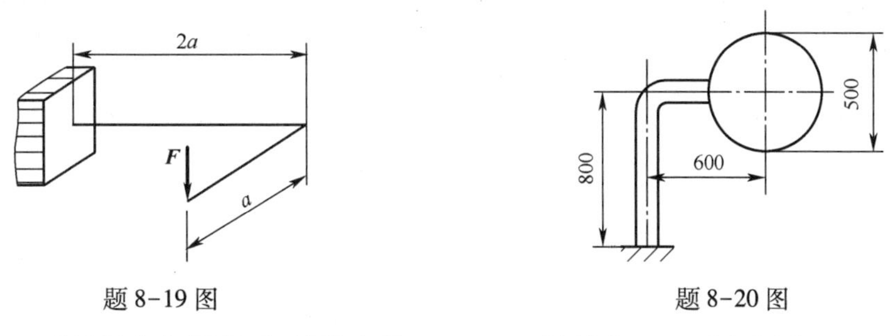

题 8-19 图　　　　题 8-20 图

8-21 手摇绞车如图所示，轴的直径 $d=30\text{mm}$，材料为 Q235 钢，$[\sigma]=80\text{MPa}$。试按第三强度理论求绞车的最大起吊重量 W。

8-22 电动机的功率为 9kW，转速为 715r/min，皮带轮直径 $D=250\text{mm}$，主轴外伸部分长度 $l=120\text{mm}$，主轴直径 $d=40\text{mm}$。若$[\sigma]=60\text{MPa}$，试用第三强度理论校核轴的强度。

8-23 轴上安装有两个轮子，两轮子分别作用有 $F_1=3\text{kN}$ 及 F_2，轴处于平衡。若$[\sigma]=60\text{MPa}$，试按第三及第四强度理论选择轴的直径。

8-24 图示为一皮带轮轴。已知 F_1 和 F_2 均为 1500N，1、2 轮的直径均为 300mm，3 轮直径为 450mm，轴的直径为 60mm。若$[\sigma]=80\text{MPa}$，试按第三强度理论对该轴进行校核。

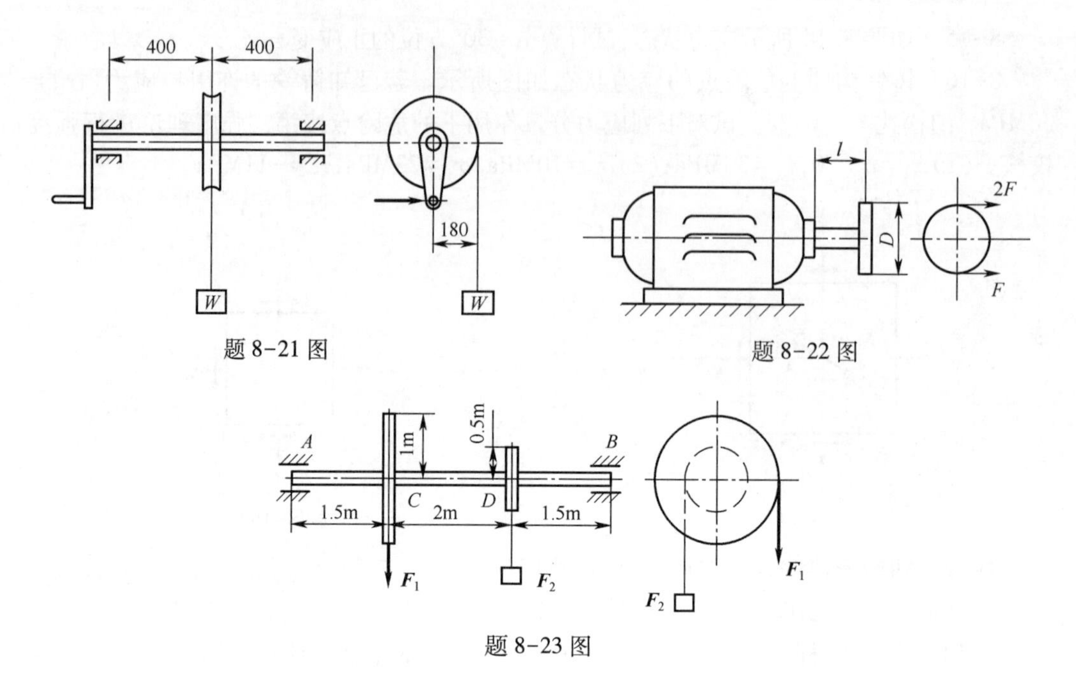

题 8-21 图

题 8-22 图

题 8-23 图

8-25 已知图示钢杆长 $l=500\text{mm}$，直径 $d=100\text{mm}$，所受外载 $F_1=4\pi\text{kN}$，$F_2=60\pi\text{kN}$，$M_e=4\pi\text{kN}\cdot\text{m}$，许用应力 $[\sigma]=160\text{MPa}$。试按第三强度理论校核该杆的强度。

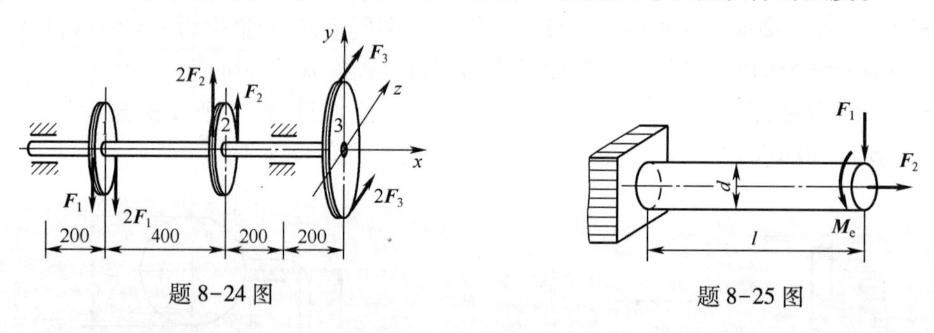

题 8-24 图

题 8-25 图

第九章 压杆稳定

9.1 压杆稳定的概念

工程中把承受轴向压力的直杆称为**压杆**。例如桥梁、钻井井架等各种桁架结构中的受压杆件；建筑物和结构中的立柱、钻井时钻柱组合的下部结构；内燃机中的连杆、气门挺杆、液压油缸和活塞泵的活塞杆，等等。在6.2节中，对于受压杆件的研究，是从强度的观点出发。即认为只要满足杆件压缩的强度条件，就可以保证压杆的正常工作。上述考虑对于短粗的压杆来说是正确的，但对于受压的细长直杆就不适用了。例如取一根钢锯条，其横截面尺寸为10mm×1mm，长为250mm，钢的许用应力$[\sigma]=300\text{MPa}$，则按强度条件算得钢锯条所能承爱的轴向压力应为

$$F=[\sigma]A=300\times10^{6}\times10\times1\times10^{-6}=3000(\text{N})$$

但若将此钢锯条竖放在桌上，用手压其上端，则当压力不到30N时，锯条就被明显压弯。显然，这个压力比3000N小得多。当锯条出现横向大变形时，就无法再承担更大的压力。由此可见，细长压杆的承载能力并不取决于轴向压缩的抗压强度，而取决于压杆受压时能否保持直线形态的平衡。

当轴向压力达到或超过某一极限值时，杆件可能突然变弯而丧失工作能力，这种现象称为**丧失稳定**，简称**失稳**，也称为**屈曲**。杆件失稳往往产生很大的变形，甚至导致系统破坏。而上述极限值引起的压杆横截面上的正应力常常大大低于强度上所要求的许用应力。因此，对于轴向受压杆件，除应考虑其强度问题外，还应考虑其稳定性问题。

为便于对压杆的承载能力进行理论研究，通常将压杆假设为由均质材料制成、轴线为直线且外加压力的作用线与压杆轴线重合的理想中心受压直杆力学模型。图9.1(a)所示中心受压直杆承受轴向压力F作用，当力F小于某一数值时，压杆处于直线平衡状态。若给杆施加一微小的横向干扰力Q，使杆离开直线平衡位置而发生微小弯曲变形，然后撤去横向力，杆的轴线将恢复其原来的直线平衡状态，则压杆原来直线形态的平衡是稳定的(图9.1(b))；当轴向力增大到一定的极限值时，重复这个过程，当撤去横向力后，杆的轴线将保持弯曲平衡形态，而不再恢复其原有的直线平衡形态(图9.1(c))，则压杆原来直线形态的平衡是不稳定的。中心受压直杆直线形态的平衡，由稳定平衡转化为不稳定平衡时所受轴向压力的极限值，称为**临界压力**或**临界载荷**，用F_{cr}表示。杆件失稳后，压力的微小增加将引起弯曲变形的显著增大，杆件已丧失了承载能力。这是因失稳造成的失效，可以导致整个机器或结构的损坏。

除细长压杆外，其他构件也存在稳定失效问题。例如，图 9.2(a) 所示狭长矩形截面梁，当作用在自由端的载荷 F 达到或超过某一极限值时，梁将突然发生侧向弯曲与扭转；又如图 9.2(b) 所示承受径向外压的薄壁圆管，当外压 p 达到或超过某一极限值时，圆形环截面突然变为椭圆形。这些都是工程设计中极为重要的问题。

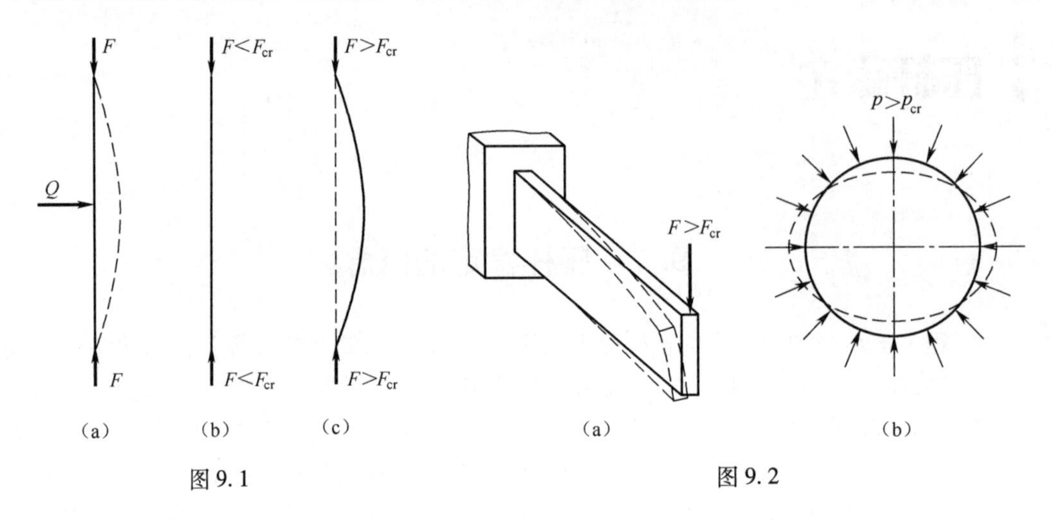

图 9.1　　图 9.2

9.2　确定压杆临界载荷的欧拉公式

由上述分析可知，只有当轴向压力 F 等于临界载荷 F_{cr} 时，压杆才可能由直线形态的平衡过渡到弯曲形态的平衡，由此，临界载荷也可以这样定义：保持直线平衡的最大载荷；保持弯曲平衡的最小载荷。现以两端铰支细长压杆为例，说明临界载荷的确定方法。

选取坐标系如图 9.3 所示，距原点为 x 的任意截面的挠度为 w，弯矩 M 的绝对值为 Fw。由图 9.3 所示，w 为正时，M 为负；w 为负时，M 为正。即 M 与 w 的符号相反，所以弯矩方程为

$$M(x) = -Fw \tag{a}$$

在小变形情况下，当截面上的应力不超过比例极限时，挠曲线的近似微分方程为

$$\frac{d^2w}{dx^2} = \frac{M(x)}{EI} \tag{b}$$

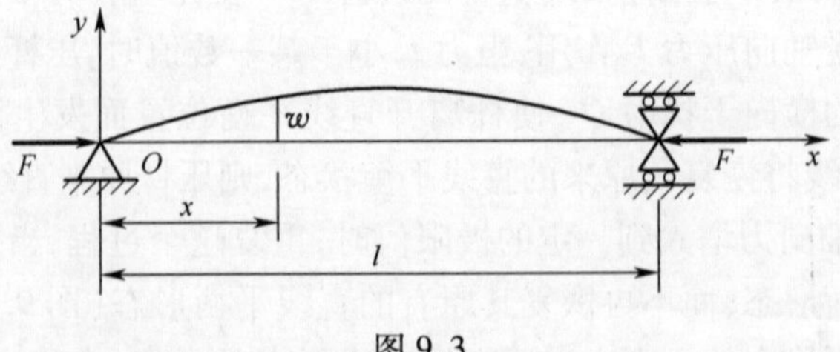

图 9.3

由于两端是球铰，允许杆件在任意纵向平面内发生弯曲变形，因而杆件的微小弯曲变形一定发生在抗弯能力最小的纵向平面内。所以，上式中的 I 应是横截面最小的惯性矩。将式(a)代入式(b)

$$\frac{d^2w}{dx^2} = -\frac{Fw}{EI} \tag{c}$$

引用记号

$$k^2 = \frac{F}{EI} \tag{d}$$

于是式(c)可以写成

$$\frac{d^2w}{dx^2} + k^2w = 0 \tag{e}$$

上式即为压杆在微弯状态下的平衡方程,这是一个二阶齐次线性微分方程,其通解为

$$w = A\sin kx + B\cos kx \tag{f}$$

式中,A、B 为积分常数,两端铰支压杆的位移边界条件是:$x = 0$ 和 $x = l$ 时,$w = 0$,由此求得

$$B = 0, \quad A\sin kl = 0 \tag{g}$$

$A\sin kl = 0$ 有两组可能的解,A 或者 $\sin kl$ 等于零。但因 B 已经等于零,如 A 再等于零,则由式(f)知 $w \equiv 0$,这表示杆件轴线任意点的挠度为零,即压杆的轴线仍为直线。这就与杆件失稳发生微小弯曲的前提相矛盾。因此其解应为

$$\sin kl = 0$$

而要满足此条件,则要求

$$kl = n\pi \qquad (n = 0,1,2,\cdots)$$

由此求得

$$k = \frac{n\pi}{l}$$

将上式代入式(d),可得到

$$F = \frac{n^2\pi^2EI}{l^2}$$

因为 n 是 0,1,2,…等整数中任一个整数,故上式表明,使杆件保持为弯曲平衡的压力,理论上是多值的。在这些压力中,使杆件保持微小弯曲的最小压力即压杆的临界压力 F_{cr}。如取 $n = 0$,则 $F = 0$,表示杆件上并无压力,自然不是我们所需要的。因此,取 $n = 1$,可得两端铰支细长压杆临界力为

$$F_{cr} = \frac{\pi^2EI}{l^2} \tag{9.1}$$

这就是确定两端铰支压杆临界载荷的欧拉公式。要注意的是,如果压杆两端为球形铰支,则式(9.1)中的惯性矩 I 应为压杆横截面的最小惯性矩。

在临界载荷作用下,即 $k = \frac{\pi}{l}$ 时,由式(f)得

$$w = A\sin\frac{\pi}{l}x \tag{9.2}$$

即两端铰支压杆临界状态时的挠曲线为正弦曲线。其最大挠度或幅值 A 为曲杆中点的最大挠度,其值取决于压杆微弯的程度。

实际工程中，除上述两端铰支压杆之外，还会遇到其他不同形式的杆端约束情况。对于这些情况，压杆临界载荷的公式可用与上面相同的方法导出，也可利用前述欧拉公式并采用类比法求得。

首先研究一端固定、一端自由、长为 l 的细长压杆（图 9.4(b)）。当轴向压力 $F=F_{cr}$ 时，该杆的挠曲线与长度 $2l$ 的两端铰支压杆挠曲线轴的上半部分相同，即均为正弦曲线。因此，如果两杆的弯曲刚度相同，则其临界载荷也相同，所以一端固定、另一端自由的细长压杆的临界载荷为

$$F_{cr}=\frac{\pi^2 EI}{(2l)^2} \tag{9.3}$$

两端固定、长为 l 的细长压杆，受压微弯时的挠曲线如图 9.4(c) 所示，在离两端 $l/4$ 处的截面 C 和 D 上存在拐点，该两截面的弯矩均为零。因此，长为 $l/2$ 的 CD 段的两端仅承受轴向压力 F_{cr}，受力情况与长为 $l/2$ 的两端铰支压杆相同。所以，两端固定细长压杆的临界载荷为

$$F_{cr}=\frac{\pi^2 EI}{(0.5l)^2} \tag{9.4}$$

最后，一端固定、一端铰支、长为 l 的细长压杆受压微弯时的挠曲线如图 9.4(d) 所示，在离铰支端约 $0.7l$ 处的 C 截面上存在拐点，该截面弯矩为零。因此，从拐点到铰支端仅承受轴向压力 F_{cr} 的两端铰支压杆相同。所以，一端固定、一端铰支细长压杆的临界载荷为

$$F_{cr}=\frac{\pi^2 EI}{(0.7l)^2} \tag{9.5}$$

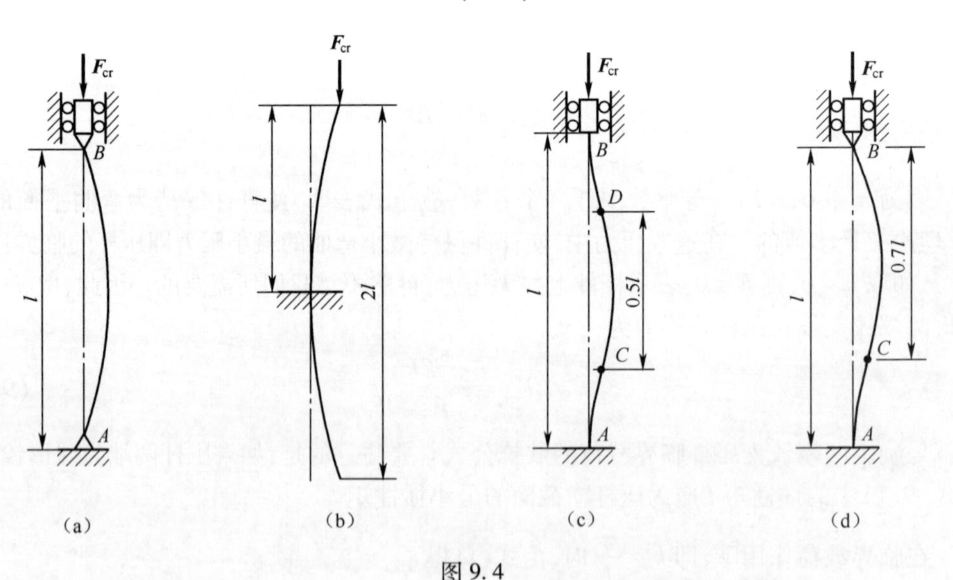

图 9.4

综上所述，可把式(9.1)、式(9.3)、式(9.4)和式(9.5)统一写成如下形式：

$$F_{cr}=\frac{\pi^2 EI}{(\mu l)^2} \tag{9.6}$$

式中，乘积 μl 称为压杆的**相当长度**或**有效长度**，而 μ 称为**长度因数**。上述四种情况下，压

杆的长度因数 μ 值为

两端铰支： $\mu=1$　　　一端固定、一端自由： $\mu=2$

两端固定： $\mu=0.5$　　　一端固定、一端铰支： $\mu=0.7$

上述约束只是几种典型情况，实际问题中，压杆的支座还可有其他情况，并相应地有不同的长度因数，这些因数 μ 值可从有关的设计手册或规范中查到。

9.3 欧拉公式的适用范围 临界应力的经验公式

欧拉公式是以压杆的挠曲线微分方程为依据推导出来的，而此微分方程是在线弹性条件下建立的，所以，只有在材料服从胡克定律，即杆内的应力不超过材料的比例极限时，才能用欧拉公式计算压杆的临界力。本节研究该公式的应用范围以及压杆的非弹性稳定问题。

一、临界应力与柔度

压杆处于临界状态时，横截面上的平均应力称为压杆的**临界应力**，并用 σ_{cr}表示。即

$$\sigma_{cr}=\frac{F_{cr}}{A}=\frac{\pi^2 EI}{(\mu l)^2 A} \tag{a}$$

在上式中，比值 I/A 仅与截面形状及几何尺寸有关，将其用 i^2 表示，即

$$i=\sqrt{\frac{I}{A}} \tag{9.7}$$

上述几何量 i 称为**截面对中性轴的惯性半径**，则

$$\sigma_{cr}=\frac{\pi^2 E}{(\mu l)^2}\cdot i^2=\frac{\pi^2 E}{\left(\frac{\mu l}{i}\right)^2} \tag{b}$$

引用记号

$$\lambda=\frac{\mu l}{i} \tag{9.8}$$

则细长压杆的临界应力为

$$\sigma_{cr}=\frac{\pi^2 E}{\lambda^2} \tag{9.9}$$

上式中的 λ 为无量纲，称为压杆的**柔度**或**细长比**，它综合地反映了压杆的长度(l)、约束方式(μ)与截面几何性质(i)对临界应力的影响，式(9.9)表示，细长压杆的临界应力与柔度的平方成反比，柔度愈大，临界应力愈低。

二、欧拉公式应用范围

如前所述，只有压杆的应力不超过材料的比例极限 σ_p 时，欧拉公式才能适用。因此，欧拉公式的适用条件是

$$\sigma_{cr}=\frac{\pi^2 E}{\lambda^2}\leqslant\sigma_p \quad 或 \quad \lambda\geqslant\pi\sqrt{\frac{E}{\sigma_p}}$$

若令

$$\lambda_p = \pi\sqrt{\frac{E}{\sigma_p}} \tag{9.10}$$

则仅当 $\lambda \geqslant \lambda_p$时,欧拉公式才成立。

显见,λ_p 仅与材料的弹性模量 E 及比例极限 σ_p 有关,所以,λ_p 值是由材料力学性质决定的。柔度 $\lambda \geqslant \lambda_p$的压杆称为**大柔度杆**。由此不难看出,前面经常提到的“细长杆”,实际上就是大柔度杆。

三、临界应力的经验公式

当压杆的柔度小于 λ_p 时,则临界应力超过材料的比例极限,属于非弹性稳定问题。对这类压杆,工程计算中一般使用经验公式。常见的经验公式有直线公式和抛物线公式,这里我们只介绍直线公式,即

$$\sigma_{cr} = a - b\lambda \tag{9.11}$$

式中,a 和 b 为与材料性能有关的常数,单位为 MPa。几种常见材料的 a 和 b 值列在表9.1 中。

表 9.1　常用材料的 a、b、λ_p、λ_s

材　　料	a/MPa	b/MPa	λ_p	λ_s
Q235 钢:σ_s = 235MPa;$\sigma_b \geqslant$ 372MPa	304	1.12	100	61.4
优质碳钢:σ_s = 306MPa;$\sigma_b \geqslant$ 471MPa	460	2.568	100	60
硅钢:σ_s = 353MPa;$\sigma_b \geqslant$ 510MPa	578	3.744	100	60
铬钼钢	981	5.296	55	
铸铁	332	1.454	80	
硬铝	373	2.143	50	
松木	39.2	0.199	59	

柔度很小的短柱,受压时不可能像柔度较大的杆那样出现弯曲变形,失效的原因主要是应力达到屈服极限(塑性材料)或强度极限(脆性材料),应为强度问题。所以,对塑性材料,$\sigma_{cr} = \sigma_s$,由式(9.11)算出相应的柔度为

$$\lambda_s = \frac{a - \sigma_s}{b} \tag{9.12}$$

这是应用直线公式的最小柔度。即直线经验公式的应用范围为

$$\lambda_s \leqslant \lambda < \lambda_p$$

在上述范围内的压杆称为**中柔度杆**。对 $\lambda < \lambda_s$ 的压杆属于短粗杆,又称为**小柔度杆**,应按强度问题处理。

对上述大柔度杆、中柔度杆和小柔度三种情况,临界应力随柔度变化的曲线如图 9.5 所示,简称临界应力总图。

例 9.1　图示压杆的横截面为矩形,h = 80mm,b = 40mm,杆长 l = 2m,材料为 Q235 钢,E = 200GPa,两端约束示意图为:在正视图(a)的平面内相当于铰链;在俯视图(b)的平面内为弹性固定,采用 μ = 0.8。试求此杆的临界压力 F_{cr}。

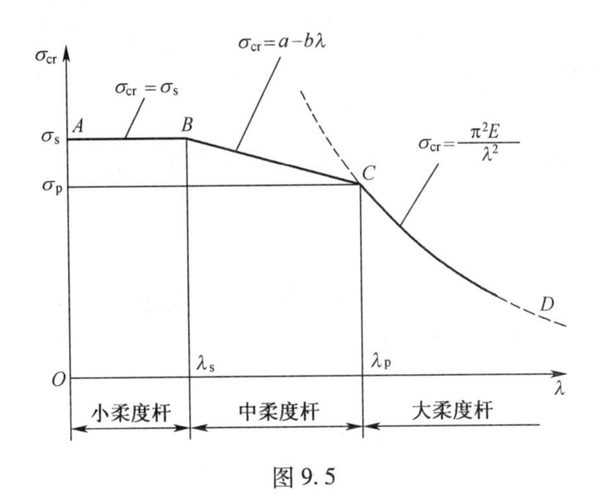

图 9.5

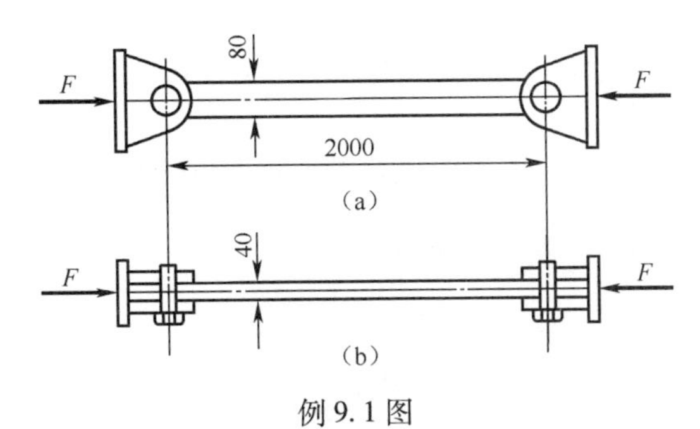

例 9.1 图

解:为确定失稳首先发生在哪一平面,应先将两个平面内的柔度求出进行比较。

若压杆首先在正视图(a)平面内失稳,两端视为铰支,$\mu=1$,截面惯性半径为

$$i=\sqrt{\frac{I}{A}}=\frac{80}{\sqrt{12}}=23.09(\mathrm{mm})$$

柔度为

$$\lambda_a=\frac{\mu l}{i_x}=\frac{1\times2000}{23.09}=86.60$$

若压杆在俯视图(b)平面内失稳,两端视为弹性固定,$\mu=0.8$,截面惯性半径为

$$i=\sqrt{\frac{I}{A}}=\frac{40}{\sqrt{12}}=11.55(\mathrm{mm})$$

柔度为

$$\lambda_b=\frac{\mu l}{i}=\frac{0.8\times2000}{11.55}=138.56$$

由于 $\lambda_b>\lambda_a$,可见压杆首先俯视图(b)平面内失稳,由表 9.1 知,$\lambda_b>\lambda_p$,压杆为大柔度杆。由式(9.9),得压杆的临界应力为

$$\sigma_{cr}=\frac{\pi^2E}{\lambda_b^2}=\frac{\pi^2\times200\times10^9}{138.56^2}=102.81(\mathrm{MPa})$$

压杆的临界载荷为

$$F_{cr} = \sigma_{cr} \cdot A = 102.81 \times 10^6 \times 0.08 \times 0.04 = 329(\text{kN})$$

临界载荷亦可通过式(9.6)得出。

9.4 压杆稳定的校核与合理设计

一、稳定条件

对于工程实际中的压杆,要使其不丧失稳定,就必须使压杆工作时所承受的轴向压力 F 小于压杆的临界载荷。为了安全起见,还要考虑一定的安全因数,使压杆有足够的稳定性。因此,压杆的稳定条件为

$$F \leqslant \frac{F_{cr}}{n_{st}} = [F_{cr}] \tag{9.13}$$

或

$$n = \frac{F_{cr}}{F} \geqslant n_{st} \tag{9.14}$$

将式(9.13)和式(9.14)中 F 和 F_{cr}同除以横截面面积 A,得

$$\sigma \leqslant \frac{\sigma_{cr}}{n_{st}} = [\sigma_{cr}] \tag{9.15}$$

或

$$n = \frac{\sigma_{cr}}{\sigma} \geqslant n_{st} \tag{9.16}$$

式(9.13)~式(9.16)中,$[F_{cr}]$ 和 $[\sigma_{cr}]$ 分别为稳定的许用载荷和许用应力;n_{st} 为稳定安全因数;n 为实际工作安全因数。稳定安全因数 n_{st} 只能根据试验及实践的经验来确定,除应遵循确定强度安全因数的一般原则外,还应考虑加载偏心与压杆初曲率等不利因素。因此,稳定安全因数一般大于强度安全因数。

例 9.2 图(a)所示横梁 CD 由直径 D=35mm 的圆截面撑杆 AB 支承,尺寸如图所示(长度单位为 mm)。AB 杆材料为 Q235 钢。若撑杆 AB 许用稳定安全因数 n_{st} = 3。试求该结构所能承受的最大载荷 q_{max}。

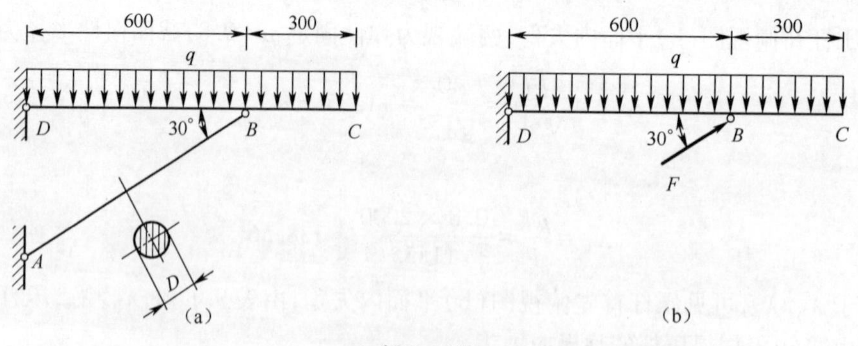

例 9.2 图

解:(1) 计算撑杆 AB 内力 F 与外载荷 q 的关系。

由平衡条件 $\Sigma M_D=0$,可得

$$F\sin 30° \times 0.6 - \frac{1}{2}q \times (0.6 + 0.3)^2 = 0$$

$$F = 1.35q \tag{a}$$

(2) 计算撑杆 AB 临界力。

由式(9.7)可得撑杆 AB 惯性半径为

$$i = \sqrt{\frac{I}{A}} = \sqrt{\frac{\pi D^4/64}{\pi D^2/4}} = \frac{D}{4}$$

由式(9.8)可得撑杆 AB 柔度为

$$\lambda = \frac{\mu l}{i} = \frac{1 \times 600/\cos 30°}{35/4} = 79.18$$

由表 9.1 查得 Q235 钢的 $\lambda_p = 100$, $\lambda_s = 61.4$ 则

$$\lambda_s < \lambda < \lambda_p$$

撑杆为中柔度杆,按直线经验公式计算临界应力。由表 9.1 查得 Q235 钢的 $a = 304\text{MPa}$;$b = 1.12\text{MPa}$,则由式(9.11)可得

$$\sigma_{cr} = a - b\lambda = 304 - 1.12 \times 79.18 = 215.32(\text{MPa})$$

撑杆 AB 临界力为

$$F_{cr} = \sigma_{cr} \cdot A = 215.32 \times 10^6 \times \frac{\pi \times 0.035^2}{4} = 207.16(\text{kN})$$

(3) 计算最大载荷 q_{max}。

撑杆 AB 的许可载荷为

$$[F_{cr}] = \frac{F_{cr}}{n_{st}} = \frac{207.16}{3} = 69.05(\text{kN})$$

由式(a)可得最大载荷为

$$q = \frac{[F_{cr}]}{1.35} = \frac{69.05}{1.35} = 51.15(\text{kN/m})$$

例 9.3 某型平面磨床液压传动装置如图所示。油缸活塞直径 $D = 65\text{mm}$,油压 $p = 1.2\text{MPa}$,活塞杆长度 $l = 1250\text{mm}$,材料为 35 钢,$\sigma_p = 220\text{MPa}$,$E = 210\text{GPa}$,$n_{st} = 6$。试确定活塞杆的直径。

解:活塞杆承受的轴向压力为

$$F = \frac{\pi}{4}D^2 p = \frac{\pi}{4}(65 \times 10^{-3})^2 \times 1.2 \times 10^6 = 3982(\text{N})$$

如在稳定条件式取等号,则活塞杆的临界压力应为

$$F_{cr} = n_{st}F = 6 \times 3982 = 23892(\text{N})$$

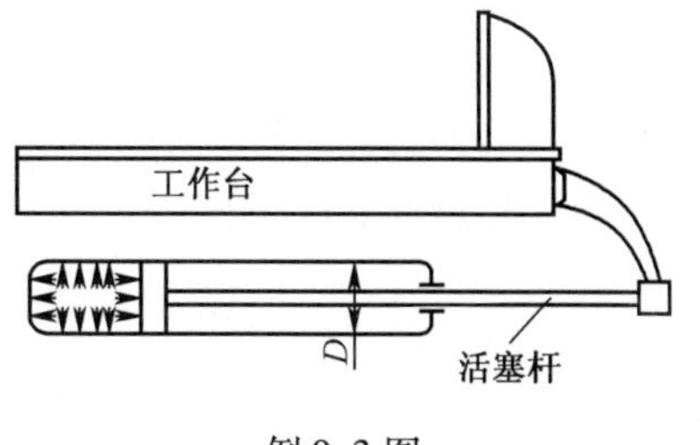

例 9.3 图

现在需要确定活塞杆的直径 d,以使它具有上列数值的临界压力,但在直径确定之前不能求出活塞杆的柔度 λ,自然也不能判定究竟是用欧拉公式还是用经验公式计算。因此,在试算时先用欧拉公式确定活塞杆的直径。待确定直径后,再检查是否满足使用欧拉公式的条件。

将活塞杆简化成两端铰支压杆,由欧拉公式得

$$F_{cr} = \frac{\pi^2 EI}{(\mu l)^2} = \frac{\pi^2 \times 210 \times 10^9 \times \frac{\pi}{64}d^4}{(1 \times 1.25)^2} = 23892(\mathrm{N})$$

由此解出 $d = 0.0246\mathrm{m}$，取 $d = 25\mathrm{mm}$。

用所确定的 d 计算活塞杆的柔度

$$\lambda = \frac{\mu l}{i} = \frac{1 \times 1.25}{0.025/4} = 200$$

对活塞杆的材料 35 钢，由式(9.10)得

$$\lambda_p = \sqrt{\frac{\pi^2 E}{\sigma_p}} = \sqrt{\frac{\pi^2 \times 210 \times 10^9}{220 \times 10^6}} = 97$$

因为 $\lambda > \lambda_p$，所以用欧拉公式进行的试算是正确的。活塞杆直径 d 可取 25mm。

二、压杆的合理设计

1. 合理选择材料

由式(9.9)可以看出，细长压杆的临界应力与材料的弹性模量 E 有关。因此，选择弹性模量较高的材料，显然可以提高细长杆的稳定性。然而，就钢而言，由于各种钢的弹性模量大致相同，因此，如果仅从稳定性考虑，选用高强度钢作细长压杆是不必要的。

中柔度杆的临界应力与材料的强度有关，因而强度高的材料，临界应力相应提高。所以高强度材料作中柔度杆显然有利于稳定性的提高。

2. 合理选择截面

大柔度杆与中柔度杆的临界应力均与柔度 λ 有关，而且柔度愈小，临界应力就愈高。由式(9.6)知，对于一定长度和约束条件的压杆，在横截面面积保持一定的情况下，应选择惯性矩较大的截面形状。

在选择截面形状与尺寸时，还应考虑失稳方向。例如压杆两端为球形铰或固定端，则宜选择 $I_x = I_y$ 的截面，如圆截面、等边矩形截面等。若压杆在 xz 平面和 yz 平面内的约束不同时（如例 9.1 或柱形铰约束），则应采用 $I_x \neq I_y$ 的截面（如不等边矩形或工字钢截面），并与相应的支座条件相配合，使其在上述两个方向上的柔度尽可能相等或接近，以达到在两个平面内的抗失稳能力相近的目的。

3. 合理安排压杆的约束与选择长度

由式(9.6)可以看出，临界载荷与相当长度(μl)的平方成反比，因此，增强对压杆的约束和合理的选择长度，对于提高压杆的稳定性影响极大。如尽量采用两端固定较牢的约束，使 μ 值减小；又如在压杆中点增加一个支座，也相当于减小了长度，而临界应力将显著提高。

本 章 小 结

一、本章基本要求

1. 掌握压杆稳定与稳定失效的概念。
2. 熟练掌握不同支座条件下临界压力的计算。

3. 熟练掌握压杆的稳定计算的安全系数法。

二、本章重点

在理解压杆稳定概念的基础上，明确压杆的柔度、长度因数、临界压力和临界应力的概念，计算柔度并判断压杆的类型，熟练掌握常见支撑条件下各种压杆的临界压力和临界应力的计算并进行稳定性计算。

三、本章难点

主要是失稳平面的判断。一般求压杆的临界应力时，首先根据其几何尺寸和约束条件计算其柔度，判断压杆的类型，然后选用相应的临界应力公式进行计算。但有一些比较特殊的压杆，由于截面不对称或约束不对称等一些特殊性，压杆可能有几个柔度值，即可能出现几种失稳情况。根据临界压力的定义，临界压力是使压杆保持微小弯曲平衡的最小压力，故压杆的失稳总是发生在抗弯能力最弱的方向（即柔度最大的方向），以此来判断失稳情况。

四、学习建议

压杆稳定中的临界应力与强度问题计算中的强度极限应力相似，只不过极限应力是通过试验测量得到的，而临界应力是根据压杆的材料特性、长度、约束条件和截面几何形状计算出来的，也是客观存在的。除特殊声明外，一般在计算临界应力（或压力）时一定要先计算柔度，根据柔度值选择正确的计算公式，切忌不计算压杆的柔度，随意用公式。从临界应力总图不难判断，若大柔度压杆错误地选用中柔度压杆的经验公式，其结果是偏于危险；而中柔度压杆错误地选用了欧拉公式，则其后果仍是偏于危险的。

习　　题

9-1　图示四根压杆的材料及横截面均相同，试判断哪一根最容易失稳，哪一根最不容易失稳。

9-2　直径 $d=25\text{mm}$ 的钢杆，长为 l，用作抗压构件，试求下列情况下的临界载荷及临界应力。已知钢的弹性模量 $E=200\text{GPa}$。(1) 两端铰支，$l=650\text{mm}$；(2) 两端固定，$l=1500\text{mm}$；(3) 一端固定，另一端自由，$l=400\text{mm}$；(4) 一端固定，另一端铰支，$l=1000\text{mm}$。

9-3　图示细长压杆，两端为球形铰支，弹性模量 $E=200\text{GPa}$，试用欧拉公式计算临界载荷。(1) 圆形截面，$d=25\text{mm}$，$l=1000\text{mm}$；(2) 矩形截面，$h=2b=40\text{mm}$，$l=1000\text{mm}$；(3) 16 号工字钢，$l=2000\text{mm}$。

9-4　三根圆截面压杆，直径匀为 $d=160\text{mm}$，弹性横量 $E=200\text{GPa}$，比例极限 $\sigma_p=200\text{MPa}$，屈服极限 $\sigma_s=240\text{MPa}$。两端均为铰支，长度分别为 l_1、l_2 和 l_3，且 $l_1=2l_2=4l_3=5\text{m}$，求各杆的临界载荷。已知，材料直线公式的系数 $a=304\text{MPa}$，$b=1.12\text{MPa}$。

9-5　木柱长 7m，截面为 120mm×200 mm 矩形。木柱在 yz 平面内发生弯曲时，可认为是两端铰支；在 xz 平面内发生弯曲时，可认为是两端固定。试按大柔度杆计算此木柱的临界载荷及临界应力。已知木材的弹性模量 $E=10\text{GPa}$。

9-6　图示压杆，横截面为 $b\times h$ 的矩形，试从稳定性方面考虑，b/h 为何值最佳。当压杆在 xy 平面内而失稳时，杆端约束情况可视为两端铰支；当压杆在 xz 平面内失稳时，杆端约束情况可视为弹性固定，取 $\mu_y=0.7$。

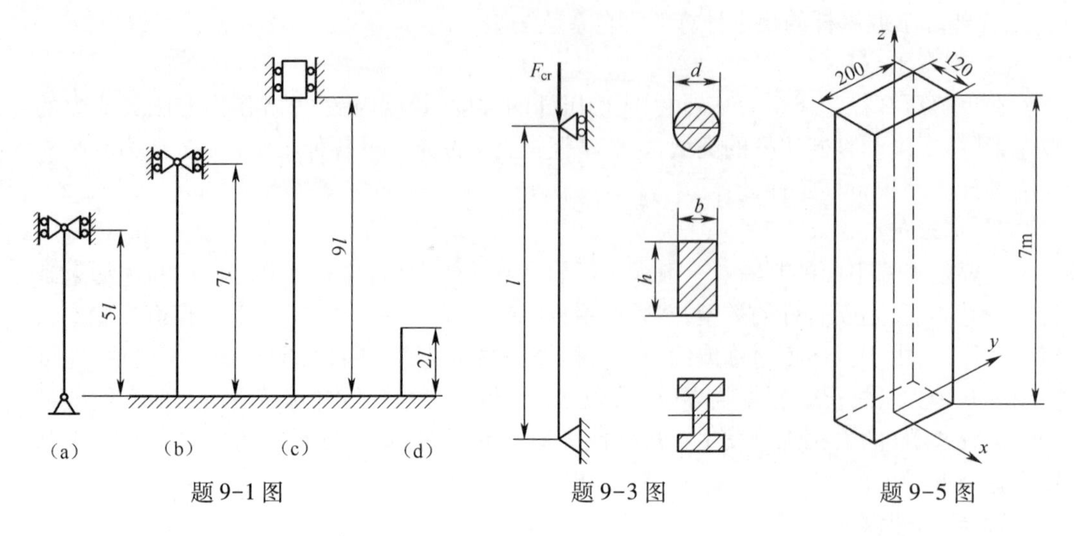

题 9-1 图　　题 9-3 图　　题 9-5 图

9-7　图示蒸汽机的活塞杆，所受的压力 $F=120\text{kN}$，$l=1800\text{mm}$，横截面为圆形，直径 $d=75\text{mm}$，材料为 Q235 钢，$E=210\text{GPa}$，$\sigma_p=240\text{MPa}$，规定 $n_{st}=8$，试校核活塞杆的稳定性（提示：图示活塞杆可视为两端铰支约束）。

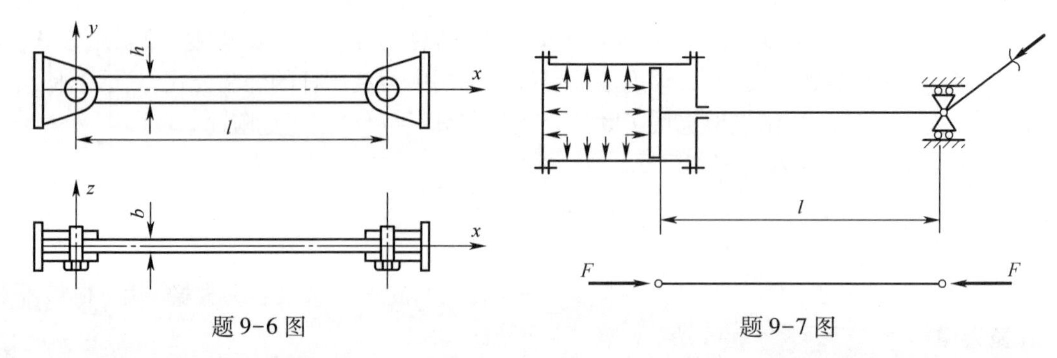

题 9-6 图　　题 9-7 图

9-8　在图示铰接杆系 ABC 中，AB 和 BC 皆为细长压杆，且截面相同，材料一样，若因在 ABC 平面内失稳面破坏，并规定 $0<\theta<\dfrac{\pi}{2}$，试确定 F 为最大值时的 θ 角。

9-9　某厂自制的简易起重机如图所示，其压杆 BD 为 20 号槽钢，$\lambda_p\approx100$。材料为 Q235 钢。起重机的最大起重重量是 $W=40\text{kN}$，若规定的稳定安定因数 $n_{st}=5$，试校核 BD 杆的稳定性。

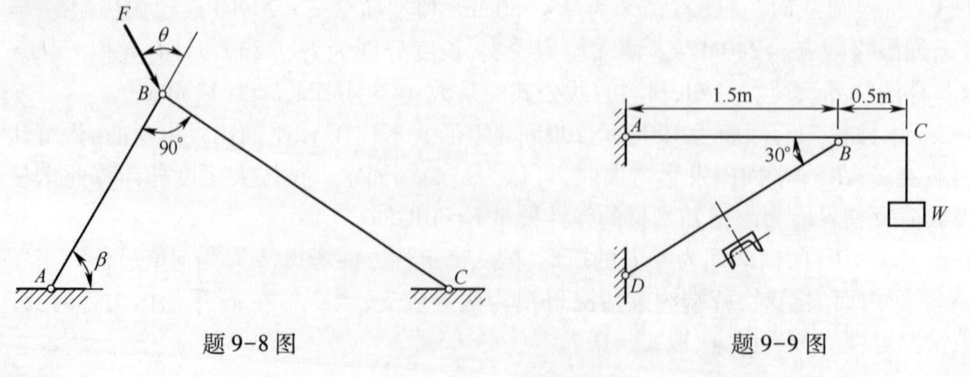

题 9-8 图　　题 9-9 图

9-10 图示桁架,各杆均为直径 $d=50\text{mm}$ 的圆杆,材料为 Q235 钢,$E=200\text{GPa}$,$\sigma_p=200\text{MPa}$,$\sigma_s=240\text{MPa}$,压杆的稳定安全因数 $n_{st}=2.5$,求最大安全载荷[F]。

9-11 图示正方形桁架,四个边杆长均为 l,各杆截面的弯曲刚度均 EI,且均为细长杆。试问当载荷 F 为何值时结构中的个别杆件将失稳?如果将载荷 F 的方向改为内向,则使杆件失稳的载荷 F 为何值?

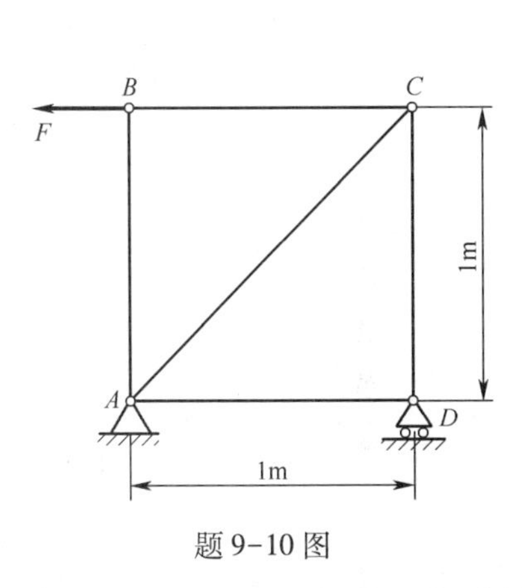

题 9-10 图

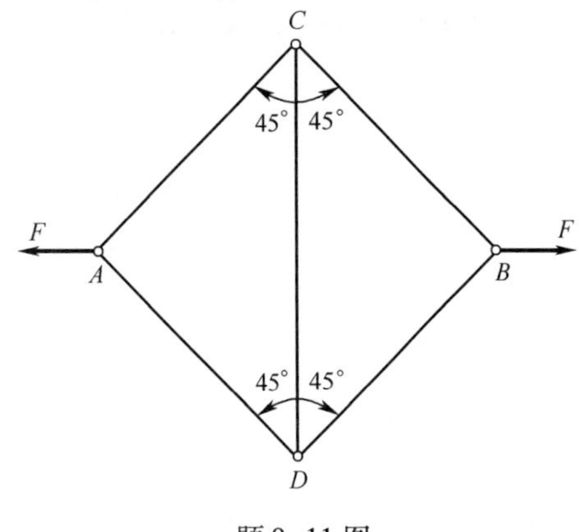

题 9-11 图

9-12 图示钢管内、外直径分别为 60mm 和 80mm,在 $t=20℃$ 时安装,此时管子不受力。已知钢的线膨胀系数 $\alpha=12.5\times10^{-6}/℃$,弹性模量 $E=210\text{GPa}$。问当温度升高多少摄氏度时管子将失稳。

9-13 在图示结构中,AB 为圆截面杆,直径 $d=80\text{mm}$,BC 杆为正方形截面,边长 $a=70\text{mm}$,两杆材料均为 Q235 钢,它们可以各自独立发生弯曲而互不影响。已知 A 端为固定,B、C 为球铰,$l=3000\text{mm}$,稳定安全系数 $n_{st}=2.5$,试求此结构的许可载荷[F]。

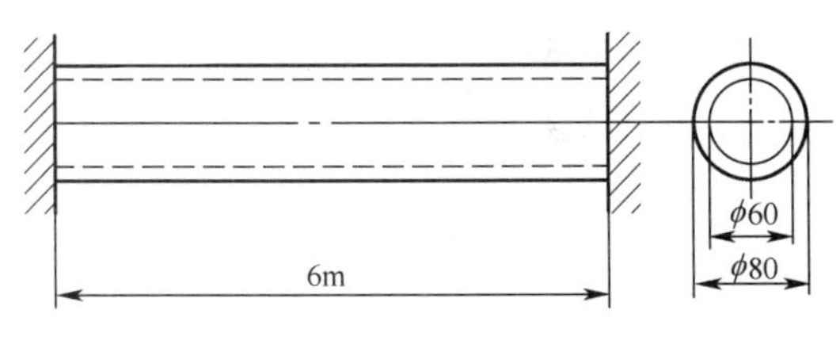

题 9-12 图

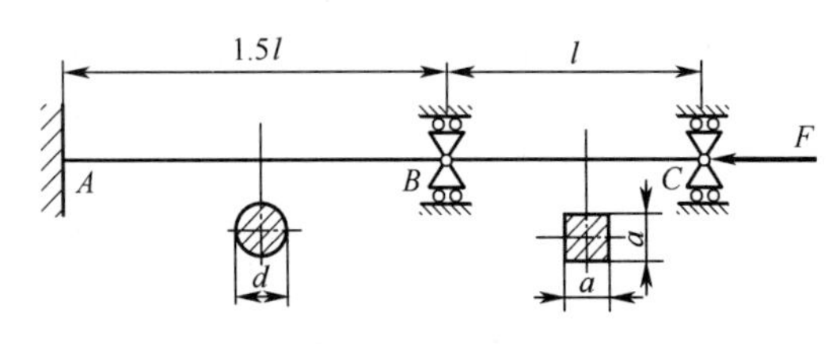

题 9-13 图

9-14 图示结构中 AB 和 BC 均为正方形截面,其边长分别为 a 和 $a/3$。已知:$l=5a$,两杆材料相同,弹性模量为 E。设材料能采用欧拉公式的临界柔度为 100,试求 BC 杆失稳时均布载荷 q 的临界值(提示:首先根据 7.5 节中的知识解超静定问题,建立均布载荷 q 与 CB 杆内力间的关系,再计算 CB 杆的临界载荷,即可得到所求均布载荷 q 的临界值)。

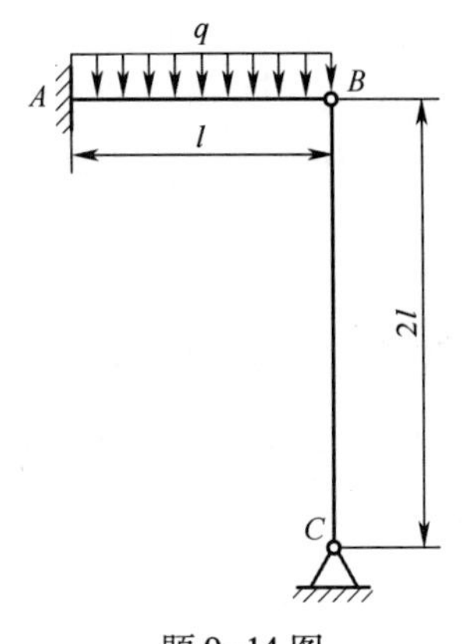

题 9-14 图

第十章 动载荷与交变载荷

10.1 概　　述

前面各章节主要讨论构件在静载荷作用下的应力、应变及变形的计算。当我们接近实际工程时,会发现许多构件处于运动状态,使作用在构件上的载荷随时间发生显著的变化,从而引出了动载荷问题。例如起重机以加速吊起重物时的吊索、锻压汽锤的锤杆、紧急制动的转轴等。在动载荷作用下,构件内的应力称为**动应力**。此外,还有一些载荷随时间作周期性变化,这种载荷又称为**交变载荷**。在交变载荷作用下,构件内的应力又称为**交变应力或循环应力**。

构件在动载荷作用下所产生的应力和变形,在数值上常常大于静载荷作用下产生的应力和变形。在计算上,只要动应力不超过此时的比例极限,通常仍可采用静载荷下的计算公式,但需要作相应的修正,以考虑动载荷的效应。而构件在交变载荷作用下,虽然最大工作应力远低于材料的屈服极限,且无明显的塑性变形,却往往发生骤然断裂。这种破坏现象,称为**疲劳破坏**。因此,在交变应力作用下的构件还应校核疲劳强度。

本章主要讨论作等加速直线运动的构件和受冲击载荷作用的构件的动应力计算,以及交变应力作用下,构件的疲劳破坏的概念和疲劳强度的校核。

10.2 构件作等加速直线运动时的动应力计算

我们通过实例来说明此类问题的计算方法。

设矿井升降机启动时,以等加速度 a 起吊重量为 W 的吊笼(图 10.1(a))。当吊笼加速上升时,设钢绳横截面上的轴力为 F_{Nd},由牛顿定律可得

$$F_{Nd} - W = \frac{W}{g}a \qquad (a)$$

由式(a)得钢绳横截面上的轴力为

$$F_{Nd} = W + \frac{W}{g}a = W\left(1 + \frac{a}{g}\right) = K_d W \qquad (10.1)$$

式中

$$k_d = 1 + \frac{a}{g} \qquad (10.2)$$

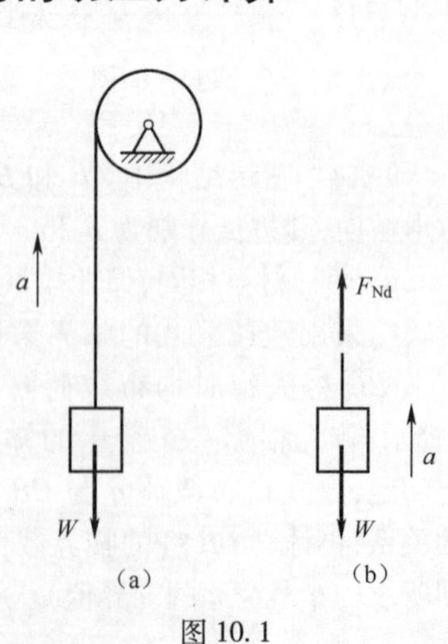

图 10.1

称为构件在加速垂直向上时的**动荷因数**。设钢绳的横截面面积为 A,则其上动应力为

$$\sigma_{\mathrm{d}}=\frac{F_{\mathrm{Nd}}}{A}=\frac{W}{A}\left(1+\frac{a}{g}\right)=K_{\mathrm{d}}\sigma_{\mathrm{st}} \tag{10.3}$$

式中

$$\sigma_{\mathrm{st}}=\frac{W}{A}$$

为系统静止时钢绳横截面上的静应力。这表明动应力等于静应力乘以动荷因数。强度条件可写成

$$\sigma_{\mathrm{d}}=K_{\mathrm{d}}\sigma_{\mathrm{st}}\leqslant[\sigma] \tag{10.4}$$

式中,$[\sigma]$为材料在静载时的许用应力。

例 10.1 一长度 $l=12\mathrm{m}$ 的 16 号工字钢,用横截面面积 $A=108\mathrm{mm}^2$ 的钢索起吊(图(a)),并以等加速度 $a=10\mathrm{m/s}^2$ 上升。试求吊索的动应力,以及工字钢在危险点处的动应力 $\sigma_{\mathrm{d,max}}$。

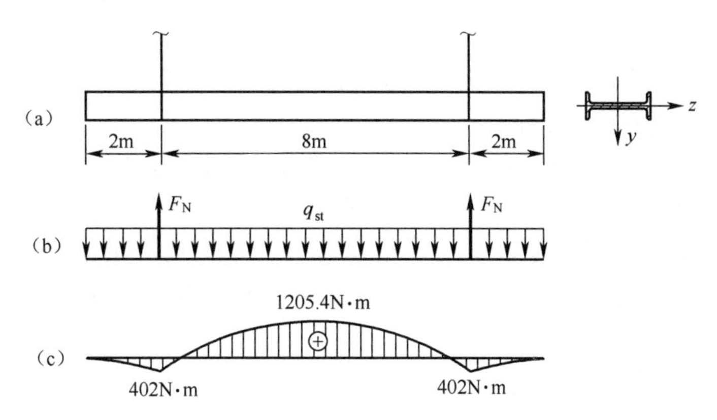

例 10.1 图

解:将工字钢单位长度的重量视为作用在工字梁上的均布载荷 q_{st}。由型钢表查得 16 号工字钢的 $q_{\mathrm{st}}=20.5\mathrm{kg/m}=200.9\mathrm{N/m}$。静载作用下吊索横截面上的轴力可以由平衡方程式

$$\Sigma F_y=0\ ,\ 2F_{\mathrm{N}}-q_{\mathrm{st}}l=0$$

求得

$$F_{\mathrm{N}}=\frac{1}{2}q_{\mathrm{st}}l=\frac{1}{2}\times200.9\times12=1205.4(\mathrm{N})$$

由此,可以算出吊索的静应力 σ_{st} 为

$$\sigma_{\mathrm{st}}=\frac{F_{\mathrm{N}}}{A}=\frac{1205.4}{108\times10^{-6}}=11.16(\mathrm{MPa})$$

系统的动荷因数

$$k_{\mathrm{d}}=1+\frac{a}{g}=1+\frac{10}{9.8}=2.02$$

由式(10.3)得吊索横截面上的动应力为

$$\sigma_{\mathrm{d}}=K_{\mathrm{d}}\sigma_{\mathrm{st}}=2.02\times11.16=22.55(\mathrm{MPa})$$

类似地可以计算工字钢危险截面上的最大动应力。根据工字钢受力图,不难求得在梁跨中处的横截面上有最大弯矩,静载时其值为 $M_{\max} = 1205.4\text{N} \cdot \text{m}$。由型钢表查的 $W_z = 21.2\text{cm}^3$。则梁危险点处的动应力为

$$\sigma_{\text{d},\max} = K_\text{d}\sigma_{\text{st}} = 2.02 \times \frac{1205.4}{21.2 \times 10^{-6}} = 114.9(\text{MPa})$$

10.3 构件受冲击载荷作用时的动应力计算

当运动中的物体以一定的速度作用到构件上时,构件在极短时间内使物体的速度发生显著的变化,这种现象称为**冲击**或**撞击**。工程中这种例子很多,如锻锤打击锻件、重锤打桩、河水中的浮冰撞击桥墩等,都是冲击问题。在冲击过程中,运动中的物体称为冲击物,而阻止冲击物运动的构件则称为被冲击物。要精确地分析被冲击物的冲击应力和变形是十分困难的。因此,在实际应用中,通常采用概念简单,但偏于安全的能量法来估算冲击时的应力和变形。为了简化计算,做如下假定:①不计冲击物的变形,且冲击物与被冲击物接触后无回弹,即成为一个系统;②被冲击物的质量可以忽略;③冲击过程中,声、热等损耗很小,可略去不计,即冲击过程中无能量损耗。

设有重量为 W 的重物,从高度 H 自由下落冲击到固定在等截面直杆 AB 下端 B 处的圆盘上,杆 AB 的长度为 l,横截面面积为 A(图 10.2(a)),根据上述假设,在冲击过程中,当重物与圆盘接触后速度降为零,杆的下端 B 的最大位移(即杆的伸长)为 Δ_d,与之相应的冲击载荷为 F_d(图 10.2(b))。显然,当冲击物的速度变为零时,物体减少的机械能为

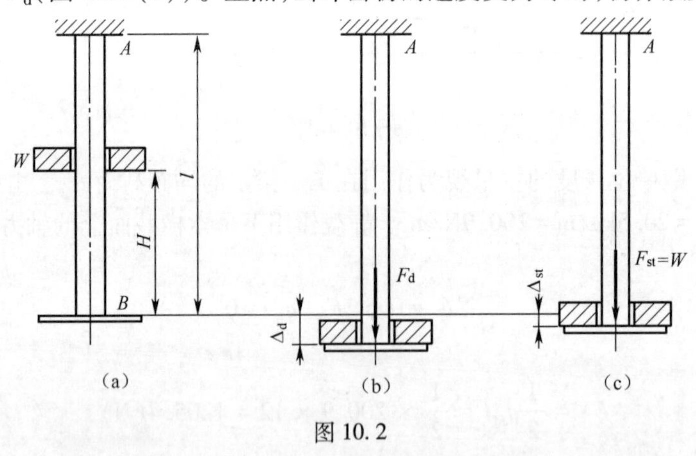

图 10.2

$$E = W(H + \Delta_\text{d}) \tag{a}$$

根据 7.6 节中的能量原理,杆 AB 所增加的应变能可由式(7.16)计算

$$V_\varepsilon = \frac{F_\text{d}\Delta_\text{d}}{2} \tag{b}$$

若重物以静载的方式作用在杆下端 B 处的圆盘上时(图 10.2(c)),杆件的静变形和静应力为 Δ_{st} 和 σ_{st}。在线弹性范围内,载荷、变形和应力成正比,故有

$$\frac{F_\text{d}}{F_{\text{st}}} = \frac{\Delta_\text{d}}{\Delta_{\text{st}}} = \frac{\sigma_\text{d}}{\sigma_{\text{st}}} \tag{c}$$

或写成

$$\begin{cases} F_{\mathrm{d}} = \dfrac{\Delta_{\mathrm{d}}}{\Delta_{\mathrm{st}}} F_{\mathrm{st}} \\ \sigma_{\mathrm{d}} = \dfrac{\Delta_{\mathrm{d}}}{\Delta_{\mathrm{st}}} \sigma_{\mathrm{st}} \end{cases} \tag{d}$$

F_{st}为静载荷,数值上等于冲击物的重量 W,把上式中的 F_{d}代入式(b)可得

$$V_{\varepsilon} = \frac{1}{2} \frac{\Delta_{\mathrm{d}}^2}{\Delta_{\mathrm{st}}} F_{\mathrm{st}} = \frac{1}{2} \frac{\Delta_{\mathrm{d}}^2}{\Delta_{\mathrm{st}}} W \tag{e}$$

根据能量守恒定律和前述假定可知,当冲击物的速度变为零时,冲击物减少的机械能全部转化为被冲击弹性体的应变能,即

$$E = V_{\varepsilon} \tag{f}$$

将式(a)和式(e)代入式(f)中,经整理,得

$$\Delta_{\mathrm{d}}^2 - 2\Delta_{\mathrm{st}}\Delta_{\mathrm{d}} - 2\Delta_{\mathrm{st}}H = 0 \tag{g}$$

由上式解得

$$\Delta_{\mathrm{d}} = \Delta_{\mathrm{st}}\left(1 + \sqrt{1 + \frac{2H}{\Delta_{\mathrm{st}}}}\right) \tag{h}$$

引入记号

$$K_{\mathrm{d}} = \frac{\Delta_{\mathrm{d}}}{\Delta_{\mathrm{st}}} = 1 + \sqrt{1 + \frac{2H}{\Delta_{\mathrm{st}}}} \tag{10.5}$$

式中,K_{d} 称为冲击动荷因数。式(10.5)适用于自由落体的情况,式中 Δ_{st} 为被冲击物冲击点的静位移。这样式(d)和式(h)可写为

$$\begin{cases} \Delta_{\mathrm{d}} = K_{\mathrm{d}}\Delta_{\mathrm{st}} \\ F_{\mathrm{d}} = K_{\mathrm{d}}F_{\mathrm{st}} \\ \sigma_{\mathrm{d}} = K_{\mathrm{d}}\sigma_{\mathrm{st}} \end{cases} \tag{10.6}$$

从式(10.5)和式(10.6)可知,在冲击问题中,如能增大静位移 Δ_{st},就可有效地降低冲击载荷和冲击应力。这是因为静位移的增大表示受冲构件较为柔软,因而能更多地吸收冲击物的能量。汽车大梁与轮轴之间安装叠板弹簧,火车车厢架与轮轴之间安装压缩弹簧,某些机器或零件上加上橡皮座垫或垫圈,都是为了提高静变形,以降低冲击应力,起到良好的缓冲作用。减小冲击物下落的高度 H,也可降低冲击动荷因数 K_{d}。当 $H \to 0$ 时,即相当于重物突加在构件上,称为**突加载荷**,其冲击动荷因数 $K_{\mathrm{d}} = 2$。即突加载荷引起的动应力是将重物缓慢地作用所引起的静应力的两倍。

例 10.2 图(a)所示长 $l = 1\mathrm{m}$ 的 20a 号工字钢。设在其跨中 C 点处有一重 $W = 10\mathrm{kN}$ 的重物,自高度 $H = 10\mathrm{mm}$ 处落下。已知材料的弹性模量 $E = 200\mathrm{GPa}$,试求下列两种情况下系统的冲击动荷因数和梁内的最大弯曲正应力。(1)梁两端为刚性铰支座;(2)梁两端用刚度系数为 $k = 100\mathrm{N/mm}$ 的弹簧支承。

解:由型钢表查得 20a 号工字钢的惯性矩 $I_z = 2370\mathrm{cm}^4$;弯曲截面系数 $W_z = 237\mathrm{cm}^3$。

(1) 两端铰支时,重物 W 静止地作用在梁中点时,梁跨中的静位移为

$$\Delta'_{\mathrm{st}} = \frac{Wl^3}{48EI_z} = \frac{10 \times 10^3 \times 1^3}{48 \times 200 \times 10^9 \times 2370 \times 10^{-8}} = 4.4 \times 10^{-5}(\mathrm{m}) = 0.044(\mathrm{mm})$$

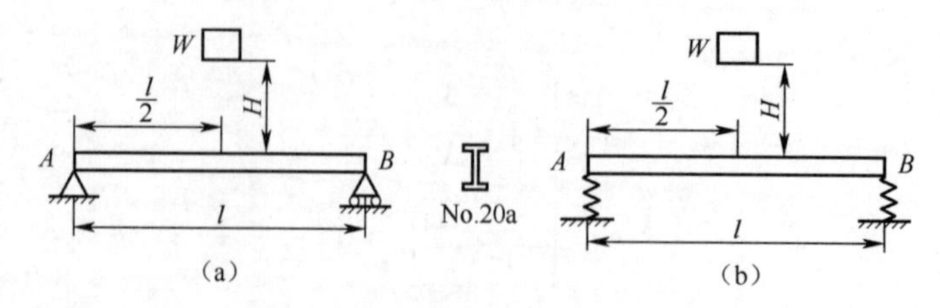

例 10.2 图

由式(10.5)可得此时的动荷因数为

$$K'_{d} = 1 + \sqrt{1 + \frac{2H}{\Delta'_{st}}} = 1 + \sqrt{1 + \frac{2 \times 10}{0.044}} = 22.34$$

梁内最大静弯曲正应力为

$$\sigma_{st} = \frac{M_{max}}{W_z} = \frac{Wl/4}{W_z} = \frac{10 \times 10^3 \times 1}{4 \times 237 \times 10^{-6}} = 10.55(\text{MPa})$$

由式(10.6)得到梁内最大动应力为

$$\sigma'_{d} = K_{d}\sigma_{st} = 22.34 \times 10.55 = 235.7(\text{MPa})$$

(2) 两端为弹簧支承时,弹簧在 $W/2$ 作用下的静变形为

$$\delta = \frac{W}{2k} = \frac{10 \times 10^3}{2 \times 100} = 50(\text{mm})$$

此时梁中点 C 处的静变形为

$$\Delta''_{st} = \Delta'_{st} + \delta = 0.044 + 50 = 50.044(\text{mm})$$

动荷因数为

$$K''_{d} = 1 + \sqrt{1 + \frac{2H}{\Delta''_{st}}} = 1 + \sqrt{1 + \frac{2 \times 10}{50.044}} = 2.18$$

此时梁内最大动应力为

$$\sigma''_{d} = K''_{d}\sigma_{st} = 2.18 \times 10.55 = 23(\text{MPa})$$

上述结果表明,当梁两端改为弹性支承后,梁内最大动应力显著降低,由原来的235.5MPa 降为 23MPa,不到原来的十分之一,弹性支承的作用十分明显。

10.4 构件在交变应力作用下的疲劳破坏和疲劳极限

一、交变应力的实例与疲劳破坏的过程

某些零件工作时,承受随时间作周期性变化的应力。如图 10.3(a)中,F 表示齿轮啮合时作用于轮齿上的力。齿轮每旋转一周,轮齿啮合一次。啮合时 F 由零迅速增加到最大值,然后又减小为零。齿根 A 点的弯曲正应力 σ 也由零增加到某一最大值,再减小为零。σ 随时间 t 变化的曲线如图 10.3(b)所示。再如,火车轮轴上的作用力 F 表示来自车厢的力(图 10.4(a)),大小和方向基本不变,即弯矩不变。但轴以角速度 ω 转动时,横截面上 A 点到中性轴的距离 $y = r\sin\omega t$,却随时间 t 变化,显见,A 点的弯曲正应力 σ 也是随时间按正弦曲线变化的(图 10.4(b))。上述例子都有一个共同特点,应力随时间做周期性变化,即交变应力。

构件在交变应力下的疲劳破坏,与静应力的失效有本质上的区别,其破坏特点为:

(1) 破坏时应力低于材料的强度极限,甚至低于材料的屈服极限;

(2) 即使是塑性材料,破坏时一般也无明显的塑性变形,即表现为脆性断裂;

(3) 在破坏的断口上,通常呈现两个区域,一个是光滑区域,另一个是粗糙区域(图 10.5)。

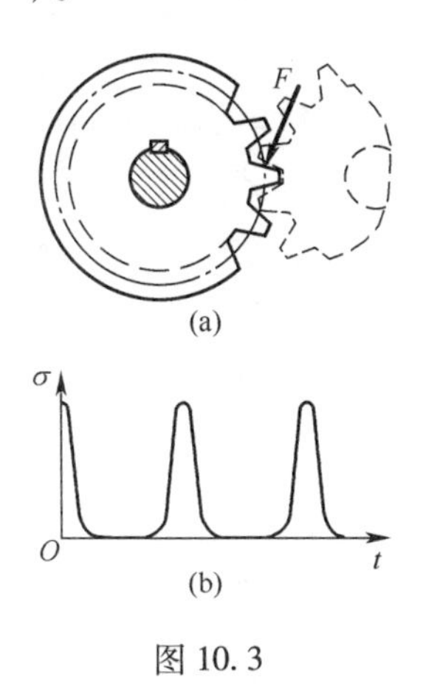

图 10.3

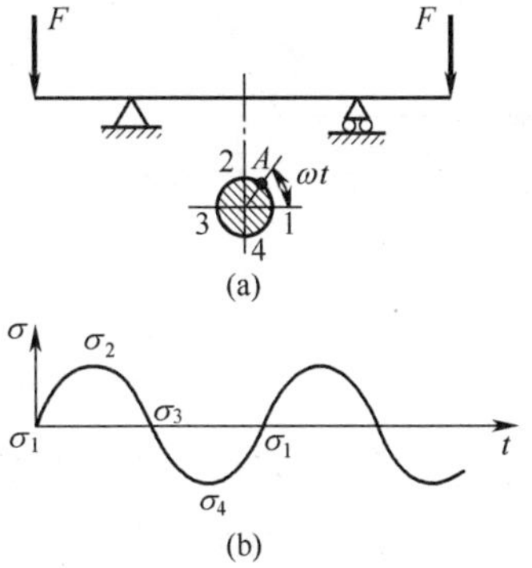

图 10.4

以上现象可以通过疲劳破坏的形成过程加以说明。原来,当交变应力的大小超过一定限度并经历了足够多次的交替重复后,由于构件外形或材料内部的缺陷引起局部的高应力区,局部应力常常达到或超过静极限应力,即使塑性很好的材料,也会出现冷作硬化,从而产生细微裂纹(即所谓疲劳源),这种裂纹随着应力循环次数增加而不断扩展,并逐渐形成为宏观裂纹。在扩展过程中,由于应力循环变化,裂纹两表面的材料时而相互挤压,时而分离,多次反复磨损,从而形成断口的光滑区。另一方面,由于裂纹不断扩展,削弱了截面,当裂纹达到其临界长度时,构件将发生突然断裂,断口的粗糙区就是突然断裂造成的。

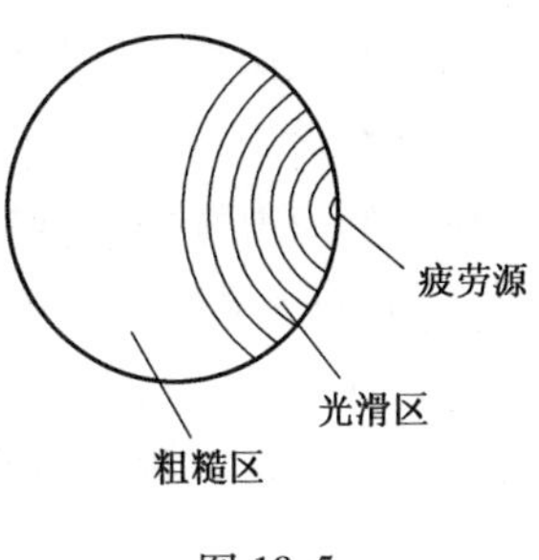

图 10.5

二、交变应力的基本参数和疲劳极限

交变应力作用下构件疲劳破坏与交变应力的变化规律及幅度等特征有很大关系。现以图 10.6(a)所示梁为例,来讨论交变应力的基本参数特征。电机转动时引起的干扰力 H 使梁发生振动,梁跨中截面下缘危险点处的拉应力将随时间做周期性的变化(图 10.6(b))。第一个循环中,应力的极大值和极小值分别称为最大应力 $\sigma_{\max}$ 和最小应力 $\sigma_{\min}$。最大应力与最小应力的代数平均值称为**平均应力**,并用 σ_{m} 表示,即

$$\sigma_{m}=\frac{\sigma_{\max}+\sigma_{\min}}{2} \tag{10.7}$$

最大应力与最小应力的代数差之半,称为**应力幅**,并用 σ_{a} 表示,即

$$\sigma_{a}=\frac{\sigma_{\max}-\sigma_{\min}}{2} \tag{10.8}$$

交变应力的变化特点可用最小应力与最大应力的比值 r 表示,并称为**应力比**或**循环特征**,即

$$r=\frac{\sigma_{\min}}{\sigma_{\max}} \tag{10.9}$$

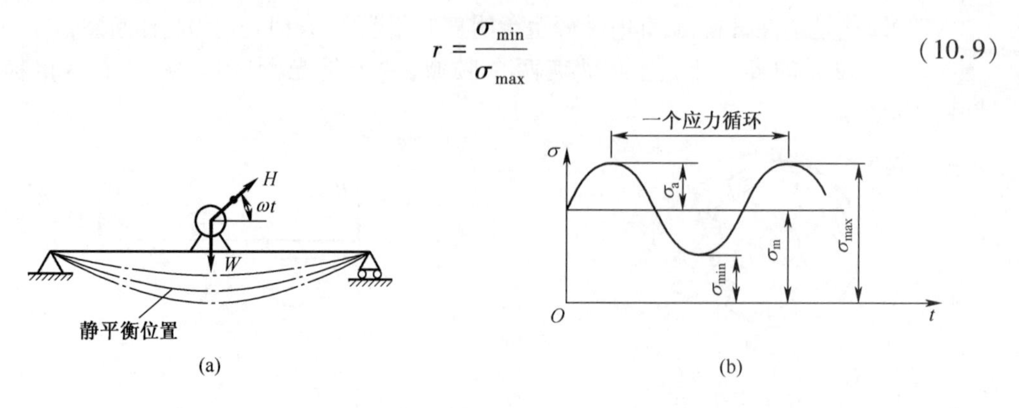

图 10.6

在交变应力中,若最大应力与最小应力的数值相等、正负号相反,即 $\sigma_{\max}=-\sigma_{\min}$(图 10.4(b)),则称为**对称循环应力**,应力比 $r=-1$;若最小应力 $\sigma_{\min}$ 为零(图 10.3(b)),则称为**脉动循环应力**,其应力比 $r=0$。除对称循环外,所有循环特征 $r\neq-1$ 的循环应力,均属于**非对称循环应力**。

以上关于循环应力的概念,都是采用正应力 σ 表示。当构件承受交变切应力时,上述概念仍然适用,只需将正应力 σ 改为切应力 τ 即可。

在交变应力作用下,材料经过无数次循环而不发生破坏的最大应力称为材料的**持久极限**,一般用 σ_r 表示。下标 r 表明是某种应力比 r 下的持久极限。例如对称循环的持久极限记为 σ_{-1};脉动循环的持久极限记为 σ_0 等。材料在交变应力下的强度由试验测定,最常用的试验是旋转弯曲疲劳试验。图 10.7 为弯曲疲劳机的示意图。

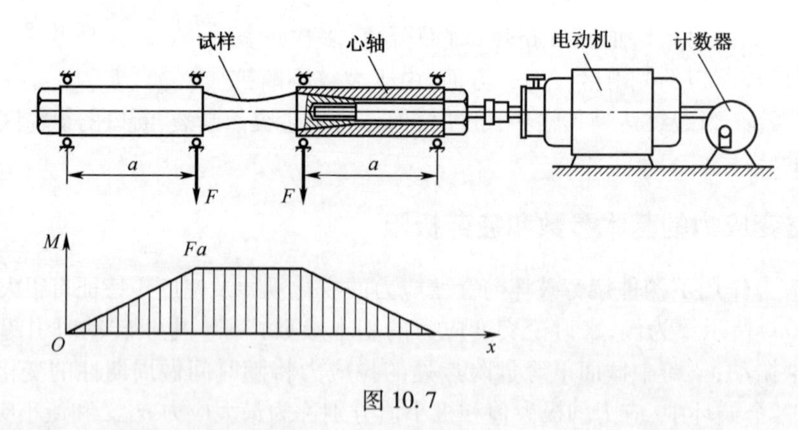

图 10.7

首先,准备一组材料和尺寸均相同的光滑试样(直径为 6~10mm)。在试验机上,试样处于纯弯曲受力状态,试样两端夹持,由电动机带动而旋转,每旋转一周,其内任一点处的材料即经历一次对称循环的交变应力。试验一直进行到试样断裂为止,并可从计数器上读出断裂时应力循环的次数(又称寿命)N。对同组试样挂不同重量的砝码进行疲劳试验,将得到一组关于试样横截面上最大正应力和相应寿命 N 的数据。

以最大正应力 $\sigma_{\max}$ 为纵坐标,疲劳寿命的对数值 $\lg N$ 为横坐标,根据上述数据给出最

大应力和疲劳寿命的关系曲线，即 $S-N$ 曲线（图 10.8）。若曲线有水平渐近线，则表示试样经历“无穷多次”应力循环而不发生破坏，渐近线的纵坐标即为光滑小试样的疲劳极限。对应对称循环，疲劳极限用 σ_{-1} 表示。

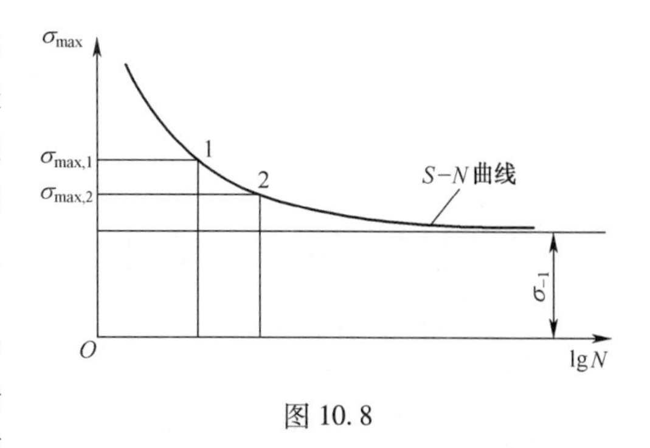

图 10.8

所谓“无穷多次”应力循环，在试验中是难以实现的。工程设计中通常规定：对于 $S-N$ 曲线有水平渐近线的材料，若经历 10^7 次应力循环而不破坏，即认为可承受无穷多次应力循环；对于 $S-N$ 曲线没有水平渐近线的材料，规定某一循环次数（例如 10^8 次）下不破坏的最大应力作为**条件疲劳极限**。

10.5 影响构件疲劳极限的主要因素

以上所述材料的疲劳极限是利用表面磨光、横截面尺寸无突然变化以及直径为 6~10mm 的小尺寸试样测得的。而实践表明，构件的疲劳极限不仅与材料的性能有关，还与构件的外形、横截面尺寸及表面状况等因素有关。

一、构件外形的影响

在构件截面形状和尺寸突变处（如阶梯轴轴肩圆角、开孔、切槽等），局部应力远远大于按一般理论公式算得的数值，这种现象称为应力集中。应力集中现象常发生于窄狭的区域内，而且应力、应变状态发生改变。在交变应力作用下，应力集中对构件的疲劳极限影响很大，因为应力集中促使疲劳裂纹的形成和扩展。

在对称循环应力作用下，应力集中对疲劳极限的影响用**有效应力集中因数** K_σ（或 K_τ）表示，它代表无应力集中的光滑试样的疲劳极限 $(\sigma_{-1})_d$ 与同样尺寸但存在应力集中试样的疲劳极限 $(\sigma_{-1})_k$ 之比值，即

$$K_\sigma = \frac{(\sigma_{-1})_d}{(\sigma_{-1})_k} \quad 或 \quad K_\tau = \frac{(\tau_{-1})_d}{(\tau_{-1})_k} \tag{10.10}$$

图 10.9、图 10.10 和图 10.11 分别给出了阶梯形圆截面钢轴在对称循环弯曲、拉-压和扭转时的有效应力集中因数。

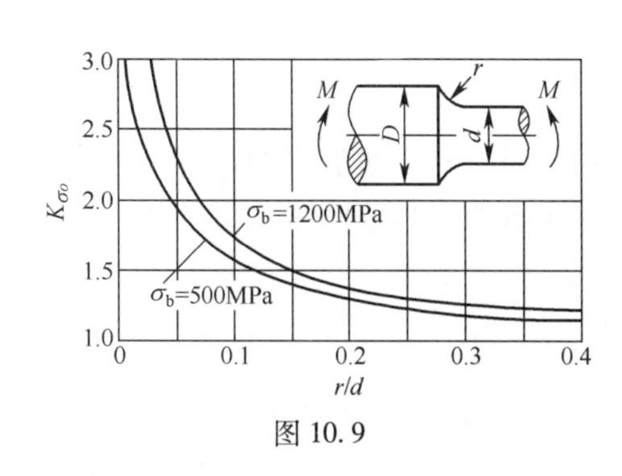

图 10.9

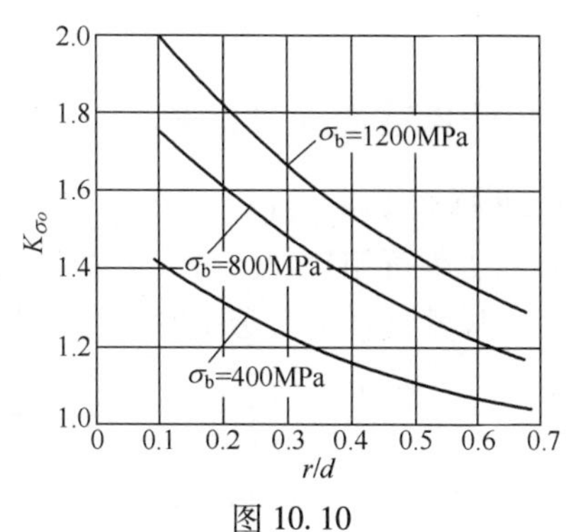

图 10.10

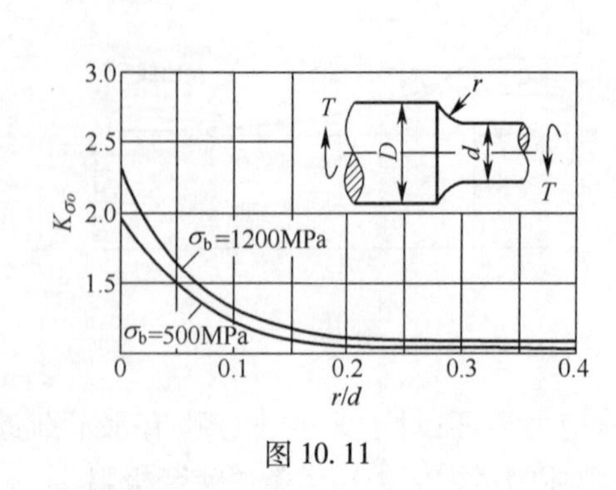

图 10.11

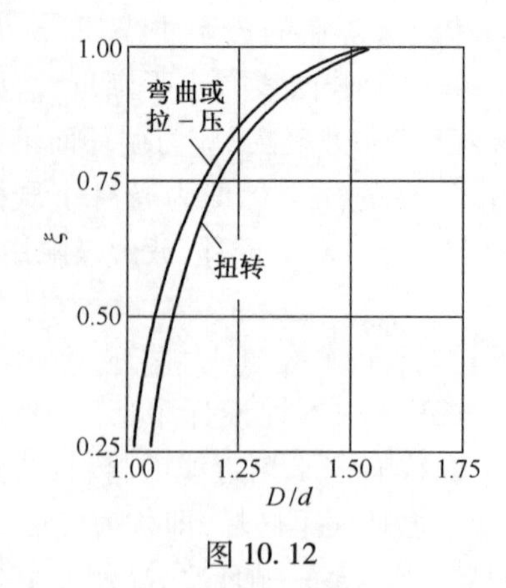

图 10.12

应该指出，上述曲线都是在 $D/d=2$，且 $d=30\sim50$mm 的条件下测得的。如果 $D/d<2$，则有效应力集中因数为

$$K_\sigma = 1 + \xi(K_{\sigma0} - 1) \tag{10.11}$$

$$K_\tau = 1 + \xi(K_{\tau0} - 1) \tag{10.12}$$

式中，$K_{\sigma0}$和 $K_{\tau0}$为 $D/d=2$ 的有效集中因数；ξ 为修正系数，其值与 D/d 有关，可由图 10.12 查得。至于其他情况下的有效应力集中因数可查阅有关手册。

由图 10.9～图 10.11 可以看出，r/d 愈小，有效应力集中因数 $K_{\sigma0}$和 $K_{\tau0}$愈大；材料的静强度极限 σ_b 愈高，应力集中对疲劳极限的影响愈显著。所以，对于在交变应力下工作的构件，尤其是高强度材料制成的构件，设计时应尽量减缓应力集中。例如，阶梯轴的轴肩要采用足够大的过渡圆角 r；有时因结构上的原因，难以加大过渡圆角的半径时，可采用减荷槽（图 10.13(a)）或凹槽（图 10.13(b)）；减小相邻横截面的粗细差别；把必要的孔或沟槽配置在低应力区等等。这些措施均能显著提高构件的疲劳强度。

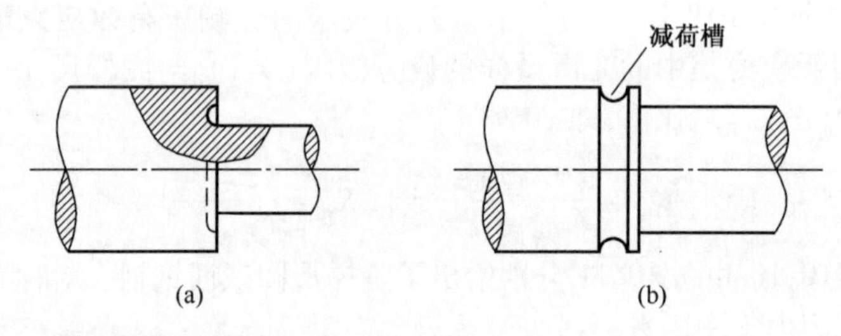

图 10.13

二、构件截面尺寸的影响

弯曲和扭转疲劳试验均表明，构件横截面尺寸对持久极限也有影响。截面尺寸对疲劳极限的影响可用尺寸因数 ε_σ（或 ε_τ）表示。它代表光滑大尺寸试样的疲劳极限 $(\sigma_{-1})_d$ 与光滑小尺寸试样的疲劳极限 σ_{-1}之比值，即

$$\varepsilon_\sigma = \frac{(\sigma_{-1})_d}{\sigma_{-1}} \tag{10.13}$$

图 10.14 表示的是圆轴在弯曲对称循环时的尺寸因数曲线，该曲线也可近似用于扭转情况。

由图 10.15 可见，试样的尺寸增大，应力梯度降低，处于高应力区的材料增多；另外试样的尺寸愈大，相对内部的缺陷也愈多，从而形成疲劳裂纹并扩展的机会也就多。由图 10.14 还可看到，材料的静强度 σ_b 的提高，材料对疲劳破坏的敏感性增大。所以大试样的疲劳极限比小试样的低。

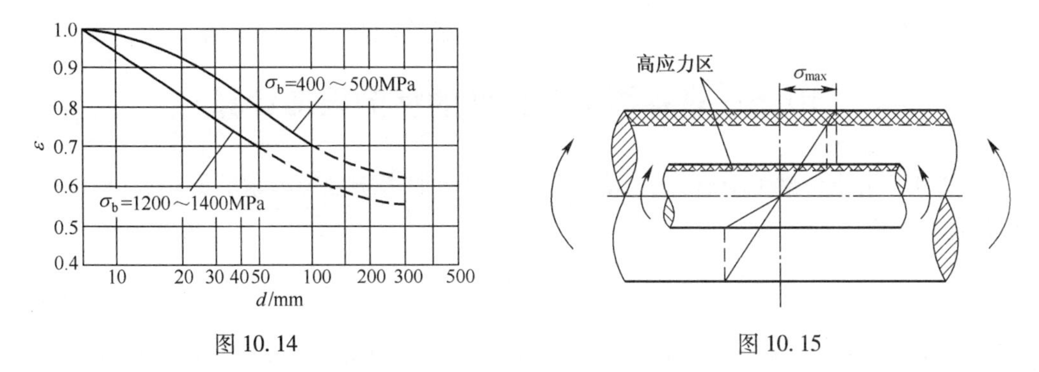

图 10.14　　图 10.15

轴向加载时，因试件横截面上的应力均匀分布，截面尺寸的影响不大，可取尺寸因数 $\varepsilon_\sigma=1$。

三、表面加工质量的影响

最大应力一般发生在构件表层，同时，构件表层又常常存在各种缺陷（刀痕与擦伤等），因此，构件表面的加工质量和表面状况，对构件的疲劳极限也存在显著的影响。

表面加工质量对疲劳极限的影响，可用表面质量因数 β 表示。它代表某种方法加工试样的疲劳极限 $(\sigma_{-1})_\beta$ 与光滑试样（经磨削加工）的疲劳极限 $(\sigma_{-1})_d$ 之比值，即

$$\beta=\frac{(\sigma_{-1})_\beta}{(\sigma_{-1})_d}\qquad(10.14)$$

表面因数 β 与加工方法的关系如图 10.16 所示。

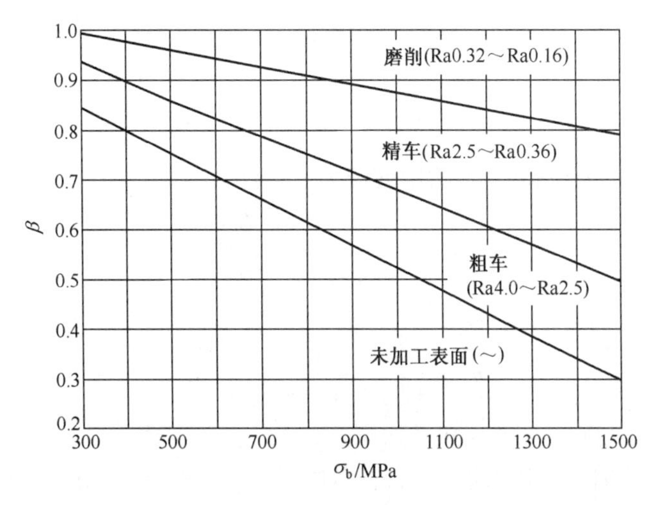

图 10.16

可以看出：表面加工质量愈低，疲劳极限降低愈多；材料的静强度愈高，加工质量对构件疲劳极限的影响愈显著。

所以,对于在交变应力下工作的重要构件,特别是在存有应力集中的部位,应当采用高质量的表面加工,而且,愈是采用高强度材料,愈应讲究加工方法。

还应指出,由于疲劳裂纹大多起源于构件表面,因此,提高构件表层材料的强度、改善表层的应力状况,例如渗碳、渗氮、高频淬火、表层滚压和喷丸等,都是提高构件疲劳强度的重要措施。

10.6 对称循环下构件的疲劳强度计算

综上所述,当考虑了应力集中、尺寸大小及表面加工质量等因素的影响后,构件的疲劳极限 σ_{-1}^{0} 为

$$\sigma_{-1}^{0}=\frac{\varepsilon_{\sigma}\beta}{K_{\sigma}}\sigma_{-1} \tag{10.15}$$

在进行构件对称循环下的疲劳强度计算时,首先应当取式(10.15)所确定的构件疲劳极限 σ_{-1}^{0} 作为极限应力,适当选取疲劳安全因 n_{f},得到疲劳强度的许用应力,记为 $[\sigma_{-1}]$,即

$$[\sigma_{-1}]=\frac{\sigma_{-1}^{0}}{n_{\mathrm{f}}}=\frac{\varepsilon_{\sigma}\beta}{n_{\mathrm{f}}K_{\sigma}}\sigma_{-1} \tag{a}$$

于是构件在对称循环应力下的强度条件为

$$\sigma_{\max}\leqslant[\sigma_{-1}]=\frac{\varepsilon_{\sigma}\beta}{n_{\mathrm{f}}K_{\sigma}}\sigma_{-1} \tag{10.16}$$

在机械设计中,通常将构件的疲劳强度条件写成安全因数的比较。由式(10.15),工作安全因数 n_{σ} 为

$$n_{\sigma}=\frac{\sigma_{-1}^{0}}{\sigma_{\max}}=\frac{\varepsilon_{\sigma}\beta}{K_{\sigma}}\frac{\sigma_{-1}}{\sigma_{\max}} \tag{10.17}$$

而相应的疲劳强度条件为

$$n_{\sigma}=\frac{\sigma_{-1}^{0}}{\sigma_{\max}}=\frac{\varepsilon_{\sigma}\beta}{K_{\sigma}}\frac{\sigma_{-1}}{\sigma_{\max}}\geqslant n_{\mathrm{f}} \tag{10.18}$$

同理,轴在对称循环扭转切应力的疲劳强度条件为

$$\tau_{\max}\leqslant[\tau_{-1}]=\frac{\varepsilon_{\tau}\beta}{n_{\mathrm{f}}K_{\tau}}\tau_{-1} \tag{10.19}$$

或

$$n_{\tau}=\frac{\tau_{-1}^{0}}{\tau_{\max}}=\frac{\varepsilon_{\tau}\beta}{K_{\tau}}\frac{\tau_{-1}}{\tau_{\max}}\geqslant n_{\mathrm{f}} \tag{10.20}$$

式中,$\tau_{\max}$代表轴横截面上的最大扭转切应力。

例 10.3 传动轴的一段如图所示,在危险截面 A—A 上,内力为对称循环的交变弯矩,其最大值 $M_{\max}=800\mathrm{N\cdot m}$。材料的强度极限 $\sigma_{\mathrm{b}}=500\mathrm{MPa}$,疲劳极限 $\sigma_{-1}=250\mathrm{MPa}$。轴径分别为 $D=60\mathrm{mm}$,$d=50\mathrm{mm}$,$r=6\mathrm{mm}$,轴表面经磨削加工,疲劳安全因数 $n_{\mathrm{f}}=2$,试校核该轴的疲劳强度。

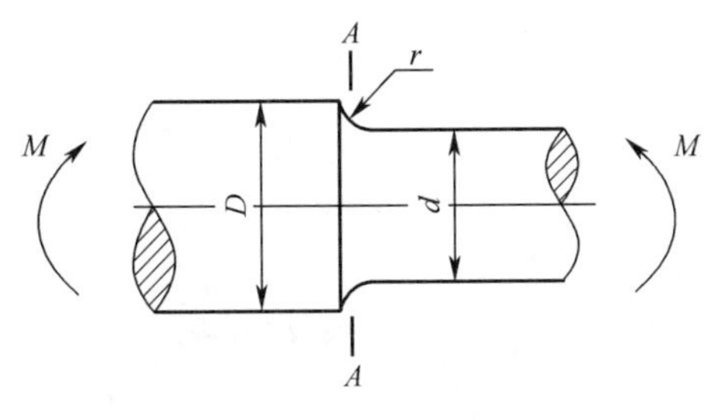

例 10.3 图

解:(1) 计算最大工作应力。

$$\sigma_{max} = \frac{M_{max}}{W_z} = \frac{800}{\dfrac{\pi \times 50^3}{32} \times 10^{-9}} 65.2(MPa)$$

(2) 计算影响因数。

根据 $D/d = 1.2$, $r/d = 0.12$ 和 $\sigma_b = 500MPa$,由图 10.9 和图 10.12 及式(10.11)得有效应力集中因数

$$K_\sigma = 1 + 0.80 \times (1.5 - 1) = 1.4$$

由图 10.14 和图 10.16,得尺寸因数和表面质量因数分别为

$$\varepsilon_\sigma = 0.8, \qquad \beta = 0.96$$

(3) 校核疲劳强度。

将以上数据代入式(10.18),得

$$n_\sigma == \frac{\varepsilon_\sigma \beta}{K_\sigma} \frac{\sigma_{-1}}{\sigma_{max}} = \frac{0.8 \times 0.96 \times 250}{1.4 \times 65.2} = 2.1 > n_f$$

轴的疲劳强度符合要求。

本 章 小 结

一、基本要求

1. 熟练计算构件做等加速直线运动时的动应力。

2. 熟练掌握杆件受冲击时应力与变形的计算。

3. 掌握疲劳破坏的特点和疲劳极限(持久极限)的概念;了解影响疲劳极限的三个主要因素。

4. 了解对称循环下构件的疲劳强度计算。

二、本章重点

1. 计算匀加速直线运动构件的应力。

2. 根据机械能守恒原理,计算自由落体受冲击作用构件的应力与变形。

3. 交变载荷作用下疲劳破坏特点、疲劳极限(持久极限)和疲劳极限曲线等基本概念。

4. 影响构件疲劳极限的主要因素及提高构件疲劳强度的措施。

三、本章难点

1. 求解冲击问题动荷因数的能量方法。

2. 对称循环下构件的疲劳强度计算。

四、学习建议

1. 要熟练掌握用机械能守恒定律解决一般冲击问题的基本方法,以解决可能遇到的各种陌生的冲击问题。

2. 在计算动荷因数中的静位移时,一定是冲击点沿冲击方向上的静位移。求静位移的方法可任意选择,熟记一些结果则更方便;系统的动荷因数一旦求出,则对该系统是唯一的。

3. 有关交变应力和疲劳破坏的基本概念较多。疲劳破坏的机理、疲劳极限及其影响因素等概念是今后研究和应用疲劳破坏理论的重要基础,必须理解到位、掌握全面。至于疲劳强度的计算一般都是有规可循的,按固定程序查表计算即可。

习　　题

10-1　用钢索起吊 $W=60\text{kN}$ 的重物,并在第一秒钟内以等加速上升 2.5m。试求钢索横截面上的轴力 F_{Nd}(不计钢索的质量)。

10-2　图示桥式起重机主梁由两根 16 号工字钢组成,主梁以匀速 $v=1\text{m/s}$ 向前移动(垂直于纸面),当起重机突然停止时,重物由惯性向前摆动,求此瞬时梁内最大正应力(不计梁的自重)。

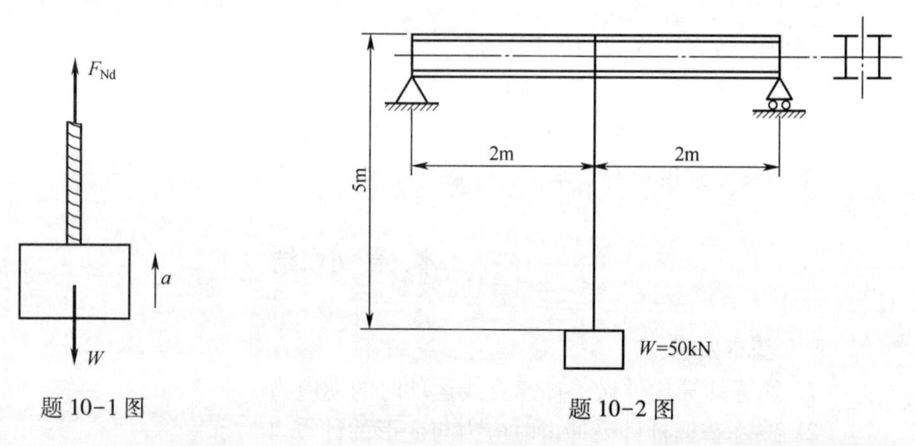

题 10-1 图　　　　题 10-2 图

10-3　图示为一悬吊在绳索上的 20 号槽钢,它以 0.6m/s 的速度匀速上升。试求当上升速度在 0.2s 内均匀地增加到 1.8m/s 时,槽钢内的最大弯曲正应力(提示:动应力是由梁的自重引起)。

10-4　直径 $d=30\text{cm}$、长 $l=6\text{m}$ 的圆木桩,下端固定,上端受 $W=2\text{kN}$ 的重锤作用。木材的弹性模量 $E_1=10\text{GPa}$。求下列三种情况下,木桩内的最大正应力。(1)重锤以静载荷的方式作用于木桩上;(2)重锤从距桩顶 0.5m 的高度自由落下;(3)在桩顶放置直径为 15cm,厚为 40mm 的橡胶垫,橡皮的弹性模量 $E_2=8\text{MPa}$。重锤也是从距橡胶垫顶面 0.5m 的高度自由落下。

10-5　重量 $W=1\text{kN}$ 的重物自由下落在悬臂梁 B 端,$E=10\text{GPa}$,试求梁的最大正应力及最大挠度。

10-6 图示重 700N 的运动员从 0.6m 高处落在跳板 A 端,跳板的横截面为 480mm×65mm 的矩形,木板的弹性模量 $E=12\mathrm{GPa}$。假设运动员的腿不弯曲,试求:(1)跳板中的最大弯曲正应力;(2) A 端的最大位移。

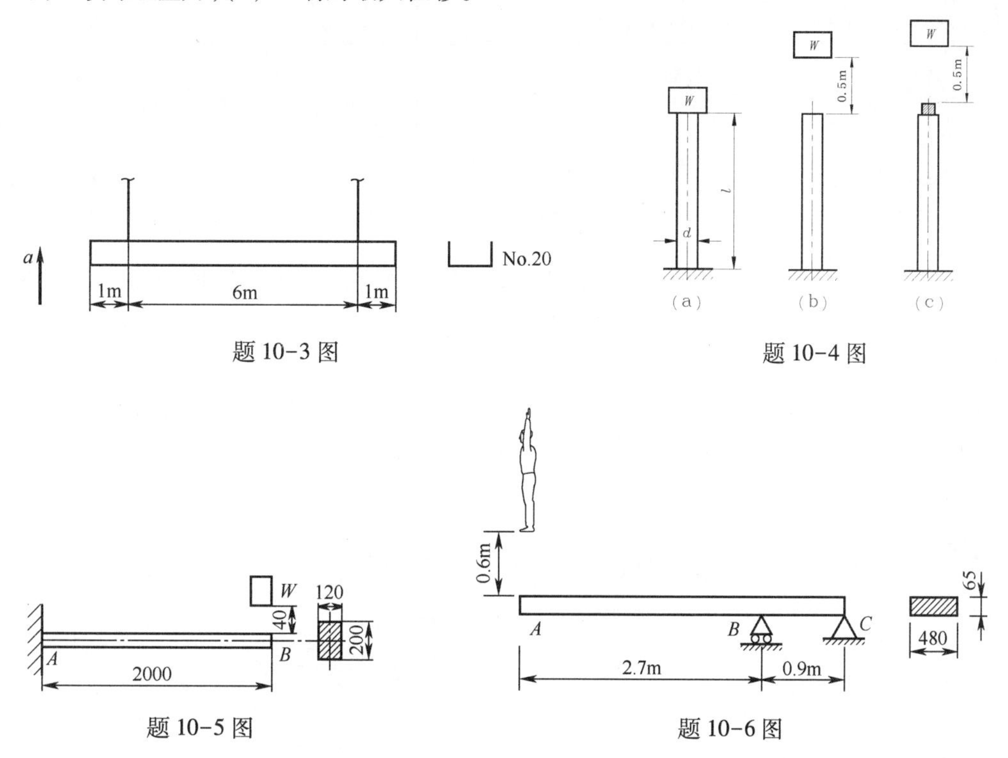

题 10-3 图　　　　题 10-4 图

题 10-5 图　　　　题 10-6 图

10-7 重量为 W 的重物自由下落在刚架上,设刚架的抗弯刚度 EI 及弯曲截面系数 W_z 为已知,试求刚架内的最大正应力(忽略轴力)。

10-8 图示钢杆的下端有一固定圆盘,盘上放置弹簧。弹簧在 1kN 的静载荷作用下缩 0.625mm。钢杆的直径 $d=40\mathrm{mm}$,$l=4\mathrm{m}$,许用应力 $[\sigma]=120\mathrm{MPa}$,$E=200\mathrm{GPa}$。若有重为 15kN 的重物自由落下,求其许可的高度 H。又若没有弹簧,则许可高度 H 将等于多大?

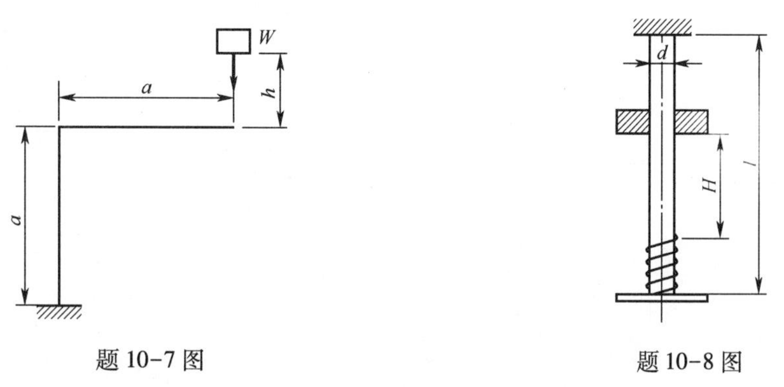

题 10-7 图　　　　题 10-8 图

10-9 试确定下列构件中 B 点的应力循环特征 r。(1)轴固定不动,滑轮绕轴转动,滑轮上作用有大小和方向均保持不变的铅垂力(图(a));(2)轴与滑轮相固结,并一起旋转,滑轮上作用有大小和方向均保持不变的铅垂力(图(b))。

10-10 图示循环应力，试求其平均应力、应力幅值与循环特征。

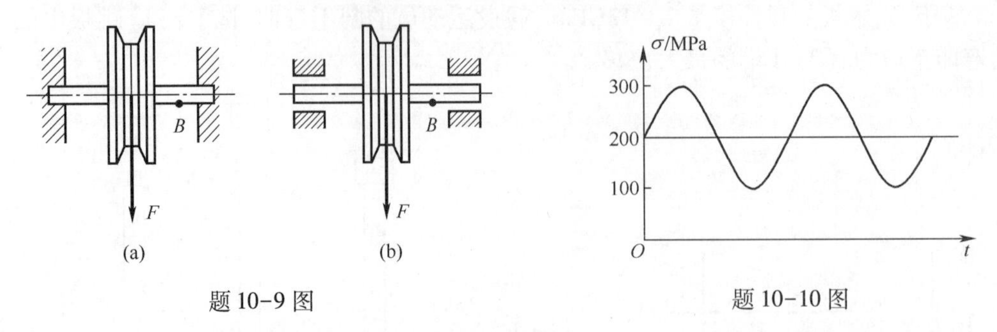

题 10-9 图　　　　题 10-10 图

10-11 图示为直径 $d=30\text{mm}$ 的钢圆轴，受横向力 $F_2=0.2\text{kN}$ 和轴向拉力 $F_1=5\text{kN}$ 的联合作用。当此轴以匀角速度 ω 转动时，试绘出跨中截面上 k 点处的正应力随时间变化的 $\sigma-t$ 曲线，并计算其循环特征 r、应力幅值 σ_a 和平均应力 σ_m。

10-12 图示疲劳试样由钢制成，强度极限 $\sigma_b=600\text{MPa}$，试验时承受对称循环的轴向载荷作用，试确定试样夹持部位圆角处的有效应力集中因数。试样表面经磨削加工。

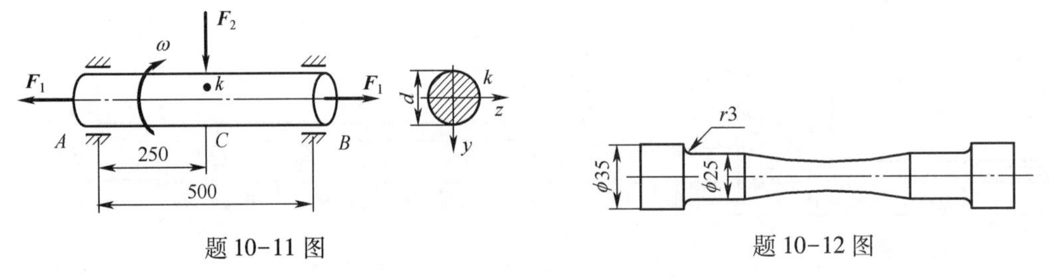

题 10-11 图　　　　题 10-12 图

10-13 阶梯轴如图所示，材料为铬镍合金钢，$\sigma_b=920\text{MPa}$。求弯曲和扭转时的有效应力集中因数和尺寸因数。

10-14 钢制转轴如图所示，其上作用一不变的弯矩 $M=2.4\text{kN}\cdot\text{m}$。轴的材料 $\sigma_b=500\text{MPa}$，$\sigma_{-1}=200\text{MPa}$。试求轴的疲劳极限。若规定的安全因素 $n=1.4$，试校核轴的疲劳强度。

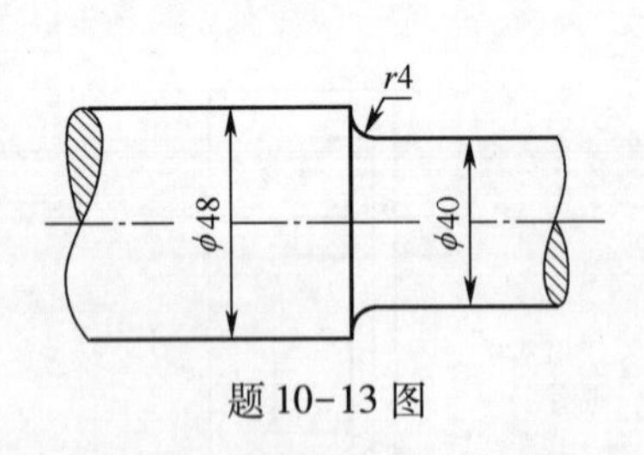

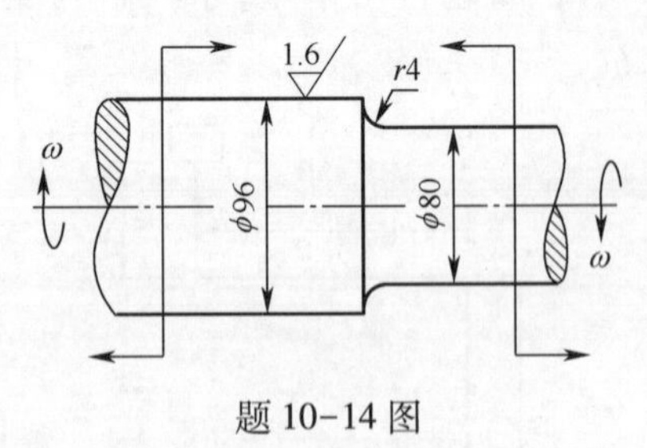

题 10-13 图　　　　题 10-14 图

第三篇 运动力学

静力学的主要任务是建立各种力系的简化和平衡条件,研究物体的平衡问题。当作用在物体上的力系不满足平衡条件时,物体的运动状态将发生改变。这种改变不仅与受力情况有关,而且与物体的质量和初始条件有关。运动力学通过研究物体机械运动几何性质与受力之间的关系,建立物体机械运动的一般规律。随着现代工业和科学技术的迅速发展,运动力学在诸如高速转动机械的动力计算、高层或超高层结构受风载的影响和抗震性设计、机器人的动态特性、宇宙飞行与火箭推进技术等方面,有着广阔的应用前景。

考虑学习上的循序渐进,本篇前三章先不考虑被研究物体的质量和所受到的作用力,仅研究物体机械运动的几何性质,一般被称为**运动学**。在运动学中,物体被抽象为几何点和不计质量的刚体,因此分为点的运动学和刚体运动学两部分。运动学研究内容包括:选择适当的参量,对物体运动进行数学描述,即研究物体的空间位置相对于某一参考系随时间变化的规律的方法研究表征物体运动几何性质的基本物理量,即点或刚体上点的运动方程、运动轨迹、速度、加速度和刚体转动的角速度、角加速度等;研究运动分解与合成的规律。运动学在工程中有独立的应用,如机器与机构的设计中,需运用运动学方法分析机构的运动特性。

在此基础上,本篇后四章研究物体机械运动与受力之间的关系,一般被称为**动力学**。研究对象是质点、质点系、刚体和刚体系,包括动量定理、动量矩定理和动能定理等。通过建立物体运动和受力之间的动力学方程,可以解决动力学的两类基本问题:第一类问题是已知物体的运动规律,求作用于物体上的力;第二类问题是已知物体的受力,求物体的运动规律。而大多数动力学问题都是混合问题,既有未知的运动,又有未知的力(约束力)。

第十一章 运动学基础

物体的运动是绝对的,描述物体的运动是相对的。要描述物体的位置及其变化规律,须指明另一个物体作为参照物,称为**参考体**,与参考体固连的坐标系称为**参考坐标系**,简称为**参考系**。参考体总是一个大小有限的物体,而参考系应理解为与参考体固连的无穷大空间。比如,可以选用地球作为参考体,研究距离地球很远的一个行星的运动,在那里,地球这个“实体”是达不到的,而作为参考系却可以延伸过去。由于在运动学里不考虑引起物体运动的原因——质量和力,可以任选参考体和参考系。一般工程问题中,常采用固连于地面的坐标系为参考系。当参考系确定后,为便于对物体运动进行定量描述,还须选定与参考系相固连的某种坐标系,从而建立物体位置与其坐标值之间的一一对应关系。最常用的坐标系有直角坐标和自然坐标。

在研究物体的运动时,应区分瞬时和时间间隔两个概念。与物体运动到某一位置相对应的某一时刻,称为**瞬时**。而**时间间隔**是指两个不同瞬时之间的一段时间。

本章内容包括两部分:研究点的运动规律在不同坐标系中的表示,并建立点的坐标、速度和加速度之间的关系;研究刚体的两种基本运动,即刚体的平行移动和定轴转动。

11.1 点的运动的矢径描述

设动点 M 在空间作曲线运动,如图 11.1 所示。在参考系中选一个固定点 O,动点 M 的位置可用由 O 指向 M 的矢量 $\boldsymbol{r}$ 表示,该矢量称为**矢径**,是时间 t 的单值连续函数

$$\boldsymbol{r} = \boldsymbol{r}(t) \tag{11.1}$$

上式被称为**矢径形式的点的运动方程**。矢径末端在空间划过的曲线称为**矢端曲线**,该矢端曲线即动点的**运动轨迹**。

从时刻 t 到 $t+\Delta t$,M 点的矢径的改变量 $\Delta\boldsymbol{r} = \boldsymbol{r}(t+\Delta t) - \boldsymbol{r}(t)$,如图 11.2 所示,称为动点在 Δt 时间间隔内的**位移**。比值 $\dfrac{\Delta\boldsymbol{r}}{\Delta t}$ 称为动点 M 在 Δt 时间间隔内的**平均速度**。当 $\Delta t \to 0$ 时,平均速度的极限称为动点 M 在 t 瞬时的**速度**,用 $\boldsymbol{v}$ 表示,即

$$\boldsymbol{v} = \lim_{\Delta t \to 0} \frac{\Delta\boldsymbol{r}}{\Delta t} = \frac{\mathrm{d}\boldsymbol{r}}{\mathrm{d}t} \tag{11.2}$$

速度是矢量,方向沿轨迹的切线方向(图 11.3(a)),指向与点的运动方向一致,单位为米/秒(m/s)。

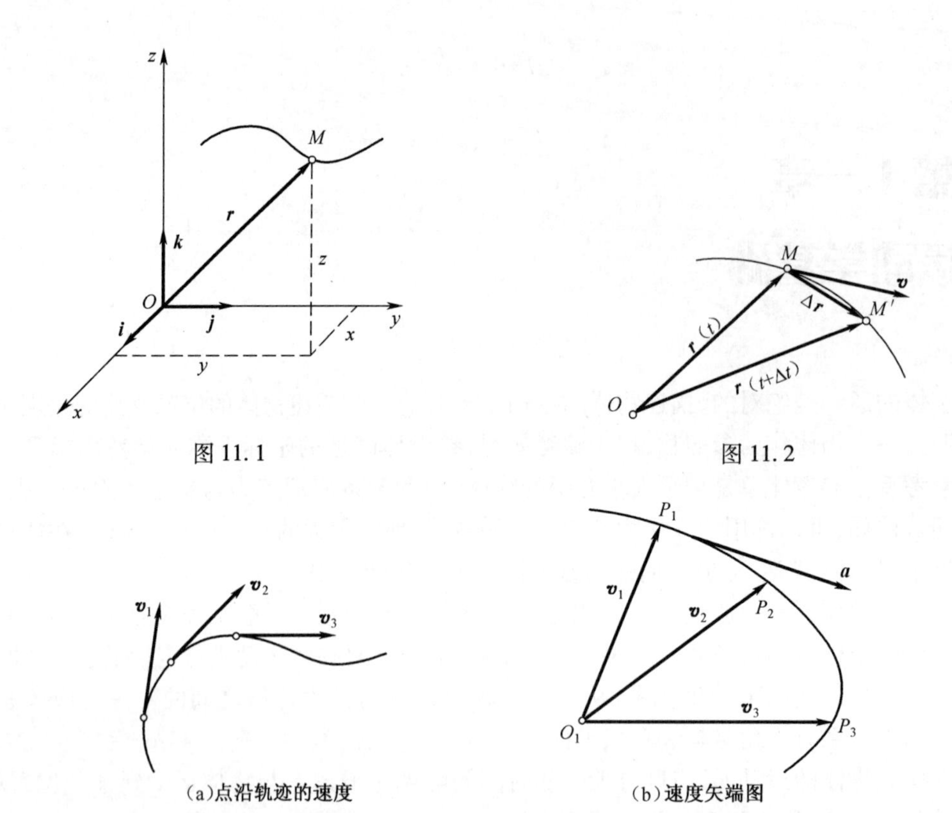

图 11.1

图 11.2

(a)点沿轨迹的速度

(b)速度矢端图

图 11.3

动点 M 在 t 瞬时的**加速度**等于点的速度对时间的一阶导数,用来度量速度随时间变化的快慢程度,用 $\boldsymbol{a}$ 表示,即

$$\boldsymbol{a} = \lim_{\Delta t \to 0} \frac{\Delta \boldsymbol{v}}{\Delta t} = \frac{\mathrm{d}\boldsymbol{v}}{\mathrm{d}t} = \frac{\mathrm{d}^2\boldsymbol{r}}{\mathrm{d}t} \tag{11.3}$$

加速度也是矢量,方向沿速度矢端曲线的切线方向,如图 11.3(b)所示,单位为米/秒^2($\mathrm{m/s^2}$)。其中,速度矢端曲线是将点在不同位置的速度矢量平移到空间同一点 O_1,由这些速度矢端描绘出的连续曲线,描述了运动中点的速度的大小和方向的变化。

11.2 点的运动的直角坐标描述

以点 O 为坐标原点,建立如图 11.1 所示的直角坐标系 $Oxyz$,$\boldsymbol{i}$、$\boldsymbol{j}$、$\boldsymbol{k}$ 为三个坐标轴的正向单位矢量,矢径 $\boldsymbol{r}$ 可表示为

$$\boldsymbol{r} = x\boldsymbol{i} + y\boldsymbol{j} + z\boldsymbol{k} \tag{11.4}$$

动点 M 运动时,坐标 x、y、z 将随时间而改变,即

$$\begin{cases} x = f_1(t) \\ y = f_2(t) \\ z = f_3(t) \end{cases} \tag{11.5}$$

称这 3 个方程为**直角坐标形式的点的运动方程**。消去时间参数 t,可得动点 M 的轨迹方程。

将式(11.5)代入到式(11.2)中,注意到单位矢量 $\boldsymbol{i}$、$\boldsymbol{j}$、$\boldsymbol{k}$ 都是常矢量,得点的速度

$$\boldsymbol{v}=\frac{\mathrm{d}\boldsymbol{r}}{\mathrm{d}t}=\frac{\mathrm{d}x}{\mathrm{d}t}\boldsymbol{i}+\frac{\mathrm{d}y}{\mathrm{d}t}\boldsymbol{j}+\frac{\mathrm{d}z}{\mathrm{d}t}\boldsymbol{k} \tag{11.6}$$

设动点 M 的速度在直角坐标轴上的投影分别为 v_x、v_y、v_z,则速度又可表示为

$$\boldsymbol{v}=v_x\boldsymbol{i}+v_y\boldsymbol{j}+v_z\boldsymbol{k} \tag{11.7}$$

其中

$$\begin{cases}v_x=\dfrac{\mathrm{d}x}{\mathrm{d}t}=\dot{x}\\[2ex] v_y=\dfrac{\mathrm{d}y}{\mathrm{d}t}=\dot{y}\\[2ex] v_z=\dfrac{\mathrm{d}z}{\mathrm{d}t}=\dot{z}\end{cases} \tag{11.8}$$

即点的速度在直角坐标轴上的投影等于相应坐标对时间的一阶导数。速度的大小和方向余弦分别为

$$v=\sqrt{v_x^2+v_y^2+v_z^2} \tag{11.9}$$

$$\begin{cases}\cos(\boldsymbol{v},\boldsymbol{i})=\dfrac{v_x}{v}\\[2ex] \cos(\boldsymbol{v},\boldsymbol{j})=\dfrac{v_y}{v}\\[2ex] \cos(\boldsymbol{v},\boldsymbol{k})=\dfrac{v_z}{v}\end{cases} \tag{11.10}$$

同理,式(11.7)对时间求一阶导数,可得

$$\boldsymbol{a}=a_x\boldsymbol{i}+a_y\boldsymbol{j}+a_z\boldsymbol{k} \tag{11.11}$$

其中

$$\begin{cases}a_x=\dfrac{\mathrm{d}^2x}{\mathrm{d}t^2}=\ddot{x}=\dot{v}_x\\[2ex] a_y=\dfrac{\mathrm{d}^2y}{\mathrm{d}t^2}=\ddot{y}=\dot{v}_y\\[2ex] a_z=\dfrac{\mathrm{d}^2z}{\mathrm{d}t^2}=\ddot{z}=\dot{v}_z\end{cases} \tag{11.12}$$

即点的加速度在直角坐标轴上的投影等于相应坐标对时间的二阶导数。加速度的大小和方向余弦分别为

$$a=\sqrt{a_x^2+a_y^2+a_z^2} \tag{11.13}$$

$$\begin{cases}\cos(\boldsymbol{a},\boldsymbol{i})=\dfrac{a_x}{a}\\[2ex] \cos(\boldsymbol{a},\boldsymbol{j})=\dfrac{a_y}{a}\\[2ex] \cos(\boldsymbol{a},\boldsymbol{k})=\dfrac{a_z}{a}\end{cases} \tag{11.14}$$

例 11.1　椭圆规的曲柄 OC 可绕定轴 O 转动，其端点 C 与规尺 AB 的中点以铰链相连接，规尺 AB 两端分别在相互垂直的滑槽中运动，如图所示。已知：$OC=AC=BC=l$，$MC=a$，$\varphi=\omega t$。试求规尺上点 M 的运动方程、运动规迹、速度和加速度。

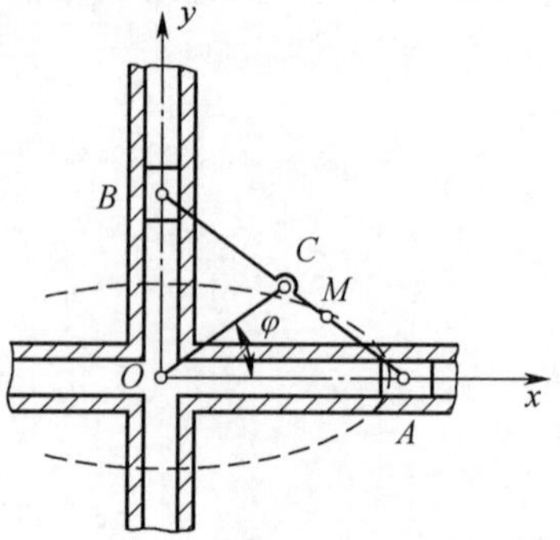

解：建立坐标系 Oxy 如图所示，点 M 的运动方程为

$$x=(OC+CM)\cos\varphi=(l+a)\cos\omega t$$

$$y=AM\sin\varphi=(l-a)\sin\omega t$$

消去时间 t，得轨迹方程

$$\frac{x^2}{(l+a)^2}+\frac{y^2}{(l-a)^2}=1$$

由此可见，点 M 的轨迹是一个椭圆，长轴与 x 轴重合，短轴与 y 轴重合。

例 11.1 图

点 M 的速度在坐标轴上的投影为

$$v_x=\frac{\mathrm{d}x}{\mathrm{d}t}=-\omega(l+a)\sin\omega t$$

$$v_y=\frac{\mathrm{d}y}{\mathrm{d}t}=\omega(l-a)\cos\omega t$$

点 M 的加速度在坐标轴上的投影为

$$a_x=\frac{\mathrm{d}v_x}{\mathrm{d}t}=\frac{\mathrm{d}^2x}{\mathrm{d}t^2}=-\omega^2(l+a)\cos\omega t$$

$$a_y=\frac{\mathrm{d}v_y}{\mathrm{d}t}=\frac{\mathrm{d}^2y}{\mathrm{d}t^2}=-\omega^2(l-a)\sin\omega t$$

11.3　点的运动的自然坐标描述

设动点 M 的轨迹为如图 11.4 所示的曲线，任选曲线上一点 O 为参考点，并设点 O 的某一侧为正向，则动点 M 在轨迹上的位置可由弧长 s 唯一确定，弧长 s 为代数量，称为动点 M 在轨迹上的**弧坐标**。当动点 M 运动时，s 是时间 t 的单值连续函数，即

$$s=f(t) \tag{11.15}$$

称为**弧坐标形式的点的运动方程**。应注意的是，式(11.15)不是点的轨迹方程。

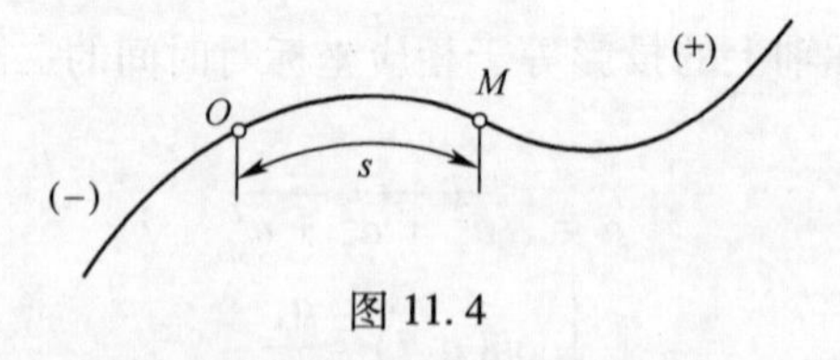

图 11.4

由式 (11.2) 可得，点 M 的速度为

$$\boldsymbol{v}=\frac{\mathrm{d}\boldsymbol{r}}{\mathrm{d}t}=\frac{\mathrm{d}\boldsymbol{r}}{\mathrm{d}s}\cdot\frac{\mathrm{d}s}{\mathrm{d}t} \tag{11.16}$$

考虑到 $\frac{\mathrm{d}\boldsymbol{r}}{\mathrm{d}s}=\lim\limits_{\Delta s\to 0}\frac{\Delta\boldsymbol{r}}{\Delta s}$，当 $\Delta s\to 0$ 时，有 $\left|\frac{\mathrm{d}\boldsymbol{r}}{\mathrm{d}s}\right|=\lim\limits_{\Delta s\to 0}\left|\frac{\Delta\boldsymbol{r}}{\Delta s}\right|=1$，$\Delta\boldsymbol{r}$ 的极限方向为**切线方向**，记 $\boldsymbol{\tau}$

为切向单位矢量，速度可表示为

$$\boldsymbol{v} = \frac{\mathrm{d}s}{\mathrm{d}t}\boldsymbol{\tau} = v\boldsymbol{\tau} \tag{11.17}$$

即速度的大小等于弧坐标对时间的一阶导数，方向沿轨迹的切线方向。若 $\frac{\mathrm{d}s}{\mathrm{d}t} > 0$，点沿轨迹的正向运动，若 $\frac{\mathrm{d}s}{\mathrm{d}t} < 0$，点沿轨迹的负向运动。

由式(11.3)可得，点 M 的加速度为

$$\boldsymbol{a} = \frac{\mathrm{d}\boldsymbol{v}}{\mathrm{d}t} = \frac{\mathrm{d}}{\mathrm{d}t}(v\boldsymbol{\tau}) = \frac{\mathrm{d}v}{\mathrm{d}t}\boldsymbol{\tau} + v\frac{\mathrm{d}\boldsymbol{\tau}}{\mathrm{d}t} \tag{11.18}$$

可见，加速度由两部分组成，第一项是速度大小的变化率，沿轨迹的切向，称为**切向加速度**，记为 $\boldsymbol{a}_{\mathrm{t}} = \frac{\mathrm{d}v}{\mathrm{d}t}\boldsymbol{\tau}$；第二项是速度方向的变化率，称为**法向加速度**，记为 $\boldsymbol{a}_{\mathrm{n}}$，可以写成

$$\boldsymbol{a}_{\mathrm{n}} = v\frac{\mathrm{d}\boldsymbol{\tau}}{\mathrm{d}t} = v\frac{\mathrm{d}\boldsymbol{\tau}}{\mathrm{d}s}\frac{\mathrm{d}s}{\mathrm{d}t}$$

首先考察 $\frac{\mathrm{d}\boldsymbol{\tau}}{\mathrm{d}s}$ 的方向。设 M 和 M' 两点的切向单位矢量分别为 $\boldsymbol{\tau}$ 和 $\boldsymbol{\tau}'$，它们之间的夹角为 $\Delta\varphi$，弧长为 Δs，如图 11.5 所示。当 $\Delta s \to 0$ 时，由 $\boldsymbol{\tau}$ 和 $\boldsymbol{\tau}'$ 确定的平面的极限位置，称为曲线在 M 点的**密切面**，如图 11.6 所示。考虑到 $\frac{\mathrm{d}\boldsymbol{\tau}}{\mathrm{d}s} = \lim\limits_{\Delta s \to 0}\frac{\Delta\boldsymbol{\tau}}{\Delta s}$，$\Delta\boldsymbol{\tau}$ 的极限方向垂直于切线 $\boldsymbol{\tau}$，且指向曲线内凹的一侧，该方向称为**主法线方向**，其单位矢量记为 $\boldsymbol{n}$。同时垂直于切线及主法线的方向称为**副法线方向**，其单位矢量为 $\boldsymbol{b}$。$\boldsymbol{\tau}$、$\boldsymbol{n}$ 与 $\boldsymbol{b}$ 满足 $\boldsymbol{b} = \boldsymbol{\tau} \times \boldsymbol{n}$，构成右手直角坐标系，称为**自然坐标系**。

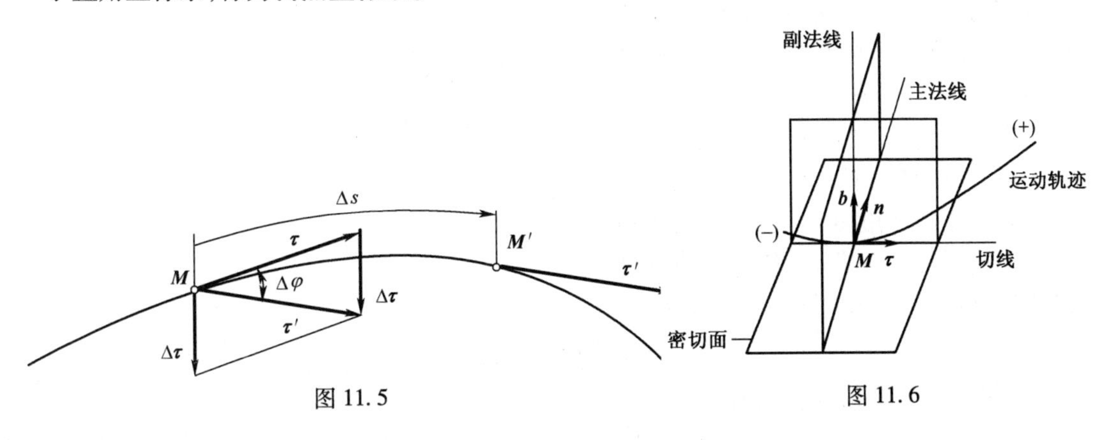

图 11.5　　　　图 11.6

再考察 $\frac{\mathrm{d}\boldsymbol{\tau}}{\mathrm{d}s}$ 的大小，有

$$\left|\frac{\mathrm{d}\boldsymbol{\tau}}{\mathrm{d}s}\right| = \lim_{\Delta s \to 0}\left|\frac{\Delta\boldsymbol{\tau}}{\Delta s}\right| = \lim_{\Delta s \to 0}\left|\frac{2\sin\frac{\Delta\varphi}{2}}{\Delta s}\right| = \lim_{\Delta s \to 0}\left|\frac{\Delta\varphi}{\Delta s}\right| = \left|\frac{\mathrm{d}\varphi}{\mathrm{d}s}\right|$$

式中，$\left|\frac{\mathrm{d}\varphi}{\mathrm{d}s}\right|$ 是曲线在点 M 的**曲率**，它的倒数是**曲率半径**，记为 ρ，是曲线弯曲程度的度量。

综上所述,可得

$$\frac{\mathrm{d}\boldsymbol{\tau}}{\mathrm{d}s}=\frac{1}{\rho}\boldsymbol{n}$$

因此,法向加速度沿着轨迹的主法线方向,指向曲率中心,反映了点的速度方向改变的快慢程度,记为

$$\boldsymbol{a}_{\mathrm{n}}=\frac{v^2}{\rho}\boldsymbol{n} \tag{11.19}$$

所以,自然坐标描述中点的加速度可表示为

$$\boldsymbol{a}=\boldsymbol{a}_{\mathrm{t}}+\boldsymbol{a}_{\mathrm{n}}=\frac{\mathrm{d}v}{\mathrm{d}t}\boldsymbol{\tau}+\frac{v^2}{\rho}\boldsymbol{n} \tag{11.20}$$

加速度在自然坐标轴上的投影为

$$\begin{cases}a_{\mathrm{t}}=\dfrac{\mathrm{d}v}{\mathrm{d}t}=\dfrac{\mathrm{d}^2s}{\mathrm{d}t^2}\\ a_{\mathrm{n}}=\dfrac{v^2}{\rho}\\ a_{\mathrm{b}}=0\end{cases} \tag{11.21}$$

全加速度 $\boldsymbol{a}$ 必在密切面内,如图 11.7 所示,其大小和方向分别为

$$\begin{cases}a=\sqrt{a_{\mathrm{t}}^2+a_{\mathrm{n}}^2}\\ \tan\theta=\dfrac{|a_{\mathrm{t}}|}{a_{\mathrm{n}}}\end{cases} \tag{11.22}$$

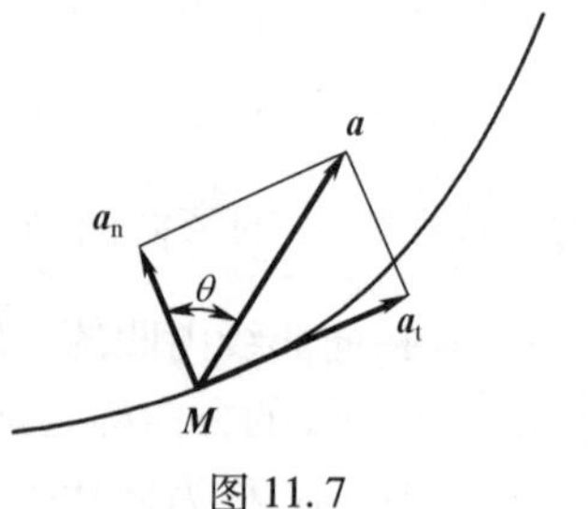

图 11.7

例 11.2 半径为 r 的轮子沿直线轨道无滑动地滚动(称为**纯滚动**),设轮子转角 $\varphi=\omega t$(ω 为常值)。求用直角坐标和自然坐标表示的轮缘上任一点 M 的运动方程,并求该点的速度、切向加速度及法向加速度。

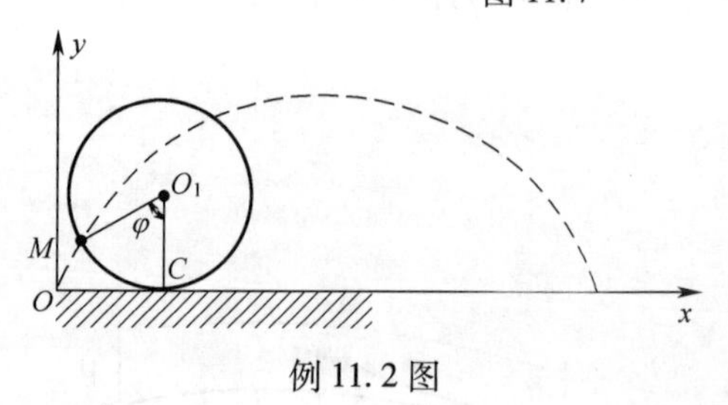

例 11.2 图

解:取点 M 与直线轨道的接触点 O 为原点,建立直角坐标系 Oxy,如图所示。当轮子转过 φ 角时,轮子与直线轨道的接触点为 C。由于是纯滚动,有

$$OC=\widehat{MC}=r\varphi=r\omega t$$

M 点的直角坐标运动方程为

$$\begin{cases}x=OC-O_1M\sin\varphi=r(\omega t-\sin\omega t)\\ y=O_1C-O_1M\cos\varphi=r(1-\cos\omega t)\end{cases} \tag{a}$$

上式为摆线(或称旋轮线)的参数方程,即 M 点的运动轨迹是摆线,如图所示。

M 点的速度在坐标轴上的投影为

$$\begin{cases}v_x=\dot{x}=r\omega(1-\cos\omega t)\\ v_y=\dot{y}=r\omega\sin\omega t\end{cases} \tag{b}$$

M 点的速度为

$$v = \sqrt{v_x^2 + v_y^2} = r\omega\sqrt{2 - 2\cos\omega t} = 2r\omega\sin\frac{\omega t}{2} \quad (0 \leqslant \omega t \leqslant 2\pi) \tag{c}$$

取 M 的起始点 O 作为自然坐标原点，将式(c)的速度 v 积分，即得用自然坐标表示的运动方程

$$s = \int_0^t 2r\omega\sin\frac{\omega t}{2}\mathrm{d}t = 4r\left(1 - \cos\frac{\omega t}{2}\right) \quad (0 \leqslant \omega t \leqslant 2\pi)$$

将式(b)再对时间求导，得到加速度在坐标轴上的投影

$$\begin{cases} a_x = \ddot{x} = r\omega^2\sin\omega t \\ a_y = \ddot{y} = r\omega^2\cos\omega t \end{cases} \tag{d}$$

可得全加速度

$$a = \sqrt{a_x^2 + a_y^2} = r\omega^2$$

将式(c)对时间 t 求导，得到点 M 的切向加速度

$$a_\mathrm{t} = \dot{v} = r\omega^2\cos\frac{\omega t}{2}$$

法向加速度

$$a_\mathrm{n} = \sqrt{a^2 - a_\mathrm{t}^2} = r\omega^2\sin\frac{\omega t}{2} \tag{e}$$

由于 $a_\mathrm{n} = \dfrac{v^2}{\rho}$，于是还可由式(c)及式(e)求得轨迹的曲率半径

$$\rho = \frac{v^2}{a_\mathrm{n}} = \frac{4r^2\omega^2\sin^2\dfrac{\omega t}{2}}{r\omega^2\sin\dfrac{\omega t}{2}} = 4r\sin\frac{\omega t}{2}$$

再讨论一个特殊情况。当 $t = \dfrac{2\pi}{\omega}$ 时，即 $\varphi = 2\pi$，点 M 运动到与地面相接触的位置。由式(c)知，点 M 的速度为零，这表明 M 点与地面之间没有相对滑动，这是纯滚动的一个重要特征。另一方面，由于点 M 全加速度的大小恒为 $r\omega^2$，因此纯滚动的轮子与地面接触点的速度虽然为零，但加速度却不为零。将 $t = \dfrac{2\pi}{\omega}$ 代入式(d)，得

$$a_x = 0, a_y = r\omega^2$$

即接触点的加速度方向指向轮心，这是纯滚动的另一个重要特征。

11.4 刚体的平动

刚体是由无数点组成的，运动过程中各点的轨迹、速度和加速度一般是不相同的，但相互之间有联系，因此有必要研究刚体的整体运动及各点运动之间的关系。

在运动过程中，如果刚体内任一直线始终与其初始方向平行，这种运动称为**刚体的平行移动**，简称**平动**。如汽缸内活塞的运动，车床走刀架的运动，消防车上的操作斗送消防

员上高层建筑时的运动等。现在来研究刚体平动时各点的轨迹、速度和加速度之间的关系。

在刚体内任选两点 A 和 B,A 点的矢径为 $\boldsymbol{r}_A$,B 点的矢径为 $\boldsymbol{r}_B$,它们的矢端曲线分别是两点的轨迹,如图 11.8 所示,可知

$$\boldsymbol{r}_A = \boldsymbol{r}_B + \overrightarrow{BA} \tag{11.23}$$

由于刚体平动时,线段 AB 的长度和方向都不变,$\overrightarrow{BA}$ 是常量。因此,只要把点 B 的轨迹沿 $\overrightarrow{BA}$ 方向平行移动一段相应的距离 BA,就能与点 A 的轨迹完全重合,两点的轨迹形状相同。

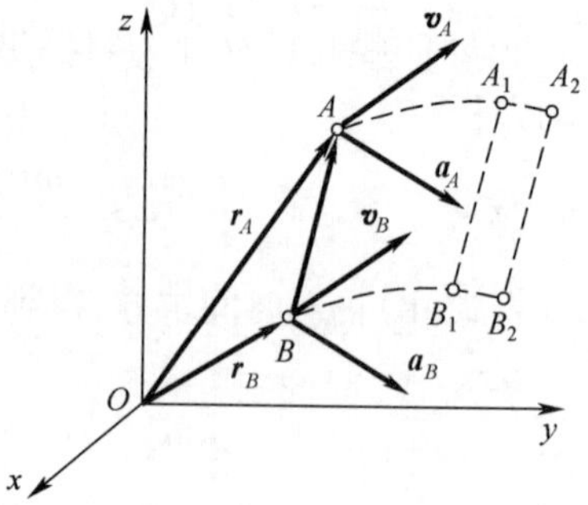

图 11.8

把式(11.23)对时间 t 连续求两次导数,可得

$$\boldsymbol{v}_A = \boldsymbol{v}_B \tag{11.24}$$

$$\boldsymbol{a}_A = \boldsymbol{a}_B \tag{11.25}$$

因为点 A 和 B 是任取的,从而可得结论:当刚体平动时,其上各点的轨迹形状相同;任一瞬时各点的速度和加速度相等。因此,研究刚体的平动,可以归结为研究刚体内任一点的运动,即用点的运动学方法来描述。

例 11.3 荡木用两条等长的钢索平行吊起,如图所示。钢索长度为 l,摆动规律为 $\varphi = \varphi_0 \sin \frac{\pi}{4} t$。试求荡木中点 M 的速度和加速度。

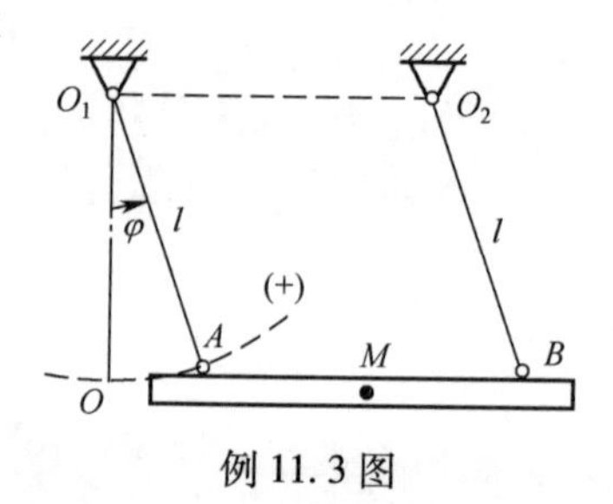

例 11.3 图

解:因 O_1A 与 O_2B、AB 与 O_1O_2平行并且相等,故荡木作平动,其上各点的速度和加速度相同。取图示自然坐标。A 点的运动方程为

$$s = l\varphi_0 \sin \frac{\pi}{4} t$$

则 M 点的速度为

$$v = \frac{\mathrm{d}s}{\mathrm{d}t} = \frac{\pi}{4} l\varphi_0 \cos \frac{\pi}{4} t$$

M 点的切向加速度为

$$a_{\mathrm{t}} = \frac{\mathrm{d}v}{\mathrm{d}t} = -\frac{\pi^2}{16} l\varphi_0 \sin \frac{\pi}{4} t$$

M 点的法向加速度为

$$a_{\mathrm{n}} = \frac{v^2}{l} = \frac{\pi^2}{16} l\varphi_0^2 \cos^2 \frac{\pi}{4} t$$

11.5 刚体的定轴转动

在运动过程中,如果刚体内(或其延拓部分)始终有一条直线保持固定不动,这种运

动称为**刚体绕定轴的转动**,简称**定轴转动**。这条保持静止的直线称为刚体的**转轴**或**轴线**。例如门窗的转动、机床主轴的运动、电机转子的运动、齿轮和带轮的运动等。

设刚体绕 Oz 轴转动,如图 11.9 所示,则刚体位置可用刚体上过转轴的某一平面与过转轴的某一固定平面的夹角 φ 来描述,称为**转角**。转角 φ 是时间 t 的单值连续函数,其运动方程为

$$\varphi = f(t) \tag{11.26}$$

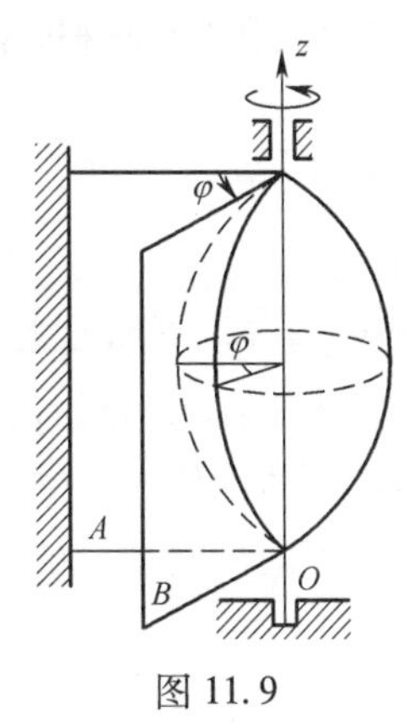

图 11.9

转角 φ 是代数量,其符号规定为,自 Oz 轴正向往负向看,从固定面起按逆时针转向为正,顺时针转向为负,单位用弧度(rad)表示。

转角 φ 对时间的一阶导数,称为刚体的**瞬时角速度**,用 ω 表示,即

$$\omega = \frac{d\varphi}{dt} \tag{11.27}$$

用来表征刚体转动的快慢程度,单位为弧度/秒(rad/s)。工程实际中,转动的快慢常用每分钟转数 n(r/min)表示,称为**转速**,其与角速度的换算公式为

$$\omega = \frac{2\pi n}{60} = \frac{n\pi}{30} \tag{11.28}$$

角速度对时间的一阶导数,称为刚体的**瞬时角加速度**,用 α 表示,即

$$\alpha = \frac{d\omega}{dt} = \frac{d^2\varphi}{dt^2} \tag{11.29}$$

用来表征角速度变化的快慢程度,单位为弧度/秒^2(rad/s^2)。角速度和角加速度都是代数量,当 ω 与 α 同号时,刚体加速转动;当 ω 与 α 异号时,刚体减速转动。

当刚体作定轴转动时,不在轴线上的各点都作圆周运动,圆周所在平面与轴线垂直,圆心在轴线上,半径 R 等于该点到轴线的垂直距离。因此,宜采用自然坐标法研究刚体上点的运动。

如图 11.10 所示,当刚体转角为 φ 时,其上距转轴为 R 的点 M 在垂直于轴线的平面内作圆周运动。取点 M_0 为弧坐标 s 的原点,按 φ 角的正方向规定弧坐标 s 的正向,点 M 的运动方程为

$$s = \widehat{M_0M} = R\varphi$$

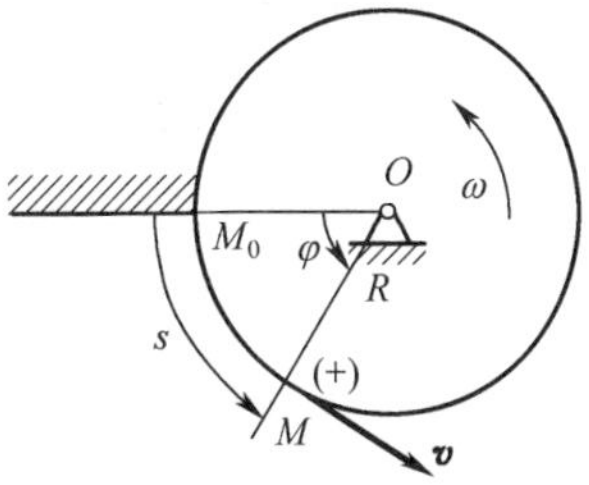

图 11.10

M 点的速度为

$$v = \frac{ds}{dt} = R\frac{d\varphi}{dt} = R\omega \tag{11.30}$$

方向沿圆周的切线方向,指向与 ω 的转向一致。

M 点的切向加速度和法向加速度为

$$a_t = \frac{dv}{dt} = R\frac{d\omega}{dt} = R\alpha \tag{11.31}$$

$$a_n = \frac{v^2}{\rho} = \frac{(R\omega)^2}{R} = R\omega^2 \tag{11.32}$$

其中,切向加速度 $\boldsymbol{a}_t$ 沿圆周的切线方向,指向与 α 的转向一致;法向加速度 $\boldsymbol{a}_n$ 指向圆心

O。当 α 与 ω 同号时，$\boldsymbol{a}_t$ 与 $\boldsymbol{v}$ 同向(图 11.11(a))；当 α 与 ω 异号时，$\boldsymbol{a}_t$ 与 $\boldsymbol{v}$ 反向(图 11.11(b))。

M 点的全加速度的大小和方向为

$$a = \sqrt{a_t^2 + a_n^2} = R\sqrt{\alpha^2 + \omega^4} \tag{11.33}$$

$$\theta = \arctan \frac{|a_t|}{a_n} = \arctan \frac{|\alpha|}{\omega^2} \tag{11.34}$$

式中，θ 为全加速度与点所在半径的夹角，如图 11.11 所示。

由于在每一瞬时，刚体的 ω 和 α 都只有一个确定的数值，根据以上各式可得到结论：转动刚体内任一点的速度和加速度的大小与该点至转轴的距离成正比；在同一瞬时刚体内各点的加速度与半径都有相同的夹角，如图 11.12 所示。

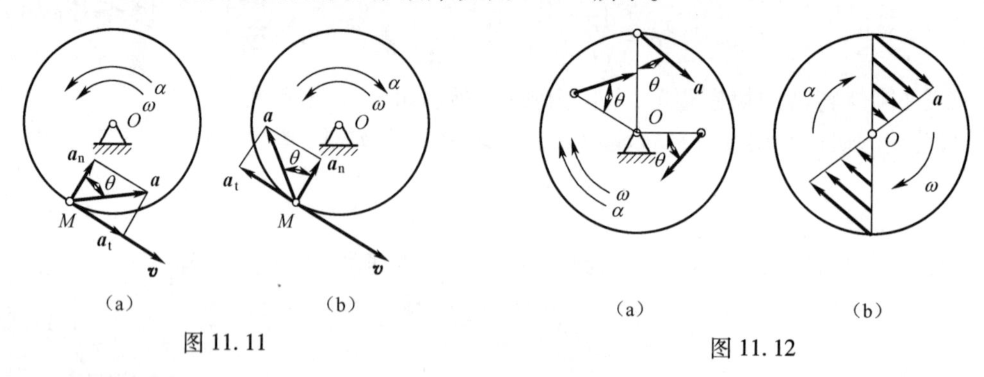

图 11.11　　图 11.12

11.6 轮系的传动比

工程实际中，常用轮系改变机械的转速，如变速箱中的齿轮组、皮带轮组等。

一、齿轮传动

现以一对相互啮合的圆柱齿轮为例。圆柱齿轮的传动有**外啮合**(图 11.13)和**内啮合**(图 11.14)两种，外啮合齿轮的角速度转向相反，内啮合齿轮的角速度转向则相同。

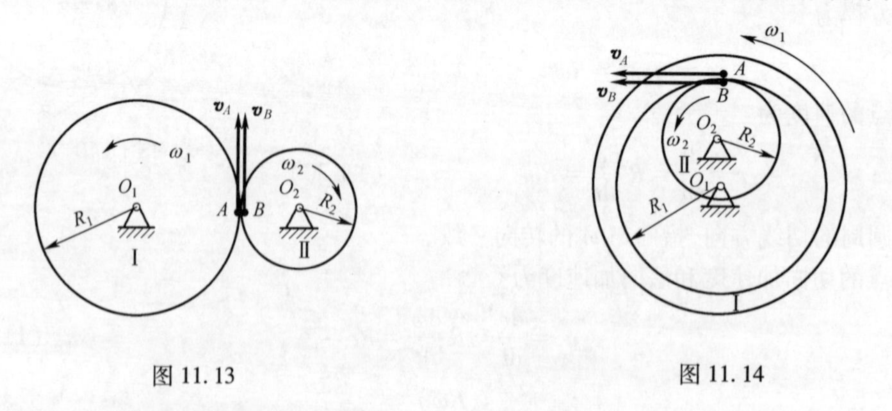

图 11.13　　图 11.14

设 ω_1、Z_1 和 R_1 为齿轮Ⅰ的角速度、齿数和节圆半径，ω_2、Z_2 和 R_2 为齿轮Ⅱ的角速

度、齿数和节圆半径。因两齿轮间没有相对滑动,故

$$\boldsymbol{v}_A = \boldsymbol{v}_B$$

因为, $v_A = R_1\omega_1$, $v_B = R_2\omega_2$,且齿轮的齿数与半径成正比,可得

$$R_1\omega_1 = R_2\omega_2 \quad 或 \quad \frac{\omega_1}{\omega_2} = \frac{R_2}{R_1} = \frac{Z_2}{Z_1} \tag{11.35}$$

这说明:相啮合的两个齿轮,其角速度与其节圆半径(或齿数)成反比。考虑到转向,用代数量 i_{12} 表示轮Ⅰ与轮Ⅱ,即主动轮与从动轮的**传动比**,则

$$i_{12} = \frac{\omega_1}{\omega_2} = \pm\frac{R_2}{R_1} = \pm\frac{Z_2}{Z_1} \tag{11.36}$$

式中,正号表示两轮的转向相同(内啮合),负号表示两轮的转向相反(外啮合)。容易证明,对于多级传动系统来说,齿轮系的总传动比等于各级传动比的乘积。

二、皮带传动

如图 11.15 所示的皮带轮装置中,主动轮和从动轮的半径分别为 r_1 和 r_2,角速度分别为 ω_1 和 ω_2。不考虑带厚,并且假定皮带与带轮间无滑动,可得

$$r_1\omega_1 = r_2\omega_2$$

于是皮带轮的传动比公式为

$$i_{12} = \frac{\omega_1}{\omega_2} = \frac{r_2}{r_1} \tag{11.37}$$

即皮带传动中两轮的角速度与其半径成反比。

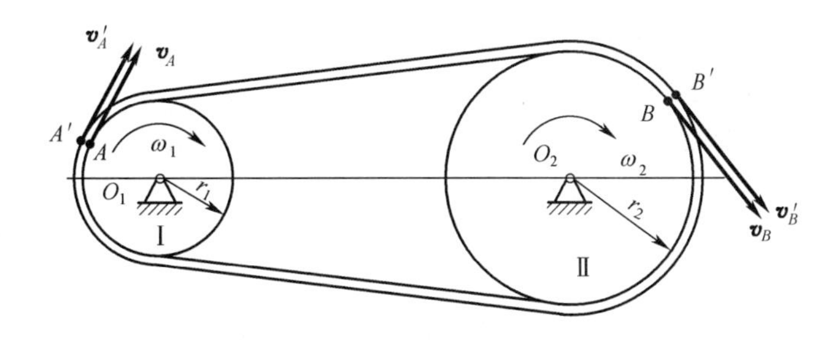

图 11.15

例 11.4 减速箱由四个齿轮构成,如图所示。齿轮Ⅱ和Ⅲ固定在同一轴上,与轴一起转动。各齿轮的齿数分别为 $Z_1 = 36$, $Z_2 = 112$, $Z_3 = 32$, $Z_4 = 128$。如主动轴Ⅰ的转速 $n_1 = 1450\text{r/min}$,试求从动轴Ⅳ的转速。

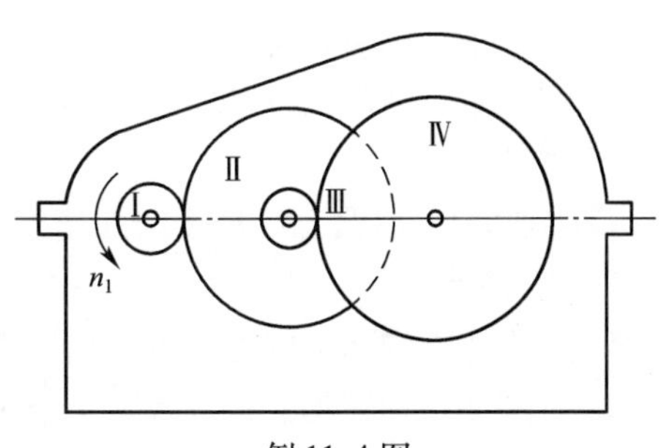

例 11.4 图

解:用 n_1、n_2、n_3 和 n_4 分别表示相应齿轮的转速,且 $n_2 = n_3$。应用外啮合齿轮传动比公式可得

$$i_{12}=\frac{n_1}{n_2}=-\frac{Z_2}{Z_1}$$

$$i_{34}=\frac{n_3}{n_4}=-\frac{Z_4}{Z_3}$$

两式相乘

$$\frac{n_1\cdot n_3}{n_2\cdot n_4}=\frac{Z_2\cdot Z_4}{Z_1\cdot Z_3}$$

因 $n_2=n_3$,则

$$i_{14}=\frac{n_1}{n_4}=\frac{Z_2\cdot Z_4}{Z_1\cdot Z_3}=\frac{112\times 128}{36\times 32}=12.4$$

传动比为正值,说明从动轮Ⅳ和主动轮Ⅰ的转向相同,轮Ⅳ的转速为

$$n_4=\frac{n_1}{i_{14}}=\frac{1450}{12.4}=117(\mathrm{r/min})$$

本章小结

一、基本要求

1. 掌握应用矢径法建立点的运动方程,求点的速度和加速度。

2. 熟练应用直角坐标法建立点的运动方程,求点的轨迹、速度和加速度。

3. 熟练掌握应用自然法求点在平面上作曲线运动时的运动方程、速度和加速度,并正确理解切向加速度和法向加速度的物理意义。

4. 理解刚体平动和刚体定轴转动的特征,理解刚体定轴转动时的转动方程、角速度和角加速度及它们之间的关系。

5. 掌握传动比的概念及其公式的应用。

二、本章重点

1. 点的曲线运动的直角坐标法,点的运动方程,点的速度和加速度在直角坐标上的投影。

2. 点的曲线运动的自然法(以在平面内运动为主),点沿已知轨迹的运动方程,点的速度,点的切向加速度和法向加速度。

3. 刚体平动的运动特征。

4. 刚体定轴转动的运动特征及其上各点的速度与加速度。

三、本章难点

自然轴系的几何概念,速度与加速度在自然轴上投影的推导。

四、学习建议

1. 对描述点的运动的三种方法加以总结,比较它们之间的联系及如何应用。

2. 对刚体定轴转动的特征及其上点的速度、加速度分布规律要分析清楚,熟练掌握已知刚体转动规律求其上一点的运动规律,反之,已知转动刚体上一点的运动规律求其上各点的运动规律及整体转动规律。

习　　题

11-1　点 M 以速度 $\boldsymbol{v}_0$ 沿椭圆轨道作匀速运动。轨迹方程为

$$\frac{x^2}{a^2}+\frac{y^2}{b^2}=1\text{，其中常数 } a>b>0$$

试求该点的最大和最小加速度及其方向，并指出这些加速度所对应的轨迹上点 M 的位置。

11-2　动点沿螺旋形轨迹自外向内运动，如图所示。已知其弧坐标 $s=kt$（k 为常量），问动点 M 在运动过程中：(1)加速度大小如何变化？(2)运动快慢如何变化？

11-3　当点 M 沿图示轨迹运动时，点的加速度 $\boldsymbol{a}$ 是恒矢量。问点是否作匀速运动？

11-4　如图所示雷达在距离发射台为 l 的 O 处观测垂直上升的火箭发射，测得角 θ 的规律为 $\theta=kt$（k 为常量）。试求火箭的运动方程，并计算当 $\theta=\pi/6$ 时火箭的速度和加速度。

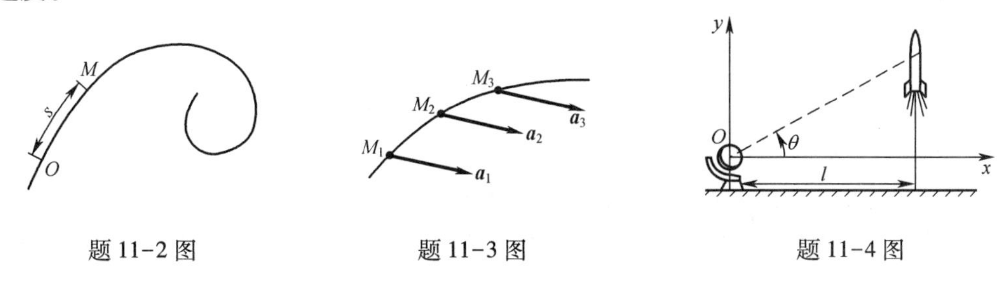

题 11-2 图　　　题 11-3 图　　　题 11-4 图

11-5　已知点的运动方程为 $x=4t-2t^2$，$y=3t-1.5t^2$。试求：

(1) 轨迹方程；

(2) 自起始位置计算弧长时，点的运动规律；

(3) 当 $t=1\text{s}$、2s 时点的位移、经过的路程、速度和加速度。

11-6　如图所示，杆 AB 长为 l，以等角速度 ω 绕点 B 转动，其转动方程为 $\varphi=\omega t$。而与杆铰接的滑块 B 按规律 $s=a+b\sin\omega t$ 沿水平线作谐振动。其中 a 和 b 均为常数。求点 A 轨迹。

11-7　如图所示，曲柄 OB 以匀角速度 $\omega=2\text{rad/s}$ 绕 O 轴顺时针转动，并带动杆 AD 上点 A 在水平槽内运动。已知 $AB=OB=BC=CD=12\text{cm}$，求点 D 的运动方程和轨迹，以及当 $\varphi=45°$ 时点 D 的速度和加速度。

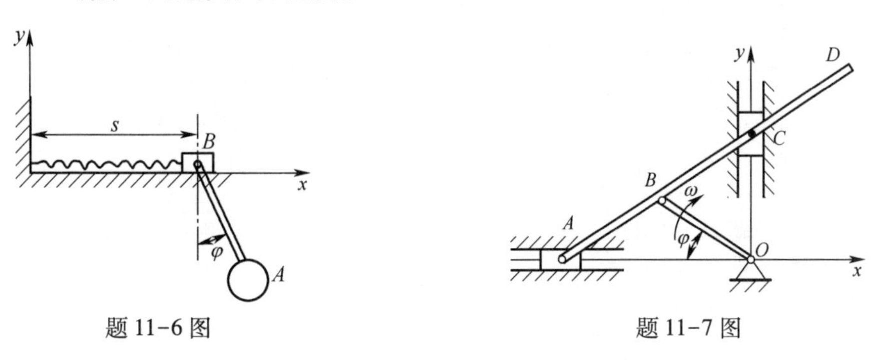

题 11-6 图　　　题 11-7 图

11-8 曲柄摇杆机构如图所示,曲柄 OA 长为 r,摇杆 AB 长为 l。曲柄绕 O 轴转动,$\varphi=\omega t$,$\omega=$常量,套筒 C 可绕 C 轴转动,$OC=r$,摇杆 AB 可沿套筒 C 滑动。试求摇杆端点 B 的运动方程、速度和加速度。

11-9 摇杆滑道机构中的滑块 M 同时在固定的圆弧槽 BC 和摇杆 OA 的滑道中滑动。BC 的半径为 R,摇杆 OA 的轴 O 在通过 BC 弧的圆周上。摇杆绕 O 轴以等角速度 ω 转动,运动开始时,摇杆在水平位置上。试分别用直角坐标法和自然法给出点 M 的运动方程,并求其速度和加速度。

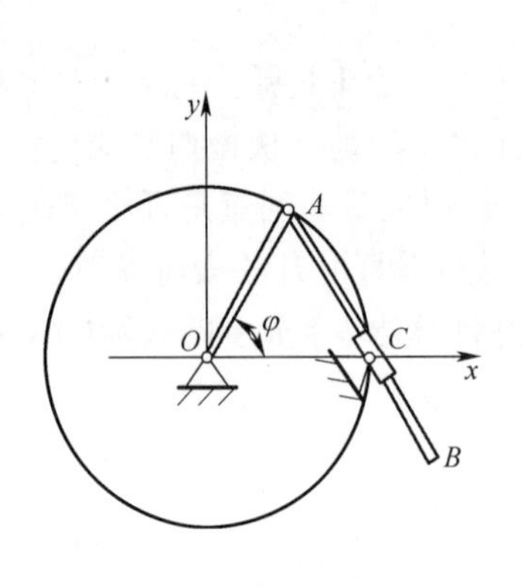

题 11-8 图

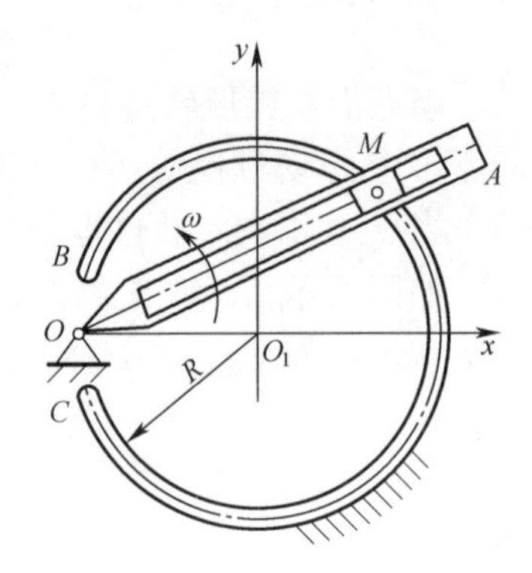

题 11-9 图

11-10 如图所示,在曲柄摇杆机构中,曲柄 $O_1A=r=10\text{cm}$,摇杆 $O_2B=l=24\text{cm}$,$O_1O_2=10\text{cm}$,若曲柄以 $\varphi=\frac{\pi}{4}t$ rad 绕 O_1轴转动,当 $t=0$ 时 $\varphi=0$,求点 B 的运动方程、速度和加速度。

11-11 图示 AB 杆以匀角速度 ω 绕 A 点转动,并带动套在水平杆 OC 上的小环 M 运动。运动开始时,AB 杆在铅垂位置。设 $OA=h$。求:

(1) 小环 M 沿 OC 杆滑动的速度;

(2) 小环 M 相对于 AB 杆运动的速度。

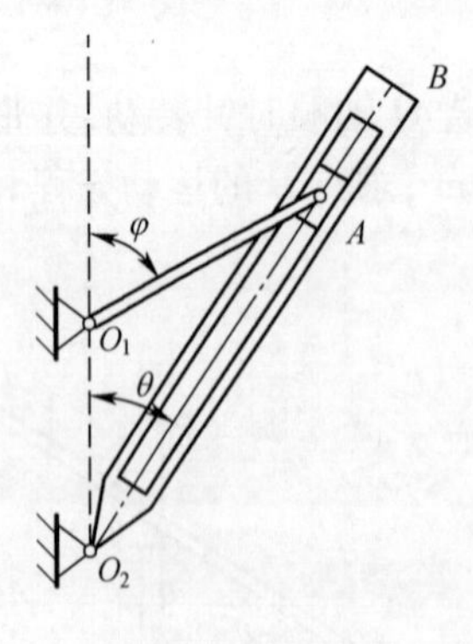

题 11-10 图

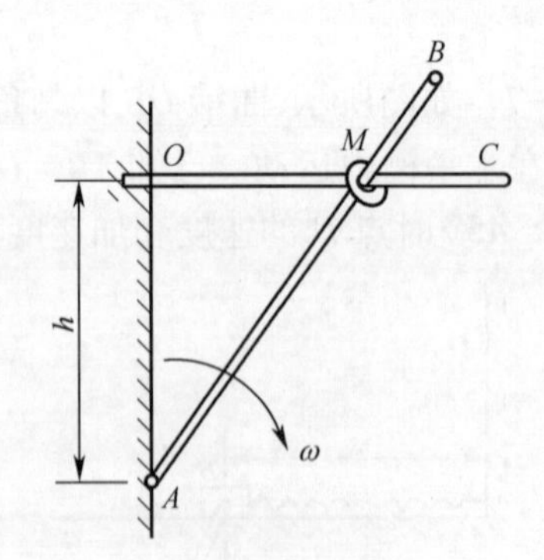

题 11-11 图

11-12 下列说法是否正确,为什么?

(1) 平动刚体上各点的轨迹一定是直线或平面曲线。

（2）刚体绕定轴转动时，角加速度为正表示加速转动，角加速度为负表示减速转动。

11-13 试画出图中刚体上的 M 点的轨迹以及在图示位置时的速度和加速度的方向。

11-14 一高速列车沿直线轨道行驶，其速度为 50m/s，摄影师的镜头位于离铁轨 10m 处的 O 点，并使镜头始终对准车头，如图所示。试求镜头转动的角速度和角加速度。

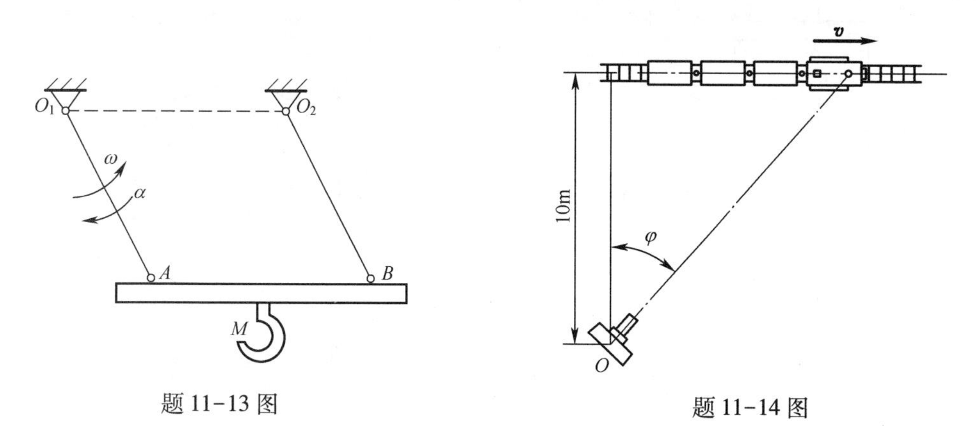

题 11-13 图　　　　题 11-14 图

11-15 如图所示，两等长且平行的曲柄 AB、CD，分别绕固定水平轴 A、C 摆动，带动托架 DBE 运动，从而提升重物 G。曲柄长 r = 200mm，在图示位置时其角速度 ω = 4rad/s，角加速度 α = 2 rad/s^2，试求重物 G 的速度和加速度（设重物与托架间无相对滑动）。

11-16 已知搅拌机的主动齿轮 O_1 以 n = 950r/min 的转速转动。搅杆 ABC 用销钉 A、B 与齿轮 O_3、O_2 相连，如图所示。已知 $AB = O_2O_3$，$O_3A = O_2B$ = 25cm，各轮齿数为 Z_1 = 20，Z_2 = 50，Z_3 = 50。求搅杆端点 C 的速度和轨迹。

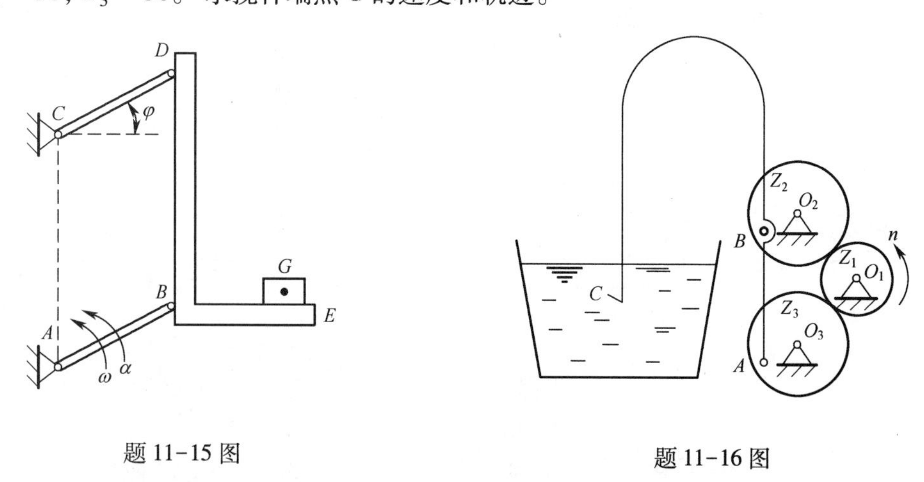

题 11-15 图　　　　题 11-16 图

11-17 已知某刚体以角加速度 $\alpha = 2t^2 + 4$（rad/s^2）绕固定轴转动，开始时，刚体的角速度 ω_0 =5rad/s，转角 $\varphi_0 = 6\pi$rad。求刚体的转动方程。

11-18 升降机装置由半径为 R = 50cm 的鼓轮带动，如图所示。被升降物体的运动方程为 $x = 5t^2$（t 以 s 计，x 以 m 计）。求鼓轮的角速度和角加速度，并求在任意瞬时，鼓轮轮缘上一点的全加速度的大小。

11-19 某飞轮半径 $R=1\text{m}$，边缘上一点的全加速度与半径的夹角为 $60°$，在该瞬时切向加速度 $a_t=10\sqrt{3}\ \text{m/s}^2$。试求距转轴 0.5m 处一点的法向加速度。

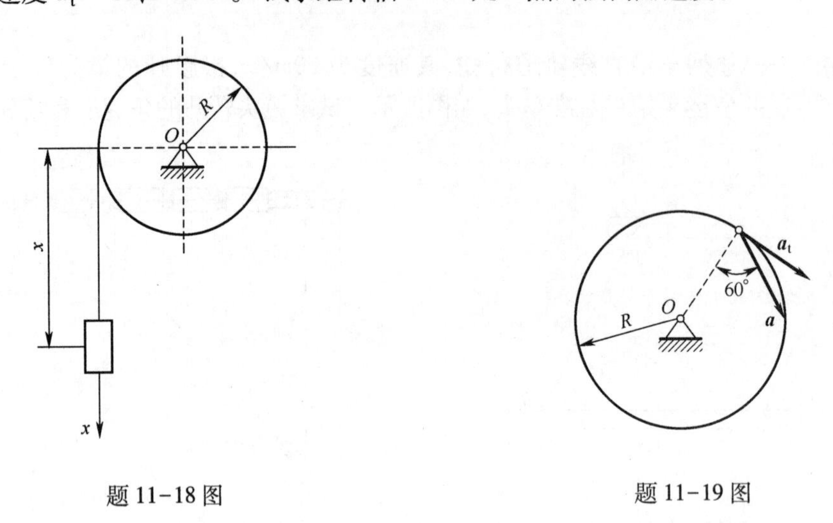

题 11-18 图　　　　题 11-19 图

11-20 电动绞车由皮带轮Ⅰ和Ⅱ及鼓轮Ⅲ组成，鼓轮Ⅲ和皮带轮Ⅱ刚性地固定在同一轴上。各轮的半径分别为 $r_1=30\text{cm}$，$r_2=75\text{cm}$，$r_3=40\text{cm}$。轮Ⅰ的转速为 $n_1=100\text{r/min}$。设皮带轮与皮带之间无滑动，求重物 W 上升的速度和皮带各段上点的加速度。

11-21 胶带式运输机如图所示。已知主动轮 1 的转速 $n_1=1200\text{r/min}$，齿数 $Z_1=24$，链轮 3 和 4 的齿数分别为 $Z_3=15$，$Z_4=45$，用链条传动。胶带轮 5 与齿轮 4 固连，其直径 $D=460\text{mm}$。胶带轮与输送带间无滑动。如果要求输送带的速度约为 $v=2.4\text{m/s}$，试设计与链轮 3 固连的齿轮 2 的齿数 Z_2。

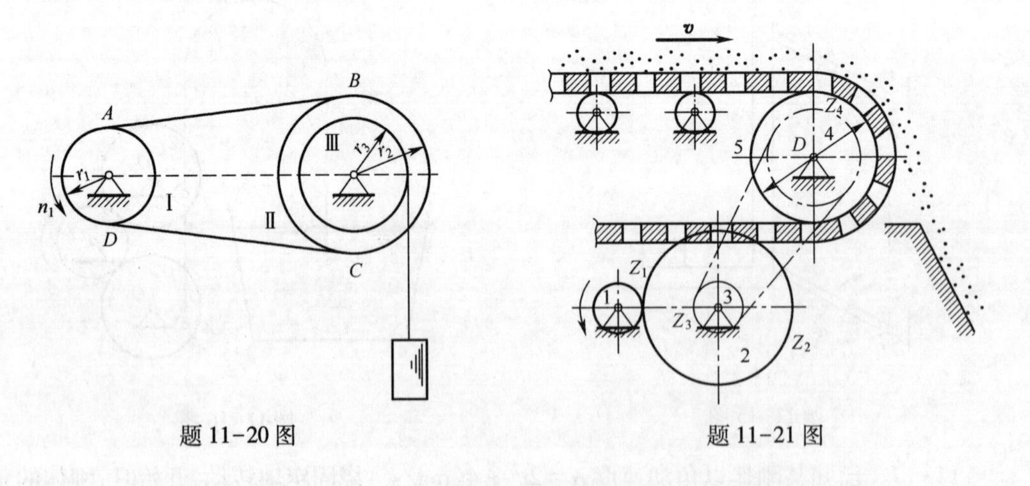

题 11-20 图　　　　题 11-21 图

第十二章
点的复合运动

机械运动的描述是相对的，它依赖于参考系的选择。若选取不同的参考系，对其运动状况的描述是不同的。前一章分析的点或刚体运动都是在同一个参考系中进行的。本章将在两个不同的参考系中讨论同一物体的运动，并给出物体相对于两个参考系的运动量之间的关系，称为点或刚体的**复合运动**或**合成运动**。

12.1 相对运动 牵连运动 绝对运动

同一点对于不同参考系的运动是不同的。如图 12.1 所示沿直线轨道滚动的车轮，其边缘上一点 M 的运动对于地面上的观察者来说，其轨迹是旋轮线；对于车上的观察者来说，其轨迹则是一个圆。如图 12.2 所示匀速垂直上升的直升机，其主旋翼端点 M 的运动以地面为参考体时，其运动轨迹是空间的密圈螺旋线，当以机身为参考体时，其运动轨迹为圆周曲线。显然，上述两例中点 M 相对于两种参考体的速度和加速度也是不相同的。但既然是同一物体的运动，这两种运动之间必然存在着一定的联系。

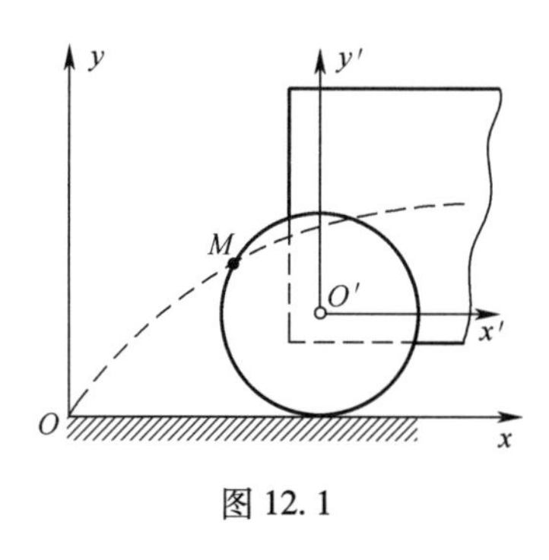

图 12.1

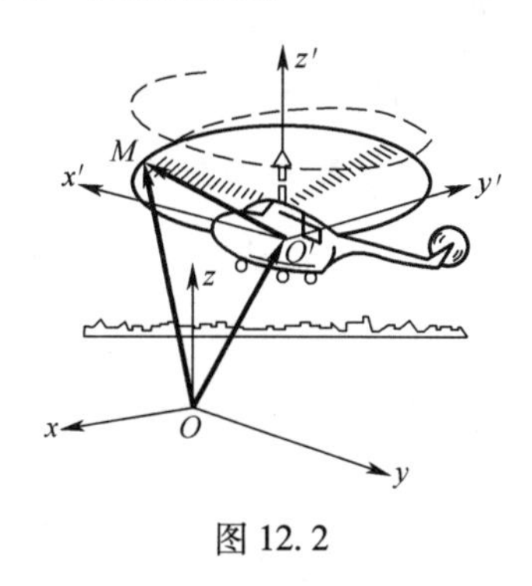

图 12.2

通常把固定在地面上的参考系称为**定参考系**，简称为**定系**，以 $Oxyz$ 表示；固定在相对于定参考系运动的物体上的参考系称为**动参考系**，简称为**动系**，以 $O'x'y'z'$ 表示。所研究的点称为**动点**。需注意的是，动系固连于运动的物体上，但并不完全等同于该物体，它不受物体形状和尺寸的限制，其范围可无限延伸。

我们可以观察到三种运动：①动点相对于定系的运动，称为**绝对运动**；②动点相对于动系的运动，称为**相对运动**；③动系相对于定系的运动，称为**牵连运动**。注意，在分析上述三种运动时，必须明确：①站在什么地方看物体的运动？②看什么物体的运动？如图 12.1的实例中，如把车轮轮缘上 M 点视为动点，动系建于车厢上，定系固连在地面上，则牵连运动为车厢相对地面的直线平动，M 点的绝对运动为旋轮线运动，相对运动为圆周运动。可以看出，若没有牵连运动（即车厢相对地面保持静止），则动点 M 的相对运动和绝对运动完全相同（圆周运动）；若没有相对运动（车轮不转动），则动点 M 将随车厢平动作直线运动。由此可知，动点 M 的绝对运动既取决于相对运动，又取决于牵连运动，可看成是这两种运动的合成。因此，绝对运动可视为相对运动和牵连运动的合成运动或复合运动。反之，绝对运动也可分解为相对运动和牵连运动。

应该指出，动点的绝对运动和相对运动都是指点的运动，它可能作直线运动或曲线运动；而牵连运动则是指刚体的运动，它可能作平动、转动或其他较复杂的运动。

动点在绝对运动中的速度和加速度，称为**绝对速度**和**绝对加速度**，记为 $\boldsymbol{v}_a$ 和 $\boldsymbol{a}_a$。动点在相对运动中的速度和加速度，称为**相对速度**和**相对加速度**，记为 $\boldsymbol{v}_r$ 和 $\boldsymbol{a}_r$。至于动点的牵连速度和牵连加速度的定义，必须特别注意。由于动系的运动是刚体的运动，刚体上各点的运动一般不同。动点运动的每一瞬时，动系上都有一点与其重合，该点称为动点的**瞬时重合点**或**牵连点**，这个点会对动点产生直接影响。因此定义：牵连点相对于定系的速度和加速度称为动点的**牵连速度**和**牵连加速度**，记为 $\boldsymbol{v}_e$ 和 $\boldsymbol{a}_e$。在不同瞬时，牵连点在动系上的位置不同，动点的牵连速度和牵连加速度也不同。实际上，动点的相对运动轨迹可以看作是动点在各瞬时的牵连点的集合。

12.2 点的速度合成定理

本节研究动点的绝对速度、牵连速度和相对速度三者之间的关系。

设动点 M 相对动系的运动轨迹为曲线 AB（图 12.3）。在瞬时 t，动点 M 在曲线上的 C 点。经过时间间隔 Δt，曲线 AB 随同动系移至新的位置 A_1B_1；同时，动点 M 沿曲线 A_1B_1 移动到 C_1 点，动系上的瞬时重合点 C 运动到 C' 点。所以矢量 $\overrightarrow{CC_1}$ 表示动点的绝对位移，矢量 $\overrightarrow{C'C_1}$ 表示动点的相对位移，$\overrightarrow{CC'}$ 表示瞬时 t 的重合点 C 的位移，称为牵连位移，如图 12.3所示。由图中矢量关系可得

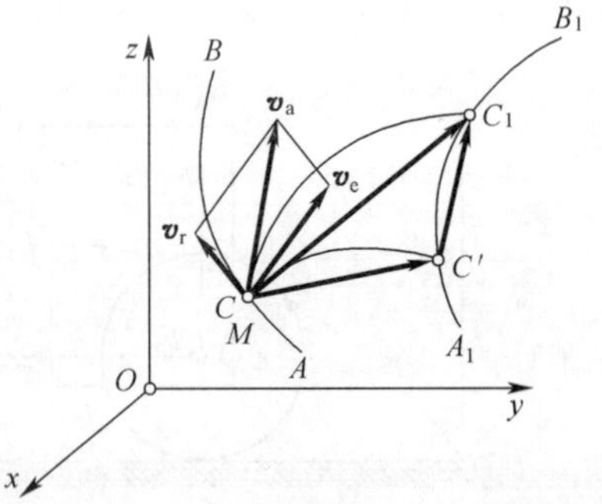

图 12.3

$$\overrightarrow{CC_1} = \overrightarrow{CC'} + \overrightarrow{C'C_1}$$

将此式两端同除以 Δt，并令 $\Delta t \to 0$，则得

$$\lim_{\Delta t \to 0} \frac{\overrightarrow{CC_1}}{\Delta t} = \lim_{\Delta t \to 0} \frac{\overrightarrow{CC'}}{\Delta t} + \lim_{\Delta t \to 0} \frac{\overrightarrow{C'C_1}}{\Delta t}$$

显然，矢量 $\lim\limits_{\Delta t \to 0} \dfrac{\overrightarrow{CC_1}}{\Delta t}$ 是动点 M 在瞬时 t 的绝对速度 $\boldsymbol{v}_a$，方向沿绝对轨迹 $\overset{\frown}{CC_1}$ 上 C 点的切线方向；矢量 $\lim\limits_{\Delta t \to 0} \dfrac{\overrightarrow{CC'}}{\Delta t}$ 是动点 M 在瞬时 t 的牵连速度 $\boldsymbol{v}_e$，方向沿曲线 $\overset{\frown}{CC'}$ 上 C 点的切线

方向；矢量 $\lim\limits_{\Delta t \to 0} \dfrac{\overrightarrow{C'C_1}}{\Delta t}$ 是动点 M 在瞬时 t 的相对速度 $\boldsymbol{v}_r$（即动点 M 沿曲线 AB 运动的速度），方向沿曲线 $\widehat{AB}$ 上 C 点的切线方向，可得

$$\boldsymbol{v}_a = \boldsymbol{v}_e + \boldsymbol{v}_r \tag{12.1}$$

上式称为**点的速度合成定理**：动点在某瞬时的绝对速度等于它在该瞬时的牵连速度与相对速度的矢量和。因此，动点的绝对速度可由牵连速度与相对速度所构成的平行四边形的对角线来确定。这个平行四边形称为**速度平行四边形**。

应该指出，在推导速度合成定理时，并未限制动参考系作什么样的运动。因此这个定理适用于牵连运动是任何运动的情况，即动系可以是平动、转动或者其他任何较复杂的运动。

应用速度合成定理分析动点速度时应注意：

（1）动点和动系不能选在同一个物体上，一般情况下应使相对运动易于看清；

（2）正确分析三种运动和三种速度，各种运动的速度都有大小和方向两个要素，只有已知其中 4 个要素时才能求解；

（3）作速度平行四边形，利用几何关系或投影方程求解未知量（投影方向可任意选择）。

例 12.1　凸轮机构中的凸轮外形为半圆形，顶杆 AB 沿垂直槽滑动，设凸轮以匀速度 $\boldsymbol{v}$ 沿水平面向左移动，求在图示位置 $\theta = 30^\circ$ 时，顶杆 B 端的速度 $\boldsymbol{v}_B$。

解：由于顶杆 AB 沿垂直方向作平动，因此只需求顶杆端点 A 的速度。

（1）选取顶杆端点 A 为动点，动系固连在凸轮上。

（2）绝对运动为沿 AB 的直线运动，绝对速度 $\boldsymbol{v}_a$ 沿铅垂方向，大小未知；相对运动为 A 点沿凸轮轮廓的圆周运动，相对速度 $\boldsymbol{v}_r$ 沿凸轮在 A 点的切线方向，大小未知；牵连运动为凸轮的平动，牵连速度 $\boldsymbol{v}_e$ 水平向左，大小为 v。

（3）由速度合成定理

$$\boldsymbol{v}_a = \boldsymbol{v}_e + \boldsymbol{v}_r$$

作速度平行四边形，如图所示，求得

$$v_A = v_a = v_e \cot\theta = v\cot\theta = \sqrt{3}v$$

方向铅直向上。该结果也可利用投影方程求得，读者可自行求解。

例 12.2　刨床的急回机构如图所示。曲柄 OA 的端点 A 与滑块用铰链连接。当曲柄 OA 以匀角速度 ω 绕固定轴 O 转动时，滑块在摇杆 O_1B 上滑动，并带动摇杆 O_1B 绕固定轴 O_1 摆动。设曲柄长 $OA=r$，两轴间距离 $OO_1=l$，求曲柄在水平位置时摇杆的角速度 ω_1。

解：（1）选取曲柄端点 A 作为动点，动系固连在摇杆 O_1B 上。

（2）绝对运动为以 O 为圆心、OA 为半径的圆周运动；相对运动为沿 O_1B 的直线运动；牵连运动为摇杆的定轴转动。其中，$\boldsymbol{v}_a$ 的大小和方向都已知，$\boldsymbol{v}_r$ 和 $\boldsymbol{v}_e$ 方向已知而大小未知。

（3）由速度合成定理

$$\boldsymbol{v}_a = \boldsymbol{v}_e + \boldsymbol{v}_r$$

将上式在轴 O_1x' 上投影，

$$v_a \sin\varphi = v_e$$

其中，$v_a = r\omega$，$\sin\varphi = \dfrac{r}{\sqrt{l^2 + r^2}}$。

设摇杆在该瞬时的角速度为 ω_1，则

$$\omega_1 = \frac{v_e}{O_1A} = \frac{r^2\omega}{\sqrt{l^2 + r^2}} \cdot \frac{1}{\sqrt{l^2 + r^2}} = \frac{r^2\omega}{l^2 + r^2}$$

转向如图所示。

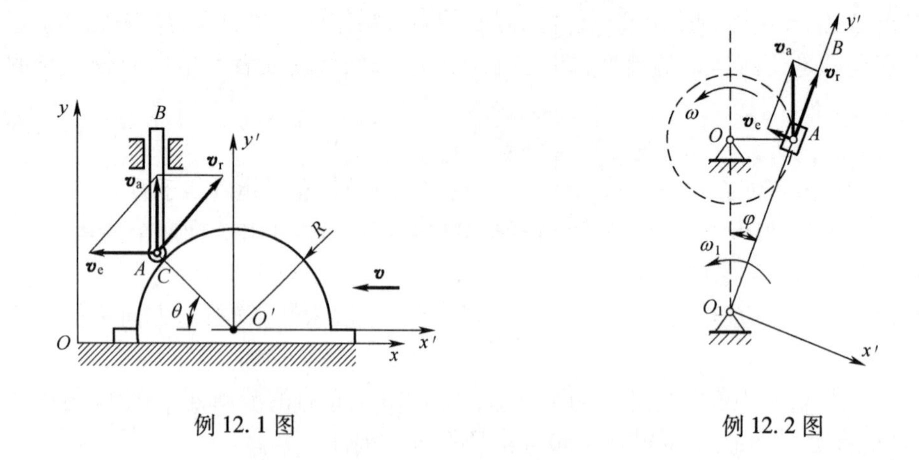

例 12.1 图　　　　例 12.2 图

12.3 牵连运动为平动时点的加速度合成定理

前面所讲述的速度合成定理，对于任何形式的牵连运动都是适用的。但对于点的加速度合成定理，不同形式的牵连运动会得到不同的结论。本书仅讨论牵连运动为平动时的加速度合成定理。

如图 12.4 所示，设平动坐标系 $O'x'y'z'$ 各轴与定系 $Oxyz$ 的相应轴相互平行。由于动系作平动，动系上所有点的速度都相同，因此坐标原点 O' 的速度就等于牵连速度，即 $\boldsymbol{v}_{O'} = \boldsymbol{v}_e$。而动点相对动系原点的矢径为

$$\boldsymbol{r}' = x'\boldsymbol{i}' + y'\boldsymbol{j}' + z'\boldsymbol{k}' \qquad (12.2)$$

单位矢量 $\boldsymbol{i}'$、$\boldsymbol{j}'$、$\boldsymbol{k}'$ 为恒矢量，则相对速度为

$$\boldsymbol{v}_r = \frac{d\boldsymbol{r}'}{dt} = \frac{dx'}{dt}\boldsymbol{i}' + \frac{dy'}{dt}\boldsymbol{j}' + \frac{dz'}{dt}\boldsymbol{k}' \qquad (12.3)$$

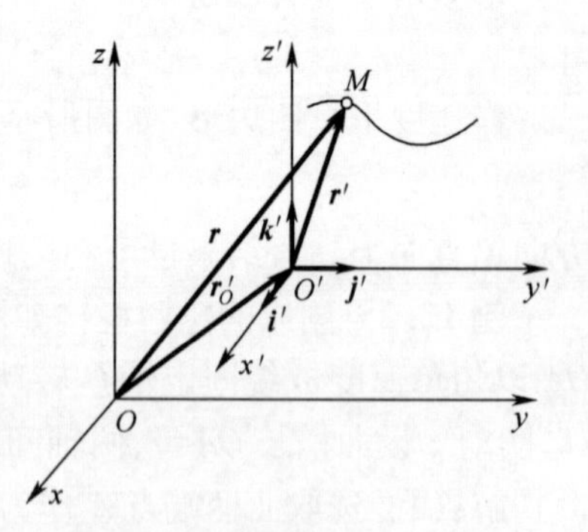

图 12.4

根据速度合成定理

$$\boldsymbol{v}_a = \boldsymbol{v}_e + \boldsymbol{v}_r$$

绝对速度为

$$\boldsymbol{v}_a = \boldsymbol{v}_{O'} + \frac{dx'}{dt}\boldsymbol{i}' + \frac{dy'}{dt}\boldsymbol{j}' + \frac{dz'}{dt}\boldsymbol{k}' \qquad (12.4)$$

上式两端对时间 t 求导，可得

$$\boldsymbol{a}_{\mathrm{a}}=\frac{\mathrm{d}\,\boldsymbol{v}_{O'}}{\mathrm{d}t}+\frac{\mathrm{d}^2x'}{\mathrm{d}t^2}\boldsymbol{i}'+\frac{\mathrm{d}^2y'}{\mathrm{d}t^2}\boldsymbol{j}'+\frac{\mathrm{d}^2z'}{\mathrm{d}t^2}\boldsymbol{k}' \tag{12.5}$$

式(12.5)等号右端的第一项,即动系坐标原点的加速度,由于动系作平动,在任意瞬时,动系上各点的速度及加速度都相同,有

$$\boldsymbol{a}_{\mathrm{e}}=\boldsymbol{a}_{O'}=\frac{\mathrm{d}\,\boldsymbol{v}_{O'}}{\mathrm{d}t}=\frac{\mathrm{d}\,\boldsymbol{v}_{\mathrm{e}}}{\mathrm{d}t} \tag{12.6}$$

等号右端后三项之和为相对加速度,即

$$\boldsymbol{a}_{\mathrm{r}}=\frac{\mathrm{d}\,\boldsymbol{v}_{\mathrm{r}}}{\mathrm{d}t}=\frac{\mathrm{d}^2x'}{\mathrm{d}t^2}\boldsymbol{i}'+\frac{\mathrm{d}^2y'}{\mathrm{d}t^2}\boldsymbol{j}'+\frac{\mathrm{d}^2z'}{\mathrm{d}t^2}\boldsymbol{k}' \tag{12.7}$$

将式(12.6)和式(12.7)代入式(12.5),可得

$$\boldsymbol{a}_{\mathrm{a}}=\boldsymbol{a}_{\mathrm{e}}+\boldsymbol{a}_{\mathrm{r}} \tag{12.8}$$

这就是**牵连运动为平动时点的加速度合成定理**:当牵连运动为平动时,动点在某瞬时的绝对加速度等于该瞬时牵连加速度与相对加速度的矢量和。

例 12.3 如图(a)所示的曲柄滑道机构中,曲柄长 $OA=10\mathrm{cm}$,绕 O 轴转动。当 $\varphi=30°$ 时,其角速度 $\omega=1\mathrm{rad/s}$,角加速度 $\alpha=1\mathrm{rad/s^2}$。求导杆 BC 的加速度和滑块 A 在滑道中的相对加速度。

解:(1) 取滑块 A 为动点,动系固连于导杆 BC 上。

(2) 动点 A 的绝对运动是以 O 为圆心、以 OA 为半径的圆周运动,绝对加速度分为切向加速度 $\boldsymbol{a}_{\mathrm{a}}^{\mathrm{t}}$ 和法向加速度 $\boldsymbol{a}_{\mathrm{a}}^{\mathrm{n}}$,其大小为

$$a_{\mathrm{a}}^{\mathrm{t}}=OA\cdot\alpha=10\mathrm{cm/s^2}$$

$$a_{\mathrm{a}}^{\mathrm{n}}=OA\cdot\omega^2=10\mathrm{cm/s^2}$$

方向如图(b)所示;相对运动为沿滑道的往复直线运动,故相对加速度 $\boldsymbol{a}_{\mathrm{r}}$ 的方向为水平方向,大小待求;牵连运动为导杆的直线平动,故牵连加速度 $\boldsymbol{a}_{\mathrm{e}}$ 为铅垂方向,大小待求。

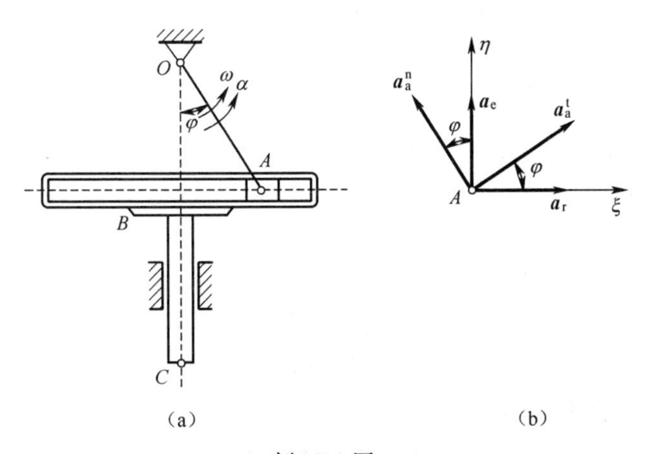

例 12.3 图

(3) 应用牵连运动为平动时点的加速度合成定理:

$$\boldsymbol{a}_{\mathrm{a}}=\boldsymbol{a}_{\mathrm{a}}^{\mathrm{t}}+\boldsymbol{a}_{\mathrm{a}}^{\mathrm{n}}=\boldsymbol{a}_{\mathrm{e}}+\boldsymbol{a}_{\mathrm{r}}$$

假设 $\boldsymbol{a}_{\mathrm{e}}$ 与 $\boldsymbol{a}_{\mathrm{r}}$ 指向如图(b)所示,将上式各矢量分别投影在 ξ 轴和 η 轴上,得

$$a_a^t\cos30° - a_a^n\sin30° = a_r$$
$$a_a^t\sin30° + a_a^n\cos30° = a_e$$

解得

$$a_r = 10\cos30° - 10\sin30° = 3.66\ (\text{cm/s}^2)$$

$$a_e = 10\sin30° + 10\cos30° = 13.66\ (\text{cm/s}^2)$$

求出的 a_e 和 a_r 为正值,说明假设的指向是正确的,而 a_e 即为导杆 BC 在此瞬时的平动加速度。

例 12.4 凸轮在水平面上向右作减速运动,如图(a)所示。设凸轮半径为 R,图示瞬时的速度和加速度分别为$\boldsymbol{v}$ 和 $\boldsymbol{a}$ 。求杆 AB 在图示位置时的加速度。

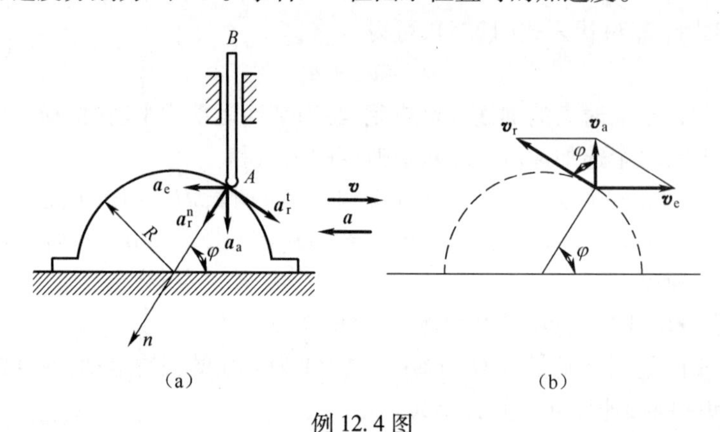

例 12.4 图

解:(1) 以杆 AB 上的点 A 为动点,动系固连于凸轮上。

(2) 点 A 的绝对轨迹为直线,绝对加速度 $\boldsymbol{a}_a$ 沿铅垂方向,大小未知;牵连运动为平动,牵连加速度 $\boldsymbol{a}_e = \boldsymbol{a}$; 相对轨迹为凸轮轮廓曲线,相对加速度分为两个分量:切向分量 $\boldsymbol{a}_r^t$ 的大小是未知的,法向分量 $\boldsymbol{a}_r^n$ 的方向如图(a)所示,大小为

$$a_r^n = \frac{v_r^2}{R}$$

式中的相对速度 v_r 可根据速度合成定理求出,方向如图(b)所示,大小为

$$v_r = \frac{v_e}{\sin\varphi} = \frac{v}{\sin\varphi}$$

于是

$$a_r^n = \frac{v^2}{R\sin^2\varphi}$$

由加速度合成定理

$$\boldsymbol{a}_a = \boldsymbol{a}_e + \boldsymbol{a}_r^t + \boldsymbol{a}_r^n$$

式中,$\boldsymbol{a}_a$ 为所求的加速度。假设 $\boldsymbol{a}_a$ 和 $\boldsymbol{a}_r^t$ 的指向如图所示。为计算 $\boldsymbol{a}_a$ 的大小,将上式投影到法线 n 上,得

$$a_a\sin\varphi = a_e\cos\varphi + a_r^n$$

解得

$$a_a = \frac{1}{\sin\varphi}\left(a\cos\varphi + \frac{v^2}{R\sin^2\varphi}\right) = a\cot\varphi + \frac{v^2}{R\sin^3\varphi}$$

当 $\varphi < 90°$ 时，$a_a > 0$，说明假设的 $\boldsymbol{a}_a$ 的指向与真实指向相同。

本章小结

一、本章基本要求

1. 深刻理解三种运动、三种速度和三种加速度的定义、运动的合成与分解以及运动相对性的概念。

2. 对具体问题能够恰当地选择动点、动系和定系，进行运动轨迹、速度和加速度分析，熟练应用速度合成定理、牵连运动为平动时点的加速度合成定理进行求解。

二、本章重点

1. 动点和动系的选择。

2. 运动的合成与分解。

3. 速度合成定理和加速度合成定理的应用。

三、本章难点

1. 动点和动系的选择。

2. 牵连速度、牵连加速度的概念。

3. 加速度合成定理的运用与计算。

四、学习建议

1. 理解动点和动系的选取原则，归纳常见动点、动系的选取方法，包括有一个指定点，有一个固定不变的接触点，没有一个固定不变的接触点，两个互不关联的物体等。

2. 强化牵连点的概念，熟练掌握牵连速度、牵连加速度的计算。

习　题

12-1　在点的复合运动中，动点与动系的选取应遵循哪些原则？

12-2　什么是牵连速度、牵连加速度？是否动系中任意一点的速度（或加速度）就是牵连速度（或牵连加速度）？

12-3　由速度合成定理 $\boldsymbol{v}_a = \boldsymbol{v}_e + \boldsymbol{v}_r$，试分析下列等式是否成立？

（1）$\boldsymbol{a}_a = \dfrac{d\boldsymbol{v}_e}{dt} + \dfrac{d\boldsymbol{v}_r}{dt}$；

（2）$\boldsymbol{a}_e = \dfrac{d\boldsymbol{v}_e}{dt}, \boldsymbol{a}_r = \dfrac{d\boldsymbol{v}_r}{dt}$；

（3）$\boldsymbol{a}_a^t = \dfrac{d\boldsymbol{v}_a}{dt}, \boldsymbol{a}_e^t = \dfrac{d\boldsymbol{v}_e}{dt}, \boldsymbol{a}_r^t = \dfrac{d\boldsymbol{v}_r}{dt}$；

（4）$\boldsymbol{a}_a^n = \dfrac{\boldsymbol{v}_a^2}{\rho_a}, \boldsymbol{a}_e^n = \dfrac{\boldsymbol{v}_e^2}{\rho_e}, \boldsymbol{a}_r^n = \dfrac{\boldsymbol{v}_r^2}{\rho_r}$。

12-4 试说明下述情况中的绝对运动、相对运动和牵连运动是怎样的。同时,画出在图示位置的牵连速度方向。定系一律固定于地面。

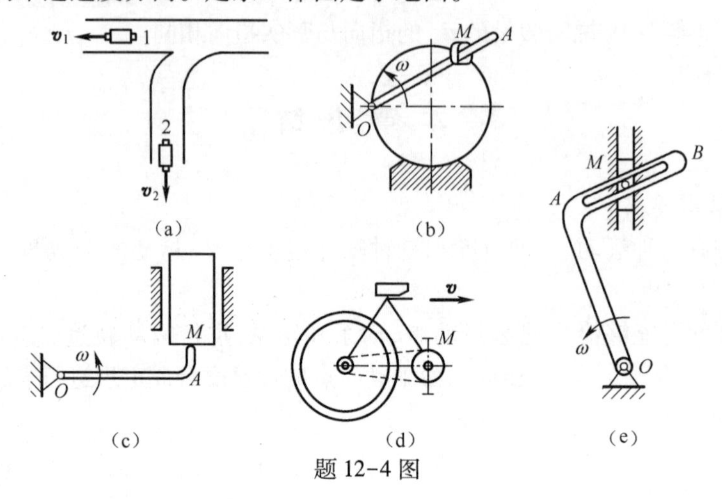

题 12-4 图

(1) 图(a)中动点是车 1,动系固连于车 2;

(2) 图(b)中动点是小环 M,动系固连于杆 OA;

(3) 图(c)中动点是 L 形杆的端点 M,动系固连于矩形滑块;

(4) 图(d)中动点是脚蹬 M,动系固连于自行车车架;

(5) 图(e)中动点是销钉 M,动系固连于 L 形杆 OAB。

12-5 一个沿着自动梯台阶自起点以相对速度 $v_1 = 1\text{m/s}$ 下降的老年人,走过了 $n_1 = 60$ 级台阶到达下降的终点,而另一个以相对速度 $v_2 = 2\text{m/s}$ 下降的青年人,则走过了 $n_2 = 80$ 级台阶。问此自动梯上自起点下至终点之间共有多少级台阶,它的速度等于多少?

12-6 裁纸机构如图所示。纸由传送带以速度 $\boldsymbol{v}_1$ 输送,裁刀固定在刀架 K 上,以速度 $\boldsymbol{v}_2$ 沿固定杆 AB 移动。设 $v_1 = 0.05\text{m/s}$, $v_2 = 0.13\text{m/s}$。欲使裁出的纸成为矩形,试求杆 AB 的安装角 φ 应为多少。

12-7 图示两种机构中,已知 $O_1O_2 = a = 20\text{cm}$, $\omega_1 = 3\text{rad/s}$。试求图示位置 O_2A 的角速度。

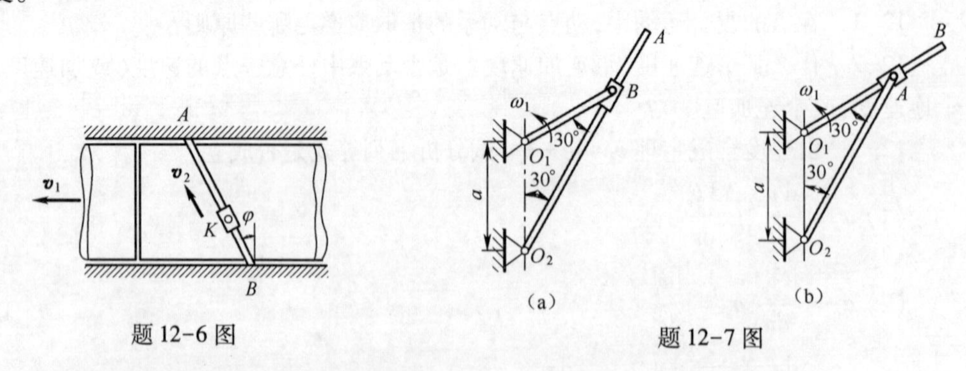

题 12-6 图　　　　题 12-7 图

12-8 水流在水轮机的入口处的绝对速度 $v_a = 15\text{m/s}$,并与铅垂线成 60° 角,如图所示。工作轮半径 $R = 2\text{m}$,转速 $n = 30\text{r/min}$。为避免水流与工作轮叶片相冲击,叶片应恰当地安装,以使水流对工作轮的相对速度与叶片相切。求在工作轮外缘处水流对工作轮的相对速度的大小和方向。

12-9 如图所示，摇杆 OC 绕 O 轴转动，通过固定在齿条 AB 上的销子 K 带动齿条平动，而齿条又带动半径为 $R = 10\text{cm}$ 的齿轮 D 绕固定轴 O_1 转动。如 $L = 40\text{cm}$，摇杆角速度 $\omega = 0.5\text{rad/s}$，求当 $\varphi = 30°$ 时齿轮的角速度。

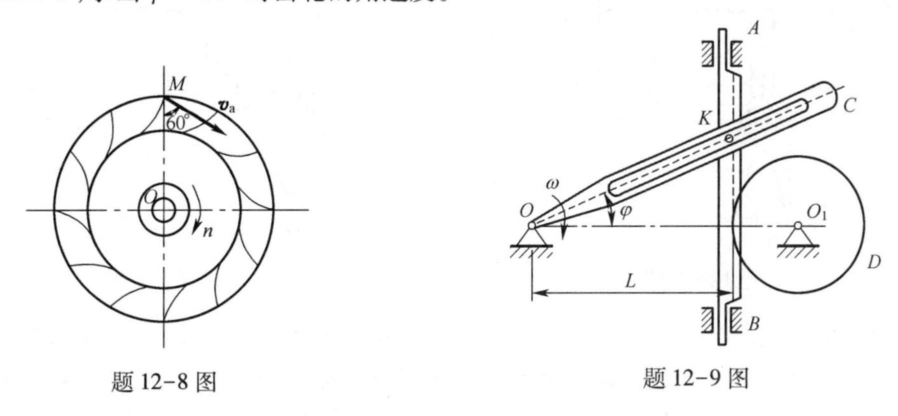

题 12-8 图　　题 12-9 图

12-10 杆 OA 长为 l，由推杆 BC 推动而在图平面内绕 O 轴转动，如图所示。试求杆端 A 的速度大小（表示为由推杆至 O 点距离 x 的函数）。假定推杆的速度为 $\boldsymbol{u}$，其弯头长为 a。

12-11 如图所示，摇杆机构的滑杆 AB 以等速 $\boldsymbol{u}$ 向上运动，初瞬时摇杆 OC 处于水平位置。摇杆长 $OC=a$，距离 $OD=L$。求当 $\varphi = \frac{\pi}{4}$ 时 C 点的速度大小。

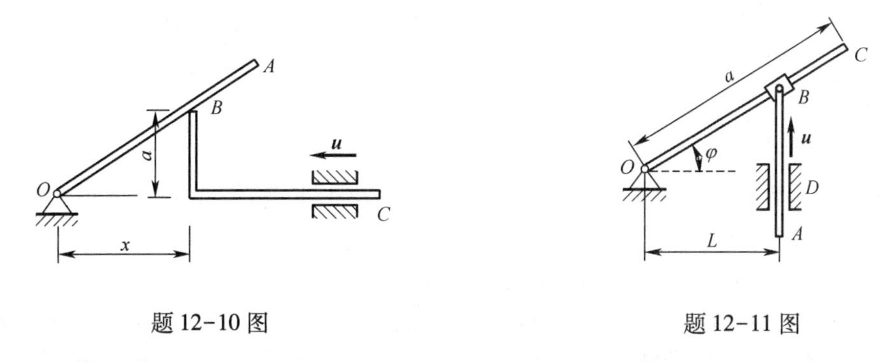

题 12-10 图　　题 12-11 图

12-12 图示塔式起重机的水平悬臂以匀角速度 ω 绕铅垂轴 OO_1 转动，同时跑车 A 带着重物 B 沿悬臂运动。如 $\omega = 0.1\text{rad/s}$，而跑车的运动规律为 $x = 20 - 0.5t$，其中 x 以 m 计，t 以 s 计，并且悬挂重物的钢索 AB 始终保持铅垂。求 $t = 10\text{s}$ 时，重物 B 的绝对速度。

12-13 设摇杆滑道机构的曲柄长 $OA = r$，以转速 n 绕 O 轴转动。在图示位置时，$O_1A = AB = 2r$，$\angle OAO_1 = \theta$，$\angle O_1BC = \beta$。求 BC 杆的速度。

12-14 矿砂从传送带 A 落到另一传送带 B 上，如图所示，其绝对速度为 $v_1 = 4\text{m/s}$，方向与铅垂线成 30° 角。设传送带 B 与水平面成 15° 角，其速度为 $v_2 = 2\text{m/s}$。求此时矿砂对于传送带 B 的相对速度。又当传送带 B 的速度为多大时，矿砂的相对速度才能与它垂直。

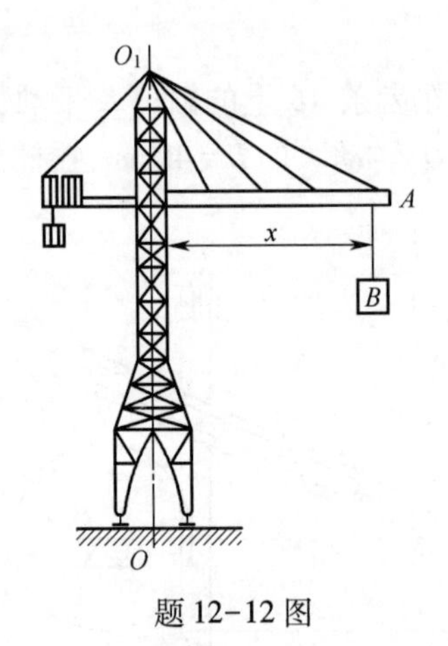

题 12-12 图

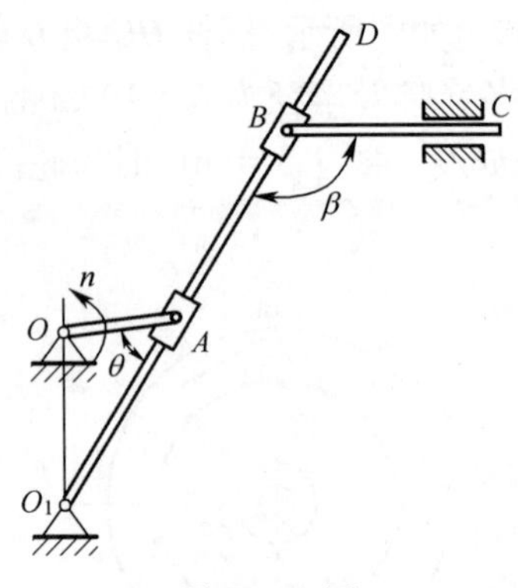

题 12-13 图

12-15 顶角为 60° 的圆锥以角速度 ω = 3rad/s 绕铅垂轴转动，铅垂轴以速度 v = 150mm/s 沿轴 Oy 向右移动，如图所示。点 M 以速度 v_r = 60mm/s 沿圆锥母线从顶点向底部运动。设某瞬时动点 M 在平面 Oyz 内与圆锥轴相距 h = 50mm，求此时动点 M 的绝对速度的大小。

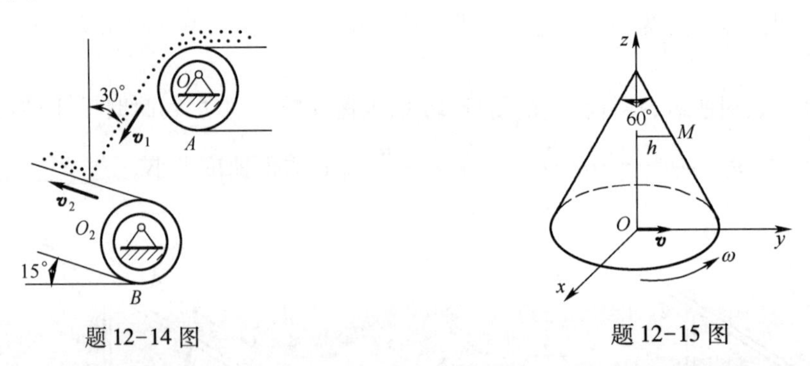

题 12-14 图　　题 12-15 图

12-16 图示曲柄滑道机构中，杆 BC 水平，而杆 DE 保持铅直。曲柄长 OA = 10cm，并以角速度 ω = 20rad/s 绕 O 轴匀速转动，通过滑块 A 带动 BC 杆作往复运动。试求当曲柄与水平线夹角 φ = 30° 时，杆 BC 的速度和加速度。

12-17 如图所示，曲柄长 OA = 40cm，以匀角速度 ω = 0.5rad/s 绕 O 轴转动。由曲柄 A 端推动水平板 D 而使滑杆 BC 沿铅直方向上升。求当曲柄与水平线夹角 φ = 30° 时，滑杆 BC 的速度和加速度。

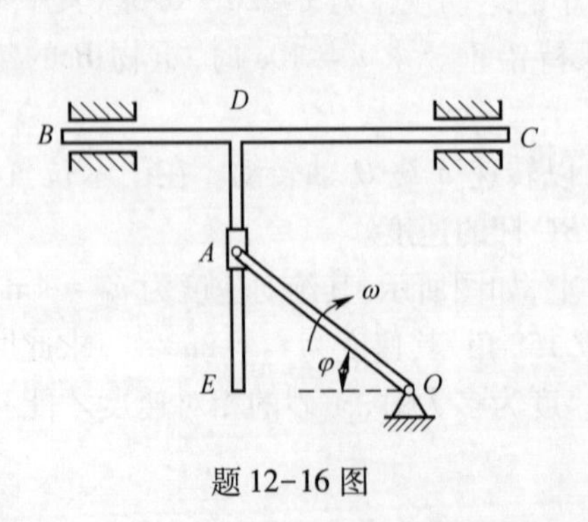

题 12-16 图

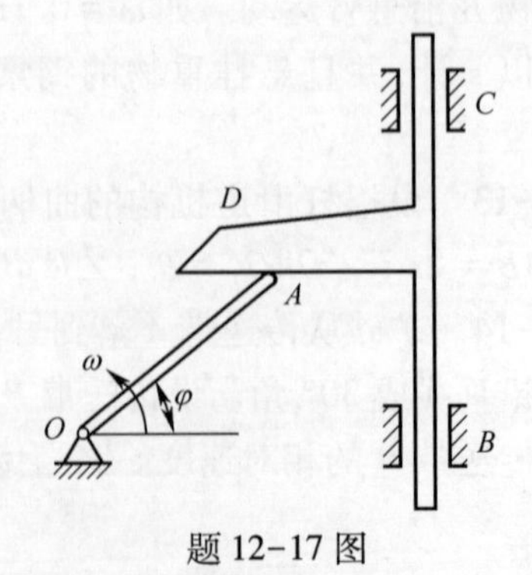

题 12-17 图

12-18 小车沿水平方向向右作加速运动,加速度 $a = 49.2\text{cm/s}^2$,在小车上有一轮绕 O 轴转动,转动规律 $\varphi = t^2$(t 以 s 计, φ 以 rad 计)。当 $t = 1\text{s}$ 时轮缘上点 A 的位置如图所示。若轮半径 $R = 20\text{cm}$,求此时点 A 的绝对加速度。

12-19 凸轮平底顶杆机构如图所示。偏心轮绕 O 轴转动,推动顶杆 AB 沿铅直导槽运动。设凸轮半径为 R,偏心距 $OC=e$,角速度 ω = 常量。试求 $\varphi = 30°$ 时顶杆的速度和加速度。

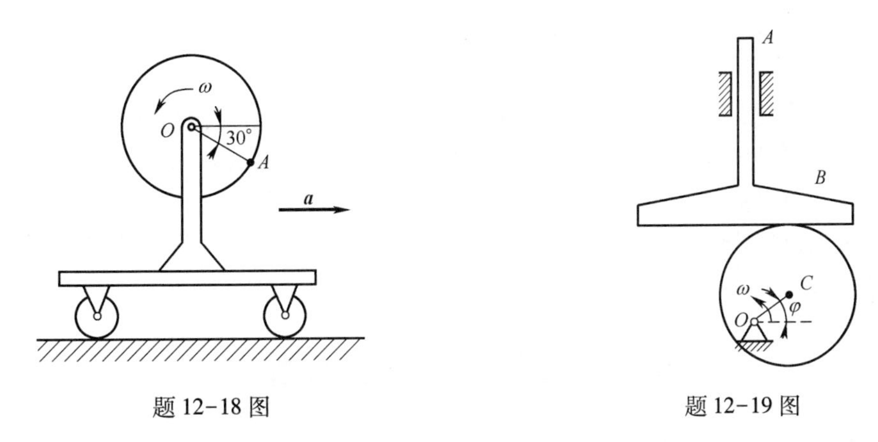

题 12-18 图　　题 12-19 图

12-20 三角块 M 以速度 $v = 100\text{mm/s}$ 向右作匀速运动,并通过圆轮轴 A 带动 AB 杆沿铅直方向运动,如图所示。试求 AB 杆的速度和加速度。

12-21 图示倾角 $\varphi = 30°$ 的尖劈以匀速 $v = 200\text{mm/s}$ 沿水平面向右运动,使杆 OB 绕定轴 O 转动,$r = 200\sqrt{3}\,\text{mm}$。求当 $\theta = \varphi$ 时,杆 OB 的角速度和角加速度。

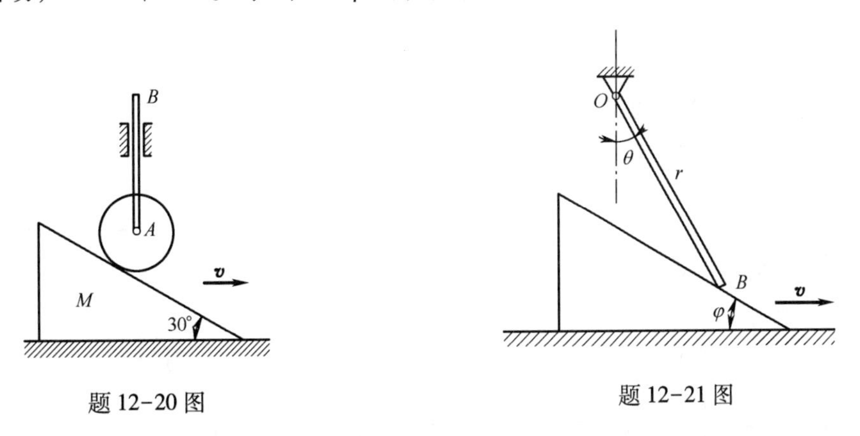

题 12-20 图　　题 12-21 图

第十三章 刚体的平面运动

在第十一章中讨论了刚体的平行移动和定轴转动是最常见的、最简单的刚体运动。刚体还可以有更复杂的运动形式，其中，刚体的平面运动是工程机械中较为常见的一种复杂的刚体运动，它可以看作平动与转动的合成。

本章将分析刚体平面运动的分解，平面运动刚体的角速度和角加速度，以及刚体上各点的速度和加速度。

13.1 刚体平面运动的分解

工程实际中很多部件的运动，如行星齿轮系中动齿轮 A 的运动(图 13.1)、曲柄连杆机构中连杆 AB 的运动(图 13.2)等，这些刚体的运动既不是平动，也不是定轴转动，但它们有一个共同的特点：即在运动中，刚体上任意一点与某一固定平面始终保持相等的距离。这种运动称为**刚体的平面运动**。可以看出，刚体作平面运动时，刚体上任意一点都在平行于某一固定平面的平面内运动，因此，可考虑将平面运动进行简化。

图 13.1

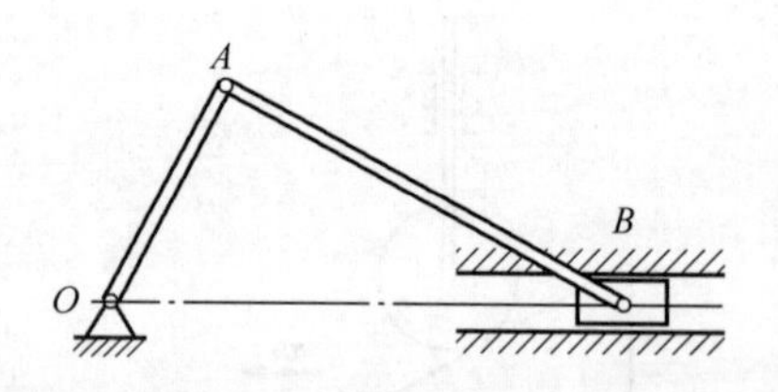

图 13.2

一般情况下，平面运动刚体上各点的运动轨迹具有不同的形状，因而在同一瞬时，其上各点的速度和加速度往往不相等，但刚体内任意一条垂直于固定平面的直线上的各点却具有相同的位移、速度和加速度。在图 13.3 中，刚体作平面运动，刚体内各点距固定平面Ⅰ的距离保持不变，作平行于固定平面Ⅰ的固定平面Ⅱ，其与刚体相交而截得平面图形 S。刚体运动时，平面图形 S 始终处在平面Ⅱ内。在刚体内作平面图形 S 的垂线 A_1A_2，显然 A_1A_2 作平动，因此，A_1A_2 与平面图形 S 的交点 A 的运动即可以代表线段 A_1A_2 的运动，平面图形的运动则可以代表整个刚体的运动，由此得到结论：刚体的平面运动，可简化为平面图形在其自身平面内的运动。

平面图形在其自身平面内的位置,可由图形内任意线段 $O'M$ 唯一地确定,如图 13.4 所示,而要确定线段 $O'M$ 的位置,只要确定其上 O' 点的位置和线段 $O'M$ 与固定坐标轴 Ox 的夹角 φ 即可。点 O' 的坐标和 φ 角都是时间的函数,即

$$\begin{cases} x_{O'} = f_1(t) \\ y_{O'} = f_2(t) \\ \varphi = f_3(t) \end{cases} \tag{13.1}$$

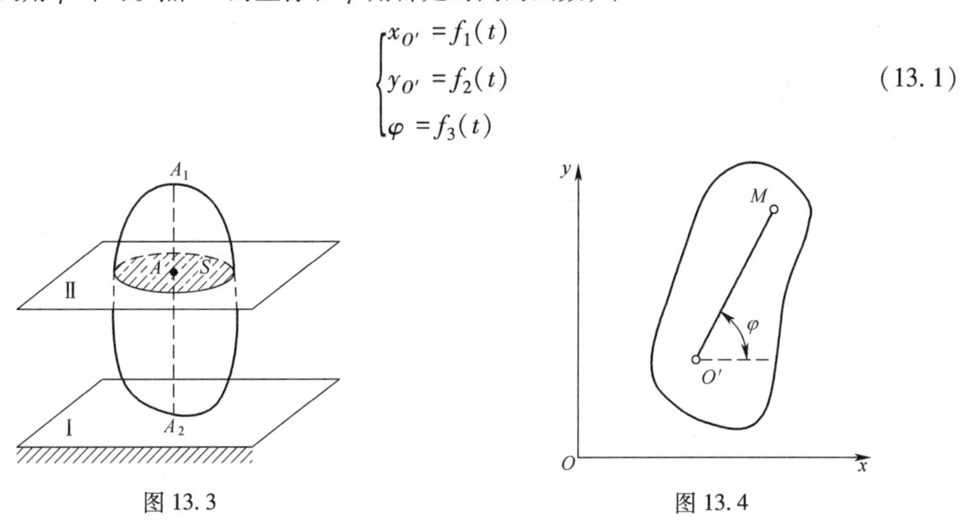

图 13.3　　　　图 13.4

式(13.1)即为平面图形的运动方程。

现在来分析平面图形的运动过程。在平面图形上任取线段 $O'M$,经过一段时间,平面图形运动到一个新的位置,线段 $O'M$ 随之运动到 $O''M''$ 位置,这一运动可以看作是分两步来完成:先使线段 $O'M$ 平行移动到 $O''M'$ 位置,然后再绕 O'' 转过一个夹角 $\angle M'O''M''$,最后达到 $O''M''$ 位置,如图 13.5 所示。因此,平面图形的运动可分解为平动和转动。即平面运动可视为平面图形的平动与绕某点转动的合成运动。

为了描述平面图形的运动,在图形所在平面内建立定参考系 Oxy,并在平面图形上任取一点 O',称为**基点**,以基点 O' 为坐标原点建立平动坐标系 $O'x'y'$,即在运动过程中,$O'x'$、$O'y'$ 轴始终与定轴 Ox、Oy 保持平行,如图 13.6 所示,于是,平面图形的运动可看作随基点的平动和绕基点的转动这两部分运动的合成。图 13.7 所示的曲柄连杆机构中,滑块作平动,曲柄 OA 绕定轴 O 转动,连杆 AB 作平面运动。若选点 A 为基点,在点 A 上建立一个平动参考系 $Ax'y'$,则杆 AB 的平面运动可以看作随基点 A 的平动与绕基点 A 的转动的合成。同样,可以选 B 点为基点,在滑块 B 上固结一个平动参考系 $Bx'_1y'_1$,杆 AB 的平面运动可以看作随基点 B 的平动和绕基点 B 的转动的合成。

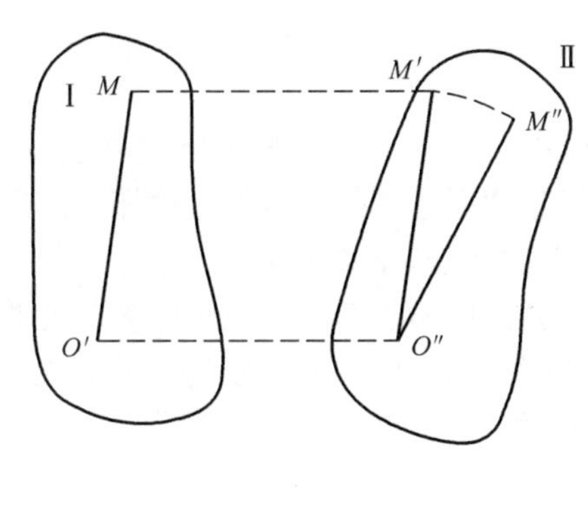

图 13.5

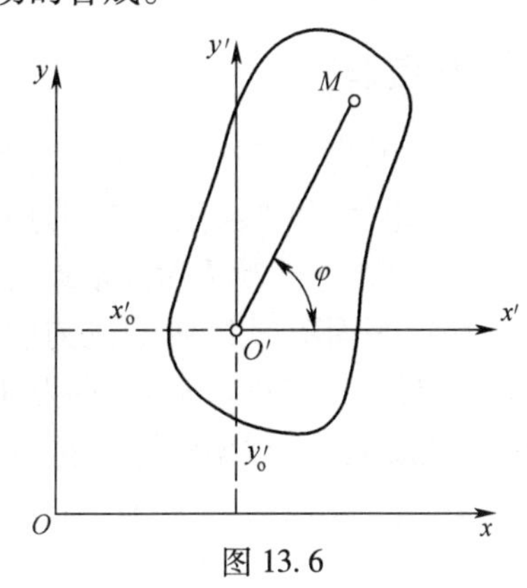

图 13.6

基点是平面图形上任选的一点，一般情况下，平面图形上各点的运动是不同的，图13.7中点 A 的运动是圆周运动，点 B 的运动是直线运动。因此，在平面图形上选取不同的基点，其动参考系的平动规律是不一样的，即平面图形随基点的平动与基点的选取是有关的。

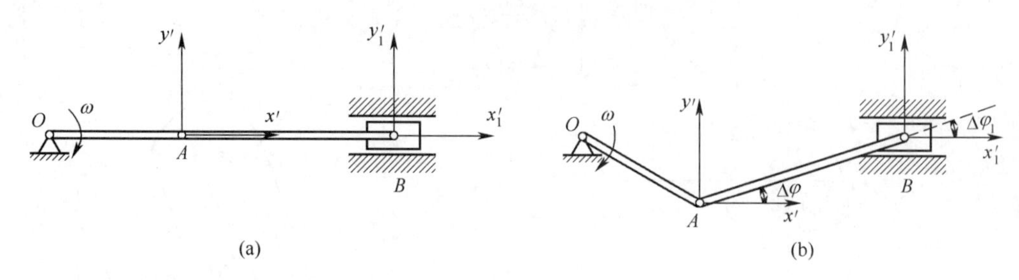

图13.7

而平面图形绕基点的转动则是另外的情形，连杆 AB 由图13.7(a)所示的位置经过时间间隔 Δt 运动到图13.7(b)所示的位置，无论选点 A 还是点 B 为基点，都向同一转向(逆时针)转过相同的转角，即

$$\Delta\varphi = \Delta\varphi_1$$

而

$$\omega = \frac{d\varphi}{dt}, \ \omega_1 = \frac{d\varphi_1}{dt}$$

$$\alpha = \frac{d\omega}{dt}, \quad \alpha_1 = \frac{d\omega_1}{dt}$$

故

$$\omega = \omega_1, \quad \alpha = \alpha_1$$

所以，在任一瞬时，平面图形绕任选基点转动的角速度和角加速度都相同，即平面图形的转动与基点的选取无关。这个与基点位置无关的角速度和角加速度，也称为**刚体平面运动的角速度和角加速度**。

13.2 平面运动图形上各点的速度

一、基点法

平面图形的运动既然可以分解为两种运动：①牵连运动，即平面图形随同基点 O' 的平动；②相对运动，即平面图形绕基点 O' 的转动，则平面图形内任一点的运动都可视为点的复合运动，其牵连运动为随同基点的平动，相对运动为绕基点的转动。

若某瞬时平面图形上 O' 点的速度 $\boldsymbol{v}_{O'}$ 和图形的角速度 ω 为已知(见图13.8)，求平面图形上任一点 M 的速度。选 O' 点为基点，因动参考系作平动，动系上各点的速度都等于基点 O' 的速度 $\boldsymbol{v}_{O'}$。根据牵连速度的定义，动点 M 的牵连速度就等于基点的速度 $\boldsymbol{v}_{O'}$。在动系上看，平面图形绕基点 O' 以瞬时角速度 ω 转动，相对轨迹为半径等于 $O'M$ 的圆周，M 点相对速度的大小为

$$\boldsymbol{v}_{MO'}=O'M\cdot\omega$$

其方向垂直于 $O'M$，指向与 ω 的转向一致。根据第十二章中点的速度合成定理,则 M 点的速度为

$$\boldsymbol{v}_M=\boldsymbol{v}_O{}'+\boldsymbol{v}_{MO'} \qquad (13.2)$$

于是得出结论:平面图形内任一点的速度等于基点的速度与该点随同平面图形绕基点转动的速度的矢量和。这种求速度的方法称为**基点法**,它是刚体平面运动速度分析的基本方法。基点可以任意选取,在求解实际问题时,常选取刚体内运动轨迹已知的点作为基点。

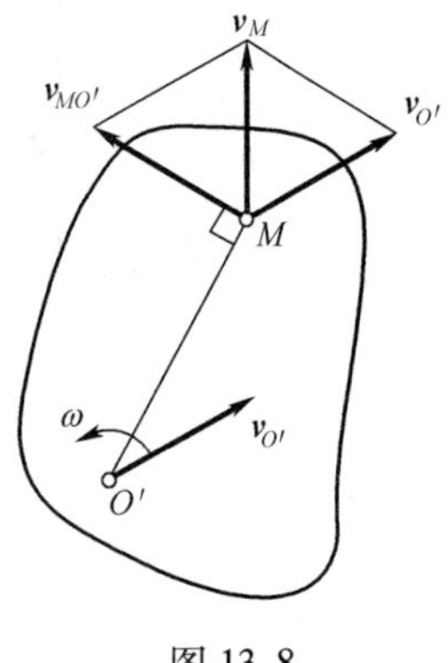

图 13.8

二、速度投影定理

如图 13.9 所示,A、B 为平面图形上的任意两点,如果以 A 点为基点,B 点的速度可写成如下形式

$$\boldsymbol{v}_B=\boldsymbol{v}_A+\boldsymbol{v}_{BA}$$

$\boldsymbol{v}_{BA}$表示 B 点相对于 A 点的速度,方向垂直于 AB。如将上式向 A、B 两点连线 AB 方向上投影,因$[\boldsymbol{v}_{BA}]_{AB}=0$, 则得

$$[\boldsymbol{v}_B]_{AB}=[\boldsymbol{v}_A]_{AB} \qquad (13.3)$$

这就是**速度投影定理**:同一平面图形上任意两点的速度,在这两点连线上的投影相等。它的物理解释是:因 A、B 是刚体上的两点,它们之间的距离应始终保持不变,两点的速度在 AB 方向上的分量必须相等,它反映了刚体上任意两点间距离保持不变的特性,因此,这个定理不仅适用于刚体作平面运动,也适用于刚体作其他运动。

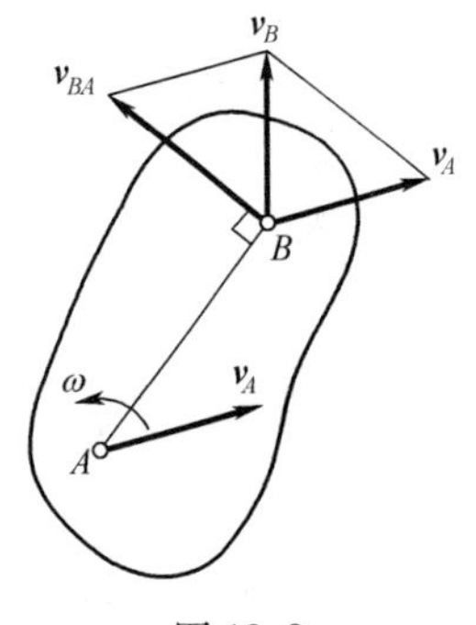

图 13.9

如果已知图形内一点 A 的速度 $\boldsymbol{v}_A$ 的大小和方向,又知道另一点 B 的速度 $\boldsymbol{v}_B$ 的方向,利用速度投影定理即可求出 $\boldsymbol{v}_B$ 的大小。这种求速度的方法称为**速度投影法**。

例 13.1 如图(a)所示椭圆规机构中,已知连杆 AB 的长度 l=20cm,滑块 A 的速度为 v_A=10cm/s,试求连杆与水平方向夹角为 30°时,滑块 B 和连杆中点 M 的速度。

解:连杆 AB 作平面运动,以 A 点为基点,B 点的速度为

$$\boldsymbol{v}_B=\boldsymbol{v}_A+\boldsymbol{v}_{BA}$$

式中,$\boldsymbol{v}_A$ 是已知的,$\boldsymbol{v}_{BA}$垂直于杆 AB, 又 $\boldsymbol{v}_B$ 是沿铅垂方向向上,以 $\boldsymbol{v}_A$ 和 $\boldsymbol{v}_{BA}$ 为边在 B 点处作速度平行四边形, $\boldsymbol{v}_B$ 必须在其对角线上,方向如图(a)所示。$\boldsymbol{v}_B$ 以及 $\boldsymbol{v}_{BA}$ 的大小分别为

$$v_B=v_A\cot 30°=10\sqrt{3}\ \text{cm/s}$$

$$v_{BA}=\frac{v_A}{\sin 30°}=20\ \text{cm/s}$$

连杆 AB 的角速度为

$$\omega_{AB}=\frac{v_{BA}}{l}=1\ \text{rad/s}$$

以 A 为基点,则 M 点的速度为

$$\boldsymbol{v}_M=\boldsymbol{v}_A+\boldsymbol{v}_{MA}$$

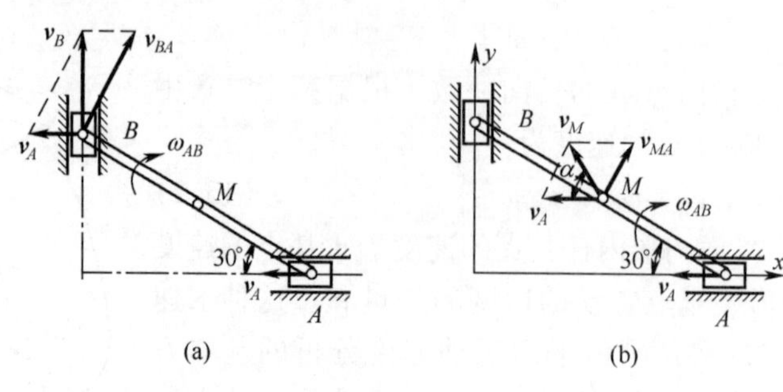

例 13.1 图

式中，$\boldsymbol{v}_A$ 是已知的，$\boldsymbol{v}_{MA}$ 垂直于杆 AB，以 $\boldsymbol{v}_A$ 和 $\boldsymbol{v}_{MA}$ 为边在 M 点处作速度平行四边形，$\boldsymbol{v}_M$ 必须在其对角线上，方向如图(b)所示。将各矢量投影到坐标轴上有

$$x\text{ 轴}: -v_M\cos\alpha = -v_A + v_{MA}\sin 30°$$

$$y\text{ 轴}: v_M\sin\alpha = v_{MA}\cos 30°$$

得 M 点的速度大小和方向为

$$v_M = 10\text{cm/s},\quad \alpha = 60°$$

求滑块 B 的速度时也可用投影法方便得出，由速度投影定理 .

$$[\boldsymbol{v}_B]_{AB} = [\boldsymbol{v}_A]_{AB}$$

$$v_A\cos 30° = v_B\cos 60°$$

$$v_B = 10\sqrt{3}\,\text{cm/s}$$

所得结果相同。

三、速度瞬心法

如果在任一瞬时 t，平面运动图形上(或在其延伸部分)存在一点 A，该瞬时此点的速度为零，以此点为基点来分析其他点的速度，根据基点法(式 13.2)可知$\boldsymbol{v}_B=\boldsymbol{v}_{BA}$，即 B 点的速度就等于 B 点绕基点 A 的转动速度。由于 B 点的任意性，可知平面运动图形上所有点的速度就等于绕基点 A 转动的速度，大小等于点到基点的距离乘以平面图形的角速度。因此，平面图形上点的速度分布状况与定轴转动刚体上点的速度分布状况类似，计算速度就变得非常简单。那么，这样的点是否存在？如果存在，唯一吗？如果存在且唯一，又如何确定它在图形上的位置呢？

定理 一般情况下($\omega \neq 0$)，在任一瞬时，平面图形内都唯一地存在一个速度为零的点。

证明 设平面图形 S 在某瞬时以角速度 ω 转动，已知 A 点的速度为$\boldsymbol{v}_A$，如图 13.10 所示。若 A 点为基点，$\boldsymbol{v}_A$的垂线 AN 上任一点 M 的速度为

$$\boldsymbol{v}_M = \boldsymbol{v}_A + \boldsymbol{v}_{MA}$$

由图中看出，$\boldsymbol{v}_A$与$\boldsymbol{v}_{MA}$ 在同一直线上，且方向相反，如果在 AN 上取一点 C，且使 $AC = v_A/\omega$ ，那么 C 点的速度大小为

$$v_C = v_A - AC\cdot\omega = 0$$

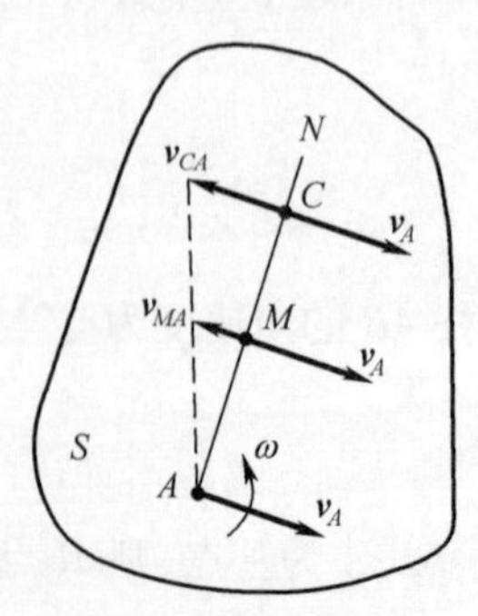

图 13.10

即：在任一瞬时，只要 $\omega \neq 0$，则平面图形内必定唯一地存在着

速度为零的点。这个速度为零的点称为**瞬时速度中心**,或简称为**瞬心**。定理得证。

若以瞬心为基点,则平面图形(图 13.11(a))内各点的速度为

$$\boldsymbol{v}_A = \boldsymbol{v}_{AC}$$

$$\boldsymbol{v}_B = \boldsymbol{v}_{BC}$$

$$\boldsymbol{v}_D = \boldsymbol{v}_{DC}$$

而各点速度的大小为

$$v_A = v_{AC} = \omega \cdot AC$$

$$v_B = v_{BC} = \omega \cdot BC$$

$$v_D = v_{DC} = \omega \cdot DC$$

与绕定轴转动刚体上各点的速度分布是相似的(图 13.11(b))。于是平面图形的运动可以看作绕速度瞬心的瞬时转动。由此得出结论:平面图形内任一点的速度等于该点随图形绕瞬心转动的速度。这种求速度的方法称为**瞬心法**。

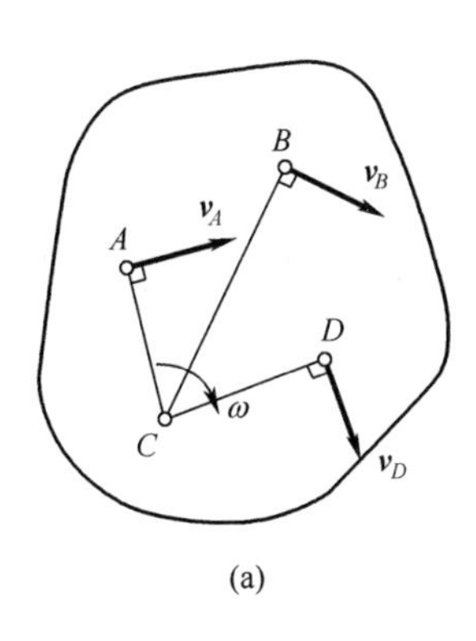

(a)

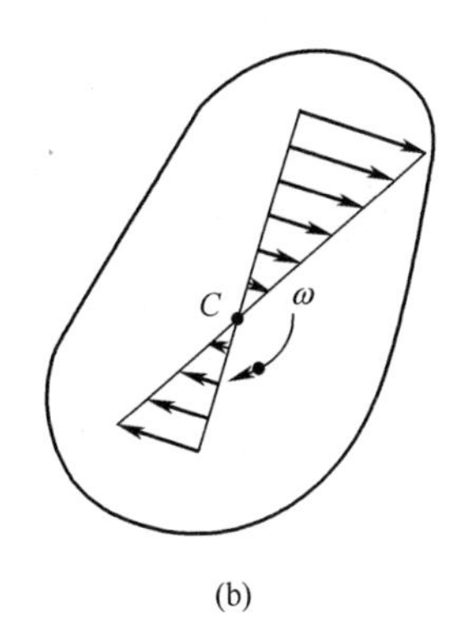

(b)

图 13.11

确定瞬心位置是应用瞬心法求平面图形各点速度的前提, 下面介绍几种求瞬心的方法。

(1) 当平面图形沿一固定表面作无滑动的滚动时,如图 13.12所示,图形与固定面的接触点 C 的速度为零,则该点就是图形的瞬心。

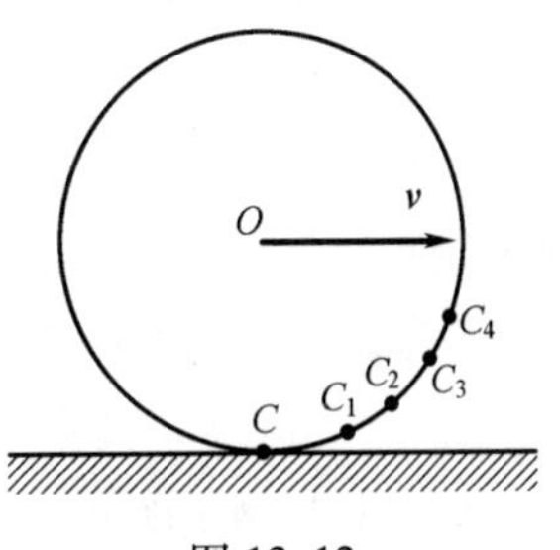

图 13.12

(2) 已知平面图形内任意两点 A、B 的速度的方向,如图 13.11(a),瞬心 C 必在过各点所作速度矢垂线的交点上。

(3) 已知图形内两点 A、B 的速度 $\boldsymbol{v}_A$、$\boldsymbol{v}_B$ 相互平行,且垂直于两点的连线 AB,瞬心必定在直线 AB 与速度 $\boldsymbol{v}_A$、$\boldsymbol{v}_B$ 矢端连线的交点 C 上(图 13.13(a)、(b))。

(4) 某瞬时,图形上 A、B 两点的速度方向相同,且不垂直于两点的连线 AB,如图 13.14 所示,则图形的瞬心在无穷远处。根据速度投影定理,该瞬时图形内各点的速度相等,即 $\boldsymbol{v}_A = \boldsymbol{v}_B$, 其角速度为零。图形上各点的速度分布如同图形作平动时一样,故称其为**瞬时平动**。特别注意,虽然该瞬时图形内各点的速度相同,但加速度不同。

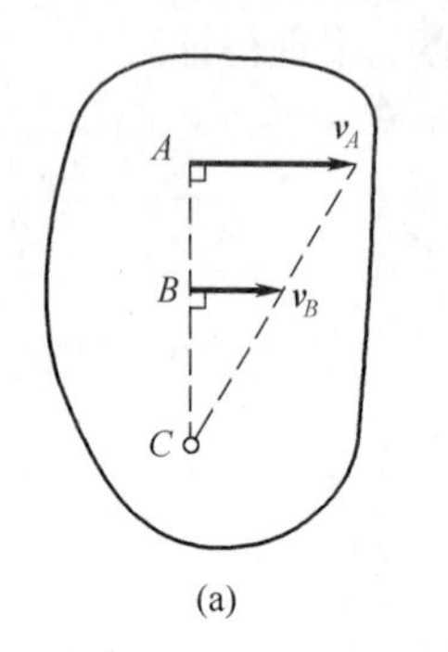

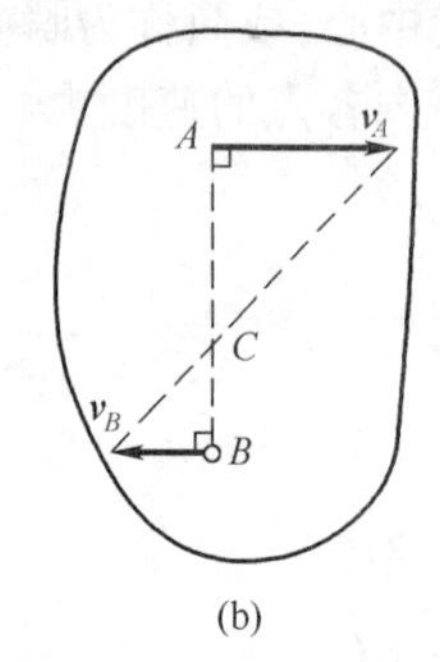

图 13.13

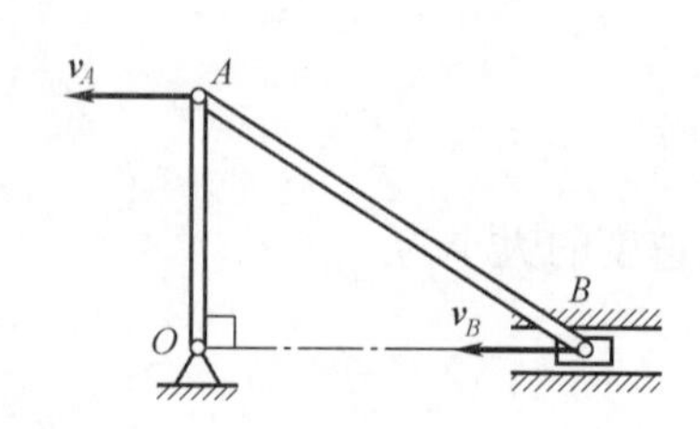

图 13.14

必须指出,瞬心在图形内的位置不是固定的,而是随时间发生改变,在不同瞬时,平面图形的瞬心位置不同。如图 13.12 所示,当车轮沿车轨作纯滚动时,接触点 C 就是瞬心,随着车轮的向前滚动,车轮上与固定面的接触点沿轮缘不断地变动着。另外,瞬心只是在这一瞬时的速度为零,而它的加速度一般不为零。

例 13.2 采用速度瞬心法求解例 13.1。

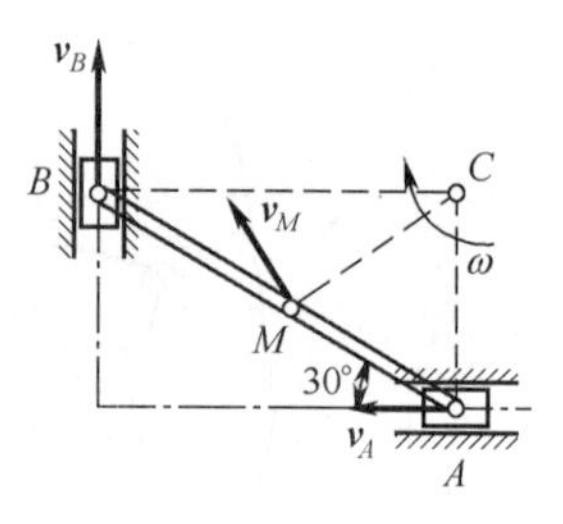

例 13.2 图

解:机构中只有杆 AB 作平面运动,B 点的速度$\boldsymbol{v}_B$沿 y 轴的正向,过 A、B 两点分别作 $\boldsymbol{v}_A$、$\boldsymbol{v}_B$ 的垂线交于 C 点,则 C 点为该瞬时杆 AB 的瞬心,如图所示。因为 $v_A = \omega_{AB} \cdot AC$, 求得

$$\omega = \frac{v_A}{AC} = \frac{v_A}{l\sin 30°} = 1\text{rad/s}$$

由 $\boldsymbol{v}_A$的指向断定 ω 是顺时针转向。

B 点的速度为

$$v_B = \omega \cdot BC = \omega \cdot l\cos 30° = 10\sqrt{3}\,(\text{cm/s})$$

杆中点 M 的速度为

$$v_M = \omega \cdot MC = \omega \cdot \frac{l}{2} = 10\,(\text{cm/s})$$

它的方向垂直于 CM, 指向与杆 AB 的转向一致。通过比较,采用速度瞬心法求解速度将更加方便简洁。

例 13.3 火车车厢的轮子沿直线轨道滚动而无滑动,如图所示,已知轮心 O 的速度为 $\boldsymbol{v}_O$ 及车轮的半径 R、r,求 A_1、A_2、A_3、A_4 各点的速度。其中 A_2、O、A_4 三点在同一水平线上,A_1、O、A_3 三点在同一铅直线上。

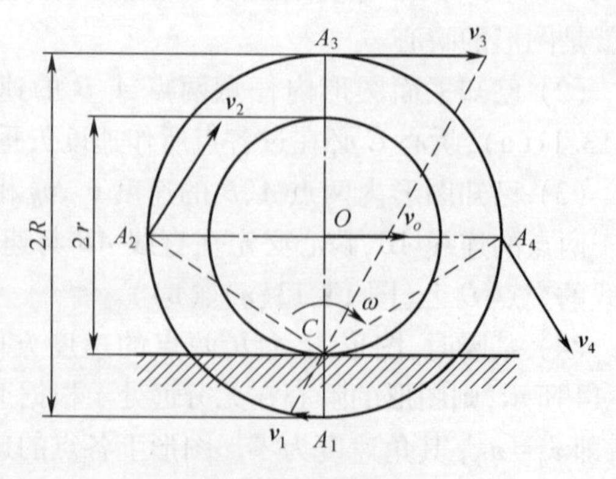

例 13.3 图

解:因车轮只滚不滑,车轮与轨道的接触点 C 即为车轮的瞬心。设车轮的角速度为 ω,因 $v_O = r\omega$, 从而求得车轮的角速度

$$\omega = \frac{v_O}{r}$$

求得各点的速度为

$$v_1 = A_1C \cdot \omega = \frac{R - r}{r}v_O$$

$$v_2 = A_2C \cdot \omega = \frac{\sqrt{R^2 + r^2}}{r}v_O$$

$$v_3 = A_3C \cdot \omega = \frac{R + r}{r}v_O$$

$$v_4 = A_4C \cdot \omega = \frac{\sqrt{R^2 + r^2}}{r}v_O$$

它们的方向分别垂直于相应的线段 A_1C、A_2C、A_3C、A_4C，指向与 ω 的转向一致，如例 13.3 图所示。

13.3 平面运动图形上各点的加速度

因为平面图形的运动可以分解为随同基点 A 的平动(牵连运动)和绕基点的转动(相对运动)，如图 13.15 所示，平面图形内任一点 B 的加速度可以应用牵连运动为平动时点的加速度合成定理求出，故 B 点的加速度等于牵连加速度与相对加速度的矢量和。即

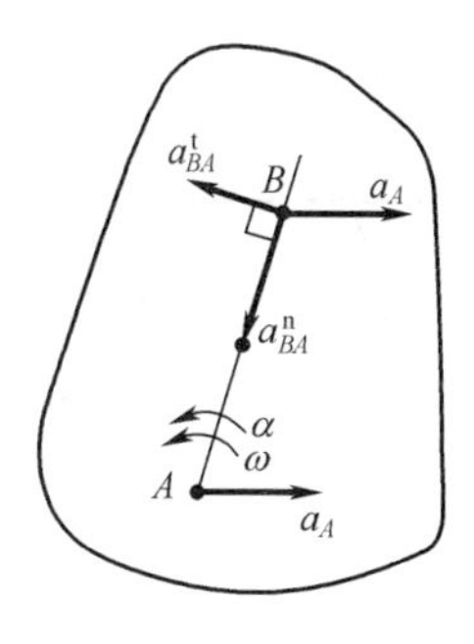

图 13.15

$$\boldsymbol{a}_B = \boldsymbol{a}_e + \boldsymbol{a}_r$$

由于牵连运动为平动，B 点的牵连加速度就等于基点 A 的加速度，即 $\boldsymbol{a}_e = \boldsymbol{a}_A$，$B$ 点的相对加速度 $\boldsymbol{a}_r$ 是它绕基点作圆周运动的加速度，可用 $\boldsymbol{a}_{BA}$ 表示，设已知图形的角速度 ω 和角加速度 α 的大小和转向，则 $\boldsymbol{a}_{BA}$ 可分解为切向加速度 $\boldsymbol{a}_{BA}^{t}$ 和法向加速度 $\boldsymbol{a}_{BA}^{n}$ 它们的大小分别为

$$\begin{cases} a_{BA}^{t} = AB \cdot \alpha \\ a_{BA}^{n} = AB \cdot \omega^2 \end{cases} \tag{13.4}$$

$\boldsymbol{a}_{BA}^{t}$ 的方向垂直于 AB 并与 α 的转向一致，而 $\boldsymbol{a}_{BA}^{n}$ 的方向总是指向基点 A。于是，可得平面图形内任一点 B 的加速度公式。

$$\boldsymbol{a}_B = \boldsymbol{a}_A + \boldsymbol{a}_{BA}^{t} + \boldsymbol{a}_{BA}^{n} \tag{13.5}$$

即：平面图形内任一点的加速度等于基点的加速度与该点随图形绕基点转动的切向加速度和法向加速度的矢量和。式(13.5)为一平面矢量方程，通常可以向两个相交的坐标轴投影，得到两个代数方程，用以求解两个未知量。

例 13.4 在图所示的四连杆机构中，曲柄 $OA = O_1B = r$，连杆 AB 长为 $2r$。曲柄 OA 以角速度 ω 逆时针转动，当 OA 与摆杆 O_1B 垂直时，O 在 O_1B 的延长线上，且$\angle ABO_1 = 30°$。试求该瞬时连杆 AB 和摆杆 O_1B 的角加速度。

解：连杆 AB 作平面运动，为求 AB 与 O_1B 的角加速度，必先求出 AB 的角速度，由结

构特点有，$v_A \perp OA$，$v_B \perp OB$，图示瞬时 AB 的瞬心在 OA 与 O_1B 的交点上，恰与 O 点重合。于是杆 AB 的角速度为

$$\omega_{AB} = \frac{v_A}{OA} = \omega$$

B 点是 AB 上的一点，其速度为

$$v_B = OB \cdot \omega_{AB} = \sqrt{3} r\omega$$

而 B 点也是 O_1B 上的一点，所以 O_1B 杆的角速度为

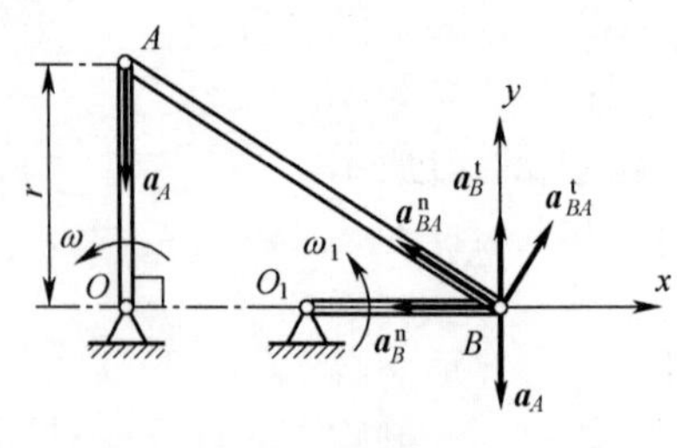

例 13.4 图

$$\omega_1 = \frac{v_B}{O_1B} = \frac{\sqrt{3} r\omega}{r} = \sqrt{3}\omega$$

取 A 点作基点，分析 B 点的加速度。B 点的轨迹是以 O_1B 为半径的圆周。它的加速度有切向和法向两个分量。应用式(13.5)，B 点的加速度为

$$\boldsymbol{a}_B^t + \boldsymbol{a}_B^n = \boldsymbol{a}_A + \boldsymbol{a}_{BA}^t + \boldsymbol{a}_{BA}^n$$

式中各分量情况列表说明如下：

	$\boldsymbol{a}_B^t$	$\boldsymbol{a}_B^n$	$\boldsymbol{a}_A$	$\boldsymbol{a}_{BA}^t$	$\boldsymbol{a}_{BA}^n$
方向	$\perp O_1B$	指向 O_1 点	铅直向下	$\perp AB$	指向基点 A
大小	?	$r\omega_1^2 = 3r\omega^2$	$r\omega^2$	?	$AB \cdot \omega_{AB}^2 = 2r\omega^2$

在 B 点作加速度矢量图，其中指向未知的按图所示方向假设，应用矢量投影定理，将上式向 Ox 轴投影，得到

$$-a_B^n = a_{BA}^t \cos 60° - a_{BA}^n \cos 30°$$

解得

$$a_{BA}^t = \frac{1}{\cos 60°}(2r\omega^2 \cos 30° - 3r\omega^2) = -2.536 r\omega^2$$

于是

$$\alpha_{AB} = \frac{a_{BA}^t}{BA} = -1.268 r\omega^2$$

a_{BA}^t 得负值，说明相对切向加速度的方向与图示指向相反，AB 杆的角加速度应为顺时针转向。

为求杆 O_1B 的角加速度 α_1，将上式再向 Oy 轴投影，得到

$$a_B^t = -a_A + a_{BA}^t \cos 30° + a_{BA}^n \cos 60°$$

解得

$$a_B^t = -r\omega^2 - 2.536 \times \frac{\sqrt{3}}{2} r\omega^2 + 2r\omega^2 \times \frac{1}{2} = -2.196 r\omega^2$$

于是

$$\alpha_1 = \frac{a_B^t}{O_1B} = -2.196\omega^2$$

负号说明 a_B^t 的指向与图示假设相反,所以 O_1B 杆的角加速度也应为顺时针转向。

例 13.5 车轮沿直线轨道滚动。已知车轮的半径为 R,轮心 O 的速度为 $\boldsymbol{v}_O$,加速度为 $\boldsymbol{a}_O$,如图(a)所示。设车轮与地面接触无相对滑动。求在图示瞬时车轮上瞬心 C 的加速度。

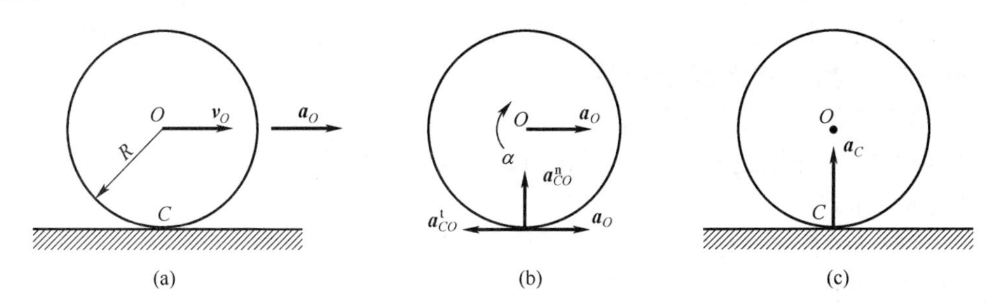

例 13.5 图

解:因 C 点是瞬心,车轮的角速度为

$$\omega = \frac{v_O}{R}$$

车轮的角加速度等于角速度对时间的一阶导数,即

$$\alpha = \frac{\mathrm{d}\omega}{\mathrm{d}t} = \frac{d}{\mathrm{d}t}\left(\frac{v_O}{R}\right) = \frac{1}{R}\frac{\mathrm{d}v_O}{\mathrm{d}t}$$

式中,R 为常量,轮心 O 作直线运动,所以它的速度对时间的一阶导数等于这一点的加速度,即

$$\frac{\mathrm{d}v_O}{\mathrm{d}t} = a_O$$

于是

$$\alpha = \frac{a_O}{R}$$

ω 和 α 的转向应由 $\boldsymbol{v}_O$ 和 $\boldsymbol{a}_O$ 的指向决定,都是顺时针方向。车轮作平面运动,取轮心 O 为基点,则 C 点的加速度为

$$\boldsymbol{a}_C = \boldsymbol{a}_O + \boldsymbol{a}_{CO}^t + \boldsymbol{a}_{CO}^n$$

式中

$$a_{CO}^t = R\alpha = a_O$$

$$a_{CO}^n = R\omega^2 = \frac{v_O^2}{R}$$

它们的指向如图(b)所示。由于 $\boldsymbol{a}_O$ 和 $\boldsymbol{a}_{CO}^t$ 大小相等、方向相反,于是

$$\boldsymbol{a}_C = \boldsymbol{a}_{CO}^n$$

由此可知,速度瞬心 C 的加速度不为零。当车轮中心作直线运动时,瞬心 C 的加速度始终指向轮心 O,如图(c)所示,必须注意,既然速度瞬心的加速度不为零,切不可将瞬心作为定轴转动中心来求图形内其他各点的加速度。

本 章 小 结

一、本章基本要求

1. 理解刚体平面运动的特征,掌握研究平面运动的方法(运动的合成与分解),能够正确地判断机构中作平面运动的刚体。

2. 熟练掌握基点法、速度瞬心法和速度投影定理及其应用。

3. 熟练应用基点法分析平面运动图形内一点的加速度。

二、本章重点

1. 以运动的分解与合成为出发点,研究求平面运动图形上各点的速度和加速度的基点法,明确速度投影定理和瞬心法是从基点法推导而来。

2. 掌握合矢量投影定理。

三、本章难点

1. 速度瞬心的概念及求法。

2. 刚体平面运动中转动的规律与基点的选取无关以及转动角速度和角加速度的求解。

3. 用基点法分析平面运动图形上一点的加速度。

四、学习建议

1. 采用对比的方法,将平面运动的分解与点的运动分解对比,瞬时平动与平动,瞬时转动与定轴转动对比,加深对基本概念的理解。

2. 对于平面运动刚体任一点的速度求解,要清楚三种方法的特点和联系以及适合求解的问题,重点为瞬心法。

3. 对于平面运动刚体任一点的加速度求解,要明确各项加速度的物理意义,正确判断其大小、方向,并采用解析法进行求解。

习　　题

13-1 杆 AB 的 A 端沿水平线以等速 v 运动,在运动时杆恒与一半圆周相切,半圆周半径为 R,如图所示。如杆与水平线的夹角为 θ,试以角 θ 表示杆的角速度。

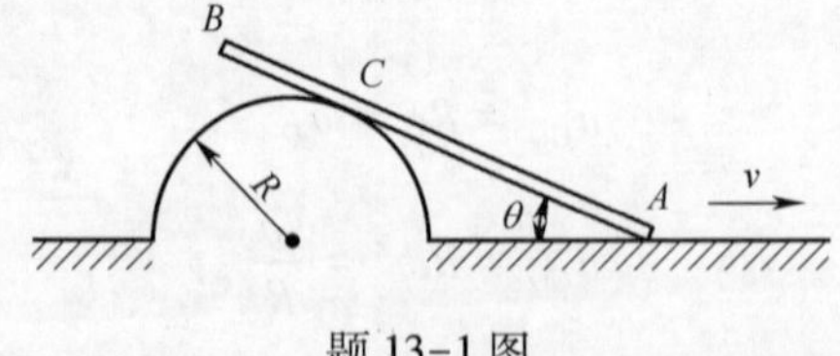

题 13-1 图

13-2 图示相互平行的两齿条以速度 $\boldsymbol{v}_1$、$\boldsymbol{v}_2$ 作同方向运动,两齿条间夹一半径为 r 的匹配齿轮,求齿轮的角速度及其中心 O 的速度。

13-3 四连杆机构如图所示,在连杆 AB 上固连一块三角板 ABD,机构由曲柄 O_1A 带动。已知 $\omega_{O_1A}=2\text{rad/s}$,$O_1A=10\text{cm}$,$O_1O_2=AD=5\text{cm}$;当 O_1A 铅直时,$AB//O_1O_2$,AD 与

AO_1共线；$\varphi=30°$。求三角板 ABD 的角速度和点 D 的速度。

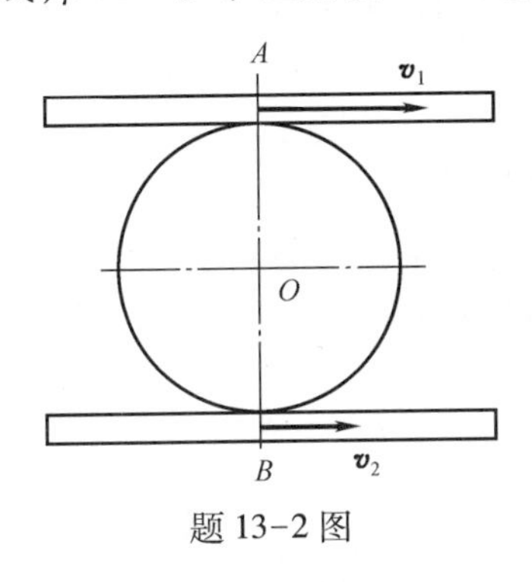

题 13-2 图

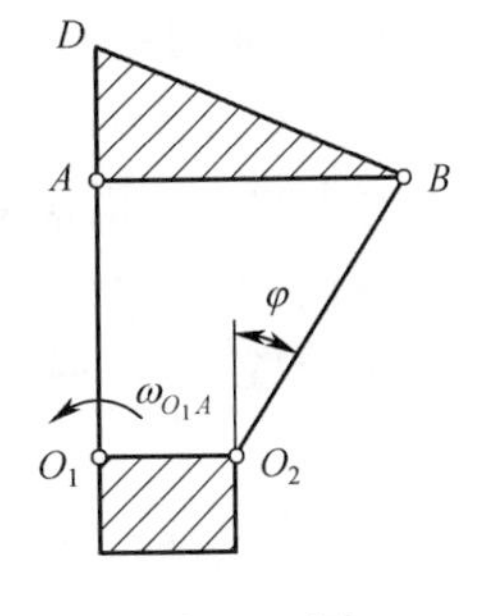

题 13-3 图

13-4 双曲柄连杆机构如图所示，主动曲柄 OA 与从动曲柄 OD 绕同轴 O 转动。已知 $\omega_0=12\text{rad/s}$，$OA=10\text{cm}$，$OD=BE=12\text{cm}$，$AB=26\text{cm}$，$DE=12\sqrt{3}\ \text{cm}$。求曲柄 OA 铅直向上时从动曲柄 OD 和连杆 DE 的角速度。

13-5 图示机构中，已知 $OA=10\text{cm}$，$BD=10\text{cm}$，$DE=10\text{cm}$，$EF=10\sqrt{3}\ \text{cm}$，$\omega_{OA}=4\text{rad/s}$ 图示瞬时，$OA\perp OB$，$DE\perp EF$，且 B、D、F 三点在同一铅直线上。求杆 EF 的角速度和点 F 的速度。

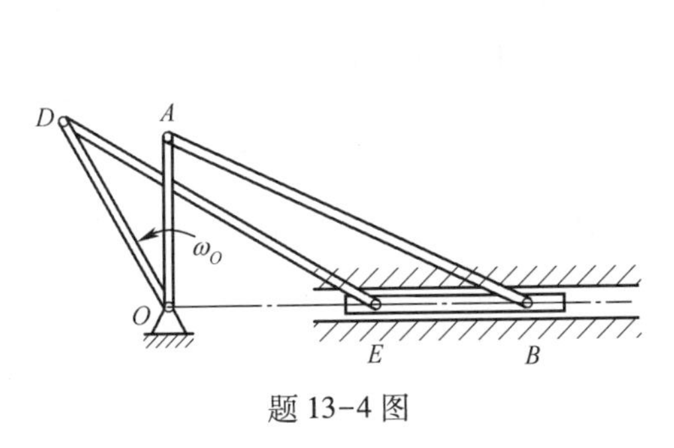

题 13-4 图

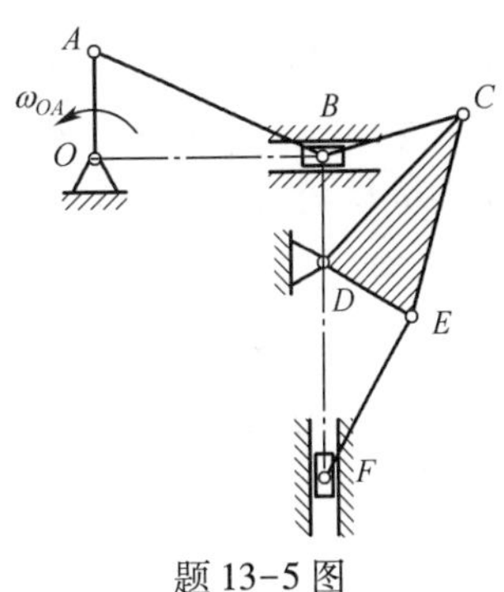

题 13-5 图

13-6 两轮半径均为 r，轮心分别为 A、B，两轮用连杆 BC 联结。设 A 轮中心的速度为 $\boldsymbol{v}_A$，方向水平向右，并且两轮与地面间均无相对滑动。求当 $\beta=0°$ 及 $90°$ 时，B 轮中心的速度 $\boldsymbol{v}_B$。

13-7 如图所示，轮 O 在水平面上作纯滚动，轮缘上固连销钉 B，此销钉在摇杆 O_1A 的导槽内滑动，并带动摇杆绕 O_1 轴转动。已知：轮心的半径 $R=0.5\text{m}$；图示瞬时，AO_1 是轮的切线；轮心的速度 $v_0=20\text{cm/s}$；摇杆与水平面夹角为 $60°$。求摇杆在该瞬时的角速度。

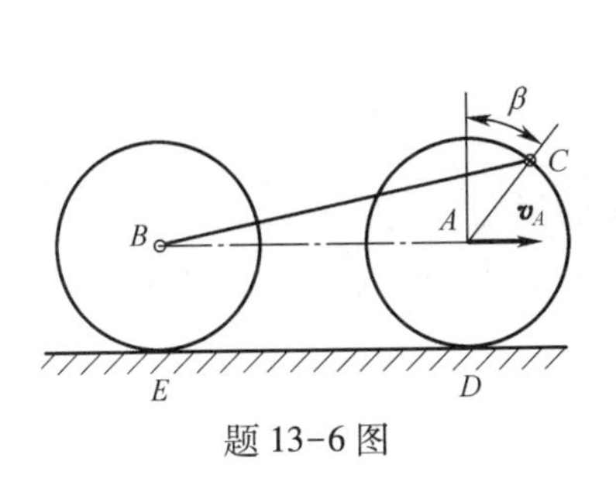

题 13-6 图

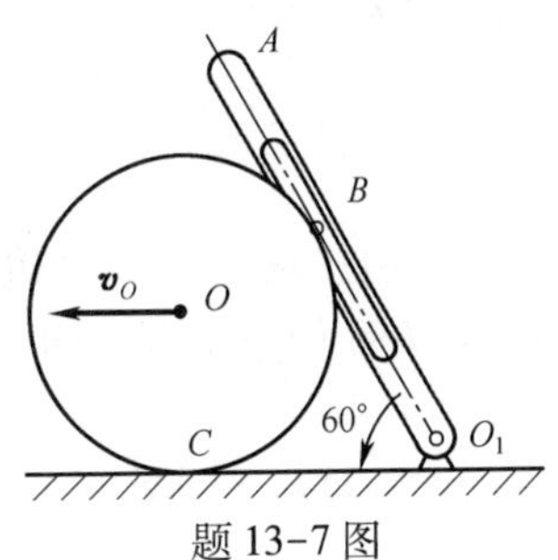

题 13-7 图

13-8 为使货车车厢减速，在轨道上装有液压减速顶，如图所示。车轮滚过时将压下减速顶的顶帽 AB 而消耗能量，降低速度。如轮心速度为 v，试求 AB 下降速度和 A 点相对于轮子的滑动速度与 φ 的关系（设轮与轨道之间无滑动）。

13-9 图示曲柄连杆机构带动摇杆 O_1C 绕 O_1 轴转动。在连杆 AB 上装有两个滑块，滑块 B 在水平槽内滑动，而 D 则在摇杆 O_1C 的槽内滑动。已知：曲柄 $OA = 5\text{cm}$，$\omega = 10\text{rad/s}$；图示瞬时 OA 与水平线成直角，O_1C 与水平夹角为 60°；$O_1D = 7\text{cm}$，求摇杆的角速度。

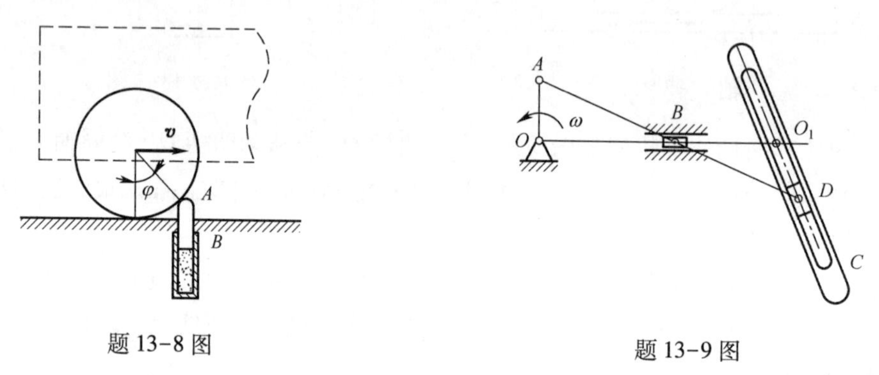

题 13-8 图　　　　题 13-9 图

13-10 图示机构中，$DCEA$ 为 T 字型摇杆，且 $CA \perp DE$。已知：$OA = 20\text{cm}$，$CD = CE = 25\text{cm}$，$CO = 20\sqrt{3}\text{cm}$；曲柄 OA 的转速 $n = 70\text{r/min}$。在图示位置 DF 和 EG 处于水平，$\varphi = 90°$，$\theta = 30°$，求 F、G 两点的速度。

13-11 图示曲柄 $OA = 20\text{cm}$，绕 O 轴以匀角速度 $\omega_0 = 10\text{rad/s}$ 转动，带动连杆 AB 使滑块 B 沿铅直方向运动。如 $AB = 100\text{cm}$，且 $AO \perp AB$，$\theta = \beta = 45°$ 时，求该瞬时连杆 AB 的角速度、角加速度和滑块 B 的加速度。

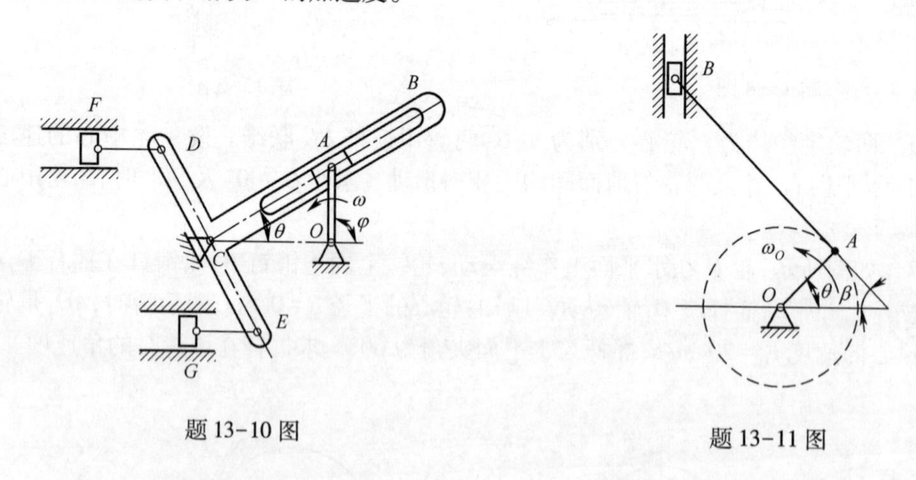

题 13-10 图　　　　题 13-11 图

13-12 等边三角形 ABC 每边边长 60cm，作平面运动。现知 C 点相对于 B 点的加速度 $a_{CB} = 6\text{m/s}^2$ 方向如图所示。如 G 为三角形的形心，试求 AG 线段的角速度 ω 和角加速度 α。

13-13 四连杆机构 $ABCD$ 的尺寸和位置如图所示。如 AB 杆以等角速度 $\omega = 1\text{rad/s}$ 绕 A 轴转动，求 C 点的加速度。

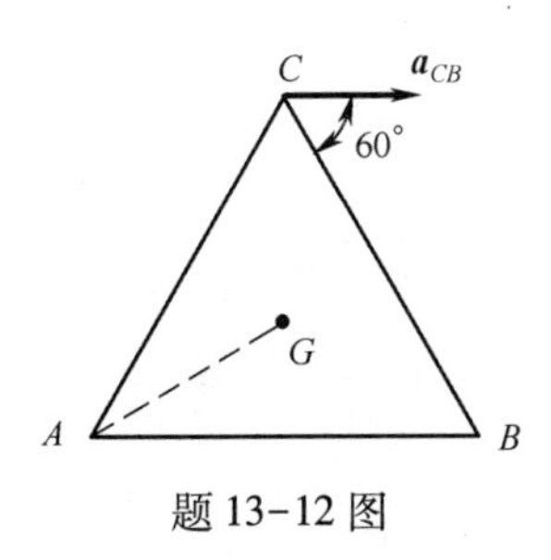

题 13-12 图

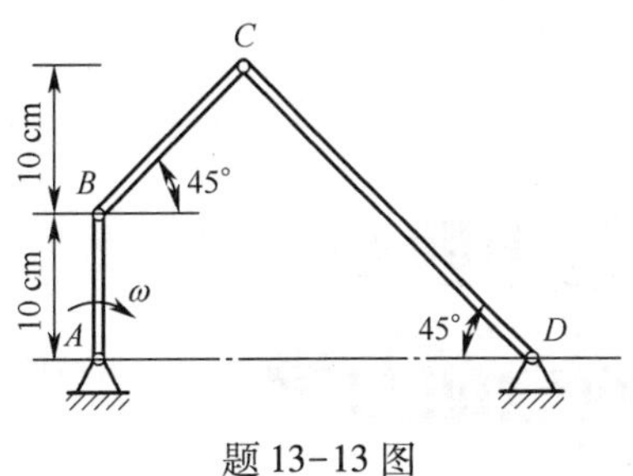

题 13-13 图

13-14 滚压机构的滚子沿水平面滚动而不滑动。曲柄 OA 长为 $r=10\text{cm}$，以等转速 $n=30\text{r/min}$ 绕 O 轴转动。如滚子的半径 $R=10\text{cm}$，连杆 AB 长为 $10\sqrt{3}\,\text{cm}$，求当曲柄与水平面交角为 60°时，滚子的角速度和角加速度。

13-15 在图示配气机构中，曲柄 OA 长为 r，绕 O 轴以等角速度 ω_0 转动，$AB=6r$，$BC=3\sqrt{3}r$。求机构在图示位置时，滑块 C 的速度和加速度。

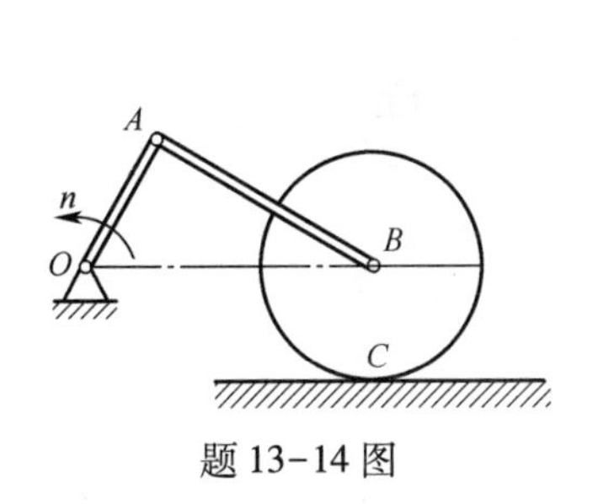

题 13-14 图

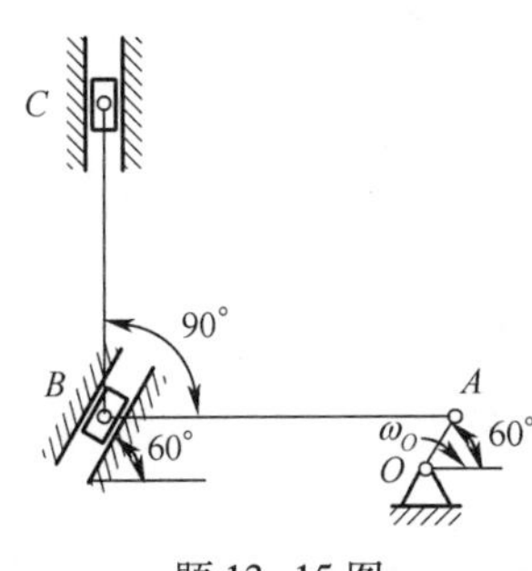

题 13-15 图

13-16 曲柄 OA 以恒定的角速度 $\omega=2\text{rad/s}$ 绕轴 O 转动，并借助连杆 AB 驱动半径为 r 的轮子在半径为 R 的圆弧槽中作无滑动的滚动。设 $OA=AB=R=2r=1\text{m}$，求图示瞬时点 B 和点 C 的速度与加速度。

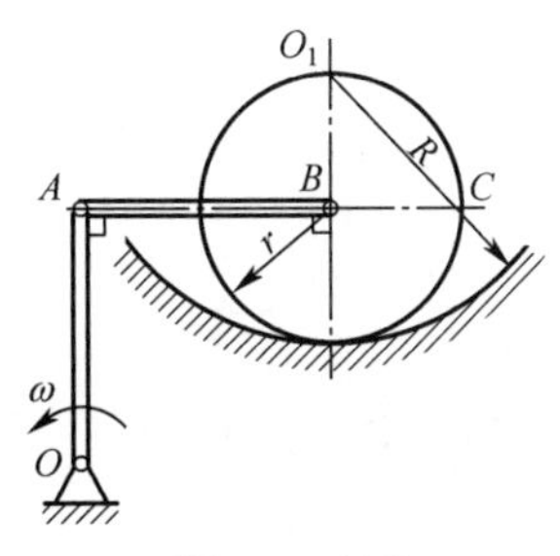

题 13-16 图

第十四章 质点动力学

质点是物体最简单,也是最基本的模型,是构成复杂物体系统的基础。本章根据动力学基本定律建立质点的动力学基本方程,运用微积分方法,求解单个质点的动力学问题。

动力学所研究的问题比较广泛,但研究的基本问题可归纳为两类:(1)已知物体的运动,求作用在物体上的力;(2)已知作用在物体上的力,求物体的运动。本章仅讨论一个质点的动力学问题。

14.1 质点的运动微分方程

在解决工程实际问题时,常将牛顿第二定律写成微分形式,即

$$m\frac{\mathrm{d}^2\boldsymbol{r}}{\mathrm{d}t^2}=\sum_{i=1}^{n}\boldsymbol{F}_i \tag{14.1}$$

式(14.1)就是**质点运动微分方程的矢量形式**,在具体计算时,多采用它的投影形式。

一、质点运动微分方程在直角坐标系坐标轴上投影

设矢径 $\boldsymbol{r}$ 在直角坐标系坐标轴上的投影分别为 x、y、z,力 F_i 在轴上的投影分别为 F_{ix}、F_{iy}、F_{iz},则式(14.1)在直角坐标系坐标轴上的投影式为

$$\begin{cases}m\dfrac{\mathrm{d}^2x}{\mathrm{d}t^2}=\sum F_{ix}\\ m\dfrac{\mathrm{d}^2y}{\mathrm{d}t^2}=\sum F_{iy}\\ m\dfrac{\mathrm{d}^2z}{\mathrm{d}t^2}=\sum F_{iz}\end{cases} \tag{14.2}$$

二、质点运动微分方程在自然坐标系坐标轴上投影

由点的运动学知,点的全加速度 $\boldsymbol{a}$ 在切线与主法线构成的密切面内,点的加速度在副法线上的投影等于零,即

$$\boldsymbol{a}=a_{\mathrm{t}}\boldsymbol{\tau}+a_{\mathrm{n}}\boldsymbol{n}$$

$$a_{\mathrm{b}}=0$$

式中,$\boldsymbol{\tau}$ 和 $\boldsymbol{n}$ 为沿轨迹切线和主法线的单位矢量,如图 14.1 所示。

由于 $a_t = \dfrac{dv}{dt}$，$a_n = \dfrac{v^2}{\rho}$，ρ 为轨迹的曲率半径。于是，质点运动微分方程在自然坐标系坐标轴上的投影式为

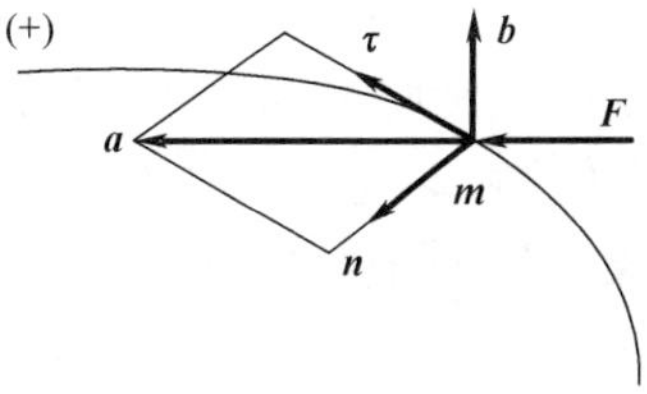

$$\begin{cases} m\dfrac{dv}{dt} = \sum F_t \\ m\dfrac{v^2}{\rho} = \sum F_n \\ 0 = \sum F_b \end{cases} \tag{14.3}$$

图 14.1

式中，F_t、F_n、F_b 分别是作用于质点的各力在切线、主法线和副法线上的投影。式(14.1)为一矢量等式，可向任一轴投影，得到相应的投影式。式(14.2)和式(14.3)是两种常用的质点运动微分方程的投影式。

14.2　质点动力学的两类基本问题

一、第一类基本问题

已知质点的运动，求它所受的力。这类问题比较简单，例如已知质点的运动方程，只需求两次导数得到质点的加速度，代入质点的运动微分方程中，便得到一组相应的代数方程，即可求解。

例 14.1　质量为 m 的小球 M 在水平面内运动，轨迹为一椭圆，如图所示，其运动方程为

$$x = a\cos\omega t$$

$$y = b\sin\omega t$$

求作用在小球上的力。

解：取小球 $\boldsymbol{M}$ 为研究对象。小球在水平面内的受力未知，现用二正交分量 F_x、F_y 表示，如图 14.2 所示。小球的运动方程已知，对时间求二阶导数可得到加速度在坐标轴上的投影为：

$$a_x = \ddot{x} = -a\omega^2\cos\omega t$$

$$a_y = \ddot{y} = -b\omega^2\sin\omega t$$

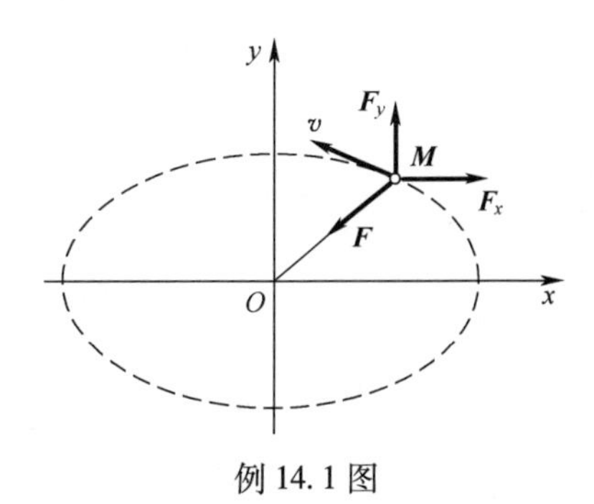

例 14.1 图

应用直角坐标形式的质点运动微分方程

$$ma_x = \sum F_x,\ -ma\omega^2\cos\omega t = F_x$$

$$ma_y = \sum F_y,\ -mb\omega^2\sin\omega t = F_y$$

得

$$F_x = -m\omega^2 x$$

$$F_y = -m\omega^2 y$$

作用在小球上的力 $\boldsymbol{F}$ 的矢量表达式为

$$\boldsymbol{F} = F_x\boldsymbol{i} + F_y\boldsymbol{j} = -m\omega^2 x\boldsymbol{i} - m\omega^2 y\boldsymbol{j} = -m\omega^2\boldsymbol{r}$$

式中,$\boldsymbol{r}$ 为小球的矢径。小球 M 所受的力 $\boldsymbol{F}$ 的大小正比于矢径的模,其方向与矢径 $\boldsymbol{r}$ 的方向相反。顺便指出,这种作用线始终通过固定点的力称为**有心力**,其固定点称为**力心**。

例 14.2 桥式吊车的跑车吊着重为 W 的重物 M 沿水平横梁以速度 v_0 匀速运动,绳索长为 l。因故急刹车,重物 M 因惯性将继续运动,绕悬挂点 O 摆动,如图(a)所示。试求绳索的受力及其最大值。

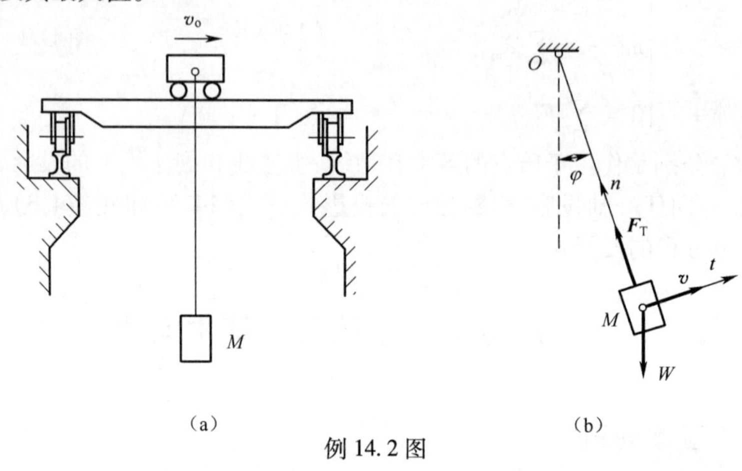

例 14.2 图

解:取偏离铅垂线为任意角 φ 时的重物 M 为研究对象,重物 M 受有重力 $\boldsymbol{W}$、绳索的拉力 $\boldsymbol{F}_{\mathrm{T}}$,如图(b)所示。急刹车时,跑车停止运动,重物 M 绕悬挂点 O 摆动,其切向加速度和法向加速度分别为

$$a_{\mathrm{t}}=\frac{\mathrm{d}v}{\mathrm{d}t},\ a_{\mathrm{n}}=\frac{v^2}{l}$$

对于自然坐标系 Mtn(图(b))的质点运动微分方程为

$$ma_{\mathrm{t}}=\sum F_{\mathrm{t}},\ \frac{W}{g}\frac{\mathrm{d}v}{\mathrm{d}t}=-W\sin\varphi \tag{a}$$

$$ma_{\mathrm{n}}=\sum F_{\mathrm{n}},\ \frac{W}{g}\frac{v^2}{l}=F_{\mathrm{T}}-W\cos\varphi \tag{b}$$

由式(a)得

$$\frac{\mathrm{d}v}{\mathrm{d}t}=-g\sin\varphi$$

又因

$$\frac{\mathrm{d}v}{\mathrm{d}t}=\frac{\mathrm{d}v}{\mathrm{d}\varphi}\frac{\mathrm{d}\varphi}{\mathrm{d}t}=\omega\frac{\mathrm{d}v}{\mathrm{d}\varphi}=\frac{v}{l}\frac{\mathrm{d}v}{\mathrm{d}\varphi}$$

即

$$\frac{v}{l}\frac{\mathrm{d}v}{\mathrm{d}\varphi}=-g\sin\varphi$$

分离变量积分得

$$\int_{v_0}^{v}v\mathrm{d}v=-\int_0^{\varphi}gl\sin\varphi\mathrm{d}\varphi$$

解得

$$v^2 = v_0^2 - 2gl(1 - \cos\varphi) \tag{c}$$

将式(c)代入式(b),得

$$F_{\mathrm{T}} = W(3\cos\varphi - 2 + \frac{v_0^2}{gl})$$

可见,绳索的受力是 φ 角的函数。显然,当 $\varphi = 0$, $\cos\varphi = 1$ 时,绳索的受力最大,

$$F_{\mathrm{Tmax}} = W(1 + \frac{v_0^2}{gl})$$

当重物随跑车匀速运动时,绳索的受力等于重物的重量,急刹车时,绳索的受力增大了 $\Delta F_{\mathrm{T}} = W\frac{v_0^2}{gl}$。当 l 较小, v_0 较大时, ΔF_{T} 将出现较大值,这对绳索的安全工作不利,必须引起注意。

二、第二类基本问题

已知作用于质点上的力,求它的运动。这类问题比较复杂,需对微分方程进行积分。解这类问题的方法和步骤与第一类问题基本相同。即先分析作用于质点上的力,列出质点的运动微分方程,然后求微分方程的解。积分时,将遇到积分常数问题,因此需要知道运动的初始条件,即 $t=0$ 时质点的坐标和速度。

力是多种多样的,可能是恒力(即大小、方向不变的力),也可能是随时间、位置或速度的变化而改变的力,下面对不同的情况分别举例研究。

例 14.3 炮弹以初速 $\boldsymbol{v}_0$发射,$\boldsymbol{v}_0$ 与水平线的夹角为 φ,如图所示。若空气阻力不计,求炮弹在重力作用下的运动。

解:视炮弹为运动质点。取质点的初始位置为坐标原点,建立直角坐标系如图所示,且使 $\boldsymbol{v}_0$在 Oxy 平面内。质点运动微分方程在直角坐标系坐标轴上的投影式

$$m\frac{\mathrm{d}^2x}{\mathrm{d}t^2} = 0,\ m\frac{\mathrm{d}^2y}{\mathrm{d}t^2} = 0,\ m\frac{\mathrm{d}^2z}{\mathrm{d}t^2} = -mg$$

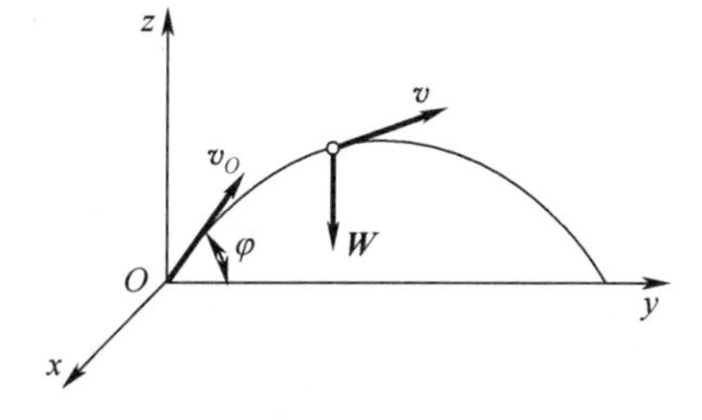

例 14.3 图

消去 m,得

$$\frac{\mathrm{d}^2x}{\mathrm{d}t^2} = 0,\ \frac{\mathrm{d}^2y}{\mathrm{d}t^2} = 0,\ \frac{\mathrm{d}^2z}{\mathrm{d}t^2} = -g$$

首先积分第一个运动微分方程,得

$$v_x = \frac{\mathrm{d}x}{\mathrm{d}t} = C_1,\ x = C_1t + C_2$$

式中两个积分常数 C_1和 C_2需由质点的运动初始条件确定。即当 $t=0$ 时,有 $x=x_0=0$,$v_x=v_{x0}=0$,代入上式,得

$$C_1 = 0,\ C_2 = 0$$

于是有

$$a_x = 0,\ v_x = 0,\ x = 0$$

由此可见,坐标 x 恒为零,因此质点在铅直平面内运动。积分第二个运动微分方程,得

$$v_y = \frac{\mathrm{d}y}{\mathrm{d}t} = C_3,\ y = C_3t + C_4$$

当 $t=0$ 时,$v_y=v_{y0}=v_0\cos\varphi$,$y=y_0=0$,代入上式,得

$$C_3 = v_0\cos\varphi,\ C_4 = 0$$

于是得

$$y = v_0 t\cos\varphi$$

最后积分第三个运动微分方程,得

$$v_z = \frac{\mathrm{d}z}{\mathrm{d}t} = -gt + C_5,\ z = -\frac{1}{2}gt^2 + C_5 t + C_6$$

当 $t=0$ 时,$v_z=v_{z0}=v_0\sin\varphi$,$z=z_0=0$,代入上式得

$$C_5 = v_0\sin\varphi\ ,\ C_6 = 0$$

于是得

$$z = v_0 t\sin\varphi - \frac{1}{2}gt^2$$

综合以上求解结果,质点的运动方程为

$$x = 0\ ,\ y = v_0 t\cos\varphi\ ,\ z = v_0 t\sin\varphi - \frac{1}{2}gt^2$$

从后两式中消去时间 t,得质点在铅直面内的轨迹方程

$$z = y\tan\varphi - \frac{g}{2v_0^2\cos^2\varphi}\cdot y^2$$

由解析几何知,这是一条抛物线。

例 14.4 质量为 m 的重物块 M,在静止的液体中缓慢下沉,初速度为零(图(a))。由实验知,当物块的速度不大时,液体阻力 $\boldsymbol{F}$ 的大小与物块速度的大小成正比,即 $F=cv$(比例系数 c 称为黏滞阻力系数,其数值与液体性质、物体形状等有关)。试求物块在重力和阻力共同作用下运动的速度和运动规律。浮力不计。

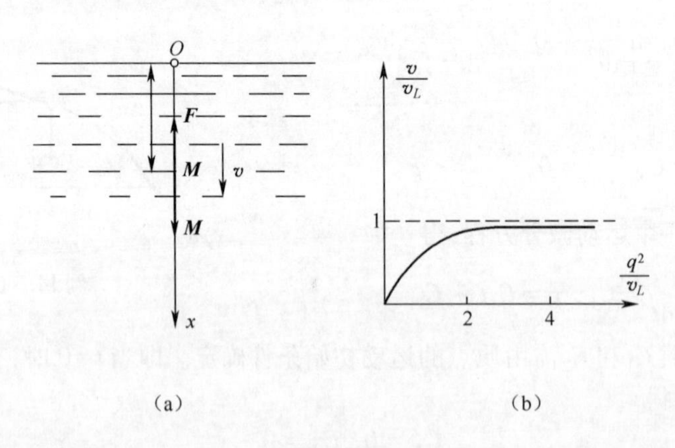

例 14.4 图

解:取 Ox 轴向下为正,运动的起始点作为坐标原点 O。作用于质点的力是速度的函数,物块 M 的运动微分方程为

$$m\frac{\mathrm{d}v}{\mathrm{d}t} = mg - cv \tag{a}$$

当 $cv=mg$ 时,式(a)左边加速度变成零,物块将作匀速运动。这时的速度 $mg/c=v_L$ 称

为**极限速度**。把式(a)改写成

$$\frac{v_L}{g}\frac{\mathrm{d}v}{\mathrm{d}t}=v_L-v$$

分离变量后得

$$\frac{\mathrm{d}v}{v_L-v}=\frac{g}{v_L}\mathrm{d}t \tag{b}$$

当 $t=0$ 时，$v_0=0$，$x_0=0$，对式(b)积分，有

$$\int_0^v\frac{\mathrm{d}v}{v_L-v}=\int_0^t\frac{g}{v_L}\mathrm{d}t$$

求得

$$\ln\frac{v_L-v}{v_L}=-\frac{g}{v_L}t$$

即

$$v=v_L[1-\mathrm{e}^{-(g/v_L)t}] \tag{c}$$

这就是物块的速度随时间而变化的规律。

把 $v=\dfrac{\mathrm{d}x}{\mathrm{d}t}$ 代入上式，再取定积分：

$$\int_0^x\mathrm{d}x=\int_0^t v_L(1-\mathrm{e}^{-(g/v_L)t})\,\mathrm{d}t$$

则得物块的运动规律：

$$x=v_Lt-\frac{v_L^2}{g}(1-\mathrm{e}^{-(g/v_L)t}) \tag{d}$$

由式(c)可见，物块的速度是随时间的增加而增大的，当 $t\to\infty$ 时，$v=v_L=mg/c$。实际上，当 $t=4v_L/g$ 时，$v=0.982v_L$，已非常接近于极限速度。物块速度随时间变化的情况如图 14.4(b)所示。本例对清净谷粒、选种、选矿等工作具有现实意义。利用极限速度的不同，可以把大小不同的颗粒分离开。

例 14.5 物块在光滑水平面上与弹簧连接，如图所示。物块质量为 m，弹簧刚度系数为 k。在弹簧拉长变形量为 a 时，无初速释放物块。求物块的运动规律。

解：以弹簧未变形处为坐标原点 O，物块任意坐标 x 处弹簧变形量为 $|x|$，弹簧力的大小为 $F=k|x|$，并指向 O 点，如图所示。则此物块沿 x 轴的运动微分方程为

$$m\frac{\mathrm{d}^2x}{\mathrm{d}t^2}=F_x=-kx$$

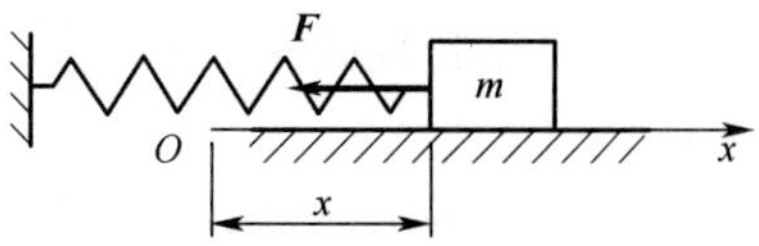

或

$$m\frac{\mathrm{d}^2x}{\mathrm{d}t^2}+kx=0$$

例 14.5 图

令 $\omega_n^2=k/m$，上式化为自由振动微分方程的标准形式

$$\frac{\mathrm{d}^2x}{\mathrm{d}t^2}+\omega_n^2x=0 \tag{a}$$

此微分方程的解可写为

$$x = A\cos(\omega_n t + \theta) \tag{b}$$

其中 A、θ 为积分常数，由运动的初始条件决定。由题意，取 $x=a$ 处的时间为 $t=0$ 且此时有 $dx/dt=0$。代入式(b)，有

$$a = A\cos\theta$$
$$0 = -\omega_n A\sin\theta$$

由此解出：

$$\theta = 0\ ,\ A = a$$

代入式(b)，则此物块的运动方程为：

$$x = a\cos\omega_n t$$

可见此物块做简谐振动，振动中心为 O 点，振幅为 a，周期 $T=2\pi/\omega_n$。ω_n 称为**圆频率**，可由其标准形式的运动微分方程(a)直接确定。

本 章 小 结

一、本章基本要求

1. 对质点动力学的基本概念(如惯性、质量等)和动力学基本定律在物理课程的基础上进一步理解其实质。

2. 深刻理解力和加速度的关系，能正确地建立质点的运动微分方程，掌握质点动力学第一类基本问题的解法。

3. 掌握质点动力学第二类基本问题的解法，特别是当作用力分别为常力、时间函数、位置函数和速度函数时，质点运动微分方程的积分求解方法。对运动的初始条件的力学意义及其在确定质点运动中的作用有清晰的认识，并会根据题目的已知条件正确提出运动的初始条件。

二、本章重点

1. 建立质点的运动微分方程。

2. 求解质点动力学的两类基本问题。

三、本章难点

在质点动力学第二类问题中，根据题目所要求的问题对质点的运动微分方程进行变量交换后再积分的方法。

四、学习建议

1. 在复习物理课程有关内容的基础上，进一步理解动力学各定律的实质，了解古典力学的适用范围。

2. 复习和运用静力学中的合力投影定理与点的运动学知识，学习如何建立不同形式的质点运动微分方程。

3. 注意区分质点动力学的两类基本问题及其解题特点，归纳动力学问题的解题步骤。

习　题

14-1　试分析下列各种说法是否正确？为什么？

（1）质点的运动方向一定是作用于该质点上的合力的方向。

（2）质点的速度越大，该质点所受的力也就越大。

（3）当已知质点的质量和所受的力时，该质点的运动规律便完全确定了。

14-2 两根细绳的一端系住一质量为 1kg 的小球 M，如图所示。已知小球以匀速 $v=2.5\text{m/s}$ 在水平面作圆周运动，圆的半径 $r=0.5\text{m}$，试求两绳的张力。

14-3 如图所示，在曲柄滑道机构中，活塞和活塞杆质量共为 50kg。曲柄 OA 长 0.3m，绕 O 轴作匀速转动，转速 $n=120\text{r/min}$。求当曲柄在 $\varphi=0°$ 和 $\varphi=90°$ 时，作用在构件 BDC 上总的水平力。

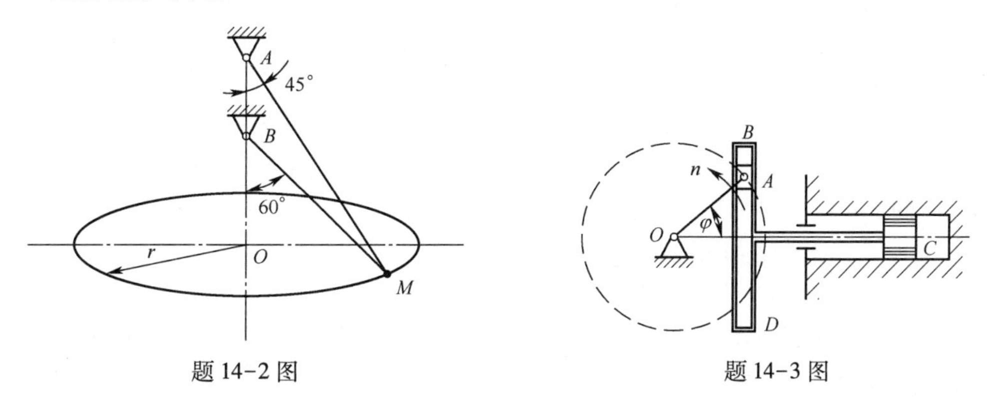

题 14-2 图　　　　题 14-3 图

14-4 半径为 R、偏心距 $OC=e$ 的偏心轮，以角速度 ω 绕 O 轴匀速转动，并推动导板沿铅直轨道运动，如图所示。导板顶部放一物块 M，其质量为 m。运动开始时，OC 位于水平向右的位置。试求：(1)物块 M 对导板的最大压力；(2)使物块 M 不脱离导板的最大角速度 $\omega_{\max}$。

14-5 图示套管 A 的质量为 m，受绳子牵引沿铅垂杆向上滑动。绳子的另一段绕过离杆距离为 l 的定滑轮 B 而缠在鼓轮 D 上。鼓轮匀速转动，其轮缘各点的速度为 v_O，求绳子拉力 F_T 与距离 x 之间的关系。定滑轮的外径较小，可视为一个点。

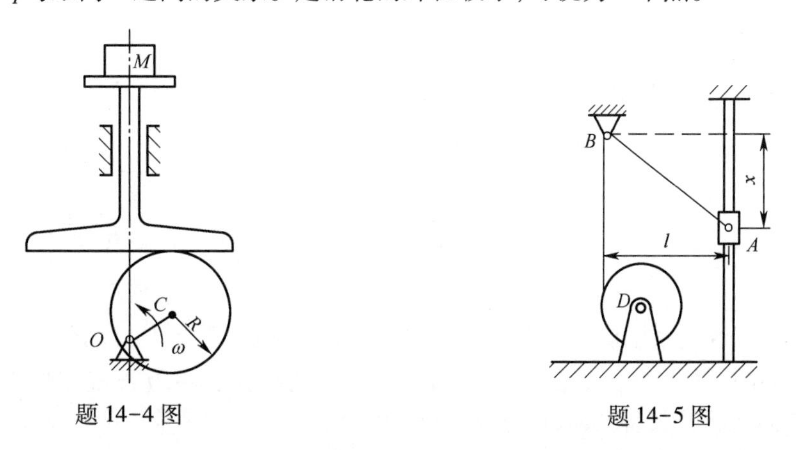

题 14-4 图　　　　题 14-5 图

14-6 重为 W 的物块放在以加速度 a 向右运动的斜面上，物块与斜面间的摩擦系数为 f，如图所示。试求：(1) a 为何值时，物块将向下滑；(2) a 为何值时，物块将开始向上滑。

14-7 一个平底雪橇滑雪者的总质量 $m=90\text{kg}$，沿光滑斜坡下滑，斜坡的方程 $y=0.08x^2$，如图所示。已知 $x=10\text{m}$ 时，其速度 $v=5\text{m/s}$。试求此瞬时雪橇的切向加速度和对斜坡的压力。不计雪橇和滑雪者尺寸的影响。

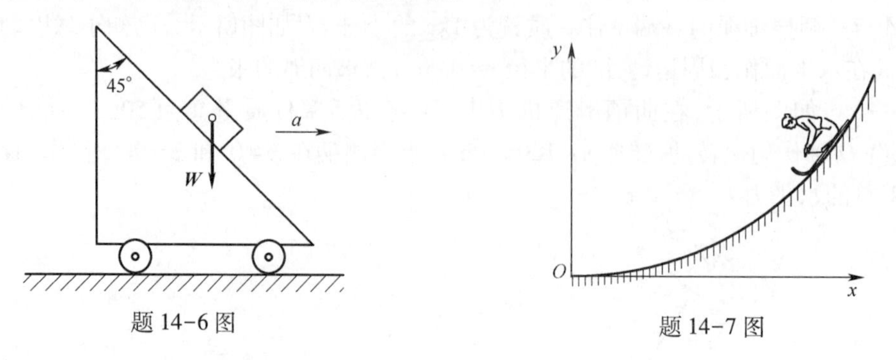

题 14-6 图　　　　题 14-7 图

14-8 电车司机借逐渐开启变阻器以增加电车发动机的动力，使拉力 F 的大小由零开始与时间成正比地增加，每秒增加 1200N。试根据下列数据求电车的运动规律：车重 $W=98\text{kN}$，常摩擦阻力 $F_s=2000\text{N}$，电车的初速 $v_0=0$。

14-9 如图所示，质点 M 的质量为 m，始终受到中心 O 的吸引力。引力与质点到中心 O 的距离成正比，$\boldsymbol{F}=-k\boldsymbol{r}$，其中 k 为正值常数，开始时质点位于 A 点，初速度为 v_0，方向垂直于 OA，设 $OA=a$。求质点的运动方程及轨迹方程。

14-10 如图所示，质量为 m 的质点 M 沿圆上的弦运动。此质点受一指向圆心 O 的吸引力作用，吸引力大小与质点到点 O 距离成反比，比例常数为 k。开始时，质点处于位置 M_0，初速为零。已知圆的半径为 R，点 O 到弦的垂直距离为 h，求质点经过弦中点 O_1 时的速度。

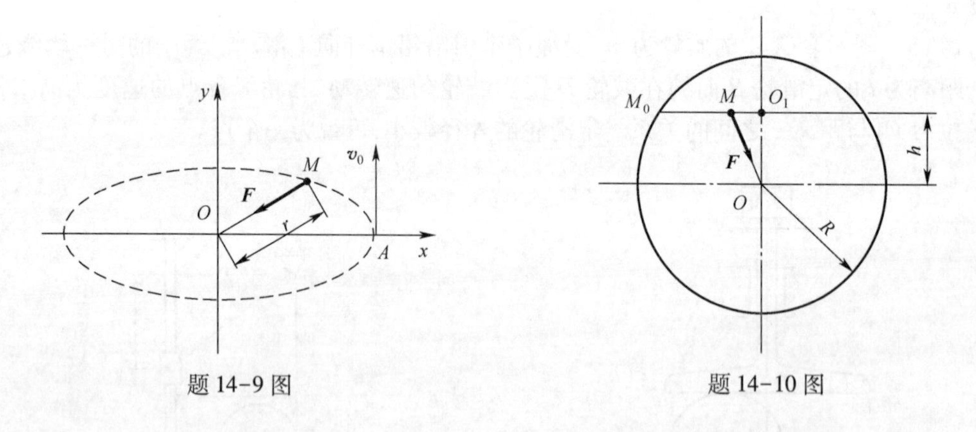

题 14-9 图　　　　题 14-10 图

14-11 弹性线系于点 A 并穿过一固定的光滑小环 O；线的另一端系一质量为 m(kg) 的小球 M，如图所示。线未被拉长时其长度 $l=OA$，将线拉长单位长度需加力 k^2m(N)。今沿 AB 方向将线拉长，使其长度增加一倍，并给小球 M 与 AB 垂直的初速 $\boldsymbol{v}_0$。设小球重力不计，线的拉力与线的伸长成正比，小球在铅直面 Oxy 内运动。求小球的运动方程和轨迹方程。

14-12 物体以初速度 $\boldsymbol{v}_0$、仰角为 θ 抛出，所受空气阻力为 $\boldsymbol{F}=-km\boldsymbol{v}$，其中 k 为常量，

m 和 $\boldsymbol{v}$ 分别为物体的质量和速度。求物体的运动规律。

14-13 不前进的潜水艇重为 W,受到较小的沉力 $\boldsymbol{F}_p$(重力与浮力之差)向水底下沉。在沉力不大时,水的阻力可视为与下沉速度的一次方成正比,并等于 kAv,其中 k 为比例常数,A 为潜艇的水平投影面积,v 为下沉速度。如当 $t=0$ 时,$v=0$。求下沉速度和在时间 T 内潜艇下沉的路程 s。

14-14 物体自高度 h 处以速度 $\boldsymbol{v}_0$ 水平抛出,如图所示。空气阻力可视为与速度的一次方成正比,即 $\boldsymbol{F}=-km\boldsymbol{v}$,其中 m 为物体的质量,$\boldsymbol{v}$ 为物体的速度,k 为常系数。求物体的运动方程和轨迹方程。

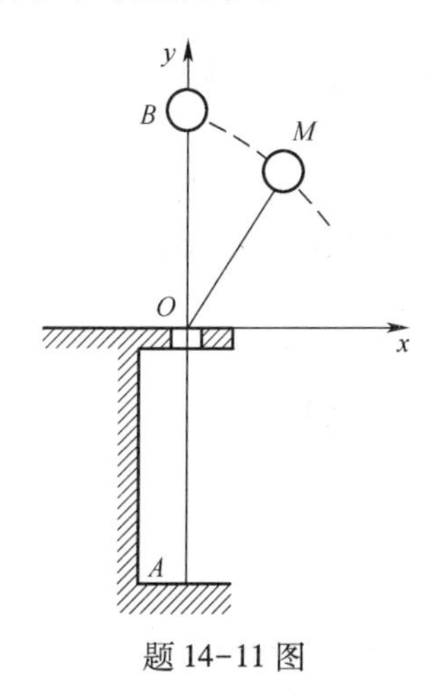

题 14-11 图

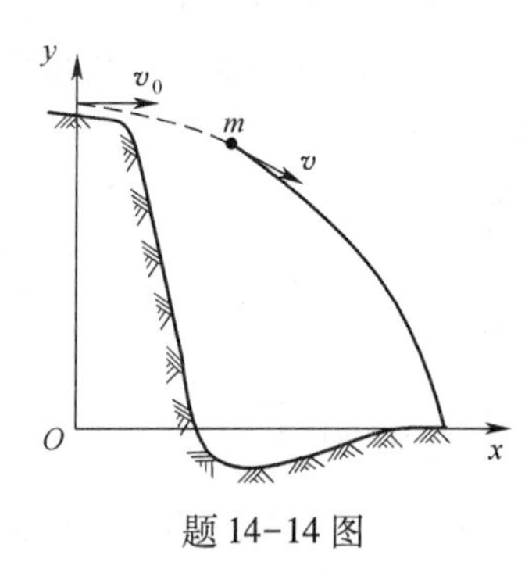

题 14-14 图

第十五章 动量定理

对于质点动力学问题,可以通过建立质点的运动微分方程进行求解。但是对于质点系,可以逐一列出各质点的运动微分方程,但很难联立求解。因此,可以换一种研究方法,即将质点系作为一个整体来研究它的运动特征量与作用于其上的力系之间的关系,它们之间所遵循的规律称为**动力学普遍定理**。动力学普遍定理包括动量定理、动量矩定理和动能定理,本章首先介绍动量定理。

15.1 质点和质点系的动量

一、质点的动量

质点的质量与其速度的乘积称为**质点的动量**,记为 $m\boldsymbol{v}$ 。动量是一个矢量,其方向与质点的速度方向相同,大小等于质点的质量与其速度大小的乘积。

动量的单位是千克·米/秒(kg·m/s)或牛顿·秒(N·s)。

质点的动量是用来度量质点机械运动强弱的物理量。质点与质点之间相互作用时,它们之间进行的机械运动的传递可以用动量来描述。例如:枪弹穿透目标的能力不仅与它的质量有关,还与它的速度有关。子弹的质量虽小,但由于它的速度较大,所以能穿透钢板。而正在停靠码头的船,速度虽小,但由于它的质量很大,所以它对码头会产生很大的撞击力。

二、质点系的动量

质点系中各质点动量的矢量和称为**质点系的动量**。用 $\boldsymbol{p}$ 表示,即

$$\boldsymbol{p} = \sum_{i=1}^{n} m_i \boldsymbol{v}_i \tag{15.1}$$

由质心坐标公式,可得质心 C 的矢径为

$$\boldsymbol{r}_C = \frac{\sum m_i \boldsymbol{r}_i}{m}$$

因此有

$$\sum m_i \boldsymbol{r}_i = m\boldsymbol{r}_C$$

将上式两端对时间 t 求一阶导数,得

$$\boldsymbol{p} = \sum m_i \boldsymbol{v}_i = m\boldsymbol{v}_C \tag{15.2}$$

式中,m 为质点系的总质量;$\boldsymbol{v}_C$ 为其质心速度。式(15.2)表明:质点系的动量也可用质点系的总质量与其质心速度的乘积来表示。这相当于将质点系的总质量集中于质心的质点动量。因此,质点系的动量可视为质心运动的一个特征量。

若一个质点系由多个刚体组成,则该质点系的动量可写为

$$\boldsymbol{p} = \sum \boldsymbol{p}_i = \sum m_i \boldsymbol{v}_{Ci} \tag{15.3}$$

式中,$\boldsymbol{p}_i$、m_i、$\boldsymbol{v}_{Ci}$ 分别为第 i 个刚体的动量、质量和质心速度。

例 15.1 如图所示,杆 OA 以匀角速度 ω 绕 O 轴转动,通过杆 BC 带动滚子 B 沿水平面作纯滚动,同时带动滑块 C 在铅直轨道内运动。杆 OA、BC、滚子 B 及滑块 C 质量分别为 m、$2m$、$2m$、$2m$,$OA = AB = AC = r$。试求此系统在图示瞬时的动量 $\boldsymbol{p}$。

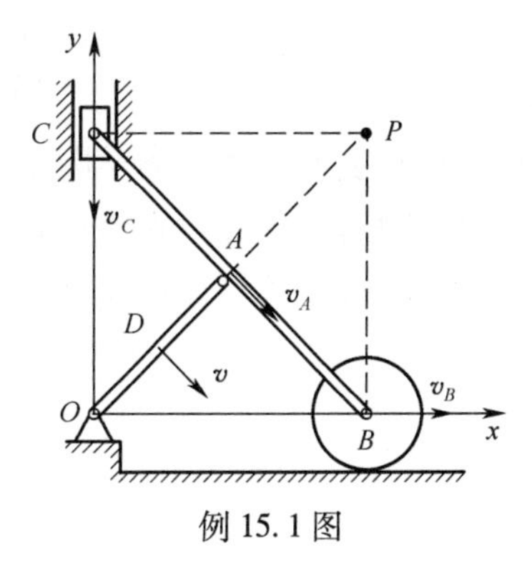

例 15.1 图

解:设杆 OA、BC、滚子 B 及滑块 C 的质心速度分别为 $\boldsymbol{v}_D$、$\boldsymbol{v}_A$、$\boldsymbol{v}_B$、$\boldsymbol{v}_C$,方向如图所示,大小分别为

$$v_D = \frac{r}{2}\omega,\ v_A = r\omega,\ v_B = \sqrt{2}r\omega,\ v_C = \sqrt{2}r\omega$$

建立如图示坐标系,可得

$$p_x = mv_D\cos45° + 2mv_A\cos45° + 2mv_B = \frac{13\sqrt{2}}{4}mr\omega$$

$$p_y = -mv_D\cos45° - 2mv_A\cos45° - 2mv_C = -\frac{13\sqrt{2}}{4}mr\omega$$

故

$$p = \sqrt{p_x^2 + p_y^2} = \frac{13}{2}mr\omega = 6.5mr\omega$$

$\boldsymbol{p}$ 与 Ox、Oy 轴正向之间的夹角分别为

$$(\boldsymbol{p},\boldsymbol{i}) = \arccos\frac{p_x}{p} = \arccos\frac{\sqrt{2}}{2} = -45°,\ (\boldsymbol{p},\boldsymbol{j}) = \arccos\frac{p_y}{p} = \arccos\left(-\frac{\sqrt{2}}{2}\right) = -135°$$

15.2 质点和质点系的动量定理

一、质点和质点系的动量定理

设质点的质量为 m,速度为 $\boldsymbol{v}$,作用力为 $\boldsymbol{F}$。由牛顿第二定律,得

$$m\boldsymbol{a} = m\frac{\mathrm{d}\boldsymbol{v}}{\mathrm{d}t} = \frac{\mathrm{d}(m\boldsymbol{v})}{\mathrm{d}t} = \boldsymbol{F} \tag{15.4}$$

对于质点系,把每个质点所受到的作用力分为质点系以外的物体施加的力 $\boldsymbol{F}_i^{(e)}$(称为外力)和质点系内其他质点施加的力 $\boldsymbol{F}_i^{(i)}$(称为内力)。对于质点 m_i,则根据牛顿第二定律可得

$$\frac{\mathrm{d}}{\mathrm{d}t}(m_i\boldsymbol{v}_i) = m_i\boldsymbol{a}_i = \boldsymbol{F}_i^{(e)} + \boldsymbol{F}_i^{(i)} \tag{15.5}$$

将质点系中所有质点的运动微分方程相加，得

$$\sum_{i=1}^{n}\frac{\mathrm{d}}{\mathrm{d}t}(m_i\boldsymbol{v}_i) = \sum_{i=1}^{n}\boldsymbol{F}_i^{(\mathrm{e})} + \sum_{i=1}^{n}\boldsymbol{F}_i^{(\mathrm{i})} \tag{15.6}$$

上式等号右端第一项为质点系的外力主矢 $\boldsymbol{F}_R^{(\mathrm{e})}$，由牛顿第三定律，考虑到内力的性质，上式第二项 $\sum_{i=1}^{n}\boldsymbol{F}_i^{(\mathrm{i})} = 0$，则式(15.6)成为

$$\sum_{i=1}^{n}\frac{\mathrm{d}}{\mathrm{d}t}(m_i\,\boldsymbol{v}_i) = \frac{\mathrm{d}}{\mathrm{d}t}\boldsymbol{p} = \boldsymbol{F}_R^{(\mathrm{e})} \tag{15.7}$$

式中，$\boldsymbol{p} = \sum m_i\boldsymbol{v}_i$ 为质点系的动量，式(15.7)为质点系动量定理，即质点系的动量 $\boldsymbol{p}$ 对时间 t 的变化率等于作用在质点系上的外力主矢。

将矢量式(15.7)向直角坐标系 $Oxyz$ 的各轴投影，得到动量定理的投影形式

$$\begin{cases}\dfrac{\mathrm{d}}{\mathrm{d}t}p_x = \sum F_x^{(\mathrm{e})}\\ \dfrac{\mathrm{d}}{\mathrm{d}t}p_y = \sum F_y^{(\mathrm{e})}\\ \dfrac{\mathrm{d}}{\mathrm{d}t}p_z = \sum F_z^{(\mathrm{e})}\end{cases} \tag{15.8}$$

二、质点系动量守恒定律

在工程实际中往往会遇到这样两种特殊情况：作用于质点系的外力系的主矢为零，或外力系主矢在某一坐标轴(例如 x 轴)上的投影为零。这时，由式(15.7)和式(15.8)可得 $\boldsymbol{p}$ 为恒矢量或 p_x 为常量。以上结论称为**质点系动量守恒定律**。质点系动量定理和质点系动量守恒定律的数学表达式或条件陈述中，均只考虑外力，而与内力无关。因此为了书写方便，在不致误解的情况下，可以把外力的上标(e)省去。

质点系动量定理说明，质点系的内力不能改变质点系的动量。要改变只能依靠外力的作用。例如，汽车作为一个质点系，发动机的作用力是内力。处于冰面上的汽车由于路面难于产生摩擦力，无论发动机的功率多大，也难使静止的汽车向前行驶。同样，也不能依靠发动机使已经具有一定速度的汽车减小其动量而停下来。因此，无论是要使汽车加速，还是减速，都离不开地面的摩擦力。

质点系的内力虽不能改变质点系的动量，但是可改变质点系中各质点的动量。只不过内力使一部分质点增加动量的同时，也必然使另一部分质点减少相同方向的等值动量。例如，炮筒内炸药爆炸的压力，一方面使炮弹获得一向前的动量，同时也使炮筒失去同样大小的动量，而向后退。这就是炮筒的“后座”现象。内力的作用对质点系来说，使得质点系内部各质点之间实现了动量的相互传递和交换。

例 15.2 如图所示系统，重物 A 和 B 的质量分别为 m_1 和 m_2，若 A 下降的加速度为 a，滑轮的质量不计，试求支座 O 的约束力。

解：取系统为研究对象，系统所受的外力如图所示，设 A 下降的速度为 v_A，则 B 上升的速度为

$$v_B = \frac{1}{2} v_A$$

系统的动量为

$$p_x = 0$$

$$p_y = m_1 v_A - m_2 v_B = \left(m_1 - \frac{1}{2} m_2 \right) v_A$$

例 15.2 图

根据质点系的动量定理有

$$\frac{\mathrm{d}p_x}{\mathrm{d}t} = \sum F_x = F_{ox} = 0$$

$$\frac{\mathrm{d}p_y}{\mathrm{d}t} = \sum F_y = \left(m_1 - \frac{1}{2} m_2 \right) \frac{\mathrm{d}v_A}{\mathrm{d}t} = m_1 g + m_2 g - F_{Oy}$$

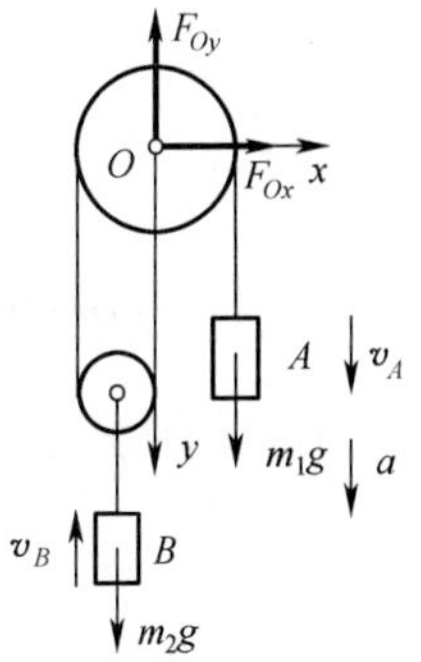

由于

$$\frac{\mathrm{d}v_A}{\mathrm{d}t} = a$$

则有

$$F_{Oy} = m_1 g + m_2 g - \left(m_1 - \frac{1}{2} m_2 \right) a$$

例 15.3 物块 A 可沿光滑水平面自由滑动,其质量为 m_A,小球 B 的质量为 m_B,以细杆与物块铰接,如图所示。设杆长为 l,质量不计,初始时系统静止,并有初始摆角 φ_0;释放后,细杆近似以 $\varphi = \varphi_0 \cos kt$ 规律摆动(k 为已知常数),求物块 A 的最大速度。

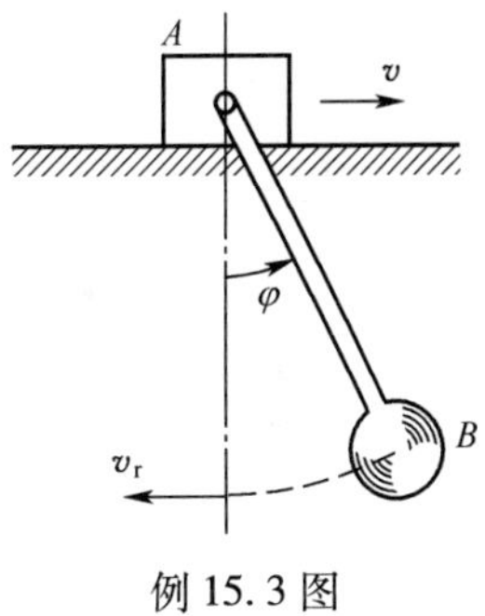

例 15.3 图

解:取物块与小球为研究对象,其上的重力以及水平面的约束反力均为铅垂方向。此系统水平方向不受外力作用,则沿水平方向动量守恒。

细杆的角速度为 $\omega = -k\varphi_0 \sin kt$,当 $\sin kt = 1$ 时,其绝对值最大,此时应有 $\cos kt = 0$,即 $\varphi = 0$。由此,当细杆铅垂时小球相对于物块有最大的水平速度,其值为

$$v_r = l\omega_{\max} = k\varphi_0 l$$

当此速度 $\boldsymbol{v}_r$ 向左时,物块应有向右的绝对速度,设为 $\boldsymbol{v}$,而小球向左的绝对速度值为 $\boldsymbol{v}_a = \boldsymbol{v}_r - \boldsymbol{v}$。根据动量守恒定律,有

$$m_A v - m_B (v_r - v) = 0$$

解出物块的速度为

$$v = \frac{m_B v_r}{m_A + m_B} = \frac{k m_B \varphi_0 l}{m_A + m_B}$$

当 $\sin kt = -1$ 时,也有 $\varphi = 0$。此时小球相对于物块有向右的最大速度 $k\varphi_0 l$,可求得物块有向左的最大速度 $\dfrac{k m_B \varphi_0 l}{m_A + m_B}$。

15.3　质心运动定理

一、质心运动定理

由式(15.2),对于质量不变的质点系,动量定理表达式可写为

$$m\frac{\mathrm{d}\boldsymbol{v}_C}{\mathrm{d}t}=\sum\boldsymbol{F} \tag{15.9}$$

或写成

$$m\boldsymbol{a}_C=\sum\boldsymbol{F} \tag{15.10}$$

式中,$\boldsymbol{a}_C$为质点系质心的加速度。上式表明:质点系的质量与其质心加速度的乘积等于作用于质点系的外力的矢量和(或外力的主矢),这个结论称为**质心运动定理**。形式上,质心运动定理与质点的动力学基本方程 $m\boldsymbol{a}=\sum\boldsymbol{F}$ 完全相同。它是研究质心运动规律的基本定理。它表明:质点系质心的运动可以视为一个质点的运动,该质点集中了质点系的全部质量及其所受的外力。

质心运动定理在直角坐标轴上的投影式为

$$\begin{cases}ma_{Cx}=\sum F_x\\ ma_{Cy}=\sum F_y\\ ma_{Cz}=\sum F_z\end{cases} \tag{15.11}$$

质心运动定理在自然坐标系坐标轴上的投影式为

$$\begin{cases}m\dfrac{v_C^2}{\rho}=\sum F_{\mathrm{n}}\\ m\dfrac{\mathrm{d}v_C}{\mathrm{d}t}=\sum F_{\mathrm{t}}\\ 0=\sum F_{\mathrm{b}}\end{cases} \tag{15.12}$$

二、质心运动守恒定律

由质心运动定理知:

(1) 当外力主矢 $\boldsymbol{F}_{\mathrm{R}}=\sum\boldsymbol{F}\equiv 0$ 时

$$\boldsymbol{v}_C=\text{常矢量} \tag{15.13}$$

即质心作惯性运动。

(2) 当外力主矢 $\boldsymbol{F}_{\mathrm{R}}=\sum\boldsymbol{F}\equiv 0$ 时,且 $t=0$ 时,$\boldsymbol{v}_C=0$,则

$$v_C\equiv 0$$

即质心在惯性空间保持静止。此时质心相对于定点的矢径

$$\boldsymbol{r}_C=\text{常矢量} \tag{15.14}$$

(3) 当外力主矢在某定轴,如 Ox 轴上的投影 $F_{\mathrm{R}x}=\sum F_x\equiv 0$,则有

$$v_{Cx} = 常量 \tag{15.15}$$

即质心速度在该轴上的投影保持不变。

(4) 当外力主矢在某定轴,如 Ox 轴上的投影 $F_{Rx} = \sum F_x \equiv 0$,且 $t=0$ 时,$v_{Cx}=0$,则有

$$v_{Cx} = 0$$

即质心速度在 Ox 轴上的投影恒为零。这时质心相对于定轴 Ox 的坐标 x_C 为常值,即

$$x_C = 常值 \tag{15.16}$$

上述各特殊情况的结论统称为**质心运动守恒定律**。应该注意的是质心的各种守恒运动是在一定条件下实现的。因此在利用它们来求解实际问题时,必须先分析所研究的问题是否满足相应的条件。

例 15.4 电动机的外壳固定在水平基础上,定子重 W_1,转子重 W_2,如图所示。转子的轴通过定子的质心 O_1,但由于制造误差,转子的质心 O_2 到 O_1 的距离为 e。已知转子匀速转动,角速度为 ω。求基础的支座反力。

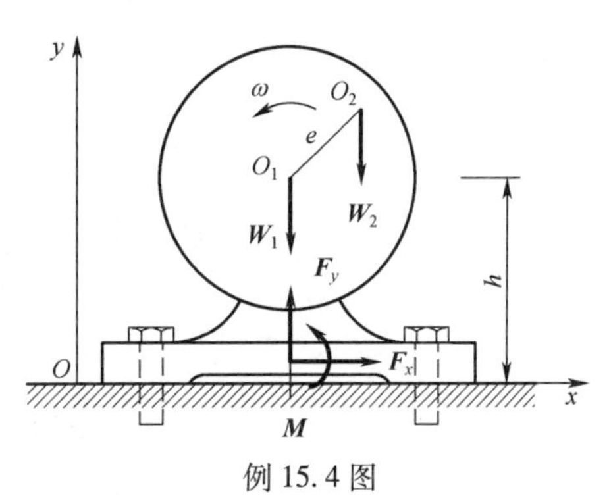

例 15.4 图

解:取电动机外壳与转子组成质点系,这样可不考虑转子转动的内力;外力有定子和转子的自重 $\boldsymbol{W}_1$、$\boldsymbol{W}_2$,基础的反力 $\boldsymbol{F}_x$、$\boldsymbol{F}_y$ 和反力偶 $\boldsymbol{M}$。

质心的坐标为

$$x_C = \frac{W_1x_1 + W_2x_2}{W_1 + W_2} = \frac{W_2e\cos\omega t}{W_1 + W_2}$$

$$y_C = \frac{W_1y_1 + W_2y_2}{W_1 + W_2} = \frac{W_2e\sin\omega t}{W_1 + W_2}$$

所以

$$\boldsymbol{a}_{Cx} = \frac{\mathrm{d}^2x_C}{\mathrm{d}t^2} = -\frac{W_2\ e\omega^2}{W_1 + W_2}\cos\omega t\ ,\ a_{Cy} = \frac{\mathrm{d}^2y_C}{\mathrm{d}t^2} = -\frac{W_2\ e\omega^2}{W_1 + W_2}\sin\omega t$$

由式(15.16)得

$$\frac{W_1 + W_2}{\mathrm{g}}a_{Cx} = F_x\ ,\ \frac{W_1 + W_2}{\mathrm{g}}a_{Cy} = F_y - W_1 - W_2$$

求解上式,得

$$F_x = -\frac{W_2}{g}e\omega^2\cos\omega t\ ,\ F_y = W_1 + W_2 - \frac{W_2}{g}e\omega^2\sin\omega t$$

当电机不转时,基础上只有向上的反力 $\boldsymbol{W}_1 + \boldsymbol{W}_2$,可称为**静反力**;电机转动时的反力可称为**动反力**。动反力与静反力的差值是由于系统运动产生的,可称为**附加动反力**。此例中,由于转子偏心而引起的 x 方向的附加动反力 $-\frac{\mathrm{W}_2}{g}e\omega^2\cos\omega\mathrm{t}$ 和 y 方向的附加动反力 $-\frac{W_2}{g}e\omega^2\sin\omega t$ 均为谐变力,将会引起电机和基础振动。

关于基础的约束反力偶 M,可采用下一章将要学到的动量矩定理进行求解(自行求解)。

例 15.5 如图所示,在静止的小船上,一人自船头走到船尾,设人的质量为 m_2,船的质量为 m_1。船长为 l,水的阻力不计。求船的位移。

解:取人与船组成质点系。因不计水的阻力,故外力在水平轴上的投影等于零,又因初始系统静止,因此质心在水平轴上的坐标保持不变。设人走到船尾时船向右移动了距离 s,则有

$$m_1 s + m_2(s - l) = 0$$

求解上式,得

$$s = \frac{m_2 l}{m_1 + m_2}$$

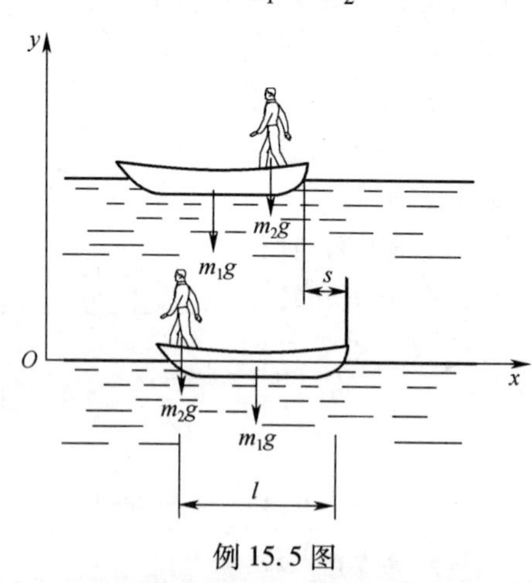

例 15.5 图

综合以上各例可知,运用质心运动定理解题的步骤如下:

(1) 明确所研究的质点系,并分析质点系所受的外力,包括全部主动力和约束力。

(2) 根据外力情况确定质心运动是否守恒。

(3) 如果外力主矢(或外力主矢在某轴上投影)等于零,且在初始时质点系静止,则质心坐标保持不变。可运用质心运动守恒定律的对应公式求得所要求的物体的位移。

(4) 如果外力主矢不等于零,计算质心坐标,求质心的加速度,然后应用质心运动定理求未知力。

(5) 在外力已知的条件下,欲求质心的运动规律,与求质点的运动规律相同。

本 章 小 结

一、本章基本要求

1. 理解质点系(刚体、刚体系)的质心、动量等概念,能熟练地计算质点系(刚体、刚体系)的动量。

2. 能熟练地应用质点系的动量定理、质心运动定理(包括相应的守恒定律)求解动力学问题。

二、本章重点

1. 质点系(刚体、刚体系)动量的计算。

2. 质点系动量定理及其应用。

3. 质心运动定理及其应用。

三、本章难点

质点系动量定理、质心运动定理的应用。

四、学习建议

1. 注意动量中所用到的速度为绝对速度。

2. 熟练掌握微分形式的动量定理、质点系的质心运动定理,会用动量定理或质心运动定理求解简单机构的约束力。

3. 清楚质心守恒的条件及应用守恒定律求解的有关问题。

习　　题

15-1　试求图示各系统的动量:

(1) 非均质圆盘重为 $\boldsymbol{W}$,质心 C 距转轴 O 的距离 $OC=e$,以角速度 ω 绕 O 轴转动;

(2) 设带轮及胶带都是均质的,分别重 $\boldsymbol{W}_1$、$\boldsymbol{W}_2$和 $\boldsymbol{W}$;

(3) 重为 $\boldsymbol{W}$ 的均质 L 形细杆;

(4) 重为 $\boldsymbol{W}_1$的平板放在重为 $\boldsymbol{W}_2$且完全相同的两个均质轮上,平板的速度为$\boldsymbol{v}$,各接触处没有相对滑动。

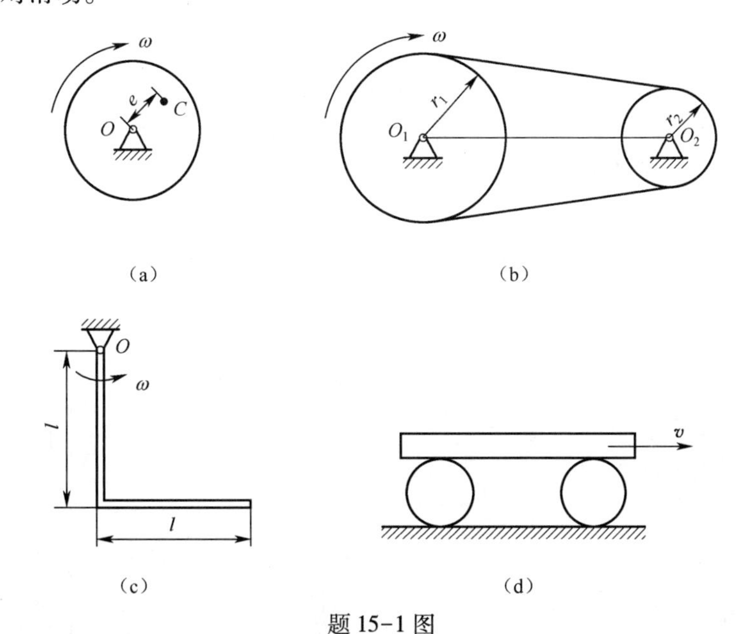

题 15-1 图

15-2　均质椭圆规尺 AB 的质量为 $2m_1$,曲柄 OC 的质量为 m_1,滑块 A、B 的质量均为 m_2。$OC=AC=BC=l$,规尺及曲柄为均质杆,曲柄以等角速度 ω 绕 O 轴转动。求 $\varphi=30°$瞬时系统的动量。

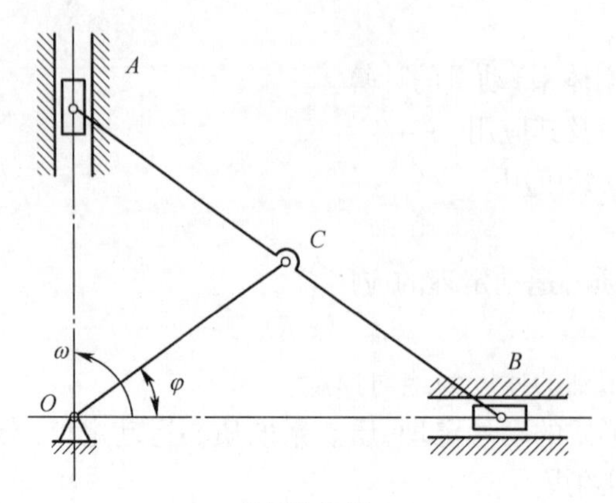

题 15-2 图

15-3 车辆的质量为 100kg，在光滑的直线轨道上以 $v_0 = 1\text{m/s}$ 的速度匀速运动。今有一质量为 50kg 人从高处跳到车上，其速度为 2m/s，与水平成 60°角，如图所示。以后，该人又从车上向后跳下。他跳离车子时相对于车子的速度为 1m/s，方向与水平成 30°角。求人跳离车子后的车速。

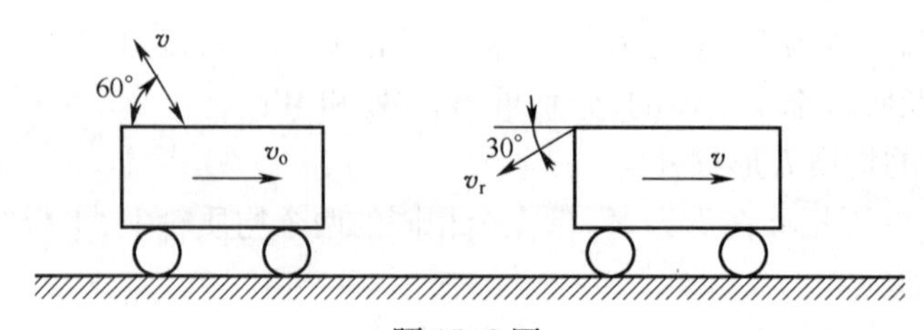

题 15-3 图

15-4 压实土壤的振动器，由两个相同的偏心块和机座组成。机座重 $\boldsymbol{W}_1$，每个偏心块重 $\boldsymbol{W}_2$，偏心距为 e，两偏心块以相同的匀角速 $\boldsymbol{\omega}$ 向相反方向转动，转动时两偏心块的位置对称于中心线。试求振动器在图示位置时对土壤的压力。

15-5 施工中广泛采用喷枪浇注混凝土衬砌。设喷枪口的直径 $D = 80\text{mm}$，喷射速度 $v_1 = 50\text{m/s}$，混凝土的重度 $\gamma = 21.6\text{kN/m}^3$，试求喷浆由于其动量变化而作用于铅直壁面的压力。

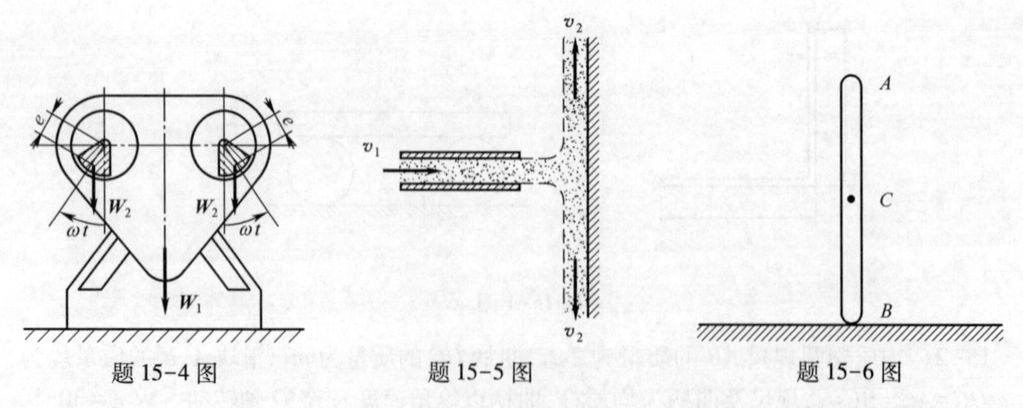

题 15-4 图　　题 15-5 图　　题 15-6 图

15-6 均质杆 AB 长为 l，直立在光滑的水平面上，求它从铅直位置无初速地倒下时

端点 A 的轨迹。

15-7 浮动式起重机吊起质量 $m_1=2000\text{kg}$ 的重物 M，试求起重杆 OA 从与铅垂线成 60°角转到 30°角的位置时，起重机的水平位移。设起重机质量 $m_2=20000\text{kg}$，杆长 $OA=8\text{m}$，开始时系统静止，水的阻力和杆的质量不计。

15-8 质量为 m，半径为 $2R$ 的薄壁圆筒置于光滑的水平面上，在其光滑内壁放一质量为 m，半径为 R 的均质圆柱体，初始时二者静止且质心在同一水平线上。如将圆柱无初速地释放，当圆柱最后停止在圆筒底部时，求圆筒的位移。

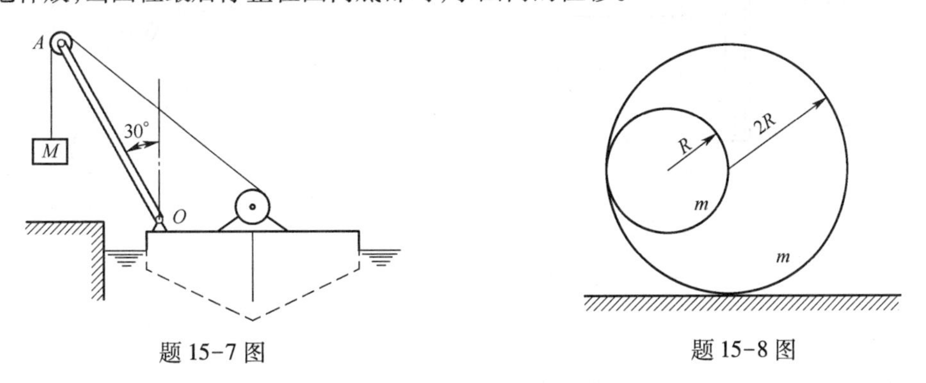

题 15-7 图　　　　题 15-8 图

15-9 质量为 $m=100\text{kg}$ 的四角截头锥 $ABCD$ 放于光滑水平面上，质量分别为 $m_1=20\text{kg}$，$m_2=15\text{kg}$ 和 $m_3=10\text{kg}$ 的三个物块，由一条绕过截头锥的两个滑轮的绳子相连接，如图所示。试求：

(1) 物块 m_1 下降 1m 时，截头锥的水平位移；

(2) 若在 A 处放一木桩，求三个物块运动时，木桩所受的水平力。各接触面均为光滑的，两滑轮的质量不计。

15-10 重为 $\boldsymbol{W}$、长为 $2l$ 的均质杆 OA 绕定轴 O 转动，设在图示瞬时的角速度为 ω，角加速度为 α，求此时轴承 O 对杆的约束反力。

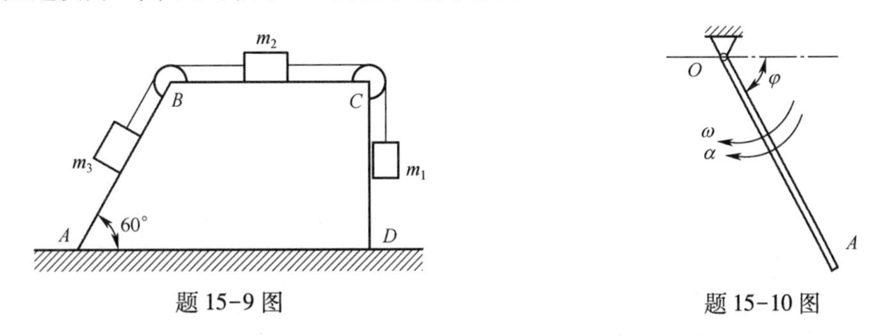

题 15-9 图　　　　题 15-10 图

15-11 在图示曲柄滑杆机构中，曲柄以等角速度 ω 绕 O 轴转动。开始时，曲柄 OA 水平向右。已知：曲柄重 $\boldsymbol{W}_1$，滑块 A 重 $\boldsymbol{W}_2$，滑杆 BD 重 $\boldsymbol{W}_3$；曲柄的重心在 OA 的中点，$OA=l$；滑杆的重心在点 G，而 $BG=l/2$。求：

(1) 系统质心的运动方程；

(2) 作用在点 O 的最大水平力。

15-12 机构如图所示，杆 AB 长 l，一端焊接一小球 A，可在铅直平面内以匀角速度 ω

绕滑块 B 上的点 O 转动，滑块 B 可在水平槽内运动。具有弹性系数为 k 的弹簧一端与滑块 B 相连接，另一端固定。设小球 A 的质量为 m_l，滑块 B 的质量为 m_2，杆 AB 的重量不计。在初瞬时，$\varphi=0$，弹簧恰为自然长度。求滑块的运动微分方程。

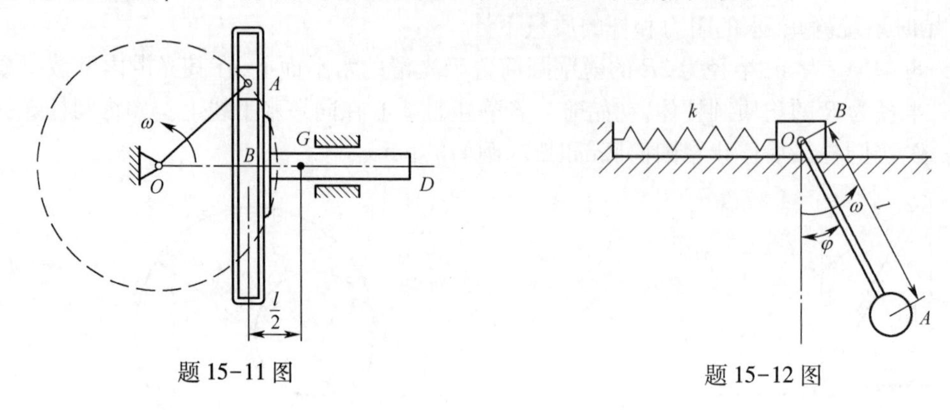

题 15-11 图　　题 15-12 图

第十六章 动量矩定理

动量定理、质心运动定理从整体上说明了质点系动量的改变或质点系质心运动与外力主矢之间的关系。作用在质点系上的外力向某点简化，除主矢外，还有主矩，而动量定理不能反映外力系对某点的主矩对质点系运动的影响。为此，本章引入动量矩定理。动量矩定理建立了质点系对某点的动量矩与作用于其上的外力系对同一点主矩之间的关系。同时建立刚体绕定轴转动微分方程以及刚体的平面运动微分方程。

16.1 质点和质点系的动量矩

一、质点的动量矩

设质点 M 某瞬时的动量为 $m\boldsymbol{v}$，相对某点 O 的矢径为 $\boldsymbol{r}$，如图 16.1 所示。质点 M 的动量对于点 O 的矩，定义为**质点对于点 O 的动量矩**，即

$$\boldsymbol{M}_O(m\boldsymbol{v}) = \boldsymbol{r} \times m\boldsymbol{v} \tag{16.1}$$

质点对于点 O 的动量矩为矢量，它垂直于矢径 $\boldsymbol{r}$ 与动量 $m\boldsymbol{v}$ 所形成的平面，指向按右手法则确定，其大小为

$$|\boldsymbol{M}_O(m\boldsymbol{v})| = mv \cdot r\sin\varphi$$

质点动量 $m\boldsymbol{v}$ 在 Oxy 平面内的投影 $(m\boldsymbol{v})_{xy}$ 对于点 O 的矩定义为**质点动量对于 Oz 轴的矩**，简称对于 Oz 轴的动量矩。

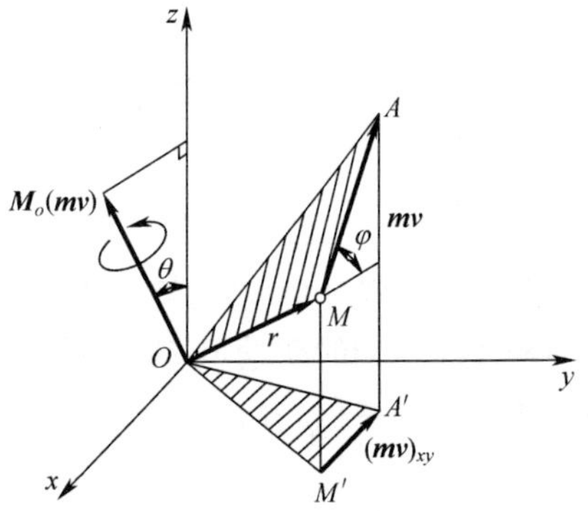

图 16.1

质点对于点 O 的动量矩与对于 Oz 轴的动量矩二者之间的关系，可仿照力对点的矩与力对轴的矩的关系建立，即质点对点 O 的动量矩矢在通过该点的 Oz 轴上的投影，等于质点对 Oz 轴的动量矩，即

$$[\boldsymbol{M}_O(m\boldsymbol{v})]_z = M_z(m\boldsymbol{v}) \tag{16.2}$$

动量矩的单位在国际单位制中为 $\mathrm{kg \cdot m^2/s}$。

二、质点系的动量矩

质点系对某点 O 的动量矩等于各质点对同一点 O 的动量矩的矢量和，用 $\boldsymbol{L}_O$ 表示，即

$$\boldsymbol{L}_O = \sum_{i=1}^{n} \boldsymbol{M}_O(m_i \boldsymbol{v}_i) \tag{16.3}$$

质点系对 z 轴的动量矩等于各质点对同一 z 轴动量矩的代数和,即

$$L_z = \sum_{i=1}^{n} M_z(m_i \boldsymbol{v}_i) \tag{16.4}$$

因 $[\boldsymbol{L}_O]_z = \sum_{i=1}^{n} [\boldsymbol{M}_O(m_i \boldsymbol{v}_i)]_z$,将式(16.3)代入,并注意到式(16.4),得

$$[\boldsymbol{L}_O]_z = L_z \tag{16.5}$$

即质点系对某点 O 的动量矩矢在通过该点的 z 轴上的投影,等于质点系对于该轴的动量矩。

刚体平动时,它对某点 O 的动量矩

$$\begin{aligned}\boldsymbol{L}_O &= \sum_{i=1}^{n} \boldsymbol{M}_O(m_i \boldsymbol{v}_i) = \sum_{i=1}^{n} \boldsymbol{r}_i \times m_i \boldsymbol{v}_i = \sum_{i=1}^{n} m_i \boldsymbol{r}_i \times \boldsymbol{v}_C \\ &= m\boldsymbol{r}_C \times \boldsymbol{v}_C = \boldsymbol{r}_C \times m\boldsymbol{v}_C\end{aligned}$$

即平动刚体对某点 O 的动量矩等于质点系的动量(位于质心)对点 O 的矩。换言之,可将刚体全部质量集中于质心,作为一个质点计算其动量矩。

刚体绕定轴转动是工程中最常见的一种运动,绕 z 轴转动的刚体如图 16.2 所示,它对转轴的动量矩为

$$\begin{aligned}L_z &= \sum_{i=1}^{n} M_z(m_i \boldsymbol{v}_i) = \sum_{i=1}^{n} m_i v_i \cdot r_i \\ &= \sum_{i=1}^{n} m_i \omega r_i \cdot r_i = \omega \sum_{i=1}^{n} m_i r_i^2\end{aligned}$$

记

$$J_z = \sum_{i=1}^{n} m_i r_i^2 \tag{16.6}$$

代入后得

$$L_z = J_z \omega \tag{16.7}$$

J_z 称为**刚体对 Oz 轴的转动惯量**,式(16.7)表明:绕定轴转动刚体对转轴的动量矩,等于刚体对其转轴的转动惯量与转动角速度的乘积。

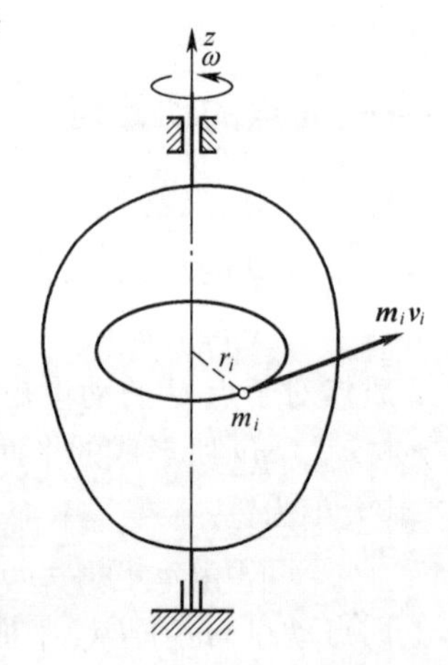

图 16.2

16.2 刚体对轴的转动惯量

刚体对转轴的转动惯量是刚体转动惯性的度量。由式(16.6)知,刚体对某轴(Oz 轴)的转动惯量等于刚体内各质点的质量与该点到 z 轴的垂直距离平方的乘积之和。转动惯量不仅与刚体的质量及刚体的形状(质量分布)有关,而且与转轴的位置有关。因此,同一刚体对于不同转轴的转动惯量是不同的。

当刚体的质量在体内连续分布时,转动惯量的表达式可以写成积分的形式,即

$$J_z = \int_{(m)} r^2 \mathrm{d}m \tag{16.8}$$

因为转动惯量是质量与长度平方的乘积，所以它总是正值。在国际单位制中，转动惯量的单位为 kg·m^2。

工程上，常常根据实际需要选定转动惯量大小不同的构件。例如，为使机器（冲床、剪床等）运动平稳，通常在转轴上安装转动惯量较大的飞轮。而仪表中的指针做的比较轻细，目的是减小转动惯量使它转动灵敏，以提高仪器的灵敏度。工程上常把刚体的转动惯量表示为刚体质量 m 与某一长度 ρ_z 的平方的乘积，即

$$J_z = m\rho_z^2 \tag{16.9}$$

ρ_z 称为刚体对 z 轴的**惯性半径（或回转半径）**，单位为 m 或 cm。它的意义是，设想把刚体的全部质量集中在与 Oz 轴相距为 ρ_z 的点上，则此集中质量对 Oz 轴的转动惯量与原刚体的转动惯量相等。

一、简单形状刚体的转动惯量

1. 均质细直杆的转动惯量

取坐标轴如图 16.3 所示，设均质细长杆长为 l，质量为 m，则该杆单位长度的质量为 $\gamma = m/l$。在杆上取一微段 dx，其质量为 $dm = \gamma dx$。根据式（16.8），此杆对于 Oz 轴的转动惯量为

$$J_z = \int_{(m)} x^2 dm = \int_{-l/2}^{l/2} x^2 \gamma dx = \frac{1}{12} ml^2 \tag{16.10}$$

2. 均质薄圆环的转动惯量

如图 16.4 所示，以圆环中心为坐标原点、圆环平面为 xy 坐标面，坐标轴 Oz 轴为转轴。由于细圆环的内、外半径相差很小，计算时采用平均半径 R。设圆环质量为 m，则圆环单位长度的质量为 $\gamma = m/(2\pi R)$。在圆弧上截取微元 $ds = Rd\theta$，其质量为 $dm = \gamma ds = \gamma R d\theta$。根据式（16.8），此圆环对于 z 轴的转动惯量为

$$J_z = \int_{(m)} R^2 dm = \int_0^{2\pi} \gamma R^3 d\theta = 2\pi\gamma R^3 = mR^2 \tag{16.11}$$

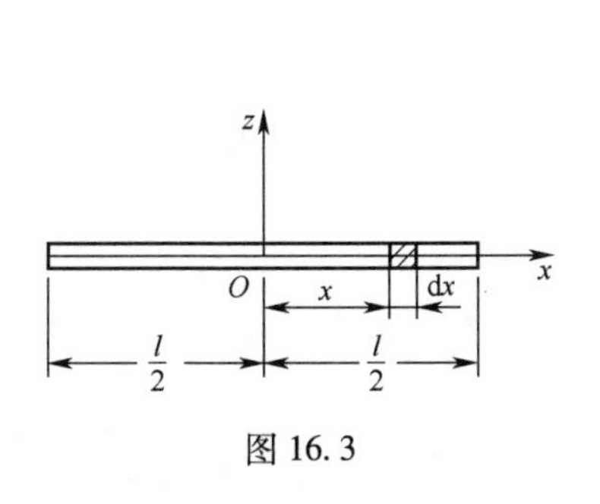

图 16.3

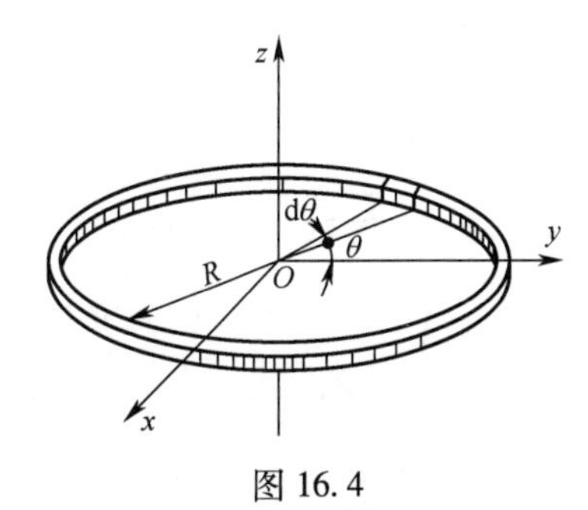

图 16.4

3. 均质圆盘的转动惯量

如图 16.5 所示，以圆板中心为坐标原点，圆板平面为 xy 坐标面（Oz 轴未画出）。薄圆板的厚度忽略不计。设圆板半径为 R，质量为 m，则薄圆板单位面积的质量为 $\gamma = m/(\pi R^2)$。在圆板上取一径向宽度为 dr 的环形微元，其质量为 $dm = \gamma ds = \gamma 2\pi R dr$。根据式（16.8），此圆板对于 Oz 轴的转动惯量为

$$J_z = \int_{(m)} r^2 \mathrm{d}m = \int_0^R 2\pi\gamma r^3 \mathrm{d}r = \frac{1}{2}\pi\gamma R^4 = \frac{1}{2}mR^2 \tag{16.12}$$

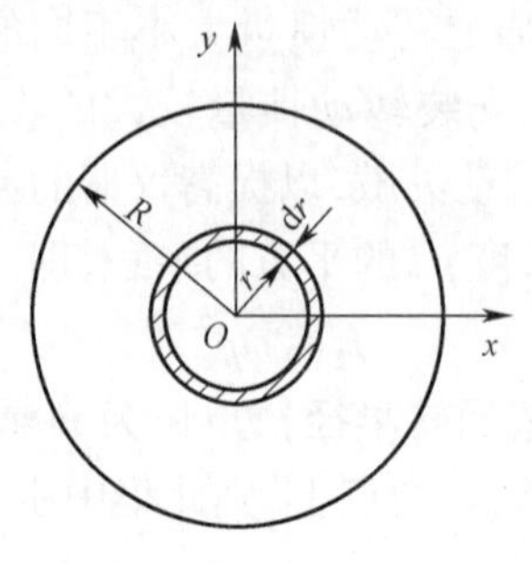

图 16.5

在解题过程中可以直接引用这些物体的转动惯量。表 16.1 列出了部分均质物体的转动惯量的计算公式,一般规则形状的均质物体的转动惯量公式可在有关工程手册中查到。

表 16.1 均质物体的转动惯量

物体的形状	简 图	转动惯量	惯性半径
细直杆		$J_{zC} = \frac{1}{12}ml^2$ $J_z = \frac{1}{3}ml^2$	$\rho_{zC} = \frac{l}{2\sqrt{3}} = 0.289l$ $\rho_z = \frac{l}{\sqrt{3}} = 0.578l$
薄壁圆筒		$J_z = mR^2$	$\rho_z = R$
圆柱		$J_z = \frac{1}{2}mR^2$ $J_x = J_y$ $= \frac{m}{12}(3R^2 + l^2)$	$\rho_z = \frac{R}{\sqrt{2}} = 0.707R$ $\rho_x = \rho_y$ $= \sqrt{\frac{1}{12}(3R^2 + l^2)}$
空心圆柱		$J_z = \frac{1}{2}m(R^2 + r^2)$	$\rho_z = \sqrt{\frac{1}{2}(R^2 + r^2)}$

（续）

物体的形状	简图	转动惯量	惯性半径
薄壁空心球	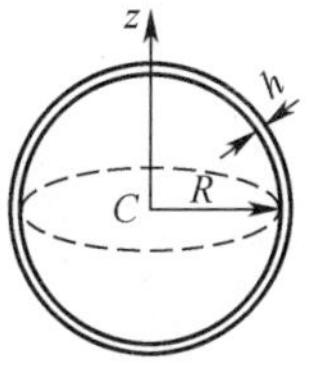	$J_z = \frac{2}{3}mR^2$	$\rho_z = \sqrt{\frac{2}{3}}R = 0.816R$
实心球	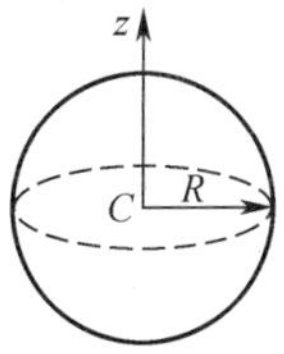	$J_z = \frac{2}{5}mR^2$	$\rho_z = \sqrt{\frac{2}{5}}R = 0.632R$
立方体	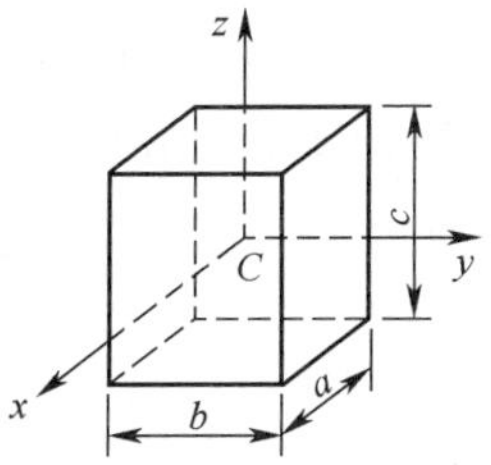	$J_z = \frac{m}{12}(a^2 + b^2)$ $J_y = \frac{m}{12}(a^2 + c^2)$ $J_x = \frac{m}{12}(b^2 + c^2)$	$\rho_z = \sqrt{\frac{1}{12}(a^2 + b^2)}$ $\rho_y = \sqrt{\frac{1}{12}(a^2 + c^2)}$ $\rho_x = \sqrt{\frac{1}{12}(b^2 + c^2)}$
矩形薄板	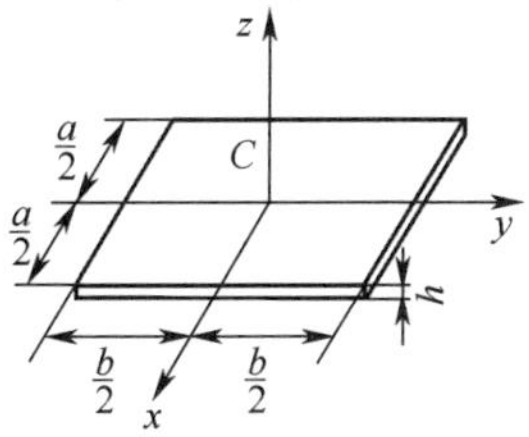	$J_z = \frac{m}{12}(a^2 + b^2)$ $J_y = \frac{m}{12}a^2$ $J_x = \frac{m}{12}b^2$	$\rho_z = \sqrt{\frac{1}{12}(a^2 + b^2)}$ $\rho_y = \sqrt{\frac{1}{12}}a = 0.289a$ $\rho_x = \sqrt{\frac{1}{12}}b = 0.289b$

二、平行轴定理

工程手册中通常只给出物体对于通过其质心的轴（称为质心轴）的转动惯量，而对于与质心轴平行的另一轴的转动惯量可通过下面的平行轴定理方便求得。

如图 16.6 所示，设 C 为刚体的质心，刚体对通过质心的轴（cz_C轴）的转动惯量为 J_{zC}，刚体对于平行于该轴的另一轴（Oz 轴）的转动惯量为 J_z，两轴间距离为 d。分别以 C、O 两点为原点，作直角坐标系 $Cx_Cy_Cz_C$ 和 $Oxyz$，则有

$$J_{zC} = \sum m_i(x_i^2 + y_i^2)$$

$$J_z = \sum m_i[x_i^2 + (y_i + d)^2] = \sum m_i(x_i^2 + y_i^2) + 2d\sum m_iy_i + d^2\sum m_i$$

由质心坐标公式有

$$y_C\sum m_i = \sum m_iy_i$$

当坐标原点取在质心 C 时，$y_C = 0$，$\sum m_i = m$，则有

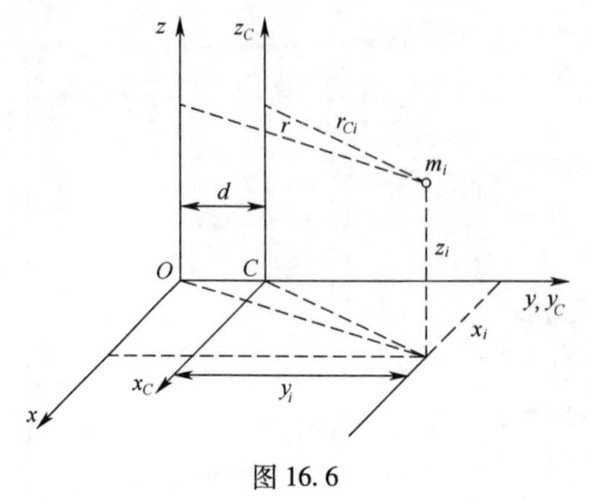

图 16.6

$$J_z = J_{zC} + md^2 \tag{16.13}$$

即刚体对于任一轴的转动惯量等于刚体对于通过质心,并与该轴平行的轴的转动惯量加上刚体的质量与两轴间距离平方的乘积。这就是刚体转动惯量的**平行轴定理**。由平行轴定理可知,刚体对于诸平行轴,以通过质心的轴的转动惯量为最小。

例 16.1 如图所示,质量为 m,长为 l 的均质细直杆。求此杆对于垂直于杆轴且通过杆端 O 的轴 z 的转动惯量。

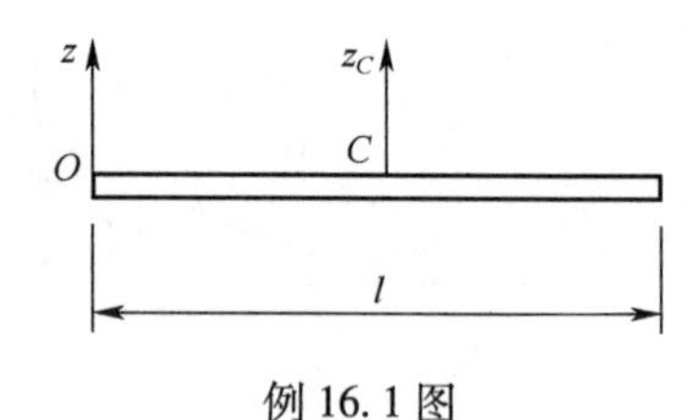

例 16.1 图

解:由式(16.10)知,均质细直杆对于过质心 C 且与杆的轴线相垂直的轴的转动惯量为

$$J_{zC} = \frac{1}{12}ml^2$$

应用平行轴定理,对于 z 轴的转动惯量为

$$J_z = J_{zC} + m\left(\frac{l}{2}\right)^2 = \frac{1}{3}ml^2$$

当物体由几个形状简单的物体组成时,计算整体的转动惯量可先分别计算每一部分的转动惯量,然后再合起来。如果物体有空心的部分,可把这部分质量视为负值处理。

例 16.2 如图所示钟摆,均质细杆 OA 长为 l,质量为 m_1,空心圆盘的内外半径分别为 r 和 R,质量为 m_2。试求钟摆对通过悬挂点 O 的水平轴的转动惯量。

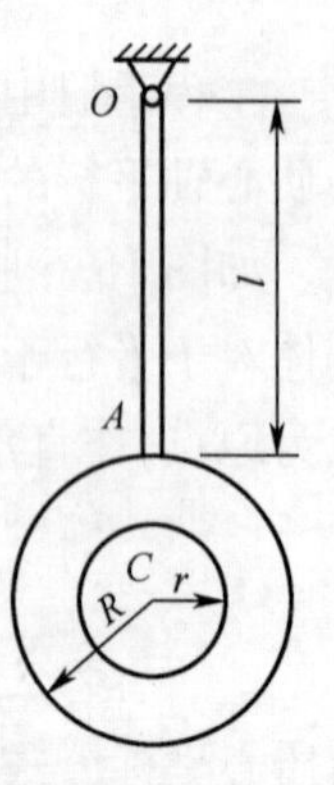

例 16.2 图

解:将钟摆看成由细杆 OA 和空心圆盘 C 组成,它们对 O 轴的转动惯量分别为

$$J_{O1} = \frac{1}{3}m_1l^2$$

$$J_{O2} = \frac{1}{2}m_2(R^2 + r^2) + m_2(R + l)^2$$

则整个钟摆对 O 轴的转动惯量为

$$J_O = J_{O1} + J_{O2} = \frac{1}{3}m_1l^2 + m_2\left[\frac{1}{2}(R^2 + r^2) + (R + l)^2\right]$$

对于形状复杂或非均质物体的转动惯量计算较为复杂,一般采用实验方法求得。

16.3 动量矩定理

一、质点的动量矩定理

设质点对定点 O 的动量矩为 $\boldsymbol{M}_O(m\boldsymbol{v})$,作用力 $\boldsymbol{F}$ 对同一点的矩为 $\boldsymbol{M}_O(\boldsymbol{F})$,如图 16.7 所示。

将动量矩对时间取一次导数,得

$$\frac{\mathrm{d}}{\mathrm{d}t}\boldsymbol{M}_O(m\boldsymbol{v}) = \frac{\mathrm{d}}{\mathrm{d}t}(\boldsymbol{r}\times m\boldsymbol{v}) = \frac{\mathrm{d}\boldsymbol{r}}{\mathrm{d}t}\times m\boldsymbol{v} + \boldsymbol{r}\times\frac{\mathrm{d}}{\mathrm{d}t}(m\boldsymbol{v})$$

式中 $\dfrac{\mathrm{d}\boldsymbol{r}}{\mathrm{d}t}\times m\boldsymbol{v} = \boldsymbol{v}\times m\boldsymbol{v} = 0$, $\dfrac{\mathrm{d}}{\mathrm{d}t}(m\boldsymbol{v}) = \boldsymbol{F}$

于是得

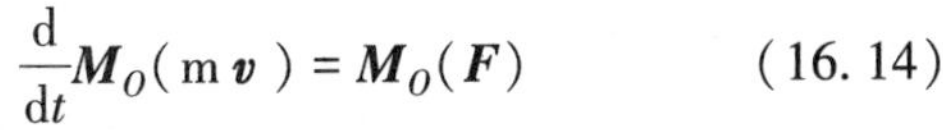

$$\frac{\mathrm{d}}{\mathrm{d}t}\boldsymbol{M}_O(m\boldsymbol{v}) = \boldsymbol{M}_O(\boldsymbol{F}) \tag{16.14}$$

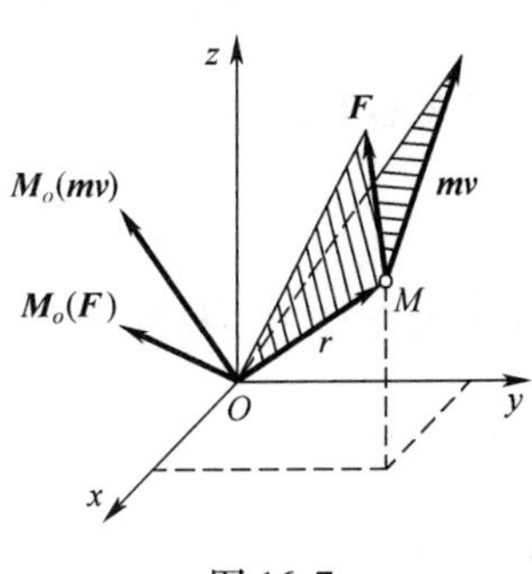

图 16.7

即质点对某定点的动量矩对时间的一阶导数等于作用于质点的力对同一点的矩,这就是**质点的动量矩定理**。

将式(16.14)等号两边向各坐标轴上投影,并根据质点对点的动量矩与对轴的动量矩的关系以及力对点的矩与力对轴的矩的关系,得质点动量矩定理的投影形式:

$$\begin{cases}\dfrac{\mathrm{d}}{\mathrm{d}t}M_x(m\boldsymbol{v}) = M_x(\boldsymbol{F})\\[2ex]\dfrac{\mathrm{d}}{\mathrm{d}t}M_y(m\boldsymbol{v}) = M_y(\boldsymbol{F})\\[2ex]\dfrac{\mathrm{d}}{\mathrm{d}t}M_z(m\boldsymbol{v}) = M_z(\boldsymbol{F})\end{cases} \tag{16.15}$$

即质点对某定轴的动量矩对时间的一阶导数等于作用于质点的力对同一轴的矩。

二、质点动量矩守恒定律

如果作用于质点的力对某定点 O 的矩恒等于零,则由式(16.15)知,质点对该点的动量矩保持不变,即

$$\boldsymbol{M}_O(m\boldsymbol{v}) = 常矢量$$

如果作用于质点的力对某定轴的矩恒等于零,则由式(16.16)知,质点对该轴的动量矩保持不变。例如 $M_z(\boldsymbol{F}) = 0$, 则

$$M_z(m\boldsymbol{v}) = 常量$$

以上结论统称为**质点动量矩守恒定律**。

质点在运动中受到恒指向某定点 O 的力 $\boldsymbol{F}$ 作用,称该质点在**有心力**作用下运动。O 点称为**力心**。行星绕太阳运动、人造卫星绕地球运动等,都属于这种情况。有心力恒通过力心,对力心的矩恒等于零,因此质点在有心力作用下动量矩守恒,即

$$\boldsymbol{M}_O(m\boldsymbol{v})=\boldsymbol{r}\times m\boldsymbol{v}=\text{常矢量}$$

$\boldsymbol{M}_O(m\boldsymbol{v})$ 垂直于 $\boldsymbol{r}$ 与 $m\boldsymbol{v}$ 所确定的平面,既然 $\boldsymbol{M}_O(m\boldsymbol{v})$ 是常矢量,大小、方向始终不变,于是 $\boldsymbol{r}$ 和 $m\boldsymbol{v}$ 始终在同一平面内,因此质点在有心力作用下运动的轨迹是一平面曲线。

三、质点系的动量矩定理

设质点系内有 n 个质点,作用于每个质点的力可分为内力 $\boldsymbol{F}_i^{(\mathrm{i})}$ 和外力 $\boldsymbol{F}_i^{(\mathrm{e})}$ 。根据质点的动量矩定理有

$$\frac{\mathrm{d}}{\mathrm{d}t}\boldsymbol{M}_O(m_i\boldsymbol{v}_i)=\boldsymbol{M}_O(\boldsymbol{F}_i^{(\mathrm{i})})+\boldsymbol{M}_O(\boldsymbol{F}_i^{(\mathrm{e})})\qquad(i=1,2,\cdots,n)$$

将 n 个方程相加得

$$\sum_{i=1}^{n}\frac{\mathrm{d}}{\mathrm{d}t}\boldsymbol{M}_O(m_i\boldsymbol{v}_i)=\sum_{i=1}^{n}\boldsymbol{M}_O(\boldsymbol{F}_i^{(\mathrm{i})})+\sum_{i=1}^{n}\boldsymbol{M}_O(\boldsymbol{F}_i^{(\mathrm{e})})$$

由于内力总是大小相等,方向相反地成对出现,因此上式右端的第一项

$$\sum_{i=1}^{n}\boldsymbol{M}_O(\boldsymbol{F}_i^{(\mathrm{i})})=0$$

上式左端为

$$\sum_{i=1}^{n}\frac{\mathrm{d}}{\mathrm{d}t}\boldsymbol{M}_O(m_i\boldsymbol{v}_i)=\frac{\mathrm{d}}{\mathrm{d}t}\sum_{i=1}^{n}\boldsymbol{M}_O(m_i\boldsymbol{v}_i)=\frac{\mathrm{d}}{\mathrm{d}t}\boldsymbol{L}_O$$

于是得

$$\frac{\mathrm{d}}{\mathrm{d}t}\boldsymbol{L}_O=\sum_{i=1}^{n}\boldsymbol{M}_O(\boldsymbol{F}_i^{(\mathrm{e})})\tag{16.16}$$

即质点系对于某定点 O 的动量矩对于时间的一阶导数,等于作用于质点系的外力对同一点的矩的矢量和(或外力系对点 O 的主矩)。这就是**质点系动量矩定理**。同前所述(第十五章),动量矩定理的数学表达式或条件陈述中,均只考虑外力,而与内力无关。因此为了书写方便,把外力的上标(e)省去。

在具体应用时,常取其在直角坐标系上的投影式

$$\left\{\begin{aligned}\frac{\mathrm{d}}{\mathrm{d}t}L_x&=\sum M_x(\boldsymbol{F}_i)\\\frac{\mathrm{d}}{\mathrm{d}t}L_y&=\sum M_y(\boldsymbol{F}_i)\\\frac{\mathrm{d}}{\mathrm{d}t}L_z&=\sum M_z(\boldsymbol{F}_i)\end{aligned}\right.\tag{16.17}$$

即质点系对于某定轴的动量矩对于时间的一阶导数,等于作用于质点系的外力对同一轴的矩的代数和。

四、质点系动量矩守恒定律

由质点系动量矩定理可知:质点系的内力不能改变质点系的动量矩,只有作用于质点系的外力才能使质点系的动量矩发生变化。当外力系对于某定点(或某定轴)的主矩(或力矩的代数和)等于零时,质点系对该点(或该轴)的动量矩保持不变。这就是**质点系动**

量矩守恒定律。

必须指出，上述动量矩定理的表达形式只适用于对固定点或固定轴。对于一般的动点或动轴，其动量矩定理具有更复杂的表达式，本书不讨论这类问题。

例 16.3 半径为 r、重为 $\boldsymbol{W}$ 的滑轮可绕定轴 O 转动，在滑轮上绕一柔软的绳子，其两端各系一重为 $\boldsymbol{W}_A$ 和 $\boldsymbol{W}_B$ 的重物 A 和 B，且 $\boldsymbol{W}_A>\boldsymbol{W}_B$，如图 16.10 所示。设滑轮的质量均匀分布在圆周上（即将滑轮视为圆环），求此两重物的加速度和滑轮的角加速度。

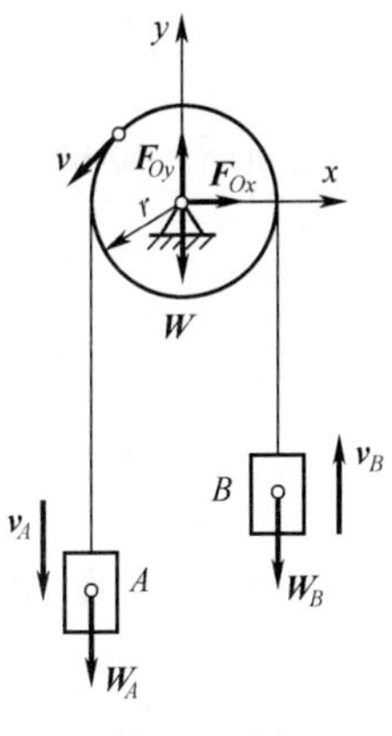

例 16.3 图

解：取滑轮及两重物为研究对象。设重物速度大小为 v，即 $v_A=v_B=v$，则质点系对于转轴 O 的动量矩为

$$L_O=\frac{W_A}{g}vr+\frac{W_B}{g}vr+J_O\omega$$

而 $J_O=\dfrac{W}{g}r^2,\omega=\dfrac{v}{r}$，代入上式后，则得

$$L_O=\frac{vr}{g}(W+W_A+W_B)$$

作用于质点系的外力有重力 $\boldsymbol{W}$、$\boldsymbol{W}_A$、$\boldsymbol{W}_B$ 和轴承反力 $\boldsymbol{F}_{Ox}$、$\boldsymbol{F}_{Oy}$，则所有外力对于转轴 O 之矩的代数和为

$$\sum M_O(\boldsymbol{F})=(W_A-W_B)r$$

由质点系的动量矩定理得

$$\frac{r}{g}(W+W_A+W_B)\frac{\mathrm{d}v}{\mathrm{d}t}=r(W_A-W_B)$$

于是两重物 A 和 B 的加速度为

$$a=\frac{\mathrm{d}v}{\mathrm{d}t}=\frac{W_A-W_B}{W+W_A+W_B}g$$

而滑轮的角加速度为

$$\alpha=\frac{a}{r}=\frac{W_A-W_B}{W+W_A+W_B}\,\frac{g}{r}$$

例 16.4 水平杆 AB 长为 $2a$，可绕铅垂轴 z 转动，其两端各用铰链与长为 l 的杆 AC 及 BD 相连，杆端各连接重为 W 的小球 C 和 D。起初两小球用细线相连，使杆 AC 与 BD 均为铅垂，系统绕 z 轴的角速度为 ω_0。如某瞬时此细线拉断后，杆 AC 与 BD 各与铅垂线成 θ 角，如图 16.11 所示。不计各杆重量，求这时系统的角速度。

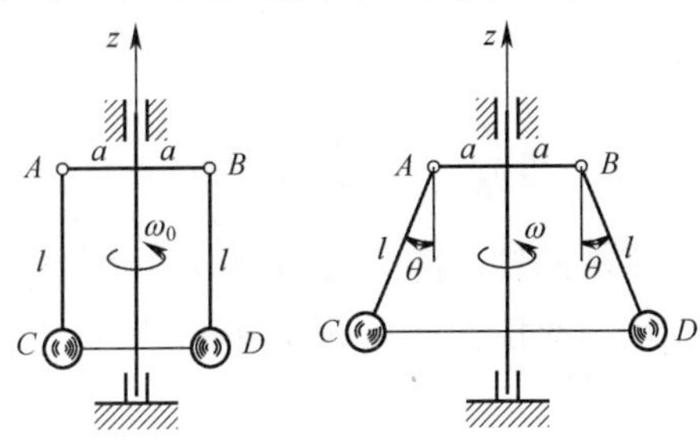

例 16.4 图

解:取整个系统为研究对象。系统所受外力有两小球的重力及轴承的约束反力,这些力对 z 轴之矩都等于零。所以系统对 z 轴的动量矩守恒。

开始时系统的动量矩为

$$L_{z1} = 2\left(\frac{W}{g}a\omega_0\right)a = 2\frac{W}{g}a^2\omega_0$$

细线拉断后的动量矩为

$$L_{z2} = 2\frac{W}{g}(a + l\sin\theta)^2\omega$$

由 $L_{z1} = l_{z2}$,有

$$2\frac{W}{g}a^2\omega_0 = 2\frac{W}{g}(a + l\sin\theta)^2\omega$$

由此求出细线拉断后的角速度

$$\omega = \frac{a^2}{(a + l\sin\theta)^2}\omega_0$$

16.4 刚体定轴转动的运动微分方程

现在把质点系的动量矩定理应用于工程中常见的刚体绕定轴转动的情形。

设刚体上作用主动力 $\boldsymbol{F}_1,\boldsymbol{F}_2,\cdots,\boldsymbol{F}_n$ 和轴承反力 $\boldsymbol{F}_{N1}$,$\boldsymbol{F}_{N2}$,如图16.8所示,这些力都是外力。已知刚体对于 z 轴的转动惯量为 J_z,角速度为 ω,则刚体对于 z 轴的动量矩为 $J_z\omega$。

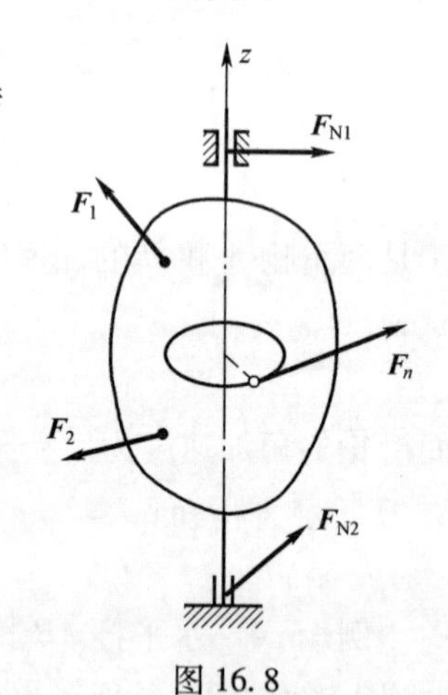

图16.8

根据质点系对 z 轴的动量矩定理有

$$\frac{\mathrm{d}}{\mathrm{d}t}(J_z\omega) = \sum M_z(\boldsymbol{F}) = \sum_{i=1}^{n} M_z(\boldsymbol{F}_i) + \sum_{i=1}^{2} M_z(\boldsymbol{F}_{\mathrm{N}i})$$

由于轴承约束反力对于 z 轴的力矩等于零,于是有

$$\frac{\mathrm{d}}{\mathrm{d}t}(J_z\omega) = \sum_{i=1}^{n} M_z(\boldsymbol{F}_i)$$

或

$$J_z\frac{\mathrm{d}\omega}{\mathrm{d}t} = \sum_{i=1}^{n} M_z(\boldsymbol{F}_i) \tag{16.18}$$

上式也可写成

$$J_z\alpha = \sum_{i=1}^{n} M_z(\boldsymbol{F}_i) \tag{16.19}$$

$$J_z\frac{\mathrm{d}^2\varphi}{\mathrm{d}t^2} = \sum_{i=1}^{n} M_z(\boldsymbol{F}_i) \tag{16.20}$$

以上各式均称为**刚体绕定轴的转动微分方程**,即刚体对定轴的转动惯量与角加速度的乘积等于作用于刚体的主动力对该轴的矩的代数和。

由以上各式可知:

(1) 如果作用于刚体的主动力对转轴的矩的代数和不等于零,则刚体的转动状态一

定发生变化。由于约束力对 z 轴的力矩为零,所以方程中只需考虑主动力的矩。

(2) 如果作用于刚体的主动力对转轴的矩的代数和等于零,则刚体作匀速转动。如果主动力对转轴的矩的代数和为恒量,则刚体作匀变速转动。

(3) 在一定时间间隔内,当主动力对转轴的矩一定时,刚体的转动惯量越大,其转动状态变化越小;转动惯量越小,其转动状态变化越大。因此,转动惯量是刚体转动惯性的度量。

比较刚体转动微分方程与质点运动微分方程

$$J_z\alpha = \sum M_z(\boldsymbol{F}), m\boldsymbol{a} = \sum \boldsymbol{F}$$

它们的形式完全相似。因此刚体的转动微分方程可以解决刚体绕定轴转动的两类动力学问题:

(1) 已知刚体的转动规律,求作用于刚体的主动力;

(2) 已知作用于刚体的主动力,求刚体的转动规律。

例 16.5 飞轮由直流电机带动如图所示,电机从静止开始启动,其转动力矩与角速度的函数关系为

$$M = M_0\left(1 - \frac{\omega}{\omega_1}\right)$$

式中,M_0是电机启动时($\omega=0$)的力矩;ω_1是空转($M=0$)时的角速度。设电机转子及飞轮对转轴 z 总的转动惯量为 J_z,总的阻力矩 M_T=常量。试求启动后飞轮角速度随时间的变化规律。

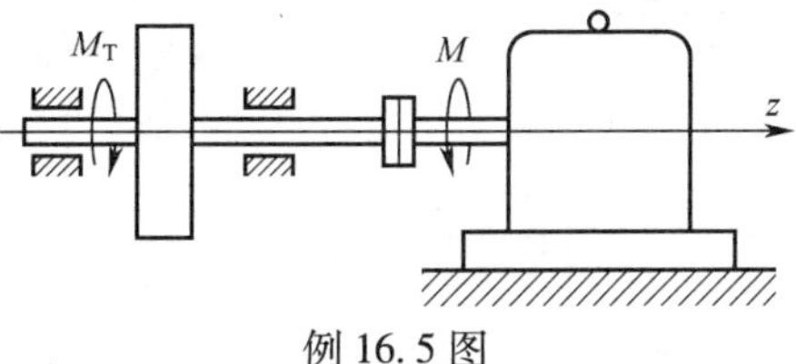

例 16.5 图

解:取电机转子和飞轮等转动部件为研究对象。除各部件的重力和轴承的约束反力(以上各力对转轴 z 的力矩均等于零,图中未画出)外,还有主动力矩 M,阻力矩 M_T。

飞轮在电机的带动下二者绕同一轴 z 转动。应用定轴转动微分方程求解。由式(16.19),得

$$J_z\frac{d\omega}{dt} = M - M_T$$

代入 $M = M_0\left(1 - \dfrac{\omega}{\omega_1}\right)$,得

$$J_z\frac{d\omega}{dt} = (M_0 - M_T) - \frac{M_0}{\omega_1}\omega$$

式中正、负号的规定,以实际转向为正,则 M 应取正号,M_T应取负号。为计算方便,令

$$m = \frac{M_0 - M_T}{J_z}, n = \frac{M_0}{J_z\omega_1}$$

则上式可写为

$$\frac{d\omega}{dt} = m - n\omega$$

等式两端同乘以 n,分离变量作定积分,并注意到 $t=0$ 时,$\omega = 0$,有

$$\int_0^{\omega} \frac{n\mathrm{d}\omega}{m - n\omega} = \int_0^t n\mathrm{d}t$$

得

$$-\ln \frac{m - n\omega}{m} = nt$$

即

$$\frac{m - n\omega}{m} = \mathrm{e}^{-nt}$$

由此解得

$$\omega = \frac{m}{n}(1 - \mathrm{e}^{-nt}) = \left(1 - \frac{M_{\mathrm{T}}}{M_0}\right)\omega_1(1 - \mathrm{e}^{-\frac{M_0}{J_z\omega_1}t})$$

可见,经过较长时间后,$\mathrm{e}^{-\frac{M_0}{J_z\omega_1}t} \ll 1$,此项可略去,则角速度趋于常量,其值为

$$\omega = \left(1 - \frac{M_{\mathrm{T}}}{M_0}\right)\omega_1$$

例 16.6 传动轴如图(a)所示,设Ⅰ轴和Ⅱ轴的转动惯量分别为 J_1 和 J_2,两轴的传动比 $i_{12}=R_2/R_1$,式中,R_1、R_2 为两齿轮的半径。今在Ⅰ轴上作用一力矩 M_1,求Ⅰ轴的角加速度。轴承中的摩擦力矩可忽略不计。

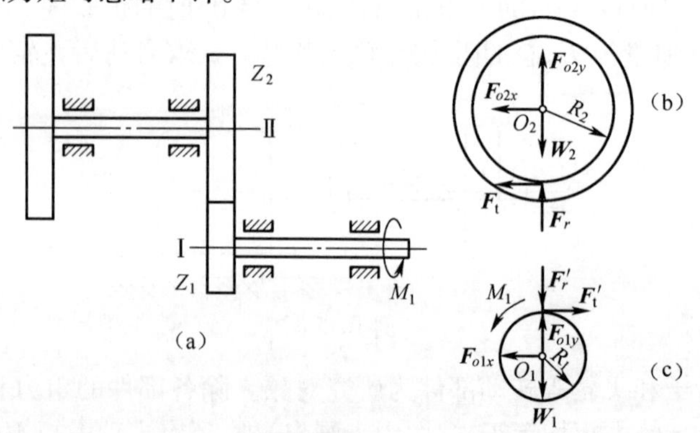

例 16.6 图

解:此题是多轴系统。分别选取Ⅰ轴和Ⅱ轴(包括轴上的齿轮和飞轮)为研究对象。Ⅰ轴与Ⅱ轴的受力图如图(b)、(c)所示。

Ⅰ轴与Ⅱ轴均是定轴转动,由式(16.20)

对Ⅰ轴: $$J_1\alpha_1 = M_1 - F'_tR_1 \qquad \text{(a)}$$

对Ⅱ轴: $$J_2\alpha_2 = F_tR_2 \qquad \text{(b)}$$

由式(b)得

$$F_t = \frac{J_2\alpha_2}{R_2}$$

$F'_t = F_t$,代入式(a)得

$$J_1\alpha_1 = M_1 - \frac{R_1}{R_2}J_2\alpha_2 \qquad \text{(c)}$$

又

$$i_{12} = \frac{\omega_1}{\omega_2} = \frac{R_2}{R_1}$$

故
$$\frac{R_1}{R_2}=\frac{1}{i_{12}} \tag{d}$$

又 $\frac{\alpha_2}{\alpha_1}=\frac{R_1}{R_2}=\frac{1}{i_{12}}$（这可由 $R_1\omega_1=R_2\omega_2$ 对 t 求导即得）

故
$$\alpha_2=\frac{1}{i_{12}}\alpha_1 \tag{e}$$

将式(d)、式(e)代入式(c)，得

$$J_1\alpha_1=M_1-\frac{1}{i_{12}^2}J_2\alpha_1$$

故
$$M_1=\left(J_1+\frac{1}{i_{12}^2}J_2\right)\alpha_1$$

即
$$\alpha_1=\frac{M_1}{J_1+\frac{1}{i_{12}^2}J_2}$$

该题也可采用动能定理更简单求出。

16.5 刚体的平面运动微分方程

在刚体平面运动中，一般将刚体的平面运动分解为随同基点的平动和绕基点的转动，刚体的运动情况完全可由基点的运动方程和绕基点的转动方程来描述。在运动学里，基点可任意选取。在动力学研究中，必须将刚体的运动和它所受的力联系起来。此时，只有把刚体质心的运动与外力的主矢联系起来；然后将刚体的转动与外力系的主矩联系起来。因此，在动力学中必须选取质心作为基点。

设作用在刚体上的外力系可向质心所在运动平面简化为一平面力系 $\boldsymbol{F}_1,\boldsymbol{F}_2,\boldsymbol{F}_3,\cdots,\boldsymbol{F}_n$，质心的加速度为 $\boldsymbol{a}_C$，绕质心转动的角加速度为 α，类似于刚体基本运动的微分方程，得

$$\begin{cases} m\boldsymbol{a}_C=\sum\boldsymbol{F} \\ \frac{\mathrm{d}}{\mathrm{d}t}J_C\omega=J_C\alpha=\sum M_C(\boldsymbol{F}) \end{cases} \tag{16.21}$$

将式(16.21)中第一式向两坐标轴上投影，得刚体的平面运动微分方程式为

$$\begin{cases} m\frac{\mathrm{d}^2x_C}{\mathrm{d}t^2}=\sum F_x \\ m\frac{\mathrm{d}^2y_C}{\mathrm{d}t^2}=\sum F_y \\ J_C\frac{\mathrm{d}^2\varphi}{\mathrm{d}t^2}=\sum M_C(\boldsymbol{F}) \end{cases} \tag{16.22}$$

式(16.22)中的三个独立方程恰好等于平面运动的自由度数(三个)，它可以用来求解动力学的两大类问题。但是在工程实际中，许多系统是由多个平面运动刚体组成的，未

知量相应增加很多,除对每个刚体分别应用这三个动力学方程之外,还要根据具体的约束条件寻找运动和力的补充方程才能求解。

例 16.7 匀质圆轮半径为 r,重为 $\boldsymbol{W}$,沿倾角为 θ 的粗糙斜面向下作纯滚动,如图例 16.7、例 16.15 所示。试求质心 C 的加速度。如已知斜面的摩擦系数为 f_s,问倾角 θ 应为多少才能确保圆轮不滑动。

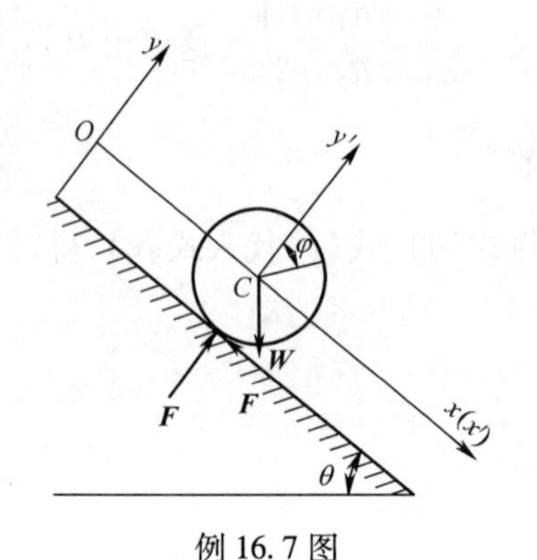

例 16.7 图

解:取圆轮为研究对象。圆轮作平面运动,其轮心 C 作直线运动。建立如图所示坐标系,由运动学知

$$\frac{\mathrm{d}^2 y_C}{\mathrm{d}t^2}=0,\frac{\mathrm{d}^2 x_C}{\mathrm{d}t^2}=r\frac{\mathrm{d}^2\varphi}{\mathrm{d}t^2}=a_C$$

圆轮所受的力有主动力 $\boldsymbol{W}$,斜面法向反力 $\boldsymbol{F}_\mathrm{N}$,摩擦力 $\boldsymbol{F}_\mathrm{s}$,方向如图所示。圆轮对中心轴的转动惯量为

$$J_C=\frac{W}{2g}r^2$$

由平面运动微分方程得

$$\begin{cases}\dfrac{W}{g}a_C=W\sin\theta-F_\mathrm{s}\\0=F_\mathrm{N}-W\cos\theta\\\left(\dfrac{W}{2g}r^2\right)\dfrac{a_C}{r}=F_\mathrm{s}r\end{cases}$$

解方程得

$$\begin{cases}a_C=\dfrac{2}{3}g\sin\theta\\F_\mathrm{N}=W\cos\theta\\F_\mathrm{s}=\dfrac{1}{3}W\sin\theta\end{cases}$$

根据摩擦力性质知,圆轮不产生滑动的条件应为 $F_\mathrm{s}\leqslant f_\mathrm{s}F_\mathrm{N}$,即

$$\frac{1}{3}W\sin\theta\leqslant f_\mathrm{s}W\cos\theta$$

于是知,当

$$\theta\leqslant\arctan 3f_\mathrm{s}$$

圆轮才不致于滑动。

本 章 小 结

一、本章基本要求

1. 理解质点系(刚体、刚体系)的动量矩,质点系(刚体、刚体系)对某轴的转动惯量等概念。

2. 熟练掌握质点系对某定点(轴)的动量矩计算方法,根据刚体(系)的运动计算刚体(系)对某点(轴)和质心的动量矩,会用定义、平行移轴定理和组合法(分割法)计算刚体对某轴的转动惯量。

3. 能熟练地应用质点系的动量矩定理(包括动量矩守恒定律)和刚体绕定轴转动微分方程求解动力学问题。

4. 能熟练应用刚体平面运动微分方程求解刚体的动力学问题。

二、本章重点

1. 质点系(刚体、刚体系)动量矩、转转惯量的计算。

2. 质点系的动量矩定理及其应用。

3. 刚体绕定轴转动微分方程以及刚体平面运动微分方程及其应用。

三、本章难点

1. 质点系(刚体、刚体系)对某定点(轴)动量矩的计算。

2. 质点系的动量矩定理以及刚体平面运动微分方程的应用。

3. 建立复杂的运动学补充方程。

四、学习建议

1. 注意动量矩中所用到的速度、角速度均为绝对速度、绝对角速度。

2. 通过复习力对点之矩的计算引出动量对点之矩——动量矩的概念。

3. 注意刚体对定点(轴)的动量矩的计算与刚体的运动有关。

4. 清楚了解应用动量矩定理、刚体绕定轴转动微分方程解题的关键是会正确地构造出等式两端的各项,多做相应的练习。

5. 清楚如何选取研究对象建立刚体的平面运动微分方程,如何利用运动学条件加列补充方程。

习　　题

16-1　试求图示各均质物体(质量均为 m)对 O(或 z)轴的动量矩。

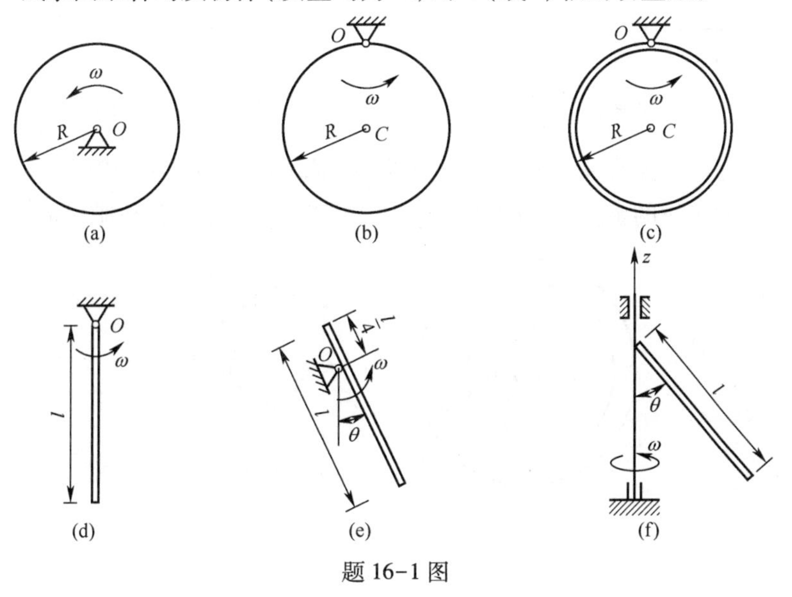

题 16-1 图

16-2 均质 L 形细钢杆如图所示，平行于 y 轴的 AB 段的质量为 m_1，长为 l_1，平行于 z 轴的 BC 段的质量为 m_2，长为 l_2，钢杆以角速度 ω 绕 Oz 轴转动。试求 L 形杆对 Oz 轴的动量矩。

16-3 试求图示各系统对 O 轴的动量矩。已知 $\theta=30°$，角速度为 ω。(1)长为 l、质量为 m_1 的均质杆 OA 与半径为 R，质量为 m_2 的均质圆盘固连；(2)若上一问中，均质杆与均质圆盘在 A 点(圆心)铰接。提示：圆盘作平动。

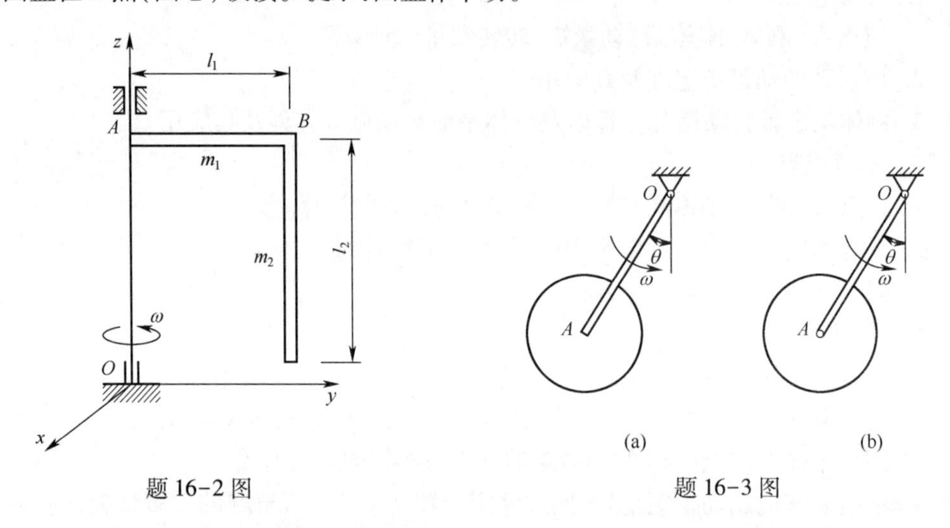

题 16-2 图　　　　　　　　　　题 16-3 图

16-4 质量为 M 的均质 L 形细杆如图所示。试求对 O 轴的转动惯量 J_O。

16-5 半径为 R、质量为 m 的均质薄圆盘如图所示。试求 J_x 和 J_{x1}。

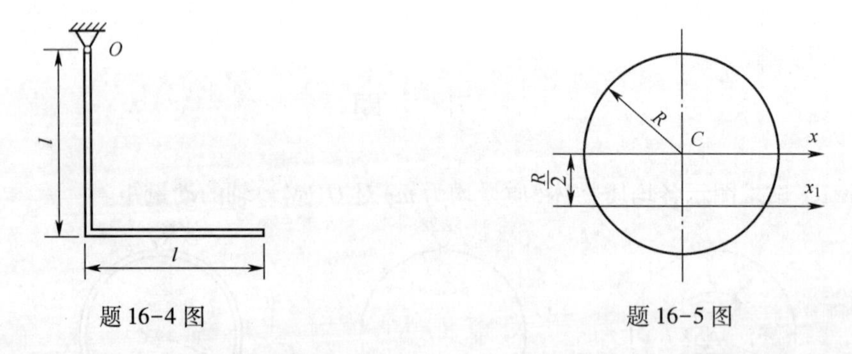

题 16-4 图　　　　　　　　　　题 16-5 图

16-6 飞轮如图所示，$d_1=40\text{mm}$，$d_2=100\text{mm}$，$d_3=400\text{mm}$，$d_4=480\text{mm}$，$t_1=20\text{mm}$，$t_2=60\text{mm}$，$a=20\text{mm}$，飞轮的密度 $\rho=7800\text{kg/m}^3$。求飞轮对 Oz 轴的转动惯量 J_z。

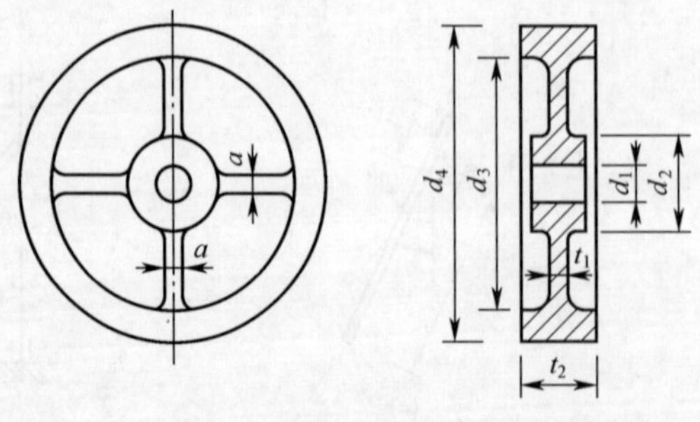

题 16-6 图

16-7 两个质量分别为 $m_1=40\text{kg}$,$m_2=120\text{kg}$ 的小球,固连在质量略去不计的细直杆的两端,杆长 20cm,小球可视为质点,试问对通过杆上一点且垂直于杆的转轴来说,转轴在什么位置使得系统的转动惯量最小。

16-8 高炉运送矿石用的卷扬机如图所示。已知鼓轮的半径为 R,重为 $\boldsymbol{W}_1$,在铅垂平面内绕水平的定轴 O 转动。小车和矿石总重量为 $\boldsymbol{W}_2$,作用在鼓轮上的力矩为 M,轨道的倾角为 φ。设绳的重量和各处的摩擦均忽略不计。鼓轮对中心轴 O 的转动惯量为 J。求小车的加速度 $\boldsymbol{a}$。

16-9 质量为 m 的小球 M,系在细绳上,细绳的另一端穿过光滑水平面上的小孔 O,如图所示。令小球以速度$\boldsymbol{v}_0$在水平面上沿半径为 r 的圆周作匀速运动。如将细绳下拉,使圆周半径缩小为 $r/2$。试求此时小球的速度$\boldsymbol{v}$ 和细绳的拉力 $\boldsymbol{F}_{\mathrm{T}}$。

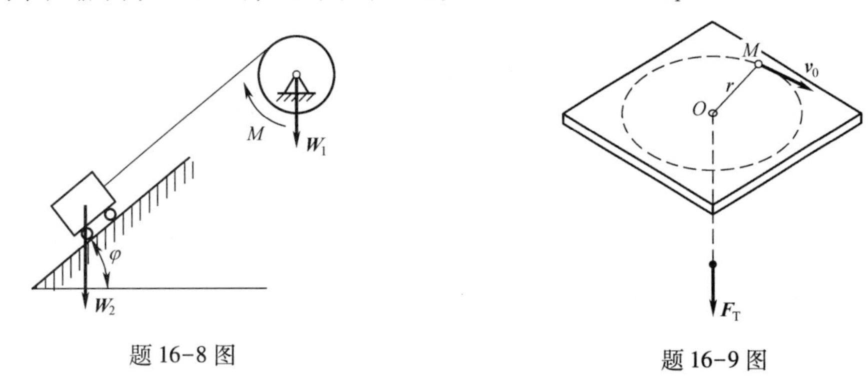

题 16-8 图　　　　题 16-9 图

16-10 质量为 m 的杆 AB,可在质量也是 m 的管 CD 内自由滑动,管 CD 可绕铅直轴 z 转动。杆 AB 和管 CD 的长度相等,均可看作均质杆。当杆全部在管内时(两者质心重合),系统的角速度为 ω_0。不计摩擦。试求当杆 AB 的质心运动到管 CD 的 C 端时,系统的角速度。

16-11 图示系统中不可伸长绳子的一端吊一重物 A,另一端绕过定滑轮 O 作用一力 $\boldsymbol{F}$。绳子质量不计,且绳子与滑轮间保持无滑动。试分析滑轮两边绳子的张力 $\boldsymbol{F}_{\mathrm{T1}}$、$\boldsymbol{F}_{\mathrm{T2}}$在哪些情况下相等。

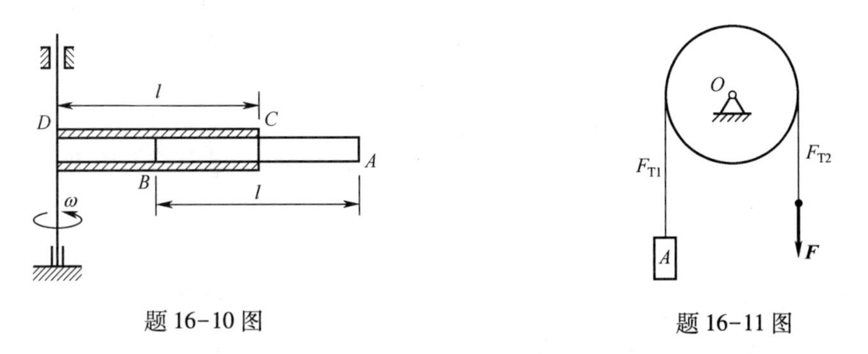

题 16-10 图　　　　题 16-11 图

16-12 半径分别为 $R=0.4\text{m}$ 和 $r=0.2\text{m}$ 的两个滑轮固结在一起,总质量 $m_1=90\text{kg}$,可绕 O 轴自由转动,其对 O 轴的回转半径 $\rho=0.3\text{m}$,缠在滑轮上的两条绳子各挂一质量 $m_2=20\text{kg}$ 的相同重物 A、B,如图所示。试求重物 A 的加速度。轴承处的摩擦和绳子质量均不计。

16-13 图示卷扬机,转子 C 和滑轮 O 的半径分别为 r 和 R,对转轴的转动惯量分别

为 J_2 和 J_1。物体 A 重为 $\boldsymbol{W}$，在转子 C 上作用一常力矩 $\boldsymbol{M}$。试求物体 A 上升的加速度。

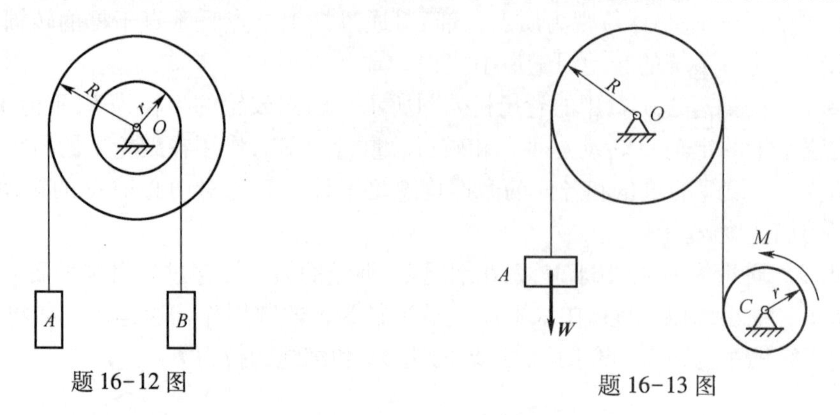

题 16-12 图　　　　题 16-13 图

16-14　均质圆盘重为 $\boldsymbol{W}$，半径为 r，以角速度 ω 绕水平轴转动。今在制动杆的一端施加铅垂力 $\boldsymbol{F}$，以使圆盘停止转动，设圆盘与摩擦块之间的摩擦因数 f，问圆盘转动多少转之后才停止转动，轴承的摩擦及闸块的厚度不计。

16-15　通风机的风扇转动部分对于转轴 O 的转动惯量为 J，以初角速度 ω_0 转动，空气阻力矩为 $M = a\omega$，其中 a 为比例系数。问经过多少时间角速度减小为初角速度的一半，在此时间内共转了多少转？

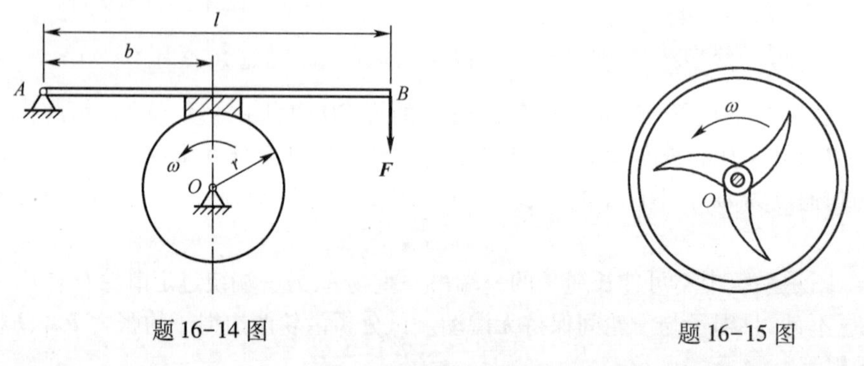

题 16-14 图　　　　题 16-15 图

16-16　皮带传动装置如图所示。轮 Ⅰ 上作用一力矩 M，两轮的转动惯量分别为 J_1 和 J_2，半径分别为 r 和 R，不计轴承摩擦。试求轮 Ⅰ 和轮 Ⅱ 的角加速度。

16-17　均质圆轮 A 重 W_1，半径为 r_1，以角速度 ω 绕 OA 杆的 A 端转动，此时将轮放置在重为 W_2，半径为 r_2 的均质圆轮 B 上。B 轮原为静止，但可绕其几何轴自由转动，放置后 A 轮的重量由 B 轮支承。略去轴承的摩擦与 OA 杆的重量，并设两轮的摩擦系数为 f。问自 A 轮放于 B 轮上到两轮之间没有相对滑动为止，经过了多少时间？

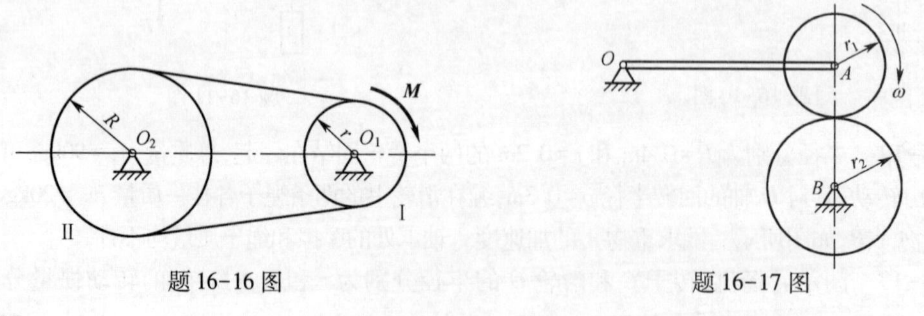

题 16-16 图　　　　题 16-17 图

16-18 均质细杆 AB 重为 W，长为 l，可绕 A 轴自由转动，在 D 点悬挂于刚度系数为 k 的弹簧上，如图所示。当 AB 水平时为其静平衡位置。试求 AB 杆微振动的微分方程。

16-19 某飞轮以转速 $n=250\text{r/min}$ 匀速转动，欲使它在 1.5s 内停止转动，如制动力矩为常量。试求此力矩的大小。已知飞轮对轴的转动惯量 $J=1.17\text{kg}\cdot\text{m}^2$。

16-20 图示的摆由半径 $R=150\text{mm}$、质量 $m_1=20\text{kg}$ 的球和长 $l=400\text{mm}$、质量 $m_2=5\text{kg}$ 的细直杆组成。试求当绳索 AB 切断的瞬时轴承 O 的约束反力。

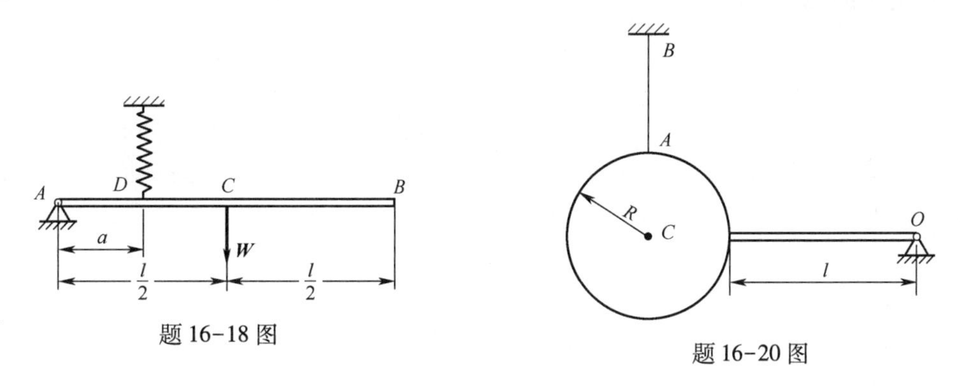

题 16-18 图　　题 16-20 图

16-21 重物 A 重 $\boldsymbol{W}_1$，系在绳子上，绳子跨过固定滑轮 D 并绕在鼓轮 B 上，由于重物下降带动了轮 C，使它沿水平轨道滚动而不滑动，设鼓轮半径为 r，轮子 C 的半径为 R，两者固连在一起，总重为 $\boldsymbol{W}_2$，对于其水平轴 O 的回转半径为 ρ。试求重物 A 的加速度。

16-22 半径 $R=0.6\text{m}$、质量 $m_1=50\text{kg}$ 的均质圆柱体，其周缘上开有窄槽，以便绕绳子把圆柱体吊起，缠绕在圆柱体上的绳子悬挂着质量为 $m_2=80\text{kg}$ 的重物，如图所示。槽底的半径为 $r=0.3\text{mm}$，它对圆柱体转动惯量的影响可忽略不计。试求重物的加速度。

16-23 平板质量为 m_1，受水平力 $\boldsymbol{F}$ 的作用沿水平面运动，板与水平面间的动摩擦因数为 f，平板上放一质量为 m_2 的均质圆柱，它对平板只滚动而不滑动。试求平板的加速度。

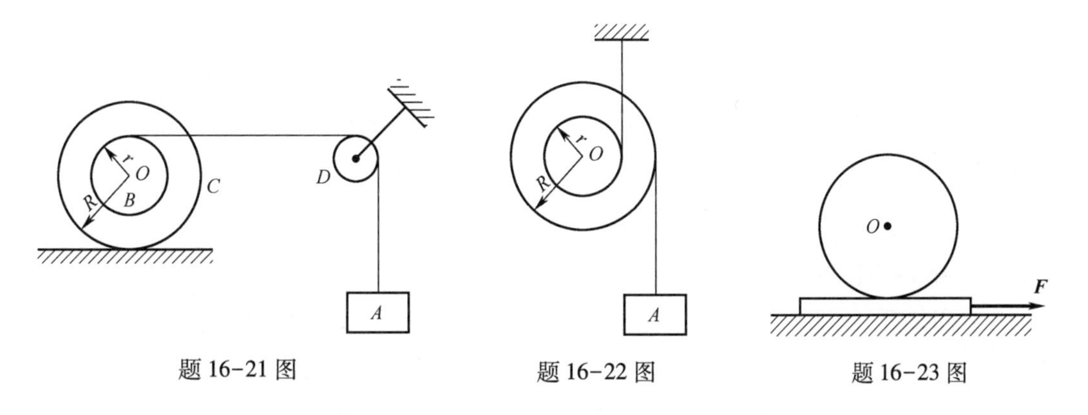

题 16-21 图　　题 16-22 图　　题 16-23 图

第十七章 动能定理

动能定理建立了质点、质点系在运动过程中动能的改变与力的功之间的关系。不同于动量定理与动量矩定理,动能定理是从能量的角度分析质点、质点系的动力学问题,有时更为方便有效。同时它还可以建立机械运动与其他形式运动之间的联系,更具有普遍意义。

17.1 力 的 功

设质点 M 在大小和方向都不变的力 $\boldsymbol{F}$ 作用下,沿直线走过一段路程 s,力 $\boldsymbol{F}$ 在这段路程内所累积的作用效应用**力的功**度量,以 W 记之,并定义为

$$W = Fs\cos\theta$$

式中,θ 为力 $\boldsymbol{F}$ 与直线位移方向之间的夹角。功是代数量,国际单位符号为 J(焦耳),1J 等于 1N 的力在同方向 1m 路程上所做的功。

设质点 M 在任意变力 $\boldsymbol{F}$ 作用下沿曲线运动,如图 17.1 所示,力 $\boldsymbol{F}$ 在无限小位移 $\mathrm{d}\boldsymbol{r}$ 上可视为常力,经过的一小段弧长 $\mathrm{d}s$ 可视为直线,$\mathrm{d}\boldsymbol{r}$ 可视为沿点 M 轨迹的切线。在无限小位移上力所作的功称为**元功**,以 δW 表示,则有

$$\delta W = F\cos\theta \mathrm{d}s = \boldsymbol{F} \cdot \mathrm{d}\boldsymbol{r} \tag{17.1}$$

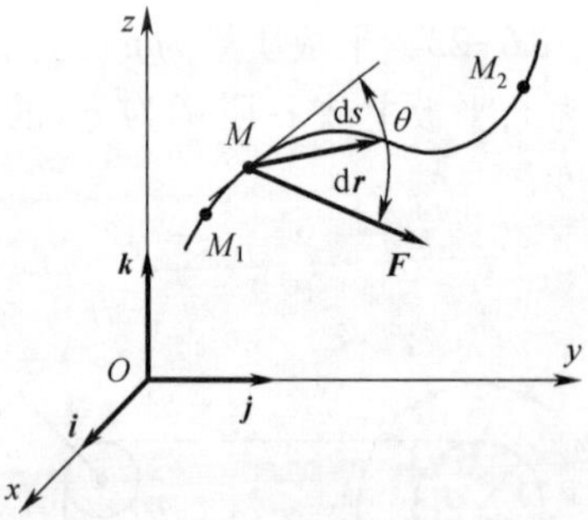

图 17.1

力在有限路程 M_1M_2 上所做的功为力在此路程上元功的和,即

$$W = \int_{M_1}^{M_2} F\cos\theta \mathrm{d}s = \int_{M_1}^{M_2} \boldsymbol{F} \cdot \mathrm{d}\boldsymbol{r} \tag{17.2}$$

由上式可知,当力始终与质点的位移垂直时,该力不做功。

若取固结于地面的直角坐标系为质点运动的参考系,$\boldsymbol{i}$、$\boldsymbol{j}$、$\boldsymbol{k}$ 为三坐标轴的单位矢量,则

$$\boldsymbol{F} = F_x\boldsymbol{i} + F_y\boldsymbol{j} + F_z\boldsymbol{k}, \mathrm{d}\boldsymbol{r} = \mathrm{d}x\boldsymbol{i} + \mathrm{d}y\boldsymbol{j} + \mathrm{d}z\boldsymbol{k}$$

将以上两式代入式(17.2),并展开点乘积,得到作用力在质点从 M_1 到 M_2 的运动过程中所做的功

$$W_{12} = \int_{M_1}^{M_2} (F_x\mathrm{d}x + F_y\mathrm{d}y + F_z\mathrm{d}z) \tag{17.3}$$

上式称为**功的解析表达式**,下面计算几种常见力所做的功。

一、重力的功

设质点沿轨迹由 M_1 运动到 M_2，如图 17.2 所示，重力 $\boldsymbol{W}=m\boldsymbol{g}$ 在直角坐标轴上的投影为

$$F_x = 0,\quad F_y = 0,\quad F_z = -mg$$

应用式(17.3)，重力的功为

$$W_{12} = \int_{z_1}^{z_2} -mg\mathrm{d}z = mg(z_1 - z_2) \quad (17.4)$$

可见重力的功仅与质点运动开始与终了位置的高度差(z_1-z_2)有关，而与其运动轨迹的形状无关。

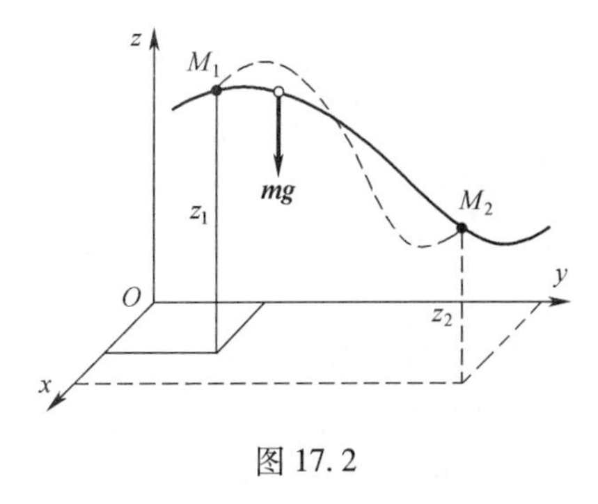

图 17.2

对于质点系，设质点 i 的质量为 m_i，运动始末的高度差为($z_{i1}-z_{i2}$)，则全部重力做功之和为

$$\sum W_{12} = \sum m_i g(z_{i1} - z_{i2})$$

由质心坐标公式，有

$$mz_c = \sum m_i z_i$$

由此可得

$$\sum W_{12} = mg(z_{C1} - z_{C2}) \quad (17.5)$$

式中，m 为质点系全部质量之和；($z_{C1}-z_{C2}$)为运动始末位置其质心的高度差。质心下降，重力做正功；质心上移，重力做负功。质点系重力作功与质心的运动轨迹形状无关。

二、弹性力的功

设质点受到弹性力的作用，质点 A 的轨迹为图 17.3 所示的曲线 A_1A_2。在弹簧的弹性极限内，弹性力的大小与其变形量 δ 成正比，即

$$F = k\delta$$

方向总是指向自然位置(即弹簧未变形时的位置)。比例系数 k 称为弹簧的**刚性系数**(或**刚度系数**)。在国际单位制中，k 的单位为 N/m 或 N/mm。

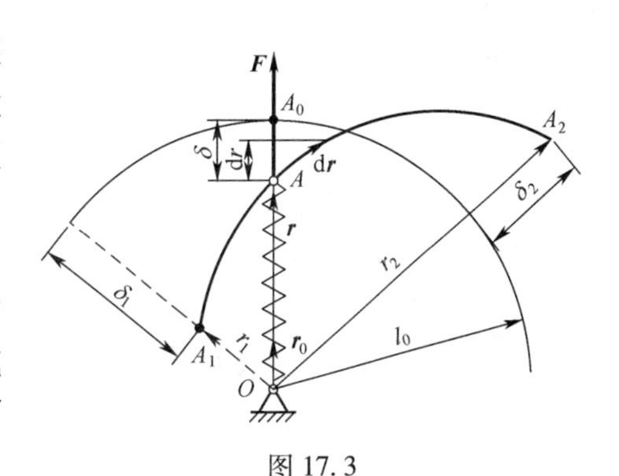

图 17.3

以点 O 为原点，设点 A 的矢径为 $\boldsymbol{r}$，其长度为 r。令沿矢径方向的单位矢量为 $\boldsymbol{r}_0$，弹簧的自然长度为 l_0，则弹性力为

$$\boldsymbol{F} = -k(r - l_0)\boldsymbol{r}_0$$

当弹簧伸长时，$r > l_0$，力 $\boldsymbol{F}$ 与 $\boldsymbol{r}_0$ 的方向相反；当弹簧被压缩时，$r < l_0$，力 $\boldsymbol{F}$ 与 $\boldsymbol{r}_0$ 的方向一致。应用式(17.2)，质点 A 由 A_1 到 A_2 时，弹性力做功为

$$W_{12} = \int_{A_1}^{A_2} \boldsymbol{F}\cdot\mathrm{d}\boldsymbol{r} = \int_{A_1}^{A_2} -k(r - l_0)\boldsymbol{r}_0\cdot\mathrm{d}\boldsymbol{r}$$

因为

$$\boldsymbol{r}_0 \cdot \mathrm{d}\boldsymbol{r} = \frac{\boldsymbol{r}}{r} \cdot \mathrm{d}\boldsymbol{r} = \frac{1}{2r}\mathrm{d}(\boldsymbol{r} \cdot \boldsymbol{r}) = \frac{1}{2r}\mathrm{d}(r^2) = \mathrm{d}r$$

于是

$$W_{12} = \int_{r_1}^{r_2} - k(r - l_0)\,\mathrm{d}r = \frac{k}{2}((r_1 - l_0)^2 - (r_2 - l_0)^2)$$

或

$$W_{12} = \frac{k}{2}(\delta_1^2 - \delta_2^2) \tag{17.6}$$

式中,δ_1、δ_2分别为质点在起点和终点处弹簧的变形量。由式(17.6)可知,弹性力的功只决定于弹簧在起始和终了位置的变形量,而与力作用点 A 的轨迹形状无关。当 $\delta_1 > \delta_2$时,弹性力作正功;当 $\delta_1 < \delta_2$时,弹性力做负功。

三、定轴转动刚体上作用力的功

设力 $\boldsymbol{F}$ 与力作用点 A 处的轨迹切线之间的夹角为 θ,如图 17.4所示,则力 $\boldsymbol{F}$ 在切线上的投影为

$$F_{\mathrm{t}} = F\cos\theta$$

当刚体绕定轴转动时,转角 φ 与弧长 s 的关系为

$$\mathrm{d}s = R\mathrm{d}\varphi$$

式中,R 为力作用点 A 到转轴的垂直距离。力 $\boldsymbol{F}$ 的元功为

$$\delta W = \boldsymbol{F} \cdot \mathrm{d}r = F_{\mathrm{t}}\mathrm{d}s = F_{\mathrm{t}}R\mathrm{d}\varphi$$

而

$$F_{\mathrm{t}}R = M_z(F) = M_z$$

于是

$$\delta W = M_z\mathrm{d}\varphi$$

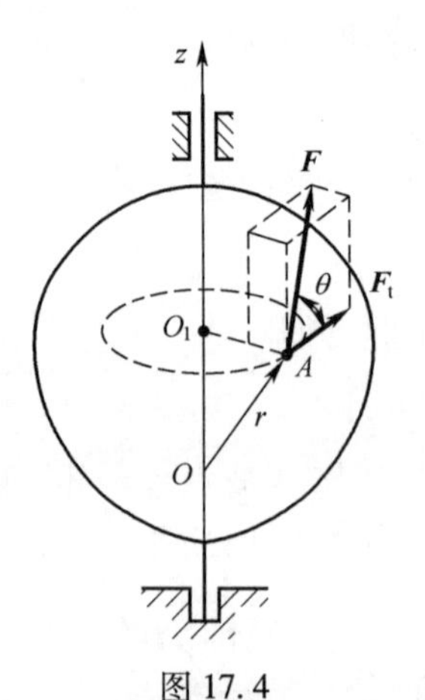

图 17.4

力 $\boldsymbol{F}$ 在刚体从角 φ_1到 φ_2的转动过程中所做的功为

$$W_{12} = \int_{\varphi_1}^{\varphi_2} M_z\mathrm{d}\varphi \tag{17.7}$$

如果作用在刚体上的是力偶,则力偶所做的功仍可采用上式计算,其中 M_z为力偶对转轴 z 的矩,也等于力偶矩矢 $\boldsymbol{M}$ 在 z 轴上的投影。

17.2 质点和质点系的动能

一、质点的动能

设质点的质量为 m,速度为 v,则质点的动能等于质点速度大小的平方与其质量乘积的一半,即

$$\frac{1}{2}mv^2$$

动能是标量,恒取正值。质点的动能只与其速度的大小和质量有关,而与速度的方向无关,是一个非负的物理量。动能的单位为千克·米²/秒²($\mathrm{kg \cdot m^2/s^2}$),在国际单位制中,又用焦耳(J)表示。

二、质点系的动能

质点系中各质点动能的总和称为**质点系的动能**,以 T 表示,即

$$T = \sum \frac{1}{2}m_i v_i^2 \tag{17.8}$$

对于刚体,按照其不同的运动形式,式(17.8)还可以写成不同的具体表达式。

1. 刚体平动时的动能

刚体平动时,其上各点的速度相同,可用质心速度 v_C 表示这个共同速度,则刚体的动能为

$$T = \sum \frac{1}{2}m_i v_i^2 = \frac{1}{2}v_C^2 \sum m_i = \frac{1}{2}mv_C^2 \tag{17.9}$$

式中,$m=\sum m_i$ 是刚体的质量,即平动刚体的动能等于刚体全部质量 m 集中于质心的质点的动能。

2. 刚体绕定轴转动时的动能

设刚体绕定轴转动时的角速度为 ω,如图 17.5 所示,则距转轴为 r_i 处的质点速度大小为

$$v_i = r_i \omega$$

于是绕定轴转动刚体的动能为

$$T = \sum \frac{1}{2}m_i v_i^2 = \sum \frac{1}{2}m_i (r_i \omega)^2 = \frac{1}{2}\left(\sum m_i r_i^2\right)\omega^2$$

式中,$J_z = \sum m_i r_i^2$ 为刚体对 z 轴的转动惯量,则

$$T = \frac{1}{2}J_z \omega^2 \tag{17.10}$$

即定轴转动刚体的动能等于刚体对转轴的转动惯量与刚体转动角速度平方的乘积的一半。

3. 刚体作平面运动时的动能

设刚体在某一瞬时以角速度 ω 绕瞬时轴(通过速度瞬心 P,且与运动平面垂直的那根轴)转动,如图 17.6 所示。与刚体绕定轴转动时的动能计算一样,可得平面运动刚体的动能为

$$T = \frac{1}{2}J_p \omega^2 \tag{17.11}$$

式中,J_p 是刚体对瞬时轴的转动惯量。因为在不同瞬时,刚体以不同的点作为瞬心,因此,有时直接用上式计算平面运动刚体的动能是不方便的。若刚体对过质心且与瞬时轴平行的轴的转动惯量为 J_C,根据转动惯量的平行轴定理有

$$J_p = J_C + m\rho_C^2$$

于是式(17.11)可以表示为

$$T = \frac{1}{2}(J_C + m\rho_C^2)\omega^2 = \frac{1}{2}J_C\omega^2 + \frac{1}{2}m(\rho_C\omega)^2$$

因为 $\rho_C\omega = v_C$,于是得

$$T = \frac{1}{2}mv_C^2 + \frac{1}{2}J_C\omega^2 \tag{17.12}$$

即平面运动刚体的动能等于随质心平动的动能与绕质心转动的动能之和。

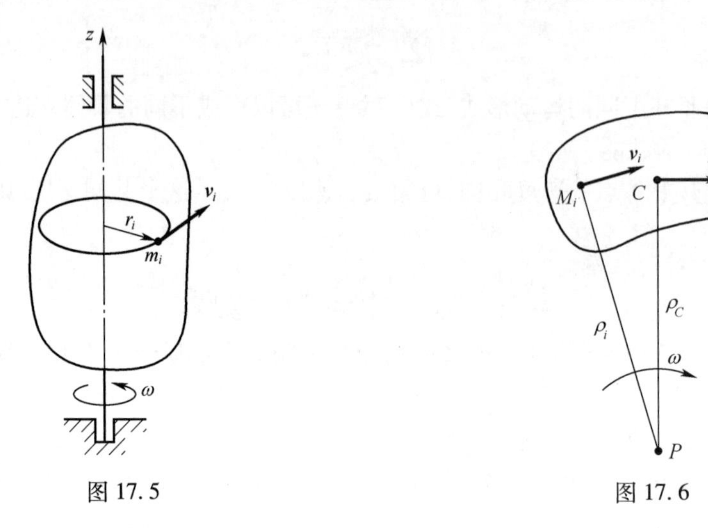

图 17.5　　　　图 17.6

例 17.1　椭圆规如图所示，杆 OC、AB 为均质细杆，其质量分别为 m 和 $2m$，长为 a 和 $2a$，滑块 A 和 B 的质量均为 m，曲柄 OC 的转动角速度为 ω，$\varphi = 60°$，试求此瞬时系统的动能。

解: 在椭圆规系统中滑块 A 和 B 作平行移动，曲柄 OC 作定轴转动，规尺 AB 作平面运动，且速度瞬心为 O_1，则有

$$v_C = O_1C \cdot \omega_{AB} = OC \cdot \omega$$

规尺 AB 的角速度为

$$\omega_{AB} = \omega$$

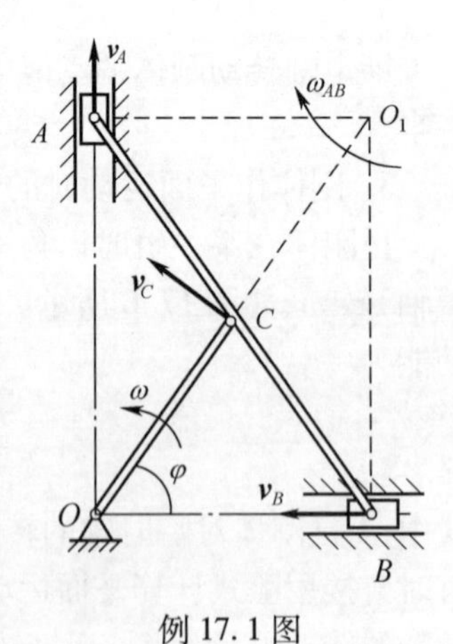

例 17.1 图

滑块 A 和 B 的速度分别为

$$v_A = O_1A \cdot \omega_{AB} = a\omega$$

$$v_B = O_1B \cdot \omega_{AB} = \sqrt{3}a\omega$$

所以滑块 A 和 B 的动能分别为

$$T_A = \frac{1}{2}m_Av_A^2 = \frac{1}{2}ma^2\omega^2$$

$$T_B = \frac{1}{2}m_Bv_B^2 = \frac{3}{2}ma^2\omega^2$$

曲柄 OC 作定轴转动，其动能为

$$T_{OC} = \frac{1}{2}J_o\omega^2 = \frac{1}{2}\left(\frac{1}{3}ma^2\right)\omega^2 = \frac{1}{6}ma^2\omega^2$$

规尺 AB 作平面运动，其动能为

$$T_{AB} = \frac{1}{2}J_{O_1}\omega_{AB}^2 = \frac{1}{2}(J_C + m_{AB} \cdot O_1C^2)\,\omega^2 = \frac{4}{3}ma^2\omega^2$$

所以系统此瞬时的动能为

$$T = T_A + T_B + T_{OC} + T_{AB} = \frac{7}{2}ma^2\omega^2$$

17.3 动 能 定 理

一、质点的动能定理

质点的动能定理建立了质点的动能与作用力的功的关系，取质点的运动微分方程的矢量形式

$$m\frac{\mathrm{d}\boldsymbol{v}}{\mathrm{d}t} = \boldsymbol{F}$$

在方程等号两边点乘 $\mathrm{d}\boldsymbol{r}$，得

$$m\frac{\mathrm{d}\boldsymbol{v}}{\mathrm{d}t} \cdot \mathrm{d}\boldsymbol{r} = \boldsymbol{F} \cdot \mathrm{d}\boldsymbol{r}$$

因 $\mathrm{d}\boldsymbol{r} = \boldsymbol{v}\mathrm{d}t$，于是上式可写为

$$m\boldsymbol{v} \cdot \mathrm{d}\boldsymbol{v} = \boldsymbol{F} \cdot \mathrm{d}\boldsymbol{r}$$

或

$$\mathrm{d}\left(\frac{1}{2}mv^2\right) = \delta W \tag{17.13}$$

式(17.13)称为**质点动能定理的微分形式**，即质点动能的微分(或增量)等于作用在质点上力的元功。

将上式积分，得

$$\int_{v_1}^{v_2}\mathrm{d}\left(\frac{1}{2}mv^2\right) = W_{12}$$

或

$$\frac{1}{2}mv_2^2 - \frac{1}{2}mv_1^2 = W_{12} \tag{17.14}$$

式(17.14)称为**质点动能定理的积分形式**，即在质点运动的某个过程中，质点动能的改变量等于作用于质点的力作的功。由式(17.13)或式(17.14)可知，力做正功，质点动能增加；力做负功，质点动能减小。

二、质点系的动能定理

设质点系由 n 个质点组成，任取一质点的质量为 m_i，速度为 $\boldsymbol{v}_i$，作用于该质点上的力为 $\boldsymbol{F}_i$。根据质点动能定理的微分形式有

$$\mathrm{d}\left(\frac{1}{2}m_iv_i^2\right) = \delta W_i \quad (i = 1,2,\cdots,n)$$

式中，δW_i表示作用于这个质点的力所做的元功。将 n 个方程相加，得

$$\sum_{i=1}^{n}\mathrm{d}\left(\frac{1}{2}m_iv_i^2\right) = \sum_{i=1}^{n}\delta W_i$$

或

$$\mathrm{d}\left(\sum\frac{1}{2}m_iv_i^2\right)=\sum\delta W_i$$

式中，$\sum\frac{1}{2}m_iv_i^2$ 是质点系的动能,以 T 表示。于是上式可写成

$$\mathrm{d}T=\sum\delta W_i \tag{17.15}$$

式(17.15)称为**质点系动能定理的微分形式**,即质点系动能的微分(或增量)等于作用于质点系全部力所作的元功之和。对上式进行积分,得

$$T_2-T_1=\sum W_i \tag{17.16}$$

上式中 T_1 和 T_2 分别表示质点系在某一段运动过程的起点和终点的动能。式(17.16)称为**质点系动能定理的积分形式**,即质点系在某一运动过程中,起点和终点的动能的改变量,等于作用于质点系的全部力在这段过程中所做功之和。

三、理想约束

约束力做功等于零的约束称为**理想约束**。在理想约束条件下,质点系动能的改变只与主动力做功有关,式(17.15)和式(17.16)中只需计算主动力所做的功。常见的理想约束有:

1. 光滑面约束和活动铰链支座

如图 17.7(a)所示,其约束力垂直于作用点的位移,因此约束力不做功。

2. 固定铰链支座和轴承约束

由于约束力的方向恒与位移的方向垂直,所以约束力的功为零。

3. 刚性连接的约束

如图 17.7(b)所示的刚性二力杆,这种约束和刚体的内力一样,其元功之和恒等于零。

4. 连接两个刚体的铰如图 17.7(c)所示,两个刚体相互间的约束力,大小相等、方向相反,即 $\boldsymbol{F}'=-\boldsymbol{F}$,两力在 O 点的微小位移 $\mathrm{d}\boldsymbol{r}$ 上的元功之和等于零,即

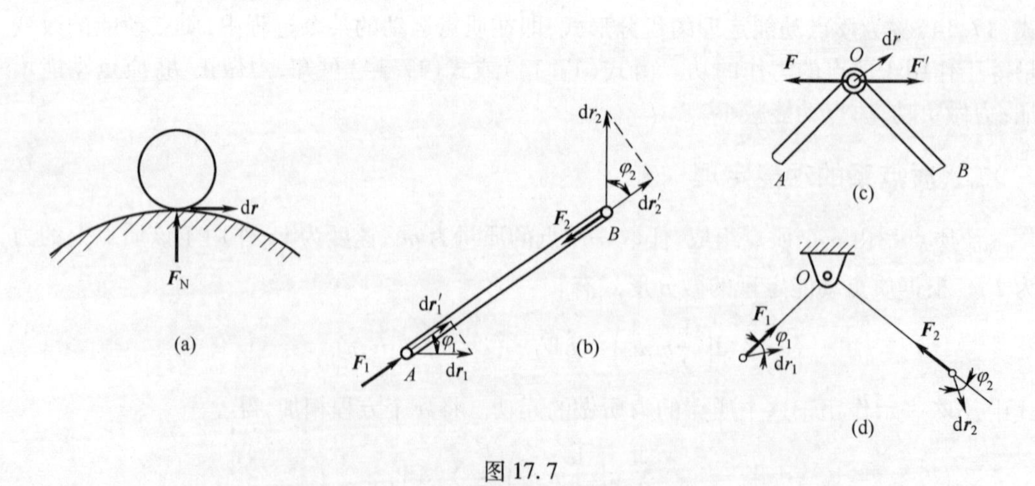

图 17.7

$$\sum \delta W = \boldsymbol{F} \cdot \mathrm{d}\boldsymbol{r} + \boldsymbol{F}' \cdot \mathrm{d}\boldsymbol{r} = 0$$

5. 不可伸长的绳索约束

如图 17.7(d)所示，绳索两端的约束力 $\boldsymbol{F}_1$和 $\boldsymbol{F}_2$大小相等，即 $F_1 = F_2$，由于绳索不可伸长，所以 A、B 两点的微小位移 $\mathrm{d}\boldsymbol{r}_1$和 $\mathrm{d}\boldsymbol{r}_2$在绳索中心线上的投影必相等，即 $\mathrm{d}r_1\cos\varphi_1 = \mathrm{d}r_2\cos\varphi_2$，因此不可伸长的绳索的约束反力元功之和等于零，即

$$\sum \delta W = \boldsymbol{F}_1 \cdot \mathrm{d}\boldsymbol{r}_1 + \boldsymbol{F}_2 \cdot \mathrm{d}\boldsymbol{r}_2 = F_1\mathrm{d}r_1\cos\varphi_1 - F_2\mathrm{d}r_2\cos\varphi_2 = 0$$

一般情况下，滑动摩擦力与物体相对位移反向，摩擦力做负功，不是理想约束。但当轮子在固定面上做纯滚动时，接触点为瞬心，滑动摩擦力作用点没动，此时滑动摩擦力也不做功。因此，不考虑滚动摩阻时，纯滚动的接触点也是理想约束。

质点系的内力做功之和并不一定等于零，因此在计算力的功时，将作用力分为外力和内力并不方便，在理想约束情形下，若将作用力分为主动力与约束力，可使功的计算得到简化。若约束是非理想的，如需要考虑摩擦力的功，在此情形下可将摩擦力当作主动力看待。

必须注意，在某些情况下，作用于质点系的内力虽然等值反向，但所做功的和并不等于零。例如，汽车发动机的汽缸内膨胀的气体对活塞和汽缸的作用力都是内力，内力功的和不等于零，内力做的功使汽车的动能增加。同时也应注意，在不少情况下，内力做功的和等于零。尤以刚体内所有内力做功的和等于零，这是由刚体本身的性质决定的。

例 17.2 质量为 m 的物块，自高度 h 处自由落下，落到有弹簧支承的板上，如图所示。弹簧的刚度系数为 k，不计弹簧和板的质量。求弹簧的最大压缩量。

解：整个运动过程分为两个阶段：

(1) 重物由位置 I 落到板上。在这一过程中，重物作自由落体运动，只有重力做功，应用动能定理，有

$$\frac{1}{2}mv_1^2 - 0 = mgh$$

求得

$$v_1 = \sqrt{2gh}$$

(2) 物块继续向下运动，弹簧被压缩，物块速度逐渐减小，当速度等于零时，弹簧被压缩到最大值 $\delta_{\max}$。在这一过程中，重力和弹性力均做功。应用动能定理，有

$$0 - \frac{1}{2}mv_1^2 = mg\delta_{\max} + \frac{1}{2}k(0 - \delta_{\max}^2)$$

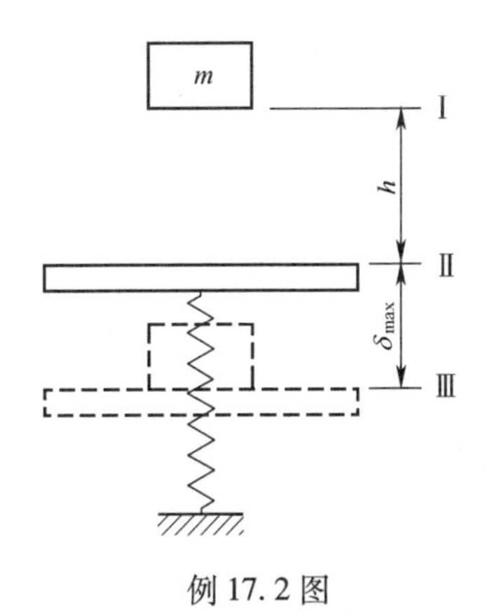

例 17.2 图

解得

$$\delta_{\max} = \frac{mg}{k} \pm \frac{1}{k}\sqrt{m^2g^2 + 2kmgh}$$

由于弹簧的变形量必定是正值，因此取正号，即

$$\delta_{\max} = \frac{mg}{k} + \frac{1}{k}\sqrt{m^2g^2 + 2kmgh}$$

上述两个阶段，也可以合在一起考虑，即对质点从开始下落至弹簧压缩到最大值的整

个过程应用动能定理,在这一过程的始末位置的动能都等于零。在这一过程中,重力作的功为 $mg(h+\delta_{max})$,弹性力作的功为 $\frac{k}{2}(0-\delta_{max}^2)$,应用动能定理,有

$$0-0=mg(h+\delta_{max})-\frac{1}{2}k\delta_{max}^2$$

求解上式所得结果与前面相同。

上式说明,在物块从位置Ⅰ到位置Ⅲ的运动过程中,重力做正功,弹性力做负功,恰好抵消,因此物块运动始末位置的动能是相同的。显然,物块在运动过程中动能是变化的,但在应用动能定理时不必考虑始末位置之间动能是如何变化的。

例 17.3 卷扬机如图所示。鼓轮在常力偶 M 作用下将圆柱体沿斜面上拉。已知鼓轮的半径为 R_1,质量为 m_1,质量分布在轮缘上;圆柱体的半径为 R_2,质量为 m_2,质量均匀分布。设斜面的倾角为 θ,圆柱体沿斜面只滚不滑。系统从静止开始运动,试求圆柱体中心 C 的速度与其路程之间的关系以及轮 C 的角加速度。

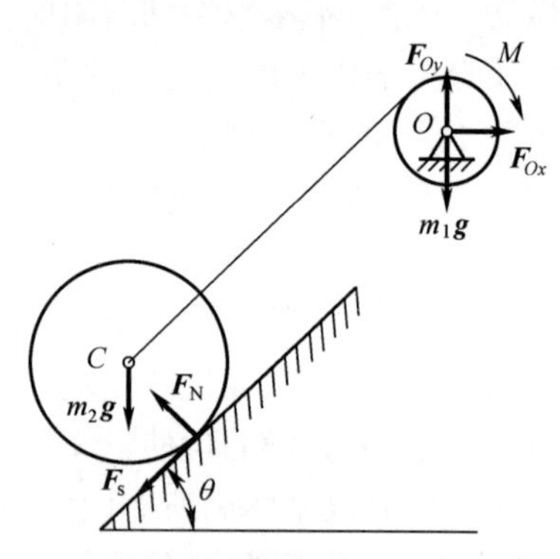

例 17.3 图

解:以鼓轮和圆柱体组成的整个系统作为分析对象。

分析系统的受力并计算力的功:主动力有重力 m_1g 和 m_2g 以及主动力偶 M;固定铰支座 O 的约束力 F_{Ox}、F_{Oy},以及斜面对圆柱体的法向力 F_N 和静摩擦力 F_s。固定铰支座 O 为理想约束。因圆柱体沿斜面作纯滚动,法向约束力 F_N 与静摩擦力 F_s 也不做功,此系统只受理想约束,且内力做功为零。主动力所做的功为

$$W_{12}=M\varphi-m_2gs\sin\theta$$

质点系动能计算如下:

$$T_0=0$$

$$T=\frac{1}{2}J_O\omega_1^2+\frac{1}{2}J_C\omega_2^2+\frac{1}{2}m_2v_C^2$$

式中,J_O、J_C 分别为鼓轮对中心轴 O、圆柱体对质心轴 C 的转动惯量,有

$$J_O=m_1R_1^2,\quad J_C=\frac{1}{2}m_2R_2^2$$

ω_1、ω_2 分别为鼓轮和圆柱体的角速度,有如下关系:

$$\omega_1=\frac{v_C}{R_1},\quad \omega_2=\frac{v_C}{R_2}$$

代入后得

$$T=\frac{1}{4}(2m_1+3m_2)v_C^2$$

由质点系动能定理的积分形式,有

$$T-T_0=\sum W$$

则有

$$\frac{1}{4}(2m_1 + 3m_2)v_C^2 - 0 = \left(\frac{M}{R_1} - m_2 g\sin\theta\right)s \tag{a}$$

于是得

$$v_C = 2\sqrt{\frac{(M - m_2 g R_1 \sin\theta)s}{R_1(2m_1 + 3m_2)}}$$

对式(a)等号两端关于时间 t 求导,考虑 $v_C = \frac{\mathrm{d}s}{\mathrm{d}t}$, $a_C = \frac{\mathrm{d}v_C}{\mathrm{d}t}$,并消去 v_C,可得

$$\frac{1}{2}(2m_1 + 3m_2)a_C = \frac{M}{R_1} - m_2 g\sin\theta$$

考虑到 $\alpha_C = \frac{a_C}{R_2}$,于是得

$$\alpha_C = \frac{2(M - m_2 g R_1 \sin\theta)}{R_2 R_1(2m_1 + 3m_2)}$$

例 17.4 该例同例题16.4,如图所示,Ⅰ轴和Ⅱ轴的转动惯量分别为 J_1 和 J_2,两轴的传动比 $i_{12} = R_2/R_1$,R_1、R_2 为两齿轮的半径。今在Ⅰ轴上作用一力矩 M_1,求Ⅰ轴的角加速度。轴承中的摩擦力矩可忽略不计。

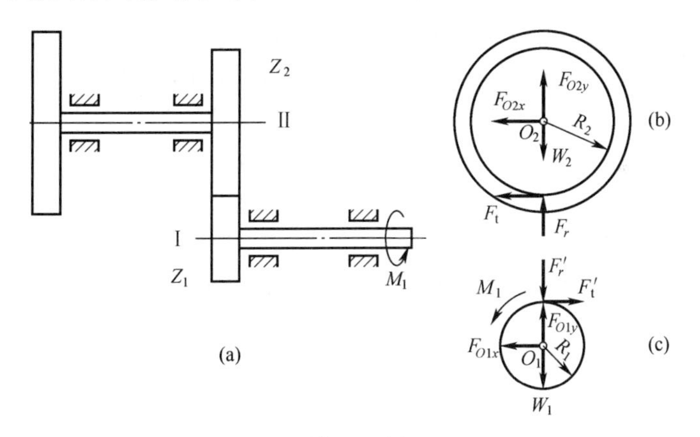

例 17.4 图

解:选取Ⅰ轴和Ⅱ轴(包括轴上的齿轮和飞轮)组成的系统为研究对象。分析系统的受力并计算力的功:主动力有重力 W_1 和 W_2 以及主动力偶 M_1;固定铰支座 O_1 的约束力 F_{O1x}、F_{O1y};固定铰支座 O_2 的约束力 F_{O2x}、F_{O2y};固定铰支座 O_1 及 O_2 为理想约束,同时系统的重力 W_1 和 W_2 不做功,主动力所做的功为

$$W = M_1\varphi$$

系统的动能为

$$T = \frac{1}{2}J_1\omega_1^2 + \frac{1}{2}J_2\omega_2^2$$

式中,J_1、J_2 分别为Ⅰ轴对中心轴 O_1、Ⅱ轴对中心轴 O_2 的转动惯量,ω_1、ω_2 分别为Ⅰ轴和Ⅱ轴的角速度,且有如下关系

$$i_{12}=\frac{\omega_1}{\omega_2}=\frac{R_2}{R_1}$$

代入后得

$$T=\frac{1}{2}\left(J_1+\frac{J_2}{i_{12}^2}\right)\omega_1^2$$

由质点系动能定理的微分形式,有

$$\mathrm{d}T=\delta W$$

则有

$$\left(J_1+\frac{J_2}{i_{12}^2}\right)\omega_1\mathrm{d}\omega_1=M_1\mathrm{d}\varphi$$

两端同除以 $\mathrm{d}t$,并考虑到 $\omega_1=\frac{\mathrm{d}\varphi}{\mathrm{d}t}$, $\alpha_1=\frac{\mathrm{d}\omega_1}{\mathrm{d}t}$,于是得

$$\alpha_1=\frac{M_1}{J_1+\frac{1}{i_{12}^2}J_2}$$

结果与例 16.4 完全相同,但解题过程要简单的多。

综合以上各例,总结应用动能定理解题的步骤如下:

(1) 明确分析对象,一般以整个系统为研究对象。

(2) 分析系统的受力,区分主动力与约束力,在理想约束情况下约束力不做功。

(3) 分析系统的运动,计算系统在任意位置的动能或在起始和终了位置的动能。

(4) 应用动能定理建立系统的动力学方程,求解未知量。

(5) 对问题的进一步分析与讨论。

17.4 功率、功率方程和机械效率

一、功率

力在单位时间内所做的功称为**力的功率**。以 P 表示,则

$$P=\frac{\delta W}{\mathrm{d}t} \tag{17.17}$$

如果已知力 $\boldsymbol{F}$,其作用点的运动速度为$\boldsymbol{v}$,则力 $\boldsymbol{F}$ 的功率可表示为

$$P=\frac{\boldsymbol{F}\cdot\mathrm{d}\boldsymbol{r}}{\mathrm{d}t}=\boldsymbol{F}\cdot\boldsymbol{v}=F_t v \tag{17.18}$$

式中,F_t为力 $\boldsymbol{F}$ 在速度方向上的投影。由此可见,力的功率等于力在速度方向上的投影与其速度大小的乘积。

如果力是作用于定轴转动刚体上,则力的功率为

$$P=\frac{\delta W}{\mathrm{d}t}=M_z\frac{\mathrm{d}\varphi}{\mathrm{d}t}=M_z\omega \tag{17.19}$$

式中,M_z为力对刚体转轴之矩;ω 为刚体的转动角速度。由式(17.19)可见,作用于定轴

转动刚体上力的功率等于该力对转轴的矩与刚体转动角速度的乘积。

式(17.18)和式(17.19)说明,当功率一定时,速度(或角速度)愈大,其作用力(或力对轴之矩)就愈小;反之,如速度(或角速度)愈小,其作用力(或力对轴之矩)就愈大。这就是所谓“得之于力、失之于速度”的力学黄金定律。汽车爬坡时,为了获得较大的力,在发动机功率一定的情况下,必须降低运行速度,就是这个道理。

功率的单位是焦耳/秒(J/s),国际单位制中称为瓦特(W),即

$$1\mathrm{W} = 1\mathrm{J/s} = 1\mathrm{N \cdot m/s} = 1\mathrm{kg \cdot m^2/s^3}$$

二、功率方程

由质点系动能定理的微分形式,两边同除以 $\mathrm{d}t$,得

$$\frac{\mathrm{d}T}{\mathrm{d}t} = \sum \frac{\delta W_i}{\mathrm{d}t} = \sum P_i \tag{17.20}$$

式(17.20)称为系统的**功率方程**,它说明:系统的动能对时间的一阶导数,等于作用于系统上所有力的功率的代数和。

功率方程可用来研究机械系统(例如机器)运转中能量的变化与转化问题。一般机器在工作时,必须输入一定的功率。如机床在接通电源后,电磁力对电机转子作正功,使转子转动,同时使电能转化为动能,而电磁力的功率则被称为**输入功率**。转子转动后,通过传动机构传递输入功率,在功率传递的过程中,由于机构的零件与零件之间存在摩擦,摩擦力做负功,使一部分动能转化为热能,因而损失部分功率,这部分功率取负值,称为**无用功率**或**损耗功率**。机床加工工件时的切削阻力,也会消耗能量,即做负功,这是机床加工工件时必须付出的功率,称为**有用功率**或**输出功率**。

每部机器的功率都可分为上述三部分。在一般情况下,式(17.20)可写成

$$\frac{\mathrm{d}T}{\mathrm{d}t} = P_{输入} - P_{有用} - P_{无用} \tag{17.21}$$

或

$$P_{输入} = P_{有用} + P_{无用} + \frac{\mathrm{d}T}{\mathrm{d}t} \tag{17.22}$$

式(17.22)亦称为机器的**功率方程**,它说明,对机器的输入功率消耗于三部分:克服有用阻力、无用阻力以及使机器加速运转。

当机器启动或加速运动时,$\mathrm{d}T/\mathrm{d}t > 0$,故要求 $P_{输入} > P_{有用} + P_{无用}$;当机器停车或负荷突然增加时,机器做减速运动,$\mathrm{d}T/\mathrm{d}t < 0$,此时 $P_{输入} < P_{有用} + P_{无用}$;当机器匀速运转时,$\mathrm{d}T/\mathrm{d}t = 0$,$P_{输入} = P_{有用} + P_{无用}$。

三、机械效率

一般机器在工作时都需要从外界输入功率,同时由于一些机械能转化为热能、声能等,都将损耗一部分功率。在工程中,把有效功率(包括克服有用阻力的功率和使系统动能改变的功率)与输入功率的比值称为机器的**机械效率**,用 η 表示,即

$$\eta = \frac{P_{有效}}{P_{输入}} \times 100\% \tag{17.23}$$

式中，$P_{有效}=P_{有用}+\frac{\mathrm{d}T}{\mathrm{d}t}$。机械效率说明机械对于输入能量的有效利用程度，是评价机械质量的指标之一。它与机械的传动方式、制造精度与工作条件有关，一般情况下 $\eta<1$。

对于有 n 级传动的系统，总效率等于各级效率的连乘积，即

$$\eta=\eta_1\cdot\eta_2\cdots\cdots\eta_n \tag{17.24}$$

例 17.5 某车床电动机的输入功率 $P_{输入}=5.4\text{kW}$，传动零件之间的磨擦损耗功率为输入功率的 30%，工件的直径为 $d=100\text{mm}$。试求转速 $n_1=42\text{r/min}$ 和 $n_2=112\text{r/min}$ 的允许最大切削力。

解：取车床和工件为研究对象，车床正常工作时，工件匀速转动，动能无变化，则有

$$\frac{\mathrm{d}T}{\mathrm{d}t}=0$$

根据功率方程有

$$P_{有用}=P_{输入}-P_{无用}=5.4-5.4\times30\%=3.78(\text{kW})$$

由于

$$P_{有用}=M_z\omega=F\frac{d}{2}\times\frac{2\pi n}{60}=\frac{F\pi dn}{60}$$

即

$$F=\frac{60}{\pi dn}P_{有用}$$

当转速 $n_1=42\text{r/min}$ 和 $n_2=112\text{r/min}$ 时，所允许的最大切削力分别为

$$F_{n_1}=\frac{60}{\pi\times0.1\times42}\times3.78=17.19\text{kN},\quad F_{n_2}=\frac{60}{\pi\times0.1\times112}\times3.78=6.45(\text{kN})$$

本 章 小 结

一、本章基本要求

1. 理解功和功率的概念，能熟练地计算重力、弹性力和力矩的功。
2. 熟练掌握平动刚体、定轴转动刚体和平面运动刚体的动能。
3. 了解何种约束力的功为零，何种内力的功之和为零。
4. 熟练地应用动能定理求解动力学问题。
5. 熟练掌握应用动力学基本定理求解动力学的综合问题。

二、本章重点

1. 力的功和刚体动能的计算。
2. 动能定理的应用以及动力学基本定理的综合运用问题。

三、本章难点

综合应用动力学基本定理求解动力学问题。

四、学习建议

1. 熟知力的功的一般形式，反复练习重力的功、弹性力的功和力矩的功的计算，清楚了解圆轮在固定平面上作纯滚时摩擦力为什么不做功。

2. 熟练计算刚体系统的动能，同时注意动能表达式中的速度(角速度)一定用绝对速度(绝对角速度)；反复练习取整体为研究对象，用动能定理求运动的问题；用动能定理的积分形式可求解任何运动问题；用动能定理解题一般是以整体为研究对象。

3. 熟知动量定理、动量矩定理与动能定理的异同点。通过练习，明确各定理适合求解的问题以及解题特点。注意求运动，可用动能定理或动量矩定理，求力可用动量定理(质心运动定理)。

习　题

17-1　斜面倾角 $\theta=30°$，今将质量 $m=2000\text{kg}$ 的重物沿斜面向上移动 10m，设滑动摩擦因数 $f=0.1$，试求所消耗的功应为多少?

17-2　弹簧的原长 $l_0=100\text{mm}$，刚性系数 $k=4900\text{N/m}$，一端固定在半径 $R=100\text{mm}$ 的圆周上的 O 点，试求弹簧的的另一端 A 沿圆弧运动到 B 时，弹性力所作的功为多少? C 点为圆心，$AC\perp OB$。

17-3　质量 $m=5\text{kg}$ 的重物系于弹簧上，沿半径 $R=20\text{cm}$ 的光滑圆环自 A 点静止滑下，弹簧的原长 $OA=20\text{cm}$，欲使重物在 B 点对圆环的压力等于零，求弹簧的刚性系数等于多少?

题 17-2 图　　　　　　题 17-3 图

17-4　图示各均质物体的质量均为 m，图(a)、(b)、(c)所示为绕固定轴 O 转动，角速度为 ω，图(d)所示为半径为 R 的圆盘在水平面上作纯滚动，质心速度为 v。试分别计算它们的动能。

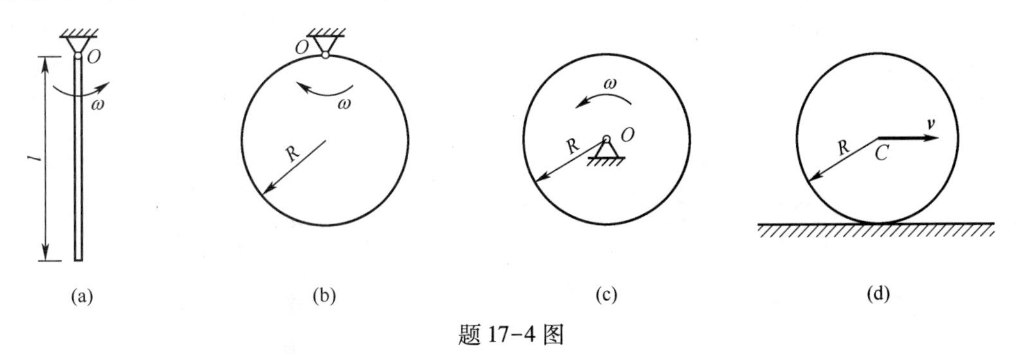

题 17-4 图

17-5　图示坦克覆带的质量为 m，每个车轮的质量均为 m_1，半径为 R，可视为均质圆盘，两车轮中心间的距离为 πR。设坦克前进速度为 v，求系统的动能。

17-6 长为 l、重量为 W 的均质杆 OA 以球铰链 O 固定，并以等角速度 ω 绕铅直线转动，如图所示。若杆与铅直线的夹角为 θ，且始终保持不变，求杆的动能。

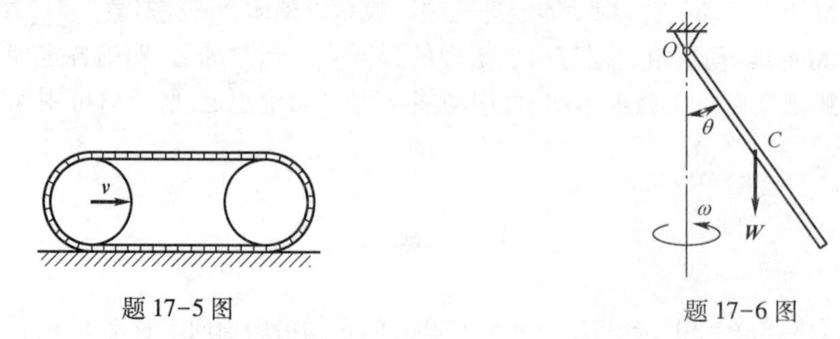

题 17-5 图　　　　题 17-6 图

17-7 行星轮机构平放在水平面内，齿轮 I 固定不动，曲柄 OA 以匀角速度 ω 绕 O 轴转动，曲柄重 W_1，每个齿轮重 W_2，半径为 r，设齿轮与曲柄是均质的，求机构的动能。

17-8 鼓轮质量为 $m=10\text{kg}$，对 O 轴的回转半径 $\rho=30\text{cm}$，半径 $R=40\text{cm}$，$r=20\text{cm}$，两绳下端悬挂物块的质量分别为 $m_A=9\text{kg}$，$m_B=12\text{kg}$，系统由静止开始，求鼓轮转动一圈时的角速度和角加速度。

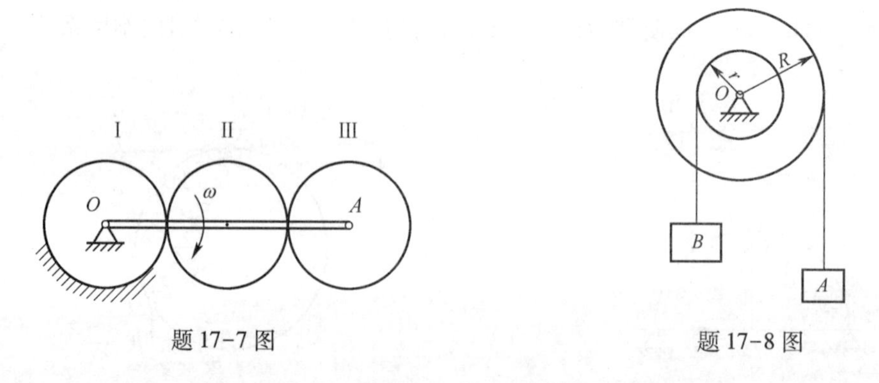

题 17-7 图　　　　题 17-8 图

17-9 图示皮带输送机，物体 A 重为 W_1，带轮 B 和 C 各重 W_2，半径均为 R，可视为均质圆柱，今在轮 C 上作用一常值转矩 M，使系统由静止而运动。若不计传送带和支承托辊的质量，求重物 A 移动距离 s 时的速度和加速度。

17-10 行星轮系机构放置在水平面内，动齿轮 II 的半径为 r，重为 W_1，可视为均质圆盘，曲柄 OA 重为 W_2，可视为均质杆，定齿轮 I 的半径为 R，今在曲柄上作用一常值力偶矩 M，求曲柄由静止开始转过 φ 角时的角速度及角加速度。

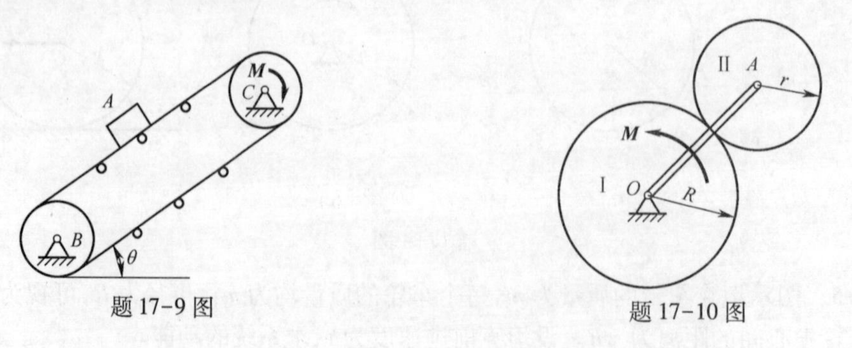

题 17-9 图　　　　题 17-10 图

17-11 两均质杆 AB 和 BC、质量均为 m，长为 l，在 B 点由光滑铰链相连接，A、C 端放置在光滑水平面上，杆系在铅直平面内，由图示位置静止开始运动，求铰链 B 落到地面时的速度。

17-12 直角形均质杆，可绕水平轴 O 在铅直面内内自由转动，两段长度分别为 $OA=l_1$，$OB=l_2$，$l_1>l_2$，现将 OA 段自水平位置无初速度释放，求当 OA 转至铅直位置时 A 端的速度。

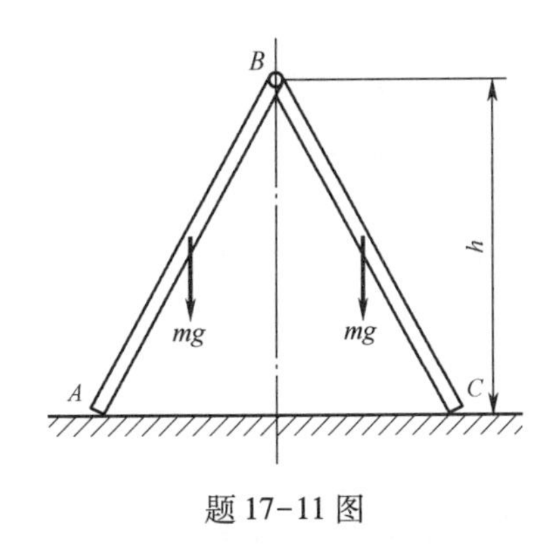

题 17-11 图

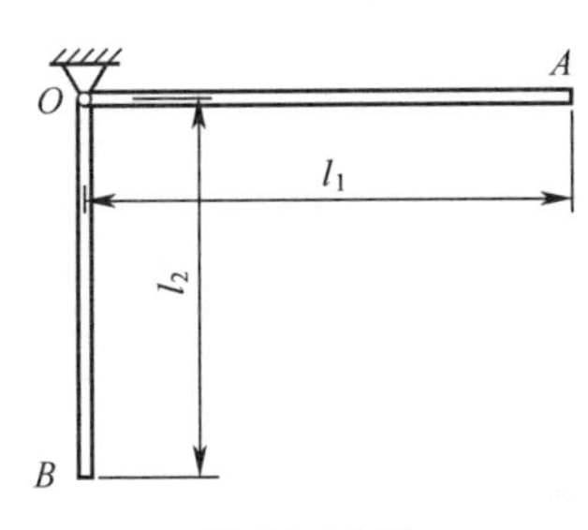

题 17-12 图

17-13 绳子的一端连接滚子 C，另一端跨过定滑轮 B 与质量为 m_1 的物块 A 连接，滚子 C 和滑轮均可视为均质圆盘，质量均为 m_2，半径为 r，系统由静止开始，滚子作纯滚动，试求物块 A 下降距离为 h 时的速度和加速度。绳子的质量和各处摩擦均不计。

17-14 均质圆盘和滑块的质量均为 m，圆盘半径为 r，杆 OA 平行于斜面，质量不计，斜面倾角为 θ，物块与斜面间的摩擦因数均为 f。圆盘在斜面上作纯滚动，求滑块的加速度和杆的内力。

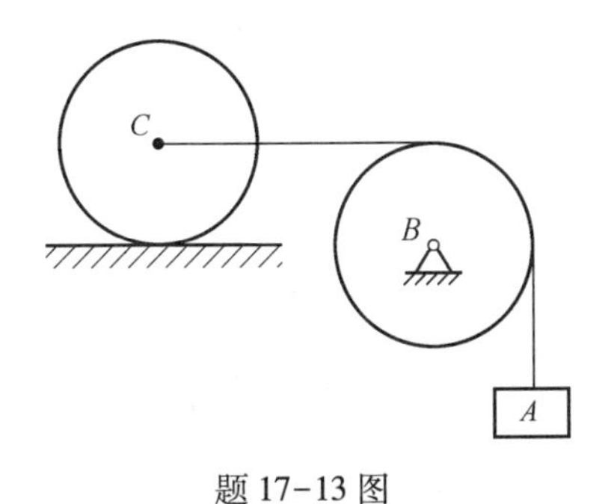

题 17-13 图

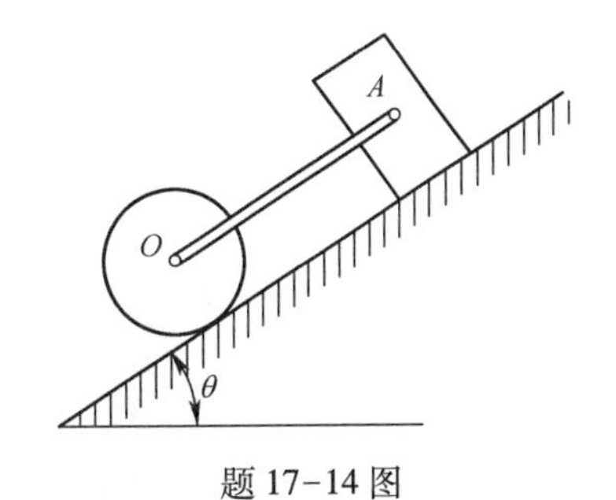

题 17-14 图

17-15 轮 A 和 B 可视为均质圆盘、半径均为 R，重量均为 W_1，两轮的绳索中间连着重量为 W_2 的物块 C，各处摩擦均不计，今在 A 轮上作用一不变的力矩 M，求轮 A 与物块之间绳索的张力。

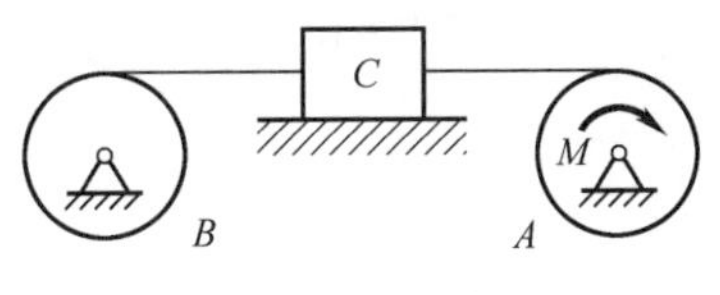

题 17-15 图

17-16 沿斜面作纯滚动的圆柱体 O_1 和鼓轮 O 均为均质物体，半径均为 R，圆柱体重为 W_1，鼓轮重为 W_2，绳子质量不计，粗糙斜面的倾角为 θ，只计滑动摩擦，不计滚动摩擦，在鼓轮上作用一常值力偶 M，试求：(1)鼓轮的角加速度；(2)轴承 O 的水平反力。

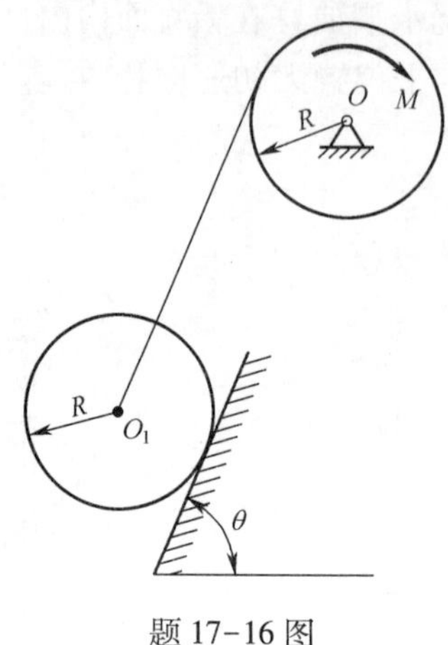

题 17-16 图

17-17 某龙门刨床工作行程的长度为 4m，时间为 8s，切削力为 47kN，工作台与工件质量共 15000kg，工作台与导轨间的摩擦因数 $f=0.1$，传动效率为 78%，工作台匀速运动，求工作台输入的功率。

17-18 测量机器功率用的测功器由胶带 $ACDB$ 和杠杆 BH 组成，胶带的两边 AC 和 BD 是铅直的，并套住被测机器的带轮 E 的下半部，而杠杆则以刀口搁在支点 O 上，借升高或降低支点 O 可以改变胶带的张力，同时变更轮和胶带间的摩擦力，杠杆上挂一质量 $m=3\text{kg}$ 的重锤 P，如力臂 $l=50\text{cm}$ 时，杠杆 BH 可处于水平的平衡位置，机器带轮的转速 $n=240\text{r/min}$，求机器的功率。

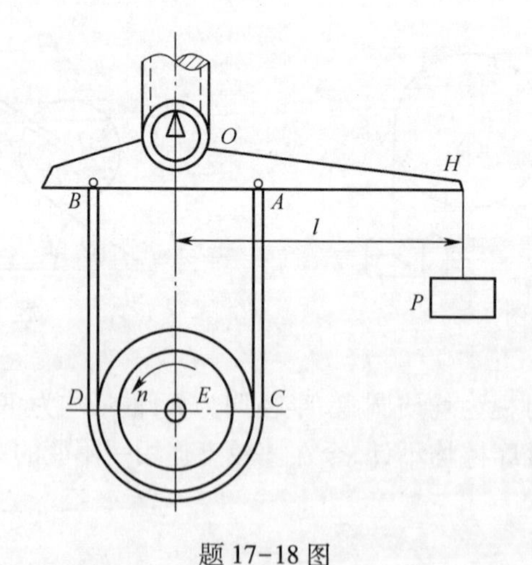

题 17-18 图

附录 I
型钢表

表 1　热轧等边角钢(GB9787-88)

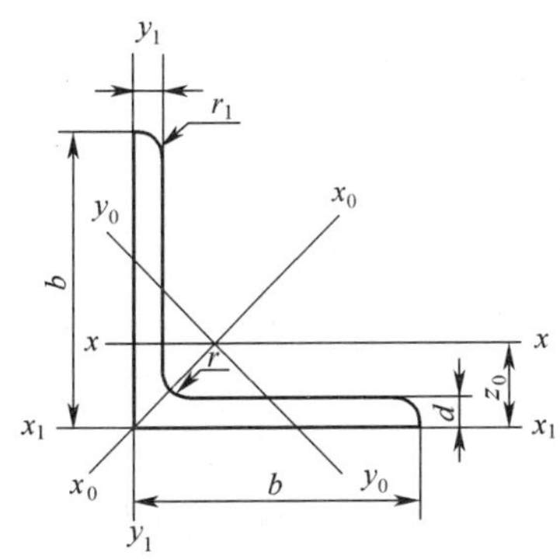

符号意义：b——边宽度；　　I——惯性矩；
d——边厚度；　　i——惯性半径；
r——内圆弧半径；　　W——截面系数；
r_1——边端内圆弧半径；　　z_0——重心距离。

角钢号数	尺寸/mm			截面面积/cm^2	理论重量/($kg \cdot m^{-1}$)	外表面积/($m^2 \cdot m^{-1}$)	参考数值 $x-x$			x_0-x_0			y_0-y_0			x_1-x_1	z_0/cm
	b	d	r				I_x/cm^4	i_x/cm	W_x/cm^3	I_{x0}/cm^4	i_{x0}/cm	W_{x0}/cm^3	I_{y0}/cm^4	i_{y0}/cm	W_{y0}/cm^3	I_{x1}/cm^4	
2	20	3	3.5	1.132	0.889	0.078	0.40	0.59	0.29	0.63	0.75	0.45	0.17	0.39	0.20	0.81	0.60
		4		1.459	1.145	0.077	0.50	0.58	0.36	0.78	0.73	0.55	0.22	0.38	0.24	1.09	0.64
2.5	25	3		1.432	1.124	0.098	0.82	0.76	0.46	1.29	0.95	0.73	0.34	0.49	0.33	1.57	0.73
		4		1.859	1.459	0.097	1.03	0.74	0.59	1.62	0.93	0.92	0.43	0.48	0.40	2.11	0.76
3.0	30	3	4.5	1.749	1.373	0.117	1.46	0.91	0.68	2.31	1.15	1.09	0.61	0.59	0.51	2.71	0.85
		4		2.276	1.786	0.117	1.84	0.90	0.87	2.92	1.13	1.37	0.77	0.58	0.62	3.63	0.89
3.6	36	3		2.109	1.656	0.141	2.58	1.11	0.99	4.09	1.39	1.61	1.07	0.71	0.76	4.68	1.00
		4		2.756	2.163	0.141	3.29	1.09	1.28	5.22	1.38	2.05	1.37	0.70	0.93	6.25	1.04
		5		3.382	2.654	0.141	3.95	1.08	1.56	6.24	1.36	2.45	1.65	0.70	1.09	7.84	1.07
4.0	40	3	5	2.359	1.852	0.157	3.59	1.23	1.23	5.69	1.55	2.01	1.49	0.79	0.96	6.41	1.09
		4		3.086	2.422	0.157	4.60	1.22	1.60	7.29	1.54	2.58	1.91	0.79	1.19	8.56	1.13
		5		3.791	2.976	0.156	5.53	1.21	1.96	8.76	1.52	3.10	2.30	0.78	1.39	10.74	1.17
4.5	40	3		2.659	2.088	0.177	5.17	1.40	1.58	8.20	1.76	2.58	2.14	0.89	1.24	9.12	1.22
		4		3.486	2.736	0.177	6.65	1.38	2.05	10.56	1.74	3.32	2.75	0.89	1.54	12.18	1.26
		5		4.292	3.369	0.176	8.04	1.37	3.51	12.74	1.72	4.00	3.33	0.88	1.81	15.25	1.30
		6		5.076	3.985	0.176	9.33	1.36	2.95	14.76	1.70	4.64	3.89	0.88	2.06	18.36	1.33

（续）

角钢号数	尺寸/mm			截面面积/cm^2	理论重量/(kg·m^{-1})	外表面积/(m^2·m^{-1})	参考数值										z_0/cm
							x-x			x_0-x_0			y_0-y_0			x_1-x_1	
	b	d	r				I_x/cm^4	i_x/cm	W_x/cm^3	I_{x0}/cm^4	i_{x0}/cm	W_{x0}/cm^3	I_{y0}/cm^4	i_{y0}/cm	W_{y0}/cm^3	I_{x1}/cm^4	
5	50	3	5.5	2.971	2.332	0.197	7.18	1.55	1.96	11.37	1.96	3.22	2.98	1.00	1.57	12.50	1.34
		4		3.897	3.059	0.197	9.26	1.54	2.56	14.70	1.94	4.16	3.82	0.99	1.96	16.69	1.38
		5		4.803	3.770	0.196	11.21	1.53	3.13	17.79	1.92	5.03	4.64	0.98	2.31	20.90	1.42
		6		5.688	4.465	0.196	13.05	1.52	3.68	20.68	1.91	5.85	5.42	0.98	2.63	25.14	1.46
5.6	56	3	6	3.343	2.624	0.221	10.19	1.75	2.48	16.14	2.20	4.08	4.24	1.13	2.02	17.56	1.48
		4		4.390	3.446	0.220	13.18	1.73	3.24	20.92	2.18	5.28	5.46	1.11	2.52	23.43	1.53
		5		5.415	4.251	0.220	16.02	1.72	3.97	25.42	2.17	6.42	6.61	1.10	2.98	29.33	1.57
		6		8.367	6.568	0.219	23.63	1.68	6.03	37.37	2.11	9.44	9.89	1.09	4.16	47.24	1.68
6.3	63	4	7	4.978	3.907	0.248	19.03	1.96	4.13	30.17	2.46	6.78	7.89	1.26	3.29	33.35	1.70
		5		6.143	4.822	0.248	23.17	1.94	5.08	36.77	2.45	8.25	9.57	1.25	3.90	41.73	1.74
		6		7.288	5.721	0.247	27.12	1.93	6.00	43.03	2.43	9.66	11.20	1.24	4.46	50.14	1.78
		8		9.515	7.469	0.247	34.46	1.90	7.75	54.56	2.40	12.25	14.33	1.23	5.47	67.11	1.85
		10		11.657	9.151	0.246	41.09	1.88	9.39	64.85	2.36	14.56	17.33	1.22	6.36	84.31	1.93
7	70	4	8	5.570	4.372	0.275	26.39	2.18	5.14	41.80	2.74	8.44	10.99	1.40	4.17	45.74	1.86
		5		6.875	5.397	0.275	32.21	2.16	6.32	51.08	2.73	10.32	13.34	1.39	4.95	57.21	1.91
		6		8.160	6.406	0.275	37.77	2.15	7.48	59.93	2.71	12.11	15.61	1.38	5.67	68.73	1.95
		7		9.424	7.398	0.275	43.09	2.14	8.59	68.35	2.69	13.81	17.82	1.38	6.34	80.29	1.99
		8		10.667	8.373	0.274	48.17	2.12	9.68	76.37	2.68	15.43	19.98	1.37	6.98	91.92	2.03
7.5	75	5	9	7.412	5.818	0.295	39.97	2.33	7.32	63.30	2.92	11.94	16.63	1.60	5.77	70.56	2.04
		6		8.797	6.905	0.294	46.95	2.31	8.64	73.38	2.90	14.02	19.51	1.49	6.67	84.55	2.07
		7		10.160	7.976	0.294	53.57	2.30	9.93	84.96	2.89	16.02	2.18	1.48	7.44	98.71	2.11
		8		11.503	9.030	0.294	59.96	2.28	11.20	95.07	2.88	17.93	24.86	1.47	8.19	112.97	2.15
		10		14.126	11.089	0.293	71.98	2.26	13.64	113.92	2.84	21.48	30.05	1.46	9.56	141.71	2.22
8	80	5	9	7.912	6.211	0.315	48.79	2.48	8.34	77.33	3.13	13.67	20.25	1.60	6.66	85.36	2.15
		6		9.397	7.376	0.314	57.35	2.47	9.87	90.98	3.11	16.08	23.72	1.59	7.65	102.50	2.19
		7		10.860	8.525	0.3124	65.58	2.46	11.37	104.07	3.10	18.40	27.09	1.58	8.58	119.70	2.23
		8		12.303	9.658	0.314	73.49	2.44	12.83	116.60	3.08	20.61	30.39	1.57	9.46	136.97	2.27
		10		15.126	1.874	0.313	88.43	2.42	15.64	140.09	3.04	24.76	36.77	1.56	11.08	171.74	2.35
9	90	6	10	10.637	8.350	0.354	82.77	2.79	12.61	131.26	3.51	20.63	34.28	1.80	9.95	145.87	2.44
		7		12.301	9.656	0.354	94.83	2.78	14.54	150.47	3.50	23.64	39.18	1.78	11.19	170.30	2.48
		8		13.944	10.946	0.353	106.47	2.76	16.42	168.97	3.48	26.55	43.97	1.78	12.35	194.80	2.52
		10		17.167	13.476	0.353	128.58	2.74	20.07	203.90	3.45	32.04	53.26	1.76	14.52	244.07	2.59
		12		20.306	15.940	0.352	149.22	2.71	23.57	236.21	3.41	37.12	62.22	1.75	16.49	293.76	2.67

（续）

角钢号数	尺寸/mm			截面面积/cm^2	理论重量/(kg·m^{-1})	外表面积/(m^2·m^{-1})	参考数值										z_0/cm
							$x-x$			x_0-x_0			y_0-y_0			x_1-x_1	
	b	d	r				I_x/cm^4	i_x/cm	W_x/cm^3	I_{x0}/cm^4	i_{x0}/cm	W_{x0}/cm^3	I_{y0}/cm^4	i_{y0}/cm	W_{y0}/cm^3	I_{x1}/cm^4	
10	100	6	12	11.932	9.366	0.393	114.95	3.10	15.68	181.98	3.90	25.74	47.92	2.00	12.69	200.07	2.67
		7		13.796	10.830	0.393	131.86	3.09	18.10	208.97	3.89	29.55	54.74	1.99	14.26	233.54	2.71
		8		15.638	12.276	0.393	148.24	3.08	20.47	235.07	3.88	33.24	61.41	1.98	15.75	267.09	2.76
		10		19.261	15.120	0.392	179.51	3.05	25.06	284.68	3.84	40.26	74.35	1.96	18.54	334.48	2.84
		12		22.800	17.898	0.391	208.90	3.03	29.48	330.95	3.81	46.80	86.84	1.95	21.68	402.34	2.91
		14		26.256	20.611	0.391	236.53	3.00	33.73	374.06	3.77	52.90	99.00	1.94	23.44	470.75	2.99
		16		29.627	23.257	0.390	262.53	2.98	37.82	414.16	3.74	58.57	110.89	1.94	25.63	539.80	3.06
11	110	7	12	15.196	11.928	0.433	177.16	3.41	22.05	280.94	4.30	36.12	73.38	2.20	17.51	310.64	2.96
		8		17.238	13.532	0.433	199.46	3.40	24.95	316.49	4.28	40.69	82.42	2.19	19.30	355.20	3.01
		10		21.261	16.690	0.432	242.19	3.38	30.60	384.39	4.25	49.42	99.98	2.17	22.91	444.65	3.09
		12		25.200	19.782	0.431	282.55	3.35	36.05	448.17	4.22	57.62	116.93	2.15	26.15	534.60	3.16
		14		29.056	22.809	0.431	320.71	3.32	41.31	508.01	4.18	65.31	133.40	2.14	29.14	625.16	3.24
12.5	125	8	14	19.750	15.504	0.492	297.03	3.88	32.52	470.89	4.88	53.28	123.16	2.50	25.86	521.01	3.37
		10		24.373	19.133	0.491	361.67	3.85	39.97	573.89	4.85	64.93	149.46	2.48	30.62	651.93	3.45
		12		28.912	22.696	0.491	423.16	3.83	41.17	671.44	4.82	75.96	174.88	2.46	35.03	783.42	3.53
		14		33.367	26.193	0.490	481.65	3.80	54.16	763.73	4.79	86.41	199.57	2.45	39.13	915.61	3.61
14	140	10		27.373	21.488	0.551	514.65	4.34	50.58	817.27	5.46	82.56	212.04	2.78	39.20	915.11	3.82
		12		32.512	25.522	0.551	603.68	4.31	59.80	958.79	5.43	96.85	248.57	2.76	45.02	1099.28	3.90
		14		37.567	29.490	0.550	688.81	4.28	68.75	1093.56	5.40	110.47	284.06	2.75	50.45	1284.22	3.98
		16		42.539	33.393	0.549	770.24	4.26	77.46	1221.81	5.36	123.42	318.67	2.74	55.55	1470.07	4.06
16	160	10	16	31.502	24.729	0.630	779.53	4.98	66.70	1237.30	6.27	109.36	321.76	3.20	52.76	1365.33	4.31
		12		37.441	29.391	0.630	916.58	4.95	78.98	1455.68	6.24	128.67	377.49	3.18	60.74	1639.57	4.39
		14		43.296	33.987	0.629	1048.36	4.92	90.95	1665.02	6.20	147.17	431.70	3.16	68.24	1914.68	4.47
		16		49.067	38.518	0.629	1175.08	4.89	102.63	1865.57	6.17	164.89	484.59	3.14	75.31	2190.82	4.55
18	180	12		42.241	33.159	0.710	1321.35	5.59	100.82	2100.10	7.05	165.00	542.61	3.58	78.41	2332.80	4.89
		14		48.896	38.383	0.709	1514.48	5.56	116.25	2407.42	7.02	189.14	621.53	3.56	88.38	2723.48	4.97
		16		55.467	43.542	0.709	1700.99	5.54	131.13	2703.37	6.98	212.40	698.60	3.55	97.83	3115.29	5.05
		18		61.955	48.634	0.708	1875.12	5.50	145.64	2988.24	6.94	234.78	762.01	3.51	105.14	3502.43	5.13
20	200	14	18	54.642	42.894	0.788	2103.55	6.20	144.70	3343.26	7.82	236.40	863.83	3.98	111.82	3734.10	5.46
		16		62.013	48.680	0.788	2366.15	6.18	163.65	3760.89	7.79	265.93	971.41	3.96	123.96	4270.39	5.54
		18		69.301	54.401	0.787	2620.64	6.15	182.22	4164.54	7.75	294.48	1076.74	3.94	135.52	4808.13	5.62
		20		76.505	60.056	0.787	2867.30	6.12	200.42	4554.55	7.72	322.06	1180.04	3.93	146.55	5347.51	5.69
		24		99.661	71.168	0.785	3338.25	6.07	236.17	5294.97	7.64	374.41	1381.53	3.90	166.66	6457.16	5.87

注：截面图中的 $r_1 = 1/3d$ 及表中 r 值的数据用于孔型设计，不做交货条件

表 2　热轧不等边角钢(GB9788 - 88)

符号意义：

B——长边宽度；　x_0——重心距离；　W——截面系数；

d——边厚度；　b——短边宽度；　y_0——重心距离。

r_1——边端内圆弧半径；　r——内圆弧半径；

i——惯性半径；　I——惯性矩；

角钢号数	尺寸/mm				截面面积 /cm²	理论重量 /(kg·m⁻¹)	外表面积 /(m²·m⁻¹)	参考数值													
								x - x			y - y			$x_1 - x_1$		$y_1 - y_1$		u - u			
	B	b	d	r				I_x /cm⁴	i_x /cm	W_x /cm³	I_y /cm⁴	i_y /cm	W_y /cm³	I_{x1} /cm⁴	y_0 /cm	I_{y1} /cm⁴	x_0 /cm	I_u /cm⁴	i_u /cm	W_u /cm³	tgα
2.5/1.6	25	16	3	3.5	1.162	0.912	0.080	0.70	0.78	0.43	0.22	0.44	0.19	1.56	0.86	0.43	0.42	0.14	0.34	0.16	0.392
			4		1.499	1.176	0.079	0.88	0.77	0.55	0.27	0.43	0.24	2.09	0.90	0.59	0.46	0.17	0.34	0.20	0.381
3.2/2	32	20	3		1.492	1.171	0.102	1.53	1.01	0.72	0.46	0.55	0.30	3.27	1.08	0.82	0.49	0.28	0.43	0.25	0.382
			4		1.939	1.522	0.101	1.93	1.00	0.93	0.57	0.54	0.39	4.37	1.12	1.12	0.53	0.35	0.42	0.32	0.374
4/2.5	40	25	3	4	1.890	1.484	0.127	3.08	1.28	1.15	0.93	0.70	0.49	5.39	1.32	1.59	0.59	0.56	0.54	0.40	0.385
			4		2.467	1.936	0.127	3.93	1.26	1.49	1.18	0.69	0.63	8.53	1.37	2.14	0.63	0.71	0.54	0.52	0.381
4.5/2.8	45	28	3	5	2.149	1.687	0.143	4.45	1.44	1.47	1.34	0.79	0.62	9.10	1.47	2.23	0.64	0.80	0.61	0.51	0.383
			4		2.806	2.203	0.143	5.69	1.42	1.91	1.70	0.78	0.80	12.13	1.51	3.00	0.68	1.02	0.60	0.66	0.380
5/3.2	50	32	3	5.5	2.431	1.908	0.161	6.24	1.60	1.84	2.02	0.91	0.82	12.49	1.60	3.31	0.73	1.20	0.70	0.68	0.404
			4		3.177	2.494	0.160	8.02	1.59	2.39	2.58	0.90	1.06	16.65	1.65	4.45	0.77	1.53	0.69	0.87	0.402
5.6/3.6	56	36	3	6	2.743	2.153	0.181	8.88	1.80	2.32	2.92	1.03	1.05	17.54	1.78	4.70	0.80	1.73	0.79	0.87	0.408
			4		3.590	2.818	0.180	11.45	1.79	3.03	3.76	1.02	1.37	23.39	1.82	6.33	0.85	2.23	0.79	1.13	0.408
			5		4.415	3.466	0.180	13.86	1.77	3.71	4.49	1.01	1.65	29.25	1.87	7.94	0.88	2.67	0.78	1.36	0.404

（续）

角钢号数	尺寸/mm				截面面积 /cm²	理论重量 /(kg·m⁻¹)	外表面积 /(m²·m⁻¹)	参考数值													
								x－x			y－y			x_1-x_1		y_1-y_1		u－u			
	B	b	d	r				I_x /cm⁴	i_x /cm	W_x /cm³	I_y /cm⁴	i_y /cm	W_y /cm³	I_{x1} /cm⁴	y_0 /cm	I_{y1} /cm⁴	x_0 /cm	I_u /cm⁴	i_u /cm	W_u /cm³	tgα
6.3/4	63	40	4	7	4.058	3.185	0.202	16.49	2.02	3.87	5.23	1.14	1.70	33.30	2.04	8.63	0.92	3.12	0.88	1.40	0.398
			5		4.993	3.920	0.202	20.02	2.00	4.74	6.31	1.12	2.71	41.63	2.08	10.86	0.95	3.76	0.87	1.71	0.396
			6		5.908	4.638	0.201	23.36	1.96	5.59	7.29	1.11	2.43	49.98	2.12	13.12	0.99	4.34	0.86	1.99	0.393
			7		6.802	5.339	0.201	26.53	1.98	6.40	8.24	1.10	2.78	58.07	2.15	15.47	1.03	4.97	0.86	2.29	0.389
7/4.5	70	45	4	7.5	4.547	3.570	0.226	23.17	2.26	4.86	7.55	1.29	2.17	45.92	2.24	12.26	1.02	4.40	0.98	1.77	0.410
			5		5.609	4.403	0.225	27.95	2.23	5.92	9.13	1.28	2.65	57.10	2.28	15.39	1.06	5.40	0.98	2.19	0.407
			6		6.647	5.218	0.225	32.54	2.21	6.95	10.62	1.26	3.12	68.35	2.32	18.58	1.09	6.35	0.98	2.59	0.404
			7		7.657	6.011	0.225	37.22	2.20	8.03	12.01	1.25	3.57	79.99	2.36	21.84	1.13	7.16	0.97	2.94	0.402
(7.5/5)	75	50	5	8	6.125	4.808	0.245	34.86	2.39	6.83	12.61	1.44	3.30	70.00	2.40	21.04	1.17	7.41	1.10	2.74	0.435
			6		7.260	5.699	0.245	41.12	2.38	8.12	14.70	1.42	3.88	84.30	2.44	25.37	1.21	8.54	1.08	3.19	0.435
			8		9.467	7.431	0.244	52.39	2.35	10.52	18.53	1.40	4.99	112.50	2.52	34.23	1.29	10.87	1.07	4.10	0.429
			10		11.590	9.098	0.244	62.71	2.33	12.79	21.96	1.38	6.04	140.80	2.60	43.43	1.36	13.10	1.06	4.99	0.423
8/5	80	50	5	8	6.375	5.005	0.255	41.96	2.56	7.78	12.82	1.42	3.32	85.21	2.60	21.06	1.14	7.66	1.10	2.74	0.388
			6		7.560	5.935	0.255	49.49	2.56	9.25	14.95	1.41	3.91	102.53	2.65	25.41	1.18	8.85	1.08	3.20	0.387
			7		8.724	6.848	0.255	56.16	2.54	10.58	16.96	1.39	4.48	119.33	2.69	29.82	1.21	10.18	1.08	3.70	0.384
			8		9.867	7.745	0.254	62.83	2.52	11.92	18.85	1.38	5.03	136.41	2.73	34.32	1.25	11.38	1.07	4.16	0.381
9/5.6	90	56	5	9	7.212	5.661	0.297	60.45	2.90	9.92	18.32	1.59	4.21	121.32	2.91	29.53	1.25	10.98	1.23	3.49	0.385
			6		8.557	6.717	0.286	71.03	2.88	11.74	21.42	1.58	4.96	145.59	2.95	35.58	1.29	12.90	1.23	4.13	0.384
			7		9.880	7.756	0.286	81.01	2.86	13.49	24.36	1.57	5.70	169.60	3.00	41.71	1.33	14.67	1.22	4.72	0.382
			8		11.183	8.779	0.286	91.03	2.85	15.27	27.15	1.56	6.41	194.17	3.04	47.93	1.36	16.34	1.21	5.29	0.380

（续）

角钢号数	尺寸/mm				截面面积/cm²	理论重量/(kg·m⁻¹)	外表面积/(m²·m⁻¹)	参考数值													
								$x-x$			$y-y$			x_1-x_1		y_1-y_1		$u-u$			
	B	b	d	r				I_x /cm⁴	i_x /cm	W_x /cm³	I_y /cm⁴	i_y /cm	W_y /cm³	I_{x1} /cm⁴	y_0 /cm	I_{y1} /cm⁴	x_0 /cm	I_u /cm⁴	i_u /cm	W_u /cm³	tgα
10/6.3	100	63	6	10	9.617	7.550	0.320	99.06	3.21	14.64	30.94	1.79	6.35	199.71	3.24	50.50	1.43	18.42	1.38	5.25	0.394
			7		11.111	8.722	0.320	113.45	3.20	16.88	35.26	1.78	7.29	233.00	3.28	59.14	1.47	21.00	1.38	6.02	0.394
			8		12.584	9.878	0.319	127.37	3.18	19.08	39.39	1.77	8.21	266.32	3.32	67.88	1.50	23.50	1.37	6.78	0.391
			10		15.467	12.142	0.319	153.81	3.15	23.32	47.12	1.74	9.98	333.06	3.40	85.73	1.58	28.33	1.35	8.24	0.387
10/8	100	80	6	10	10.637	8.350	0.354	107.04	3.17	15.19	61.24	2.40	10.16	199.83	2.95	102.68	1.97	31.65	1.72	8.37	0.627
			7		12.301	9.656	0.354	122.73	3.16	17.52	70.08	2.39	11.71	233.20	3.00	119.98	2.01	36.17	1.72	9.60	0.626
			8		13.944	10.946	0.353	137.92	3.14	19.81	78.58	2.37	13.21	266.61	3.04	137.37	2.05	40.58	1.71	10.80	0.625
			10		17.167	13.476	0.353	166.87	3.12	24.24	94.65	2.35	16.12	333.63	3.12	172.48	2.13	49.10	1.69	13.12	0.622
11/7	110	70	6		10.637	8.350	0.354	133.37	3.54	17.85	42.92	2.01	7.90	265.78	3.53	69.08	1.57	25.36	1.54	6.53	0.403
			7		12.301	9.656	0.354	153.00	3.53	20.60	49.01	2.00	9.09	310.07	3.57	80.82	1.61	28.95	1.53	7.50	0.402
			8		13.944	10.946	0.353	172.04	3.51	23.30	54.87	1.98	10.25	354.39	3.62	92.70	1.65	32.45	1.53	8.45	0.401
			10		17.167	13.476	0.353	208.39	3.48	28.54	65.88	1.96	12.48	443.13	3.70	116.83	1.72	39.20	1.51	10.29	0.397
12.5/8	125	80	7	11	14.096	11.066	0.403	227.98	4.02	26.86	74.42	2.30	12.01	454.99	4.01	120.32	1.80	43.81	1.76	9.92	0.408
			8		15.989	12.551	0.403	256.77	4.01	30.41	83.49	2.28	13.56	519.99	4.06	137.85	1.84	49.15	1.75	11.18	0.407
			10		19.712	15.474	0.402	312.04	3.98	37.33	100.67	2.26	16.56	650.09	4.14	173.40	1.92	59.45	1.74	13.64	0.404
			12		23.351	18.330	0.402	364.41	3.95	44.01	116.67	2.24	19.43	780.39	4.22	209.67	2.00	69.35	1.72	16.01	0.400
14/9	140	90	8	12	18.038	14.160	0.453	365.64	4.50	38.48	120.69	2.59	17.34	730.53	4.50	195.79	2.04	70.83	1.98	14.31	0.411
			10		22.261	17.475	0.452	445.50	4.47	47.31	140.03	2.56	21.22	913.20	4.58	245.92	2.12	85.82	1.96	17.48	0.409
			12		26.400	20.724	0.451	521.59	4.44	55.87	169.79	2.54	24.95	1096.09	4.66	296.89	2.19	100.21	1.95	20.54	0.406
			14		30.456	23.908	0.451	594.10	4.42	64.18	192.10	2.51	28.54	1279.26	4.74	348.82	2.27	114.13	1.94	23.52	0.403

（续）

角钢号数	尺寸/mm				截面面积 /cm^2	理论重量 /(kg·m^{-1})	外表面积 /(m^2·m^{-1})	参考数值													
								$x-x$			$y-y$			x_1-x_1		y_1-y_1		$u-u$			
	B	b	d	r				I_x /cm^4	i_x /cm	W_x /cm^3	I_y /cm^4	i_y /cm	W_y /cm^3	I_{x1} /cm^4	y_0 /cm	I_{y1} /cm^4	x_0 /cm	I_u /cm^4	i_u /cm	W_u /cm^3	tgα
16/10	160	100	10	13	25.315	19.872	0.512	668.69	5.14	62.13	205.03	2.85	26.56	1362.89	5.24	336.59	2.28	121.74	2.19	21.92	0.390
			12		30.054	23.592	0.511	784.91	5.11	73.49	239.06	2.82	31.28	1635.56	5.32	405.94	2.36	142.33	2.17	25.79	0.388
			14		34.709	27.247	0.510	896.30	5.08	84.56	271.20	2.80	35.83	1908.50	5.40	476.42	2.43	162.23	2.16	29.56	0.385
			16		39.281	30.835	0.510	1003.04	5.05	95.33	301.60	2.77	40.24	2181.79	5.48	548.2	2.51	182.57	2.16	29.56	0.382
18/11	180	110	10	14	28.373	22.273	0.571	956.25	5.80	78.96	278.11	3.13	32.49	1940.40	5.89	447.22	2.44	166.50	2.42	26.88	0.376
			12		33.712	26.464	0.571	1124.72	5.78	93.53	325.03	3.10	38.32	2328.38	5.98	538.94	2.52	194.87	2.40	31.66	0.374
			14		38.967	30.589	0.570	1286.91	5.75	107.76	369.55	3.08	43.97	2716.60	6.06	631.95	2.59	222.30	2.39	36.32	0.372
			16		44.139	34.649	0.569	1443.06	5.72	121.64	411.85	3.06	49.44	3105.15	6.14	726.46	2.67	248.94	2.38	40.87	0.369
20/12.5	200	125	12		37.912	29.761	0.641	1570.90	6.44	116.73	483.16	3.57	49.99	3193.85	6.54	787.74	2.83	285.79	2.74	41.23	0.392
			14		43.867	34.436	0.640	1800.97	6.41	134.65	550.83	3.54	57.44	3726.17	6.62	922.47	2.91	326.58	2.73	47.34	0.390
			16		49.739	39.045	0.639	2023.35	6.38	152.18	615.44	3.52	64.69	4258.86	6.70	1058.86	2.99	366.21	2.71	53.32	0.388
			18		55.526	43.588	0.639	2238.30	6.35	169.33	677.19	3.49	71.74	4792.00	6.78	1197.13	3.06	404.83	2.70	59.18	0.385

注：1. 括号内型号不推荐使用。

2. 截面图中的 $r_1=1/3d$ 及表中 r 的数据用于孔型设计，不做交货条件

表 3 热轧槽钢(GB707-88)

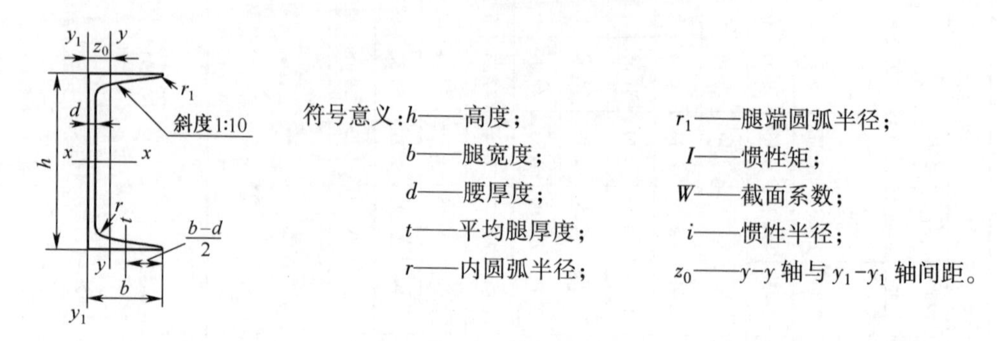

符号意义:h——高度; r_1——腿端圆弧半径;
b——腿宽度; I——惯性矩;
d——腰厚度; W——截面系数;
t——平均腿厚度; i——惯性半径;
r——内圆弧半径; z_0——y-y 轴与 y_1-y_1 轴间距。

型号	尺寸/mm						截面面积/cm^2	理论重量/(kg·m^{-1})	参考数值							
									x-x			y-y			y_1-y_1	z_0 cm
	h	b	d	t	r	r_1			W_x/cm^3	I_x/cm^4	i_x/cm	W_y/cm^3	I_y/cm^4	i_y/cm	I_{y1}/cm^4	
5	50	37	4.5	7	7.0	3.5	6.928	5.438	10.4	26.0	1.94	3.55	8.30	1.10	20.9	1.35
6.3	63	40	4.8	7.5	7.5	3.8	8.451	6.634	16.1	50.8	2.45	4.50	11.9	1.19	28.4	1.36
8	80	43	5.0	8	8.0	4.0	10.248	8.045	25.3	101	3.15	5.79	16.6	1.27	37.4	1.43
10	100	48	5.3	8.5	8.5	4.2	12.748	10.007	39.7	198	3.95	7.8	25.6	1.41	54.9	1.52
12.6	126	53	5.5	9	9.0	4.5	15.692	12.318	62.1	391	4.95	10.2	38.0	1.57	77.1	1.59
14a	140	58	6.0	9.5	9.5	4.8	18.516	14.535	80.5	564	5.52	13.0	53.2	1.70	107	1.71
14b	140	60	8.0	9.5	9.5	4.8	21.316	16.733	87.1	609	5.35	14.1	61.1	1.69	121	1.67
16a	160	63	6.5	10	10.0	5.0	21.962	17.240	108	866	6.28	16.3	73.3	1.83	144	1.80
16	160	65	8.5	10	10.0	5.0	25.162	19.752	117	935	6.10	17.6	83.4	1.82	161	1.75
18a	180	68	7.0	10.5	10.5	5.2	25.699	20.174	141	1270	7.04	20.0	98.6	1.96	190	1.88
18	180	70	9.0	10.5	10.5	5.2	29.299	23.000	152	1370	6.84	21.5	111	1.95	210	1.84
20a	200	73	7.0	11	11.0	5.5	28.837	22.637	178	1780	7.86	24.2	128	2.11	244	2.01
20	200	75	9.0	11	11.0	5.5	32.837	25.777	191	1910	7.64	25.9	144	2.09	268	1.95
22a	220	77	7.0	11.5	11.5	5.8	31.846	24.999	218	2390	8.67	28.2	158	2.23	298	2.10
22	220	79	9.0	11.5	11.5	5.8	36.246	28.453	234	2570	8.42	30.1	176	2.21	326	2.03
25a	250	78	7.0	12	12.0	6.0	34.917	27.410	270	3370	9.82	30.6	176	2.24	322	2.07
25b	250	80	9.0	12	12.0	6.0	39.917	31.334	282	3530	9.41	32.7	196	2.22	353	1.98
25c	250	82	11.0	12	12.0	6.0	44.917	35.260	295	3690	9.07	35.9	218	2.21	384	1.92
28a	280	82	7.5	12.5	12.5	6.2	40.034	31.427	340	4760	10.9	35.7	218	2.33	388	2.10
28b	280	84	9.5	12.5	12.5	6.2	45.634	35.823	366	5130	10.6	37.9	242	2.30	428	2.02
28c	280	86	11.5	12.5	12.5	6.2	51.234	40.219	393	5500	10.4	40.3	268	2.29	463	1.95
32a	320	88	8.0	14	14.0	7.0	48.513	38.083	475	7600	12.5	46.5	305	2.50	552	2.24
32b	320	90	10.0	14	14.0	7.0	54.913	43.107	509	8140	12.2	49.2	336	2.47	593	2.16
32c	320	92	12.0	14	14.0	7.0	61.313	48.131	543	8690	11.9	52.6	374	2.47	643	2.09
36a	320	96	9.0	16	16.0	8.0	60.910	47.814	660	11900	14.0	63.5	455	2.73	818	2.44
36b	320	98	11.0	16	16.0	8.0	68.110	53.466	703	12700	13.6	66.9	497	2.70	880	2.37
36c	320	100	13.0	16	16.0	8.0	75.310	59.118	746	13400	13.4	70.0	536	2.67	948	2.09
40a	400	100	10.5	18	18.0	9.0	75.068	58.928	879	17600	15.3	78.8	592	2.81	1070	2.49
40b	400	102	12.5	18	18.0	9.0	83.068	65.208	932	18600	15.0	82.5	640	2.78	1140	2.44
40c	400	104	14.5	18	18.0	9.0	91.068	71.488	986	19700	14.7	86.2	688	2.75	1220	2.42

注:截面图和表中标注的圆弧半径 r、r_1 的数据用于孔型设计,不做交货条件

表 4　热轧工字钢(GB706-88)

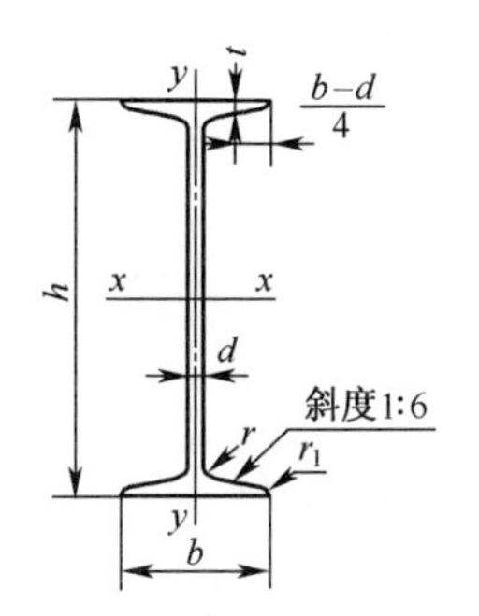

符号意义：h——高度；
b——腿宽度；
d——腰厚度；
t——平均腿厚度；
r——内圆弧半径；
r_1——腿端圆弧半径；
I——惯性矩；
W——截面系数；
i——惯性半径；
S——半截面的静矩。

型号	尺寸/mm						截面面积 /cm²	理论重量 /(kg·m⁻¹)	参考数值						
									x–x				y–y		
	h	b	d	t	r	r_1			I_x /cm⁴	W_x /cm³	i_x /cm	$I_x:S_x$ /cm	I_y /cm⁴	W_y /cm³	i_y /cm
10	100	68	4.5	7.6	6.5	3.3	14.345	11.261	245	49.0	4.14	8.59	33.0	9.72	1.52
12.6	126	74	5.0	8.4	7.0	3.5	18.118	14.223	488	77.5	5.20	10.8	46.9	12.7	1.61
14	140	80	5.5	9.1	7.5	3.8	21.516	16.890	712	102	5.76	12.0	64.4	16.1	1.73
16	160	88	6.0	9.9	8.0	4.0	26.131	20.513	1130	141	6.58	13.8	93.1	21.2	1.89
18	180	94	6.5	10.7	8.5	4.3	30.756	24.143	1660	185	7.36	15.4	122	26.0	2.00
20a	200	100	7.0	11.4	9.0	4.5	35.578	27.929	2370	237	8.15	17.2	158	31.5	2.12
20b	200	102	9.0	11.4	9.0	4.5	39.578	31.069	2500	250	7.96	16.9	169	33.1	2.06
22a	220	110	7.5	12.3	9.5	4.8	42.128	33.070	3400	309	8.99	18.9	225	40.9	2.31
22b	220	112	9.5	12.3	9.5	4.8	46.528	36.524	3570	325	8.78	18.7	239	42.7	2.27
25a	250	116	8.0	13.0	10.0	5.0	48.541	38.105	5020	402	10.2	21.6	280	48.3	2.40
25b	250	118	10.0	13.0	10.0	5.0	53.541	42.030	5280	423	9.94	21.3	309	52.4	2.40
28a	280	122	8.5	13.7	10.5	5.3	55.404	43.492	7110	508	11.3	24.6	345	56.6	2.50
28b	280	124	10.5	13.7	10.5	5.3	61.004	47.888	7480	534	11.1	24.2	379	61.2	2.49
32a	320	130	9.5	15.0	11.5	5.8	67.156	52.717	11100	692	12.8	27.5	460	70.8	2.62
32b	320	132	11.5	15.0	11.5	5.8	73.556	57.741	11600	726	12.6	27.1	502	76.0	2.61
32c	320	134	13.5	15.0	11.5	5.8	79.956	62.765	12200	760	12.3	26.8	544	81.2	2.61
36a	360	136	10.0	15.8	12.0	6.0	76.480	60.037	15800	875	14.4	30.7	552	81.2	2.69
36b	360	138	12.0	15.8	12.0	6.0	83.680	65.689	16500	919	14.1	30.3	582	84.3	2.64
36c	360	140	14.0	15.8	12.0	6.0	90.880	71.341	17300	962	13.8	29.9	612	87.4	2.60
40a	400	142	10.5	16.5	12.5	6.3	86.112	67.598	21700	1090	15.9	34.1	660	93.2	2.77
40b	400	144	12.5	16.5	12.5	6.3	94.112	73.878	22800	1140	15.6	33.6	692	96.2	2.71
40c	400	146	14.5	16.5	12.5	6.3	102.112	80.158	23900	1190	15.2	33.2	727	99.6	2.65
45a	450	150	11.5	18.0	13.5	6.8	102.446	80.420	32200	1430	17.7	38.6	855	114	2.89
45b	450	152	13.5	18.0	13.5	6.8	111.446	87.485	33800	1500	17.4	38.0	894	118	2.84
45c	450	154	15.5	18.0	13.5	6.8	120.446	94.550	35300	1570	17.1	37.6	938	122	2.79
50a	500	158	12.0	20.0	14.0	7.0	119.304	93.644	46500	1860	19.7	42.8	1120	142	3.07
50b	500	160	14.0	20.0	14.0	7.0	129.304	101.504	48600	1940	19.4	42.4	1170	146	3.01
50c	500	162	16.0	20.0	14.0	7.0	139.304	109.354	50600	2080	19.0	41.8	1220	151	2.96
56a	560	166	12.5	21.0	14.5	7.3	135.435	106.316	65600	2340	22.0	47.7	1370	165	3.18
56b	560	168	14.5	21.0	14.5	7.3	146.635	115.108	68500	2450	21.6	47.2	1490	174	3.16
56c	560	170	16.5	21.0	14.5	7.3	157.835	123.900	71400	2550	21.3	46.7	1560	183	3.16
63a	630	176	13.0	22.0	15.0	7.5	154.658	121.407	93900	2980	24.5	54.2	1700	193	3.31
63b	630	178	15.0	22.0	15.0	7.5	167.258	131.298	98100	3160	24.2	53.5	1810	204	3.29
63c	630	180	17.0	22.0	15.0	7.5	179.858	141.189	102000	3300	23.8	52.9	1920	214	3.27

注：截面图和表中标注的圆弧半径 r、r_1 的数据用于孔型设计，不做交货条件

附录Ⅱ
习题参考答案

第一章　基本概念与受力分析

1-1　$F_H = F_V = 0.791F$

1-3　$F_x = 169\text{N}$, $F_y = 507.1\text{N}$, $F_z = 845.2\text{N}$, $M_z = -101.4\text{N}\cdot\text{m}$

1-4　$\boldsymbol{M}_C = \frac{64}{9}\boldsymbol{i} + \frac{128}{9}\boldsymbol{j} + \frac{16}{9}\boldsymbol{k}$, $M_{CD} = \frac{16}{9}\text{kN}\cdot\text{m}$

1-5　$M_x = \frac{1}{4}F(h-3r)$, $M_y = \frac{\sqrt{3}}{4}F(h+r)$, $M_z = -\frac{Fr}{2}$

1-6　$M = 247.1\text{N}\cdot\text{m}$

1-7　$\boldsymbol{M} = -75\boldsymbol{i} + 22.5\boldsymbol{j}$

第二章　力系的简化与平衡

2-1　$F_\text{R} = 161.2\text{N}$,　$\angle(\boldsymbol{F}_\text{R}, \boldsymbol{F}_1) = 29°44'$

2-2　$F_{BA} = 7.321\text{kN}$（拉）, $F_{BC} = 27.32\text{kN}$（压）

2-3　$F_{OA} = 1414\text{N}$（压）, $F_{OB} = F_{OC} = 707\text{N}$（拉）

2-4　$M_x = 0$, $M_y = 3.6\text{kN}\cdot\text{m}$, $M_z = 7.71\text{kN}\cdot\text{m}$

2-5　合力偶, $M = \frac{\sqrt{3}}{2}Fa$（逆）

2-6　$F = \frac{M}{a}\cot 2\theta$

2-7　$F_A = F_B = 200\text{N}$

2-8　$M = 4.5\text{kN}\cdot\text{m}$

2-9　$F_{Ax} = -1.5\text{N}$, $F_{Az} = 2.5\text{N}$; $F_{Bx} = 1.5\text{N}$, $F_{Bz} = -2.5\text{N}$

2-10　$F_\text{R} = 100\text{N}(\downarrow)$,在 $(-4,11)\text{m}$ 处

2-11　$\boldsymbol{F}_\text{R} = -345.3\boldsymbol{i} + 249.6\boldsymbol{j} + 10.56\boldsymbol{k}(\text{N}\cdot\text{m})$

$\boldsymbol{M}_O = -51.79\boldsymbol{i} - 36.64\boldsymbol{j} + 103.6\boldsymbol{k}\ (\text{N}\cdot\text{m})$

2-12　$F_x = 0.15\text{kN}$, $F_y = -2.12\text{kN}$, $F_\text{R} = 2.13\text{kN}$, $AC = 4.67\text{m}$

2-13　$F'_\text{R} = 8027\text{kN}$, $M_O = 6121\text{kN}\cdot\text{m}$

$F_\text{R} = 8027\text{kN}$, $\angle(\boldsymbol{F}_\text{R}, x) = 267.6°$, $x = -0.763\text{m}$（在 O 点以左）

2-14　$F = 10\text{kN}$, $\angle(\boldsymbol{F}, \overline{CB}) = 60°$, $BC = 2.31\text{m}$

2-15 $F_A = 4.43\text{kN}$, $F_B = 7.77\text{kN}$, $F_D = 5.80\text{kN}$

2-16 $F_3 = 4000\text{N}$, $F_4 = 2000\text{N}$, $F_{Ax} = -6375\text{N}$, $F_{Az} = 1299\text{N}$

$F_{Bx} = -4125\text{N}$, $F_{Bz} = 3897\text{N}$

2-17 $F_1 = 0.21W$, $F_2 = 0.37W$, $F_3 = 0.41W$

2-18 $F_1 = \frac{F}{2}(1 + \sqrt{2})$（压），$F_2 = F_5 = 0$，$F_3 = \frac{F}{2}$（拉）

$F_4 = \frac{\sqrt{2}}{2}F$（压），$F_6 = \frac{\sqrt{2}}{2}F$（拉）

2-19 $F = 193.7\text{N}$

2-20 $\beta = \arccos\left[\frac{2(F + W)a}{(2F + W)l}\right]^{\frac{1}{3}}$

2-21 $F_{Ax} = -F_{Bx} = -1750\text{N}$，$F_{Ay} = F_{By} = 500\text{N}$

2-22 $F_\text{T} = \frac{WR}{2l\sin^2\frac{\varphi}{2}\cos\varphi}$；$\varphi = 60°$ 时，$F_{\text{T},\min} = \frac{4WR}{l}$

2-23 $F_\text{H} = \frac{F}{2(3 + \sqrt{3})}$

2-24 $F_Q = 1000\text{N}$，$F_{Ax} = -200\text{N}$，$F_{Ay} = -800\text{N}$

2-25 $W = \frac{l}{a}W_1$

2-26 $F_{Ax} = 1.2\text{kN}$，$F_{Ay} = 0.15\text{kN}$，$F_{BC} = -1.5\text{kN}$

2-27 $F_{Ax} = F_{Ay} = F_{Bx} = -F_{Dy} = -F$，$F_{By} = 0$，$F_{Dx} = 2F$

2-28 $F_{Ax} = -\frac{W}{2}$, $F_{Ay} = 0$, $M_A = WR$

2-29 $F_{Ax} = 0$, $F_{Ay} = -48.3\text{kN}$, $F_{\text{N}B} = 100\text{kN}$, $F_{\text{N}D} = 8.33\text{kN}$

2-30 $F_\text{T} = \frac{Wa\cos\varphi}{2h}$

2-32 $F_\text{N} = 5000\text{N}$

2-33 $W_{\min} = 2(1 - \frac{r}{R})W$

2-34 $F_{Ax} = 7.5\text{kN}$，$F_{Ay} = 72.5\text{kN}$，$F_{Bx} = -17.5\text{kN}$，$F_{By} = 77.5\text{kN}$

$F_{Cx} = 17.5\text{kN}$，$F_{Cy} = 5\text{kN}$

第三章 静力学应用问题

3-1 (a) $F_{Ax} = 35.36\text{kN}$, $F_{Ay} = 115.36\text{kN}$, $M_A = 301.4\text{kN} \cdot \text{m}$

(b) $F_{Ax} = F_{Bx} = 0$, $F_{Ay} = -5\text{kN}$, $F_{By} = 115\text{kN}$

(c) $F_A = -42.5\text{kN}$, $F_B = 105\text{kN}$, $F_C = 22.5\text{kN}$, $F_D = 17.5\text{kN}$

(c) $F_{\text{N}C} = 69.28\text{kN}$, $F_{Bx} = -34.64\text{kN}$, $F_{By} = 60\text{kN}$

$F_{Ax} = 34.64\text{kN}$, $F_{Ay} = 60\text{kN}$, $M_A = 210\text{kN} \cdot \text{m}$

3-2　$F_{Ax}=-50\text{kN}$, $F_{Ay}=5\text{kN}$, $F_{NB}=70\text{kN}$, $F_{NC}=15\text{kN}$

3-3　$F_{Ax}=0$, $F_{Ay}=6\text{kN}$, $M_A=12\text{kN}\cdot\text{m}$

3-4　$a=2.20\text{m}$, $F_{Ax}=-400\text{N}$, $F_{Ay}=4507\text{N}$

3-5　$F_{Ax}=1.732\text{kN}$, $F_{Ay}=-1\text{kN}$, $F_{NB}=6\text{kN}$

3-6　(1) 1.49m ,(2) 3.56m

3-8　离 B 端 0.72m ,重心离底面高度为 0.66m 。

3-9　$x_C=0$, $y_C=-462\text{mm}$

3-10　(a) $x_C=y_C=23.30\text{mm}$,(b) $x_C=y_C=17.52\text{mm}$

3-11　$x_C=184\text{mm}$, $y_C=132\text{mm}$

3-12　$BE=0.366a$

3-13　$x_C=y_C=0$, $z_C=6.5\text{cm}$

3-14　$F_{AB}=148\text{kN}$ (拉), $F_{AC}=72\text{kN}$ (压), $F_{AD}=74\text{kN}$ (拉),
$F_{BC}=F_{CD}=70\text{kN}$ (压)

3-15　$F_1=-5.33F$ (压), $F_2=2F$ (拉), $F_3=-1.67F$ (压)

3-16　$F_{CD}=-0.866F$ (压)

3-17　$F_1=21.83\text{kN}$ (拉), $F_2=16.73\text{kN}$ (拉), $F_3=-20\text{kN}$ (压),
$F_4=-43.66\text{kN}$ (压)

3-18　(1) $F_Q\tan(\theta-\varphi_m)\leqslant F\leqslant F_Q\tan(\theta+\varphi_m)$, $\tan\varphi_m=f_s$　(2) $\theta\leqslant\varphi_m$

3-19　$e=\dfrac{a}{2f_s}$

3-20　$b\leqslant 110\text{mm}$

3-21　下滑: $\tan\beta_m=f_s$,下翻: $\tan\beta_m=b/h$

3-22　$\tan\theta\geqslant\dfrac{W_1+2W_2}{2f(W_1+W_2)}$

3-23　$\theta=\arcsin\dfrac{3\pi f_s}{4+3\pi f_s}$

3-24　$W=500\text{N}$

3-25　$W=208\text{N}$

第五章　杆件的内力

5-1　(a) $F_{N1}=F$, $F_{N2}=0$
(b) $F_{N1}=-F$, $F_{N2}=0$, $F_{N3}=-2F$
(c) $F_{N1}=-F$, $F_{N2}=-3F$
(d) $F_{N1}=0.897F$, $F_{N2}=-0.732F$

5-3　(a) $T_1=-2M_e$, $T_2=M_e$
(b) $T_1=-20\ \text{kN}\cdot\text{m}$, $T_2=-10\ \text{kN}\cdot\text{m}$, $T_3=-40\ \text{kN}\cdot\text{m}$, $T_4=20\ \text{kN}\cdot\text{m}$
(c) $T_1=6\ \text{kN}\cdot\text{m}$, $T_2=14\ \text{kN}\cdot\text{m}$, $T_3=24\ \text{kN}\cdot\text{m}$, $T_4=-6\ \text{kN}\cdot\text{m}$

5-4　$|T|_{\max}=1528\ \text{N}\cdot\text{m}$

5-6　(a) $F_{s1}=F$, $F_{s2}=0$, $F_{s3}=0$

$M_1 = Fa$, $M_2 = Fa$, $M_3 = Fa$

(b) $F_{s1} = \frac{3qa}{4}$, $F_{s2} = -\frac{qa}{4}$, $F_{s3} = -\frac{qa}{4}$

$M_1 = 0$, $M_2 = \frac{qa^2}{4}$, $M_3 = \frac{qa^2}{4}$

(c) $F_{s1} = -100\text{N}$, $F_{s2} = -100\text{N}$, $F_{s3} = 200\text{N}$

$M_1 = -20\text{N}\cdot\text{m}$, $M_2 = -40\text{N}\cdot\text{m}$, $M_3 = -40\text{N}\cdot\text{m}$

(d) $F_{s1} = 2qa$, $F_{s2} = 2qa$, $M_1 = -\frac{3qa^2}{2}$, $M_2 = -\frac{qa^2}{2}$

5-10 (a) $F_{s,max} = \frac{3}{2}F$, $|M_{max}| = 2Fa$

(b) $|F_s|_{max} = F$, $M_{max} = Fa$

(c) $F_{s,max} = qa$, $M_{max} = \frac{3qa^2}{2}$

(d) $|F_s|_{max} = 1.5qa$, $|M|_{max} = 2qa^2$

(e) $F_{s,max} = 6.5\text{kN}$, $M_{max} = 10\text{kN}\cdot\text{m}$

(f) $F_{s,max} = \frac{11}{6}qa$, $M' = \frac{49}{72}qa^2$, $M_{max} = qa^2$

(g) $|F_s|_{max} = \frac{13}{8}qa$, $|M|_{max} = \frac{11}{8}qa^2$, $M' = \frac{169}{128}qa^2$

(h) $|F_s|_{max} = 110\text{kN}$, $|M|_{max} = 141.67\text{kN}\cdot\text{m}$

(i) $F_{s,max} = \frac{5}{2}qa$, $|M|_{max} = \frac{11}{2}qa^2$, $M' = \frac{9}{8}qa^2$

5-11 (1) $\frac{l}{a} = 2.83$,(2) $\frac{l}{a} = 2$

5-12 (a) $F_{s,max} = 10\text{kN}$, $F_N = 10\text{kN}$, $M_{max} = 30\text{kN}\cdot\text{m}$

(b) $F_{s,max} = 40\text{kN}$, $F_N = 20\text{kN}$, $M_{max} = 80\text{kN}\cdot\text{m}$

第六章 杆件的应力

6-1 $\sigma_{\text{I}} = 112.5\text{MPa}$, $\sigma_{\text{II}} = 150\text{MPa}$

6-2 $d_2 = \sqrt{\frac{3}{2}}\, d_1 = 49\text{mm}$

6-3 $[F] = 97.1\text{kN}$

6-4 $F = 40.4\text{kN}$

6-5 $d \geqslant 22.6\text{mm}$

6-6 $\theta = 26.6°$, $F = 50\text{kN}$

6-7 (1)$D_{max} = 17.8\text{mm}$;(2)$A_{CD} \geqslant 833\text{mm}^2$;(3)$F \leqslant 15.7\text{kN}$

6-8 $\tau_\rho = 6.11\text{MPa}$, $\tau_{max} = 25.46\text{MPa}$

6-9 $\tau_{max} = 48.8\text{MPa}$

6-10 (1) $T_{\max} = 1\text{kN} \cdot \text{m}$;(2) $\tau_{AB} = 2.41\text{MPa}$, $\tau_{BC} = 4.83\text{MPa}$, $\tau_{CD} = 12.1\text{MPa}$;(3)将 C、D 两轮互换位置。使轴内最大扭矩降为 $0.6\text{kN} \cdot \text{m}$。

6-11 $\tau_{AD\max} = 49.4\text{MPa} < [\tau]$;$\tau_{DB\max} = 21.3\text{MPa} < [\tau]$

6-12 $d \geqslant 32.2\text{mm}$

6-13 $d_1 \geqslant 56.3\text{mm}$, $d_2 \geqslant 57.6\text{mm}$, $\dfrac{W_1}{W_2} = 1.28$

6-14 $S_z = \dfrac{b}{8}(h^2 - 4y_1^2)$

6-15 $y_1 = \dfrac{9}{4}b$, $y_2 = \dfrac{19}{4}b$, $\dfrac{y_1}{y_2} = \dfrac{9}{19}$

6-16 (a) $I_z = \dfrac{a^4}{12} - \dfrac{\pi a^4}{1024}$

(b) $I_z = 28511\text{mm}^4$

(c) $I_z = 2.48 \times 10^6\text{mm}^4$

(d) $I_z = 188 \times 10^6\text{mm}^4$

6-17 $I'_z = \dfrac{bh^3}{4}$

6-18 $\sigma = 100\text{MPa}$

6-19 $\sigma_{\max} = 176\text{MPa}$, $\sigma_K = 132\text{MPa}$

6-20 $\sigma_{t,\max} = 2.67\text{MPa}$, $\sigma_{c,\max} = 0.923\text{MPa}$

6-21 实心梁:$\sigma_{\max} = 159.16\text{MPa}$,空心梁:$\sigma_{\max} = 93.62\text{MPa}$,最大弯曲正应力减少了41.18%。

6-22 $q = 15.68\text{kN/m}$

6-23 $a = 1.385\text{m}$

6-24 $b \geqslant 125\text{mm}$, $\sigma_{A,\max} = 7.78\text{MPa} < [\sigma]$,安全

6-25 $b = 225\text{mm}$

6-26 $[F] = 6.48\text{kN}$

6-27 $\sigma_a = 6.04\text{MPa}$, $\tau_a = 0.379\text{MPa}$, $\sigma_b = 12.9\text{MPa}$, $\tau_b = 0$

6-28 $\sigma = 27.9\text{MPa}$

6-29 $\sigma_{\max} = 142\text{MPa}$, $\tau_{\max} = 18.1\text{MPa}$

6-30 (1) 未开槽部分:$\sigma_c = \dfrac{F}{4a^2}$,开槽部分:$\sigma_c = \dfrac{2F}{3a^2}$;(2) $\sigma_c = \dfrac{F}{2a^2}$

6-31 $\sigma_{c,\max} = 532.8\dfrac{F}{a^2}$

6-32 $F = 18.38\text{kN}$, $e = 1.785\text{mm}$

6-33 $l = 200\text{mm}$, $b = 20\text{mm}$

6-34 $d_{\min} = 34\text{mm}$, $t_{\max} = 10\text{mm}$

6-35 $d_1 = 19.1\text{mm}$

第七章　杆件的变形·简单超静定问题

7-1　$\Delta l = 0.075\text{mm}$

7-2　$\Delta l = -0.272\text{mm}$

7-3　(1) $x = 1.08\text{m}$，(2) $\sigma_1 = 43.9\text{MPa}$，$\sigma_2 = 33\text{MPa}$

7-4　$E = 210\text{GPa}$，$\nu = 0.242$

7-5　$\tau_{\max} = 48.9\text{MPa}$，$\varphi = 1.32°$

7-6　$E = 216.3\text{GPa}$，$G = 81.5\text{GPa}$，$\nu = 0.327$

7-7　$\dfrac{D_2}{D_1} = 1.14$

7-8　$\dfrac{M_{e1}}{M_{e2}} = 15$

7-9　$T = 9.9\text{kN}\cdot\text{m}$，$\tau_{\max} = 54\text{MPa}$

7-10　(1) $d \geqslant 84.9\text{mm}$

(2) 主动轮1安置在从动轮2、3之间比较合理,此时 $d \geqslant 74.7\text{mm}$

7-11　(a) $w_A = -\dfrac{5ql^4}{384EI}$，$\theta_B = \dfrac{ql^3}{24EI}$

(b) $w_A = -\dfrac{M_e l^2}{2EI}$，$\theta_B = -\dfrac{M_e l}{EI}$

(c) $w_A = -\dfrac{qa^3}{24EI}(4l + 3a)$，$\theta_B = \dfrac{qa^2 l}{12EI}$

7-12　(a) $w_A = -\dfrac{11Fa^3}{6EI}$，$\theta_B = \dfrac{3Fa^2}{2EI}$

(b) $w_A = -\dfrac{Fl^3}{6EI}$，$\theta_B = -\dfrac{9Fl^2}{8EI}$

(c) $w_A = -\dfrac{5qa^4}{24EI}$，$\theta_B = -\dfrac{qa^3}{12EI}$

(d) $w_A = \dfrac{qal^2}{24EI}(5l + 6a)$，$\theta_B = -\dfrac{ql^2}{24EI}(5l + 12a)$

7-13　$\dfrac{w_{a,\max}}{w_{b,\max}} = \dfrac{1}{4}$，$\dfrac{\sigma_{a,\max}}{\sigma_{b,\max}} = \dfrac{1}{2}$

7-14　$w_B = 8.22\text{mm}$

7-15　$F_A = 90\text{kN}$（向上），$F_C = 360\text{kN}$（向上），$\sigma_{AB} = 90\text{MPa}$，$\sigma_{BC} = -90\text{MPa}$

7-16　钢筋：$F_{N1} = 60\text{kN}$，混凝土：$F_{N2} = 240\text{kN}$

7-17　$F_{N1} = \dfrac{5F}{6}$，$F_{N2} = \dfrac{F}{3}$，$F_{N3} = -\dfrac{F}{6}$

7-18　$T_1 = 1316\text{N}\cdot\text{m}$，$T_2 = 684\text{N}\cdot\text{m}$，$\tau_1 = 40.83\text{MPa}$，$\tau_2 = 54.44\text{MPa}$

7-19　$M_A = M_B = \dfrac{\beta}{\left(\dfrac{l_A}{G_A I_{pA}} + \dfrac{l_B}{G_B I_{pB}}\right)}$，$\varphi_A = \dfrac{\beta}{\left(1 + \dfrac{l_B}{l_A}\dfrac{G_A I_{pA}}{G_B I_{pB}}\right)}$，$\varphi_B = \dfrac{\beta}{\left(1 + \dfrac{l_A}{l_B}\dfrac{G_B I_{pB}}{G_A I_{pA}}\right)}$

7-20 (a) $F_A = F_B = \frac{3}{8}ql$(向上),$F_C = \frac{5}{4}ql$(向上)

(b) $F_B = \frac{7}{4}F$(向上),$F_C = \frac{3}{4}F$(向下),$M_C = \frac{Fl}{4}$(逆)

(c) $F_A = \frac{13}{32}F$(向上),$F_B = \frac{3}{32}F$(向下),$F_C = \frac{11}{16}F$(向上)

(d) $F_A = \frac{7}{16}ql$(向上),$F_C = \frac{17}{16}ql$(向上),$M_A = \frac{ql^2}{16}$(逆)

(e) $F_A = \frac{3}{2}\frac{M_e}{l}$(向下),$F_B = \frac{3}{2}\frac{M_e}{l}$(向上),$M_B = \frac{M_e}{2}$(顺)

(f) $F_A = \frac{51}{4}\text{kN}$(向上),$M_A = 35\text{kN} \cdot \text{m}$(逆)

$F_B = \frac{141}{4}\text{kN}$(向上),$M_B = 61\text{kN} \cdot \text{m}$(顺)

7-21 (1) $F_D = \frac{5}{4}F$;(2) 最大弯矩减少了 50%,B 截面挠度减少了 39.1%。

7-22 $F_1 = \frac{I_1 l_2^3}{I_2 l_1^3 + I_1 l_2^3}F$,$F_2 = \frac{I_2 l_1^3}{I_2 l_1^3 + I_1 l_2^3}F$

7-23 参见题 7-12 答案

7-24 $\Delta_{Cx} = 2\sqrt{3}\frac{Fl}{EA}$(向右),$\Delta_{Cy} = \frac{18 + 20\sqrt{3}}{3}\frac{Fl}{EA}$(向下)

7-25 $\Delta_{BD} = 2.71\frac{Fl}{EA}$(靠近)

7-26 (a) $\Delta_{Cx} = \frac{2Fa^3}{3EI}$(向右),$\theta_C = \frac{5Fa^2}{6EI}$(逆)

(b) $\Delta_{Cx} = \frac{Fa^3}{2EI}$(向右),$\theta_C = \frac{3Fa^2}{2EI}$(顺)

7-27 (a) $\Delta_{Cx} = 21.1\text{mm}$(向右),$\theta_C = 0.0117\text{rad}$(顺)

(b) $\Delta_{Cx} = 10.6\text{mm}$(向右),$\theta_C = 0.00861\text{rad}$(顺)

7-28 $\Delta_{Ax} = \frac{5ql^4}{8EI_2}$(向右),$\Delta_{Ay} = \frac{ql^4}{3EI_1} + \frac{7ql^4}{6EI_2}$(向下)

7-29 $\Delta_B = 6.08\text{mm}$,$\Delta_A = 2.93\text{mm}$

7-30 (a) $\Delta_{By} = \frac{FR^3}{2EI}$(向下),$\Delta_{Bx} = 0.356\frac{FR^3}{EI}$(向右),$\theta_B = 0.571\frac{FR^2}{EI}$(顺)

(b) $\Delta_{By} = \frac{2FR^3}{EI}$(向下),$\Delta_{Bx} = 1.57\frac{FR^3}{EI}$.(向右),$\theta_B = 2\frac{FR^2}{EI}$(顺)

第八章 应力状态理论和强度理论

8-1 (a) 危险点为任意横截面上任意一点。

(b) 右段外表面上任意一点。

(c) 固定段界面上、下两点。

(d) 杆件外表面任意一点。

8-2 *AB* 杆为弯曲变形；*BC* 杆为弯曲与扭转组合变形；*CD* 杆为拉伸与弯曲组合变形。

8-3 (1) 固定端截面最上点；

(2)杆件为拉伸、弯曲和扭转组合变形，危险点应力状态同图 8.6(c)。

(3) (a)表达式强度条件是错误的。

8-4 (a) 单向应力状态；(b) 平面应力状态；(c) 单向应力状态

8-5 (a) $\sigma_\alpha = 35\text{MPa}$, $\tau_\alpha = 60.6\text{MPa}$ (b) $\sigma_\alpha = -12.5\text{MPa}$, $\tau_\alpha = 65\text{MPa}$

(c) $\sigma_\alpha = 16.3\text{MPa}$, $\tau_\alpha = 3.66\text{MPa}$ (d) $\sigma_\alpha = -27.3\text{MPa}$, $\tau_\alpha = -27.3\text{MPa}$

(e) $\sigma_\alpha = 52.3\text{MPa}$, $\tau_\alpha = -18.7\text{MPa}$ (f) $\sigma_\alpha = -10\text{MPa}$, $\tau_\alpha = -30\text{MPa}$

8-6 (a) $\sigma_1 = 52.4\ \text{MPa}$, $\sigma_2 = 7.64\ \text{MPa}$, $\sigma_3 = 0$, $\alpha_0 = -31.7°$

(b) $\sigma_1 = 11.23\ \text{MPa}$, $\sigma_2 = 0$, $\sigma_3 = -71.23\ \text{MPa}$, $\alpha_0 = 52°$

(c) $\sigma_1 = 37\ \text{MPa}$, $\sigma_2 = 0$, $\sigma_3 = -27\ \text{MPa}$, $\alpha_0 = -70.7°$

8-7 (a) $\sigma_1 = 94.7\text{MPa}$, $\sigma_2 = 50\text{MPa}$, $\sigma_3 = 5.3\text{MPa}$, $\tau_{max} = 44.7\text{MPa}$

(b) $\sigma_1 = 50\text{MPa}$, $\sigma_2 = 20\text{MPa}$, $\sigma_3 = -80\text{MPa}$, $\tau_{max} = 65\text{MPa}$

(c) $\sigma_1 = 50\text{MPa}$, $\sigma_2 = -50\text{MPa}$, $\sigma_3 = -80\text{MPa}$, $\tau_{max} = 65\text{MPa}$

8-8 若设 $\tau_\alpha = 1\text{MPa}$ 时, $\sigma = -8.083\text{MPa}$;

若设 $\tau_\alpha = -1\text{MPa}$ 时, $\sigma = -3.464\text{MPa}$

8-9 $\tau_x = 0$, $\tau_\alpha = -17.32\text{MPa}$, $\sigma_1 = 80\text{MPa}$, $\sigma_2 = 40\text{MPa}$, $\sigma_3 = 0\text{MPa}$, $\tau_{max} = 40\text{MPa}$

8-10 (1) $\sigma_\alpha = -159.2\text{MPa}$, $\tau_\alpha = 80.14\text{MPa}$

(2) $\sigma_1 = 217\text{MPa}$, $\sigma_2 = 0$, $\sigma_3 = -176.26\text{MPa}$, $\alpha_0 = 42°$

8-11 $\sigma_1 = 80\text{MPa}, \sigma_2 = 40\text{MPa}, \sigma_3 = 0, p = 3.2\text{MPa}$

8-12 $\sigma_1 = \sigma_2 = -30\ \text{MPa}$, $\sigma_3 = -70\text{MPa}$

8-13 $M_e = 125.7\text{N} \cdot \text{m}$

8-14 $\varepsilon_x = 380 \times 10^{-6}$, $\varepsilon_y = 250 \times 10^{-6}$, $\gamma_{xy} = 625 \times 10^{-6}$

8-15 $\varepsilon_{30°} = 66.0 \times 10^{-6}$

8-16 (1) $\sigma_{r2} = 37.5\text{MPa} \geqslant [\sigma]$ 不安全

(2) $\sigma_{r2} = 28.34\text{MPa} < [\sigma]$ 安全

8-17 $\sigma_{r4} = 86.8\text{MPa} < [\sigma]$ 安全

8-18 $t = 14.2\text{mm}$

8-19 $a \leqslant 0.3\text{m}$

8-20 $t = 2.64\text{mm}$

8-21 $W = 788\text{N}$

8-22 $\sigma_{r3} = 58.3\text{MPa} < [\sigma]$ 安全

8-23 按第三强度理论计算 $d \geqslant 112\text{mm}$ ；按第四强度理论计算 $d \geqslant 111\text{mm}$

8-24　$\sigma_{r3} = 60.5\text{MPa} < [\sigma]$ 安全

8-25　$\sigma_{r3} = 155.2\text{MPa} < [\sigma]$ 安全

第九章　压杆稳定

9-1　(a)最容易失稳；(d)最不易失稳

9-2　(a) $F_{cr} = 89.6\text{kN}$，(b) $F_{cr} = 67.3\text{kN}$，(c) $F_{cr} = 59.1\text{kN}$，(d) $F_{cr} = 77.2\text{kN}$

9-3　(1) $F_{cr} = 37.8\text{k}N$，(2) $F_{cr} = 52.6\text{kN}$，(3) $F_{cr} = 459.4\text{kN}$

9-4　$F_{cr1} = 2540\text{kN}$，$F_{cr2} = 4705\text{kN}$，$F_{cr3} = 4825\text{kN}$

9-5　$F_{cr} = 161.3\text{kN}$，$\sigma_{cr} = 6.1\text{MPa}$

9-6　$\dfrac{b}{h} = \dfrac{\mu_y}{\mu_z} = 0.7$

9-7　$n = 8.28 > n_{st}$ 安全

9-8　$\theta = \arctan(\cot^2\beta)$

9-9　$n = 6.5 > n_{st}$ 安全

9-10　$[F] = 85.64\text{kN}$

9-11　$F_{cr} = \dfrac{\pi^2 EI}{2l^2}$，$F_{cr} = \dfrac{\sqrt{2}\pi^2 EI}{l^2}$

9-12　$\Delta t = 54.8°$

9-13　$[F] = 160\text{kN}$

9-14　$q_{cr} = 6.39 \times 10^{-5} E \cdot a$

第十章　动载荷与交变载荷

10-1　$F_{Nd} = 90.6\text{kN}$

10-2　$\sigma_{d,\max} = 180.9\text{MPa}$

10-3　$\sigma_{d,\max} = 62.9\text{MPa}$

10-4　(1) $\sigma_{st} = 0.0283\text{MPa}$，(2) $\sigma_d = 6.9\text{MPa}$，(3) $\sigma_d = 1.2\text{MPa}$

10-5　$\sigma_{d,\max} = 15\text{MPa}$，$w_{d,\max} = 20\text{mm}$

10-6　$\sigma_{d,\max} = 34.6\text{MPa}$；$\Delta_{d,\max} = 287\text{mm}$

10-7　$\sigma_{d,\max} = \dfrac{W \cdot a}{W_z}\left(1 + \sqrt{1 + \dfrac{3HEI}{2Wa^3}}\right)$

10-8　有弹簧时 $H = 384\text{mm}$，无弹簧时 $H = 9.66\text{mm}$

10-9　(a) $r = 1$，(b) $r = -1$

10-10　$\sigma_m = 200\text{MPa}$，$\sigma_a = 100\text{MPa}$，$r = 0.333$

10-11　$r = -0.143$，$\sigma_a = 9.44\text{MPa}$，$\sigma_m = 7.08\text{MPa}$

10-12　$K_\sigma = 1.53$

10-13　$K_\sigma = 1.636$，$\varepsilon_\sigma = 0.73$

10-14　$n_{\sigma\tau} = 2 > n$ 安全

第十一章　运动学基础

11-1　$a_{min} = v_0^2 b/a^2$, $x = 0$, $y = \pm b$;

$a_{max} = v_0^2 a/b^2$, $x = \pm a$, $y = 0$;方向均指向原点 O

11-4　$y = l\tan kt$, $v = \frac{4}{3}kl$, $a = \frac{8\sqrt{3}}{9}k^2 l$

11-5　(1)半直线 $3x - 4y = 0$,($x \leqslant 2$, $y \leqslant 1.5$)

(2) $x = 5t - 2.5t^2$

(3) 见下表

t/s	1	2
位移	2.5	0
路程	2.5	5
速度	0	−5
加速度	−5	−5

11-6　椭圆 $\frac{(x-a)^2}{(b+l)^2} + \frac{y^2}{l^2} = 1$

11-7　$x_D = 12\cos 2t$, $y_D = 36\sin 2t$

椭圆 $\frac{x^2}{12^2} + \frac{y^2}{36^2} = 1$; $\boldsymbol{v}_D = -12\sqrt{2}\boldsymbol{i} + 36\sqrt{2}\boldsymbol{j}$; $\boldsymbol{a}_D = -24\sqrt{2}\boldsymbol{i} - 72\sqrt{2}\boldsymbol{j}$

11-8　$x = r\cos\omega t + l\sin\frac{\omega t}{2}$, $y = r\sin\omega t - l\cos\frac{\omega t}{2}$;

$$\boldsymbol{v} = -\omega(r\sin\omega t - \frac{l}{2}\cos\frac{\omega t}{2})\boldsymbol{i} + \omega(r\cos\omega t + \frac{l}{2}\sin\frac{\omega t}{2})\boldsymbol{j}$$

$$\boldsymbol{a} = -\omega^2(r\cos\omega t + \frac{l}{4}\sin\frac{\omega t}{2})\boldsymbol{i} - \omega^2(r\sin\omega t - \frac{l}{4}\cos\frac{\omega t}{2})\boldsymbol{j}$$

11-9　$x = R\cos 2\omega t$, $y = R\sin 2\omega t$

$\boldsymbol{v} = -(2R\omega\sin 2\omega t)\boldsymbol{i} + (2R\omega\cos 2\omega t)\boldsymbol{j}$, $\boldsymbol{a} = -4\omega^2(x\boldsymbol{i} + y\boldsymbol{j})$;

$s = 2R\omega t$, $v = 2R\omega$, $a = 4R\omega^2$

11-10　$x = 24\sin\frac{\pi}{8}t$, $y = 24\cos\frac{\pi}{8}t$

$$\boldsymbol{v} = (3\pi\cos\frac{\pi}{8}t)\boldsymbol{i} - (3\pi\sin\frac{\pi}{8}t)\boldsymbol{j} , \boldsymbol{a} = -(\frac{3}{8}\pi^2\sin\frac{\pi}{8}t)\boldsymbol{i} - (\frac{3}{8}\pi^2\cos\frac{\pi}{8}t)\boldsymbol{j}$$

11-11　(1) $v = \frac{h\omega}{\cos^2\omega t}$;(2) $v_r = \frac{h\omega\sin\omega t}{\cos^2\omega t}$

11-14　$\omega = 5\cos^2\varphi$ rad/s ; $\alpha = -50\cos^3\varphi\sin\varphi$ rad/s^2

11-15　$v = 0.8$m/s , $a = 3.22$ m/s^2

11-16　$v = 994$cm/s ,轨迹是半径为 25cm 的圆

11-17　$\varphi = 6\pi + 5t + \frac{1}{6}t^4 + 2t^2$

11-18　$\omega = 20t\text{rad/s}$, $\alpha = 20\text{rad/s}^2$, $a = 10\sqrt{1 + 400t^4}\ \text{m/s}^2$

11-19　$a_n = 5\text{m/s}^2$

11-20　$v = 168\text{cm/s}$, $a_{AB} = a_{CD} = 0$, $a_{AD} = 3287\text{cm/s}^2$, $a_{BC} = 1315\text{cm/s}^2$

11-21　$Z_2 = 96$

第十二章　点的复合运动

12-5　$n = 120$ 级 , $v = 1\text{m/s}$

12-6　$\varphi = 22.6°$

12-7　(a) $\omega_2 = 1.5\text{rad/s}$;(b) $\omega_2 = 2\text{rad/s}$

12-8　$v_r = 10.06\text{cm/s}$;方向偏向铅垂线的右侧 41°48′

12-9　$\omega_1 = 2.67\text{rad/s}$

12-10　$v_A = lau/(x^2 + a^2)$

12-11　$v_C = au/2L$

12-12　$v_B = 1.58\text{m/s}$, $\tan\angle(\boldsymbol{v}_B, \boldsymbol{v}_r) = 3$

12-13　$v_{BC} = \dfrac{\pi nr}{15}\dfrac{\cos\theta}{\sin\beta}$

12-14　$v_r = 3.98\text{m/s}$;当传送带 B 的速度 $v_2 = 1.04\text{m/s}$ 时, $\boldsymbol{v}_r$ 才与带垂直。

12-15　$v_a = 240\text{mm/s}$

12-16　$v = 100\text{cm/s}$, $a = 3464\text{cm/s}^2$

12-17　$v = 17.3\text{cm/s}$,方向向上; $a = 5\text{cm/s}^2$,方向向下

12-18　$a = 74.6\text{cm/s}^2$

12-19　$v = \dfrac{\sqrt{3}}{2}e\omega$,方向向上; $a = \dfrac{1}{2}e\omega^2$,方向向下

12-20　$v = 57.7\text{mm/s}$,方向向上; $a = 0$

12-21　$\omega = \dfrac{1}{3}\text{rad/s}$, $\alpha = \dfrac{\sqrt{3}}{27}\ \text{rad/s}^2$

第十三章　刚体的平面运动

13-1　$\omega = \dfrac{v\sin^2\theta}{R\cos\theta}$

13-2　$\omega = \dfrac{v_1 - v_2}{2r}$, $v_O = \dfrac{v_1 + v_2}{2}$

13-3　$\omega_{ABD} = 1.072\text{rad/s}$, $v_D = 0.254\text{m/s}$

13-4　$\omega_{DE} = \dfrac{10\sqrt{3}}{3}\text{rad/s}$, $\omega_{OD} = 10\sqrt{3}\ \text{rad/s}$

13-5　$\omega_{EF} = \dfrac{4}{3}\text{rad/s}$, $v_F = \dfrac{80\sqrt{3}}{3}\text{cm/s}$

13-6　$\beta = 0°$, $v_B = 2v_A$; $\beta = 90°$, $v_B = v_A$

13-7　$\omega_{O_1} = 0.2 \text{rad/s}$

13-8　$v_{AB} = v\tan\varphi$ ，$v_r = v\tan\varphi\tan\dfrac{\varphi}{2}$

13-9　$\omega_{O_1C} = \dfrac{25\sqrt{3}}{7} \text{rad/s}$

13-10　$v_F = \dfrac{175\pi\sqrt{3}}{24} \text{cm/s}$ ，$v_G = \dfrac{175\pi\sqrt{3}}{24} \text{cm/s}$

13-11　$\omega_{AB} = 2 \text{rad/s}$ ，$a_B = 400\sqrt{2} \text{cm/s}^2$，$\alpha_{AB} = 16 \text{rad/s}^2$

13-12　$\omega = \sqrt{5} \text{rad/s}$ ，$\alpha = 5\sqrt{5} \text{rad/s}^2$

13-13　$a_C = 10.75 \text{cm/s}^2$

13-14　$\omega_B = \dfrac{2\sqrt{3}\pi}{3} \text{rad/s}$ ，$\alpha_B = \dfrac{2}{9}\pi^2 \text{rad/s}^2$

13-15　$v_C = \dfrac{3}{2} r\omega_0$，$a_C = \dfrac{\sqrt{3}}{12} r\omega_0^2$

13-16　$v_B = 2 \text{m/s}$ ，$v_C = 2\sqrt{2} \text{m/s}$ ，$a_B = 8 \text{m/s}^2$，$a_C = 8\sqrt{2} \text{m/s}^2$

第十四章　质点动力学

14-2　$F_{TB} = 7.38 \text{N}$ ，$F_{TA} = 8.64 \text{N}$

14-3　$\varphi = 90°, F_{NA} = 0; \varphi = 0°, F_{NA} = 2369 \text{N}$。

14-4　$F_{N\max} = m(g + e\omega^2)$ ，$\omega_{\max} = \sqrt{\dfrac{g}{e}}$

14-5　$F_T = m\left(g + \dfrac{l^2 v_0^2}{x^3}\right)\sqrt{1 + \left(\dfrac{l}{x}\right)^2}$

14-6　(1) $a = \dfrac{1-f}{1+f} g$ ；(2) $a = \dfrac{1+f}{1-f} g$

14-7　$a_t = 8.31 \text{m/s}^2$，$F_N = 521 \text{N}$

14-8　$s = 0.02\left(t - \dfrac{5}{3}\right)^3 \text{m}$

14-9　$x = a\cos\sqrt{\dfrac{k}{m}} t$ ，$y = v_0\sqrt{\dfrac{m}{k}} \sin\sqrt{\dfrac{k}{m}} t$ ；$\dfrac{x^2}{a^2} + \dfrac{y^2}{(v_0\sqrt{m/k})^2} = 1$

14-10　$v = \sqrt{\dfrac{2k}{m} \ln\left(\dfrac{R}{h}\right)}$

14-11　$x = \dfrac{v_0}{k} \sin kt$ ，$y = l\cos kt$ ；$\dfrac{k^2 x^2}{v_0^2} + \dfrac{y^2}{l^2} = 1$

14-12　$x = \dfrac{v_0\cos\alpha}{k}(1 - e^{-kt})$ ，$y = -\dfrac{g}{k} t + \dfrac{1}{k}\left(\dfrac{g}{k} + v_0\sin\alpha\right)(1 - e^{-kt})$

14-13　$v = \dfrac{F_P}{kA}(1 - e^{-\frac{kAg}{W}t})$ ，$s = \dfrac{F_P}{kA}\left[T - \dfrac{W}{kAg}(1 - e^{-\frac{kAg}{W}T})\right]$

14-14 $x=\frac{v_0}{k}(1-e^{-kt})$, $y=h-\frac{g}{k}t+\frac{g}{k^2}(1-e^{-kt})$; $y=h-\frac{g}{k^2}\ln\left(\frac{v_0}{v_0-kx}\right)+\frac{gx}{kv^0}$

第十五章 动量定理

15-1 (1) $p=\frac{W}{g}e\omega$,(2) $p=0$,(3) $p=\frac{\sqrt{10}}{4}\frac{W}{g}l\omega$,(4) $p=\frac{W_1+W_2}{g}v$

15-2 $\boldsymbol{p}=\frac{5m_1+4m_2}{4}l\omega(-\boldsymbol{i}+\sqrt{3}\boldsymbol{j})$

15-3 $v=1.29\text{m/s}$

15-4 $F_N=W_1+2W_2+\frac{2W_2}{g}e\omega^2\cos\omega t$

15-5 $\frac{4x_A^2}{l^2}+\frac{y_A^2}{l^2}=1$

15-6 $\Delta x=-0.266\text{m}$

15-7 $x=-\frac{R}{2}$

15-8 $x=-0.138\text{m}$, $F_x=49.4\text{N}$

15-9 $F_{Ox}=-\frac{W}{g}l(\alpha\sin\varphi+\omega^2\cos\varphi)$, $F_{Oy}=W+\frac{W}{g}l(\omega^2\sin\varphi-\alpha\cos\varphi)$

15-10 $x_C=\frac{W_1+2W_2+2W_3}{2(W_1+W_2+W_3)}l\cos\omega t+\frac{W_3l}{2(W_1+W_2+W_3)}$,

$y_C=\frac{W_1+2W_2}{2(W_1+W_2+W_3)}l\cos\omega t$ $F_{Ox,\max}=\frac{W_1+2W_2+2W_3}{2g}l\omega^2$

15-11 $\ddot{x}+\frac{kx}{m_1+m_2}=\frac{m_1l\omega^2}{m_1+m_2}\sin\omega t$

第十六章 动量矩定理

16-1 (1) $L_O=\frac{1}{2}mR^2\omega$,(2) $L_O=\frac{3}{2}mR^2\omega$,(3) $L_O=2mR^2\omega$

(4) $L_O=\frac{1}{3}ml^2\omega$,(5) $L_O=\frac{7}{48}ml^2\omega$,(6) $L_z=\frac{1}{3}ml^2\omega\sin^2\theta$

16-2 $L_z=\frac{1}{3}(m_1+3m_2)l_1^2\omega$

16-3 (1) $L_O=\left(\frac{1}{2}m_2R^2+m_2l^2+\frac{1}{3}m_1l^2\right)\omega$,(2) $L_O=\frac{1}{3}(m_1+3m_2)l^2\omega$

16-4 $J_O=\frac{5}{6}Ml^2$

16-5 $J_x=\frac{1}{4}mR^2$, $J_{x1}=\frac{1}{2}mR^2$

16-6　$J_z = 1.3\text{kg} \cdot \text{m}^2$

16-7　距离 m_1 为 $x = 15\text{cm}$

16-8　$a = \dfrac{MR - W_2R^2\sin\varphi}{W_2R^2 + Jg}g$

16-9　$v = 2v_0$，$F_T = \dfrac{8mv_0^2}{r}$

16-10　$\omega = \dfrac{8}{17}\omega_0$

16-12　$a_A = 1.296\text{m/s}^2$

16-13　$a = \dfrac{(M - Wr)R^2r}{(J_1r^2 + J_2R^2) + WR^2r^2}g$

16-14　$n = \dfrac{Wbr\omega^2}{8\pi glFf}$

16-15　$t = \dfrac{J\ln 2}{a}$，$n = \dfrac{J\omega_0}{4\pi a}$

16-16　$\alpha_1 = \dfrac{MR^2}{J_1R^2 + J_2r^2}$，$\alpha_2 = \dfrac{MRr}{J_1R^2 + J_2r^2}$

16-17　$t = \dfrac{W_2r_1\omega}{2fg(W_1 + W_2)}$

16-18　$\ddot{\varphi} + \dfrac{3ka^2g}{Wl^2}\varphi = 0$

16-19　$M = 20.42\text{N} \cdot \text{m}$

16-20　$F_{Ox} = 0, F_{Oy} = 27.8\text{N}$

16-21　$a_A = \dfrac{W_1(R + r)^2}{W_2(\rho^2 + R^2) + W_1(R + r)^2}g$

16-22　$a = 1.278\ \text{m/s}^2$

16-23　$a = \dfrac{F - (m_1 + m_2)gf}{m_1 + m_2/3}$

第十七章　动能定理

17-1　$W_{12} = 114.97\text{J}$

17-2　$W_{AB} = -20.3\text{J}$

17-3　$k = 490\text{N/m}$

17-4　(1) $T = \dfrac{1}{6}ml^2\omega^2$，(2) $T = \dfrac{3}{4}mR^2\omega^2$，(3) $T = \dfrac{1}{4}mR^2\omega^2$，(4) $T = \dfrac{3}{4}mv^2$

17-5　$T = \dfrac{1}{2}(3m_1 + 2m)v^2$

17-6　$T = \dfrac{1}{6g}Wl^2\omega^2\sin^2\theta$

17-7 $T = \frac{8W_1 + 33W_2}{3g} r^2 \omega^2$

17-8 $\omega = 7.239 \text{rad/s}$, $\alpha = 4.17 \text{ rad/s}^2$

17-9 $v = \sqrt{\frac{M - W_1 R\sin\theta}{(W_1 + W_2) R} 2gs}$, $a = \frac{M - W_1 R\sin\theta}{(W_1 + W_2) R} g$

17-10 $\omega = \frac{2}{R + r} \sqrt{\frac{3gM\varphi}{2W_2 + 9W_1}}$, $\alpha = \frac{6Mg}{(2W_2 + 9W_1)(R + r)^2}$

17-11 $v_B = \sqrt{3gh}$

17-12 $v_A = l_1 \sqrt{\frac{3(l_1^2 - l_2^2)}{l_1^3 + l_2^3} g}$

17-13 $v = \sqrt{\frac{2m_1 gh}{m_1 + 2m_2}}$, $a = \frac{m_1}{m_1 + 2m_2} g$

17-14 $a = \frac{2}{5}(2\sin\theta - f\cos\theta) g$, $F_T = \frac{mg}{5}(3f\cos\theta - \sin\theta)$

17-15 $F_T = \frac{(W_1 + 2W_2) M}{2(W_1 + W_2) R}$

17-16 $\alpha = \frac{2(M - W_1 R\sin\theta)}{(W_2 + 3W_1) R^2} g$, $F_{Ox} = \frac{W_1(3M + W_2 R\sin\theta)\cos\theta}{(W_2 + 3W_1) R}$

17-17 $P = 39.55 \text{kW}$

17-18 $P = 0.369 \text{kW}$

附录Ⅲ

主要符号表

符号	含义	符号	含义
$\boldsymbol{a}$	加速度	I_p	极惯性矩
$\boldsymbol{a}_n$	法向加速度	I_{yz}	对 y、z 轴的惯性积
$\boldsymbol{a}_t$	切向加速度	J_z	刚体对 z 轴的转动惯量
$\boldsymbol{a}_a$	绝对加速度	J_C	刚体对质心的转动惯量
$\boldsymbol{a}_r$	相对加速度	k	弹簧刚度系数
$\boldsymbol{a}_e$	牵连加速度	K_d	动荷因数
A	面积	K_σ 、K_τ	有效应力集中因数
A_{bs}	积压面积	l,L	长度、跨度
C	重心、截面形心	L_x,L_y,L_z	刚体对 x , y , z 的动量矩
d、D	直径	m	质量
E	弹性模量	M_x,M_y,M_z	对 x , y , z 轴的矩
EA	抗拉压刚度	$\boldsymbol{M}$	力偶矩,主矩
EI	抗弯刚度	$\boldsymbol{M}_O(F)$	力 F 对点 O 的矩
f	动摩擦因数	n	转速
f_s	静摩擦因数	n_b,n_s,n_{st}	安全因数
$\boldsymbol{F}$	集中力	N	应力循环次数,疲劳寿命
$[F]$	许可载荷	$\boldsymbol{p}$	动量
$\boldsymbol{F}_{bs}$	挤压力	P	功率
$\boldsymbol{F}_{cr}$	临界力	q	载荷集度
$\boldsymbol{F}_d$	动载荷	r	半径,循环特性
$\boldsymbol{F}_R$	主矢,合力	R ,	半径
$\boldsymbol{F}_s$	静滑动摩擦力、剪力	s	弧长
$\boldsymbol{F}_T$	柔性约束力,张力	S_y,S_z	对 y,z 轴静矩
$\boldsymbol{F}_N$	法向约束力、轴力	t	时间,厚度
G	切变模量	T	动能,扭矩
GI_p	抗扭刚度	$\boldsymbol{v}$	速度
$\boldsymbol{g}$	重力加速度	$\boldsymbol{v}_e$	牵连速度
i	惯性半径	$\boldsymbol{v}_a$	绝对速度
$\boldsymbol{I}$	冲量	$\boldsymbol{v}_r$	相对速度
I_z、I_y	对 z、y 轴的惯性矩	$\boldsymbol{v}_C$	质心速度

V	势能,体积
V_{ε}	应变能
W	重量,力的功
W_z、W_y	弯曲截面系数
W_{p}	扭转截面系数
w	挠度
α	角加速度,角度坐标
α_l	线膨胀系数
β	表面质量因数,角度坐标
δ	伸长率
Δ	变形,位移
Δ_{d}	动变形
Δ_{st}	静变形
ε	线应变
ε_{e}	弹性应变
ε_{p}	塑性应变
ε_{σ},ε_{τ}	尺寸因数
λ	压杆的柔度,长细比
μ	压杆的长度因数
ν	泊松比
θ	角度坐标
φ	角度坐标,相对扭转角
φ'	单位长度扭转角
φ_{m}	摩擦角
ψ	断面收缩率
γ	角度坐标,切应变
ρ	密度,曲率半径,回转半径
σ	正应力
$\sigma_{\mathrm{p0.2}}$	规定非比例伸长应力
σ_{a}	应力幅
σ_{b}	强度极限
σ_{bs}	挤压应力
σ_{cr}	临界应力
σ_{d}	动应力
σ_{e}	弹性极限
σ_{m}	平均应力
σ_{p}	比例极限
σ_{r}	相当应力
σ_r	循环特征为 r 的疲劳极限
σ_{s}	屈服极限
σ_{st}	静应力
σ_{u}	极限正应力
$[\sigma]$	许用正应力
$[\sigma_{\mathrm{bs}}]$	许用挤压应力
$[\sigma_{\mathrm{st}}]$	稳定许用应力
τ	切应力
τ_{s}	剪切屈服极限
τ_{u}	极限切应力
$[\tau]$	许用切应力
ω	角速度

参 考 文 献

[1] 苟文选.材料力学教与学．北京:高等教育出版社,2007.
[2] 蔡泰信,和兴锁.理论力学教与学．北京:高等教育出版社,2007.
[3] 单辉祖．材料力学．2 版．北京:高等教育出版社,2004.
[4] 蒋平,王维．工程力学基础．2 版．北京:高等教育出版社,2008.
[5] 冯维明,宋娟,赵俊峰．材料力学．2 版．北京:国防工业出版社,2010.
[6] 冯维明,等．理论力学．北京:国防工业出版社．2005.
[7] Timoshenko S P, Gere J M. Mechanics of Materials. Second SI Edition. New York: Van Nostrand Reinhold, 1984.

内容简介

本教材是在2003年出版的《工程力学》基础上，参照教育部力学教学指导委员会有关力学基础课程教学基本要求，根据各高校师生使用过程中反馈信息进行修订。

修订过程中，基本保持了本书原有的特色和体系，对部分内容进行了重新编排与增删，使教材内容更加精炼与合理。本教材共三篇17章。第一篇为刚体静力学，主要内容为刚体静力学基本概念、力系的简化与平衡和静力学的应用等共3章。本篇以平面力系为主，兼顾特殊力系在工程中的应用。第二篇为材料力学，主要内容为材料力学基本概述、杆件的内力、应力和变形、应力状态理论和强度理论、压杆稳定、动载荷与交变应力等共7章。本篇中所涉及的能量法更强调应用，超静定问题更注重方法，而交变应力偏于基本概念。第3篇为运动力学，主要内容有运动学基本概念、点的复合运动、刚体的平面运动、质点动力学、动量定理、动量矩定理和动能定理共7章，本篇涵盖了运动学和动力学的基本问题及其问题的解决方法。

教材前两篇部分章节适用于中低学时(48~64学时)课程，某些对力学有较高要求的专业(70~90学时)可选用第2、3篇的部分内容。教材精选了大量例题和习题供读者参考和练习。

本教材可作为高等院校工科本、专科各专业教科书，也可供职业大学和成人教育学院师生及有关工程技术人员参考。